ROSENBROCK/STOREY

Mathematatik Dynamischer Systeme

Mathematik Dynamischer Systeme

Ein Lehrbuch der modernen Mathematik für Ingenieure

von

Howard H. Rosenbrock,

Professor an der Universität Manchester

Colin Storey,

Professor an der Universität Loughborough

Übersetzt von Dipl.-Ing. U. Forster, S. M. und Prof. Dr.-Ing. R. Unbehauen,

Universität Erlangen-Nürnberg

Mit 17 Bildern

R. OLDENBOURG VERLAG MÜNCHEN · WIEN 1971

Die Originalausgabe erschien unter dem Titel „Mathematics of Dynamical Systems" im Verlag Thomas Nelson & Sons, Ltd., London.

Druck: Verlagsdruckerei E. Rieder, Schrobenhausen. Printed in Germany

ISBN: 3-486-38541-0

Inhaltsverzeichnis

Vorwort

In diesem Buch sind alle wichtigen mathematischen Ergebnisse zusammengetragen, welche dem Wissensgebiet der technischen Dynamischen Systeme zugrunde liegen. Da diese Ergebnisse recht verschiedenartigen Zweigen der Mathematik entstammen, waren sie bisher in einem einzigen Band nicht zugänglich. Bei ihrer Zusammenstellung wurde die Gelegenheit wahrgenommen, sie in zusammenhängender Form unter besonderer Berücksichtigung der Anwendungen darzulegen.

Es schien uns wichtig, bei der Darstellung mathematischer Methoden für Ingenieure darauf zu achten, daß deren Einsicht in die Bedeutung einer soliden mathematischen Beweistechnik gestärkt wird. Aus diesem Grund werden alle wichtigen Aussagen auf eine Art bewiesen, die, wie wir meinen, auch von Mathematikern akzeptiert werden kann. Allerdings muß zugleich bedacht werden, daß das Bedürfnis des Ingenieurs, sich mit der Mathematik zu beschäftigen, dem Wunsch entspringt, technische Probleme zu lösen. Demzufolge haben wir besondere Bedeutung der Lücke zugemessen, die der Ingenieur zu überbrükken hat zwischen dem Verhalten von in Realität bestehenden Anordnungen und den Axiomen, auf denen der Mathematiker seine Überlegungen aufbaut. Gelegentlich wird auch die konkrete Entwicklung eines besonderen Themas einer abstrakteren und allgemeineren Darstellung vorgezogen, wenn nur die eine Anwendung im Blickfeld liegt. Der Leser kann dann immer noch zu einem späteren Zeitpunkt zu größerer Abstraktion und Allgemeinheit vordringen, falls bei ihm der Wunsch hierzu entstehen sollte.

Um die gesteckten Ziele zu erreichen, mußten wir den Rahmen der Ergebnisse, welche mitgeteilt werden, einschränken. So werden beispielsweise die Bedingungen zur Umkehrung der Integrationsreihenfolge nicht allgemein behandelt, und es wird die Formel zur Umkehrung der Laplace-Transformation nicht bewiesen. Auf der anderen Seite werden Ergebnisse bewiesen, wie die Eindeutigkeit der Transformation, die bei Anwendungen wesentlich sind, aber üblicherweise unterschlagen werden. Die Wahrscheinlichkeitstheorie sowie die Variationsrechnung werden nicht behandelt.

Die stärkste Abweichung von der üblichen Behandlungsweise erfolgt bei der Anwendung des Riemann-Stieltjes-Integrals zur mathematisch einwandfreien und zugleich einfachen Darstellung der Faltung, der Übertragungsfunktion und der Abtastung. Die Behandlung von Matrizen und ihren Normalformen bei bestimmten Transformationen ist vollständiger als bei vielen anderen Darstellungen. Die Ideen der modernen Mathematik, die auch als Rüstzeug für ein späteres, tiefergehendes Studium gedacht sind, werden weitgehend verwendet.

Das Niveau der Darstellung mag auf den ersten Blick höher erscheinen, als es in Wirklichkeit ist. Die behandelten Themen erreichen keinen sehr hohen Grad mathematischer Schwierigkeit, auch wenn Beweise häufig einige Anstrengung und Konzentration verlangen. Wenn Einzelheiten der Beweise zunächst ausgelassen oder nur überflogen werden, erscheint das Buch erheblich einfacher. Die Einzelheiten können dann bei einem zweiten Durchlesen genauer studiert werden.

Der Kürze der Darstellung wegen werden die Beispiele und Übungen als Teil des Textes betrachtet, und wenn nötig, wird auch im Text auf sie verwiesen. Die Übungen sollen dies und nicht mehr bedeuten: Sie sind nicht als Test für Studenten gedacht, sondern als eine Möglichkeit zur Vermittlung einiger Übung darin, weitere Einzelheiten selbst zu erarbeiten. Die Aufgaben auf der anderen Seite sind mitunter etwas anspruchsvoller.

Wir danken einer Reihe von Kollegen für Diskussionen und Anregungen, insbesondere danken wir Herrn D. Bell, der das Manuskript im einzelnen prüfte.

H.H. Rosenbrock
C. Storey

Geleitwort der Übersetzer

Das vorliegende Buch ist in der Originalfassung erschienen als erster Band einer Reihe mit dem Titel "Studies in Dynamical Systems" (Herausgeber R.W. Brockett und H.H. Rosenbrock). Ziel dieser Buchreihe ist es, einen Abriß der Methoden zu geben, die sich bei der Behandlung von Dynamischen Systemen im Bereich der Technik bewährt haben. H.H. Rosenbrock und C. Storey haben es unternommen, für diese Reihe das mathematische Fundament zu legen, und sie haben gleichzeitig eine Basis geschaffen, von der aus der Ingenieur und der Student technischer Wissenschaften den Zugang zu modernen wissenschaftlichen Arbeiten auf zahlreichen Gebieten der Technik finden werden. Die deutsche Übersetzung soll dazu mithelfen, dem deutschsprachigen Leser den ersten Schritt zu einer wissenschaftlichen Auseinandersetzung mit technischen Problemen zu erleichtern.

Das Herstellungsverfahren bedingte einige Zugeständnisse an die äußere Form des Textes; wegen der sorgfältigen Gliedrung und der Verwendung verschiedener Schrifttypen werden jedoch die Klarheit und Verständlichkeit des Buches dadurch nicht leiden. Die Übersetzer haben sich bemüht, den englischen Text unter Berücksichtigung der im deutschen Sprachgebrauch üblichen Nomenklatur zu übertragen. Im Englischen gebräuchliche Symbole wurden nur dort übernommen, wo sie die Verständlichkeit nicht beeinträchtigen oder wo auch der deutsche Gebrauch schwankt. So wurden beispielsweise auch in der deutschen Fassung die komplexe Frequenzvariable mit s und die Umgebung eines Punktes x mit N(x) bezeichnet.

Die Übersetzer hoffen, daß diese deutsche Ausgabe dem an den modernen Entwicklungen in der Technik interessierten Leser eine Hilfe sein wird.

U. Forster
R. Unbehauen

Grundlagen

1. Mengen

Eine *Menge* ist eine Ansammlung beliebiger Elemente. Sie kann dadurch spezifiziert werden, daß man alle Elemente aufzählt (soweit dies möglich ist) oder daß man eine Regel angibt, durch die zum Ausdruck kommt, ob ein Element in der Menge enthalten ist oder nicht. Eine Menge ist *endlich* oder *unendlich*, je nachdem ob sie eine endliche oder eine unendliche Zahl von Elementen enthält. Der Begriff des Elements wird als selbstevident betrachtet. Gleichwertige Bezeichnungen für Menge sind *Ansammlung*, *Aggregat*, *Familie*, *Klasse*, usw. Allerdings haben einige dieser Bezeichnungen bei manchen Autoren eine besondere Bedeutung. Beispielsweise verwendet man gelegentlich "Aggregat" zur Bezeichnung von Mengen, bei denen es keine Ordnung der Elemente gibt, und "Klasse" für Mengen, deren Elemente selbst Mengen sind.

Beispiele für endliche Mengen sind: die positiven ganzen Zahlen kleiner als 100; die Bevölkerung von London; alle möglichen Permutationen der Zahlen 1,2,3,4. Als Beispiele für unendliche Mengen seien genannt: die Gesamtheit aller ungeraden Zahlen; die stetigen Funktionen einer reellen Variablen x für $0 \leq x \leq 1$; die quadratischen $n \times n$-Matrizen, deren Elemente reelle Zahlen sind; die Menge aller Kreise mit Radius 2^n, für $n = 0,1,2,\ldots$.

Gewöhnlich verwendet man große lateinische Buchstaben, also A, B, C, ... für Mengen und kleine lateinische Buchstaben a, b, c, ... für Elemente. Zur Kennzeichnung dafür, daß ein Element a in einer Menge A enthalten ist, verwendet man die

Bezeichnung $a \in A$. Die Bezeichnung $a \notin A$ bedeutet, daß a kein Element von A ist. Die Menge, welche aus der endlichen Zahl von Elementen a, b, c besteht, wird durch $\{a, b, c\}$ gekennzeichnet und die Menge aller Punkte x mit der Eigenschaft $0 \leq x \leq 1$ durch $\{x | 0 \leq x \leq 1\}$, d.h. die Regel für die Spezifikation der Elemente der Menge wird rechts vom Strich angegeben. Offensichtlich läßt sich die Menge der positiven ganzen Zahlen 1,2,3,...,10 als

$$\{1,2,3,4,5,6,7,8,9,10\}$$

oder als

$$\{a | a \text{ eine ganze Zahl mit } 0 < a < 11\}$$

anschreiben. Natürlich ist ein Teil einer Menge selbst eine Menge, und man spricht von einer *Teilmenge* oder *Untermenge* der ursprünglichen Menge. In diesem Sinne stellt A eine Teilmenge von B dar (geschrieben $A \subseteq B$ oder $B \supseteq A$), falls jedes Element von A auch ein Element von B ist. Man beachte, daß durch diese Vereinbarung nicht die Möglichkeit ausgeschlossen wird, daß jedes Element von B auch ein Element von A ist. In diesem Fall sind A und B identisch, und man schreibt $A = B$. Falls jedes Element von A ein Element von B darstellt, jedoch B auch Elemente hat, die nicht zu A gehören, dann bezeichnet man A als *echte* Teilmenge von B, und es wird $A \subset B$ oder $B \supset A$ geschrieben.

1.1. Mengenoperationen

Die *Vereinigung* oder *Summe* von zwei Mengen A und B ist definiert als jene Menge, deren Elemente entweder in A oder in B enthalten sind. Man bezeichnet die Vereinigung mit $A \cup B$. Der *Durchschnitt* von A und B ist die Menge jener Elemente, die sowohl in A als auch in B enthalten sind. Man bezeichnet sie mit $A \cap B$. Besitzen A und B keine gemeinsamen Elemente, so stellt ihr Durchschnitt $A \cap B$ eine Menge ohne Elemente dar. Diese Menge, die sogenannte *leere* (oder *Null-*) *Menge* wird mit $\emptyset$ bezeichnet; sie ist offensichtlich eine Teilmenge aller anderen Mengen. Gilt $A \cap B = \emptyset$, dann heißen A und B *disjunkt*. Ist $A \subset B$, dann wird die Menge der Elemente von B, welche nicht auch in A enthalten sind, als die *Differenz* zwischen B und A bezeichnet, und man schreibt hierfür $B - A$. Man betrachtet alle Mengen als Teilmengen einer Grundmenge, der sogenannten *Universalmenge* U. Die Differenz zwischen U und einer ihrer Teilmengen A wird das *Komplement* von A bezüglich U genannt.

Die Überlegungen, auf denen die obigen Definitionen beruhen, können anhand von ebenen geometrischen Figuren, den sogenannten Venn-Diagrammen, erläutert werden. In diesem Sinne bedeutet die gesamte, im Bild 1a schraffiert dargestellte Fläche

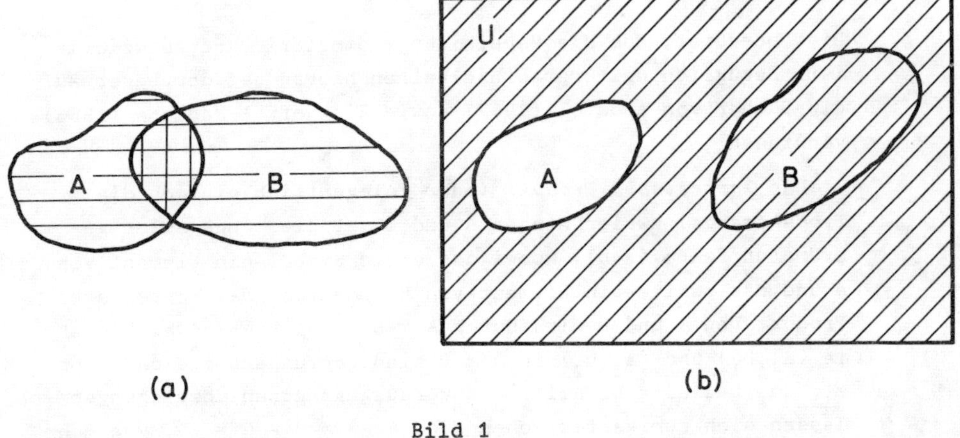

Bild 1

die Vereinigung $A \cup B$, die doppelt schraffierte Fläche den Durchschnitt $A \cap B$. Im Bild 1b stellen A und B disjunkte Mengen dar, so daß $A \cap B = \emptyset$ gilt, und das Komplement von A bezüglich U (dem Rechteck) ist schraffiert dargestellt.

Die Begriffe der Vereinigung und des Durchschnitts lassen sich in natürlicher Weise auf mehr als zwei Mengen erweitern. Die Vereinigung $\bigcup A_i$ der Mengen A_i, wobei $i = 1,2,\ldots,n$ gilt und n endlich oder unendlich sein darf, ist gleich der Menge von Elementen, die wenigstens zu einer der Mengen A_i gehören. In entsprechender Weise versteht man unter dem Durchschnitt $\bigcap A_i$ die Menge von Elementen, die sämtlichen Mengen A_i angehören.

Es bestehen enge Beziehungen zwischen den mengentheoretischen Begriffen von Vereinigung und Durchschnitt auf der einen Seite und der Summe und dem Produkt in der gewöhnlichen Algebra auf der anderen Seite. So gilt

$$A \cup B = B \cup A \tag{1.1}$$

$$A \cup (B \cup C) = (A \cup B) \cup C \ . \tag{1.2}$$

Dies bedeutet, daß die Vereinigung kommutativ und assoziativ ist. Bezüglich weiterer Einzelheiten hierzu sei der Leser auf die Bücher von Apostol (1957) sowie Birkhoff & MacLane (1965) verwiesen.

Das *kartesische Produkt* (oder gelegentlich einfach die *Produktmenge*) zweier Mengen A und B ist die Menge aller geordneten Paare (a,b), wobei das erste Symbol ein Element von A und das zweite ein Element von B bedeutet; das kartesische Produkt von A und B wird durch $A \times B$ bezeichnet. Zwei Elemente (a_1,b_1) und (a_2,b_2) in $A \times B$ sind genau dann gleich, wenn $a_1 = a_2$ und $b_1 = b_2$ gilt. Die vorausgegangenen Überlegungen lassen sich zum kartesischen Produkt $A \times B \times C \times \ldots$ von mehr als zwei Mengen erweitern, indem man geordnete Zusammenfassungen von Elementen $(a,b,c,\ldots)$ mit $a \in A$, $b \in B$, $c \in C$, usw. betrachtet. Die Untersuchung von Mengen wird im Kapitel IV weitergeführt.

2. Gruppen

Die im vorausgegangenen Abschnitt diskutierten Mengen waren Beispiele von sehr allgemeiner Art. Man erhält Mengen von weniger allgemeiner Art, sobald man auch Verknüpfungen (Operationen) zwischen ihren Elementen betrachtet. Läßt sich jedem Paar von Elementen a,b einer Menge A ein drittes Element $c \in A$ in eindeutiger Weise zuordnen, dann sagt man, A sei *abgeschlossen unter einer binären (zweistelligen) Verknüpfung*. Allgemein schreibt man das Ergebnis, das man bei Anwendung einer binären Verknüpfung auf die Elemente a und b erhält, in der Form ab, so daß $ab = c$ ist. Es sei darauf hingewiesen, daß ab nicht notwendig das Produkt $a \cdot b$ bedeutet. Allerdings stellt die gewöhnliche Multiplikation eine gültige binäre Verknüpfung für viele Mengen dar ebenso wie die gewöhnliche Addition. Sobald die Gefahr einer Verwechslung besteht, kann eine andere Bezeichnung verwendet werden, etwa $a \circ b = c$. Allgemeiner bezeichnet man eine Menge A als abgeschlossen unter einer n-stelligen Verknüpfung (oder Kompositionsvorschrift), wenn jeder Menge von n Elementen $a_1, a_2, \ldots, a_n$ in A in eindeutiger Weise ein anderes Element $f \in A$ zugeordnet werden kann.

Beispiel 2.1. Es sei $S = \{2,4,6,\ldots\}$ die Menge der geraden Zahlen. Dann stellt S eine abgeschlossene Menge dar, falls man als binäre Verknüpfung die gewöhnliche arithmetische Multiplikation verwendet.

Beispiel 2.2. Die endliche Menge $S = \{2,4,6,8,10\}$ ist nicht abgeschlossen bezüglich der Addition, da $4 + 8 = 12 \notin S$ gilt.

Eine Menge A zusammen mit einer einzigen binären, für ihre Elemente definierten Verknüpfung heißt ein *Gruppoid* (bezüglich dieser Verknüpfung), sofern A unter der Verknüpfung abgeschlossen ist. Offensichtlich kann man die binäre Verknüpfung wiederholt durchführen (ebenso wie man Potenzen bei der gewöhnlichen numerischen Multiplikation bilden kann), so daß (ab)d = e gilt, falls ab = c und cd = e ist. In einem Gruppoid braucht jedoch die Kompositionsvorschrift nicht assoziativ zu sein, weshalb (ab)d nicht gleich a(bd) sein muß. In ähnlicher Weise braucht in einem Gruppoid nicht notwendig das Kommutativgesetz ab = ba zu gelten.

Beispiel 2.3. Die unendliche Menge S = {2,4,6,...} stellt bei Verwendung der Multiplikation ein Gruppoid dar, und die Multiplikation läßt sich fortgesetzt anwenden. So gilt

$$(2 \cdot 2) \cdot 2 = 4 \cdot 2 = 8 \in S$$

$$(2 \cdot 4) \cdot 10 = 8 \cdot 10 = 80 \in S \quad .$$

Man kann auch leicht nachweisen, daß die Multiplikation in S assoziativ ist [zum Beispiel: $(2 \cdot 4) \cdot 6 = 2 \cdot (4 \cdot 6)$] und daß sie kommutativ ist (beispielsweise: $2 \cdot 4 = 4 \cdot 2$).

Beispiel 2.4. Man betrachte die endliche Menge {a,b,c}, für welche die Multiplikation durch die folgende Tabelle definiert sei:

	a	b	c
a	b	b	b
b	c	c	c
c	a	a	a

Diese Menge stellt ein Gruppoid dar, weil sie bezüglich der Multiplikation abgeschlossen ist. Sie ist jedoch weder assoziativ noch kommutativ. Es gilt beispielsweise

a(bc) = ac = b

(ab)c = bc = c

und

$$ab = b \neq ba = c \ .$$

Ein Gruppoid, in dem die Verknüpfungsvorschrift assoziativ ist, heißt *Halbgruppe*. Ist die Verknüpfung auch kommutativ, so wird die Halbgruppe als *kommutativ* oder *abelsch* bezeichnet. Ein Element i_ℓ eines Gruppoids A heißt *Linkseins*, falls $i_\ell b = b$ für alle $b \in A$ gilt. Entsprechend bezeichnet i_r eine *Rechtseins*, falls $bi_r = b$ für alle $b \in A$ gilt. Wenn ein Gruppoid eine Linkseins und eine Rechtseins hat, dann ist leicht einzusehen, daß beide gleich und eindeutig sein müssen. In diesem Fall gibt es ein einziges "zweiseitiges" *Einselement*.

Beispiel 2.5. Die Menge S aus Beispiel 2.1 stellt eine abelsche Halbgruppe dar, die weder eine linke noch eine rechte Eins hat. Andererseits ist die Menge {0,2,4,...} bezüglich der Addition eine abelsche Halbgruppe mit dem Element 0 als Einselement.

Es sei A ein Gruppoid mit einer Eins i (damit ist ein zweiseitiges Einselement gemeint). Kann man nun ein Element $x_\ell \in A$ angeben derart, daß $x_\ell b = i$ für irgendein $b \in A$ gilt, so wird x_ℓ ein *Linksinverses* von b genannt. In entsprechender Weise bezeichnet man eine Lösung x_r von $bx_r = i$ als ein *Rechtsinverses* von b. Stellt ein Linksinverses x_ℓ auch ein Rechtsinverses eines Elements b dar, gilt also $x_\ell b = bx_\ell = i$, so bezeichnet man x_ℓ als "zweiseitiges Inverses" oder kurz als *Inverses* und schreibt dafür b^{-1}.

Es wird nun angenommen, daß S eine Halbgruppe darstellt und daß ein Element b von S ein Linksinverses x_ℓ und ein Rechtsinverses x_r hat. Unter Verwendung des Assoziativgesetzes läßt sich leicht zeigen, daß $x_\ell = x_r = x$ ist und daß dieses Element x das einzige Inverse von b darstellt. Besitzt S eine Eins i, so bezeichnet man die Elemente von S, welche ein Inverses haben, als *Einheiten* von S. Natürlich braucht nicht jedes Element einer Halbgruppe eine Einheit zu sein.

Beispiel 2.6. Die Menge $\{0, \pm 1, \pm 2, \ldots\}$ bildet eine abelsche Halbgruppe bezüglich der Addition. Jedes Element ist eine Einheit, weil

$$0 = n + (-n) = (-n) + n$$

gilt.

Es kann nunmehr der Begriff der Gruppe eingeführt werden. Eine *Gruppe* ist eine Halbgruppe mit einer Eins, in der jedes Element eine Einheit darstellt. Damit stellt eine Gruppe eine unter einer binären Verknüpfung abgeschlossene Menge dar, für welche die folgenden Eigenschaften gelten:

$(ab)c = a(bc)$ für $a,b,c \in S$.

Es gibt ein Element $i \in S$, so daß $xi = ix = x$ für alle $x \in S$ gilt.

Für jedes Element $x \in S$ gibt es ein Element $x^{-1} \in S$, so daß $x^{-1}x = xx^{-1} = i$ gilt.

Ist zudem die binäre Verknüpfung kommutativ, so bezeichnet man die Gruppe als *kommutativ* oder *abelsch*.

Man kann eine Gruppe durch eine Reihe von anderen Regeln definieren. Eine weitere Möglichkeit wird im folgenden angegeben, und der Leser möge sich davon überzeugen, daß sie mit der obigen Definition äquivalent ist.

Eine Menge von Elementen mit einer binären Verknüpfung stellt eine Gruppe dar, falls die folgenden Bedingungen erfüllt sind:

$a(bc) = (ab)c$, für alle $a,b,c \in S$.

Für alle $a,b \in S$ gibt es Elemente $p,q \in S$, so daß $ap = b$ und $qa = b$ gilt.

Die Zahl der Elemente einer Gruppe S wird als *Ordnung* der Gruppe bezeichnet. Besitzt S eine endliche Zahl von Elementen, dann nennt man die Gruppe endlich, andernfalls spricht man von einer unendlichen Gruppe.

Beispiel 2.7. Man betrachte die Menge S = {a,b,c} mit der durch die folgende Multiplikationstabelle definierten binären Verknüpfung:

	a	b	c
a	a	b	c
b	b	c	a
c	c	a	b

Man erkennt unmittelbar, daß S unter dieser binären Verknüpfung abgeschlossen ist und daß das Assoziativgesetz gilt. Das Element a stellt die Eins dar, da ab = ba = b und ac = ca = c ist. Jedes Element ist eine Einheit, denn es ist aa = a, bc = a, cb = a. Man beachte auch, daß es sich hier um eine kommutative endliche Gruppe handelt.

Beispiel 2.8. Man betrachte die Menge aller möglichen Permutationen der drei Zahlen 1,2,3. Sie sind im folgenden aufgeführt.

$$a = \begin{bmatrix} 1 & 2 & 3 \\ 1 & 2 & 3 \end{bmatrix} \quad b = \begin{bmatrix} 1 & 2 & 3 \\ 2 & 1 & 3 \end{bmatrix} \quad c = \begin{bmatrix} 1 & 2 & 3 \\ 2 & 3 & 1 \end{bmatrix}$$

$$d = \begin{bmatrix} 1 & 2 & 3 \\ 1 & 3 & 2 \end{bmatrix} \quad e = \begin{bmatrix} 1 & 2 & 3 \\ 3 & 1 & 2 \end{bmatrix} \quad f = \begin{bmatrix} 1 & 2 & 3 \\ 3 & 2 & 1 \end{bmatrix} .$$

Hierbei wurde die Permutation jeweils unter der ursprünglichen Zahlenfolge angegeben. Werden zwei Permutationen nacheinander ausgeführt, dann bezeichnet man das Ergebnis als das

Produkt der zwei Permutationen. Da das Produkt zweier Permutationen selbst eine eindeutige Permutation der Menge darstellt, ist das Produkt eine gültige binäre Verknüpfung. Zur Veranschaulichung sei zunächst b und dann c ausgeführt; dies liefert

$$1 \to 2 \to 3$$

$$2 \to 1 \to 2$$

$$3 \to 3 \to 1 \quad .$$

Es gilt also cb = f. Auf diese Weise kann man die vollständige Multiplikationstabelle zusammenstellen:

	a	b	c	d	e	f
a	a	b	c	d	e	f
b	b	a	d	c	f	e
c	c	f	e	b	a	d
d	d	e	f	a	b	c
e	e	d	a	f	c	b
f	f	c	b	e	d	a

Man kann leicht zeigen, daß das Ergebnis eine Gruppe ist. Die Gültigkeit des Assoziativgesetzes läßt sich der Tabelle unmittelbar entnehmen; man kann dies auch aufgrund der Definition des Produkts erkennen. Die Permutation a, welche die Zahlen unverändert läßt, stellt die Eins dar, und aus der Tabelle läßt sich entnehmen, daß jedes Element ein Inverses besitzt. Man beachte auch, daß die alternative Gruppendefinition im vorliegenden Falle leicht verifiziert werden kann, da in jeder Zeile und in jeder Spalte alle sechs Permutationen auftreten.

Im Gegensatz zu Beispiel 2.7 gilt das Kommutativgesetz für die vorliegende Gruppe jedoch nicht. Beispielsweise ist bc = d $\neq$ cb = f. Es handelt sich hier also um eine endliche nichtkommutative Gruppe. Es ist möglich, die vorausgegangenen Überlegungen auf die n! möglichen Permutationen der n Zahlen 1,2,...,n zu erweitern. Die sich hierbei ergebende Gruppe ist bekannt als die *symmetrische Gruppe* n-ten Grades.

Beispiel 2.9. Die Menge aller positiven und negativen ganzen Zahlen bildet eine Gruppe bezüglich der gewöhnlichen Addition. Die Gültigkeit des Assoziativgesetzes a + (b+c) = (a+b) + c ist offensichtlich, das Einselement ist offenbar die Null und das Inverse eines Elements a ist -a. Ist die binäre Verknüpfung einer Gruppe die Addition, so spricht man allgemein von einer *additiven Gruppe*, das Einselement wird als die *Null* bezeichnet, und das Inverse eines Elements heißt sein *Negatives*. Man beachte, daß die Menge der positiven und negativen ganzen Zahlen bezüglich der Multiplikation eine Halbgruppe, jedoch keine Gruppe bildet, da die zwei einzigen Einheiten ±1 sind.

Beispiel 2.10. Schließt man die Null aus, dann bildet die Menge der reellen Zahlen mit der gewöhnlichen Multiplikation als Verknüpfungsgesetz eine Gruppe. In diesem Fall ist das Einselement die 1, und das Inverse eines Elements a stellt sein Reziprokes 1/a dar. Die Gültigkeit des Assoziativgesetzes a(bc) = (ab)c ist wieder offensichtlich.

Ist jedes Element einer Menge A einem einzigen Element einer Menge B zugeordnet und ist jedes Element von B einem einzigen Element von A zugeordnet, so spricht man von einer *eineindeutigen Zuordnung* zwischen den Elementen von A und jenen von B. Über derartige Zuordnungen wird im Abschnitt 8 noch Weiteres ausgesagt. Stimmen die beiden Mengen überein, dann bezeichnet man die eineindeutige Zuordnung als eine *eineindeutige Transformation* der Menge auf sich.

Beispiel 2.11. Man betrachte die Menge aller eineindeutigen Transformationen $\{t_1, t_2, \ldots\}$ einer Menge auf sich, wobei das "Produkt" zweier Transformationen (d.h. das Ergebnis, wenn man sie nacheinander ausführt) als binäre Verknüpfung anzusehen ist. Die Gültigkeit des Assoziativgesetzes läßt sich wie folgt zeigen. Es sei a irgendein Element von A, dann gilt

$$[(t_i t_j) t_k] a = (t_i t_j)(t_k a) = t_i [t_j (t_k a)]$$

und

$$[t_i (t_j t_k)] a = t_i [(t_j t_k) a] = t_i [t_j (t_k a)] .$$

Hieraus ist zu erkennen, daß die Wirkung von $t_i(t_j t_k)$ auf irgendein Element übereinstimmt mit jener von $(t_i t_j) t_k$.

Die Transformation, welche alle Elemente unverändert läßt, stellt offensichtlich ein Einselement dar. Da die Transformationen eineindeutig sind, besitzt jede der t_i als Inverses die Transformation t_i^{-1}, die jedem Element jenes zuweist, aus dem es hervorgegangen ist; denn $t_i^{-1} t_i$ ist das Einselement.

Damit stellt die Menge aller Transformationen einer Menge auf sich eine Gruppe dar, die als *Transformationsgruppe* bekannt ist. Derartige Gruppen haben eine enge Beziehung zur Geometrie (man vergleiche beispielsweise Benson, 1966). Die symmetrischen Gruppen aus Beispiel 2.8 stellen natürlich Transformationsgruppen dar.

Übung 2.1. Man beweise, daß es in jeder endlichen Gruppe eine ganze Zahl $n > 0$ geben muß, welche die Eigenschaft $a^n = e$ aufweist. Dabei sei a irgendein Element der Gruppe und e das Einselement.[§]

§ Das Symbol e wird häufig für die Kennzeichnung der Gruppen-Eins verwendet, wenn die Verknüpfung der Gruppenelemente nicht näher angegeben ist. Falls diese Verknüpfung die Addition ist, schreibt man das Einselement fast immer als 0. Ist die Verknüpfung der Gruppenelemente die Multiplikation, dann bezeichnet man das Einselement oft als 1 oder, wenn die Gruppenelemente Matrizen sind, als I.

2.1. Gruppentheorie

Es soll nun eine kurze Einführung in einige Begriffe aus der Gruppentheorie gebracht werden. Bezüglich weitergehender Einzelheiten sei auf Jacobson (1951) und Birkhoff und MacLane (1965) verwiesen.

Man nennt zwei Gruppen T und S *isomorph*, wenn man zwischen ihren Elementen eine eineindeutige Zuordnung angeben kann derart, daß aus der Korrespondenz von $a,b \in S$ und $c, d \in T$ die Korrespondenz von ab und cd folgt. Sind T und S isomorph, so schreibt man $T \sim S$.

Die Isomorphie zwischen Gruppen stellt eine Beziehung (Relation) dar, die man gewöhnlich als *Äquivalenzrelation (Äquivalenzbeziehung)* bezeichnet. Ist eine ganz allgemeine Menge A mit den Elementen a,b,c,... und außerdem eine Relation R gegeben und kann man angeben, ob die Relation R für jeweils zwei Elemente von A besteht oder nicht, so bezeichnet man R als eine Äquivalenzrelation, falls die folgenden Eigenschaften bestehen:

Es gilt $a R a$ für jedes $a \in A$.

Aus $a R b$ folgt $b R a$ für jedes $a,b \in A$.

Aus $a R b$ und $b R c$ folgt $a R c$ für jedes $a,b,c \in A$.

Diese Eigenschaften nennt man die *Reflexivität*, die *Symmetrie* bzw. die *Transitivität.*

Zwei isomorphe Gruppen können von einem abstrakten Standpunkt aus als identisch angesehen werden, auch wenn ihre Elemente und Verknüpfungsgesetze ganz verschieden sind. Es sei ohne Beweis auf die interessante Tatsache hingewiesen, daß jede Gruppe zu einer Transformationsgruppe isomorph ist (Jacobson, 1951). Wenn man die Bedingung, daß die einem Isomorphismus zugrundeliegende Zuordnung eineindeutig sein muß, derart abschwächt, daß nur noch Eindeutigkeit vorausgesetzt wird, dann bezeichnet man die Zuordnung als einen *Homomorphismus.*

Beispiel 2.12. Zwei Zahlen a und b nennt man *kongruent modulo m*, falls sie sich durch ein ganzzahliges Vielfaches von m voneinander unterscheiden. Diese Eigenschaft wird mit a = b(mod m) bezeichnet. Offensichtlich ist a = a(mod m). Gilt a = b(mod m), so ist a-b = rm für irgendeine ganze Zahl r, also b-a = (-r)m. Daraus folgt b = a(mod m). Gilt a = b(mod m) und b = c(mod m), dann ist a-b = rm und b-c = sm, so daß die Beziehung a-c = (r+s)m besteht. Hieraus ergibt sich a = c(mod m). Damit ist klar geworden, daß die Relation "kongruent modulo m" eine Äquivalenzrelation darstellt.

Übung 2.2. Man zeige, daß die ganzen Zahlen (positiv, negativ und Null) modulo 3 eine additive Gruppe bilden, welche zur additiven Gruppe der ganzen Zahlen homomorph ist.

Es sei S eine Halbgruppe mit einem Einselement e, und G sei die Teilmenge, welche aus den Einheiten von S besteht. Es seien a und b zwei beliebige Elemente aus G. Dann existieren a^{-1} und b^{-1}, und sie gehören zu G, da sie selbst Einheiten darstellen (ihre Inversen sind a bzw. b). Das Einselement e gehört zu G, da es eine Einheit ist, denn es gilt ee = e. Zudem ist die Teilmenge G abgeschlossen unter dem Verknüpfungsgesetz der Halbgruppe, da jedes Produkt ab eine Einheit darstellt mit dem Inversen $b^{-1}a^{-1}$; es gilt nämlich $abb^{-1}a^{-1} = e = b^{-1}a^{-1}ab$. Die Einheiten einer Halbgruppe mit Einselement bilden daher mit der binären Verknüpfung der Halbgruppe eine Gruppe, deren Einselement das der Halbgruppe ist. Eine derartige Gruppe G heißt die *Einheitengruppe* von S, sie stellt eine wichtige Quelle von Gruppen dar. Als recht einfaches Beispiel sei die Gruppe der Einheiten +1,-1 der Halbgruppe der ganzen Zahlen bezüglich der Multiplikation genannt.

Setzt man diese Überlegungen fort, dann stellt sich die Frage, wie die Bedingungen dafür lauten, daß eine nichtleere Teilmenge H einer Gruppe G selbst eine Gruppe darstellt. Ein Satz solcher Bedingungen heißt wie folgt: Eine Menge $H \subseteq G$

bildet genau dann bezüglich der binären Verknüpfung von G eine Gruppe, falls sie unter dieser Verknüpfung abgeschlossen ist und mit h auch h^{-1} zu H gehört. Man nennt H in diesem Fall eine *Untergruppe* von G. Es ist klar, daß H eine Gruppe ist, denn aus $h \in H$ folgt $h^{-1} \in H$, und aufgrund der Abgeschlossenheit ergibt sich $hh^{-1} = e \in H$. Damit enthält H das Einselement von G, und die anderen Gruppenbedingungen bestehen aufgrund der Voraussetzungen. Andererseits kann man sagen: Ist H eine Gruppe, so ist sie definitionsgemäß abgeschlossen, das Einselement e' von H muß mit dem Einselement e von G übereinstimmen (da $e'e' = e' = ee'$), und somit gehört das eindeutige Inverse von jedem Element $h \in H$ auch zu H. Ein äquivalenter Satz von derartigen Bedingungen lautet: Eine Teilmenge H von G ist genau dann eine Untergruppe von G, wenn für jedes Paar von Elementen h_1, h_2 aus H stets $h_1 h_2^{-1} \in H$ gilt.

Übung 2.3. Man zeige die Richtigkeit der letzten Aussage.

Aufgrund der Definitionen stellen das Einselement e einer Gruppe G und G selbst offensichtlich Untergruppen von G dar. Andere Untergruppen von G als diese werden als *eigentliche* (oder *echte*) *Untergruppen* bezeichnet. Man beachte, daß jede nichtleere Teilmenge einer endlichen Gruppe G, die bezüglich der binären Verknüpfung von G abgeschlossen ist, eine Untergruppe von G darstellt. Das ergibt sich aus der Tatsache (vgl. Übung 2.1), daß es zu jedem Element a einer endlichen Gruppe eine natürliche Zahl n gibt, so daß $a^n = a^{n-1}a = e$ ist und damit $a^{n-1} = a^{-1}$ gilt. Somit enthält jede (nichtleere) abgeschlossene Teilmenge einer endlichen Gruppe auch die Inversen aller ihrer Elemente.

3. Ringe[§]

Bis jetzt wurde der Begriff einer Menge durch Einführen einer binären Verknüpfung zwischen ihren Elementen eingeengt. Es bedeutet einen weiteren Schritt in dieser Richtung, wenn man eine Menge zusammen mit mehr als einer Verknüpfungsvorschrift zwischen ihren Elementen betrachtet. Namentlich ist ein Gebilde, das aus einer Menge R mit zwei binären Verknüpfungen, der sogenannten Multiplikation und Addition (diese Verknüpfungen brauchen natürlich nicht die Multiplikation und Addition im üblichen Sinne zu bedeuten), besteht, als *Ring* bekannt, sofern die folgenden Bedingungen bestehen:

R ist bezüglich der Addition eine kommutative Gruppe.

R ist bezüglich der Multiplikation eine Halbgruppe.

Die Multiplikation ist bezüglich der Addition distributiv, d.h. für irgend drei Elemente $a,b,c \in R$ gelten die Beziehungen $a(b+c) = ab+ac$ und $(b+c)a = ba+ca$.

Ist die Multiplikation kommutativ, so bezeichnet man R als einen *kommutativen Ring* und die beiden Distributivgesetze in der dritten obigen Bedingung werden identisch. Besitzt die Multiplikation ein Einselement, welches mit 1 bezeichnet werden soll, so heißt R ein *Ring mit Einselement*, und das Einselement muß eindeutig sein (R stellt bezüglich der Multiplikation eine Halbgruppe dar). Daß ein Ring nicht notwendig ein multiplikatives Einselement besitzt, sieht man leicht am Ring der geraden Zahlen.

Ein interessantes, direkt aus der Definition eines Rings ableitbares Ergebnis ist die Tatsache, daß das Produkt von zwei beliebigen Elementen Null ist, sofern eines dieser Elemente Null ist. Die Umkehrung dieser Aussage ist jedoch

§ **Die Definition eines Rings kann sich von Autor zu Autor unterscheiden. Manche Autoren verlangen nicht, dass die Multiplikation assoziativ ist, andere Autoren verlangen, dass jeder Ring ein Einselement hat.**

nicht notwendig gültig. Jedes Element $a \in R$, für welches die Gleichung $ab = 0$ (wobei 0 das Einselement der additiven Gruppe bedeutet) eine Lösung $b \neq 0$ besitzt, heißt *linker Nullteiler*; ein *rechter Nullteiler* wird in entsprechender Weise definiert. Offensichtlich ist 0 selbst sowohl ein linker als auch ein rechter Nullteiler. Ringe, die außer 0 keine Nullteiler besitzen und für welche die Multiplikation kommutativ ist, werden *Integritätsbereiche* genannt. Wenn z.B. die Elemente irgendeines Rings Zahlen sind (ganze, rationale, reelle oder komplexe Zahlen) und wenn die Verknüpfungen die gewöhnliche Addition und Multiplikation sind, so ist der Ring ein Integritätsbereich. Aus der Definition folgt unmittelbar, daß ein Integritätsbereich einen Ring darstellt, in welchem die vom Nullelement verschiedenen Elemente bezüglich der Multiplikation abgeschlossen sind, weshalb diese Elemente eine Unterhalbgruppe der multiplikativen Halbgruppe bilden. Man beachte, daß in einem Integritätsbereich die "Kürzungsregel" gilt, d.h. wenn $ab = ac$ und $a \neq 0$ ist, dann gilt $b = c$. Dies ist leicht einzusehen, da aus der Beziehung $a(b-c) = 0$ angesichts $a \neq 0$ die Beziehung $b-c = 0$ folgt.

Da die Menge R eines Rings nicht notwendig eine Gruppe bezüglich der Multiplikation bilden muß, brauchen die Elemente von R kein Inverses bezüglich der Multiplikation zu haben. Es braucht nicht einmal ein multiplikatives Einselement vorhanden zu sein. Wenn jedoch ein Ring mit Einselement[§] vorliegt, so wird jedes Element $a \in R$, das ein inverses Element $a^{-1} \in R$ besitzt, ein *reguläres Element* von R genannt. Offensichtlich bildet die Menge der regulären Elemente von R die Untergruppe von Einheiten der multiplikati-

§ **Es wird angenommen, dass das multiplikative Einselement 1 nicht mit dem additiven Einselement 0 übereinstimmt; andernfalls muss R aus dem einzigen Element 0 bestehen. Man vergleiche hierzu die Menge der ganzen Zahlen modulo der ganzen Zahl 1.**

ven Halbgruppe. Als *Schiefkörper*[§] wird nun ein Ring definiert, der ein Einselement besitzt und dessen sämtliche von Null verschiedenen Elemente regulär sind. Damit stellt die Menge der reellen Zahlen bezüglich der Multiplikation und Addition einen Schiefkörper dar; die Menge der ganzen Zahlen jedoch ist kein Schiefkörper, weil in diesem Falle die Gruppe der Einheiten gerade ± 1 ist.

Beispiel 3.1. Haben Multiplikation und Addition ihre gewöhnliche Bedeutung, so bildet die Menge $\{0, \pm 2, \pm 4, \ldots\}$ einen Ring. Das additive Einselement ist 0, und es gibt offensichtlich keine Nullteiler. Die Multiplikation ist kommutativ, weshalb der Ring einen Integritätsbereich darstellt. Es gibt kein multiplikatives Einselement, und daher existieren keine regulären Elemente.

Beispiel 3.2. Die Menge der reellen Zahlen $\mathbb{R}$ bildet einen Ring bezüglich Addition und Multiplikation. Das additive Einselement ist 0 und das multiplikative Einselement stellt die 1 dar. Jedes Element (mit Ausnahme von 0) besitzt offensichtlich ein Inverses und damit ist $\mathbb{R}$ ein Schiefkörper.

Beispiel 3.3. Die Menge $\mathbb{Z}$ aller ganzer Zahlen bildet einen Ring. Das additive Einselement ist 0, das multiplikative Einselement ist 1. Die Multiplikation ist kommutativ und es gibt außer Null keine Nullteiler. Deshalb handelt es sich um einen Integritätsbereich, und die Kürzungsregel gilt. Die Gleichung $a \cdot b = b \cdot a = 1$ hat keine andere Lösung als $a = b = \pm 1$. Daher sind die einzigen regulären Elemente im Ring ± 1.

Sind a und b zwei Elemente in einem Integritätsbereich I, dann nennt man a einen *Teiler* von b und sagt, a teile b,

§ Im Englischen "division ring", daher erscheint dieser Begriff bereits hier. Der "Körper" wird im Abschnitt 4 eingeführt. (Anmerkung der Übersetzer)

falls ein weiteres Element $c \in I$ derart gefunden werden kann, daß $ac = ca = b$ gilt. Diese Beziehung wird auch als $c = b/a$ geschrieben. Ein reguläres Element von I teilt jedes Element $b \in I$, denn man kann $c = a^{-1}b = ba^{-1}$ wählen. (Natürlich ist ein reguläres Element gerade ein Element, das die multiplikative Eins teilt.)

Weiterhin heißt ein von Null verschiedenes Element p aus I *Primelement*, sofern gilt:

p ist nicht regulär;

falls a das Element p teilt, dann ist a regulär oder von der Form bp, und b ist regulär.

Beispiel 3.4. Im Beispiel 3.3 stimmen die Primelemente gerade mit den "Primzahlen" der Arithmetik überein. Beispielsweise sind die einzigen Zahlen, die 13 teilen, ±1 oder ±13. Zudem ist 13 sicher nicht regulär.

Übung 3.1. Man beweise, daß reguläre Elemente eines Integritätsbereichs nur durch reguläre Elemente teilbar sind.

4. KÖRPER

Ein *Körper* ist ein kommutativer Schiefkörper. Der Bequemlichkeit wegen soll diese Definition auch durch Forderungen an die Elemente ausgedrückt werden, und es sollen einige Eigenschaften von Körpern abgeleitet werden.

Ein Körper K ist eine Menge von mindestens zwei Elementen zusammen mit zwei binären Verknüpfungen, die man Addition und Multiplikation nennt und für welche die folgenden Bedingungen gelten:

1. Für jedes Paar von Elementen $a,b \in K$ gibt es eine eindeutige Summe $a+b$ in K und ein eindeutiges Produkt ab in K.

2. Für drei beliebige Elemente $a,b,c \in K$ gilt

$$\left.\begin{array}{l} a + (b+c) = (a+b) + c \\ a(bc) = (ab)c \end{array}\right\} \text{Assoziativgesetze}$$

$$\left.\begin{array}{l} a + b = b + a \\ ab = ba \end{array}\right\} \text{Kommutativgesetze}$$

$$a(b+c) = ab + ac \qquad \text{Distributivgesetz} .$$

3. Es existiert ein Element $0 \in K$ derart, daß $a+0 = 0+a = a$ für jedes $a \in K$ gilt. Weiterhin gibt es ein Element $-a \in K$ derart, daß $a + (-a) = -a + a = 0$ für jedes $a \in K$ gilt. Man schreibt $a + (-a)$ als $a-a$.

4. Es existiert ein Element $1 \in K$ $(1 \neq 0)$ derart, daß $1a = a1$ für jedes $a \in K$ gilt, und ein Element $a^{-1} \in K$ derart, daß $aa^{-1} = a^{-1}a = 1$ gilt, sofern $a \neq 0$ ist.

Eine wichtige Eigenschaft eines Schiefkörpers und damit eines Körpers, die nicht notwendigerweise für einen Integritätsbereich gilt, ist die Tatsache, daß die Gleichungen $ax = b$ und $ya = b$ mit $a \neq 0$ die eindeutigen Lösungen $x = a^{-1}b$, $y = ba^{-1}$ haben (man vergleiche die alternative Definition einer Gruppe, wie sie an früherer Stelle gegeben wurde). Angesichts der Kommutativregel für die Multiplikation ist in einem Körper $x = y$. Die eindeutige Lösung x der Gleichung $ax = b$ heißt dann der Quotient von b durch a. Damit ist in einem Körper die Division immer möglich. Man beachte auch, daß ein Körper keine Nullteiler hat.

Übung 4.1. Man verifiziere, daß die üblichen Divisionsregeln für rationale Zahlen erfüllt sind (Birkhoff und MacLane, 1965).

Übung 4.2. Man zeige, daß die ganzen Zahlen modulo 3 (Übung 2.2) einen Körper bilden.

Beispiel 4.1. Die Menge der reellen Zahlen $\mathbb{R}$ wurde bereits als Beispiel für einen Ring verwendet, und der Leser wird leicht zeigen können, daß $\mathbb{R}$ einen Körper darstellt. (Es wurde natürlich angenommen, daß die reellen Zahlen existieren und aufgrund der üblichen Regeln der Arithmetik verknüpft werden können.)

Die reellen Zahlen haben die weitere Eigenschaft, daß es eine Beziehung ($\leq$) zwischen Paaren von Elementen gibt, welche die folgenden Axiome erfüllt§:

1. Sind $a,b,c \in \mathbb{R}$ und gilt $a \leq b$, $b \leq c$, dann ist $a \leq c$.
2. Falls $a \leq b$ und $b \leq a$ gilt, ist $a = b$.
3. Es gilt entweder $a \leq b$ oder $b \leq a$.
4. $a \leq b \Rightarrow a+c \leq b+c$.
5. Gilt $0 \leq a$ und $0 \leq b$, so ist $0 \leq ab$.
6. Ist $0 < a$ und $0 \leq b$, so existiert eine ganze Zahl n derart, daß $b \leq na$ gilt. Hierbei wurde $0 < a$ zur Kennzeichnung von $0 \leq a$ und $0 \neq a$ verwendet.
7. Der Durchschnitt jeder Folge abgeschlossener Intervalle (Kapitel IV, Abschnitt 3) $\{[a_n, b_n]\}$ mit $a_n \leq a_{n+1}$ und $b_{n+1} \leq b_n$ für alle n ist nichtleer.

Der *Absolutwert* oder *Betrag* einer reellen Zahl a ist definiert als $(a^2)^{1/2} \geq 0$ und wird durch $|a|$ gekennzeichnet.

Beispiel 4.2. (Komplexe Zahlen). Man betrachte die Menge $\mathbb{C}$ der geordneten Paare (x,y) von reellen Zahlen mit den binären Verknüpfungen + und $\cdot$, die folgendermaßen definiert sind:

$$(x,y) + (r,s) = (x + r, y + s) \tag{4.1}$$

$$(x,y) \cdot (r,s) = (xr-ys, xs+yr) . \tag{4.2}$$

§ Das Symbol $\Rightarrow$ bedeutet, dass stets das Folgende aus dem Vorausgehenden hervorgeht.

Es ist offensichtlich, daß $\mathbb{C}$ zusammen mit + und · einen Körper bildet, wobei (0,0) das Einselement der additiven Gruppe und (1,0) das Einselement der multiplikativen Gruppe ist. In Übereinstimmung mit der bisherigen Bezeichnung kann für das Element (0,0) von $\mathbb{C}$ auch 0 und für (1,0) auch 1 geschrieben werden. Das Inverse irgendeines von Null verschiedenen Elements $z = (x,y)$ ist gegeben durch

$$\left(\frac{x}{x^2 + y^2}, \frac{-y}{x^2 + y^2}\right),$$

denn

$$(x,y)\left(\frac{x}{x^2+y^2}, \frac{-y}{x^2+y^2}\right) = \left(\frac{x^2}{x^2+y^2} + \frac{y^2}{x^2+y^2}, \frac{-xy}{x^2+y^2} + \frac{xy}{x^2+y^2}\right) = (1,0).$$

Jedes Element $z \in \mathbb{C}$ heißt eine *komplexe Zahl*, und $\mathbb{C}$ wird der *Körper der komplexen Zahlen* genannt.

Das Element (0,1) ist von besonderer Bedeutung und wird mit **i** bezeichnet. Aus den Gln.(4.1) und (4.2) folgt, daß jedes Element $(x,y) = z \in \mathbb{C}$ in der Form

$$(1,0)x + (0,1)y = 1x + iy$$

geschrieben werden kann, wobei im letzten Ausdruck $1, i \in \mathbb{C}$ und $x,y \in \mathbb{R}$ gilt. Der Ausdruck $1x + iy$ wird gewöhnlich mit $x + iy$ abgekürzt. Schreibt man z in dieser Form, so heißt x *Realteil* (Re {z}) und y *Imaginärteil* (Im {z}) von z. Wenn y verschwindet, ist (x,y) reell, und wenn x verschwindet, bezeichnet man (x,y) als *rein imaginär*. Das Element i hat die Eigenschaft $i \cdot i = i^2 = (0,1)(0,1) = (-1,0) = -1$.

Ist $z = (x,y) = x+iy \in \mathbb{C}$, dann heißt die komplexe Zahl $z^* = (x,-y) = x-iy \in \mathbb{C}$ die zu z *konjugierte Zahl*. Es ist sofort ersichtlich, daß $z^{**} = z$ gilt und daß

$$z \cdot z^* = zz^* = (x+iy)(x-iy) = x^2 + y^2$$

gilt. Die reelle Zahl $\sqrt{(zz^*)} = \sqrt{(x^2+y^2)} \geq 0$ ist definiert als der *Absolutwert* oder *Betrag* von z. Diese Definition stimmt mit der Definition des Absolutwerts einer reellen Zahl überein, wenn z reell ist. Den Betrag einer komplexen Zahl z bezeichnet man ebenfalls mit $|z|$. Komplexe Zahlen werden in größerer Ausführlichkeit im Kapitel VII untersucht.

Eine Teilmenge von K heißt ein *Teilkörper* (auch *Unterkörper*) von K, falls sie einen Körper darstellt bezüglich der Addition und Multiplikation in K. Eine entsprechende Definition kann man zur Einführung eines *Teilbereichs (Unterbereichs)* von einem Integritätsbereich oder eines *Teilrings (Unterrings)* von einem Ring verwenden. Damit stellt eine Teilmenge von K einen Teilkörper von K dar, falls sie abgeschlossen ist unter Addition und Multiplikation und falls sie die additive und multiplikative Inverse jedes ihrer Elemente enthält. Stellt I einen Teilring eines Rings R dar und gilt für alle Elemente $a \in I$ und für jedes $r \in R$ die Aussage $ar \in I$ ($ra \in I$), dann heißt I ein *Rechtsideal (Linksideal)*. In einem kommutativen Ring stimmen Rechts- und Linksideal überein.

Übung 4.3. Man beweise, daß ein kommutativer Ring R mit dem Einselement e genau dann einen Körper darstellt, wenn außer R selbst und der Null von R keine weiteren Ideale vorhanden sind.

Zwei Ringe (oder Integritätsbereiche, oder Körper) R_1 und R_2 sind *homomorph*, falls jedem Element von R_1 genau ein Element von R_2 derart zugeordnet werden kann, daß die Verknüpfungen der Addition und Multiplikation erhalten bleiben. (Dabei kann ein Element aus R_2 mehreren Elementen aus R_1 zugeordnet sein.) Dies bedeutet folgendes: Sind $a,b \in R_1$ den Elementen $c,d \in R_2$ zugeordnet, so entspricht $a+b$ dem Element $c+d$, und ab entspricht cd. Hierbei wurden in beiden Ringen die Verknüpfungen gleich bezeichnet; hieraus sollte jedoch nicht der Schluß gezogen werden, daß es sich um dieselben Verknüpfungen handeln muß. Falls die Zuordnung eineindeutig ist, sind die Ringe *isomorph*, man schreibt $R_1 \sim R_2$.

Übung 4.4. Man beweise, daß ein Homomorphismus zwischen zwei Körpern entweder einen Isomorphismus oder eine Zuordnung zwischen einem Körper und dem Nullelement des anderen Körpers darstellt.

Beispiel 4.3. Man betrachte die eineindeutige Abbildung von $\mathbb{R}$ in $\mathbb{C}$, die durch $x \to (x,0)$ gegeben ist (man vergleiche Abschnitt 8). Die Menge der Elemente $(x,0)$ bildet einen Teilkörper von $\mathbb{C}$. Für die Abbildungen $x \to (x,0)$, $y \to (y,0)$ erhält man aus Gl.(4.1) und (4.2)

$$x + y \to (x+y,0) = (x,0) + (y,0)$$

und

$$xy \to (xy,0) = (x,0) \cdot (y,0).$$

Hieraus ist zu erkennen, daß Addition und Multiplikation bei der Abbildung erhalten bleiben. Damit ist der Teilkörper der Elemente von $\mathbb{C}$ der Form $(x,0)$ isomorph zu $\mathbb{R}$.

5. Polynomringe

Der Leser ist sicher mit algebraischen Ausdrücken der Form

$$a_o + a_1 x + a_2 x^2 + \dots + a_n x^n$$

oder

$$\sum_{k=0}^{n} a_k x^k \tag{5.1}$$

vertraut. Ein solcher Ausdruck heißt *Polynom* in der "Unbekannten" oder "Unbestimmten" x; die Koeffizienten a_k sind reelle oder komplexe Zahlen. Im folgenden sollen kurz Polynome betrachtet werden, deren Koeffizienten zu einem allgemeinen Ring gehören.

Es sei R ein Ring mit dem Einselement 1, und R_1 sei ein Teilring von R, der 1 enthält. Stellt x ein Element von R dar mit der Eigenschaft xa = ax (man sagt x und a seien *vertauschbar*) für jedes $a \in R_1$, dann kann man die Menge $R_1[x]$ bilden, die aus den Elementen $\sum_{k=0}^{n} a_k x^k$ mit $a_k \in R_1$ für $k = 1,2,\ldots,n$ und $a_n \neq 0$ besteht. Jedes Element der Form $\sum_{k=0}^{n} a_k x^k$ heißt ein Polynom in x mit Koeffizienten in R_1. Der *Grad* eines Polynoms ist definiert als die Zahl n und a_n heißt der ***höchste Koeffizient***. Ein einzelnes von Null verschiedenes Element von R_1 ist offensichtlich ein Polynom vom Grad 0, und auch die Null von R_1 stelle ein Polynom dar (mit nichtdefiniertem Grad). Falls der höchste Koeffizient eines Polynoms gleich 1 ist, bezeichnet man das Polynom als *normiert*.

Unter Verwendung der in R_1 definierten Verknüpfungen der Addition und Multiplikation ist zu erkennen, daß die Summe von zwei beliebigen Polynomen $\sum_{k=0}^{n} a_k x^k$ und $\sum_{k=0}^{m} b_k x^k$ (es sei $m \geq n$ angenommen) durch

$$\sum_{k=0}^{n} (a_k + b_k)x^k + \sum_{k=n+1}^{m} b_k x^k \tag{5.2}$$

und ihr Produkt durch

$$\sum_{k=0}^{n+m} c_k x^k \tag{5.3}$$

mit

$$c_k = \sum_{r+s=k} a_r b_s \tag{5.4}$$

gegeben ist. Das Negative (das additive Inverse) des Polynoms $\sum_{k=1}^{n} a_k x^k$ ist $\sum_{k=1}^{n}(-a_k)x^k$. Damit ist gezeigt, daß $R_1[x]$ einen Teilring von R darstellt. Man spricht vom Ring der Polynome in x über R_1, und die Verbindung von x mit R_1 wird als Adjunktion von x mit R_1 bezeichnet. Ist R_1 kommutativ, so gilt dies offensichtlich auch für $R_1[x]$.

Stellt man die Forderung an das Element x, daß aus der Gleichung $\sum_{k=0}^{n} a_k x^k = 0$ die Bedingungen $a_k = 0$, $k = 1,2,\ldots n$ folgen, so nennt man x eine *Unbestimmte* über R_1 oder *transzendent* über R_1. Man beachte, daß ein über R_1 transzendentes x kein Element b von R_1 sein kann, da dann die Beziehung $x-b = 0$ bestehen würde. Ist x nicht transzendent über R_1, dann heißt x *algebraisch* über R_1. Eine wichtige Eigenschaft eines Polynomrings $R_1[x]$, in dem x eine Unbestimmte über R_1 bedeutet, ist die Tatsache, daß die Darstellung jedes Polynoms eindeutig ist. Gilt nämlich $\sum_{k=1}^{n} a_k x^k = \sum_{k=1}^{m} b_k x^k$ mit $m \geq n$, so ist $\sum_{k=1}^{n}(a_k - b_k)x^k - \sum_{k=n+1}^{m} b_k x^k = 0$, woraus $a_k = b_k$, $k = 1,2,\ldots n$ und $b_k = 0$, $k = n+1, n+2,\ldots,m$ folgt. Es sei noch folgendes angemerkt: Stellt R_1 irgendeinen Ring dar, dann gibt es stets einen Ring R, welcher R_1 als Teilring enthält und ein Element x besitzt, das über R_1 transzendent ist. (Einen Beweis findet man in Mostow [1963] oder Jacobson [1951].)

Falls der Ring R_1 einen Integritätsbereich I darstellt, so gilt dies auch für $I[x]$. Zum Nachweis dieser Behauptung braucht man nur zu zeigen, daß $I[x]$ keine Nullteiler außer Null enthält, da bereits festgestellt wurde, daß $I[x]$ kommutativ ist. Sind $a(x) = \sum_{k=1}^{n} a_k x^k$ und $b(x) = \sum_{k=1}^{m} b_k x^k$ irgendzwei Polynome in $I[x]$ vom Grad n bzw. m, so ist ihr Produkt $a(x)b(x) = \sum_{k=1}^{m+n} c_k x^k$ mit $c_{m+n} = a_n b_m \neq 0$, da I einen Integritätsbereich darstellt. Es ist also a(x)b(x) ein von Null verschiedenes Polynom vom Grad n+m, woraus hervorgeht, daß I[x] keine Nullteiler besitzt. Ist jedoch R_1 kein Integritätsbereich, so kann der höchste Koeffizient $a_n b_m$ des Produkts a(x)b(x) Null sein, und man kann nur feststellen, daß grad $a(x)b(x) \leq$ grad a(x) + grad b(x) gilt. Ist a_n oder b_m ein reguläres Element von R_1, dann gilt das Gleichheitszeichen, da z.B. für reguläres a_n das Element a_n^{-1} existiert und aufgrund der Voraussetzungen $a_n^{-1}(a_n b_m) = b_m \neq 0$ gilt. Aus der Definition eines Polynoms geht unmittelbar hervor, daß der Grad der Summe zweier Polynome vom Grad n bzw. m den größeren der beiden Werte n,m nicht übersteigt.

Es sei I[x] ein Polynomring in der Unbestimmten x über dem Integritätsbereich I. Falls ein Polynom a(x) in I[x] regulär ist, muß es eine Inverse $a^{-1}(x)$ derart haben, daß $a(x)a^{-1}(x) = 1$ gilt, also mit dem Einselement in I übereinstimmt. Da aber der Grad von 1 (als ein Polynom aufgefaßt) 0 ist, folgt aus dem Vorhergehenden, daß grad a(x) = grad $a^{-1}(x) = 0$ ist. Daher sind die regulären Elemente von I[x] gerade die regulären Elemente von I. Stellt I einen Körper K dar, dann sind die regulären Elemente von K[x] die von Null verschiedenen Elemente von K. Als eine direkte Folgerung ist zu erkennen, daß der Ring der Polynome K[x] über einem Körper K selbst kein Körper sein kann; er ist jedoch ein Integritätsbereich aufgrund eines bereits angegebenen Ergebnisses, da jeder Körper einen Integritätsbereich darstellt.

Sind a und b zwei beliebige Elemente in einem Körper K und gilt $b \neq 0$, dann existiert das Element ab^{-1} und stellt den Quotienten von a durch b dar. Man kann folgendes zeigen: Ist I irgendein Integritätsbereich, dann gibt es einen Körper K, welcher I als Teilring enthält, und jedes Element von K läßt sich als Quotient zweier Elemente von I ausdrücken. (Man vergleiche z.B. Jacobson, 1951, S.87.) Der Körper K heißt der *Quotientenkörper* von I und ist in dem Sinne eindeutig, daß zwei beliebige Quotientenkörper desselben Integritätsbereichs isomorph sein müssen. Dieser Vorgang ist bekannt als Einbettung des Bereichs I in den Körper K. Es ist offenkundig, daß der Körper der rationalen Zahlen gerade der Quotientenkörper der ganzen Zahlen ist.

Es sei daran erinnert, daß der Ring der Polynome $K[x]$ über einem Körper K selbst keinen Körper darstellt, sondern einen Integritätsbereich. Es ist jedoch möglich, den Quotientenkörper von $K[x]$ zu bilden. Dieser besteht aus Elementen, die in der Form $a(x)/b(x)$ geschrieben werden, wobei $a(x)$ und $b(x)$ Polynome darstellen. Man spricht vom Körper der rationalen Formen in der Unbestimmten (oder Variablen) x über dem Grundkörper K. Der Körper der rationalen Formen wird mit $K(x)$ bezeichnet und ist von besonderer Wichtigkeit in der Theorie dynamischer Systeme. Ist x ein Element des Körpers K, so ist auch $a(x)/b(x)$ ein Element von K, sofern $b(x) \neq 0$ ist.

6. Faktorisierung von Polynomen

Es wird der Bereich der Polynome $K[x]$ über dem Körper K betrachtet. Ersetzt man im Polynom $a(x) = \sum_{k=1}^{n} a_k x^k$ das x durch $f \in K$, so stellt $a(f) = \sum_{k=1}^{n} a_k f^k$ ein Element von K dar, es ist als *Wert* von $a(x)$ bei $x = f$ bekannt. Tritt der Fall ein, daß $a(f) = 0$ gilt, so heißt f eine *Wurzel* des Polynoms $a(x)$.

Es wurde bereits festgestellt, daß die regulären (invertierbaren) Elemente von $K[x]$ die von Null verschiedenen Elemente von K sind. Die Primelemente von $K[x]$ heißen *irreduzibel*. Der *größte gemeinsame Teiler* (g.g.T.) einer Menge von Elementen $p_1, p_2, \ldots, p_n$ von $K[x]$, die nicht alle Null sind, ist ein Element d von $K[x]$, das $p_1, p_2, \ldots, p_n$ teilt und derart beschaffen ist, daß jedes Element von $K[x]$, welches p_1, $p_2, \ldots, p_n$ teilt, auch d teilt. Man kann leicht erkennen, daß der größte gemeinsame Teiler einer Menge von Elementen bis auf die Multiplikation mit einem von Null verschiedenen Element von K eindeutig bestimmt ist. Polynome $p_1, p_2, \ldots, p_n$, welche einen größten gemeinsamen Teiler vom Grad Null haben, heißen *relativ prim* oder *teilerfremd.*

THEOREM 6.1. Es seien $p_1(x)$ und $p_2(x)$ zwei beliebige von Null verschiedene Elemente von $K[x]$. Dann gibt es zwei eindeutige Elemente $g(x)$ und $r(x)$ in $K[x]$ derart, daß

$$p_1(x) = p_2(x)g(x) + r(x) \tag{6.1}$$

gilt, wobei $r(x)=0$ oder grad $r(x) <$ grad $p_2(x)$ ist. Das Verfahren zur Gewinnung von $g(x)$ und $r(x)$ (und zum Beweis des Theorems) ist induktiv und als der *Divisionsalgorithmus* bekannt. Dieser hängt natürlich mit der gewöhnlichen Division von Polynomen zusammen.

Beweis. Es wird angenommen, daß das Ergebnis für grad $p_1(x) \leq n$ gilt. Schreibt man $p_1(x) = \sum_{k=0}^{n+1} a_k x^k$ mit $a_{n+1} \neq 0$ und $p_2(x) = \sum_{k=0}^{m} b_k x^k$ mit $b_m \neq 0$, dann ergeben sich zwei Möglichkeiten: Entweder gilt $n+1 < m$ oder $n+1 \geq m$. Im ersten Fall wird $g(x) = 0$ und $r(x) = p_1(x)$ gesetzt. Das Ergebnis stimmt dann für grad $p_1(x) = n+1$. Im zweiten Fall ist es offensichtlich, daß der Grad von

$$p_1(x) - \frac{a_{n+1}}{b_m} x^{n+1-m} p_2(x) \tag{6.2}$$

kleiner oder gleich n ist. Aufgrund der Voraussetzung muß daher (6.2) die Form $p_2(x)g(x) + r_1(x)$ haben mit $r_1(x) = 0$ oder grad $r_1(x) <$ grad $p_2(x)$. Damit gilt

$$p_1(x) = \frac{a_{n+1}}{b_m} x^{n+1-m} p_2(x) + p_2(x)g(x) + r_1(x)$$

$$= \left[\frac{a_{n+1}}{b_m} x^{n+1-m} + g(x) \right] p_2(x) + r_1(x) \ .$$

Hieraus ist zu erkennen, daß das Ergebnis für grad $p_1(x) = n+1$ gilt. Das Ergebnis ist in trivialer Weise richtig für grad $p_1(x) = 0$, und damit ist es (durch Induktion) für alle Werte von n gültig.

Beispiel 6.1. Es sei

$$p_1(x) = 3x^4 + 2x^3 + 5x^2 + x + 4 \ ,$$

$$p_2(x) = 3x^2 - x + 3 \ .$$

Dann ist

$$g(x) = x^2 + x + 1$$

und

$$r(x) = -x + 1.$$

Übung 6.1. Die Existenz eines geeigneten g(x) und r(x) im Divisionsalgorithmus wurde soeben bewiesen. Man zeige, daß sie eindeutig sind.

Das Polynom g(x) heißt *Quotient* von $p_1(x)$ durch $p_2(x)$, und r(x) ist der *Rest*. Ist r(x) = 0, dann teilt $p_2(x)$ offensichtlich $p_1(x)$. Ist der Grad eines Teilers eines Polynoms kleiner als der des Polynoms, jedoch größer als 0, so spricht man von einem *echten (eigentlichen) Teiler*. Unter Verwendung dieser Bezeichnung stellt ein irreduzibles Polynom ein Polynom ohne echte Teiler dar.

Wählt man $p_2(x) = x-f$ mit irgendeinem Element f aus K, so folgt unmittelbar aus dem Divisionsalgorithmus, daß jedes Polynom $p_1(x) \in K[x]$ in der Form

$$p_1(x) = (x-f)g(x) + r(x) \tag{6.3}$$

geschrieben werden kann. Diese Gleichung muß auch bestehen, wenn x durch f ersetzt wird, so daß $p_1(f) = r(f)$ gilt. Hieraus ist zu erkennen, daß x-f das Polynom $p_1(x)$ genau dann teilt, wenn $p_1(f) = 0$ ist, d.h. wenn f eine Wurzel von $p_1(x)$ darstellt. Diese Tatsache ist als *Rest-Theorem* bekannt.

THEOREM 6.2. Der größte gemeinsame Teiler g(x) von irgendzwei von Null verschiedenen Polynomen $p_1(x)$ und $p_2(x)$ in $K[x]$ läßt sich in der Form

$$g(x) = r(x)p_1(x) + s(x)p_2(x) \tag{6.4}$$

ausdrücken. Hierbei stellen r(x) und s(x) Polynome in $K[x]$ dar.

Beweis. Die Anwendung des Divisionsalgorithmus auf $p_2(x)$ und $p_1(x)$ liefert (das x wird der Einfachheit halber weggelassen)

$$p_2 = q_1 p_1 + r_1 ,$$

wobei grad $r_1 <$ grad p_1 gilt. Ist $r_1 \neq 0$, dann läßt sich der Divisionsalgorithmus auf p_1 und r_1 anwenden, wodurch man

$$p_1 = q_2 r_1 + r_2$$

mit grad $r_2 <$ grad r_1 erhält. In dieser Weise fährt man fort, bis

$$r_{k-2} = q_k r_{k-1} + r_k ,$$

wobei grad r_1 > grad r_2 > grad r_3 > ... > grad r_{k-1} und $r_k = 0$ gilt. Man beachte, daß das letzte Ergebnis nach höchstens (grad p_2)-maliger Anwendung des Divisionsalgorithmus gewonnen wird.

Aus den obigen Gleichungen ist ersichtlich, daß r_{k-1} das Polynom r_{k-2} teilt und damit auch r_{k-3} usw. Damit sieht man, daß r_{k-1} auch p_1 und p_2 teilt. Wenn andererseits irgendein Polynom p sowohl p_1 als auch p_2 teilt, so folgt aufgrund der angegebenen Gleichungen (man gehe die Gleichungen ausgehend von der ersten von oben nach unten durch), daß p(x) die Polynome $r_1, r_2, \ldots, r_{k-1}$ teilt. Deshalb stellt r_{k-1} den g.g.T. von p_2 und p_1 dar.

Das Ergebnis folgt nun aus der Darstellung

$$r_1 = p_2 - q_1 p_1$$

$$r_2 = p_1 - q_2 r_1$$

$$= -q_2 p_2 + (1+q_1 q_2) p_1$$

$$\ldots$$

also (durch einfache Induktion)

$$r_{k-1} = r p_1 + s p_2 \ .$$

Hierbei sind r und s Polynome.

Beispiel 6.2. Man ermittle den g.g.T. von x^3+2x^2+2x+1 und x^2-1.

$$x^3 + 2x^2 + 2x + 1 = (x+2)(x^2-1) + (3x+3)$$

$$x^2 - 1 = 3(x+1)\cdot\tfrac{1}{3}(x-1) + 0 \ .$$

Hieraus ist zu erkennen, daß (x+1) der gesuchte g.g.T. ist. Weiterhin ist leicht einzusehen, daß

$$(x+1) = -\frac{1}{3}(x+2)(x^2-1) + \frac{1}{3}(x^3+2x^2+2x+1)$$

gilt.

Aus Theorem 6.2 kann man unmittelbar das Folgende entnehmen. Sind $p_1(x)$ und $p_2(x)$ zwei beliebige von Null verschiedene Polynome in $K[x]$ und stellt $g(x)$ ein irreduzibles Polynom in $K[x]$ dar, welches das Produkt $p_1(x)p_2(x)$ teilt, dann muß $g(x)$ auch $p_1(x)$ oder $p_2(x)$ teilen. Denn entweder teilt $g(x)$ das Polynom $p_1(x)$, oder der g.g.T. von $g(x)$ und $p_1(x)$ ist 1. In diesem Fall gilt $1 \cdot p_2(x) = [g(x)r(x) + p_1(x)s(x)]\,p_2(x)$, und $g(x)$ teilt beide Terme auf der rechten Seite.

Dieser Abschnitt soll abgeschlossen werden mit einem Theorem über die Möglichkeit, ein Polynom $p(x)$ in $K[x]$ als Produkt von Primfaktoren darzustellen.

THEOREM 6.3. Jedes Polynom in $K[x]$ läßt sich als ein Produkt von normierten, irreduziblen Polynomen ausdrücken. Eine derartige Faktorisierung ist eindeutig (abgesehen von der Anordnung der Faktoren).

Beweis. Es sei $p(x)$ irgendein Polynom in $K[x]$. Zunächst sei angenommen, daß grad $p(x) = 1$ ist und daß

$$p(x) = p_1(x)p_2(x)$$

mit grad $p_1(x) = r$ und grad $p_2(x) = s$ gilt. Dann ist

$$1 = r + s\,.$$

Deshalb muß $r = 0$ oder $s = 0$ sein. Daraus folgt, daß entweder $p_1(x)$ oder $p_2(x)$ ein Element von K ist, und damit ist $p(x)$ irreduzibel.

Es sei nun angenommen, daß das Ergebnis für Polynome gilt, deren Grad kleiner als n ist. Zur Induktion auf n wird folgendermaßen geschlossen: Ist $p(x)$ irreduzibel, so ist das Ergebnis offensichtlich richtig. Deshalb wird $p(x)$ als reduzibel angenommen. Es sei grad $p(x) = n$ und

$$p(x) = p_1(x)p_2(x)$$

mit grad $p_1(x) = r > 0$, grad $p_2(x) = s > 0$. Dann ist

$$n = r + s ,$$

so daß $n > r$ und $n > s$ sein muß. Aufgrund der Induktionsannahme können $p_1(x)$ und $p_2(x)$ als Produkte irreduzibler Faktoren ausgedrückt werden. Es folgt unmittelbar, daß auch $p(x)$ auf diese Weise ausgedrückt werden kann. Die Faktoren können durch Multiplikation mit einem geeigneten Element von K normiert werden.

Die Eindeutigkeit der Faktorisierung muß noch gezeigt werden, und dies erfordert wiederum eine Induktion auf n. Es sei angenommen, daß grad $p(x) = n$ gilt und daß das Ergebnis für Polynome richtig ist, deren Grad kleiner als n ist. Für $n = 1$ ist das Ergebnis offenkundig. Nun sei (der Einfachheit wegen wird das x weggelassen)

$$p = f_1 p_1 p_2 \dots p_r = f_2 q_1 q_2 \dots q_s ,$$

wobei $f_1, f_2 \in K$ gilt und die p_i und q_j normierte irreduzible Polynome bedeuten.

Als Folge von Theorem 6.2 stellt p_1 einen Faktor von q_1 oder von $f_2 q_2 \dots q_r$ dar. Ist es ein Faktor von $f_2 q_2 \dots q_r$, so ist es ein Faktor von q_2 oder von $f_2 q_3 \dots q_r$. Fährt man in dieser Weise fort, dann ist ersichtlich, daß p_1 ein Faktor von einem der q_j ist (p_i kann nicht f_2 teilen, da f_2 vom Grad Null ist). Nach Durchführung einer möglicherweise notwendigen Umordnung erhält man somit

$$q_1 = g_1 p_1 .$$

Da q_1 irreduzibel ist, hat g_1 den Grad Null (d.h. $g_1 \in K$), und da q_1 und p_1 normiert sind, ist $g_1 = 1$.

Daraus folgt, daß $f_1 p_1 p_2 \ldots p_r = f_2 p_1 q_2 \ldots q_s$ ist, und damit wird (wegen des Kürzungsgesetzes)

$$f_1 p_2 \ldots p_r = f_2 q_2 \ldots q_s \; .$$

Aufgrund der Induktionsvoraussetzung ist jetzt zu erkennen, daß

$$r - 1 = s - 1$$

gilt und, nach möglicherweise erforderlichen Umordnungen, daß

$$q_i = g_i p_i \; , \quad i = 2,3,\ldots,r$$

mit $g_i \in K$ gilt. Da die q_i und p_i normiert sind, bestehen die Beziehungen $g_i = 1$ und $f_1 = f_2$. Der Beweis des Theorems ist damit vollständig.

In faktorisierter Form lautet nun die Darstellung eines Polynoms $p(x)$:

$$p(x) = f p_1(x)^{k_1} p_2(x)^{k_2} \ldots p_u(x)^{k_u} \; . \tag{6.5}$$

Hierbei wurden mehrfach auftretende Faktoren zusammengefaßt. Die $p_i(x)$ sind nun verschieden und normiert, und es ist $f \in K$.

Man kann zeigen, daß jedes Polynom $p \in \mathbb{C}[x]$ mit grad $p \geq 1$ über dem komplexen Körper wenigstens eine Wurzel besitzt. Diese Tatsache ist als *Fundamentalsatz der Algebra* bekannt und kann allein mit algebraischen Mitteln nicht nachgewiesen werden. (Man vergleiche jedoch Kapitel VII.)

Unter Verwendung dieses Ergebnisses und des Rest-Theorems, sowie einer Induktion auf den Grad von p(x), wird der Leser ohne Schwierigkeiten den folgenden Sonderfall von Theorem 6.3 beweisen können.

Übung 6.2. Man zeige, daß jedes Polynom $p(x) \in \mathbb{C}[x]$ durch das Produkt

$$c(x-c_1)(x-c_2) \ldots (x-c_n) \tag{6.6}$$

ausgedrückt werden kann, wobei $c, c_1, \ldots, c_n \in \mathbb{C}$ gilt und $n(>0)$ den Grad von p(x) bedeutet. (Es dürfen mehrfache Faktoren auftreten.)

Übung 6.3. Es sei K der Körper der ganzen Zahlen modulo 3. Man zeige, daß $p(x) = x^3+2x+1$ über K irreduzibel ist. [Ist p(x) irreduzibel, dann hat es einen Faktor vom Grad 1. Man wende das Rest-Theorem an.]

7. Matrizenringe

Es sei R ein beliebiger Ring, und es soll die quadratische Anordnung von Elementen aus R

$$A = \begin{bmatrix} a_{11} & a_{12} & \cdots & a_{1n} \\ a_{21} & a_{22} & \cdots & a_{2n} \\ \vdots & \vdots & & \vdots \\ a_{n1} & a_{n2} & & a_{nn} \end{bmatrix}$$

betrachtet werden. Eine derartige Anordnung heißt eine *quadratische Matrix der Ordnung n.* Matrizen werden ausführlicher in den beiden nächsten Kapiteln diskutiert. Es ist jedoch interessant hier zu zeigen, daß quadratische Matrizen bei Vorgabe bestimmter Regeln für Multiplikation und Addition einen Ring bilden.

Es sei B eine zweite quadratische Matrix der Ordnung n mit b_{ij} an der Schnittstelle der i-ten Zeile und der j-ten Spalte. Dann wird C = A+B als diejenige Matrix definiert, welche als ij-tes Element $c_{ij} = a_{ij}+b_{ij}$ $(i,j = 1,2,\ldots,n)$ hat. Dabei bedeutet das Pluszeichen in der zweiten Gleichung die Additionsverknüpfung in R. Es ist offensichtlich, daß die Menge R^n der quadratischen Matrizen der Ordnung n mit Elementen in R eine kommutative Gruppe bezüglich der eben definierten Additionsverknüpfung bildet. Das additive Einselement ist die Matrix, deren sämtliche Elemente gleich der Null aus R sind; man spricht hierbei von der Nullmatrix. Die additive Inverse irgendeiner Matrix A ist die Matrix, deren ij-tes Element $-a_{ij}$ ist.

Das Produkt zweier Matrizen A und B wird als AB geschrieben und ist definiert als Matrix C mit ij-tem Element

$$c_{ij} = \sum_{k=1}^{n} a_{ik}b_{kj}, \quad i,j = 1,2,\ldots n .$$

Die hierbei auftretende Multiplikation ist jene aus R. Zunächst soll festgestellt werden, daß die Multiplikation assoziativ ist. Dies ergibt sich unmittelbar aufgrund der Definition; denn das ij-te Element von A(BC) ist $\sum_{k,\ell=1}^{n} a_{ik}(b_{k\ell}c_{\ell j})$, und jenes von (AB)C ist $\sum_{k,\ell=1}(a_{ik}b_{k\ell})c_{\ell j}$. Diese beiden Elemente sind aber gleich, weil die Multiplikation im Ring R assoziativ ist. In ähnlicher Weise kann man zeigen, daß die Distributivgesetze für Matrizen

$$A(B + C) = AB + AC$$

und

$$(B + C)A = BA + CA$$

gelten, und zwar folgt dies aus den Distributivgesetzen in R.

Damit ist gezeigt, daß R^n ein Ring ist. Man spricht vom *Ring der n×n-Matrizen über dem Ring R.* Besitzt der Ring R ein multiplikatives Einselement, so gilt dies auch für R^n. Es ist die Matrix

$$I = \begin{bmatrix} 1 & 0 & \dots & 0 \\ 0 & 1 & \dots & 0 \\ \vdots & \vdots & & \vdots \\ 0 & 0 & & 1 \end{bmatrix}.$$

In dieser Matrix ist das ij-te Element 0 für $i \neq j$ und 1 für $i = j$. Man beachte, daß das multiplikative Einselement in R^n mit dem Symbol I bezeichnet wurde, um Verwechslungen mit dem multiplikativen Einselement aus R zu vermeiden. Falls man die Ordnung der n×n-Matrix I hervorheben möchte, schreibt man I_n.

Aufgrund der Multiplikationsregel für Matrizen ist einzusehen, daß R^n nicht kommutativ zu sein braucht und Nullteiler haben kann, selbst wenn R kommutativ ist oder einen Integritätsbereich oder einen Körper darstellt. Die folgenden Beispiele aus dem Ring der 2×2-Matrizen über dem Körper der reellen Zahlen sollen diese Tatsache verdeutlichen.

Beispiel 7.1. Aus

$$A = \begin{bmatrix} 0 & r \\ r & 0 \end{bmatrix}, \quad B = \begin{bmatrix} 0 & -r \\ r & 0 \end{bmatrix}$$

erhält man

$$AB = \begin{bmatrix} r^2 & 0 \\ 0 & -r^2 \end{bmatrix} \neq BA = \begin{bmatrix} -r^2 & 0 \\ 0 & r^2 \end{bmatrix}.$$

Weiterhin liefert

$$A = \begin{bmatrix} 0 & r \\ 0 & 0 \end{bmatrix}, \quad B = \begin{bmatrix} 0 & s \\ 0 & 0 \end{bmatrix}$$

AB = 0. Hierbei bedeuten r und s beliebige reelle Zahlen.

Über die regulären Elemente des Matrizenrings R^n wird noch weiteres mitgeteilt werden, sobald Determinanten im Kapitel II eingeführt sind.

8. Abbildungen und Funktionen

Die Begriffe der eindeutigen und eineindeutigen Zuordnungen wurden bereits verwendet. Dieses Kapitel soll mit einer etwas genaueren Betrachtung dieser und verwandter Überlegungen abgeschlossen werden.

Es seien S und T zwei beliebige Mengen. Dann wird eine Vorschrift (Rezept, Beziehung) f, durch welche jedem Element $s \in S$ genau ein Element $t \in T$ zugeordnet wird, als eine *Abbildung* von S in T bezeichnet. Neben Abbildung werden als äquivalente Bezeichnungen *Funktion* und ***eindeutige Zuordnung*** verwendet. Obwohl mehrdeutige Zuordnungen explizit durch diese Funktionsdefinition ausgeschlossen sind, lassen sie sich leicht einbeziehen, indem man als Funktionen die eindeutigen Zweige der mehrdeutigen Zuordnungen definiert. Obwohl also $y = \sqrt{x}$ nach der Definition keine Funktion ist, kann man zwei Funktionen gewinnen, indem man die positive und die negative Wurzel getrennt betrachtet.

Eine weitere Möglichkeit, eine Funktion einzuführen, besteht darin, daß man sie als Menge geordneter Paare (s,t) auffaßt, wobei das erste Element aus S und das zweite aus T stammt. Diese Menge ist eine Teilmenge von $S \times T$. Auf diese Weise ist folgendes zu erkennen: Die Menge geordneter Paare (s,t) definiert eine Funktion, wenn es für jedes $s \in S$ ein Paar (s,t) gibt und wenn aus der Übereinstimmung der ersten Elemente in zwei beliebigen Paaren die Übereinstimmung der zweiten Elemente folgt. Das Element $t \in T$, das dem Element $s \in S$ zugeordnet ist, heißt das *Bild* von s und wird mit f(s) bezeichnet.[§] Ist weiterhin $S_1 \subseteq S$, so heißt $\bigcup_{s \in S_1} f(s)$ die Bildmenge von S_1, und man schreibt $f(S_1)$. Die Menge $\{s \in S | f(s) = t\}$ heißt das *inverse Bild* von t, und man schreibt oft $f^{-1}(t)$. Man beachte, daß dies keinesfalls bedeutet, daß es eine Funktion f^{-1} gibt. Das inverse Bild $f^{-1}(T_1)$ wird auf ähnliche Weise definiert, wobei $T_1 \subseteq T$ ist.

Die Menge S heißt *Definitionsbereich* der Funktion f und die Menge f(S) ihr *Wertebereich*. Im Falle $f(S) = T$ (d.h. im Falle, daß jedes Element von T das Bild eines Elements von S ist) wird f *surjektiv* genannt und man spricht von einer Abbildung von S *auf* T. Eine Abbildung einer Menge S auf sich heißt eine *Transformation*, wie bereits an früherer Stelle bemerkt wurde (Beispiel 2.11). Eine Funktion f von S auf T heißt *eineindeutig* oder *bijektiv*, falls jeder Punkt in T das Bild von nur einem Punkt in S ist, so daß aus $f(s_1) = f(s_2)$ stets $s_1 = s_2$ folgt. (Dies bedeutet die eineindeutige Zuordnung zwischen Mengen, wie sie in Abschnitt 2 definiert wurde.) Eine Abbildung f von S in T heißt *injektiv*, falls aus $f(s_1) = f(s_2)$ stets $s_1 = s_2$ folgt. Man

§ **Die Funktion f und das Bild f(s) sind verschiedene Dinge. Es ist jedoch oft zweckmässig, einfach ein typisches Bild als die "Funktion" zu bezeichnen. Ein Beispiel wurde bereits gegeben. Die "Funktion $y = \sqrt{x} \geq 0$" ist präziser ausgedrückt die "Funktion y, welche jedem $x \in \mathbb{R}$ das Bild $\sqrt{x} \geq 0$" zuordnet. In solchen Fällen verwendet man die Bezeichnung $f(s) \equiv 0$, um $f = 0$ auf S auszudrücken.**

beachte, daß eine Abbildung, die sowohl injektiv als auch surjektiv ist, eineindeutig oder bijektiv sein muß. In der Darstellung durch geordnete Paare, ist eine Funktion f eineindeutig, falls es für jedes $t \in T$ ein Paar (s,t) gibt, und falls aus $(s_1,t_1) = (s_2,t_1)$ stets $s_1 = s_2$ folgt.

Eineindeutige Funktionen sind deshalb von besonderer Bedeutung, weil sie stets eine inverse Funktion haben, die selbst eineindeutig ist. Dies sieht man leicht ein, wenn man die Inverse f^{-1} einer Funktion f als die Funktion definiert, welche jedem Element $t \in T$ das eindeutige Element $s \in S$ mit $f(s) = t$ zuordnet. Dann ist

$$f^{-1}(t) = f^{-1}f(s) = s .$$

Aufgrund der Definition ist offensichtlich f^{-1} eine eineindeutige Abbildung von T auf S, weshalb Wertebereich und Definitionsbereich von f mit dem Definitionsbereich bzw. Wertebereich von f^{-1} übereinstimmen. Im folgenden sollen die Bezeichnungen $f^{-1}(t)$ und $f^{-1}(T_1)$ für das inverse Bild vermieden werden, außer es existiert eine inverse Funktion f^{-1}.

Die *Verkettung* oder das *Produkt* zweier Abbildungen wird auf folgende Weise definiert. Es sei f_1 eine Abbildung von S in T, und f_2 sei eine Abbildung von T in R. Gilt $s \in S$ mit $f_1(s) = t \in T$ und $f_2(t) = r \in R$, so versteht man unter dem Produkt f_2f_1 diejenige Abbildung, für welche $f_2f_1(s) = r$ gilt. Dies bedeutet, daß $f_2f_1(s) = f_2\{f_1(s)\}$ ist.

Nun können auch Funktionen mit mehr als einer Variablen eingeführt werden. Es seien zwei Mengen S_1 und S_2 gegeben und außerdem eine Vorschrift, die jedem Element der Produktmenge $S_1 \times S_2$ in eindeutiger Weise ein Element einer dritten Menge T zuordnet. Hierbei spricht man von einer Funktion von zwei Variablen aus S_1 und S_2 in T. Es handelt sich um eine Abbildung von $S_1 \times S_2$ in T. Im Sonderfall $S_1 = S_2 = T$ haben wir die bereits früher definierten binären Verknüpfungen. Die Erweiterung dieser Überlegungen auf mehr als zwei Variable liegt auf der Hand.

9. Funktionenringe

Es seien S und R eine beliebige Menge bzw. ein beliebiger Ring, und es sei F die Menge aller Funktionen $f: S \to R$. Zwei Funktionen $f, g \in F$ werden als gleich bezeichnet, wenn $f(s) = g(s)$ für alle $s \in S$ gilt. Definiert man Addition und Multiplikation von Funktionen durch die Beziehungen

$$(f + g)(s) = f(s) + g(s) \tag{9.1}$$

$$(fg)(s) = f(s)g(s) \tag{9.2}$$

für alle $s \in S$, dann kann leicht gezeigt werden, daß die Ringaxiome nach Abschnitt 3 erfüllt sind. Damit bildet F zusammen mit der durch die Gln.(9.1) und (9.2) definierten Addition und Multiplikation einen Ring; er wird *Funktionenring* genannt.

Es wird nun der Sonderfall betrachtet, daß $S = R$ und R ein Integritätsbereich I ist. Die Funktionenmenge der Form

$$f: s \to a_o + a_1 s + \ldots + a_n s^n , \tag{9.3}$$

wobei s und die Koeffizienten $a_o, a_1, \ldots, a_n$ zu I gehören, nennt man die Menge der *Polynomfunktionen* über I. Man beachte, daß für die Gl.(9.3) $s \in I$ gilt, während in der Polynomform $a_o + a_1 x + \ldots + a_n x^n$ die Unbestimmte x zu einem grösseren Ring gehören kann, der I enthält. Zu jeder Polynomform $a_o + a_1 x + \ldots + a_n x^n$ gehört eine eindeutige Polynomfunktion (nämlich die Funktion, die man erhält, indem man x auf I beschränkt), so daß offensichtlich ein Homomorphismus besteht zwischen $I[x]$ und der zugehörigen Menge von Polynomfunktionen. Daß dieser Homomorphismus keinen Isomorphismus darstellt, wird durch die folgenden Beispiele gezeigt.

Beispiel 9.1. Es sei I der Körper der ganzen Zahlen modulo 3. Dann ist den beiden voneinander verschiedenen Polynomen $x+x^4$ und x^2+x^3 dieselbe Polynomfunktion zugeordnet, und zwar

$$\{f:0 \to 0,\ 1 \to 2,\ 2 \to 0\}\ .$$

Beispiel 9.2. Es sei I der endliche Integritätsbereich $\{a_1,a_2,a_3\}$. Dann gilt

$$(x - a_1)(x - a_2)(x - a_3) \neq 0\ ,$$

wenn x über I unbestimmt ist. Andererseits ist die Polynomfunktion

$$f:s \to (s - a_1)(s - a_2)(s - a_3)$$

gleich Null für alle $s \in I$. Damit entsteht die Nullfunktion aus mindestens zwei Polynomformen.

Eine wichtige Tatsache ist, daß für ein I mit unendlich vielen Elementen kein einzelnes Polynom alle Elemente von I unter seinen Wurzeln haben kann. Dies führt zum folgenden Theorem.

THEOREM 9.1. Ist I unendlich, dann stellt der Homomorphismus zwischen I[x] und der zugehörigen Menge von Polynomfunktionen einen Isomorphismus dar.

Für den Beweis dieses Theorems wird folgendes Lemma benötigt.

LEMMA. Eine Polynomform vom Grad n in I[x] hat höchstens n verschiedene Wurzeln.

Beweis des Lemmas. Es wird angenommen, daß $a_1,a_2,\ldots,a_m \in I$ voneinander verschiedene Wurzeln des Polynoms

$f(x) \in I[x]$ darstellen. Dann gilt (aufgrund des Rest-Theorems)

$$f(x) = (x - a_1)g(x) \; . \tag{9.4}$$

Da a_2 eine Wurzel von $f(x)$ darstellt, ist

$$f(a_2) = (a_2 - a_1)g(a_2) = 0$$

und somit $g(a_2) = 0$ (wegen der Kürzungsregel, da $a_2 \neq a_1$). Daher ist

$$g(x) = (x - a_2)h(x)$$

und mit der Gl.(9.4) ergibt sich

$$f(x) = (x - a_1)(x - a_2)h(x) \; . \tag{9.5}$$

Wird dieser Prozeß wiederholt, dann erhält man

$$f(x) = (x - a_1)(x - a_2) \ldots (x - a_m)r(x) \; . \tag{9.6}$$

Also muß der Grad von $f(x)$ größer oder gleich der Zahl der verschiedenen Nullstellen sein, womit das Lemma bewiesen ist.

Beweis des Theorems. Es seien $f(x)$ und $g(x)$ zwei beliebige Polynome in $I[x]$, und die Polynomfunktionen f und g seien gleich auf I. Die Differenz $\phi(x) = f(x)-g(x)$ ist ein Polynom. Nun wird gegenteilig zu dem, was bewiesen werden soll, angenommen, daß $\phi(x)$ nicht das Nullpolynom darstellt, sondern den Grad $n \geq 0$ hat. Dann hat $\phi(x)$ nach dem Lemma höchstens n voneinander verschiedene Wurzeln, und weil I unendlich ist, gibt es ein $s \in I$, für welches $\phi(s) = 0$ gilt. Durch diesen Widerspruch ist das Theorem bewiesen.

Aus rationalen Formen $a(x)/b(x)$ in $F(x)$ werden rationale Funktionen $a(s)/b(s)$, wenn s ein Element von F darstellt. Aus der oben bewiesenen Aussage folgt, daß die rationalen Formen und die rationalen Funktionen isomorph sind, sofern F einen unendlichen Körper darstellt. Man beachte, daß die rationale Funktion $a(s)/b(s)$ nur dort definiert ist, wo $b(s) \neq 0$ gilt.

10. Abzählbare Mengen

Im Abschnitt 1 wurden endliche und unendliche Mengen definiert. Die Definition einer endlichen Menge bedeutet natürlich, daß eine eineindeutige Zuordnung zwischen den Elementen der Menge und einer Teilmenge $\{1,2,...,n\}$ der Menge der positiven ganzen Zahlen angegeben werden kann. Eine unendliche Menge heißt *abzählbar* (genauer abzählbar unendlich), falls eine eineindeutige Zuordnung zwischen ihren Elementen und der Menge der positiven ganzen Zahlen $\{1,2,...\}$ existiert.

Übung 10.1. Man zeige, daß die Vereinigung abzählbar vieler abzählbarer Mengen selbst abzählbar ist. [Man ordne die Elemente der Mengen in einem geeigneten rechteckigen Schema an und zähle längs der Diagonalen ab.]

Übung 10.2. Man beweise, daß die Menge der rationalen Zahlen abzählbar ist. Man betrachte hierzu die Menge von Mengen der Form $\{1/n, 2/n, ...\}$ und verwende die vorausgegangene Übung. Bereits gezählte Elemente bleiben unberücksichtigt.

Weiterführende Literatur

Es wurde angenommen, daß der Leser mit den verschiedenen Zahlensystemen (ganze Zahlen, rationale Zahlen, reelle Zahlen usw.) vertraut ist. Eine gute Einführung über diese Zahlensysteme ist in den Büchern von Courant und John (1965) zu finden. Als eine ausführlichere Darstellung wird Burrill (1967) empfohlen.

Der Inhalt dieses Kapitels ist zum großen Teil in den Büchern zu finden, auf die in den weiteren Kapiteln dieses Buches Bezug genommen wird. Insbesondere finden sich bei Apostol (1957), Jacobson (1951) und Birkhoff und MacLane (1965) einschlägige Ergänzungen des Stoffs.

Schrifttum

Apostol, T., 1957, *Mathematical analysis*, Addison-Wesley, Reading, Mass.

Benson, R.V., 1966, *Euclidean geometry and convexity*, McGraw-Hill, New York.

Birkhoff, G. und S. MacLane, 1965, *A survey of modern algebra*, Macmillan, New York.

Burrill, C., 1967, *Foundations of real numbers*, McGraw-Hill, New York.

Courant, R. und F. John, 1965, *Introduction to calculus and analysis* (Band 1), John Wiley (Interscience), New York.

Graves, L.M., 1956, *The theory of functions of real variables*, McGraw-Hill, New York.

Jacobson, N., 1951, *Lectures in abstract algebra*, Band 1 - *Basic concepts*, Van Nostrand, Princeton, N.J.

Mostow, G.D., J.H. Sampson, und J.P. Meyer, 1963, *Fundamental structures of algebra*, McGraw-Hill, New York.

Aufgaben

1 Man zeige anhand von Gegenbeispielen, daß die Subtraktion von Mengen nicht notwendig den üblichen Subtraktionsregeln der Algebra gehorcht.

2 Man zeige, daß eine beliebige Menge S mit der binären Verknüpfung $ab = b$; $a,b \in S$ eine Halbgruppe bildet. Was kann über die Einselemente dieser Halbgruppe ausgesagt werden?

3 Man betrachte eine Halbgruppe S mit einer Rechtseins s_r. Die Gleichung $xa = s_r$, $a \in S$, habe eine eindeutige Lösung für jedes $x \in S$ (d.h. jedes Element von S besitzt ein Linksinverses bezüglich s_r). Stellt das resultierende System notwendigerweise eine Gruppe dar?

4 Man beweise folgende Aussage: Ist z ein Element eines Körpers K, dann stellt $z^n + z^{-n}$ ein Polynom in $z + z^{-1}$ dar.

5 Man ermittle den größten gemeinsamen Teiler von x^4+x^3-x-1 und x^4-1 und stelle ihn dar in der Form von Gl.(6.4).

6 Man faktorisiere das Polynom x^3+2x^2-x+1 in seine irreduziblen Faktoren über (a) dem Körper der reellen Zahlen, (b) dem Körper der komplexen Zahlen.

7 Man zeige, daß die Menge aller 2×2-Matrizen der Form

$$\begin{bmatrix} a & b \\ -b & a \end{bmatrix},$$

mit $a,b \in \mathbb{R}$, isomorph zum Körper der komplexen Zahlen ist.

8 Man zeige, daß die Menge aller reellen Zahlen $a + \sqrt{2}b$ einen Ring bezüglich der gewöhnlichen Addition und Multiplikation bildet.

9 Man zeige, daß die Menge Q aller Matrizen der Form

$$\begin{bmatrix} a & b \\ -b^* & a^* \end{bmatrix},$$

mit $a,b \in \mathbb{C}$, einen Schiefkörper bildet. (Dieser Schiefkörper heißt *Quaternionenschiefkörper*.)

10 Man zeige, daß die Menge aller $p\times q$-Matrizen (siehe Kapitel II, Abschnitt 1), deren Elemente einer additiven Gruppe angehören, eine Gruppe bezüglich der Matrizenaddition bildet.

Matrizen und Determinanten

1. Matrizen

Im Kapitel I wurden quadratische Matrizen über einem Ring definiert, und es wurde ihre Addition und Multiplikation behandelt. In diesem Kapitel sollen Matrizen betrachtet werden, die nicht notwendig quadratisch sind.

Das rechteckige Schema

$$A = \begin{bmatrix} a_{11} & a_{12} & \cdots & a_{1n} \\ a_{21} & a_{22} & \cdots & a_{2n} \\ \vdots & \vdots & & \vdots \\ a_{m1} & a_{m2} & \cdots & a_{mn} \end{bmatrix},$$

in dem a_{ij}, $i = 1,2,\ldots,m$, $j = 1,2,\ldots,n$ Elemente eines Rings R bedeuten, heißt eine ***rechteckige*** $m\times n$***-Matrix über*** R. Dabei bedeutet m die Zahl der Zeilen und n die Zahl der Spalten in dem Schema. Falls $m = n$ gilt, handelt es sich um eine quadratische Matrix der Ordnung n, wie sie im Kapitel I definiert wurde. In einer quadratischen Matrix der Ordnung n wird die Diagonale mit den Elementen $a_{11}, a_{22}, \ldots, a_{nn}$ die *Hauptdiagonale* genannt.

Die Addition zweier rechteckiger Matrizen A und B ist nur möglich, wenn beide Matrizen die gleiche Zahl von Zeilen und von Spalten aufweisen (derartige Matrizen nennt man ***verträglich bezüglich der Addition***, oder Matrizen ***vom gleichen Typ***). Sie wird in derselben Weise definiert wie bei quadratischen Matrizen. Sind A und B $m\times n$-Matrizen, so versteht man also unter ihrer Summe C die Matrix, deren Elemente an der ij-ten Stelle durch $c_{ij} = a_{ij}+b_{ij}$ für $i = 1, 2,\ldots,m$, $j = 1,2,\ldots,n$ gegeben ist. Häufig bezeichnet man die Matrix mit dem Element a_{ij} an ij-ter Stelle durch (a_{ij}), und unter Verwendung dieser Bezeichnung kann $(c_{ij}) = (a_{ij}) + (b_{ij}) = (a_{ij}+b_{ij})$ geschrieben werden.

Stellt A eine m×n-Matrix und B eine r×s-Matrix dar, so ist das Produkt AB nur dann definiert, wenn $n = r$ gilt (d.h. die Zahl der Spalten der Matrix A muß mit der Zahl der Zeilen der Matrix B übereinstimmen). Das Produkt ist dann gegeben durch die Matrix $C = AB$, wobei $c_{ij} = \sum_{k=1}^{m} a_{ik}b_{kj}$ ist. Man sagt in diesem Fall, daß die Matrizen A und B *verträglich bezüglich des Produkts AB* sind. Man beachte, daß bei rechteckigen Matrizen im allgemeinen die Multiplikation nicht nur nicht-kommutativ ist, sondern daß BA gar nicht zu existieren braucht. Tatsächlich existieren AB und BA gleichzeitig nur, wenn $m = s$ und $n = r$ gilt.

Beispiel 1.1. Es ist

$$\begin{bmatrix} 2 & 1 \\ 1 & 1 \end{bmatrix} \begin{bmatrix} 3 & 1 & 1 \\ 1 & 2 & 1 \end{bmatrix} = \begin{bmatrix} 7 & 4 & 3 \\ 4 & 3 & 2 \end{bmatrix},$$

jedoch das Produkt

$$\begin{bmatrix} 3 & 1 & 1 \\ 1 & 2 & 1 \end{bmatrix} \begin{bmatrix} 2 & 1 \\ 1 & 1 \end{bmatrix}$$

ist nicht definiert. Andererseits gilt

$$\begin{bmatrix} 1 & 2 \\ 1 & 1 \\ 3 & 1 \end{bmatrix} \begin{bmatrix} 3 & 1 & 1 \\ 1 & 2 & 1 \end{bmatrix} = \begin{bmatrix} 5 & 5 & 3 \\ 4 & 3 & 2 \\ 10 & 5 & 4 \end{bmatrix}$$

und

$$\begin{bmatrix} 3 & 1 & 1 \\ 1 & 2 & 1 \end{bmatrix} \begin{bmatrix} 1 & 2 \\ 1 & 1 \\ 3 & 1 \end{bmatrix} = \begin{bmatrix} 7 & 8 \\ 6 & 5 \end{bmatrix}.$$

Offensichtlich ist das Produkt AB einer n×m-Matrix A mit einer m×r-Matrix B eine n×r-Matrix. Damit AB und BA existieren, muß n = r sein, so daß das eine Produkt eine n×n-Matrix und das andere eine m×m-Matrix wird. Die beiden Produkte können nur dann dieselbe Gestalt annehmen, wenn die Faktormatrizen quadratisch sind. Damit ist einzusehen, daß eine kommutative Multiplikation nur möglich ist für quadratische Matrizen. Allerdings muß diese Eigenschaft selbst dann nicht unbedingt bestehen, wie im Kapitel I schon gezeigt wurde.

Bei der Anwendung mathematischer Methoden in der Theorie dynamischer Systeme hat man es meistens mit Matrizen über einem Körper (oder vielleicht einem Integritätsbereich) zu tun. Deshalb sollen im folgenden die Elemente einer Matrix stets als Elemente eines Körpers K betrachtet werden, wenn nicht ausdrücklich etwas anderes gesagt ist. Die Elemente von K werden *Skalare* genannt, und die Multiplikation einer Matrix $A = (a_{ij})$ mit einem Skalar $a \in K$ wird durch $aA = (aa_{ij}) = (a_{ij}a) = Aa$ definiert.

Jeder m×n-Matrix $A = (a_{ij})$ kann man die n×m-Matrix zuordnen, die durch Vertauschung der Zeilen und Spalten von A entsteht. Diese neue Matrix heißt die *Transponierte* von A, und sie wird mit A^T bezeichnet. Es gilt also $A^T = (a_{ji})$. Weitere Bezeichnungen für die Transponierte sind A' und A^t. Die Transponierte der Transponierten einer Matrix ist offenbar die Matrix selbst: $(A^T)^T = A$.

Übung 1.1. Man verifiziere zunächst, daß $(aA)^T = aA^T$ und $(aA+bB)^T = aA^T+bB^T$ gilt, wobei a und b Skalare bedeuten. Damit zeige man dann, daß die Transponierte einer beliebigen Summe skalar multiplizierter Matrizen übereinstimmt mit der Summe der transponierten Matrizen, multipliziert mit den jeweiligen Skalaren.

Eine Matrix, die mit ihrer Transponierten übereinstimmt, heißt *symmetrische Matrix;* sie muß offensichtlich quadratisch sein. Eine Matrix, welche mit dem Negativen ihrer Transponierten übereinstimmt, heißt *schiefsymmetrisch* (antisymmetrisch); auch sie muß quadratisch sein. Es ist eine wichtige Tatsache, daß jede quadratische Matrix A über einem Körper K, in dem $1+1 \neq 0$ ist, als Summe einer symmetrischen und einer schiefsymmetrischen Matrix in der folgenden Weise dargestellt werden kann:

$$A = (a_{ij}) = B + C$$

mit

$$B = 2^{-1}(A+A^T) = 2^{-1}(a_{ij}+a_{ji})$$

und

$$C = 2^{-1}(A-A^T) = 2^{-1}(a_{ij}-a_{ji}) .$$

Da $B^T = 2^{-1}(A^T+ A) = B$ gilt, ist zu erkennen, daß B symmetrisch ist. Da $C^T = 2^{-1}(A^T-A) = -C$ gilt, ist die Matrix C schiefsymmetrisch.

Beispiel 1.2. Es gilt

$$\begin{bmatrix} 2 & 1 & 0 \\ 3 & 0 & 2 \\ 2 & 0 & 2 \end{bmatrix} = \begin{bmatrix} 2 & 2 & 1 \\ 2 & 0 & 1 \\ 1 & 1 & 2 \end{bmatrix} + \begin{bmatrix} 0 & -1 & -1 \\ 1 & 0 & 1 \\ 1 & -1 & 0 \end{bmatrix} .$$

Die erste Matrix auf der rechten Seite ist symmetrisch, die zweite schiefsymmetrisch.

Beispiel 1.3. Die Zerlegung von A in einen symmetrischen und einen schiefsymmetrischen Anteil ist nicht möglich, wenn K den Körper der ganzen Zahlen modulo 2 darstellt. In diesem Fall gilt $2B = (a_{ij}+a_{ji})$, es ist jedoch $2 \equiv 0 \mod 2$, so daß 2 kein Inverses in K besitzt.

1.1. Zerlegung in Teilmatrizen

Man betrachte die Matrix dritter Ordnung

$$A = \left[\begin{array}{cc|c} a_{11} & a_{12} & a_{13} \\ a_{21} & a_{22} & a_{23} \\ \hline a_{31} & a_{32} & a_{33} \end{array}\right] . \tag{1.1}$$

Durch die gestrichelten Linien soll die Matrix A in *Teilmatrizen (Untermatrizen)* zerlegt werden, so daß sie auch als *Blockmatrix* in der Form

$$A = \begin{bmatrix} A_{11} & A_{12} \\ A_{21} & A_{22} \end{bmatrix} \tag{1.2}$$

geschrieben werden kann. Dabei ist A_{11} eine 2×2-Matrix, A_{12} eine 2×1-Matrix, A_{21} eine 1×2-Matrix und A_{22} eine 1×1-Matrix. Wird eine 3×3-Matrix B in entsprechender Weise zerlegt, so daß sich

$$B = \begin{bmatrix} B_{11} & B_{12} \\ B_{21} & B_{22} \end{bmatrix} \tag{1.3}$$

ergibt, dann läßt sich durch einfache Rechnung nachweisen, daß für das Produkt

$$AB = \begin{bmatrix} A_{11}B_{11} + A_{12}B_{21} & A_{11}B_{12} + A_{12}B_{22} \\ A_{21}B_{11} + A_{22}B_{21} & A_{21}B_{12} + A_{22}B_{22} \end{bmatrix} \tag{1.4}$$

gilt.

Allgemein bezeichnet man die beiden Matrizen $A(m \times n)$ und $B(n \times p)$ als *entsprechend zerlegt*, falls

$$A = \begin{bmatrix} A_{11} & A_{12} & \cdots & A_{1r} \\ A_{21} & A_{22} & \cdots & A_{2r} \\ \vdots & \vdots & & \vdots \\ A_{s1} & A_{s2} & & A_{sr} \end{bmatrix} \tag{1.5}$$

und

$$B = \begin{bmatrix} B_{11} & B_{12} & \cdots & B_{1t} \\ B_{21} & B_{22} & & B_{2t} \\ \vdots & \vdots & & \vdots \\ B_{r1} & B_{r2} & & B_{rt} \end{bmatrix} \tag{1.6}$$

gilt und A_{ij} eine $m_i \times n_j$-Matrix darstellt mit $\sum_{i=1}^{s} m_i = m$, $\sum_{j=1}^{r} n_j = n$ und B_{ij} eine $n_i \times p_j$-Matrix mit $\sum_{i=1}^{r} n_i = n$, $\sum_{j=1}^{t} p_j = p$.

Übung 1.2. Man zeige, daß die Multiplikation von entsprechend zerlegten Matrizen so ausgeführt werden kann, daß man die Teilmatrizen als einzelne Elemente betrachtet. Dies bedeutet, daß bei der Darstellung von A und B gemäß den Gln. (1.5) und (1.6) ihr Produkt $C = AB$ durch (C_{ij}) mit

$$C_{ij} = \sum_{k=1}^{r} A_{ik} B_{kj} \tag{1.7}$$

gegeben ist.

Von besonderer Wichtigkeit (Kapitel III, Abschnitt 6) sind zerlegte Matrizen der Form

$$C = \begin{bmatrix} C_1 & & & & 0 \\ & C_2 & & & \\ & & \cdot & & \\ & & & \cdot & \\ & & & & \cdot \\ 0 & & & & C_n \end{bmatrix} . \tag{1.8}$$

Dabei bedeuten die C_i, $i = 1,2,\ldots,n$, quadratische Matrizen längs der Hauptdiagonalen, und alle übrigen Elemente sind Null. Derartige Matrizen heißen *quasidiagonal* oder *blockdiagonal*.

2. Determinanten

Eine wichtige Funktion, durch welche den n^2 Elementen einer quadratischen Matrix der Ordnung n ein einziger Skalar zugeordnet wird, ist als die *Determinante* der Matrix bekannt. Sie läßt sich auf verschiedene Arten definieren. Die folgenden Überlegungen führen zu zwei dieser Definitionen.

Man betrachte das Paar homogener algebraischer Gleichungen

$$a_{11}x_1 + a_{12}x_2 = 0 \tag{2.1}$$

$$a_{21}x_1 + a_{22}x_2 = 0 \; . \tag{2.2}$$

Multipliziert man die Gl.(2.1) mit a_{22} und die Gl.(2.2) mit a_{12} und subtrahiert man die Ergebnisse voneinander, so entsteht die Beziehung

$$(a_{11}a_{22} - a_{12}a_{21})x_1 = 0 \,. \tag{2.3}$$

In entsprechender Weise erhält man nach Elimination von x_1 die Beziehung

$$(a_{11}a_{22} - a_{12}a_{21})x_2 = 0 \,. \tag{2.4}$$

Damit ist zu erkennen, daß nur dann eine Lösung der Gln. (2.1) und (2.2) existiert, für welche wenigstens eine der Größen $x_1, x_2 \neq 0$ ist, wenn

$$a_{11}a_{22} - a_{12}a_{21} = 0 \tag{2.5}$$

gilt. Der Ausdruck auf der linken Seite von Gl.(2.5) ist als die *Determinante* der Matrix

$$A = (a_{ij}) = \begin{bmatrix} a_{11} & a_{12} \\ a_{21} & a_{22} \end{bmatrix}$$

definiert. Sie wird durch $|A|$ oder $|a_{ij}|$ oder $\begin{vmatrix} a_{11} & a_{12} \\ a_{21} & a_{22} \end{vmatrix}$ bezeichnet. Gelegentlich verwendet man auch die Ausdrücke det A oder det (a_{ij}) zur Bezeichnung von Determinanten. Man beachte, daß die Gln.(2.1) und (2.2) in der Form

$$\begin{bmatrix} a_{11} & a_{12} \\ a_{21} & a_{22} \end{bmatrix} \begin{bmatrix} x_1 \\ x_2 \end{bmatrix} = \begin{bmatrix} 0 \\ 0 \end{bmatrix}$$

geschrieben werden können.

Es werden nun die Gleichungen

$$a_{11}x_1 + a_{12}x_2 + a_{13}x_3 = 0 \quad (2.6)$$

$$a_{21}x_1 + a_{22}x_2 + a_{23}x_3 = 0 \quad (2.7)$$

$$a_{31}x_1 + a_{32}x_2 + a_{33}x_3 = 0 \quad (2.8)$$

betrachtet. Multipliziert man Gl.(2.7) mit a_{33} und Gl.(2.8) mit a_{23} und subtrahiert man die Ergebnisse voneinander, so ergibt sich die Beziehung

$$(a_{21}a_{33} - a_{23}a_{31})x_1 + (a_{22}a_{33} - a_{23}a_{32})x_2 = 0 \ . \quad (2.9)$$

Eliminiert man die Größe x_2 aus diesen zwei Gleichungen, so erhält man

$$(a_{21}a_{32} - a_{22}a_{31})x_1 + (a_{23}a_{32} - a_{22}a_{33})x_3 = 0 \ . \quad (2.10)$$

Führt man nun die Gln.(2.9) und (2.10) in die Gl.(2.6) ein, so ergibt sich die Beziehung

$$\begin{aligned}\big[a_{11}(a_{22}a_{33} - a_{23}a_{32}) - a_{12}(a_{21}a_{33} - a_{23}a_{31}) + \\ + a_{13}(a_{21}a_{32} - a_{22}a_{31})\big]x_1 = 0.\end{aligned} \quad (2.11)$$

Hätte man aus den Gln.(2.6), (2.7) und (2.8) die Größen x_1 und x_3 oder x_1 und x_2 eliminiert, so hätte man statt der Gl.(2.11) Beziehungen erhalten mit demselben Ausdruck in der eckigen Klammer, allerdings multipliziert mit x_2 bzw. x_3. Für die Existenz einer Lösung der Gln.(2.6), (2.7) und (2.8), bei der nicht alle der Größen x_1,x_2 und x_3 Null sind, muß der in Gl.(2.11) mit x_1 multiplizierte Ausdruck verschwinden. Dieser Ausdruck wird als die Determinante der Matrix dritter Ordnung

$$\begin{bmatrix} a_{11} & a_{12} & a_{13} \\ a_{21} & a_{22} & a_{23} \\ a_{31} & a_{32} & a_{33} \end{bmatrix}$$

definiert. Auch hier wird die Determinante durch dasselbe Schema bezeichnet mit geraden Strichen anstelle der eckigen Klammern. Natürlich lassen sich auch die Gln.(2.6), (2.7) und (2.8) in Matrizenform schreiben, wie es im Falle der Gln.(2.1) und (2.2) geschah.

Ein Vergleich der Gln.(2.4) und (2.11) zeigt, daß die Determinante dritter Ordnung mit Hilfe von drei Determinanten zweiter Ordnung in folgender Weise ausgedrückt werden kann:

$$\begin{vmatrix} a_{11} & a_{12} & a_{13} \\ a_{21} & a_{22} & a_{23} \\ a_{31} & a_{32} & a_{33} \end{vmatrix} = a_{11} \begin{vmatrix} a_{22} & a_{23} \\ a_{32} & a_{33} \end{vmatrix} - a_{12} \begin{vmatrix} a_{21} & a_{23} \\ a_{31} & a_{33} \end{vmatrix} + a_{13} \begin{vmatrix} a_{21} & a_{22} \\ a_{31} & a_{32} \end{vmatrix} .$$

Auf der rechten Seite dieser Gleichung wird jedes Element der ersten Zeile multipliziert mit der Determinante einer Matrix, die aus der ursprünglichen Matrix durch Streichen der Zeile und Spalte entsteht, die dieses Element enthalten. Man beachte auch, daß die Vorzeichen der Produkte alternieren. Das Vorzeichen des ersten Produkts ist positiv, das des zweiten Produkts negativ und das dritte Produkt hat wieder positives Vorzeichen.

Wiederholt man diesen Prozeß für vier Gleichungen und dann für fünf Gleichungen usw., so erhält man eine Definition einer Determinante n-ter Ordnung ausgedrückt in Determinanten (n-1)-ter Ordnung. Es ergibt sich

$$\left|(a_{ij})\right| = \sum_{k=1}^{n} a_{1k}(-1)^{k+1} M_{1k} \quad . \tag{2.12}$$

Dabei bedeutet M_{1k} die Determinante (n-1)-ter Ordnung, welche aus der ursprünglichen Matrix durch Streichen der ersten Zeile und der k-ten Spalte entsteht. Die Determinante M_{1k} heißt der zum Element a_{1k} gehörende *Minor* (oder *Unterdeterminante*). Im allgemeinen versteht man unter dem zum Element a_{ij} gehörenden Minor die Determinante der Ordnung (n-1), welche man aus der ursprünglichen Matrix (a_{ij}) der Ordnung n durch Streichen der i-ten Zeile und der j-ten Spalte gewinnt.

Nun sollen Determinanten von einem etwas anderen Gesichtspunkt aus diskutiert werden. Nach Gl.(2.11) läßt sich die Determinante dritter Ordnung darstellen in der entwickelten Form

$$|(a_{ij})| = a_{11}a_{22}a_{33} - a_{11}a_{23}a_{32} - a_{12}a_{21}a_{33} + a_{12}a_{23}a_{31} + a_{13}a_{21}a_{32} - a_{13}a_{22}a_{31} \quad . \qquad (2.13)$$

Eine Überprüfung des Ausdrucks auf der rechten Seite dieser Gleichung zeigt, daß er aus positiven und negativen Termen besteht, von denen jeder ein Produkt aus drei Elementen darstellt. Diese Elemente stammen jeweils aus verschiedenen Zeilen und Spalten der Matrix (a_{ij}). Damit hat jeder Term die Form $\pm a_{1i}a_{2j}a_{3k}$, wobei i,j,k irgendeine Permutation der Zahlen 1,2,3 bedeutet.

Wenn man sich in entsprechender Weise die Mühe machen würde, eine Determinante der Ordnung 4 in entwickelter Form anzuschreiben, so würde man feststellen, daß sie aus 4!(=24) Termen der Form $\pm a_{1i}a_{2j}a_{3k}a_{4\ell}$ besteht, wobei i,j,k,ℓ eine Permutation von 1,2,3,4 bedeutet. Fährt man in dieser Weise fort, so wird deutlich, daß die Determinante $|(a_{ij})|$ der Ordnung n aus n! Ausdrücken der Form $\pm a_{1i}a_{2j}\cdots a_{nr}$ besteht, wobei i,j,...,r eine Permutation der ganzen Zahlen 1,2,3,..., n bedeutet. Eine sorgfältige Prüfung der Vorzeichen der Terme im allgemeinen Ausdruck würde zum Ergebnis führen, daß ein positives Vorzeichen dann auftritt, wenn in der Permutation $i,j,k,\ldots,r$ die natürliche Reihenfolge durch eine gerade Anzahl von Vertauschungen benachbarter Elemente erreicht werden kann, und ein negatives Vorzeichen auftritt, wenn die Anzahl solcher Vertauschungen ungerade ist.

Diese Überlegungen sollen nun eine bestimmte Form erhalten, und es soll eine alternative Definition einer Determinante angegeben werden.

2.1. Gerade und ungerade Permutationen

Die Permutation $i,j,k,\ell,\ldots,r$ der ganzen Zahlen $1,2,\ldots,n$ soll mit p bezeichnet werden. Es wird dann wie in Kapitel I

$$P = \begin{pmatrix} 1 & 2 & 3 & \ldots & n \\ i & j & k & \ldots & r \end{pmatrix}$$

geschrieben. Daneben wird auch die Bezeichnung

$$p = \begin{pmatrix} 1 & 2 & \ldots & n \\ p(1) & p(2) & \ldots & p(n) \end{pmatrix}$$

verwendet, wobei $p(i)$ das Bild von i unter der Permutation p bedeutet. Ein Paar von ganzen Zahlen i,j mit $j > i$ erfährt durch die Permutation p eine Umkehrung der Reihenfolge, falls $p(j) < p(i)$ gilt. Wenn die durch p hervorgerufene Zahl von Umkehrungen der Reihenfolge ungerade ist, heißt p eine *ungerade Permutation*. Wenn die Zahl von Umkehrungen der Reihenfolge gerade ist, heißt p *gerade*. Nunmehr wird das *Signum* oder *Vorzeichen* (abgekürzt sgn) einer Permutation p definiert als $(-1)^n$, wobei n die Zahl von Umkehrungen der Reihenfolge in p bedeutet. Damit ist $\operatorname{sgn} p = +1$, falls p gerade ist, und es gilt $\operatorname{sgn} p = -1$, wenn p ungerade ist.

Beispiel 2.1. Man betrachte die Permutation

$$p = \begin{pmatrix} 1 & 2 & 3 & 4 & 5 \\ 3 & 5 & 2 & 4 & 1 \end{pmatrix} .$$

Geht man die Anordnung von links nach rechts durch, so zeigt sich, daß (3 2) und (3 1) Umkehrungen der Reihenfolge darstellen, ebenso wie (5 2), (5 4), (5 1), (2 1) und (4 1). Deshalb ist p ungerade und sgn p = -1.

Es gibt zahlreiche andere Definitionen von ungeraden und geraden Permutationen und vom Signum einer Permutation, jedoch erfordern sie eine tiefergehende Behandlung der symmetrischen Gruppe der Permutationen (Steward, 1963; Marcus und Minc, 1965). Die obige Definition reicht für unsere augenblicklichen Zwecke aus.

Übung 2.1. Man beweise, daß das Signum des Produkts zweier Permutationen übereinstimmt mit dem Produkt ihrer Signa. Man zeige weiterhin, daß die Vertauschung zweier beliebiger Elemente in einer Permutation eine ungerade Permutation ist, sofern man die übrigen Elemente unverändert läßt. Die Ergebnisse dieser Übung werden sich später als nützlich erweisen (Abschnitt 2.2).

Es kann nun eine alternative Definition einer *Determinante* angegeben werden. Eine Determinante $|(a_{ij})|$ der Ordnung n ist die Funktion

$$|(a_{ij})| = \sum_{p} \operatorname{sgn} p \cdot a_{1p(1)} a_{2p(2)} \cdots a_{np(n)} \tag{2.14}$$

Dabei ist die Summation über alle Permutationen der ganzen Zahlen 1,2,3,...,n zu erstrecken. Der Leser möge an einem Beispiel zeigen, daß diese Definition mit der früheren übereinstimmt, indem er die Gl.(2.14) z.B. für den Fall der Determinante dritter Ordnung ausführlich anschreibt. Ein Beweis wird später gegeben (Abschnitt 2.3).

Übung 2.2. Man zeige, daß neben Gl.(2.14) die folgende Darstellung für $|A|$ besteht, wenn $r_1, r_2, \ldots, r_n$ eine Permutation der Zahlen $1, \ldots, n$ bedeutet:

$$|A| = \sum_j \delta^{r_1 r_2 \ldots r_n}_{j_1 j_2 \ldots j_n} a_{r_1 j_1} a_{r_2 j_2} \ldots a_{r_n j_n} . \qquad (2.15)$$

Dabei ist das Symbol $\delta^{r_1 r_2 \ldots r_n}_{j_1 j_2 \ldots j_n}$ identisch mit +1, falls $r_1, r_2, \ldots, r_n$ eine gerade Permutation von $j_1, j_2, \ldots, j_n$ darstellt, und mit -1, wenn $r_1, r_2, \ldots, r_n$ eine ungerade Permutation von $j_1, j_2, \ldots, j_n$ ist; es ist 0, wenn $r_1, r_2, \ldots, r_n$ keine Permutation von $j_1, j_2, \ldots, j_n$ bedeutet. Die Summation in Gl.(2.15) ist über sämtliche Permutationen j von 1,2,..., n in $j_1, j_2, \ldots, j_n$ zu erstrecken.

2.2. Einige Eigenschaften von Determinanten

Es folgt unmittelbar aus der Definition, daß die Determinante einer mit einem Skalar multiplizierten Matrix der Ordnung n mit dem Produkt der n-ten Potenz des Skalars und der Determinante der Matrix übereinstimmt, d.h.

$$|kA| = |(ka_{ij})| = k^n |(a_{ij})| .$$

Wird nur eine einzige Zeile oder Spalte von A mit einem Skalar k multipliziert, so ist die Determinante gleich dem Produkt $k|A|$.

Übung 2.3. Man zeige, daß die Determinante der Transponierten einer Matrix A mit der Determinante von A übereinstimmt, d.h. daß

$$|A^T| = |A|$$

gilt. Diese wichtige Tatsache bedeutet, daß jede Aussage über Determinanten bezüglich der Zeilen der entsprechenden Matrix auch für die Spalten gültig ist.

THEOREM 2.1. Die Vertauschung zweier beliebiger Zeilen einer Matrix hat keinen Einfluß auf den Zahlenwert ihrer Determinante, es wird jedoch das Vorzeichen umgekehrt.

Beweis. Es wird angenommen, daß die Zeilen r und s in (a_{ij}) vertauscht sind. Dann wird der Ausdruck

$$\sum_p \operatorname{sgn} p \cdot a_{1p(1)} \cdots a_{rp(r)} \cdots a_{sp(s)} \cdots a_{np(n)} \tag{2.16}$$

zu

$$\sum_p \operatorname{sgn} p \cdot a_{1p(1)} \cdots a_{sp(r)} \cdots a_{rp(s)} \cdots a_{np(n)} \quad . \tag{2.17}$$

Die Faktoren in jedem Term bleiben unverändert, jedoch wurden in der entsprechenden Permutation zwei Elemente miteinander vertauscht. Diese eine Vertauschung kann als eine separate Permutation betrachtet werden, sie ist ungerade und bewirkt wegen des Produkts dieser Permutation mit der ursprünglichen nur eine Vorzeichenumkehrung (man vergleiche die beiden Ergebnisse über das Signum von Permutationen in Übung 2.1). Es wird also bei jedem Term in der Determinante das Vorzeichen geändert, sein Zahlenwert jedoch bleibt unverändert. Die Richtigkeit des Ergebnisses ist damit nachgewiesen.

Übung 2.4. Man beweise folgende Aussage: Wird die 1., 2.,3., ..., n-te Zeile von (a_{ij}) durch die p(1)-te, p(2)-te, ..., p(n)-te Zeile von (a_{ij}) ersetzt, so bewirkt diese Vertauschung der Zeilen eine Multiplikation der Determinante mit sgn p, wobei p die Permutation

$$\begin{pmatrix} 1 & 2 & \dots & n \\ p(1) & p(2) & \dots & p(n) \end{pmatrix}$$

bedeutet.

THEOREM 2.2. Addiert man irgendeine mit einem Skalar multiplizierte Zeile einer Matrix zu einer beliebigen anderen Zeile, so ändert sich der Wert der Determinante nicht.

Beweis. Es sei (a_{ij}) die ursprüngliche Matrix und es sei (b_{ij}) die Matrix, die durch Addition des c-fachen der Zeile r in (a_{ij}) zur Zeile s in (a_{ij}) gewonnen wurde. Dann gilt also

$$b_{ij} = \begin{cases} a_{sj} + ca_{rj}, & \text{falls } i = s \qquad (2.18) \\ a_{ij} & \text{sonst .} \qquad (2.19) \end{cases}$$

Damit ist

$$|(b_{ij})| = \sum_p \text{sgn } p \cdot b_{1p(1)} \dots b_{rp(r)} \dots b_{sp(s)} \dots b_{np(n)}$$

$$= \sum_p \text{sgn } p \cdot a_{1p(1)} \dots a_{rp(r)} \dots (a_{sp(s)} + ca_{rp(r)}) \dots a_{np(n)}$$

$$|(b_{ij})| = \sum_p \operatorname{sgn} p \cdot a_{1p(1)} \cdots a_{rp(r)} \cdots a_{sp(s)} \cdots a_{np(n)}$$

$$+ c \sum_p \operatorname{sgn} p \cdot a_{1p(1)} \cdots a_{rp(r)} \cdots a_{rp(r)} \cdots$$

$$\cdots a_{np(n)}$$

$$= |(a_{ij})| \; . \tag{2.20}$$

Hierbei wurde berücksichtigt, daß der mit c multiplizierte Ausdruck die Determinante einer Matrix mit zwei identischen Zeilen darstellt.

Eine weitere oft nützliche Tatsache ist, daß jede Matrix (a_{ij}), in der eine Zeile aus lauter Nullelementen besteht, eine verschwindende Determinante aufweist. Dies folgt unmittelbar aus der Definition einer Determinante gemäß Gl. (2.14), denn jeder Term in $|(a_{ij})|$ muß ein Element aus jeder Zeile von (a_{ij}) enthalten. Diese Tatsache und die vorausgegangene Aussage lassen sich dazu verwenden, das frühere Ergebnis nachzuweisen, daß nämlich eine Matrix mit zwei identischen Zeilen eine verschwindende Determinante hat. Subtrahiert man nämlich eine der identischen Zeilen von der anderen, so ändert sich der Wert der Determinante nicht, es ergibt sich jedoch eine Zeile mit Nullelementen. Der Wert der Determinante muß also gleich Null sein.

THEOREM 2.3. Die Determinante des Produkts zweier Matrizen stimmt überein mit dem Produkt ihrer Determinanten.

Beweis. Es sei

$$A = (a_{ij}), \quad B = (b_{ij})$$

und

$$C = (c_{ij}) = (a_{ij})(b_{ij}) = \sum_{k=1}^{n} a_{ik} b_{kj} \quad .$$

Dann wird

$$\begin{aligned} \left|(c_{ij})\right| &= \sum_p \operatorname{sgn} p \cdot c_{1p(1)} c_{2p(2)} \cdots c_{np(n)} \\ &= \sum_p \operatorname{sgn} p \cdot \sum_{r_1=1}^{n} a_{1r_1} b_{r_1 p(1)} \sum_{r_2=1}^{n} a_{2r_2} b_{r_2 p(2)} \cdots \\ &\qquad \cdot \sum_{r_n=1}^{n} a_{nr_n} b_{r_n p(n)} \\ &= \sum_{r_1=1}^{n} \sum_{r_2=1}^{n} \cdots \sum_{r_n=1}^{n} a_{1r_1} a_{2r_2} \cdots a_{nr_n} \\ &\qquad \cdot \sum_p \operatorname{sgn} p \cdot b_{r_1 p(1)} b_{r_2 p(2)} \cdots b_{r_n p(n)} \quad . \qquad (2.21) \end{aligned}$$

Man betrachtet nun den Ausdruck

$$\sum_p \operatorname{sgn} p \cdot b_{r_1 p(1)} b_{r_2 p(2)} \cdots b_{r_n p(n)} \quad . \qquad (2.22)$$

Dies ist gerade die Determinante jener Matrix, welche als 1.,2.,...,n-te Zeile die r_1-te, r_2-te,...,r_n-te Zeile von B besitzt, sofern $r_1, r_2, \ldots, r_n$ irgendeine Umordnung von 1,2,...,n ist (andernfalls ist der Ausdruck Null). Nach Übung 2.4 stimmt der Ausdruck Gl.(2.22) mit $\operatorname{sgn} r \cdot |B|$ überein, wobei r die Permutation

$$\begin{pmatrix} 1 & 2 & \dots & n \\ r_1 & r_2 & \dots & r_n \end{pmatrix}$$

bedeutet. Verwendet man dies in Gl.(2.21), dann erhält man

$$|C| = |B| \sum_{r_1=1}^{n} \sum_{r_2=1}^{n} \dots \sum_{r_n=1}^{n} \operatorname{sgn} r \cdot a_{1r_1} a_{2r_2} \dots a_{nr_n}$$

$$= |B|\,|A| .$$

Damit ist der Beweis erbracht.

Beispiel 2.2. Es wird das Produkt

$$AB = \begin{bmatrix} 3 & 1 & 1 \\ 0 & 1 & 0 \\ 1 & 0 & 1 \end{bmatrix} \begin{bmatrix} 1 & 1 & 0 \\ 0 & 1 & 1 \\ 1 & 0 & 0 \end{bmatrix} = \begin{bmatrix} 4 & 4 & 1 \\ 0 & 1 & 1 \\ 2 & 1 & 0 \end{bmatrix} = C$$

betrachtet. Es gilt hierbei

$$|A| = - \begin{vmatrix} 0 & 1 & 0 \\ 3 & 1 & 1 \\ 1 & 0 & 1 \end{vmatrix} = \begin{vmatrix} 3 & 1 \\ 1 & 1 \end{vmatrix} = 2$$

und

$$|B| = \begin{vmatrix} 1 & 0 & 0 \\ 1 & 1 & 0 \\ 0 & 1 & 1 \end{vmatrix} = \begin{vmatrix} 1 & 0 \\ 1 & 1 \end{vmatrix} = 1 .$$

Weiterhin ist

$$|C| = -\begin{vmatrix} 0 & 1 & 1 \\ 4 & 4 & 1 \\ 2 & 1 & 0 \end{vmatrix} = \begin{vmatrix} 4 & 1 \\ 2 & 0 \end{vmatrix} - \begin{vmatrix} 4 & 4 \\ 2 & 1 \end{vmatrix} = 2 .$$

2.3. Entwicklungen einer Determinante

Der zum Element a_{ij} in einer Matrix (a_{ij}) gehörende Minor M_{ij} wurde bereits als die Determinante jener Anordnung definiert, die man durch Streichen der i-ten Zeile und der j-ten Spalte aus (a_{ij}) erhält. Aufgrund der Definition ergibt sich

$$M_{11} = \sum_{p'} \operatorname{sgn} p' \cdot a_{2p'(2)} a_{3p'(3)} \cdots a_{np'(n)} , \tag{2.23}$$

wobei die Permutationen p' über 2,3,...,n zu nehmen sind. Es wird nun die Determinante $|(a_{ij})|$ selbst betrachtet, also

$$|(a_{ij})| = \sum_{p} \operatorname{sgn} p \cdot a_{1p(1)} a_{2p(2)} \cdots a_{np(n)} . \tag{2.24}$$

Faßt man in Gl.(2.24) alle mit a_{11} multiplizierten Terme zusammen, so wird ihre Summe gleich

$$\sum_{p''} \operatorname{sgn} p'' \cdot a_{2p''(2)} a_{3p''(3)} \cdots a_{np''(n)} , \tag{2.25}$$

wobei p'' eine Permutation von 1,2,...,n darstellt, bei der das erste Element 1 festgehalten wird. Da jede Permutation p'' der Permutation p' entspricht, die man durch Weglassen der 1 an der äußersten linken Stelle erhält, und da die Vertauschung der Reihenfolge in p'' die 1 nicht berührt, gilt sgn p'' = sgn p'. Daher stimmt der Ausdruck (2.25) gerade mit M_{11} überein, und es gilt

$$|(a_{ij})| = a_{11}M_{11} + \text{Glieder, die } a_{11} \text{ nicht enthalten.}$$

Man beachte nun, daß jedes Element a_{ij} der Matrix in die linke obere Ecke (d.h. an die Position 11) durch i-1 Zeilenvertauschungen und j-1 Spaltenvertauschungen gebracht werden kann, ohne daß dabei die relativen Lagen der übrigen Zeilen und Spalten verändert werden. Dabei ändert sich also auch der Minor M_{ij} nicht. Aufgrund des früheren Ergebnisses über die Auswirkung einer einzelnen Zeilen- oder Spaltenvertauschung ist zu erkennen, daß die Verschiebung des Elements a_{ij} an die linke obere Ecke die Multiplikation von $|(a_{ij})|$ mit $(-1)^{i-1+j-1} = (-1)^{i+j}$ bewirkt. Daher ist die Summe der Terme von $|(a_{ij})|$, die mit a_{ij} multipliziert werden, gleich $(-1)^{i+j}M_{ij}$. Jedes Element einer beliebigen Zeile von (a_{ij}) tritt nur einmal in jedem Term von $|(a_{ij})|$ auf. Deshalb gilt

$$|(a_{ij})| = \sum_{j=1}^{n} a_{ij}(-1)^{i+j}M_{ij} \quad . \tag{2.26}$$

In derselben Weise erhält man ein ähnliches Ergebnis, wenn man die Elemente aus der Spalte j verwendet:

$$|(a_{ij})| = \sum_{i=1}^{n} a_{ij}(-1)^{i+j}M_{i} . \tag{2.27}$$

Man pflegt die Ausdrücke in den Gln.(2.26) und (2.27) zu vereinfachen, indem man dem Ausdruck $(-1)^{i+j}M_{ij}$ ein Symbol A_{ij} zuordnet. Man bezeichnet die Größe A_{ij} als *Adjunkte* (auch *algebraisches Komplement*) des Elements a_{ij}. Dann wird beispielsweise die Gl.(2.26) einfach

$$|(a_{ij})| = \sum_{j=1}^{n} a_{ij}A_{ij} \ . \tag{2.28}$$

Entwickelt man $|(a_{ij})|$ nach den Elementen der ersten Zeile von (a_{ij}) durch Wahl von $i = 1$ in Gl.(2.26), so erhält man als Ergebnis

$$|(a_{ij})| = \sum_{j=1}^{n} a_{1j}(-1)^{j+1}M_{1j} \ . \tag{2.29}$$

Dieses Resultat stimmt mit Gl.(2.12) überein, womit die Äquivalenz der beiden Definitionen einer Determinante nachgewiesen ist.

Die Summe der Produkte aus den Elementen irgendeiner Zeile einer Matrix mit ihrer Adjunkten stimmt mit der Determinante überein. Es soll nun die Frage gestellt werden, was man erhält, wenn man die Elemente einer Zeile mit den Adjunkten der entsprechenden Elemente in einer anderen Zeile multipliziert. Das Ergebnis stimmt offensichtlich überein mit der Entwicklung der Determinante einer Matrix mit zwei identischen Zeilen. Deshalb gilt

$$\sum_{k=1}^{n} a_{ik}A_{jk} = 0, \quad i \neq j \ . \tag{2.30}$$

Ein ähnliches Ergebnis ergibt sich für Spalten:

$$\sum_{k=1}^{n} a_{ki}A_{kj} = 0, \quad i \neq j \ . \tag{2.31}$$

Diese Ergebnisse werden sich als nützlich erweisen, wenn an späterer Stelle in diesem Kapitel die Inversion von Matrizen behandelt wird.

Die Minoren (n-1)-ter Ordnung einer n×n-Matrix A wurden an früherer Stelle eingeführt. Eine natürliche Erweiterung dieses Begriffs ergibt sich, wenn man aus der Matrix A m Zeilen und m Spalten entfernt. Man spricht in diesem Fall von Minoren (n-m)-ter Ordnung von A. Damit stimmen die Minoren (n-m)-ter Ordnung von A gerade mit den Determinanten der Teilmatrizen (n-m)-ter Ordnung von A überein. Die Determinante der Ordnung m jener Teilmatrix, die sich aus Elementen zusammensetzt, welche bei der Bildung irgendeines Minors M von A doppelt gestrichen wurden, heißt zu M *komplementärer Minor*.

Beispiel 2.3. In der Determinante

$$|A| = \begin{vmatrix} a_{11} & a_{12} & a_{13} & a_{14} \\ a_{21} & a_{22} & a_{23} & a_{24} \\ a_{31} & a_{32} & a_{33} & a_{34} \\ a_{41} & a_{42} & a_{43} & a_{44} \end{vmatrix}$$

sind die Minoren

$$\begin{vmatrix} a_{11} & a_{13} \\ a_{31} & a_{33} \end{vmatrix}, \quad \begin{vmatrix} a_{22} & a_{24} \\ a_{42} & a_{44} \end{vmatrix}$$

zueinander komplementär.

Die Entwicklung der Determinante einer Matrix n-ter Ordnung nach ihren Zeilen und Spalten oder, anders ausgedrückt, nach ihren Minoren (n-1)-ter Ordnung, wurde bereits demonstriert. Es soll nun die Entwicklung von |A| nach Minoren beliebiger Ordnung betrachtet werden. Das hierbei entstehende Ergebnis ist als *Laplacesche Entwicklung* von |A| bekannt.

Eine beliebige Auswahl von $q < n$ Zeilen von A soll mit $r_1, r_2, \ldots, r_q$ und die verbleibenden $n-q$ Zeilen (in irgendeiner Anordnung) mit $r_{q+1}, r_{q+2}, \ldots, r_n$ bezeichnet werden. Man beachte, daß $r_1, r_2, \ldots, r_n$ eine Permutation von 1,2, ...,n darstellt. Nach Übung 2.2 läßt sich $|A|$ in der Form

$$|A| = \sum_j \delta^{r_1 r_2 \ldots r_n}_{j_1 j_2 \ldots j_n} a_{r_1 j_1} a_{r_2 j_2} \ldots a_{r_n j_n} \tag{2.32}$$

schreiben. Es sei nun $i_1, i_2, \ldots, i_n$ eine Permutation von $1,2,\ldots,n$ derart, daß

$$\left.\begin{array}{l} i_1 < i_2 < \ldots < i_q \\ i_{q+1} < i_{q+2} < \ldots < i_n \end{array}\right\} \tag{2.33}$$

gilt. Dann werden die auf der rechten Seite von Gl.(2.32) stehenden Terme betrachtet, bei denen $j_1, j_2, \ldots, j_q$ eine Umordnung von $i_1, i_2, \ldots, i_q$ und $j_{q+1}, j_{q+2}, \ldots, j_n$ eine Umordnung von $i_{q+1}, i_{q+2}, \ldots, i_n$ darstellt. Es gibt $q!(n-q)!$ derartiger Terme, und für jeden davon gilt, wie man leicht sieht,

$$\delta^{r_1 r_2 \ldots r_n}_{j_1 j_2 \ldots j_n} = \delta^{r_1 r_2 \ldots r_n}_{i_1 i_2 \ldots i_n} \delta^{i_1 i_2 \ldots i_q i_{q+1} \ldots i_n}_{j_1 j_2 \ldots j_q j_{q+1} \ldots j_n} \tag{2.34}$$

$$= \delta^{r_1 r_2 \ldots r_n}_{i_1 i_2 \ldots i_n} \delta^{i_1 i_2 \ldots i_q}_{j_1 j_2 \ldots j_q} \delta^{i_{q+1} i_{q+2} \ldots i_n}_{j_{q+1} j_{q+2} \ldots j_n} . \tag{2.35}$$

Daraus folgt, daß der gesamte Beitrag zu $|A|$ von diesen Termen durch Summation über alle Permutationen $j_1, j_2, \ldots, j_q$ von $i_1, i_2, \ldots, i_q$ und über alle Permutationen $j_{q+1}, j_{q+2}, \ldots, j_n$ von $i_{q+1}, i_{q+2}, \ldots, i_n$ gewonnen wird. Man erhält also

$$\delta^{r_1 r_2 \ldots r_n}_{i_1 i_2 \ldots i_n} \sum_j \delta^{i_1 i_2 \ldots i_q}_{j_1 j_2 \ldots j_q} a_{r_1 j_1} a_{r_2 j_2} \ldots a_{r_q j_q}$$

$$\cdot \sum_j \delta^{i_{q+1} i_{q+2} \ldots i_n}_{j_{q+1} j_{q+2} \ldots j_n} a_{r_{q+1} j_{q+1}} a_{r_{q+2} j_{q+2}} \ldots a_{r_n j_n} . \quad (2.36)$$

Die erste Summe in dem Ausdruck (2.36) stellt gerade den aus der r_1-ten, r_2-ten, ..., r_q-ten Zeile und der j_1-ten, j_2-ten, ..., i_q-ten Spalte gebildeten Minor dar, die zweite Summe bedeutet den entsprechenden komplementären Minor (man vergleiche Übung 2.2). Damit kann der Ausdruck (2.36) in der Form

$$\delta^{r_1 r_2 \ldots r_n}_{i_1 i_2 \ldots i_n} \begin{vmatrix} a_{r_1 i_1} & \ldots & a_{r_1 i_q} \\ \vdots & & \vdots \\ a_{r_q i_1} & \ldots & a_{r_q i_q} \end{vmatrix} \begin{vmatrix} a_{r_{q+1} i_{q+1}} & \ldots & a_{r_{q+1} i_n} \\ \vdots & & \vdots \\ a_{r_n i_{q+1}} & \ldots & a_{r_n i_n} \end{vmatrix} \quad (2.37)$$

geschrieben werden. Schließlich erhält man $|A|$ durch Summation von Termen (2.37) über alle möglichen Wahlen von $i_1 < i_2 < \ldots < i_q$ und $i_{q+1} < i_{q+2} < \ldots < i_n$.

Bezeichnet man diese Summation mit $\sum_i$, so entsteht die Beziehung

$$|A| = \sum_i \delta^{r_1 r_2 \ldots r_n}_{i_1 i_2 \ldots i_n} \begin{vmatrix} a_{r_1 i_1} & \ldots & a_{r_1 i_q} \\ \vdots & & \vdots \\ a_{r_q i_1} & \ldots & a_{r_q i_q} \end{vmatrix} \begin{vmatrix} a_{r_{q+1} i_{q+1}} & \ldots & a_{r_{q+1} i_n} \\ \vdots & & \vdots \\ a_{r_n i_{q+1}} & \ldots & a_{r_n i_n} \end{vmatrix} . \quad (2.38)$$

Diese Darstellung ist die Laplacesche Entwicklung von $|A|$.

Die folgende wörtliche Interpretation von Gl.(2.38) ist recht nützlich. Man wähle irgendwelche q Zeilen von A aus und bilde alle möglichen Minoren q-ter Ordnung von A aus diesen ausgewählten Zeilen. Hierbei ist die ursprüngliche Reihenfolge der Zeilen unverändert zu lassen. Man bilde sodann die Summe der Produkte aus diesen Minoren mit ihren komplementären Minoren, wobei jeder Term in der Summe mit $\delta^{r_1 r_2 \ldots r_n}_{i_1 i_2 \ldots i_n}$ zu multiplizieren ist. Dabei repräsentieren r_1, $r_2, \ldots, r_q$ und $i_1, i_2, \ldots, i_q$ die Zeilen bzw. Spalten des Minors, $r_{q+1}, r_{q+2}, \ldots, r_n$ und $i_{q+1}, i_{q+2}, \ldots, i_n$ die Zeilen bzw. Spalten des komplementären Minors. Das Ergebnis stimmt mit $|A|$ überein. Es ist natürlich gleichermaßen möglich, eine ähnliche Entwicklung aufgrund einer ausgewählten Zahl von Spalten statt von Zeilen durchzuführen.

Beispiel 2.4. Man betrachte die Entwicklung von $|A|$ aus Beispiel 2.3 nach der 1. und 3. Zeile. Die hierbei erforderlichen Minoren der Ordnung 2 sind

$$\begin{vmatrix} a_{11} & a_{12} \\ a_{31} & a_{32} \end{vmatrix} \quad \begin{vmatrix} a_{11} & a_{13} \\ a_{31} & a_{33} \end{vmatrix} \quad \begin{vmatrix} a_{11} & a_{14} \\ a_{31} & a_{34} \end{vmatrix}$$

$$\begin{vmatrix} a_{12} & a_{13} \\ a_{32} & a_{33} \end{vmatrix} \quad \begin{vmatrix} a_{12} & a_{14} \\ a_{32} & a_{34} \end{vmatrix} \quad \begin{vmatrix} a_{13} & a_{14} \\ a_{33} & a_{34} \end{vmatrix} .$$

Ihre entsprechenden komplementären Minoren sind

$$\begin{vmatrix} a_{23} & a_{24} \\ a_{43} & a_{44} \end{vmatrix} \quad \begin{vmatrix} a_{22} & a_{24} \\ a_{42} & a_{44} \end{vmatrix} \quad \begin{vmatrix} a_{22} & a_{23} \\ a_{42} & a_{43} \end{vmatrix}$$

$$\begin{vmatrix} a_{21} & a_{24} \\ a_{41} & a_{44} \end{vmatrix} \quad \begin{vmatrix} a_{21} & a_{23} \\ a_{41} & a_{43} \end{vmatrix} \quad \begin{vmatrix} a_{21} & a_{22} \\ a_{41} & a_{42} \end{vmatrix} .$$

Es wird nun das Signum von

$$\begin{vmatrix} a_{11} & a_{12} \\ a_{31} & a_{32} \end{vmatrix} \begin{vmatrix} a_{23} & a_{24} \\ a_{43} & a_{44} \end{vmatrix}$$

betrachtet. Dies ist gerade

$$\delta^{1\,3\,2\,4}_{1\,2\,3\,4} = -1 .$$

Das Signum von

$$\begin{vmatrix} a_{11} & a_{13} \\ a_{31} & a_{33} \end{vmatrix} \begin{vmatrix} a_{22} & a_{24} \\ a_{42} & a_{44} \end{vmatrix}$$

ist

$$\delta^{1\,3\,2\,4}_{1\,3\,2\,4} = +1 .$$

usw. Die endgültige Entwicklung lautet

$$A = - \begin{vmatrix} a_{11} & a_{12} \\ a_{31} & a_{32} \end{vmatrix} \begin{vmatrix} a_{23} & a_{24} \\ a_{43} & a_{44} \end{vmatrix} + \begin{vmatrix} a_{11} & a_{13} \\ a_{31} & a_{33} \end{vmatrix} \begin{vmatrix} a_{22} & a_{24} \\ a_{42} & a_{44} \end{vmatrix}$$
$$- \begin{vmatrix} a_{11} & a_{14} \\ a_{31} & a_{34} \end{vmatrix} \begin{vmatrix} a_{22} & a_{23} \\ a_{42} & a_{43} \end{vmatrix} - \begin{vmatrix} a_{12} & a_{13} \\ a_{32} & a_{33} \end{vmatrix} \begin{vmatrix} a_{21} & a_{24} \\ a_{41} & a_{44} \end{vmatrix}$$
$$+ \begin{vmatrix} a_{12} & a_{14} \\ a_{32} & a_{34} \end{vmatrix} \begin{vmatrix} a_{21} & a_{23} \\ a_{41} & a_{43} \end{vmatrix} - \begin{vmatrix} a_{13} & a_{14} \\ a_{33} & a_{34} \end{vmatrix} \begin{vmatrix} a_{21} & a_{22} \\ a_{41} & a_{42} \end{vmatrix} .$$

Übung 2.5. Man leite die Entwicklung einer Determinante nach ihren Zeilen gemäß Gl.(2.26) aus der Laplaceschen Entwicklung gemäß Gl.(2.38) ab.

Übung 2.6. Man beweise Theorem 2.3 unter Verwendung der Laplaceschen Entwicklung und der Matrizengleichung

$$\begin{bmatrix} A & 0 \\ -I & B \end{bmatrix} \begin{bmatrix} I & B \\ 0 & I \end{bmatrix} = \begin{bmatrix} A & AB \\ -I & 0 \end{bmatrix} .$$

[Man verwende Theorem 2.2 (auf Spalten angewandt), um zu zeigen, daß die Multiplikation mit der zweiten Matrix auf der linken Seite die Determinante der ersten Matrix unverändert läßt.]

Beispiel 2.5. Es gilt

$$A = \begin{vmatrix} 1 & 1 & 0 & 0 \\ 2 & 1 & 3 & 1 \\ 0 & 1 & 1 & 3 \\ 2 & 1 & 1 & 2 \end{vmatrix}$$

$$= \begin{vmatrix} 1 & 1 \\ 2 & 1 \end{vmatrix} \begin{vmatrix} 1 & 3 \\ 1 & 2 \end{vmatrix} - \begin{vmatrix} 1 & 1 \\ 0 & 1 \end{vmatrix} \begin{vmatrix} 3 & 1 \\ 1 & 2 \end{vmatrix} + \begin{vmatrix} 1 & 1 \\ 2 & 1 \end{vmatrix} \begin{vmatrix} 3 & 1 \\ 1 & 3 \end{vmatrix}$$

$$+ \begin{vmatrix} 2 & 1 \\ 0 & 1 \end{vmatrix} \begin{vmatrix} 0 & 0 \\ 1 & 2 \end{vmatrix} - \begin{vmatrix} 2 & 1 \\ 2 & 1 \end{vmatrix} \begin{vmatrix} 0 & 0 \\ 1 & 3 \end{vmatrix} + \begin{vmatrix} 0 & 1 \\ 2 & 1 \end{vmatrix} \begin{vmatrix} 0 & 0 \\ 3 & 1 \end{vmatrix}$$

$$= -\ 12.$$

3. Inversion einer Matrix

Im Kapitel I, Abschnitt 7 wurden Matrizenringe R^n über einem Ring R diskutiert, und es wurde festgestellt, daß R^n ein multiplikatives Einselement besitzt, sofern R ein multiplikatives Einselement hat. Das Einselement in R^n ist dann die n×n-Matrix

$$I_n = \begin{bmatrix} 1 & 0 & \dots & 0 \\ 0 & 1 & \dots & 0 \\ \vdots & \vdots & & \vdots \\ 0 & 0 & & 1 \end{bmatrix} . \tag{3.1}$$

Es wird nun vorausgesetzt, daß R kommutativ ist, und es sollen besonders die Einheiten oder regulären Elemente von R^n betrachtet werden, d.h. jene Elemente, die ein Inverses haben und die eine multiplikative Gruppe bilden (man vergleiche Kapitel I, Abschnitt 3).

Es sei A irgendeine Matrix in R^n. Dann versteht man unter der zu A *adjungierten Matrix* die Transponierte jener Matrix, deren Elemente die Adjunkten der entsprechenden Elemente von A sind. Die zu A adjungierte Matrix wird mit adj A bezeichnet. Damit ist adj $A = (A_{ji})$.

Beispiel 3.1. Es sei

$$A = (a_{ij}) = \begin{bmatrix} 2 & 6 & 2 \\ 1 & 2 & 1 \\ 2 & 1 & 1 \end{bmatrix} ,$$

so daß $|A| = 2$ gilt. Dann ist die Adjunkte von a_{11}

$$(-1)^{1+1} \begin{vmatrix} 2 & 1 \\ 1 & 1 \end{vmatrix} = 1 ,$$

die Adjunkte von a_{12}

$$(-1)^{1+2} \begin{vmatrix} 1 & 1 \\ 2 & 1 \end{vmatrix} = 1$$

usw. Somit erhält man

$$\text{adj } A = \begin{bmatrix} 1 & 1 & -3 \\ -4 & -2 & 10 \\ 2 & 0 & -2 \end{bmatrix}^T = \begin{bmatrix} 1 & -4 & 2 \\ 1 & -2 & 0 \\ -3 & 10 & -2 \end{bmatrix} .$$

Man kann nun leicht nachweisen, daß die Beziehung

$$\begin{bmatrix} 2 & 6 & 2 \\ 1 & 2 & 1 \\ 2 & 1 & 1 \end{bmatrix} \begin{bmatrix} 1 & -4 & 2 \\ 1 & -2 & 0 \\ -3 & 10 & -2 \end{bmatrix} = \begin{bmatrix} 1 & -4 & 2 \\ 1 & -2 & 0 \\ -3 & 10 & -2 \end{bmatrix} \begin{bmatrix} 2 & 6 & 2 \\ 1 & 2 & 1 \\ 2 & 1 & 1 \end{bmatrix} = \begin{bmatrix} 2 & 0 & 0 \\ 0 & 2 & 0 \\ 0 & 0 & 2 \end{bmatrix}$$

gilt. Bemerkenswert ist, daß die Diagonalelemente der letzten Matrix mit $|A|$ übereinstimmen.

Aus den Gln.(2.28) und (2.30) folgt, daß

$$(a_{ij})(A_{ji}) = (A_{ji})(a_{ij}) = \text{diag } (|A|) \tag{3.2}$$

gilt. Dabei bedeutet diag (d) eine Matrix (d_{ij}) mit $d_{ij} = d$ für $i = j$ und $d_{ij} = 0$ für $i \neq j$. Dann gilt unter der Annahme, daß $|A|$ ein reguläres Element des Ringes R mit dem Inversen $|A|^{-1}$ ist, die Beziehung

$$(a_{ij})(|A|^{-1} A_{ji}) = (|A|^{-1} A_{ji})(a_{ij}) = I \quad . \tag{3.3}$$

Stellt $|A|$ ein reguläres Element von R dar, so ist damit die Matrix A ein reguläres Element von R^n und es gilt

$$A^{-1} = |A|^{-1} \text{ adj } A \ . \tag{3.4}$$

Umgekehrt, wenn $A,B \in R^n$ und $AB = I$ gilt, dann folgt aufgrund von Theorem 2.3 die Beziehung

$$|AB| = |A||B| = |I| = 1 \ .$$

Hieraus ist zu erkennen, daß $|A|$ und $|B|$ im kommutativen Ring R regulär sein müssen, und es folgt wie oben, daß die

Matrix A eine Inverse A^{-1} hat und demnach

$$A^{-1}[A(B - A^{-1})] = A^{-1}0 = 0 \quad \text{und} \quad B = A^{-1}$$

gilt.

Übung 3.1. Man beweise, daß jede n×n-Matrix über einem Körper K eine Inverse besitzt, sofern ihre Determinante nicht Null ist.

Beispiel 3.2. Stellt R den Ring der ganzen Zahlen dar, dann ist

$$A = \begin{bmatrix} 1 & 1 & 1 \\ 0 & -1 & 0 \\ 2 & 3 & 1 \end{bmatrix}$$

invertierbar, und man erhält

$$A^{-1} = \begin{bmatrix} -1 & 2 & 1 \\ 0 & -1 & 0 \\ 2 & -1 & -1 \end{bmatrix} .$$

Andererseits ist aber

$$B = \begin{bmatrix} 1 & 2 & 1 \\ 3 & 1 & 1 \\ 0 & 0 & 1 \end{bmatrix}$$

nicht invertierbar, da $|B| = -5$ gilt, $|B|$ also nicht regulär im Ring der ganzen Zahlen ist.

Beispiel 3.3. Ist R der Ring von Polynomen über dem Körper der reellen Zahlen, so ist

$$A = \begin{bmatrix} 1 + x^2 & x \\ 2x & 2 \end{bmatrix}$$

invertierbar und man erhält

$$A^{-1} = \begin{bmatrix} 1 & -\frac{1}{2}x \\ -x & \frac{1}{2}(1 + x^2) \end{bmatrix} .$$

Wenn andererseits R den Ring von Polynomen über dem Ring der ganzen Zahlen darstellt (d.h. wenn R aus den Polynomen mit ganzzahligen Koeffizienten besteht), dann hat A keine Inverse. Es gilt $|A| = 2$. Dieses Element ist regulär in R im ersten Fall, jedoch nicht im zweiten.

Übung 3.2. Unter der Voraussetzung, daß A und B zwei beliebige n×n-Matrizen über einem Körper K sind, sollen die folgenden Ergebnisse nachgewiesen werden:

(a) $(AB)^{-1} = B^{-1}A^{-1}$

(b) $(A^{-1})^T = (A^T)^{-1}$.

4. Determinantenrang

Jede quadratische Teilmatrix einer rechteckigen n×m-Matrix über einem Körper K besitzt eine Determinante. Der ***Determinantenrang*** von A ist definiert als die Ordnung der größten Teilmatrix von A, deren Determinante von Null verschieden ist.

Beispiel 4.1. Betrachtet man Matrizen über dem Ring von Polynomen mit reellen Koeffizienten, so hat die Matrix

$$A = \begin{bmatrix} 1 + x & 0 \\ 0 & 1 \end{bmatrix}$$

den Determinantenrang 2, weil $|A| = 1 + x$ nicht das Nullpolynom ist. Ordnet man x einen Zahlenwert zu, so kann man A als eine Matrix über dem Körper der reellen Zahlen auffassen. Wird dann $x = -1$ gewählt, so ist der Determinantenrang von A gleich 1.

Bezeichnet man den Determinantenrang von A mit $\rho(A)$, so gilt offensichtlich $\rho(A) \leq n$ und $\rho(A) \leq m$. Aufgrund der Entwicklungsmöglichkeiten einer Determinante ist auch unmittelbar einzusehen, daß jede Matrix vom Determinantenrang r mindestens eine von Null verschiedene Determinante von jeder Ordnung kleiner als r besitzen muß.

Eine wichtige Eigenschaft des Determinantenrangs einer Matrix ist, daß er unter den folgenden *elementaren* (Zeilen- oder Spalten-)*Umformungen (elementaren Operationen)* invariant ist.

(a) Vertauschung von Zeile (Spalte) i und Zeile (Spalte) j.

(b) Multiplikation von Zeile (Spalte) i mit einem von Null verschiedenen Skalar a.

(c) Addition der Zeile (Spalte) i zur Zeile (Spalte) j.

Die Invarianz unter den Operationen (a) und (b) ist offenkundig. Es sei die Zahl der von Null verschiedenen Minoren irgendeines Ranges k vor der Umformung (c) gleich s. Nach dieser Umformung wird jeder Minor der Ordnung k entweder unverändert sein oder er wird mit der Summe zweier der ursprünglichen Minoren übereinstimmen. Im zweiten Fall bleibt einer der zwei ursprünglichen Minoren, welche in der Summe auftreten, unverändert. Hieraus folgt, daß die Zahl der von Null verschiedenen Minoren der Ordnung k nach der Umformung den Wert 2s nicht übersteigt. Sie ist auch nicht kleiner als s, wenn s gerade ist, bzw. kleiner als (s+1), wenn s ungerade ist. Die Invarianz des Determinantenrangs bei der Umformung (c) ergibt sich unmittelbar hieraus.

5. Lösung von linearen Gleichungssystemen

Es soll das System von m Gleichungen

$$\left.\begin{aligned} a_{11}x_1 + a_{12}x_2 + \ldots + a_{1n}x_n &= b_1 \\ a_{21}x_1 + a_{22}x_2 + \ldots + a_{2n}x_n &= b_2 \\ &\vdots \\ a_{m1}x_1 + a_{m2}x_2 + \ldots + a_{mn}x_n &= b_m \end{aligned}\right\} \tag{5.1}$$

betrachtet werden. Dabei bedeuten die $x_1, x_2, \ldots, x_n$ die Unbekannten, die Größen a_{ij} und b_i gehören einem Körper K an. Das System (5.1) läßt sich in Matrizenform folgendermaßen schreiben:

$$Ax = b\ , \tag{5.2}$$

wobei

$$A = (a_{ij}),\quad x = \begin{bmatrix} x_1 \\ x_2 \\ \vdots \\ x_n \end{bmatrix} \quad \text{und} \quad b = \begin{bmatrix} b_1 \\ b_2 \\ \vdots \\ b_m \end{bmatrix}$$

bedeuten.

Man kann jedem Gleichungssystem (5.2) den Satz *homogener* Gleichungen

$$Ax = 0 \tag{5.3}$$

zuordnen. Es folgt dann unmittelbar aus den Gln.(5.2) und (5.3), daß y-z eine Lösung der Gl.(5.3) darstellt, sofern y und z zwei beliebige Lösungen der Gl.(5.2) bedeuten. Anders ausgedrückt: Ist y eine Lösung der Gl.(5.2) und z eine Lösung der Gl.(5.3), so stellt auch y+z eine Lösung der Gl. (5.2) dar. Man erhält daher ganz allgemein alle Lösungen der Gl.(5.2), indem man die Lösungen der Gl.(5.3) zu einer speziellen Lösung der Gl.(5.2) addiert.

Ein System linearer Gleichungen heißt *verträglich*, falls es wenigstens eine Lösung aufweist. Andernfalls wird das System *unverträglich* genannt. Hat ein verträgliches System eine eindeutige Lösung, dann heißt es *determiniert*, andernfalls *indeterminiert*.

Übung 5.1. Es ist folgendes zu beweisen. Ist ein System linearer Gleichungen indeterminiert, so muß es unendlich viele Lösungen aufweisen. [Es gibt wenigstens eine von Null verschiedene Lösung der Gl.(5.3) und damit eine unendliche Menge von Lösungen.]

Es soll nun angenommen werden, daß die in der Gl.(5.2) auftretende Matrix A eine reguläre, quadratische n×n-Matrix darstellt. Dann gilt

$$\begin{aligned} x &= A^{-1}b \\ &= |A|^{-1}(\mathrm{adj}\ A)b \ , \end{aligned}$$

so daß geschrieben werden kann

$$x_r = |A|^{-1} \sum_{i=1}^{n} A_{ir} b_i, \ r = 1,2, \ldots, n \ . \tag{5.4}$$

Die in Gl.(5.4) auftretende Summe stellt jedoch gerade die Adjunktenentwicklung der Determinante jener Matrix dar, welche man erhält, indem man die r-te Spalte von A durch b ersetzt. Die durch Gl.(5.4) gegebene Aussage ist als *Cramersche Regel* bekannt.

Beispiel 5.1. Man löse die Gleichungen

$$\begin{aligned} 2x_1 + x_2 + x_3 &= 2 \\ x_1 + 2x_2 + x_3 &= 2 \\ 3x_1 + x_2 + x_3 &= 1 \quad . \end{aligned}$$

Hierbei ist

$$A = \begin{bmatrix} 2 & 1 & 1 \\ 1 & 2 & 1 \\ 3 & 1 & 1 \end{bmatrix}, \quad b = \begin{bmatrix} 2 \\ 2 \\ 1 \end{bmatrix} \quad .$$

Es ist also $|A| = -1 \neq 0$ und somit

$$x_1 = \frac{1}{-1} \begin{vmatrix} 2 & 1 & 1 \\ 2 & 2 & 1 \\ 1 & 1 & 1 \end{vmatrix} = -1 \; ,$$

$$x_2 = \frac{1}{-1} \begin{vmatrix} 2 & 2 & 1 \\ 1 & 2 & 1 \\ 3 & 1 & 1 \end{vmatrix} = -1$$

$$x_3 = \frac{1}{-1} \begin{vmatrix} 2 & 1 & 2 \\ 1 & 2 & 2 \\ 3 & 1 & 1 \end{vmatrix} = 5 \quad .$$

Der Leser möge folgendes beachten: Obwohl die Cramersche Regel eine sehr nützliche theoretische Aussage ist, stellt sie keine leistungsfähige numerische Methode für die Bestimmung der Lösung von linearen Gleichungssystemen dar. Dies ist auf die mit der Berechnung von Determinanten verbundenen Schwierigkeiten zurückzuführen.

Es wird nun die Auflösung der Gln.(5.1) untersucht für den Fall, daß A eine rechteckige Matrix darstellt.

THEOREM 5.1. Die Gln.(5.1) sind genau dann verträglich, wenn der Determinantenrang von A und der Determinantenrang der Matrix

$$B = \begin{bmatrix} a_{11} & a_{12} & \cdots & a_{1n} & b_1 \\ a_{21} & a_{22} & \cdots & a_{2n} & b_2 \\ \vdots & \vdots & & \vdots & \vdots \\ a_{m1} & a_{m2} & \cdots & a_{mn} & b_m \end{bmatrix} \tag{5.5}$$

miteinander übereinstimmen. Die im Gleichungssystem (5.2) auftretende Matrix A heißt die *Koeffizientenmatrix* des Systems, und die durch Gl.(5.5) gegebene Matrix B ist als die *erweiterte Matrix* des Systems bekannt.

Beweis. Der erste Beweisschritt besteht in der Reduktion der Matrizen A und B auf eine handlichere Form durch ein Verfahren, das als *Gaußscher Algorithmus* bekannt ist. Man betrachtet hierzu das System von gekoppelten Gleichungen (5.1) und setzt voraus, daß $a_{11} \neq 0$ gilt (falls diese Annahme nicht zutrifft, werden die Gleichungen derart umgeordnet, daß der erste Koeffizient der ersten Gleichung von Null verschieden ist). Nun wird die erste Gleichung mit a_{11} dividiert und das Ergebnis mit $a_{21}, a_{31}, \ldots, a_{m1}$ der Reihe nach multipliziert. Anschließend werden die so gebildeten Gleichungen von der 2., der 3., ..., der m-ten Gleichung des Systems (5.1) subtrahiert. Auf diese Weise erhält man die Beziehungen

$$\left.\begin{aligned} x_1 + a'_{12}x_2 + \dots + a'_{1n}x_n &= b'_1 \\ a'_{22}x_2 + \dots + a'_{2n}x_n &= b'_2 \\ &\vdots \\ a'_{m2}x_2 + \dots + a'_{mn}x_n &= b'_m . \end{aligned}\right\} \tag{5.6}$$

Nun wird angenommen, daß $a'_{22} \neq 0$ ist (falls dies nicht zutrifft, werden die Gleichungen umgeordnet). Sodann wird die zweite der Gln.(5.6) mit a'_{22} dividiert und das Ergebnis mit $a'_{12}, a'_{32}, \dots, a'_{m2}$ multipliziert. Die so entstandenen Gleichungen werden von der 1., der 3.,..., der m-ten der Gln. (5.6) subtrahiert. Dadurch wird in diesen Gleichungen x_2 eliminiert, und man erhält die Beziehungen

$$\left.\begin{aligned} x_1 + a''_{13}x_3 + \dots + a''_{1n}x_n &= b''_1 \\ x_2 + a''_{23}x_3 + \dots + a''_{2n}x_n &= b''_2 \\ a''_{33}x_3 + \dots + a''_{3n}x_n &= b''_3 \\ &\vdots \\ a''_{m3}x_3 + \dots + a''_{mn}x_n &= b''_m . \end{aligned}\right\} \tag{5.7}$$

Dieser Prozeß kann offensichtlich r mal wiederholt werden, bis entweder $r = n$ ist, wobei dann die letzte Gleichung nur noch die Unbekannte x_n auf ihrer linken Seite enthält, oder bis alle Koeffizienten auf den linken Seiten aller Gleichungen, welche nach dem r-ten Schritt übrig bleiben verschwinden. Das Endergebnis nach r Schritten des Prozesses lautet

$$A^* x = b^* \tag{5.8}$$

mit

$$A^* = \begin{bmatrix} 1 & 0 & \dots & 0 & a^*_{1,r+1} & \dots & a^*_{1n} \\ 0 & 1 & \dots & 0 & a^*_{2,r+1} & \dots & a^*_{2n} \\ \vdots & \vdots & & \vdots & \vdots & & \vdots \\ 0 & 0 & & 1 & a^*_{r,r+1} & \dots & a^*_{rn} \\ 0 & 0 & \dots & 0 & 0 & \dots & 0 \\ \vdots & \vdots & & \vdots & \vdots & & \vdots \\ 0 & 0 & \dots & 0 & 0 & \dots & 0 \end{bmatrix} \tag{5.9}$$

und

$$b^* = \begin{bmatrix} b^*_1 \\ b^*_2 \\ \vdots \\ b^*_m \end{bmatrix} . \tag{5.10}$$

Die endgültige Form der erweiterten Matrix B^* ist die von A^* mit einer zusätzlichen, mit b^* identischen Spalte an der äußersten rechten Seite.

Die Form von A^* läßt unmittelbar erkennen, daß ihre größte von Null verschiedene Determinante die Ordnung r hat, so daß $\rho(A^*) = r$ gilt. Der Determinantenrang von B^* wird gleich $r + 1$ sein, sofern eine oder mehrere der Größen $b^*_{r+1}, b^*_{r+2}, \dots, b^*_m$ von Null verschieden sind. Er wird mit r übereinstimmen, falls alle diese Größen gleich Null sind. Man beachte, daß von Null verschiedene b^*_{r+i}, $1 \le i \le m-r$, zum Widerspruch $0 = b^*_{r+i}$ führen, so daß die Gleichungen nur dann verträglich sind, wenn $b^*_{r+i} = 0$, $i = 1,2,\dots,m-r$ gilt. Diese Bedingung ist auch hinreichend, was man dadurch einsehen kann, daß man $x_{r+1} = x_{r+2} = \dots = x_n = 0$ setzt. Deshalb sind die Gleichungen genau dann verträglich, wenn $\rho(A^*) = \rho(B^*) = r$ gilt.

Zur Vervollständigung des Beweises muß jetzt nur noch die Beziehung zwischen $\rho(A)$ und $\rho(A^*)$ und zwischen $\rho(B)$ und $\rho(B^*)$ hergestellt werden. Um A^* aus A und B^* aus B zu erhalten, müssen Zeilen oder Spalten miteinander vertauscht werden, es müssen Zeilen mit einer von Null verschiedenen Konstanten multipliziert werden,und es müssen Zeilen zueinander addiert werden. Das sind alles elementare Umformungen, durch die sich nach Abschnitt 4 der Determinantenrang einer Matrix nicht ändern kann. Deshalb muß $\rho(A) = \rho(A^*)$, $\rho(B) = \rho(B^*)$ gelten, und damit ist der Beweis vollständig erbracht.

Es soll jetzt angenommen werden, daß $\rho(A) = \rho(B) = r < n$ ist. Die Gln.(5.1) sind sicher verträglich,und aus der reduzierten Form gemäß Gl.(5.8) ist zu erkennen, daß $n - r$ Unbekannten willkürliche Werte zugewiesen werden können und daß die übrigen r Unbekannten bestimmt werden können, indem man die resultierenden r Gleichungen mit Hilfe der Cramerschen Regel (oder natürlich durch den Gaußschen Algorithmus) löst. Demzufolge existieren unendlich viele Lösungen, falls $r < n$ ist. Gilt jedoch $r = n$, so gibt es eine eindeutige Lösung.

Wenn das Gleichungssystem (5.1) homogen ist, also $b = 0$ gilt, muß $\rho(A) = \rho(B)$ sein, und die Gleichungen sind immer verträglich. Offensichtlich ist $x = 0$ eine Lösung von $Ax = 0$, und aufgrund der vorausgegangenen Betrachtungen ist diese triviale Lösung die einzige, falls $\rho(A) = n$ ist. Andererseits erhält man unendlich viele Lösungen, falls $\rho(A) < n$ gilt, und $n-r$ der Unbekannten dürfen beliebig festgelegt werden.

Übung 5.2. Man interpretiere die obigen Ergebnisse für den homogenen und für den inhomogenen Fall nach der Zahl von Gleichungen und der Zahl der Unbekannten.

Übung 5.3. Man beweise, daß eine quadratische Matrix genau dann regulär ist, wenn sie durch eine Folge elementarer

Zeilen- und Spaltenumformungen auf die Einheitsmatrix zurückgeführt werden kann.

Das Thema der linearen Gleichungssysteme wird im nächsten Kapitel weiter behandelt.

Beispiel 5.2. Man löse das in Beispiel 5.1 angegebene Gleichungssystem mit Hilfe des Gaußschen Algorithmus:

$$\begin{aligned} 2x_1 + x_2 + x_3 &= 2 \\ x_1 + 2x_2 + x_3 &= 2 \\ 3x_1 + x_2 + x_3 &= 1 \quad . \end{aligned}$$

Der erste Schritt liefert

$$\begin{aligned} x_1 + \tfrac{1}{2}x_2 + \tfrac{1}{2}x_3 &= 1 \\ 0 + \tfrac{3}{2}x_2 + \tfrac{1}{2}x_3 &= 1 \\ 0 - \tfrac{1}{2}x_2 - \tfrac{1}{2}x_3 &= -2 \quad . \end{aligned}$$

Der zweite Schritt liefert

$$\begin{aligned} x_1 + 0 + \tfrac{1}{3}x_3 &= \tfrac{2}{3} \\ 0 + x_2 + \tfrac{1}{3}x_3 &= \tfrac{2}{3} \\ 0 + 0 - \tfrac{1}{3}x_3 &= -\tfrac{5}{3} \quad . \end{aligned}$$

Der dritte Schritt liefert

$$\begin{aligned} x_1 + 0 + 0 &= -1 \\ 0 + x_2 + 0 &= -1 \\ 0 + 0 + x_3 &= 5 \quad . \end{aligned}$$

Beispiel 5.3. Man löse die Gleichungen

$$\begin{aligned} x + y + 2z &= -4 \\ x + 4y + 3z &= -11 \\ 2x + 5y + 5z &= 9 \\ 3x - 3y + 4z &= 2 \end{aligned}$$

mit Hilfe des Gaußschen Algorithmus.

Der erste Schritt liefert

$$\begin{aligned} x + y + 2z &= -7 \\ 0 + 3y + z &= -7 \\ 0 + 3y + z &= 17 \\ 0 - 6y - 2z &= 14 \ . \end{aligned}$$

Der zweite Schritt liefert

$$\begin{aligned} x + 0 + \frac{5}{3}z &= -\frac{5}{3} \\ 0 + y + \frac{1}{3}z &= -\frac{7}{3} \\ 0 + 0 + 0 &= 24 \\ 0 + 0 + 0 &= 0 \ . \end{aligned}$$

Hieraus ist ersichtlich, daß die Gleichungen unverträglich sind, und es existiert keine Lösung.

Beispiel 5.4. Man löse die Gleichungen

$$\begin{aligned} x + y - 2z + w &= 5 \\ x + 2y + z - 3w &= 2 \\ 2x + y - z + 3w &= -1 \ . \end{aligned}$$

Der erste Schritt liefert

$$x + y - 2z + w = 5$$
$$0 + y + 3z - 4w = -3$$
$$0 - y + 3z + w = -11 \quad .$$

Der zweite Schritt liefert

$$x + 0 - 5z + 5w = 8$$
$$0 + y + 3z - 4w = -3$$
$$0 + 0 + 6z - 3w = -14 \quad .$$

Das System ist also verträglich und eine der Variablen kann beliebig gewählt werden, sofern die Determinante aus den Koeffizienten der verbleibenden Variablen nicht verschwindet. Wählt man beispielsweise für w den Wert 4, so erhält man die Lösung $z = -\frac{1}{3}$, $y = 14$, $x = -13\frac{2}{3}$.

WEITERFÜHRENDE LITERATUR

Viel von dem im Kapitel II behandelten Stoff wird in dem Schrifttum behandelt, das am Ende von Kapitel III angegeben wird. Zum Studium von Determinanten sei jedoch besonders auf Mirsky (1955), Marcus und Minc (1965) und Ferrar (1941) verwiesen. Weitere Methoden zur Behandlung numerischer Aspekte linearer Gleichungen findet man in Faddejew und Faddejewa (1964) und Householder (1964).

Schrifttum

Faddejew, D.K. und W.N. Faddejewa, 1964, *Numerische Methoden der linearen Algebra,* R. Oldenbourg, München.

Ferrar, W.L., 1941, *Algebra,* Oxford University Press, London.

Householder, A.S., 1964, *The theory of matrices in numerical analysis,* Blaisdell, Waltham, Mass.

Marcus, M. und H. Minc, 1965, *Introduction to linear algebra,* Macmillan, New York.

Mirsky, L., 1955, *An introduction to linear algebra,* Clarendon Press, Oxford.

Steward, F.M., 1963, *Introduction to linear algebra,* Van Nostrand, Princeton, N.J.

Aufgaben

1 Es seien A und B zwei beliebige, quadratische, reguläre Matrizen. Man zeige, daß

$$\begin{bmatrix} A & C \\ 0 & B \end{bmatrix}^{-1} = \begin{bmatrix} A^{-1} & -A^{-1}CB^{-1} \\ 0 & B^{-1} \end{bmatrix}$$

gilt, wobei C eine beliebige Matrix geeigneten Typs bedeutet. (Die hierbei benutzte Zerlegung kann gelegentlich die Berechnung der Inversen einer Matrix erleichtern.)

2 Man zeige, daß die Inverse einer quasidiagonalen Matrix

$$C = \mathrm{diag}\,(C_1,\ C_2,\ \ldots,\ C_n)$$

durch die Matrix

$$C^{-1} = \text{diag}\,(C_1^{-1}, C_2^{-1}, \ldots, C_n^{-1})$$

gegeben ist.

3 Man berechne

$$\begin{bmatrix} 1 & 1 & 0 & 0 & 0 \\ 0 & 3 & 0 & 0 & 0 \\ 0 & 0 & 1 & 2 & 0 \\ 0 & 0 & 0 & 1 & 1 \\ 0 & 0 & 1 & 0 & 1 \end{bmatrix}^{-1} .$$

4 Man zeige, daß die Determinante

$$\begin{vmatrix} 1 & x_1 & x_1^2 & \ldots & x_1^{n-1} \\ 1 & x_2 & x_2^2 & \ldots & x_2^{n-1} \\ \vdots & \vdots & \vdots & & \vdots \\ 1 & x_n & x_n^2 & & x_n^{n-1} \end{vmatrix}$$

durch das Produkt

$$\prod_{1<i<j<n} (x_j - x_i)$$

gegeben ist. (Obige Determinante ist als *Vandermondesche Determinante* der Ordnung n bekannt).

5 Man zeige, daß die Determinante einer quasidiagonalen Matrix übereinstimmt mit dem Produkt der Determinanten der diagonalen Blockmatrizen.

6 Man zeige, daß für jede n×n-Matrix A

$$\det(\operatorname{adj} A) = (\det A)^{n-1}$$

gilt.

7 Unter der Voraussetzung $a_2 \neq 0$ und $b_3 \neq 0$ soll eine notwendige und hinreichende Determinanten-Bedingung dafür angegeben werden, daß die beiden Gleichungen

$$\begin{aligned} a_o + a_1 x + a_2 x^2 &= 0 \\ b_o + b_1 x + b_2 x^2 + b_3 x^3 &= 0 \end{aligned}$$

eine gemeinsame Wurzel besitzen.

8 Man beweise, daß die Determinante einer Diagonalmatrix oder einer oberen (oder unteren) Dreiecksmatrix (d.h. einer Matrix, deren Elemente unter (oder über) der Hauptdiagonalen gleich Null sind) das Produkt der Elemente der Hauptdiagonalen darstellt.

9 Mit Hilfe des Gaußschen Algorithmus soll das folgende System von linearen Gleichungen gelöst werden:

$$\begin{aligned} 2x_1 + x_2 + x_3 &= 1 \\ x_1 + 2x_2 + x_3 &= 3 \\ x_1 + x_2 + 3x_3 &= 2 \quad . \end{aligned}$$

10 Man löse die Matrizengleichung

$$A^T B + BA = -C$$

nach B auf, für

$$A = \begin{bmatrix} -1 & 0 \\ 0 & -2 \end{bmatrix} \quad \text{und} \quad C = 3\begin{bmatrix} 1 & 2 \\ 2 & 4 \end{bmatrix} .$$

Lineare Vektorräume

In diesem Kapitel wird der Begriff eines linearen Vektorraumes eingeführt, und es wird seine Beziehung zu Matrizen und linearen Transformationen untersucht. Eine Reihe spezieller Typen von Matrizen wird besprochen, und hierbei wird man auf Eigenschaften von Eigenwerten, Eigenvektoren und quadratischen Formen geführt. So weit es möglich ist, werden die Eigenschaften der entsprechenden linearen Transformationen entwickelt. Wo diese Betrachtungsweise von den Zielen des Buches zu weit wegführen würde, wurde der direkte Weg gewählt.

1. Lineare Vektorräume

Es wird angenommen, daß der Leser bereits mit geometrischen Vektoren in zwei und drei Dimensionen vertraut ist. Ein dreidimensionaler Vektor ist ein Satz von drei reellen Zahlen ξ_1, ξ_2, ξ_3, welche die Koordinaten des Vektors bezüglich eines gewählten Koordinatensystems darstellen. Ein Vektor wird durch ein einziges Symbol folgendermaßen dargestellt:

$$x = (\xi_1, \xi_2, \xi_3).$$

Sofern keine Mißverständnisse entstehen können, werden die Kommata häufig weggelassen und einfach $(\xi_1 \xi_2 \xi_3)$ geschrieben. Die Elemente (Komponenten) von x werden auch oft mit x_1, x_2, x_3 bezeichnet. Man erhält die Summe zweier Vektoren durch Addition ihrer Koordinaten. Ist

$$x = (\xi_1, \xi_2, \xi_3)$$

und

$$y = (\eta_1, \eta_2, \eta_3) ,$$

so wird

$$x + y = (\xi_1 + \eta_1, \xi_2 + \eta_2, \xi_3 + \eta_3) .$$

Das Produkt eines Vektors x mit einer reellen Zahl α erhält man, indem man jede Koordinate mit der reellen Zahl multipliziert, also ist

$$\alpha x = (\alpha\xi_1, \alpha\xi_2, \alpha\xi_3) .$$

Eine natürliche Erweiterung dieser Ideen führt auf die Betrachtung von n-Tupeln $x = (\xi_1, \xi_2, \ldots, \xi_n)$, wobei die ξ_i Elemente eines Körpers K darstellen und Addition sowie skalare Multiplikation (mit einem Element aus K) wie oben definiert sind. Ist also

$$x = (\xi_1, \xi_2, \ldots, \xi_n),$$

$$y = (\eta_1, \eta_2, \ldots, \eta_n),$$

dann wird

$$x + y = (\xi_1 + \eta_1, \xi_2 + \eta_2, \ldots, \xi_n + \eta_n) \tag{1.1}$$

und

$$\alpha x = (\alpha\xi_1, \alpha\xi_2, \ldots, \alpha\xi_n) \tag{1.2}$$

mit $\alpha \in K$.

Jedes dieser n-Tupel heißt *Vektor*, und die Menge aller Vektoren, für welche die Addition und die skalare Multiplikation gemäß den Gln.(1.1) und (1.2) definiert sind, heißt *Vektorraum $V_n(K)$ der n-Tupel über dem Körper K*. Aus den in Abschnitt 4 von Kapitel I angegebenen Eigenschaften eines Körpers kann in einfacher Weise abgeleitet werden, daß $V_n(K)$ eine Gruppe bezüglich der Addition bildet und daß die skalare Multiplikation die folgenden Eigenschaften aufweist:

$$\alpha(x + y) = \alpha x + \alpha y \tag{1.3}$$

$$(\alpha + \beta)x = \alpha x + \beta x \tag{1.4}$$

$$\alpha(\beta x) = (\alpha\beta)x \tag{1.5}$$

$$1x = x\,. \tag{1.6}$$

Dabei ist $\alpha,\beta \in K$, und 1 stellt das Einselement von K dar.

Im folgenden wird eine weitere Verallgemeinerung gemacht und ein *abstrakter Vektorraum über einem Körper K* eingeführt als eine Menge V von Elementen, die Vektoren genannt werden, zusammen mit zwei Verknüpfungen, der Addition und der skalaren Multiplikation. Dabei soll V eine Gruppe bezüglich der Addition bilden und die Gesetze (1.3) bis (1.6) sollen für alle $x,y \in V$ und $\alpha,\beta \in K$ erfüllt sein.

Beispiel 1.1. Es wurde bereits gezeigt, daß die Menge von n-Tupeln $V_n(K)$ mit Elementen in einem Körper K einen Vektorraum bildet.

Beispiel 1.2. Die Menge aller Polynome in einer Unbestimmten x mit Koeffizienten in einem Körper K bildet einen Vektorraum. Addition und skalare Multiplikation werden folgendermaßen definiert: Gilt

$$a = a_o + a_1x + \ldots + a_nx^n,$$

$$b = b_o + b_1x + \ldots + b_mx^m, \quad m < n \text{ (beispielsweise)},$$

so ist

$$a+b = (a_o+b_o)+(a_1+b_1)x + \ldots + (a_m+b_m)x^m + \ldots + a_nx^n$$

und

$$\alpha a = \alpha a_o + \alpha a_1x_1 + \ldots + \alpha a_nx^n$$

mit $\alpha \in K$.

Beispiel 1.3. Man betrachte die Menge aller Funktionen f, welche einen Körper K in eine beliebige Menge S abbilden, und definiere Addition und skalare Multiplikation durch die Regeln

$$(f_1 + f_2)(\alpha) = f_1(\alpha) + f_2(\alpha), \quad \alpha \in K$$

und

$$(\beta f_1)(\alpha) = \beta f_1(\alpha), \quad \alpha, \beta \in K.$$

Man kann leicht zeigen, daß die Funktionen f, zusammen mit der hierdurch definierten Addition und skalaren Multiplikation einen Vektorraum V bilden. Die Funktion, welche auf K identisch Null ist, stellt das Nullelement von V dar. Man beachte, daß in der Gleichung $f(x) = 0$, die Null das Nullelement der Menge S bedeutet, während in $f = 0$ die Null das Nullelement von V darstellt. Wenn man aus irgendeinem Grund die Funktion (und nicht den Funktionswert bei x) als f(x) bezeichnet, so verwendet man die Schreibweise $f(x) \equiv 0$, um $f = 0$ auszudrücken. (Man vergleiche Beispiel 1.7.)

Beispiel 1.4. Die freie Bewegung eines Dynamischen Systems sei durch die Differentialgleichung

$$\ddot{x}(t) + 3\dot{x}(t) + 2x(t) = 0$$

beschrieben. Diese Gleichung besitzt Lösungen x von der Form

$$x(t) = c_1 e^{-t} + c_2 e^{-2t},$$

wobei c_1 und c_2 willkürliche reelle Konstanten bedeuten. Die Lösungen x bilden einen Vektorraum.

Übung 1.1. Man beweise, daß ein beliebiger Körper einen Vektorraum über jedem seiner Teilkörper darstellt. Man gebe einige Beispiele an.

Übung 1.2. Man zeige, daß die Menge aller möglichen Folgen

$$x = (\xi_1, \xi_2, \ldots)$$

mit Elementen aus einem Körper K, von denen nur endlich viele von Null verschieden sein sollen, einen Vektorraum über K bildet, falls Addition und skalare Multiplikation folgendermaßen definiert werden:

$$x + y = (\xi_1 + \eta_1, \xi_2 + \eta_2, \ldots, \xi_n + \eta_n, \ldots),$$

$$\alpha x = (\alpha\xi_1, \alpha\xi_2, \ldots, \alpha\xi_n, \ldots).$$

Welche Beziehungen bestehen zwischen diesem Vektorraum und dem aus Beispiel 1.2?

Übung 1.3. Es sei x ein beliebiger Vektor in einem Vektorraum V und 0 das skalare Nullelement. Man beweise, daß

$$0 \cdot x = 0$$

gilt. (Die Null auf der rechten Seite dieser Gleichung ist natürlich der Nullvektor.)

1.1. Teilräume

Eine nichtleere Teilmenge W eines Vektorraumes V über einem Körper K heißt ein *Teilraum (Unterraum)* von V, wenn sie unter Addition und skalarer Multiplikation abgeschlossen ist. Es muß also für alle $x, y \in W$ und $\alpha \in K$ auch $x + y \in W$ und $\alpha x \in W$ gelten. Offensichtlich erfüllen die Menge $\{0\}$, die aus dem Nullvektor besteht, und V selbst diese Bedingungen und stellen deshalb Teilräume von V dar. Sie werden die trivialen Teilräume von V genannt, und jeder andere Teilraum heißt *eigentlicher Teilraum* (man vergleiche Kapitel I, Abschnitt 2). Jeder Teilraum eines Vektorraumes ist selbst ein Vektorraum.

Übung 1.4. Man zeige, daß die Menge aller 5-Tupel der Form $(\xi_1, \xi_2, 0, 0, 0)$ mit $\xi_1, \xi_2 \in K$ einen Teilraum von $V_5(K)$ darstellt. Man verallgemeinere dieses Ergebnis.

Es soll nun angenommen werden, daß W eine beliebige Teilmenge eines Vektorraumes V darstellt, und es soll die Menge $[\![W]\!]$ aller linearen Kombinationen einer endlichen Zahl von Elementen aus W betrachtet werden. Stellen $\sum_{i=1}^{n} \alpha_i x_i$ und $\sum_{i=1}^{m} \beta_i x_i$ mit beispielsweise $m \leq n$ zwei derartige Kombinationen dar, so ist ihre Summe

$$\sum_{i=1}^{m} (\alpha_i + \beta_i) x_i + \sum_{i=m+1}^{n} \alpha_i x_i$$

und das Produkt

$$\beta\left\{\sum_{i=1}^{n} \alpha_i x_i\right\} = \sum_{i=1}^{n} \beta\alpha_i x_i$$

auch in $[\![W]\!]$. Daraus folgt, daß $[\![W]\!]$ einen Teilraum von V darstellt. Er heißt der durch W ***aufgespannte*** (oder von W ***erzeugte***) Teilraum von V. Hat W eine endliche Zahl von Elementen $x_1, x_2, \ldots, x_n$, so schreibt man $[\![W]\!]$ als $[\![x_1, x_2, \ldots, x_n]\!]$.

Es sei W_r eine Anzahl von Teilräumen eines Vektorraumes V, wobei der Index r den Elementebereich einer Teilmenge R der nicht-negativen ganzen Zahlen überstreicht. Sind x und y Elemente des Durchschnitts $\bigcap_r W_r$ aller Teilräume W_r, dann muß $x, y \in W_r$ für jedes $r \in R$ gelten. Da aber jedes W_r einen Teilraum von V bildet, ist es abgeschlossen unter Multiplikation und Addition. Deshalb ist auch ihr Durchschnitt unter diesen beiden Verknüpfungen abgeschlossen, und damit ist gezeigt, daß auch $\bigcap_r W_r$ einen Teilraum von V bildet.

Übung 1.5. Man beweise, daß der durch eine nichtleere Teilmenge W eines Vektorraumes **V** erzeugte Teilraum $[\![W]\!]$ den kleinsten Teilraum darstellt, der alle Vektoren in W enthält. [Man zeige, daß das Ergebnis keinen Teilraum darstellt, der alle Vektoren von W enthält, wenn irgendein Element von $[\![W]\!]$ fehlt.]

1.2. Lineare Abhängigkeit

Eine Menge von Vektoren $x_1, x_2, \ldots, x_n$ heißt *linear abhängig*, falls eine Menge von Skalaren α_i angegeben werden kann, die nicht alle Null sind und für die

$$\sum_{i=1}^{n} \alpha_i x_i = 0$$

gilt. Existiert keine derartige Menge von Skalaren, dann sind die Vektoren *linear unabhängig*. Hieraus folgt, daß bei einer Menge von linear abhängigen Vektoren wenigstens ein Vektor durch eine Linearkombination der anderen ausgedrückt werden kann: Man bezeichnet einen solchen Vektor als von den anderen linear abhängig. Ein Vektor, der linear abhängig ist von irgendeiner Menge von Vektoren, liegt also in dem von diesen Vektoren aufgespannten Raum. Man beachte, daß ein einzelner Vektor nur dann linear abhängig sein kann, wenn es sich um den Nullvektor handelt. Ist eine Teilmenge einer Menge von Vektoren linear abhängig, dann muß die Menge selbst linear abhängig sein. Dies ergibt sich, wenn man die Menge der Skalare für die Teilmenge durch hinreichend viele Nullen ergänzt.

Eine Teilmenge eines Vektorraumes V heißt eine *Basis* von V, falls die Vektoren der Teilmenge linear unabhängig sind und V erzeugen. Falls eine Basis von V eine endliche Zahl von Elementen besitzt, dann bezeichnet man V als *endlich erzeugt* oder *endlich dimensional*, und die Zahl von Elementen in der Basis heißt *Dimension* von V und wird mit dim V bezeichnet. Drückt man einen Vektor von V als Linearkombination einer Basis von V aus, so bezeichnet man die Koeffizienten in der Linearkombination als die Koordinaten des Vektors bezüglich der Basis. Eine Rechtfertigung für die gegebenen Bezeichnungen liefert das folgende Theorem.

THEOREM 1.1. Kann man eine endliche Basis mit einer bestimmten Zahl von Elementen für einen Vektorraum V angeben, dann besitzt jede andere Basis die gleiche Zahl von Elementen.

Beweis. Es sei $S_1 = \{a_1, a_2, \ldots, a_n\}$ eine Menge von Vektoren, welche V aufspannen, und es sei $\{b_1, b_2, \ldots, b_m\}$ eine linear unabhängige Teilmenge von V. Da S_1 den Raum V aufspannt, kann man beispielsweise b_m als Linearkombination der a_i darstellen. Sicherlich spannt dann die Menge $b_m \cup S_1$ den Raum V auf. Da aber die Menge $b_m \cup S_1$ linear abhängig ist, kann man eines der a_i als Linearkombination der übrigen Elemente dieser Menge ausdrücken. Die Menge, welche nach Entfernung dieses Elements aus S_1 verbleibt, wird mit S_2 bezeichnet. Dann muß die Menge $b_m \cup S_2$ den Raum V aufspannen. Es folgt nun, daß auch $\{b_{m-1}, b_m\} \cup S_2$ den Raum V aufspannt und linear abhängig ist. Eines der verbliebenen a_i kann wieder durch die übrigen Elemente der Menge $\{b_{m-1}, b_m\} \cup S_2$ ausgedrückt werden, da b_{m-1} und b_m linear unabhängig sind. Nach Entfernung dieses Elements a_i aus S_2 verbleibe die Menge S_3, und der Raum V wird durch $\{b_{m-1}, b_m\} \cup S_3$ aufgespannt. Dieser Prozeß kann solange wiederholt werden, bis man eine Menge $\{b_1, b_2, \ldots, b_m\} \cup S_{m+1}$ erhalten hat, welche den Raum V aufspannt. Die zuletzt gewonnene Menge S_{m+1} wird entweder leer sein oder einige der Elemente a_i enthalten, woraus folgt, daß $n \geq m$ sein muß. Damit ist gezeigt, daß die Dimension jeder Menge von Vektoren, welche den Raum V aufspannt, größer oder gleich der Dimension irgendeiner linear unabhängigen Teilmenge von V ist. Unmittelbar aus der Tatsache, daß eine Basis eine linear unabhängige Menge darstellt und den Raum V aufspannt, ergibt sich, daß die Dimensionen zweier beliebiger Basen gleich sein müssen. Bezeichnet man nämlich die Dimensionen zweier Basen mit n und m, so ergibt sich sowohl $n \geq m$ als auch $m \geq n$.

Die Erörterungen im restlichen Teil dieses Kapitels beschränken sich auf endlich dimensionale Vektorräume.

Übung 1.6. Man beweise, daß jede Menge von n+1 Vektoren in einem Vektorraum der Dimension n linear abhängig sein muß.

Übung 1.7. Man beweise folgende Aussage: Stellt D einen n-dimensionalen Vektorraum dar, so kann man jede Menge von $m \leq n$ linear unabhängigen Vektoren durch Hinzufügen weiterer $n-m$ Vektoren so ergänzen, daß eine Basis von V entsteht. [Man beginne mit einer Basis und ersetze m ihrer Vektoren durch die gegebenen Vektoren wie in dem vorausgegangenen Beweis.]

Übung 1.8. Man beweise, daß die Darstellung jedes Vektors von V bezüglich einer Basis von V eindeutig ist. [Man setze das Gegenteil voraus und schreibe die Differenz zwischen zwei Darstellungen von V an.]

Beispiel 1.5. Man betrachte den Vektorraum $V_n(K)$ von n-Tupeln über einem Körper K. Dann bildet die Menge der Vektoren

$$e_i = (e_{ij}) = (\delta_{ij}); \quad i = 1,2,\ldots,n; \; j = 1,2,\ldots,n,$$

wobei das *Kroneckersche Symbol* δ_{ij} durch

$$\delta_{ij} = 1 \text{ für } i = j,$$

$$\delta_{ij} = 0 \text{ für } i \neq j$$

definiert ist, eine Basis für $V_n(K)$. Offensichtlich sind die e_i linear unabhängig; außerdem spannen sie den Vektorraum $V_n(K)$ auf, da jeder Vektor $x = (\xi_1,\xi_2,\ldots,\xi_n)$ in der Form $x = \sum_{i=1}^{n} \xi_i e_i$ geschrieben werden kann, d.h. die Koeffizienten in der Linearkombination stimmen gerade mit den Elementen von x überein.

Diese Basis wird als die *gewöhnliche* (oder *kanonische*) *Basis* für $V_n(K)$ bezeichnet. Man beachte, daß damit auch gezeigt wurde, daß $\dim V_n(K) = n$ ist.

Beispiel 1.6. Der durch die Funktion x in Beispiel 1.4 definierte Raum besitzt die Dimension 2. Man kann nämlich leicht zeigen, daß es keine von Null verschiedenen Paare α_1,α_2 gibt, so daß $\alpha_1 e^{-t} + \alpha_2 e^{-2t}$ mit der Nullfunktion übereinstimmt.§ Die Funktionen e^{-t} und e^{-2t} bilden eine Basis für diesen Raum.

Beispiel 1.7. Die Funktionen§ e^{-at}, wobei a eine reelle Zahl bedeutet, lassen sich in eineindeutiger Weise (man vergleiche hierzu Kapitel VIII) den Funktionen§ $(s+a)^{-1}$ der komplexen Variablen s zuordnen, und bei dieser Zuordnung bleiben Addition und skalare Multiplikation erhalten, d.h. $\alpha_1 e^{-a_1 t} + \alpha_2 e^{-a_2 t}$ entspricht $\alpha_1(s+a_1)^{-1} + \alpha_2(s+a_2)^{-1}$. Hierdurch und auch auf direktem Wege soll gezeigt werden, daß $(s+1)^{-1}$ und $(s+2)^{-1}$ einen zweidimensionalen Raum aufspannen. [Falls es von Null verschiedene α_1,α_2 gibt, so daß $\alpha_1(s+1)^{-1} + \alpha_2(s+2)^{-1} \equiv 0 \equiv 0(s+1)^{-1} + 0(s+2)^{-1}$ gilt, dann ist $\alpha_1 e^{-t} + \alpha_2 e^{-2t} \equiv 0$.]

Das vorausgegangene Beispiel ist eine Illustration für die *Isomorphie* zweier Räume. Man nennt zwei Räume V(K) und W(K) isomorph, wenn es eine eineindeutige Zuordnung zwischen ihren Vektoren gibt derart, daß aus der Korrespondenz von v_1, v_2 und w_1, w_2 die Korrespondenz von $v_1 + v_2$ und $w_1 + w_2$ und von αv_1 und αw_1 für einen beliebigen Skalar α folgt. Aufgrund dieser Definition läßt sich leicht zeigen, daß der Nullvektor in V und der Nullvektor in W einander zugeordnet sind, daß eine linear unabhängige Menge von Vektoren in V einer linear unabhängigen Menge in W zugeordnet ist und daß eine V erzeugende Menge von Vektoren einer W erzeugenden

§ Diese Beispiele veranschaulichen die etwas lockere, jedoch übliche Handhabung, die in Kapitel I, Abschnitt 8 erwähnt wurde. Etwas genauer würde man beispielsweise sagen, dass "es keine von Null verschiedenen α_1,α_2 gibt, so dass die durch $x(t) = \alpha_1 e^{-t} + \alpha_2 e^{-2t}$ definierte Funktion x gleich Null ist".

Menge zugeordnet ist. Daher haben zwei isomorphe, endlich-dimensionale Räume dieselbe Dimension. Umgekehrt kann man leicht zeigen, daß irgendein Vektorraum V(K) der Dimension n isomorph zu $V_n(K)$ und damit isomorph zu jedem andern Raum W(K) der Dimension n ist.

Übung 1.9. Es sei S ein Teilraum eines Vektorraumes V. Man beweise, daß dim S $\leq$ dim V gilt, wobei das Gleichheitszeichen nur besteht, wenn S = V ist.

Beispiel 1.8. Die Menge {0}, die aus dem Nullvektor besteht, ist ein Teilraum jedes Raums, jedoch ist dessen Dimension nicht definiert. Dieser Teilraum wird erzeugt vom Vektor 0, der aber nicht die Forderung linearer Unabhängigkeit erfüllt. Gewöhnlich nennt man {0} einen Teilraum der Dimension Null, um eine Einheitlichkeit der Ergebnisse wie z.B. im später folgenden Theorem 1.2 zu erzielen.

1.3. Direkte Summen

Es seien $S_1, S_2, \ldots, S_n$ sämtlich Teilmengen eines Vektorraumes V. Dann heißt die Menge, welche durch alle möglichen Summen von Vektoren gebildet wird, wobei aus jeder Teilmenge ein Vektor genommen wird, die *Summe* von $S_1, S_2, \ldots, S_n$ und wird als $S_1 + S_2 + \ldots + S_n$ oder $\sum_{i=1}^{n} S_i$ geschrieben. Die Summe einer Menge von Teilräumen ist selbst ein Teilraum von V. Man beachte, daß die Vereinigung einer Menge von Teilräumen nicht unbedingt einen Teilraum darstellt und daher von geringer Bedeutung beim Studium von Vektorräumen ist.

Beispiel 1.9. Bei den üblichen Bezeichnungen stellt die Gerade x = 0 einen Teilraum S_1 der Ebene dar, und die Gerade y = 0 ist ein anderer Teilraum S_2. Die Vereinigung $S_1 \cup S_2$

ist die Menge von Punkten, welche auf der einen oder anderen der Koordinatenachsen liegen. Diese Menge ist nicht abgeschlossen unter der Addition und bildet daher keinen Raum. Die Summe $S_1 + S_2$ stellt dagegen die ganze Ebene dar.

Ein Vektorraum V heißt die *direkte Summe* von Teilräumen $S_1, S_2, \ldots, S_n$, wenn jeder Vektor in V auf genau eine Weise als eine Summe von Vektoren dargestellt werden kann, wobei aus jedem der Teilräume S_i ein Vektor genommen wird. In diesem Fall schreibt man V in der Form

$$V = S_1 \oplus S_2 \oplus \ldots \oplus S_n.$$

Es seien S_1 und S_2 zwei Teilräume eines Vektorraumes V, und es gelte $S_1 \cap S_2 = \{0\}$ (dabei bedeutet 0 den Nullvektor). Dann kann folgendes gesagt werden: Läßt sich ein Vektor $x \in S_1+S_2$ durch zwei verschiedene Summen x_1+x_2 und $x_1'+x_2'$ darstellen, wobei $x_1, x_1' \in S_1$ und $x_2, x_2' \in S_2$ gilt, so muß $x_1-x_1' = x_2'-x_2$ sein. Damit muß sowohl x_1-x_1' als auch $x_2'-x_2$ in $S_1 \cap S_2$ liegen, und deshalb müssen sie mit dem Nullvektor übereinstimmen. Auf diese Weise ist gezeigt worden, daß die Darstellung von x als eine Summe von zwei Vektoren $x_1 \in S_1$ und $x_2 \in S_2$ eindeutig ist und daß die Summe S_1+S_2 direkt ist. Gilt $V = S_1 \oplus S_2$, so bezeichnet man die Teilräume S_1 und S_2 als *komplementäre Teilräume* von V. Erweitert man diese Überlegungen auf mehr als zwei Teilräume, so erhält man in einfacher Weise

$$V = S_1 \oplus S_2 \oplus \ldots \oplus S_n,$$

vorausgesetzt, daß

$$V = S_1 + S_2 + \ldots + S_n$$

ist und

$$S_i \cap \Big(\sum_{j \neq i} S_j \Big) = \{0\}, \quad i = 1,2,\ldots,n \ . \tag{1.7}$$

Teilräume mit der Eigenschaft Gl.(1.7) werden gelegentlich als *unabhängig* bezeichnet.

THEOREM 1.2. Sind S_1 und S_2 Teilräume eines Vektorraums V, dann gilt

$$\dim(S_1+S_2) = \dim S_1 + \dim S_2 - \dim(S_1 \cap S_2). \tag{1.8}$$

Beweis. Es wird angenommen, daß $S_1 \cap S_2 \neq \{0\}$ gilt, und es wird eine Basis $\{s_1,s_2,\ldots,s_\ell\}$ für $S_1 \cap S_2$ gewählt. Da $S_1 \cap S_2 \subseteq S_1$ und $S_1 \cap S_2 \subseteq S_2$ gilt, kann diese Basis erweitert werden (man vergleiche Übung 1.7) zu Basen $\{s_1,s_2,\ldots, s_\ell,t_1,t_2,\ldots,t_m\}$ und $\{s_1,s_2,\ldots,s_\ell,u_1,u_2,\ldots,u_n\}$ für S_1 bzw. S_2. Jedes Element von $S_1 + S_2$ ist aber die Summe von zwei Elementen, von denen das eine zu S_1 und das andere zu S_2 gehört, weshalb die Menge $\{s_1,s_2,\ldots,s_\ell,t_1,t_2,\ldots,t_m,u_1, u_2,\ldots,u_n\}$ den Raum S_1+S_2 aufspannen muß. Es soll nun angenommen werden, daß diese Vektoren einer linearen Beziehung der Form

$$\sum_{i=1}^{\ell} \alpha_i s_i + \sum_{j=1}^{m} \beta_j t_j + \sum_{k=1}^{n} \gamma_k u_k = 0$$

genügen, woraus sich

$$\sum_{i=1}^{\ell} \alpha_i s_i + \sum_{j=1}^{m} \beta_j t_j = - \sum_{k=1}^{n} \gamma_k u_k$$

ergibt. Der Vektor auf der linken Seite dieser Gleichung gehört zu S_1, der auf der rechten Seite zu S_2. Es folgt hieraus, daß beide Seiten zum Durchschnitt $S_1 \cap S_2$ gehören und daher Linearkombinationen der Basis $\{s_1, s_2, \ldots, s_\ell\}$ sind. Da eine Darstellung bezüglich jeder Basis eindeutig ist (man vergleiche Übung 1.8) folgt direkt, daß $\beta_j = 0$, $j = 1,2,\ldots,m$ gilt. Auf dieselbe Weise kann gezeigt werden, daß $\gamma_k = 0$, $k = 1,2,\ldots,n$ gilt. Daraus folgt dann $\alpha_i = 0$, $i = 1,2,\ldots,n$ wegen der linearen Unabhängigkeit der s_i. Demzufolge bildet $\{s_1, s_2, \ldots, s_\ell, t_1, t_2, \ldots, t_m, u_1, u_2, \ldots, u_n\}$ eine Basis für $S_1 + S_2$ mit der Dimension $\ell+m+n$. Da aber $\dim S_1 = \ell+m$, $\dim S_2 = \ell+n$ und $\dim(S_1 \cap S_2) = \ell$ ist und da $\ell+m+n = (\ell+m)+(\ell+n)-\ell$ gilt, ist die Aussage bewiesen für $\ell > 0$. Der Fall $\ell = 0$ wird ähnlich behandelt.

Übung 1.10. Stellt V einen endlich dimensionalen Vektorraum dar und sind $S_1, S_2, \ldots, S_n$ Teilräume von V, dann ist V eine direkte Summe $S_1 \oplus S_2 \oplus \ldots \oplus S_n$ genau dann, wenn

$$\dim(S_1 + S_2 + \ldots + S_n) = \sum_{i=1}^{n} \dim S_i = \dim V$$

gilt. Dies ist zu zeigen.

Übung 1.11. Man beweise, daß jeder Teilraum eines endlichen Vektorraumes V ein Komplement (einen Komplementärraum) besitzt.

2. Innere Produkte und euklidische Räume

Bisher wurde noch kein Versuch unternommen, die Begriffe von Entfernung und Winkel, wie sie aus zwei- und dreidimensionalen Vektorräumen über dem Körper der reellen Zahlen $\mathbb{R}$ bekannt sind, zu erweitern. Zu diesem Zwecke wird der Begriff des inneren Produkts eingeführt.

Ein *inneres Produkt* auf einem Vektorraum V(K), wobei K den reellen oder komplexen Körper darstellt[§], ist eine Abbildung I von V × V in K (d.h. jedem geordneten Paar von Vektoren in V wird eine reelle bzw. komplexe Zahl zugeordnet) mit den folgenden drei Eigenschaften:

(a) I ist *konjugiert bilinear,* d.h. für alle Vektoren $x, x_1, x_2, y, y_1, y_2 \in V(K)$ und Skalare $\alpha_1, \alpha_2 \in K$ bestehen die folgenden Beziehungen

$$I(\alpha_1 x_1 + \alpha_2 x_2, y) = \alpha_1^* I(x_1, y) + \alpha_2^* I(x_2, y) \quad (2.1)$$

$$I(x, \alpha_1 y_1 + \alpha_2 y_2) = \alpha_1 I(x, y_1) + \alpha_2 I(x, y_2) \ . \quad (2.2)$$

Dabei bezeichnet der Stern die konjugiert komplexe Zahl.

(b) I ist *konjugiert symmetrisch,* d.h. für alle Vektoren $x, y \in V$ ist

$$I(x,y) = I(y^*, x^*) \ . \quad (2.3)$$

(c) I ist *positiv definit,* d.h. für alle Vektoren $x \in V$ gilt

$$I(x,x) > 0, \quad x \neq 0, \quad I(0,0) = 0 \ . \quad (2.4)$$

Das innere Produkt wird oft als *Skalarprodukt* bezeichnet.

Ein Vektorraum V(K) zusammen mit einem inneren Produkt bildet einen sogenannten *Skalarproduktraum.* Im Sonderfall, daß K reell ist, bezeichnet man den Skalarproduktraum als einen *euklidischen Raum,* und wenn K den Körper der komplexen Zahlen darstellt, wird der Skalarproduktraum als *unitärer Raum* bezeichnet.

§ Man vergleiche Jacobson (1953) bezüglich einer allgemeineren Definition eines inneren Produkts.

Übung 2.1. Man beweise, daß aus den Gln.(2.1) und (2.3) die Gl.(2.2) folgt.

Die *Länge* oder *Norm* eines Vektors $x \in V(K)$ ist als die positive Quadratwurzel des inneren Produkts $I(x,x)$ definiert und wird mit $\|x\|$ bezeichnet. Damit gilt

$$\|x\| = [I(x,x)]^{1/2} . \tag{2.5}$$

Die Norm des Nullvektors ist offensichtlich selbst Null. Es ist einfacher, das Symbol $\langle x,y\rangle = I(x,y)$ zur Bezeichnung des inneren Produkts zu verwenden. Weitere übliche Bezeichnungen, namentlich im physikalischen Schrifttum, sind $x \cdot y$ und (x,y).

Beispiel 2.1. Man betrachte den Vektorraum $V_n(\mathbb{R})$ von n-Tupeln reeller Zahlen und definiere das *gewöhnliche innere Produkt* zweier Vektoren $x = (\xi_1,\xi_2,\ldots,\xi_n)$ und $y = (\eta_1,\eta_2,\ldots,\eta_n)$ durch

$$\langle x,y\rangle = \sum_{i=1}^{n} \xi_i\eta_i \quad .$$

Der auf diese Weise gebildete Skalarproduktraum ist ein euklidischer Raum und wird mit E_n bezeichnet. Die Länge eines Vektors $x = (\xi_1,\xi_2,\ldots,\xi_n)$ in E_n ist durch

$$\|x\| = \left(\sum_{i=1}^{n} \xi_i^2\right)^{1/2}$$

gegeben.

Beispiel 2.2. Man betrachte den Vektorraum $V_n(\mathbb{C})$ von n-Tupeln komplexer Zahlen und definiere das *gewöhnliche innere Produkt* zweier Vektoren $x = (\xi_1, \xi_2, \dots, \xi_n)$ und $y = (\eta_1, \eta_2, \dots, \eta_n)$ durch

$$\langle x, y \rangle = \sum_{k=1}^{n} \xi_k^* \eta_k .$$

Der resultierende Skalarproduktraum wird mit C_n bezeichnet, und die Länge eines Vektors $x = (\xi_1, \xi_2, \dots, \xi_n)$ in C_n ist

$$\|x\| = \left(\sum_{k=1}^{n} \xi_k^* \xi_k \right)^{1/2} .$$

Übung 2.2. Ist P_n der Vektorraum reeller Polynome (man vergleiche das Beispiel 1.2) von der Form

$$a(x) = a_o + a_1 x + \dots + a_m x^m$$

mit $m \le n$, dann stellt

$$\langle a, b \rangle = \int_o^1 a(x) b(x) \, dx$$

ein inneres Produkt für P_n dar. Dies ist zu zeigen.

2.1. Schwarzsche Ungleichung

THEOREM 2.1 *(Schwarzsche Ungleichung).* Es seien x und y zwei beliebige Vektoren in einem Skalarproduktraum V(K). Dann gilt

$$|\langle x, y \rangle| \le \|x\| \, \|y\| . \tag{2.6}$$

Das Gleichheitszeichen gilt hierbei genau dann, wenn x und y linear abhängig sind (d.h. wenn einer der Vektoren ein skalares Vielfaches des anderen ist). Da $z = \langle x,y \rangle$ einen Skalar darstellt, ist der Ausdruck auf der linken Seite von Gl.(2.6) der Betrag dieses Skalars.

Beweis. Man betrachte das innere Produkt

$$\langle \alpha x - \beta y,\ \alpha x - \beta y \rangle \geq 0 \ , \tag{2.7}$$

wobei α und β Skalare in K sein sollen. Unter Verwendung der Eigenschaften des inneren Produkts, läßt sich die Ungleichung (2.7) entwickeln in

$$|\alpha|^2 \|x\|^2 - 2\ \mathrm{Re}\left[\alpha\beta^* \langle x,y \rangle\right] + |\beta|^2 \|y\|^2 \geq 0 \ . \tag{2.8}$$

Für $\alpha = \|y\|^2$ und $\beta = \langle x,y \rangle$ erhält man aus der Ungleichung (2.8)

$$\|y\|^2 (\|x\|^2 \|y\|^2 - |\langle x,y \rangle|^2) \geq 0 \ . \tag{2.9}$$

Dividiert man die Gl.(2.9) mit $\|y\|^2$ und bildet man dann die positive Quadratwurzel, so folgt das Ergebnis $\|x\| \|y\| \geq |\langle x,y \rangle|$. Nun wird angenommen, daß x und y linear abhängig sind. Dabei soll $x \neq 0$ sein (für $x = 0$ geht die Ungleichung (2.6) in eine Gleichung über) und $y = \alpha x$ mit $\alpha \in K$ gelten. Eine direkte Berechnung führt auf

$$\|x\| \|y\| = \|x\| \|\alpha x\| = |\alpha| \|x\|^2$$

und

$$|\langle x,y \rangle| = |\langle x,\alpha x \rangle| = |\alpha| \|x\|^2 \ .$$

Damit wird die Ungleichung (2.6) mit dem Gleichheitszeichen erfüllt. Wenn andererseits in der Beziehung (2.6) das

Gleichheitszeichen gilt, dann muß die Gleichheit auch in der Beziehung (2.7) gelten mit den speziellen Werten, die für α und β gewählt wurden. Daraus folgt dann, daß x und y voneinander linear abhängen.

Beispiel 2.3. Wendet man die Schwarzsche Ungleichung auf E_n an, dann erhält man das folgende Ergebnis. Sind $x = (\xi_1, \xi_2, \ldots, \xi_n)$ und $y = (\eta_1, \eta_2, \ldots, \eta_n)$ zwei beliebige Vektoren in E_n, so gilt

$$\left|\sum_{i=1}^{n} \xi_i \eta_i\right| \leq \left(\sum_{i=1}^{n} \xi_i^2\right)^{1/2} \left(\sum_{i=1}^{n} \eta_i^2\right)^{1/2}$$

Übung 2.3. Man beweise, daß für zwei beliebige Vektoren x,y in E_n oder C_n die folgende Ungleichung besteht:

$$\|x + y\| \leq \|x\| + \|y\|.$$

Dieses Ergebnis ist als die *Dreiecksungleichung* bekannt. Man gebe eine geometrische Interpretation der Dreiecksungleichung in E_2. [Man entwickle $\langle x+y, x+y\rangle$ und verwende Theorem 2.1.]

2.2. Abstand und Winkel

Der *Abstand* oder die *Entfernung* $d(x,y)$ zwischen zwei Vektoren x und y in E_n oder C_n ist definiert als die Länge $\|x-y\|$ des Vektors x-y, und der *Winkel* zwischen x und y ist die reelle Zahl θ, welche durch

$$\cos\theta = \frac{\langle x,y\rangle}{\|x\|\ \|y\|} \tag{2.10}$$

gegeben ist.

Diese Definitionen von Abstand und Winkel lassen sich natürlich direkt aufgrund der entsprechenden Definitionen für zwei- oder dreidimensionale geometrische Vektoren motivieren.

Sind x,y Vektoren aus E_n oder C_n und gilt $x,y \neq 0$ aber $\langle x,y\rangle = 0$, dann nennt man x und y *senkrecht* zueinander oder *orthogonal*. Stellt S eine Teilmenge von V dar, so ist $\{x | \langle x,y\rangle = 0 \text{ für alle } y \in S\}$ als das *orthogonale Komplement* von S bekannt und wird als $S^{\perp}$ bezeichnet. Jeder Vektor von der Länge Eins, wird *Einheitsvektor* genannt (ein derartiger Vektor heißt auch *normiert*). Eine Menge von Einheitsvektoren x,y,z,..., die gegenseitig orthogonal sind, bildet eine sogenannte *orthonormale Menge*.

Übung 2.4. Man beweise, daß der Abstand $d(x,y) = \|x-y\|$ zwischen zwei beliebigen Vektoren x,y in E_n oder C_n die folgenden Eigenschaften besitzt:§

D(i) $d(x,y) = d(y,x)$ (Symmetrie)

D(ii) $d(x,y) \geq 0$ und $d(x,y) = 0 \Longleftrightarrow x = y$ (Positivität)

D(iii) $d(x,y) \leq d(x,z) + d(z,y)$ (Dreiecksungleichung).

Es sei K der Körper der reellen oder der komplexen Zahlen, und es seien x und y zwei Vektoren, die zu einem Raum V(K) gehören, in dem kein inneres Produkt erklärt ist. Dann wird jedes $d(x,y) \in \mathbb{R}$, welches die drei in der Übung 2.4 aufgeführten Eigenschaften besitzt, eine *Abstandsfunktion* oder *Metrik* für V(K) genannt. Der Raum V(K) zusammen mit d(x,y) heißt *metrischer Raum*.

Übung 2.5. Man beweise, daß die Norm eines Vektors x, der zu E_n oder C_n gehört, die folgenden Eigenschaften aufweist:

§ Das Symbol $\Longleftrightarrow$ bedeutet, dass das Vorausgehende das Folgende und das Folgende das Vorausgehende impliziert.

N(i) $\|x\| \geq 0$ und $\|x\| = 0 \Leftrightarrow x = 0$

N(ii) $\|\alpha x\| = |\alpha| \, \|x\|$

N(iii) $\|x + y\| \leq \|x\| + \|y\|$.

Ist K der Körper der reellen oder komplexen Zahlen und gehört x zu einem Raum V(K) ohne inneres Produkt, so heißt jedes $n(x) \in \mathbb{R}$, welches die drei in Übung 2.5 aufgeführten Eigenschaften aufweist, eine *Norm*. Der Raum V(K) zusammen mit n(x) heißt ein *normierter Raum*. Man kann leicht zeigen, daß in einem normierten Raum n(x-y) eine Abstandsfunktion darstellt. Skalarprodukträume stellen eine spezielle Klasse von normierten Räumen dar, und normierte Räume [mit n(x-y) als Abstandsfunktion] sind eine spezielle Klasse von metrischen Räumen. Einige weitere Normen werden im Abschnitt 2.3 angegeben, jedoch wird sich das Folgende meistens nur mit den Räumen E_n oder C_n befassen. Wegen eines allgemeineren Studiums metrischer und normierter Räume sei auf das Buch von Dieudonné (1960) verwiesen.

2.3. Normen von Vektoren

Die *euklidische* oder *sphärische Norm* eines beliebigen Vektors $x = (\xi_1, \xi_2, \ldots, \xi_n)$ in E_n wurde als

$$\|x\|_e = \left(\sum_{k=1}^{n} \xi_k^2\right)^{1/2}$$

definiert, und es wurde gezeigt, daß sie die Bedingungen der Übung 2.5 erfüllt. Zwei weitere Normen sind die *kubische Norm*

$$\|x\|_c = \max_k |\xi_k|, \; k = 1,2,\ldots,n,$$

und die *oktaedrische Norm*

$$\|x\|_o = \sum_{k=1}^{n} |\xi_k| \quad .$$

Es ist offenkundig, daß sowohl die kubische als auch die oktaedrische Norm die Bedingungen der Übung 2.5 befriedigen.

Übung 2.6. Man zeige, daß $\|x\|_e$, $\|x\|_c$ und $\|x\|_o$ die folgenden Ungleichungen erfüllen.

$$\|x\|_c \leq \|x\|_o \leq n\|x\|_c$$

$$\|x\|_c \leq \|x\|_e \leq \sqrt{n}\|x\|_c$$

$$\frac{1}{\sqrt{n}} \|x\|_o \leq \|x\|_e \leq \|x\|_o \quad .$$

2.4. ORTHONORMALE BASEN

Bilden $x_1, x_2, \ldots, x_n$ eine Menge orthonormaler Vektoren in einem Skalarproduktraum und gilt $\sum_{k=1}^n \alpha_k x_k = 0$, wobei die α_i Skalare sind, so folgt die Beziehung

$$\left\langle x_j, \sum_{k=1}^{n} \alpha_k x_k \right\rangle = \sum_{k=1}^{n} \alpha_k \langle x_k, x_j \rangle = \alpha_j = 0 \ , \ j = 1, \ldots, n \ .$$

Die Menge $x_1, x_2, \ldots, x_n$ ist also linear unabhängig.

THEOREM 2.2. Bilden $x_1, x_2, \ldots, x_n$ eine Menge linear unabhängiger Vektoren in einem Skalarproduktraum V, dann kann man eine orthonormale Menge $y_1, y_2, \ldots, y_n$ derart finden, daß für die entsprechenden von ihnen erzeugten Teilräume

$$[\![x_1,x_2,\ldots,x_n]\!] = [\![y_1,y_2,\ldots,y_n]\!]$$

gilt.

Beweis. Die Konstruktion der orthonormalen Menge wird induktiv durchgeführt. Hierzu wird vorausgesetzt, daß $y_1,y_2,\ldots,y_r$, $1 \leq r \leq n$, eine orthonormale Menge darstellt, wobei jedes y_k eine Linearkombination der Vektoren $x_1,x_2,\ldots,x_k$ ist. Sodann wird der Einheitsvektor

$$y_{r+1} = \frac{z}{\|z\|}$$

betrachtet, wobei

$$z = x_{r+1} - \sum_{k=1}^{r} \langle x_{r+1},y_k\rangle y_k$$

gilt. Dieser Vektor ist offensichtlich orthogonal zu den y_k für $k = 1,2,\ldots,r$, und er muß von Null verschieden sein, da sonst der Vektor x_{r+1} von den Vektoren $y_1,y_2,\ldots,y_r$ linear abhängen würde. Der neue Vektor y_{r+1} stellt eine Linearkombination der $x_1,x_2,\ldots,x_{r+1}$ dar, denn aufgrund der Konstruktion ist er eine Linearkombination von x_{r+1} und den y_k, $k = 1,2,\ldots,r$, wobei jedes y_k eine Linearkombination der $x_1,x_2,\ldots,x_k$ aufgrund der Voraussetzung darstellt. Beginnt man den induktiven Prozeß mit der Wahl $y_1 = x_1/\|x_1\|$, dann hat die resultierende Menge orthonormaler Vektoren $y_1,y_2,\ldots,y_n$ die geforderte Eigenschaft.

Dieses Verfahren ist als *Gram-Schmidtscher Orthogonalisierungsprozeß* bekannt und hat so große Bedeutung, daß die zugehörigen Formeln ausführlich wiederholt werden. Es gilt

$$y_1 = \frac{x_1}{\|x_1\|}$$

$$y_2 = \frac{x_2 - \langle x_2, y_1\rangle y_1}{\|x_2 - \langle x_2, y_1\rangle y_1\|}$$

$$y_3 = \frac{x_3 - \langle x_3, y_1\rangle y_1 - \langle x_3, y_2\rangle y_2}{\|x_3 - \langle x_3, y_1\rangle y_1 - \langle x_3, y_2\rangle y_2\|}$$

$$\vdots$$

$$y_k = \frac{x_k - \sum_{j=1}^{k-1} \langle x_k, y_j\rangle y_j}{\|x_k - \sum_{j=1}^{k-1} \langle x_k, y_j\rangle y_j\|} .$$

Übung 2.7. Man beweise, daß jeder endlich dimensionale Skalarproduktraum eine orthonormale Basis hat.

Beispiel 2.4. Man kann leicht einsehen, daß die gewöhnliche Basis in E_n oder C_n orthonormal ist.

Beispiel 2.5. Ausgehend von den drei in E_3 gegebenen linear unabhängigen Vektoren $x_1 = (1,1,1)$, $x_2 = (0,1,0)$, $x_3 = (1,1,0)$ soll unter Verwendung des Gram-Schmidtschen Prozesses eine orthonormale Basis gebildet werden. Man erhält

$$y_1 = \frac{x_1}{\|x_1\|} = \left(\frac{1}{\sqrt{3}}, \frac{1}{\sqrt{3}}, \frac{1}{\sqrt{3}}\right)$$

$$y_2 = \frac{x_2 - \langle x_2, y_1\rangle y_1}{\|x_2 - \langle x_2\ y_1\rangle y_1\|}$$

$$y_2 = \left(-\frac{1}{\sqrt{6}}, \frac{2}{\sqrt{6}}, -\frac{1}{\sqrt{6}}\right)$$

$$y_3 = \frac{x_3 - \langle x_3,y_1\rangle y_1 - \langle x_3,y_2\rangle y_2}{\|x_3 - \langle x_3,y_1\rangle y_1 - \langle x_3,y_2\rangle y_2\|}$$

$$= \left(\frac{1}{\sqrt{2}}, 0, -\frac{1}{\sqrt{2}}\right).$$

Der Leser sollte sich selbst davon überzeugen, daß die Vektoren y_1, y_2, y_3 tatsächlich orthonormal sind.

Übung 2.8. Stellt V(K) einen Skalarproduktraum dar und ist S ein Teilraum von V, so gilt $V = S \oplus S^{\perp}$. Dies ist zu beweisen.

3. Lineare Transformationen

Es seien V(K) und W(K) Vektorräume über dem Körper K. Man bezeichnet eine Abbildung A von V in W als linear, wenn sie die folgenden Eigenschaften aufweist:

(a) $A(x+y) = A(x) + A(y)$

(b) $A(\alpha x) = \alpha A(x)$

für alle $x,y \in V; \alpha \in K$. Dies bedeutet, daß bei der Abbildung die Operationen Addition und Multiplikation erhalten bleiben. Man beachte, daß die Addition auf der linken Seite der Gleichung (a) in V und die Addition auf der rechten Seite in W erfolgt. Der Bequemlichkeit wegen wurden in beiden Fällen die gleichen Symbole verwendet. Jede derartige Abbildung heißt *lineare Transformation* von V in W, und man schreibt hierfür oft $A: V \to W$. Die Abbildung 0, durch welche jedem Vektor $x \in V$ das Nullelement von W zugeordnet wird, stellt offensichtlich eine lineare Transformation dar. Sie wird als die *Nulltransformation* bezeichnet. Eine weitere offensichtlich lineare Abbildung ist die Transformation I, welche $I(x) = x$ für alle $x \in V$ liefert. Sie wird als die *Identitätstransformation* von V bezeichnet.

Übung 3.1. Man beweise, daß die obigen Bedingungen (a) und (b) äquivalent sind zu der einzigen Bedingung

$$A(\alpha x + \beta y) = \alpha A(x) + \beta A(y)$$

für alle $x, y \in V$; $\alpha, \beta \in K$.

Übung 3.2. Man beweise, daß jede lineare Transformation $A: V \to W$ das Nullelement von V in das Nullelement von W abbildet und daß lineare Transformationen Linearkombinationen in V in die entsprechenden Linearkombinationen in W abbilden und daher die lineare Abhängigkeit erhalten.

Beispiel 3.1. Es sei P_n der Vektorraum der Polynome aus Übung 2.2. Dann ist die durch

$$D: a(x) \to \frac{da}{dx} = \sum_{k=0}^{m} k a_k x^{k-1}$$

definierte Abbildung linear. Zum Nachweis dieser Behauptung sei

$$a(x) = \sum_{k=0}^{m} a_k x^k, \quad b(x) = \sum_{k=0}^{n} b_k x^k,$$

und es sei $n \geq m$ vorausgesetzt. Dann gilt

$$a(x) + b(x) = \sum_{k=0}^{m} (a_k+b_k)x^k + \sum_{k=m+1}^{n} b_k x^k$$

und

$$D(a(x) + b(x)) = \sum_{k=0}^{m} k(a_k+b_k)x^{k-1} + \sum_{k=m+1}^{n} kb_k x^{k-1} .$$

Nun ist aber

$$D(a(x)) = \sum_{k=0}^{m} ka_k x^{k-1}$$

$$D(b(x)) = \sum_{k=0}^{n} kb_k x^{k-1} ,$$

so daß man

$$D(a(x)) + D(b(x)) \doteq D(a(x) + b(x))$$

erhält.

Für jedes $\alpha \in K$ erhält man weiterhin

$$\alpha a(x) = \sum_{k=0}^{m} (\alpha a_k)x^k$$

und

$$D(\alpha a(x)) = \sum_{k=0}^{m} k(\alpha a_k)x^{k-1}$$

$$= \alpha \sum_{k=0}^{m} k a_k x^{k-1}$$

$$= \alpha D(a(x)) \quad .$$

Wie im Abschnitt 8 von Kapitel I wurde das bei der Abbildung $A: V \to W$ entstehende Bild eines Elements $v \in V$ mit $A(v)$ bezeichnet. Der Raum V ist der Definitionsbereich von A, und $A(V)$ ist der Wertebereich oder das *Bild* von A. Die Menge $\{v \in V | A(v) = 0\}$ heißt *Kern* von A. Offensichtlich sind das Bild und der Kern von A Teilräume von W bzw. V. Sind diese Teilräume von endlicher Dimension, so wird ihre Dimension als *Rang* bzw. *Defekt* von A bezeichnet. Ist die Abbildung A sowohl injektiv als auch surjektiv, so ist sie eineindeutig (bijektiv) und hat eine eineindeutige inverse Abbildung, die mit A^{-1} bezeichnet wird. Man sagt dann, daß A ***nichtsingulär*** sei; andernfalls heißt die Abbildung ***singulär***. Eine nichtsinguläre lineare Transformation $A: V \to W$ stellt einen Isomorphismus zwischen V und W her, wie er im Abschnitt 1.2 definiert wurde.

Allgemein wird ein Teilraum von V in einen Teilraum von W abgebildet, und die inverse Bildmenge (vgl. Kapitel I, Abschnitt 8) irgendeines Teilraums von W stellt einen Teilraum von V dar. Diese beiden Tatsachen sind fast selbstverständlich; der Beweis für die zweite Tatsache, beispielsweise, läßt sich folgendermaßen führen. Es seien v_1 und v_2 zwei beliebige Vektoren in der inversen Bildmenge S von W_1, und α_1, α_2 seien zwei beliebige Skalare. Dann gilt

$$A(\alpha_1 v_1 + \alpha_2 v_2) = \alpha_1 A(v_1) + \alpha_2 A(v_2) \in W_1 ,$$

da W_1 ein Teilraum ist. Daher gilt $\alpha_1 v_1 + \alpha_2 v_2 \in S$, womit gezeigt ist, daß S einen Teilraum darstellt.

Übung 3.3. Man zeige folgendes. Eine notwendige und hinreichende Bedingung dafür, daß eine lineare Transformation $A: V \rightarrow W$ eineindeutig ist, stellt die Forderung dar, daß der Kern von A nur aus dem Nullvektor von V besteht.

Beispiel 3.2. Man betrachte die Abbildung

$$A: V_n(\mathbb{R}) \rightarrow V_{n-1}(\mathbb{R}) ,$$

wobei

$$A(\xi_1,\xi_2,\ldots,\xi_n) = (\xi_2,\xi_3,\ldots,\xi_n)$$

gilt. Diese Abbildung ist offensichtlich surjektiv, aber nicht injektiv, da $A(\eta,\xi_2,\ldots,\xi_n) = (\xi_2,\xi_3,\ldots,\xi_n)$ für beliebiges $\eta \in \mathbb{R}$ gilt. Der Wertebereich von A ist $V_{n-1}(\mathbb{R})$, und daher ist der Rang von A gleich n-1. Ein Vektor $x = (\xi_1,\xi_2,\ldots,\xi_n)$ in $V_n(\mathbb{R})$ wird nur dann in den Nullvektor in $V_{n-1}(\mathbb{R})$ abgebildet, wenn $\xi_2 = \xi_3 = \ldots = \xi_n = 0$ ist. Der Kern von A stimmt also gerade mit dem Raum überein, welcher durch den Einheitsvektor (1,0,...,0) aufgespannt wird, und er hat deshalb die Dimension Eins.

Im letzten Beispiel stimmt die Summe aus der Dimension des Bildes und der Dimension des Kerns mit jener von $V_n(\mathbb{R})$ überein, und es gilt allgemein das folgende Theorem.

THEOREM 3.1. Für jede lineare Transformation $A: V \rightarrow W$ gilt folgende Aussage:

$$\dim (\text{Kern } A) + \dim (\text{Bild } A) = \dim V , \tag{3.1}$$

d.h.

$$\text{Defekt } A + \text{Rang } A = \dim V . \tag{3.2}$$

Beweis. Es sei dim V = n, Rang A = r und Defekt A = k. Da {Kern A} $\subseteq$ V ist, kann eine Basis $\{v_1, v_2, \ldots, v_k, \ldots, v_n\}$ für V derart gebildet werden, daß $\{v_1, v_2, \ldots, v_k\}$ eine Basis für {Kern A} darstellt. Jeder Vektor $v \in V$ kann als eine Linearkombination $\sum_{j=1}^{n} \alpha_j v_j$ geschrieben werden, und für das Bild dieses Elements gilt aufgrund der Definition des Kerns

$$\sum_{j=1}^{n} \alpha_j A(v_j) = \sum_{j=k+1}^{n} \alpha_j A(v_j) .$$

Weiterhin sind die Vektoren $A(v_j)$, j = k+1, k+2, ..., n, linear unabhängig. Nimmt man in Umkehrung dessen, was zu beweisen ist, an, daß die Vektoren $A(v_j)$, j = k+1, k+2,..., n, linear abhängig sind, dann existieren Skalare β_j, die nicht alle Null sind, so daß

$$\sum_{j=k+1}^{n} \beta_j A(v_j) = A\left(\sum_{j=k+1}^{n} \beta_j v_j\right) = 0$$

gilt. Dann gehört also $\sum_{j=k+1}^{n} \beta_j v_j$ zum Kern von A. Da aber $\{v_1, v_2, \ldots, v_k\}$ eine Basis für den Kern von A darstellt, gibt es Skalare γ_j derart, daß

$$\sum_{j=1}^{k} \gamma_j v_j = \sum_{j=k+1}^{n} \beta_j v_j$$

gilt. Dies steht im Widerspruch zu der Tatsache, daß die Vektoren $v_1, v_2, \ldots, v_n$ linear unabhängig sind. Deshalb müssen alle β_j gleich Null sein, womit nachgewiesen ist, daß $A(v_{k+1})$, $A(v_{k+2})$, ..., $A(v_n)$ eine Basis für den Wertebereich von A darstellt. Daraus folgt direkt, daß r = n-k gilt, und der Beweis ist vollständig geführt.

Beispiel 3.3. Die Transformation A, die durch die Matrix $\begin{bmatrix}1\\2\\3\end{bmatrix}$ dargestellt wird (siehe hierzu Abschnitt 4), hat den Rang 1, den Defekt 0 und es gilt dim V = 1. Die Transformation, die durch (1,2,3) dargestellt wird, besitzt den Rang 1, den Defekt 2, und es ist dim V = 3. Man beachte, daß {Bild A} ⊆ W ist, während {Kern A} ⊆ V gilt. Wenn A den Raum V in sich selbst abbildet, tritt dieser Unterschied nicht in Erscheinung. Man hüte sich vor dem Trugschluß: {Bild A} + {Kern A} = V, ***was im allgemeinen nicht zutreffend ist.*** Beispielsweise hat die Transformation, die durch $\begin{bmatrix}0 & 1\\0 & 0\end{bmatrix}$ dargestellt wird, den Rang 1 und den Defekt 1; der Wertebereich wird durch $\begin{bmatrix}1\\0\end{bmatrix}$ aufgespannt und dasselbe gilt für den Kern.

3.1. Operationen mit linearen Transformationen

Es seien $A:V(K) \to W(K)$ und $B:V(K) \to W(K)$ zwei beliebige lineare Abbildungen. Ihre *Summe* A + B wird durch die Gleichung

$$(A + B)(v) = A(v) + B(v)$$

für alle Vektoren $v \in V$ definiert.

Das *skalare Vielfache* der Abbildung A mit einem Element $\alpha \in K$ wird durch die Gleichung

$$(\alpha A)v = A(\alpha v)$$

für alle $v \in V$ definiert.

Übung 3.4. Man zeige folgendes. Die oben eingeführte Summe A + B und das skalare Vielfache αA sind ebenfalls lineare Transformationen, und die Menge aller linearen Transformationen von V(K) in W(K) bildet zusammen mit diesen Operationen der Addition und skalaren Multiplikation selbst einen Vektorraum über K.

Das Produkt zweier Funktionen wurde allgemein in Abschnitt 8 von Kapitel I definiert. Damit ist das Produkt zweier linearer Transformationen $A:V(K) \to W(K)$, $B:W(K) \to Y(K)$ die Abbildung, welche durch die Gleichung

$$(BA)(v) = B(A(v))$$

definiert ist. Es ist wieder offensichtlich, daß BA eine lineare Abbildung von V in Y darstellt.

Übung 3.5. Unter Verwendung der obigen Definitionen sollen die folgenden Eigenschaften der Summe, des skalaren Vielfachen und des Produkts von linearen Transformationen nachgewiesen werden. Sind A und B Transformationen von V(K) in W(K), sind C und D Transformationen von W(K) in Y(K) und ist E eine Transformation von Y(K) in Z(K), so gilt

(i) $E(CA) = (EC)A$

(ii) $C(A + B) = CA + CB$

(iii) $(C + D)A = CA + DA$

(iv) $A0 = 0A = 0$

(v) $AI = IA = A$

(vi) $\alpha(A + B) = \alpha A + \alpha B$ für alle $\alpha \in K$

(vii) $\alpha(CA) = (\alpha C)A = C(\alpha A)$

(viii) $A^{-1}A = A\,A^{-1} = I$, sofern A nichtsingulär ist

(ix) $(CA)^{-1} = A^{-1}C^{-1}$, sofern A und C nichtsingulär sind.

Aus der Übung 3.2 und der Tatsache, daß das Bild von A einen Teilraum von W darstellt, folgt, daß die Dimension des Bildes von A sowohl kleiner oder gleich dim W als auch kleiner oder gleich dim V ist. Betrachtet man nun das Produkt CA der Transformationen $A:V \to W$ und $C:W \to Y$, dann ergibt sich unmittelbar, daß der Rang von CA kleiner oder gleich dem Rang von A und dem Rang von C ist. Denn es ist $\{\text{Bild } CA\} = C(A(V)) \subseteq C(W)$ und damit gilt aufgrund der vorhergehenden Bemerkung Rang CA $\leq$ Rang A, Rang C.

4. Darstellung linearer Transformationen durch Matrizen

Es seien V(K) und W(K) zwei Vektorräume der Dimension n bzw. m mit den Basen $\{v_1, v_2, \ldots, v_n\}$ bzw. $\{w_1, w_2, \ldots, w_m\}$. Es sei A eine lineare Transformation von V in W. Dann ist $A(v_j) \subseteq W$ und kann als eine lineare Kombination der w_i dargestellt werden in der Form

$$A(v_j) = \sum_{i=1}^{m} \alpha_{ij} w_i, \quad j = 1,2,\ldots,n ,$$

wobei die α_{ij} Skalare in K bedeuten. Jeder Vektor $v \in V$ ist jedoch eine eindeutige Linearkombination der v_j, und da lineare Transformationen Linearkombinationen erhalten (vgl. Übung 3.2), folgt nun, daß $w = A(v)$ bekannt ist, sofern die Basen $\{v_1, v_2, \ldots, v_n\}$ und $\{w_1, w_2, \ldots, w_m\}$ sowie die Matrix (α_{ij}) bekannt sind. Die Matrix (α_{ij}) nennt man die *Matrixdarstellung* der linearen Transformation A bezüglich der beiden gegebenen Basen.

Übung 4.1. Man beweise, daß die Zuordnung zwischen der Menge der linearen Transformationen von V(K) in W(K) und der Menge ihrer Matrixdarstellungen bezüglich zweier fester Basen eineindeutig ist.

Beispiel 4.1. Es sei V(K) ein Vektorraum über einem Körper K, und es sei A die durch $A(v) = \alpha v$ für $v \in V$ definierte lineare Transformation, wobei α einen Skalar in K darstellt. Diese Transformation ist als eine skalare Transformation bekannt. Stellt $\{v_1, v_2, \ldots, v_n\}$ irgendeine Basis von V dar, so gilt $A(v_j) = \alpha v_j$, und deshalb stimmt die Matrixdarstellung von A bezüglich irgendeiner Basis gerade mit der $n \times n$-Diagonalmatrix überein, deren Diagonalelemente alle gleich α sind. (Dies ist natürlich gerade αI_n).

Aus diesem Beispiel folgt direkt, daß die Matrixdarstellung der Identitätstransformation bezüglich irgendeiner Basis die Identitätsmatrix I_n ist.

Beispiel 4.2. Es sei A die lineare Transformation $A:(\alpha_1, \alpha_2, \alpha_3) \to (\alpha_2, \alpha_3)$ von $V_3(\mathbb{R})$ in $V_2(\mathbb{R})$. Wählt man die gewöhnlichen Basen in $V_3(\mathbb{R})$ und $V_2(\mathbb{R})$ als e_i bzw. e_i', dann gilt

$$(1,0,0) \to (0,0) = 0e_1' + 0e_2'$$

$$(0,1,0) \to (1,0) = 1e_1' + 0e_2'$$

$$(0,0,1) \to (0,1) = 0e_1' + 1e_2' \quad ,$$

und die Matrixdarstellung der Abbildung bezüglich $\{e_1, e_2, e_3\}$ und $\{e_1', e_2'\}$ ist

$$A_1 = \begin{bmatrix} 0 & 1 & 0 \\ 0 & 0 & 1 \end{bmatrix} .$$

Das Bild irgendeines Vektors in $V_2(\mathbb{R})$ gewinnt man, indem man den Vektor mit A_1 multipliziert. Beispielsweise stimmt $(2,3,5) \to (3,5)$ überein mit

$$\begin{bmatrix} 0 & 1 & 0 \\ 0 & 0 & 1 \end{bmatrix} \begin{bmatrix} 2 \\ 3 \\ 5 \end{bmatrix} = \begin{bmatrix} 3 \\ 5 \end{bmatrix} .$$

Jetzt soll (1,2,0), (-1,1,3), (0,2,4) als eine Basis in $V_3(\mathbb{R})$ und (1,1), (0,1) als eine Basis in $V_2(\mathbb{R})$ gewählt werden. Dann erhält man

$$\begin{aligned} (1,2,0) &\rightarrow (2,0) = 2(1,1) - 2(0,1) \\ (-1,1,3) &\rightarrow (1,3) = 1(1,1) + 2(0,1) \\ (0,2,4) &\rightarrow (2,4) = 2(1,1) + 2(0,1) \ , \end{aligned}$$

und die Matrixdarstellung bezüglich dieser Basen lautet

$$A_2 = \begin{bmatrix} 2 & 1 & 2 \\ -2 & 2 & 2 \end{bmatrix} .$$

Zur Ermittlung des Bildes von (2,3,5) wird der Vektor zunächst mit Hilfe der zweiten Basis für $V_3(\mathbb{R})$ dargestellt. Dabei ergibt sich $(-\frac{1}{3}, -\frac{7}{3}, 3)$, und dieser Vektor wird mit A_2 multipliziert. Auf diese Weise erhält man

$$\begin{bmatrix} 2 & 1 & 2 \\ -2 & 2 & 2 \end{bmatrix} \begin{bmatrix} -\frac{1}{3} \\ -\frac{7}{3} \\ 3 \end{bmatrix} = \begin{bmatrix} 3 \\ 2 \end{bmatrix} .$$

Man beachte, daß (3,2) den Vektor 3(1,1) + 2(0,1) = (3,5) bezüglich der gewöhnlichen Basis bedeutet, wie zu erwarten war.

Es sollen jetzt die beiden linearen Transformationen

$$A:V(K) \rightarrow W(K) \qquad \text{und} \qquad B:W(K) \rightarrow X(K)$$

betrachtet werden. Es seien $\{v_1,v_2,\ldots,v_n\}$, $\{w_1,w_2,\ldots,w_m\}$ und $\{x_1,x_2,\ldots,x_r\}$ Basen für V, W bzw. X. Ist (a_{ij}) die Matrixdarstellung von A bezüglich der gegebenen Basen, (b_{ij}) die von B und (c_{ij}) die von C = BA, dann gilt

$$A(v_j) = \sum_{k=1}^{m} a_{kj} w_k \ , \quad j = 1,2,\ldots,n \ , \tag{4.1}$$

$$B(w_k) = \sum_{i=1}^{r} b_{ik} x_i \ , \quad k = 1,2,\ldots,m \ . \tag{4.2}$$

Damit ergibt sich

$$\begin{aligned} C(v_j) &= B\,A(v_j) \\ &= \sum_{k=1}^{m} a_{kj} B(w_k), \quad j = 1,2,\ldots,n \\ &= \sum_{i=1}^{r} \left\{ \sum_{k=1}^{m} a_{kj} b_{ik} \right\} x_i, \quad j = 1,2,\ldots,n \ . \end{aligned}$$

Demzufolge ist

$$c_{ij} = \sum_{k=1}^{m} b_{ik} a_{kj} . \tag{4.3}$$

Damit ist gezeigt, daß die Matrixdarstellung der Produkttransformation C = BA mit dem Produkt der Matrizen B und A übereinstimmt, wie es in den Kapiteln I und II definiert wurde. In ähnlicher Weise kann gezeigt werden, daß die Summe zweier linearer Transformationen und das skalare Vielfache einer linearen Transformation entsprechend durch die Summe bzw. das skalare Vielfache ihrer Matrixdarstellungen gegeben sind, wie sie an früherer Stelle definiert wurden. Natürlich sind gerade diese Tatsachen ausschlaggebend für die früheren Definitionen dieser Matrizenoperationen.

Beispiel 4.3. Im Beispiel 4.2 soll die gewöhnliche Basis in $V_3(\mathbb{R})$ mit b_1 und die zweite Basis in $V_3(\mathbb{R})$ mit b_2 bezeichnet werden. Die Identitätstransformation in $V_3(\mathbb{R})$ kann man, wenn man will, als eine Transformation von einem Raum $V_3(\mathbb{R})$ mit der Basis b_2 in einen anderen Raum $V_3(\mathbb{R})$ mit der Basis b_1 ansehen. Diese Transformation wird als $I_{b_2b_1}$ geschrieben und ihre Matrixdarstellung lautet, wie man leicht sieht,

$$\begin{bmatrix} 1 & -1 & 0 \\ 2 & 1 & 2 \\ 0 & 3 & 4 \end{bmatrix} .$$

In ähnlicher Weise ist die Transformation in $V_2(\mathbb{R})$ von der Basis b_1' zur Basis b_2' , geschrieben als $I_{b_1'b_2'}$, offensichtlich gleich $I^{-1}_{b_2'b_1'}$, und zu ihr gehört die Matrix

$$\begin{bmatrix} 1 & 0 \\ 1 & 1 \end{bmatrix}^{-1} .$$

Damit läßt sich die Transformation A von $V_3(\mathbb{R})$ mit Basis b_2 nach $V_2(\mathbb{R})$ mit Basis b_2' als ein Produkt von drei Transformationen schreiben, nämlich

$$A = I_{b_1'b_2'}\hat{A}I_{b_1b_2} .$$

Dabei bedeutet $\hat{A}$ auf der rechten Seite eine Transformation von $V_3(\mathbb{R})$ mit Basis b_1 nach $V_2(\mathbb{R})$ mit Basis b_1'. Dies ist natürlich dieselbe lineare Transformation wie A. Die Matrixdarstellung der letzten Gleichung lautet

$$A_2 = \begin{bmatrix} 1 & 0 \\ 1 & 1 \end{bmatrix}^{-1} A_1 \begin{bmatrix} 1 & -1 & 0 \\ 2 & 1 & 2 \\ 0 & 3 & 4 \end{bmatrix} .$$

Wie man leicht nachrechnen kann, ergibt sich für A_2 das im Beispiel 4.2 gewonnene Ergebnis.

4.1. Zeilen- und Spaltenrang einer Matrix

Es sei $A:V(K) \to W(K)$ eine lineare Transformation und (a_{ij}) ihre Matrixdarstellung bezüglich der Basen $\{v_1, v_2, \ldots, v_n\}$ und $\{w_1, w_2, \ldots, w_m\}$. Die Zeilen der Matrix (a_{ij}) seien mit

$$A_i = (a_{i1}, a_{i2}, \ldots, a_{in}), \quad i = 1,2,\ldots,m$$

bezeichnet und die Spalten mit

$$A^j = \begin{bmatrix} a_{1j} \\ a_{2j} \\ \vdots \\ a_{mj} \end{bmatrix}, \quad j = 1,2,\ldots,n .$$

Im allgemeinen bezeichnet man A_i als *Zeilenvektor* und A^j als *Spaltenvektor* im Raum $V_n(K)$ bzw. $V_m(K)$. Spaltenvektoren werden oft horizontal angeordnet der typographischen Bequemlichkeit wegen.

Das Bild des Basisvektors v_j ist

$$A(v_j) = \sum_{i=1}^{m} a_{ij} w_i, \quad j = 1,2,\ldots,n \quad ,$$

so daß die Koordinaten von $A(v_j)$ bezüglich der Vektoren w_i durch den Spaltenvektor A^j gegeben sind. Man betrachte nun den Wertebereich $A(V)$ von A. Jeder Vektor in V stellt eine Linearkombination der v_j dar und deshalb muß jeder Vektor in $A(V)$ eine Linearkombination der $A(v_j)$, $j = 1,2,\ldots,n$, sein, so daß $A(V)$ durch $A(v_j)$, $j = 1,2,\ldots,n$, **aufgespannt** wird. Der Rang von A stimmt überein mit $\dim A(V)$. Diese ist aber gerade gegeben durch die größte Menge von linear unabhängigen Vektoren aus $A(v_1)$, $A(v_2)$, ..., $A(v_n)$ und muß demzufolge auch mit der größten Zahl linear unabhängiger Spalten von (a_{ij}) übereinstimmen. Diese Zahl bezeichnet man als *Spaltenrang* von (a_{ij}), und der Raum, der von den linear unabhängigen Spalten aufgespannt wird, heißt *Spaltenraum* von (a_{ij}).

In entsprechender Weise kann man den *Zeilenraum* einer Matrix und ihren *Zeilenrang* definieren.

THEOREM 4.1. Die Zahl linear unabhängiger Zeilen einer beliebigen Matrix stimmt mit der Zahl ihrer linear unabhängigen Spalten überein.

Beweis. Es wird angenommen, daß der Spaltenrang von (a_{ij}) gleich r ist. Dann müssen r der A^j linear unabhängig sein, sie seien als B^1, B^2, ..., B^r **bezeichnet**. Damit kann man jede Spalte von (a_{ij}) als eine Linearkombination der B^1, B^2,..., B^r folgendermaßen schreiben

$$A^j = \sum_{i=1}^{r} \alpha_{ij} B^i, \quad j = 1,2,\ldots,n ,$$

so daß gilt

$$a_{kj} = \sum_{i=1}^{r} \alpha_{ij} b_{ki}, \quad j = 1,2,\ldots,n; \; k = 1,2,\ldots,m. \tag{4.4}$$

Dabei ist b_{ki} das k-te Element der Spalte B^i. Man kann die Gl.(4.4) unter Verwendung der Zeilen A_i in einfacher Weise umformen, so daß man

$$A_k = \sum_{i=1}^{r} b_{ki}\phi_i$$

erhält. Dabei bedeutet ϕ_i die i-te Zeile der r×n-Matrix (α_{ij}). Der Zeilenraum von (a_{ij}) wird daher durch die Menge von r n-Vektoren ϕ_i aufgespannt, und daher ist seine Dimension kleiner oder gleich r. Wendet man die vorausgegangenen Überlegungen in genau derselben Weise auf die Transponierte von (a_{ij}) an, so erhält man als Resultat, daß die Dimension des Spaltenraums kleiner oder gleich der des Zeilenraums ist. Hieraus folgt, daß die beiden Dimensionen übereinstimmen müssen und daß demzufolge der Zeilenrang und der Spaltenrang gleich sein müssen.

Im Kapitel II wurde der Determinantenrang einer Matrix (a_{ij}) definiert als die Ordnung der größten Teilmatrix von (a_{ij}), deren Determinante nicht verschwindet.

THEOREM 4.2. Der Determinantenrang einer Matrix stimmt mit ihrem Zeilen- (und Spalten-)rang überein.

Beweis. Es sei r der Determinantenrang von (a_{ij}). Die Matrix besitzt dann eine quadratische Teilmatrix Q der Ordnung r mit von Null verschiedener Determinante. Die Spalten von Q sind linear unabhängig, denn nach Abschnitt 5 aus Kapitel II gibt es keinen von Null verschiedenen r-Vektor q, so daß Qq=0 gilt. Die Spalten von (a_{ij}), welche den r linear unabhängigen Spalten von Q entsprechen, müssen ebenfalls linear unabhängig sein, und daher gilt: Spaltenrang (a_{ij}) = Zeilenrang $(a_{ij}) \geq r$.

Ist der Zeilenrang von (a_{ij}) gleich p, dann sind p der Zeilen von (a_{ij}) linear unabhängig und bilden eine $p \times n$-Matrix, aus welcher p linear unabhängige Spalten ausgewählt werden können (Zeilenrang = Spaltenrang), wodurch man eine $p \times p$-Teilmatrix von (a_{ij}) mit von Null verschiedener Determinante erhält. Deshalb gilt $r \geq p$, womit bewiesen ist, daß der Zeilenrang (oder Spaltenrang) mit dem Determinantenrang übereinstimmt; im folgenden wird daher nur noch vom *Rang* einer Matrix gesprochen; er wird mit dem Symbol $\rho(a_{ij})$ bezeichnet.

4.2. Inverse Transformationen und Matrizeninversion

Es wurde bereits erkannt, daß eine eineindeutige lineare Transformation $A: V(K) \rightarrow W(K)$ eine eindeutige Inverse A^{-1} besitzt, so daß $A^{-1}A = AA^{-1} = I$ gilt. Hierbei bedeutet I die Identitätstransformation (Übung 3.5). Den nächsten Schritt zur Herstellung der Beziehungen zwischen den Eigenschaften einer linearen Transformation und ihrer Matrixdarstellung liefert folgendes Theorem.

THEOREM 4.3. Die lineare Transformation A ist genau dann nichtsingulär, wenn ihre Matrixdarstellung regulär ist. Weiterhin ist die Matrixdarstellung von A^{-1} gleich der Inversen der Darstellung von A.

Beweis. Zunächst sei angenommen, daß A nichtsingulär ist. Wenn dann (a_{ij}) die Matrixdarstellung von A bezüglich fester Basen in V und W ist, so gilt

$$I = A^{-1}A$$

und

$$I_n = (b_{k\ell})(a_{ij}) ,$$

wobei $(b_{k\ell})$ die Matrixdarstellung von A^{-1} bedeutet. Nach dem Beispiel 3.2 aus Kapitel II ist $(b_{k\ell}) = (a_{ij})^{-1}$. Nimmt man an, daß die Matrix (a_{ij}) regulär ist, und bezeichnet man die lineare Transformation, welche durch ihre Inverse dargestellt wird, mit B, so erhält man

$$I_n = (a_{ij})^{-1}(a_{ij})$$

und

$$I = BA \; .$$

Damit ist gezeigt, daß $B = A^{-1}$ gilt und A nichtsingulär ist.

Aufgrund der vorausgegangenen Überlegungen erscheint es als gerechtfertigt, eine reguläre Matrix als nichtsingulär zu bezeichnen. Weiterhin ergibt sich unmittelbar, daß die Transformation A genau dann nichtsingulär ist, wenn ihr Rang mit der Dimension sowohl von V als auch von W übereinstimmt. Gilt insbesondere $V = W$, dann ist A genau dann nichtsingulär, wenn $\rho(A) = \dim V$ gilt.

THEOREM 4.4. Der Rang einer Matrix bleibt unverändert, wenn man sie mit einer beliebigen nichtsingulären Matrix multipliziert.

Beweis. Aus dem entsprechenden Ergebnis für lineare Transformationen folgt, daß der Rang des Produkts zweier Matrizen kleiner oder gleich dem Rang von jedem der beiden Faktoren ist. Bezeichnet man den Rang der Matrix A mit r_1, so ist $\rho(BA) = r_2 \leq r_1$, und es wird, sofern B nichtsingulär ist, $\rho(B^{-1}(BA)) = \rho(A) = r_1 \leq r_2$. Damit ist bewiesen, daß $\rho(BA) = \rho(A)$ gilt. In entsprechender Weise zeigt man die Gültigkeit der Beziehung $\rho(AB) = \rho(A)$.

5. Ähnliche Matrizen

Im weiteren werden einzelne Großbuchstaben zur Bezeichnung von Matrizen verwendet (wie in vorhergehenden Kapiteln), solange keine Verwechslungen zwischen einer linearen Transformation und ihrer Matrixdarstellung bezüglich verschiedener Basen entstehen können. Zwei n×n-Matrizen A und B über einem Körper K werden *ähnlich* genannt, wenn es eine nichtsinguläre (reguläre) Matrix H derart gibt, daß

$$A = HBH^{-1} \tag{5.1}$$

gilt.

Übung 5.1. Man beweise, daß die soeben definierte Ähnlichkeit von Matrizen eine Äquivalenzbeziehung darstellt.

Der Begriff der Ähnlichkeit kann über die Darstellung linearer Transformationen gedeutet werden. Es sei $T:V(K) \to V(K)$ eine lineare Transformation des Vektorraums V(K) über dem Körper K in sich selbst. Es seien weiterhin $b_1 = \{v_1,v_2,\dots,v_n\}$ und $b_2 = \{u_1,u_2,\dots,u_n\}$ zwei verschiedene Basen für V(K), und es seien A und B die Matrixdarstellungen von T bezüglich b_1 bzw. b_2. Aufgrund von Beispiel 4.3 folgt, daß

$$A = \left[I_{b_2b_1}\right] B \left[I_{b_1b_2}\right] \tag{5.2}$$

gilt, wobei $\left[I_{b_2b_1}\right]$ die Matrixdarstellung der Identitätstransformation auf V bezüglich der Basen b_2 und b_1 bezeichnet. Wenn man $H = \left[I_{b_2b_1}\right]$ setzt, erhält man aus Gl.(5.2) die Gl.(5.1).

Es soll nun angenommen werden, daß eine nichtsinguläre Matrix $H = (h_{ij})$ existiert und die Gl.(5.1) erfüllt. Falls b_1 eine Basis für V darstellt und A die Matrixdarstellung von T bezüglich b_1 ist, besteht dann die Möglichkeit, eine andere Basis b_2 derart zu finden, daß B die Matrixdarstellung von T bezüglich b_2 ist? Als Ansatz für b_2 soll das System von n Vektoren

$$u_i = \sum_{j=1}^{n} h_{ij} v_j , \quad i = 1,2,\ldots,n \tag{5.3}$$

betrachtet werden. Falls sie linear abhängig sind, existiert ein Satz von Skalaren α_i, so daß

$$\sum_{i=1}^{n} \alpha_i u_i = 0$$

gilt. Aus Gl.(5.3) erhält man deshalb

$$\sum_{j=1}^{n} \sum_{i=1}^{n} \alpha_i h_{ij} v_j = 0 ,$$

und da die v_j linear unabhängig sind, ergibt sich

$$\sum_{i=1}^{n} \alpha_i h_{ij} = 0, \quad j = 1,2,\ldots,n .$$

Dieser letzte Ausdruck stimmt aber gerade mit $\alpha H = 0$ überein, wobei α den Zeilenvektor $(\alpha_1,\alpha_2,\ldots,\alpha_n)$ bedeutet. Da H nichtsingulär ist, gilt $\alpha HH^{-1} = \alpha = 0$, womit gezeigt ist, daß b_2 in der Tat eine Basis für V darstellt (Übung 1.7).

Man beachte schließlich aufgrund von Gl.(5.3), daß

$$\left[I_{b_2 b_1}\right] = H$$

gilt, so daß wie vorhin

$$\left[I_{b_1 b_2}\right] = H^{-1}$$

und

$$\begin{aligned}\left[T_{b_2 b_2}\right] &= \left[I_{b_1 b_2}\right] A \left[I_{b_2 b_1}\right]\\ &= H^{-1}AH\\ &= B\end{aligned}$$

wird.

Das gewonnene Ergebnis kann folgendermaßen zusammengefaßt werden. Notwendig und hinreichend dafür, daß zwei Matrizen ähnlich sind, ist die Bedingung, daß sie dieselbe lineare Transformation bezüglich verschiedener Basen darstellen. Das bedeutet natürlich, daß ähnliche Matrizen denselben Rang haben. Dies folgt auch direkt aus der Invarianz des Rangs bei Multiplikation mit einer nichtsingulären Matrix.

Übung 5.2. Man beweise folgende Aussage. Stellen A und B ähnliche Matrizen dar, dann sind die Potenzen A^n und B^n ähnlich. Sind A und B zudem nichtsingulär, dann sind A^{-1} und B^{-1} ähnlich.

6. Äquivalente Matrizen

Zwei Matrizen A und B über einem Körper K heißen *äquivalent*, wenn man die eine aus der anderen durch eine Folge elementarer Zeilen- und Spaltenumformungen gewinnen kann (Kapitel II, Abschnitt 4).

THEOREM 6.1. Eine notwendige und hinreichende Bedingung dafür, daß A und A_1 äquivalent sind, ist die Existenz von zwei nichtsingulären Matrizen P und Q, für welche $A_1 = PAQ$ gilt. (Tatsächlich verwendet man diese letzte Beziehung oft zur Definition der Äquivalenz.)

Beweis. Der Beweis beruht auf der Tatsache, daß jede elementare Zeilenumformung durchgeführt werden kann als eine Multiplikation von links mit einer geeigneten regulären Matrix. Tatsächlich kann man durch direkte Rechnung leicht zeigen, daß die hierzu erforderliche Matrix mit jener Matrix übereinstimmt, die sich durch dieselbe elementare Umformung der Einheitsmatrix geeigneter Ordnung ergibt. Derartig umgeformte Einheitsmatrizen bezeichnet man als *elementare Matrizen.* Es läßt sich weiterhin jede elementare Spaltenumformung als Multiplikation von rechts mit einer entsprechenden elementaren Matrix durchführen.

Nun wird angenommen, daß die m×n-Matrix A äquivalent zu A_1 ist. Mit $E_1, E_2, \ldots, E_r$ und $F_1, F_2, \ldots, F_s$ sollen die elementaren Matrizen bezeichnet werden, welche die erforderlichen Zeilen- und Spaltenoperationen (in der Reihenfolge ihrer Anwendung) bei der Transformation von A nach A_1 darstellen. Dann gilt

$$A_1 = PAQ$$

mit

$$P = E_r E_{r-1} \ldots E_1$$

und

$$Q = F_1 F_2 \ldots F_s \,.$$

Gilt andererseits $A_1 = PAQ$, wobei P und Q nichtsingulär sind, dann sind A und A_1 äquivalent, da jede nichtsinguläre Matrix als das Produkt eines Satzes elementarer Matrizen geschrieben werden kann (Übung 5.3, Kapitel II).

Übung 6.1. Man beweise, daß die Äquivalenz von Matrizen eine Äquivalenzbeziehung darstellt, wie sie im Kapitel I, Abschnitt 2.1 definiert wurde.

Es ist eine unmittelbare Folge des Gaußschen Eliminationsverfahrens (Kapitel II, Abschnitt 5), daß jede m×n-Matrix A vom Range r äquivalent zu einer Matrix der Form

$$B = \begin{bmatrix} I_r & 0_{r,n-r} \\ 0_{m-r,r} & 0_{m-r,n-r} \end{bmatrix} \tag{6.1}$$

ist, wobei I_r die r×r-Einheitsmatrix und 0_{ij} eine i×j-Matrix aus Nullen darstellt. Es ist auch offensichtlich, daß zwei m×n-Matrizen genau dann äquivalent sind, wenn sie den gleichen Rang haben. Der eine Teil des Beweises folgt aus Gl.(6.1) und der andere aufgrund der Invarianz des Rangs bei Multiplikation mit einer nichtsingulären Matrix.

6.1. Lineare Gleichungen

Es empfiehlt sich an dieser Stelle, die geometrische Interpretation der Ergebnisse von Kapitel II, Abschnitt 5 kurz zu diskutieren. Man kann sich jede m×n-Matrix A als Darstellung einer Abbildung von $V_n(K)$ in $V_m(K)$ vorstellen, so daß eine Lösung des homogenen Gleichungssystems $Av = 0$ im Kern von A liegen muß. Daraus folgt, daß die Gesamtheit aller Lösungen von $Ax = 0$ gerade den Kern von A darstellt und daß sie ein Teilraum von $V_n(K)$ ist, welcher als *Lösungsraum* von A bezeichnet wird. Seine Dimension stimmt mit dem Defekt von A überein. Aufgrund von Abschnitt 3 ist zu erkennen, daß die Dimension des Lösungsraums gleich n-r ist, wobei r den Rang von A bedeutet. Man beachte, daß der Lösungsraum gerade mit dem orthogonalen Komplement der Zeilen von A übereinstimmt, wenn $V_n(K)$ euklidisch ist.

Es wird nun das inhomogene System

$$Av = w \tag{6.2}$$

betrachtet. Wie im Kapitel II, Abschnitt 5 festgestellt wurde, müssen zwei beliebige Lösungen x und y von Gl.(6.2) die Beziehung

$$A(x - y) = 0$$

erfüllen, und deshalb muß ihre Differenz im Kern von A liegen. Die allgemeinste Lösung von Gl.(6.2) erhält man, indem man irgendeine Lösung von Av = 0 zu einer partikulären Lösung von Gl.(6.2) addiert. Sofern eine Lösung von Gl.(6.2) existiert, ist diese daher genau dann eindeutig, wenn der Kern von A mit dem Nullvektor übereinstimmt oder, anders ausgedrückt, wenn A den Rang n hat.

Es sei S der Lösungsraum von Av = 0 und x bedeute eine partikuläre Lösung von Gl.(6.2). Dann ist die Menge S^1 von Lösungen der Gl.(6.2)

$$S^1 = x + S \ . \tag{6.3}$$

Man bezeichnet S^1 als eine *Ebene parallel* zu S. Die Menge S^1 stellt einen Teilraum von $V_n(K)$ nur dann dar, wenn $x \in S$ gilt. In jedem Fall stimmt jedoch ihre Dimension definitionsgemäß mit jener von S überein.

Die Gl.(6.2) läßt sich in Vektorform folgendermaßen schreiben:

$$v_1a_1 + v_2a_2 + \ldots + v_na_n = w \ , \tag{6.4}$$

wobei $(v_1,v_2,\ldots,v_n)^T = v$ gilt und $a_1,a_2,\ldots,a_n$ die Spalten von A bedeuten. Damit Gl.(6.2) eine Lösung hat, muß demzufolge w in $[\![a_1,a_2,\ldots,a_n]\!]$ liegen. Die Matrix A besitze den Rang r. Dann sind r der Spalten a_i unabhängig und bilden eine Basis für $[\![a_1,a_2,\ldots,a_n]\!]$. Werden die r Spaltenvektoren $a_1,a_2,\ldots,a_r$ als linear unabhängig angenommen (zur Vereinfachung der Bezeichnung), so läßt sich Gl.(6.4) in der Form

$$v_1a_2+v_2a_2+\ldots+v_ra_r = w-v_{r+1}a_{r+1}-v_{r+2}a_{r+2}-\ldots-v_na_n \tag{6.5}$$

schreiben, und man sieht sofort, daß unter der Voraussetzung $w \in [\![a_1,a_2,\ldots,a_n]\!]$ die Werte $v_1,v_2,\ldots,v_r$ eindeutig bestimmt sind, wenn den $v_{r+1},v_{r+2},\ldots,v_n$ irgendwelche Werte zugewiesen werden. Dies folgt aus dem Umstand, daß die Vektoren $a_1,a_2,\ldots,a_r$ eine Basis für $[\![a_1,a_2,\ldots,a_n]\!]$ darstellen.

Schließlich sollen die Vektorräume $V_n(K)$ und $V_m(K)$ betrachtet und ein System homogener linearer Gleichungen $Av = 0$ mit einer m×n-Matrix A und $v \in V_n(\mathbb{R})$ gewählt werden. Es sei $m < n$. Dann bilden die Spalten von A eine Menge von n Vektoren im m-dimensionalen Raum $V_m(\mathbb{R})$. Sie sind daher abhängig, womit gezeigt ist, daß $Av = 0$ eine nicht-triviale Lösung hat.

Übung 6.2. Jeder (n-1)-dimensionale Teilraum eines n-dimensionalen Vektorraums V heißt eine *Hyperebene* von V. Man zeige, daß der Durchschnitt von $m < n$ Hyperebenen in $V_n(\mathbb{R})$ einen nicht leeren Teilraum von $V_n(\mathbb{R})$ darstellt. [Der Kern einer 1×n-Matrix q (ein Zeilenvektor) stellt eine Hyperebene dar. Man ordne m solcher Zeilenvektoren zu einer m×n-Matrix an und deute den Durchschnitt der Hyperebenen als einen Lösungsraum.]

7. Eigenwerte und Eigenvektoren

Einen wichtigen Gesichtspunkt der Ähnlichkeitstransformation stellt die Möglichkeit dar, eine Matrix auf Diagonalform oder nahezu auf Diagonalform zu reduzieren, wodurch die Rechnung im allgemeinen erleichtert wird. Zur Untersuchung dieses Problems empfiehlt es sich, lineare Transformationen zu verwenden.

Es sei V(K) ein Vektorraum über dem Körper K. Dann wird jeder von Null verschiedene Vektor $v \in V$ als *Eigenvektor (charakteristischer Vektor)* der linearen Transformation $A:V \rightarrow V$ bezeichnet, wenn

$$A(v) = \lambda v \tag{7.1}$$

für eine skalare Größe $\lambda \in K$ gilt. Der Skalar λ heißt ein *Eigenwert* von A. Man beachte folgendes: Wird die Gl.(7.1) von irgendeinem Vektor $v \in V$ erfüllt, so wird sie auch von jedem skalaren Vielfachen von v befriedigt, d.h. der Teilraum von V, welcher durch v aufgespannt wird, wird durch A in sich selbst abgebildet. Allgemeiner kann man sagen: Stellt W irgendeinen Teilraum von V dar und gilt $A(w) \in W$ für alle $w \in W$, dann wird W ein *invarianter Teilraum* von V bezüglich A genannt.

Es sei nun $b_1 = \{v_1, v_2, \ldots, v_n\}$ eine Basis in V, und A_1 bezeichne die Matrixdarstellung von A bezüglich dieser Basis. Stellt jeder Vektor von b_1 einen Eigenvektor von A dar, dann gilt

$$A(v_i) = \lambda_i v_i, \quad i = 1,2,\ldots,n$$

und

$$A_1 = \mathrm{diag}\,(\lambda_i)\ .$$

Ist weiterhin $A_1 = \text{diag}(\lambda_i)$, dann wird

$$A(v_j) = \sum_{i=1}^{n} a_{ij}v_j = \lambda_j v_j, \quad j = 1,2,\ldots,n$$

Daher ist die Matrixdarstellung von A genau dann diagonal, wenn jeder Vektor in der Basis b_1 einen Eigenvektor von A darstellt.

THEOREM 7.1. Ein Satz von Eigenvektoren, die durchweg verschiedenen Eigenwerten entsprechen, ist linear unabhängig.

Beweis. Es sei $\lambda_1,\lambda_2,\ldots,\lambda_r$ ein Satz verschiedener Eigenwerte der Transformation $A:V(K) \to V(K)$ und $h_1,h_2,\ldots,h_r$ seien die entsprechenden Eigenvektoren. Es wird nun gezeigt, daß die Annahme, die Menge $\{h_1,h_2,\ldots,h_r\}$ sei abhängig, auf einen Widerspruch führt.

Es wird also angenommen, daß $\{h_1,h_2,\ldots,h_r\}$ eine Menge voneinander abhängiger Vektoren bildet und daß, falls erforderlich nach einer geeigneten Umordnung, $h_1,h_2,\ldots,h_k$ voneinander unabhängig und $h_{k+1}, h_{k+2}, \ldots, h_r$ von den ersten k Vektoren abhängig sind. Man kann deshalb schreiben

$$h_r = \sum_{i=1}^{k} \alpha_i h_i , \tag{7.2}$$

wobei nicht alle der α_i Null sein dürfen ($h_r \neq 0$). Wendet man die Transformation A auf beide Seiten von Gl.(7.2) an, dann erhält man

$$\lambda_r h_r = \sum_{i=1}^{k} \alpha_i \lambda_i h_i . \tag{7.3}$$

Ist $\lambda_r = 0$, so zeigt die Gl.(7.3), daß die Vektoren h_1, $h_2,\ldots,h_k$ abhängig sind, da keine andere der Größen λ_i, $i = 1,2,\ldots,k$, Null sein kann. Dies bedeutet einen Widerspruch. Ist $\lambda_r \neq 0$, dann läßt sich die Gl.(7.3) in der Form

$$h_r = \sum_{i=1}^{k} \alpha_i \frac{\lambda_i}{\lambda_r} h_i \tag{7.4}$$

schreiben und wegen $\lambda_i \neq \lambda_r$ liefert Gl.(7.4) eine von Gl. (7.2) verschiedene Darstellung für h_r. Man erhält wiederum einen Widerspruch. Damit müssen die Vektoren $h_1, h_2, \ldots, h_r$ voneinander unabhängig sein.

Übung 7.1. Hat V(K) die endliche Dimension n, dann besitzt die lineare Transformation $A:V(K) \to V(K)$ höchstens n verschiedene Eigenwerte. Dies ist zu beweisen.

Es stellt sich nun das Problem, wie die Eigenwerte und Eigenvektoren einer gegebenen linearen Transformation $A:V(K) \to V(K)$ bestimmt werden können. Es sei $b_1 = \{v_1, v_2, \ldots, v_n\}$ eine Basis für V und es wird angenommen, daß die Koordinaten eines Eigenvektors $h \in V$ gleich $\alpha_i \in K$, $i = 1,2, \ldots,n$, sind, so daß

$$h = \sum_{i=1}^{n} \alpha_i v_i$$

geschrieben werden kann. Da h einen Eigenvektor darstellt, gilt

$$A(h) = \lambda h$$

und

$$A_1 a = \lambda a, \tag{7.5}$$

wobei a den Spaltenvektor $(\alpha_1, \alpha_2, \ldots, \alpha_n)$ und $A_1 = \left[A_{b_1 b_1}\right]$ bedeuten.

Die Matrizengleichung (7.5) kann umgeschrieben werden in die Form

$$(\lambda I_n - A_1)a = 0 , \tag{7.6}$$

woraus zu erkennen ist, daß a im Kern der Matrix $(\lambda I_n - A_1)$ liegt, welche die *charakteristische Matrix* von A_1 heißt. Weiterhin stellt Gl.(7.6) ein System homogener linearer Gleichungen dar, welches dann und nur dann eine von Null verschiedene Lösung hat, wenn

$$|\lambda I_n - A_1| = 0 \tag{7.7}$$

gilt. Die Gl.(7.7) heißt die *charakteristische Gleichung* von A_1, und die Determinante läßt sich entwickeln in ein Polynom der Form

$$p(\lambda) = \lambda^n + \beta_{n-1}\lambda^{n-1} + \ldots + \beta_o \tag{7.8}$$

mit Koeffizienten $\beta_i \in K$. Dieses Polynom heißt das *charakteristische Polynom* von A_1, und seine Nullstellen sind die *Eigenwerte* von A_1. Jeder von Null verschiedene Vektor, welcher die Gl.(7.6) erfüllt, ist ein *Eigenvektor* von A_1. Natürlich sind die Eigenwerte von A_1 identisch mit jenen der Transformation A.

Übung 7.2. Man beweise, daß ähnliche Matrizen dieselbe charakteristische Gleichung haben, und zeige durch ein Gegenbeispiel, daß die Umkehrung dieser Aussage nicht richtig ist.

Übung 7.3. Man zeige, daß jede n×n-Matrix über $\mathbb{C}$ n (nicht notwendig verschiedene) Eigenwerte hat und daß jedem (möglicherweise mehrfachen) Eigenwert wenigstens ein Eigenvektor entspricht.

Es ist wichtig zu beachten, daß ähnliche Matrizen zwar dieselben Eigenwerte haben, daß jedoch die ihnen entsprechenden Eigenvektoren nicht notwendig gleich sind.

Beispiel 7.1. Man bestimme die Eigenwerte und Eigenvektoren der Matrix

$$A = \begin{bmatrix} 3 & 2 & 2 \\ 1 & 4 & 1 \\ -2 & -4 & -1 \end{bmatrix} .$$

Die charakteristische Gleichung für diese Matrix lautet

$$\begin{vmatrix} \lambda-3 & -2 & -2 \\ -1 & \lambda-4 & -1 \\ 2 & 4 & \lambda+1 \end{vmatrix} = 0$$

oder

$$(\lambda-3)(\lambda-4)(\lambda+1) + 6(\lambda-3) = 0 .$$

Die Eigenwerte sind daher 1,2,3.

Der dem Eigenwert 1 entsprechende Eigenvektor muß die Gleichung

$$Ah = h$$

erfüllen. Dies bedeutet mit $h = (h_1, h_2, h_3)$

$$h_1 + h_2 + h_3 = 0$$
$$h_1 + 3h_2 + h_3 = 0$$
$$h_1 + 2h_2 + h_3 = 0\ .$$

Hieraus erhält man $h_2 = 0$, $h_1 = -h_3$, und der den ersten Eigenwert repräsentierende Eigenvektor ist daher bis auf ein skalares Vielfaches (-1,0,1).

In ähnlicher Weise muß der Eigenvektor, welcher dem zweiten Eigenwert 2 entspricht, das Gleichungssystem erfüllen

$$h_1 + 2h_2 + 2h_3 = 0$$
$$h_1 + 2h_2 + h_3 = 0$$
$$2h_1 + 4h_2 + 3h_3 = 0\ ,$$

woraus $h_3 = 0$, $h_1 = -2h_2$ folgt. Deshalb lautet der entsprechende Eigenvektor (-2,1,0). In genau der gleichen Weise erhält man den dritten Eigenvektor zu (0,1,-1).

Als nächstes Ergebnis soll gezeigt werden, wie eine $n \times n$-Matrix A mit n linear unabhängigen Eigenvektoren über einem Körper K mit Hilfe einer Ähnlichkeitstransformation auf Diagonalform gebracht werden kann. Zunächst wird angenommen, daß $H^{-1}AH = \text{diag}\ (\lambda_i)$, $i = 1,2,\ldots,n$, gilt, so daß

$$AH = H\ \text{diag}\ (\lambda_i) \tag{7.9}$$

wird. Nun seien $h_1, h_2, \ldots, h_n$ die linear unabhängigen Spalten der Matrix H, welche nichtsingulär ist. Dann erhält man aus Gl.(7.9)

$$Ah_i = \lambda_i h_i\ ,$$

womit gezeigt ist, daß die Spalten von H gerade mit den Eigenvektoren von A übereinstimmen. Setzt man $\{v_1, v_2, \ldots, v_n\}$ als n linear unabhängige Eigenvektoren von A voraus, so gilt $Av_i = \lambda_i v_i$, $i = 1,2,\ldots,n$, und wenn man H als Matrix mit den Spalten $h_i = v_i$ wählt, so gilt $H^{-1}AH = \text{diag}\,(\lambda_i)$. Damit ist die Aussage des nun folgenden Theorems 7.2 bewiesen.

THEOREM 7.2. Notwendig und hinreichend dafür, daß eine n×n-Matrix A einer Diagonalmatrix ähnlich ist, ist die Bedingung, daß die Matrix n linear unabhängige Eigenvektoren besitzt.

Aus Theorem 7.1 folgt unmittelbar: Hinreichend dafür, daß eine n×n-Matrix A einer Diagonalmatrix ähnlich ist, ist die Bedingung, daß A n voneinander verschiedene Eigenwerte besitzt.

Beispiel 7.2. Man ermittle eine Ähnlichkeitstransformation, welche die Matrix von Beispiel 7.1 diagonalisiert.

Lautet die Transformation $H^{-1}AH$, so stellen die Spalten von H die Eigenvektoren (-1,0,1), (-2,1,0), (0,1,-1) dar, d.h. es gilt

$$H = \begin{bmatrix} -1 & -2 & 0 \\ 0 & 1 & 1 \\ 1 & 0 & -1 \end{bmatrix}$$

$$H^{-1} = \frac{1}{-1}\begin{bmatrix} -1 & 1 & -1 \\ -2 & 1 & -2 \\ -2 & 1 & -1 \end{bmatrix}^T = \begin{bmatrix} 1 & 2 & 2 \\ -1 & -1 & -1 \\ 1 & 2 & 1 \end{bmatrix} .$$

Hieraus erhält man

$$H^{-1}A = \begin{bmatrix} 1 & 2 & 2 \\ -1 & -1 & -1 \\ 1 & 2 & 1 \end{bmatrix} \begin{bmatrix} 3 & 2 & 2 \\ 1 & 4 & 1 \\ -2 & -4 & -1 \end{bmatrix} = \begin{bmatrix} 1 & 2 & 2 \\ -2 & -2 & -2 \\ 3 & 6 & 3 \end{bmatrix}$$

und schließlich

$$H^{-1}AH = \begin{bmatrix} 1 & 2 & 2 \\ -2 & -2 & -2 \\ 3 & 6 & 3 \end{bmatrix} \begin{bmatrix} -1 & -2 & 0 \\ 0 & 1 & 1 \\ 1 & 0 & -1 \end{bmatrix} = \begin{bmatrix} 1 & 0 & 0 \\ 0 & 2 & 0 \\ 0 & 0 & 3 \end{bmatrix} .$$

Beispiel 7.3. Es sei h ein Eigenvektor einer nichtsingulären Matrix A mit dem Eigenwert λ. Man zeige, daß h auch einen Eigenvektor von A^{-1} mit dem Eigenwert $1/\lambda$ darstellt.

Da $Ah = \lambda h$ gilt, wird

$$A^{-1}Ah = h = A^{-1}(\lambda h) = \lambda A^{-1}h$$

$$A^{-1}h = (1/\lambda)h \ ,$$

womit die Aussage bewiesen ist.

Übung 7.4. Eine Matrix (a_{ij}) heißt ***obere Dreiecksmatrix***, wenn sämtliche Elemente unterhalb der Hauptdiagonalen Null sind, und *untere Dreiecksmatrix*, wenn sämtliche Elemente oberhalb der Hauptdiagonalen Null sind. Man beweise, daß die Eigenwerte einer Dreiecksmatrix gerade mit den Hauptdiagonalelementen übereinstimmen.

Übung 7.5. Notwendig und hinreichend dafür, daß eine Matrix A einen verschwindenden Eigenwert hat, ist die Bedingung, daß A singulär ist. Dies soll bewiesen werden.

7.1. Cayley-Hamiltonsches Theorem

THEOREM 7.3 *(Cayley-Hamiltonsches Theorem).* Jede quadratische Matrix erfüllt ihre eigene charakteristische Gleichung.

Beweis. Die charakteristische Gleichung der n×n-Matrix A sei

$$|\lambda I_n - A| = \sum_{k=0}^{n} \beta_k \lambda^k = 0 \ , \tag{7.10}$$

wobei $\beta_n = 1$ gilt.

Dann ist auch $\mathrm{adj}(\lambda I_n - A)$ eine n×n-Matrix mit Polynomen in λ als Elemente, deren Grad n-1 nicht übersteigt. Damit ist folgende Darstellung möglich:

$$\mathrm{adj}(\lambda I_n - A) = \sum_{k=0}^{n-1} B_k \lambda^k \quad . \tag{7.11}$$

Hierbei bedeuten die B_k n×n-Matrizen. Es gilt nun aber

$$(\lambda I_n - A)\mathrm{adj}(\lambda I_n - A) = |\lambda I_n - A| I_n \ , \tag{7.12}$$

und es ergibt sich bei Verwendung der Gln.(7.10) und (7.11) aus Gl.(7.12)

$$(\lambda I_n - A) \sum_{k=0}^{n-1} B_k \lambda^k = \sum_{k=0}^{n} \beta_k \lambda^k I_n \ . \tag{7.13}$$

Ein Vergleich der zu gleichen Potenzen von λ gehörenden Koeffizienten auf beiden Seiten von Gl.(7.13) liefert

$$\begin{aligned} - AB_o &= \beta_o I_n \\ - AB_1 + B_o &= \beta_1 I_n \\ - AB_2 + B_1 &= \beta_2 I_n \\ &\vdots \\ - AB_{n-1} + B_{n-2} &= \beta_{n-1} I_n \\ B_{n-1} &= I_n \; . \end{aligned} \tag{7.14}$$

Multipliziert man schließlich die erste der Gleichungen (7.14) von links mit I_n, die zweite mit A etc. und die letzte mit A^n, und addiert man anschließend die modifizierten Gleichungen, dann erhält man als Ergebnis

$$\beta_o I_n + \beta_1 A + \beta_2 A^2 + \ldots + A^n = 0 \; . \tag{7.15}$$

Der Ausdruck auf der linken Seite von Gl.(7.15) heißt ein *Polynom in der Matrix A* oder ein *Matrizenpolynom.*

Beispiel 7.4. Nach Übung 6.3 von Kapitel I ist das Polynom $p(x) = x^3+2x+1$ irreduzibel über dem Körper K der ganzen Zahlen modulo 3. Die Matrix

$$A = \begin{bmatrix} 0 & 2 & 0 \\ 0 & 2 & 2 \\ 2 & 0 & 1 \end{bmatrix}$$

hat als charakteristisches Polynom $p(\lambda)$ und es gilt $A^3+2A+I = 0$. Man beachte, daß die charakteristischen Wurzeln von A nicht zu K gehören.

Übung 7.6. Man beweise die Gültigkeit der Beziehung $\text{adj } A = (-1)^{n-1}(\beta_1 I_n + \beta_2 A + \ldots + A^{n-1})$. [Man beachte, daß aus Gl.(7.11) folgt, daß $\text{adj } A = (-1)^{n-1}\beta_o$ gilt.]

Setzt man in Gl.(7.10) $\lambda = 0$, so sieht man leicht, daß $\beta_o = (-1)^n|A|$ ist.

Übung 7.7. Man zeige, daß $-\beta_{n-1}$ in Gl.(7.10) mit $a_{11}+a_{22}+\ldots+a_{nn}$ übereinstimmt. [Man verwende direkt die Definition einer Determinante.]

Das Negative des Koeffizienten β_{n-1} in der charakteristischen Gleichung, d.h. die Größe $a_{11}+a_{22}+\ldots+a_{nn}$, heißt *Spur* der Matrix A und wird mit sp A bezeichnet.

Übung 7.8. Sind λ_i, $i = 1,2,\ldots,n$, die charakteristischen Wurzeln einer Matrix A, dann sind $p(\lambda_i)$ die charakteristischen Wurzeln eines beliebigen Matrizenpolynoms p(A). Dies soll bewiesen werden.

7.2. Minimalpolynome

Jedes Polynom p mit der Eigenschaft $p(A) = 0$, wobei A eine $n\times n$-Matrix bedeutet, nennt man ein ***annullierendes Polynom*** der Matrix A. Insbesondere heißt das normierte Polynom von kleinstem Grad, welches A annulliert, das ***Minimalpolynom*** von A. Da jede quadratische Matrix ihre eigene charakteristische Gleichung erfüllt, ergibt sich daraus, daß das charakteristische Polynom ein annullierendes Polynom der Matrix A ist, und daß der Grad des Minimalpolynoms kleiner oder gleich n sein muß. Als eine direkte Folge der Übung 5.2 ist zu erkennen, daß ähnliche Matrizen das gleiche Minimalpolynom haben.

Es sei $m(\lambda)$ das Minimalpolynom einer quadratischen Matrix A, und es sei $f(\lambda)$ irgendein anderes annullierendes Polynom von A. Aufgrund des Rest-Theorems (Kapitel I, Abschnitt 6) gibt es zwei Polynome $a(\lambda)$ und $b(\lambda)$ derart, daß die Beziehung

$$f(\lambda) = a(\lambda)m(\lambda) + b(\lambda) \tag{7.16}$$

gilt, wobei grad $b(\lambda)$ < grad $m(\lambda)$ oder $b(\lambda) \equiv 0$ gilt.

Da aber $f(A) = 0$ ist, muß auch $b(A) = 0$ sein, und weiterhin muß $b(\lambda) \equiv 0$ gelten, da sich andernfalls ein Widerspruch zur Definition des Minimalpolynoms ergeben würde. Damit ist gezeigt, daß das Minimalpolynom von A jedes annullierende Polynom von A teilt, und daß insbesondere das Minimalpolynom das charakteristische Polynom teilt.

Übung 7.9. Man beweise, daß das Minimalpolynom einer Matrix eindeutig ist.

Im folgenden wird die Beziehung zwischen dem charakteristischen Polynom und dem Minimalpolynom einer gegebenen $n \times n$-Matrix A diskutiert. Die Elemente von $\mathrm{adj}(\lambda I - A)$ sind Polynome in λ, deren Grad höchstens $n-1$ ist. Der normierte größte gemeinsame Teiler dieser Polynome sei $g(\lambda)$, es sei $f(\lambda)$ das charakteristische Polynom von A und $m(\lambda)$ das Minimalpolynom. Man schreibt nun $\mathrm{adj}(\lambda I - A)$ in der Form $g(\lambda)\Gamma(\lambda)$, wobei Γ eine Matrix darstellt, deren Elemente keinen gemeinschaftlichen Polynomfaktor haben (Γ wird gelegentlich als ***reduzierte adjungierte*** Matrix bezeichnet). Dann wird

$$g(\lambda)\Gamma(\lambda)(\lambda I_n - A) = f(\lambda)I_n \ , \tag{7.17}$$

woraus zu erkennen ist, daß $f(\lambda)$ ohne Rest durch $g(\lambda)$ teilbar ist. Schreibt man $s(\lambda) = f(\lambda)/g(\lambda)$, so erhält die Gl.(7.17) die Form

$$\Gamma(\lambda)(\lambda I_n - A) = s(\lambda)I_n \ . \tag{7.18}$$

Ein Vergleich der Gln.(7.18) und (7.12) läßt erkennen, daß die gleiche Schlußweise wie bei dem Beweis des Cayley-

Hamilton-Theorems verwendet werden kann zum Nachweis dafür, daß $s(\lambda)$ ein annullierendes Polynom von A ist. Dies bedeutet, daß $m(\lambda)$ das Polynom $s(\lambda)$ teilt. Es wird nun gezeigt, daß $s(\lambda)$ das Polynom $m(\lambda)$ teilt, so daß in der Tat $m(\lambda) = s(\lambda)$ gilt, weil sowohl $s(\lambda)$ als auch $m(\lambda)$ normierte Polynome sind.

Man beachte zunächst, daß angesichts der Beziehung

$$\lambda^r I_n - A^r = (\lambda I_n - A)(\lambda^{r-1} I_n + \lambda^{r-2} A + \ldots + A^{r-1})$$

die Gleichung

$$m(\lambda I_n) - m(A) = (\lambda I_n - A)B \tag{7.19}$$

besteht. Dabei bedeutet B ein Polynom in λI_n und A. Da $m(A) = 0$ ist, erhält man nach Multiplikation der Gl.(7.19) mit $\mathrm{adj}(\lambda I_n - A)$ die Beziehung

$$\mathrm{adj}(\lambda I_n - A)m(\lambda I_n) = \mathrm{adj}(\lambda I_n - A)(\lambda I_n - A)B$$

oder

$$m(\lambda)\mathrm{adj}(\lambda I_n - A) = f(\lambda)B\ . \tag{7.20}$$

Da aber $\mathrm{adj}(\lambda I_n - A) = g(\lambda)\Gamma(\lambda)$ und $f(\lambda) = s(\lambda)g(\lambda)$ gilt, kann Gl.(7.20) in der Form

$$m(\lambda)\Gamma(\lambda) = s(\lambda)B \tag{7.21}$$

geschrieben werden.

Aufgrund von Gl.(7.21) und der Tatsache, daß die Elemente von Γ keinen gemeinsamen Polynomfaktor besitzen, muß $s(\lambda)$ das Polynom $m(\lambda)$ teilen, und hieraus folgt das Ergebnis. Damit stellt das Minimalpolynom einer beliebigen quadratischen Matrix A den Quotienten aus ihrem charakteristischen Polynom und dem normierten größten gemeinsamen Teiler der Elemente der Adjungierten ihrer charakteristischen Matrix $(\lambda I_n - A)$ dar.

Übung 7.10. Im Kapitel VIII wird die Übertragungsfunktion G(s) eines bestimmten linearen Systems durch

$$G(s) = C(sI_n - A)^{-1}B + D$$

definiert, wobei A, B, C, D reelle Matrizen vom Typ $n\times n$, $n\times \ell$, $m\times n$ bzw. $m\times \ell$ darstellen und s eine komplexe Zahl ist. Man zeige, daß G(s) in der Form

$$G(s) = C\Gamma(s)B/m(s) + D$$

geschrieben werden kann, wobei $\Gamma(s)$ die reduzierte adjungierte Matrix und m(s) das Minimalpolynom von A bedeuten.

Übung 7.11. Man zeige, daß das charakteristische Polynom der Matrix

$$A = \begin{bmatrix} -1 & 1 & 0 \\ 0 & -1 & 0 \\ 0 & 0 & -1 \end{bmatrix}$$

gleich $(\lambda+1)^3$ ist, das Minimalpolynom gleich $(\lambda+1)^2$ und

$$\Gamma(s) = \begin{bmatrix} s+1 & -1 & 1 \\ 0 & s+1 & 0 \\ 0 & 0 & s+1 \end{bmatrix}.$$

Man zeige, daß mit $B = \begin{bmatrix} 0 \\ 0 \\ 1 \end{bmatrix}$, $C = \begin{bmatrix} 0,0,1 \end{bmatrix}$ und D = 0 die Übertragungsfunktion $G(s) = \frac{1}{(s+1)}$ wird.

[Man beachte, daß der Nenner von G(s) einen niedrigeren Grad haben kann als das Minimalpolynom m(s).]

Es soll die Gl.(7.19) in der Form

$$m(\lambda)I_n = (\lambda I_n - A)B \tag{7.22}$$

geschrieben werden. Bildet man auf beiden Seiten der Gl. (7.22) die Determinante, so erhält man

$$(m(\lambda))^n = f(\lambda)|B|. \tag{7.23}$$

Diese letzte Gleichung liefert zusammen mit der Tatsache, daß m(λ) das charakteristische Polynom f(λ) teilt, die Aussage, daß die Gesamtheit der voneinander verschiedenen Nullstellen von f(λ) und m(λ) dieselbe ist. Mit anderen Worten heißt dies: Sämtliche voneinander verschiedene charakteristische Wurzeln einer Matrix sind Nullstellen ihres Minimalpolynoms. Hat die charakteristische Gleichung keine mehrfachen Wurzeln, so folgt daraus, daß das charakteristische Polynom mit dem Minimalpolynom identisch ist.

7.3. Elementarpolynome und Elementarteiler

Im Abschnitt 6 wurde die Äquivalenz von Matrizen über einem Körper K betrachtet. Die dort angestellten Betrachtungen sollen nun auf Matrizen über einem Polynomring K[x] erweitert werden. Matrizen mit Elementen in einem Polynomring heißen einfach *Polynommatrizen*. Bei den elementaren Umformungen, in denen die Multiplikation einer Zeile oder Spalte mit einer von Null verschiedenen Konstanten vorkommt, sollen die Multiplikatoren im folgenden von Null verschiedene Elemente des Körpers K sein. Zunächst soll ein Analogon des Gaußschen Algorithmus behandelt werden.

THEOREM 7.4. Jede $n \times n$-Polynommatrix P **vom Rang r ist** äquivalent zu einer Matrix der Form

$$D = \text{diag}\,(p_1, p_2, \ldots, p_r, 0, \ldots, 0) \;, \tag{7.24}$$

wobei jedes p_i, $i = 1,2,\ldots,r$, ein normiertes Polynom bedeutet und p_i einen Faktor von p_{i+1}, $i = 1,2,\ldots,r-1$, darstellt.

Beweis. Der Beweis ist sehr ähnlich dem entsprechenden Beweis aus Kapitel II. Es ergeben sich jedoch insofern gewisse Schwierigkeiten, als die Elemente von P Polynome sind. Offensichtlich darf der Fall außer acht gelassen werden, in welchem P die Nullmatrix ist. Es wird deshalb $r > 0$ angenommen. Zunächst wird das von Null verschiedene Element von P mit kleinstem Grad durch geeignete elementare Umformungen an die oberste linke Position (1,1) gebracht. Dann wird $p_{12} = p_{11}g_{12} + s_{12}$ geschrieben, wobei s_{12} Null oder von kleinerem Grad als p_{11} ist. Daraufhin wird die mit g_{12} multiplizierte Spalte 1 von der Spalte 2 subtrahiert. In gleicher Weise wird mit $p_{13}, p_{14}, \ldots, p_{1n}$ und $p_{21}, p_{31}, \ldots, p_{n1}$ verfahren. Wenn nicht alle auf diese Weise erzeugten Reste s_{ij} Null sind, läßt sich ein Element von niedrigerem Grad als zuvor an die Stelle (1,1) bringen. Auf diese Weise kann der Grad des führenden Elements (Position 1,1) ständig verkleinert werden, bis der Prozeß dadurch endet, daß sämtliche Elemente in der ersten Zeile und ersten Spalte mit Ausnahme des führenden Elements gleich Null sind.

Wenn nun irgendeine der Spalten $2,3,\ldots,n$ ein Element enthält, welches nicht (ohne Rest) durch das führende Element teilbar ist, dann ist diese Spalte zur ersten Spalte zu addieren. Damit läßt sich wiederum der Grad des führenden Elements reduzieren. Der Prozeß endet mit einer zu P äquivalenten Matrix Q von der Form

$$Q = \begin{bmatrix} p_1 & 0 & 0 & \dots & 0 \\ 0 & q_{22} & q_{23} & \dots & q_{2n} \\ 0 & q_{32} & q_{33} & & q_{3n} \\ \vdots & \vdots & \vdots & & \vdots \\ 0 & q_{n2} & q_{n3} & & q_{nn} \end{bmatrix} . \tag{7.25}$$

In Gl.(7.25) kann angenommen werden, daß p_1 normiert ist. Weiterhin stellt p_1 einen Faktor von jedem anderen Element von Q dar.

Nun wird vorausgesetzt, daß nicht sämtliche $q_{ij} = 0$ $(i,j = 2,3,\dots,n)$ sind. Genau das gleiche Vorgehen wie oben kann angewendet werden auf die Teilmatrix, welche man aus Q durch Streichen ihrer ersten Zeile und ihrer ersten Spalte erhält. Auf diese Weise ergibt sich eine zweite zur Matrix P äquivalente Matrix R. Sie hat die Form

$$R = \begin{bmatrix} p_1 & 0 & 0 & 0 & \dots & 0 \\ 0 & p_2 & 0 & 0 & \dots & 0 \\ 0 & 0 & r_{33} & r_{34} & \dots & r_{3n} \\ 0 & 0 & r_{43} & r_{44} & \dots & r_{4n} \\ \vdots & \vdots & \vdots & \vdots & & \vdots \\ 0 & 0 & r_{n3} & r_{n4} & \dots & r_{nn} \end{bmatrix} . \tag{7.26}$$

In Gl.(7.26) kann wiederum p_2 normiert werden; es stellt einen Faktor von jedem anderen Element in R dar, möglicherweise ausgenommen p_1. Da R aus Q durch eine Folge elementarer Operationen gewonnen wurde, ist es auch offenkundig, daß p_1 immer noch jedes andere der Elemente von R teilt.

Durch wiederholte Anwendung des geschilderten Prozesses wird man zu einer Matrix der durch Gl.(7.24) gegebenen Form geführt. Damit ist das Theorem bewiesen.

Übung 7.12. Man erweitere das Theorem auf rechteckige Polynommatrizen. [Ausgehend von der gegebenen $m \times n$-Matrix $P(x)$ mit $m < n$ betrachte man die $m \times m$-Matrix $(P(x),0)$.]

Es sei $D_k(x)$ das normierte Polynom, welches den größten gemeinsamen Teiler der Menge aller k-reihigen Minoren von P für $1 \leq k \leq r$ darstellt. Dabei bedeutet r den Rang von P, und es sei definitionsgemäß $D_o(x) = 1$. Dann nennt man die Polynome $D_k(x)$ die ***Determinantenteiler*** von P. Das nächste Theorem bezieht sich auf die Determinantenteiler äquivalenter Polynommatrizen.

THEOREM 7.5. Äquivalente Polynommatrizen haben dieselben Determinantenteiler.

Beweis. Wenn die Gültigkeit der Aussage beispielsweise für eine einzelne Zeilentransformation nachgewiesen ist, so gilt das Resultat auch für eine einzelne Spaltentransformation desselben Typs und für eine Folge von Zeilen- und Spaltentransformationen. Werden zwei Zeilen vertauscht oder wird eine Zeile mit einem Element des Körpers K multipliziert, dann ist das Resultat offensichtlich, da jeder k-reihige Minor der transformierten Matrix ein konstantes Vielfaches des entsprechenden ursprünglichen Minors ist. Es bleibt die Addition einer mit einem Polynom in K[x] multiplizierten Zeile zu einer anderen Zeile.

Es wird nun angenommen, daß P_1 aus P durch Addition der mit g(x) multiplizierten j-ten Zeile von P zur i-ten Zeile von P gewonnen wurde. Jeder k-reihige Minor von P, der die i-te Zeile von P nicht enthält oder aber sowohl die i-te als auch die j-te Zeile von P enthält, bleibt bei der Transformation unverändert. Wenn ein k-reihiger Minor von P die i-te Zeile, jedoch nicht die j-te Zeile von P enthält, dann ist der entsprechende Minor von P_1 gerade eine lineare Summe von k-reihigen Minoren von P. Damit ist zu erkennen, daß die Determinantenteiler von P jene von P_1 teilen. Vertauscht man die Rollen von P_1 und P, so ist zu erkennen, daß die Determinantenteiler von P_1 jene von P teilen, und damit ist der Beweis des Theorems vollständig erbracht.

Man beachte, daß die Determinantenteiler von D in Gl. (7.24) gerade

$$D_o(x) = 1, \quad D_1(x) = p_1(x), \quad D_2(x) = p_1(x)p_2(x), \ldots,$$

$$D_r(x) = p_1(x)p_2(x) \ldots p_r(x) \tag{7.27}$$

sind, so daß man

$$p_k(x) = \frac{D_k(x)}{D_{k-1}(x)}, \quad k = 1,2,\ldots,r \tag{7.28}$$

erhält. Die Polynome $p_k(x)$ in Gl.(7.28) heißen[§] die *Elementarpolynome (invarianten Polynome)* der Polynommatrix P. Es ist damit gezeigt, daß jede Polynommatrix P äquivalent ist zu einer eindeutigen Diagonalmatrix D, wie sie durch Gl. (7.24) gegeben ist. Hierbei sind die p_i die Elementarpolynome von P. Die Matrix D bezeichnet man als die *Smithsche Normalform* von P. Man beachte dabei, daß äquivalente Polynommatrizen gleichen Rang haben, wie schon gezeigt wurde.

Übung 7.13. Eine notwendige und hinreichende Bedingung dafür, daß zwei Polynommatrizen P_1 und P über K[x] äquivalent sind, stellt die Forderung

$$P_1 = MPN \tag{7.29}$$

dar, wobei M und N Polynommatrizen sind, deren Determinanten von Null verschieden und unabhängig von x sind (derartige Matrizen sind, wie man sagt, *unimodular)*. Dies ist zu beweisen.

§ Die Polynome werden gelegentlich in umgekehrter Reihenfolge gezählt.

Übung 7.14. Es sei G(s) eine m×m-Übertragungsmatrix (Kapitel VIII, Abschnitt 5.2), deren Elemente rationale Polynome sind. Es wird G(s) = N(s)/d(s) geschrieben, wobei d(s) ein Polynom ist und N(s) eine Polynommatrix bedeutet. Man zeige dann, daß G(s) = LQR gilt, wobei L, R unimodulare Polynommatrizen sind und

$$Q = \operatorname{diag}\,(\varepsilon_1/\psi_1,\ \varepsilon_2/\psi_2,\ \ldots,\ \varepsilon_r/\psi_r,\ 0,\ \ldots,\ 0)$$

gilt. Dabei sind die ε_i und ψ_i für i = 1,2,...,r Polynome, welche teilerfremd sind, und ε_i teilt ε_{i+1}, ψ_{i+1} teilt ψ_i, i = 1,2,...,r-1. [Q wird die *McMillansche Form* oder die *Smith-McMillansche Form* von G(s) genannt.]

Übung 7.15. Notwendig und hinreichend für die Äquivalenz zweier Polynommatrizen ist die Bedingung, daß sie die gleichen Elementarpolynome haben. Dies ist zu beweisen.

Es wird nun angenommen, daß die Elementarpolynome $p_k(x)$ einer Matrix P in ihre normierten irreduziblen Faktoren über dem Körper K zerlegt seien. Dadurch erhält man

$$p_k(x) = [\phi_1(x)]^{j_{k1}}[\phi_2(x)]^{j_{k2}}\ldots[\phi_s(x)]^{j_{ks}}, \qquad k = 1,2,\ldots,r\,. \tag{7.30}$$

Die in Gl.(7.30) auftretenden Faktoren ϕ^j mit nicht verschwindenden Exponenten werden die *Elementarteiler* von P genannt. Angesichts der Teilbarkeitseigenschaften der $p_k(x)$ ist es offensichtlich, daß

$$j_{r\ell} \geq j_{r-1,\ell} \geq \ldots \geq j_{1\ell} \geq 0 \quad \text{für } \ell = 1,2,\ldots,s$$

gilt. (Man beachte, daß sämtliche der verschiedenen irreduziblen Faktoren von allen $p_k(x)$, k = 1,2,...,r bei der Faktorisierung von jedem $p_k(x)$ angeschrieben wurden, weshalb einige der Exponenten $j_{k\ell}$ Null sein können.)

Übung 7.16. Man beweise folgende Aussage. Eine notwendige und hinreichende Bedingung für die Äquivalenz zweier Polynommatrizen ist, daß sie den gleichen Rang und die gleichen Elementarteiler haben. [Die Elementarpolynome einer Matrix bestimmen offensichtlich ihre Elementarteiler. Man beweise unter Verwendung der Teilbarkeitseigenschaften der Elementarpolynome, daß die Kenntnis des Rangs und der Elementarteiler zur Bestimmung der Elementarpolynome ausreicht.]

Es folgen nun zwei Theoreme, die sich auf quasidiagonale Matrizen beziehen und an späterer Stelle in diesem Abschnitt benötigt werden.

THEOREM 7.6. Die Elementarpolynome der quasidiagonalen Matrix

$$C(x) = \begin{bmatrix} C_1(x) & 0 \\ & \\ 0 & C_2(x) \end{bmatrix} \tag{7.31}$$

sind die Gesamtheit der Elementarpolynome von $C_1(x)$ und von $C_2(x)$, sofern jedes Elementarpolynom von $C_1(x)$ jedes Elementarpolynom von $C_2(x)$ teilt.

Beweis. Das Ergebnis folgt unmittelbar aus der Tatsache, daß $C(x)$ äquivalent zu $\mathrm{diag}(p_1,p_2,\ldots,p_r,q_1,q_2,\ldots,q_s, 0,\ldots,0)$ ist, wobei $p_1,p_2,\ldots,p_r$ die Elementarpolynome von $C_1(x)$ und $q_1,q_2,\ldots,q_s$ die Elementarpolynome von $C_2(x)$ bedeuten.

THEOREM 7.7. Die Elementarteiler der durch Gl.(7.31) gegebenen quasidiagonalen Matrix $C(x)$ sind die Gesamtheit der Elementarteiler von $C_1(x)$ und von $C_2(x)$.

Beweis. Es seien die Elementarpolynome von $C_1(x)$ und $C_2(x)$ gegeben durch

$$p_k(x) = [\phi_1(x)]^{j_{k1}}[\phi_2(x)]^{j_{k2}}\cdots[\phi_t(x)]^{j_{kt}}, \quad k = 1,2,\ldots,r, \tag{7.32}$$

$$q_k(x) = [\phi_1(x)]^{\ell_{k1}}[\phi_2(x)]^{\ell_{k2}}\cdots[\phi_t(x)]^{\ell_{kt}}, \quad k = 1,2,\ldots,s. \tag{7.33}$$

Es wird nun angenommen, daß diese in ansteigender Reihenfolge der Potenzen von $\phi_1(x)$ angeordnet sind. Damit kann durch eine geeignete Folge von elementaren Operationen gezeigt werden, daß $C(x)$ äquivalent ist zur Matrix

$$D = \text{diag}\,(d_1(x),d_2(x),\ldots,d_\alpha(x),g_1(x)\phi_1^{k_1'}(x)\;,g_2(x)\phi_1^{k_2'}(x)\;,\ldots,g_\beta(x)\phi_1^{k_\beta'}(x)\;,0,\ldots,0), \tag{7.34}$$

in welcher $d_1(x)$, $d_2(x)$, ..., $d_\alpha(x)$, $g_1(x)$, $g_2(x)$, ..., $g_\beta(x)$ durchweg teilerfremd zu $\phi_1(x)$ sind, $k_1' \leq k_2' \leq \ldots \leq k_\beta'$ gilt und $\alpha+\beta = r+s = m$ ist. Es seien die Determinantenteiler und die Elementarpolynome von D, und daher von $C(x)$, durch D_k und p_k', $k = 1,2,\ldots,m$, dargestellt. Aus Gl.(7.34) folgt dann, daß D_m das Produkt eines zu $\phi_1(x)$ teilerfremden Polynoms mit $\phi_1^{k_1'+k_2'+\ldots+k_\beta'}(x)$ ist, daß D_{m-1} das Produkt eines zu $\phi_1(x)$ teilerfremden Polynoms mit $\phi_1^{k_1'+k_2'+\ldots k_{\beta-1}'}(x)$ darstellt, usw. Demzufolge ist p_m' das Produkt eines zu $\phi_1(x)$ teilerfremden Polynoms mit $\phi_1^{k_\beta'}(x)$, und p_{m-1}' stellt ein ähnliches Produkt mit $\phi_1^{k_{\beta-1}'}$ dar, usw.

Hieraus wird ersichtlich, daß sämtliche Elementarteiler von $C_1(x)$ und $C_2(x)$, welche $\phi_1(x)$ enthalten, auch Elementarteiler von $C(x)$ sind. Behandelt man $\phi_2(x)$, $\phi_3(x)$, ..., $\phi_t(x)$ in genau der gleichen Weise, so ist das Theorem bewiesen.

Es sei eine beliebige n×n-Matrix A über einem Körper K gegeben. Dann stellt ihre charakteristische Matrix $(\lambda I_n - A)$ eine Polynommatrix vom Rang n über $K[\lambda]$ dar, und es lassen sich die vorausgegangenen Resultate anwenden. Man beachte, daß hierbei $D_n(\lambda)$ das charakteristische Polynom von A ist, $D_{n-1}(\lambda)$ bedeutet das Polynom $g(\lambda)$ in Gl.(7.17) und $p_n(\lambda)$ ist das Polynom $s(\lambda)$ in Gl.(7.18), das sich als das Minimalpolynom von A erwiesen hat.

Aufgrund von Gl.(7.28) ist es offenkundig, daß das Produkt $\prod_{i=1}^{n} p_k(\lambda)$ mit $D_n(\lambda)$ übereinstimmt, so daß die $p_k(\lambda)$ Faktoren des charakteristischen Polynoms darstellen. Die Elementarpolynome und die Elementarteiler von $(\lambda I - A)$ nennt man auch *Elementarpolynome und Elementarteiler von A.*

Abschließend folgt ein wichtiges Theorem für Matrizen über einem Körper K.

THEOREM 7.8. Eine notwendige und hinreichende Bedingung für die Ähnlichkeit zweier quadratischer Matrizen ist, daß sie die gleichen Elementarpolynome (oder Elementarteiler) haben.

Beweis. Sind A und B ähnlich, dann existiert eine nichtsinguläre Matrix H derart, daß

$$B = HAH^{-1} \tag{7.35}$$

gilt. Daraus folgt

$$\begin{aligned}(\lambda I_n - B) &= \lambda I_n - HAH^{-1} \\ &= H(\lambda I_n - A)H^{-1}.\end{aligned} \tag{7.36}$$

Also sind die Matrizen $\lambda I_n - A$ und $\lambda I_n - B$ äquivalent (Übung 7.13), und sie haben somit die gleichen Elementarpolynome (Übung 7.15).

Wenn auf der anderen Seite $\lambda I_n - A$ und $\lambda I_n - B$ die gleichen Elementarpolynome haben, sind sie äquivalent, und es existieren unimodulare Polynommatrizen M und N, so daß

$$(\lambda I_n - A) = M(\lambda I_n - B)N \tag{7.37}$$

gilt. Es sei $R = N^{-1}$ (diese Matrix existiert sicher, da N unimodular ist), so daß man

$$(\lambda I_n - A)R = M(\lambda I_n - B) \tag{7.38}$$

erhält.

Die Matrix R kann in der Form $R(\lambda) = R_o + R_1\lambda + \ldots + R_q\lambda^q$ geschrieben werden, und da I_n eine Inverse besitzt, ist sofort ersichtlich, daß der Divisionsalgorithmus (Kapitel I, Abschnitt 6) angewendet werden kann, und nach Multiplikation auf der entsprechenden Seite erhält man

$$R = Q_1(\lambda I_n - B) + Q_o \tag{7.39}$$

bzw.

$$M = (\lambda I_n - A)S_1 + S_o. \tag{7.40}$$

Dabei sind Q_o, S_o konstante Matrizen (d.h. sie sind unabhängig von λ), und Q_1, S_1 sind Polynommatrizen.

Verwendet man die Gln.(7.39) und (7.40) in der Gl.(7.38), so erhält man

$$(\lambda I_n - A)Q_1(\lambda I_n - B) + (\lambda I_n - A)Q_o = (\lambda I_n - A)S_1(\lambda I_n - B) + S_o(\lambda I_n - B). \tag{7.41}$$

Durch Umordnung ergibt sich hieraus

$$(\lambda I_n - A)(Q_1 - S_1)(\lambda I_n - B) = S_o(\lambda I_n - B) - (\lambda I_n - A)Q_o\ . \tag{7.42}$$

Der Grad der rechten Seite von Gl.(7.42) ist Eins. Für $Q_1-S_1 \neq 0$ ist der Grad der linken Seite wenigstens gleich zwei. Hieraus folgt, daß $Q_1 = S_1$ und damit

$$(\lambda I_n - A)Q_o = S_o(\lambda I_n - B) \tag{7.43}$$

gelten muß. Wendet man erneut den Divisionsalgorithmus an, so kann man

$$N = T_1(\lambda I_n - A) + T_o \tag{7.44}$$

schreiben, worin T_o eine konstante Matrix bedeutet. Damit wird

$$I_n = NR = T_1(\lambda I_n - A)R + T_oR, \tag{7.45}$$

und aufgrund der Gln.(7.38), (7.39) und (7.45) ist

$$I_n = T_1M(\lambda I_n-B) + T_oQ_1(\lambda I_n-B) + T_oQ_o$$

$$= (T_1M + T_oQ_1)(\lambda I_n-B) + T_oQ_o. \tag{7.46}$$

Da der Grad von I_n Null ist, folgt aus Gl.(7.46), daß $T_1M + T_oQ_1 = 0$ sein muß, und deshalb wird $T_oQ_o = I_n$. Also ist Q_o nichtsingulär und es gilt $Q_o^{-1} = T_o$. Damit ergibt sich aus Gl.(7.43)

$$(\lambda I_n - A) = S_o(\lambda I_n - B)T_o. \tag{7.47}$$

Es ist hiermit nachgewiesen, daß die Polynommatrizen M und N in Gl.(7.37) durch die konstanten Matrizen S_o und T_o ersetzt werden können.

Der Rest des Beweises ergibt sich nun unmittelbar aus Gl.(7.47), da diese Beziehung in der Form

$$\lambda I_n - A = \lambda S_o T_o - S_o B T_o \tag{7.48}$$

geschrieben werden kann. Hieraus folgt, daß $S_o T_o = I_n$, $A = S_o B T_o = S_o B S_o^{-1}$ gilt, daß also A und B ähnlich sind. Damit ist der Beweis vollständig geführt.

Es möge beachtet werden, daß sich insbesondere aus diesem Theorem auch folgende Aussage ergibt: Notwendig und hinreichend für die Ähnlichkeit der Matrizen A und B ist, daß ihre charakteristischen Matrizen äquivalent sind.

Übung 7.17. Schreibt man M und N als Matrizenpolynome in der Form $\sum_{k=0}^{m} \lambda^k S_k$ bzw. $\sum_{k=0}^{n} T_k \lambda^k$, so gilt

$$S_o = \sum_{k=0}^{m} A^k M_k \,, \tag{7.49}$$

$$T_o = \sum_{k=0}^{n} N_k A^k \,. \tag{7.50}$$

Dies ist zu beweisen. [Man verwende den Divisionsalgorithmus.]

Übung 7.18. Für $A = A_1\lambda + A_o$ und $B = B_1\lambda + B_o$ mit nichtsingulärem B_1 soll folgendes bewiesen werden. Eine notwendige und hinreichende Bedingung für die Äquivalenz von A und B ist die Existenz zweier konstanter nichtsingulärer Matrizen P und Q mit der Eigenschaft PAQ = B. [Unter Berücksichtigung des Grades von $|A|$ zeige man, daß A_1 nichtsingulär ist. Dann benütze man die dem Beweis von Theorem 7.8 folgende Bemerkung.]

7.4. BEGLEITMATRIX UND NORMALFORMEN

Es wird das Polynom

$$f(\lambda) = \lambda^m + \alpha_{m-1}\lambda^{m-1} + \ldots + \alpha_o$$

betrachtet. Untersucht werden soll, ob es möglich ist, eine Matrix zu konstruieren, deren Minimalpolynom mit $f(\lambda)$ übereinstimmt. Dazu wird die charakteristische Matrix der *Begleitmatrix* oder *Frobeniusmatrix* F von $f(\lambda)$ betrachtet. Diese Matrix ist gegeben durch[§]

$$F = \begin{bmatrix} 0 & 0 & \ldots & 0 & -\alpha_o \\ 1 & 0 & \ldots & 0 & -\alpha_1 \\ 0 & 1 & \ldots & 0 & -\alpha_2 \\ \vdots & \vdots & & \vdots & \vdots \\ 0 & 0 & \ldots & 1 & -\alpha_{m-1} \end{bmatrix} . \tag{7.51}$$

Die charakteristische Determinante von F lautet

$$|\lambda I_n - F| = \begin{vmatrix} \lambda & 0 & 0 & \ldots & 0 & \alpha_o \\ -1 & \lambda & 0 & \ldots & 0 & \alpha_1 \\ 0 & -1 & \lambda & \ldots & 0 & \alpha_2 \\ \vdots & \vdots & \vdots & & \vdots & \vdots \\ 0 & 0 & 0 & \ldots & -1 & \alpha_{m-1}+\lambda \end{vmatrix} . \tag{7.52}$$

§ **Die drei zu F ähnlichen Matrizen, die man durch Spiegelung an den beiden Diagonalen erhält, werden ebenfalls Begleitmatrizen genannt.**

Durch Entwicklung dieser Determinante nach den Elementen der letzten Spalte ist leicht zu erkennen, daß $|\lambda I_n - F| = f(\lambda)$ gilt. Da der Minor von α_o auf der rechten Seite von Gl.(7.52) gleich ± 1 ist, ergibt sich $D_{m-1} = 1$, und deshalb stellt $f(\lambda)$ das Minimalpolynom von F dar.

Es sei A eine n×n-Matrix, deren Elemente einem Körper K angehören. Die Elementarpolynome der Matrix seien

$$i_1(\lambda) \equiv i_2(\lambda) \equiv \dots \equiv i_r(\lambda) \equiv 1,\ i_{r+1}(\lambda),\ i_{r+2}(\lambda),\ \dots,\ i_n(\lambda), \tag{7.53}$$

wobei der Grad der Polynome $i_{r+1}, i_{r+2}, \dots, i_n$ jeweils größer als Null und die Summe dieser Grade gleich n ist und wobei jedes Polynom i_{r+k} das Polynom i_{r+k+1}, $k = 1,2,\dots, n-r-1$, teilt. Jedes der Polynome $i_k(\lambda)$ hat eine Begleitmatrix F_k, und man kann die n×n-Matrix

$$F = \begin{bmatrix} F_{r+1} & & & & 0 \\ & F_{r+2} & & & \\ & & \cdot & & \\ & & & \cdot & \\ & & & & \cdot \\ 0 & & & & F_n \end{bmatrix} \tag{7.54}$$

bilden. Aufgrund von Theorem 7.6 stimmen die Elementarpolynome von F gerade mit der Menge aller Elementarpolynome von F_k überein. Deshalb sind die Elementarpolynome von F gerade identisch mit jenen von A, die Matrizen A und F müssen also aufgrund von Theorem 7.8 ähnlich sein.

Es wurde gezeigt, daß jede n×n-Matrix A einer Matrix F ähnlich ist, welche in ihrer Hauptdiagonalen die Begleitmatrizen der Elementarpolynome von A und im übrigen Nullen aufweist. Diese Matrix F wird als die ***erste natürliche Normalform*** von A bezeichnet.

In entsprechender Weise kann man zeigen, daß A ähnlich zur Matrix D ist, welche durch

$$D = \begin{bmatrix} D_1 & & & & 0 \\ & D_2 & & & \\ & & \cdot & & \\ & & & \cdot & \\ & & & & \cdot \\ 0 & & & & D_s \end{bmatrix}, \qquad (7.55)$$

gegeben ist. Hierbei sind $D_1, D_2, \ldots, D_s$ die Begleitmatrizen der Elementarteiler von A. Die Matrix D heißt die *zweite natürliche Normalform* von A.

Bis zu dieser Stelle durfte der Körper K von ganz allgemeiner Art sein. Nun soll der Sonderfall betrachtet werden, daß K den Körper der komplexen Zahlen darstellt. In diesem Fall besitzt das charakteristische Polynom nur Linearfaktoren (Kapitel I, Abschnitt 6), und die Elementarteiler von A haben die Form

$$(\lambda-\lambda_1)^{k_1},\ (\lambda-\lambda_2)^{k_2},\ \ldots,\ (\lambda-\lambda_r)^{k_r},$$

wobei $\sum_{i=1}^{r} k_i = n$ gilt. Bildet man die Matrix J in der Form

$$J = \begin{bmatrix} J_1 & & & & 0 \\ & J_2 & & & \\ & & \cdot & & \\ & & & \cdot & \\ & & & & \cdot \\ 0 & & & & J_r \end{bmatrix}, \qquad (7.56)$$

wobei die $k_i \times k_i$-Matrizen J_i durch

$$J_i = \begin{bmatrix} \lambda_i & 1 & 0 & \dots & 0 \\ 0 & \lambda_i & 1 & \dots & 0 \\ \vdots & \vdots & \vdots & & \vdots \\ 0 & 0 & 0 & \dots & 1 \\ 0 & 0 & 0 & \dots & \lambda_i \end{bmatrix}, \quad i = 1,2,\dots,r,$$

gegeben sind, so ist leicht zu erkennen, daß die Elementarteiler von J_i gerade $(\lambda-\lambda_i)^{k_i}$ sind. Daher müssen die Elementarteiler von J mit jenen von A übereinstimmen. Daraus folgt (Theorem 7.8), daß jede Matrix über dem Körper der komplexen Zahlen zu einer Matrix von der gleichen Form wie J ähnlich ist. Die Matrix J wird als die *Jordansche Normalform* bezeichnet.

Übung 7.19. Man beweise, daß die n-te Potenz des "Jordan-Blocks"

$$J = \begin{bmatrix} \lambda & 1 & 0 & \dots \\ 0 & \lambda & 1 & \dots \\ 0 & 0 & \lambda & \dots \\ . & . & . & . \end{bmatrix}$$

gegeben ist durch

$$J^n = \begin{bmatrix} \lambda^n & \binom{n}{1}\lambda^{n-1} & \binom{n}{2}\lambda^{n-2} & \dots \\ 0 & \lambda^n & \binom{n}{1}\lambda^{n-1} & \dots \\ 0 & 0 & \lambda^n & \dots \\ . & . & . & . \end{bmatrix},$$

wobei $\binom{n}{k} = \frac{n!}{(n-k)!k!}$ gilt. (Man verwende die Methode der Induktion.)

Übung 7.20. In Kapitel VI wird die n×n-Übergangsmatrix $\Phi(\tau)$ definiert für bestimmte lineare Systeme durch die für alle t gültige Gleichung

$$x(t + \tau) = \Phi(\tau)x(t) .$$

Schreibt man $\Phi(\tau) = HJH^{-1}$, wobei J durch die Gl.(7.56) gegeben ist, so kann das Ergebnis von Übung 7.19 zur Bestimmung von $x(t + n\tau)$ verwendet werden. Dies soll gezeigt werden.

8. Einige spezielle Matrizen

In diesem Abschnitt werden einige spezielle Formen von Matrizen über dem Körper der komplexen Zahlen betrachtet, und es werden ihre Eigenschaften entwickelt.

Symmetrische und schiefsymmetrische Matrizen, die Transponierte einer Matrix und ihre Adjunkte wurden im Kapitel II definiert. Die *Konjugierte* einer Matrix A wird mit A^* bezeichnet, und sie stellt die Matrix dar, deren ij-tes Element das konjugiert Komplexe des ij-ten Elements von A ist, d.h. es gilt $A^* = (a^*_{ij})$. Die *konjugiert Transponierte* von A ist $(A^*)^T$, und sie wird mit A^+ bezeichnet. Man beachte, daß $(A^*)^T = (A^T)^*$, $(A^+)^+ = A$ und $(AB)^+ = B^+A^+$ gilt.

Eine Matrix A heißt *normal*, wenn $AA^+ = A^+A$, *hermitesch*, wenn $A^+ = A$ (symmetrisch, wenn K reell ist), *schiefhermitesch*, wenn $A^+ = -A$ (schiefsymmetrisch, wenn K reell ist) und *unitär*, wenn $AA^+ = A^+A = I_n$ (orthogonal, wenn K reell ist) gilt. Es läßt sich leicht nachweisen, daß hermitesche, schiefhermitesche und unitäre Matrizen normal sind.

Übung 8.1. Man beweise, daß jede n×n-Matrix mit Elementen im Körper der komplexen Zahlen in eindeutiger Weise als Summe einer hermiteschen und einer schiefhermiteschen Matrix ausgedrückt werden kann.

Übung 8.2. Man beweise, daß die Inverse einer unitären Matrix unitär ist und daß das Produkt zweier unitärer Matrizen ebenfalls unitär ist.

8.1. Normale Matrizen

Normale Matrizen stellen die allgemeinste Klasse der im vorausgegangenen eingeführten Matrizen dar. Deshalb wird eine Reihe wichtiger Ergebnisse zunächst für normale Matrizen gezeigt.

Zwei Matrizen A und B heißen *unitär ähnlich* (oder *orthogonal ähnlich*, wenn K reell ist), falls es eine unitäre Matrix U mit der Eigenschaft $B = U^+AU$ gibt.

THEOREM 8.1. Eine notwendige und hinreichende Bedingung dafür, daß eine Matrix A normal ist, lautet: Die Matrix muß unitär ähnlich zu einer Diagonalmatrix sein.

Beweis. Es sei D eine Diagonalmatrix. Dann gilt offensichtlich $DD^+ = DD^* = D^*D = D^+D$, weshalb jede Diagonalmatrix normal ist. Nun sei U irgendeine unitäre Matrix, es gelte $B = U^+CU$ und es wird angenommen, daß C normal ist. Dann gilt

$$\begin{aligned} B^+B &= U^+C^+UU^+CU \\ &= U^+C^+I_nCU \\ &= U^+CC^+U \\ &= U^+CUU^+C^+U \\ &= BB^+ \quad . \end{aligned}$$

Damit ist jede Matrix, welche zu einer normalen Matrix unitär ähnlich ist, selbst normal. Daraus folgt unmittelbar, daß die im Theorem genannte Bedingung hinreichend ist.

Der Beweis der Notwendigkeit der Bedingung ist etwas mühsamer, und es muß zunächst gezeigt werden, daß eine unitäre Matrix gebildet werden kann, deren erste Spalte mit einem gegebenen Spaltenvektor identisch ist. Es sei x_1 der gegebene Spaltenvektor. Er wird erweitert durch die Spaltenvektoren $v_2, v_3, \ldots, v_n$, so daß eine Basis des Vektorraums von n-Tupeln über K entsteht, d.h. eine Basis für $V_n(K)$. Sodann wird der Gram-Schmidtsche Orthogonalisierungsprozeß (mit dem gewöhnlichen inneren Produkt) angewendet, um ein Orthonormalsystem $\{x_1, x_2, \ldots, x_n\}$ aus $\{x_1, v_2, \ldots, v_n\}$ zu bilden. Mit den Vektoren x_i als Spalten wird die Matrix U gebildet. Dann ist das ij-te Element von U^+U, wie man leicht sieht, gleich $\langle x_j, x_i \rangle$, und dieser Wert stimmt mit der Kroneckerschen Deltagröße δ_{ij} überein, da die x_i ein Orthonormalsystem bilden. Deshalb wird $U^+U = I_n$, und U ist unitär.

Es sei x_1 ein Eigenvektor von A mit dem zugehörigen Eigenwert λ_1, und es sei U eine unitäre Matrix mit x_1 als ihrer ersten Spalte. Dann ist das Element von U^+AU an der Stelle (i1) gegeben durch

$$(U^+AU)_{i1} = \sum_{k=1}^{n} (U^+)_{ik} (AU)_{k1}$$

$$= \sum_{k=1}^{n} (U^+)_{ik}(Ax_l)_k$$

$$= \lambda_l \sum_{k=1}^{n} (U^+)_{ik}(x_l)_k$$

$$= \lambda_l \delta_{il} \quad .$$

Setzt man $B = U^+AU$, dann läßt sich B in der Form schreiben

$$B = \left[\begin{array}{c|c} \lambda_1 & z^T \\ \hline 0 & B_1 \end{array}\right] , \tag{8.1}$$

wobei B_1 eine $(n-1)\times(n-1)$-Matrix darstellt.

Aus Gl.(8.1) erhält man durch Bildung der konjugiert transponierten Matrix

$$B^+ = \left[\begin{array}{c|c} \lambda_1^* & 0 \\ \hline z^* & B_1^+ \end{array}\right] . \tag{8.2}$$

Damit wird

$$B^+B = \left[\begin{array}{c|c} \lambda_1^*\lambda_1 & \lambda_1^* z^T \\ \hline \lambda_1 z^* & z^* z^T + B_1^+ B_1 \end{array}\right] \tag{8.3}$$

und

$$BB^+ = \left[\begin{array}{c|c} \lambda_1\lambda_1^* + z^T z^* & z^T B_1^+ \\ \hline B_1 z^* & B_1 B_1^+ \end{array}\right] . \tag{8.4}$$

Die Matrix B ist aber unitär ähnlich zu A. Wenn also A als normal angenommen wird, muß B auch normal sein. Ein Vergleich der Gln.(8.3) und (8.4) liefert

$$\lambda_1^* \lambda_1 = \lambda_1 \lambda_1^* + z^T z^* \quad .$$

Es gilt somit z = 0 und $B_1 B_1^+ = B_1^+ B_1$. Man kann daher die Gl.(8.1) in der Form

$$B = \left[\begin{array}{c|c} \lambda_1 & 0 \\ \hline 0 & B_1 \end{array}\right] \tag{8.5}$$

schreiben, wobei B_1 eine normale (n-1)×(n-1)-Matrix darstellt.

Der Nachweis der Notwendigkeit der im Theorem genannten Bedingung erfolgt nun durch Induktion auf n. Gilt nämlich die Aussage des Satzes für n-1, so gibt es eine Diagonalmatrix D_1 und eine unitäre Matrix U_1 mit der Eigenschaft $B_1 U_1 = U_1 D_1$. Dies bedeutet, daß die Beziehung

$$\begin{bmatrix} \lambda_1 & 0 \\ 0 & B_1 \end{bmatrix} \begin{bmatrix} 1 & 0 \\ 0 & U_1 \end{bmatrix} = \begin{bmatrix} 1 & 0 \\ 0 & U_1 \end{bmatrix} \begin{bmatrix} \lambda_1 & 0 \\ 0 & D_1 \end{bmatrix} \tag{8.6}$$

besteht. Es sei

$$V = \begin{bmatrix} 1 & 0 \\ 0 & U_1 \end{bmatrix},$$

dann ist V offensichtlich unitär, wenn U_1 unitär ist. Weiterhin sei

$$D = \begin{bmatrix} \lambda_1 & 0 \\ 0 & D_1 \end{bmatrix},$$

dann wird

$$BV = VD \tag{8.7}$$

und

$$V^+BV = D$$

oder

$$(V^+U^+)A(UV) = D \ . \tag{8.8}$$

Der Beweis ist somit vollständig geführt.

Da sämtliche unitären, hermiteschen und schiefhermiteschen Matrizen sicher normal sind, ergibt sich damit, daß sie auch unitär ähnlich zu Diagonalmatrizen sind.

Wie in Theorem 7.2 gezeigt worden ist, stellt die Forderung, daß eine $n \times n$-Matrix A genau n linear unabhängige Eigenvektoren besitzt, eine notwendige und hinreichende Bedingung dafür dar, daß sie zu einer Diagonalmatrix ähnlich ist. Hieraus und aus Theorem 8.1 folgt, daß die Matrix A genau dann normal ist, wenn sie n orthonormale Eigenvektoren besitzt. Demzufolge haben hermitesche, schiefhermitesche und unitäre Matrizen durchweg n orthonormale Eigenvektoren.

Es sei H eine beliebige hermitesche (bzw. schiefhermitesche) Matrix. Da diese Matrix normal ist, ist sie unitär ähnlich zu einer Diagonalmatrix, deren Hauptdiagonalelemente die Eigenwerte von H sind. Da diese Diagonalmatrix auch hermitesch (bzw. schiefhermitesch) ist, müssen zudem die Eigenwerte von H offensichtlich reell (bzw. rein imaginär) sein. Man beachte insbesondere, daß jede reelle symmetrische Matrix reelle Eigenwerte haben muß.

Übung 8.3. Man beweise, daß jede reelle symmetrische $n \times n$-Matrix orthogonal ähnlich zu einer Diagonalmatrix ist. [Man zeige, daß die Eigenvektoren reell sind.]

Übung 8.4. Man beweise, daß jede normale Matrix mit reellen Eigenwerten hermitesch sein muß.

Ist U eine unitäre Matrix, so muß sie, da sie normal ist, unitär ähnlich zu einer Diagonalmatrix sein, deren Hauptdiagonalelemente die Eigenwerte von U sind. Diese Diagonalmatrix muß ebenfalls unitär sein, und daher haben die Eigenwerte von U den Betrag Eins.

Übung 8.5. Man beweise, daß jede normale Matrix mit Eigenwerten vom Betrag Eins unitär sein muß.

Übung 8.6. Man beweise folgende Aussage: Ist λ ein von Null verschiedener Eigenwert einer unitären (bzw. orthogonalen) Matrix, dann ist auch $1/\lambda^*$ (bzw. $1/\lambda$) ein Eigenwert dieser Matrix.

Übung 8.7. Man beweise, daß eine reelle Matrix A genau dann orthogonal ist, wenn

$$\langle Ax, Ay \rangle = \langle x, y \rangle$$

gilt für alle reellen Vektoren x und y. [Man beachte folgende Interpretationsmöglichkeit: Stellt x einen Stromvektor und y einen Spannungsvektor dar, dann ist $\langle x,y \rangle$ eine Leistung. Bei orthogonalen Transformationen (und nur bei orthogonalen Transformationen) bleibt diese Leistung invariant.]

8.2. Jacobische Matrizen

Eine reelle tridiagonale Matrix

$$J = \begin{bmatrix} b_1 & c_1 & 0 & \dots & 0 & 0 \\ a_1 & b_2 & c_2 & \dots & 0 & 0 \\ 0 & a_2 & b_3 & \dots & 0 & 0 \\ \vdots & \vdots & \vdots & & \vdots & \vdots \\ 0 & 0 & 0 & \dots & a_{n-1} & b_n \end{bmatrix} \tag{8.9}$$

heißt eine *Jacobische Matrix*, wenn

$$a_i c_i > 0, \quad i = 1,2,\dots,n-1, \tag{8.10}$$

gilt. Derartige Matrizen sind bedeutsam bei der numerischen Lösung von bestimmten partiellen Differentialgleichungen.

Es sei D eine reelle Diagonalmatrix mit den Elementen d_i, $i = 1,2,\dots,n$, und es werde die Matrix

$$R = DJD^{-1} \tag{8.11}$$

betrachtet. Durch direkte Rechnung ist leicht einzusehen, daß die Beziehungen

$$r_{ij} = \begin{cases} b_j & \text{für } i = j \\ 0 & \text{für } |i-j| \geq 2 \\ \dfrac{d_i}{d_{i+1}} c_i & \text{für } i = j-1 \\ \dfrac{d_{j+1}}{d_j} a_j & \text{für } i = j+1 \end{cases}$$

bestehen für i, j = 1,2,...,n. Aus Gl.(8.10) folgt, daß die d_i so gewählt werden können, daß $d_i/d_{i+1} = (a_i/c_i)^{1/2}$ gilt. Dadurch wird $r_{ij} = r_{ji}$ und R ist symmetrisch. Damit ist J einer symmetrischen Matrix ähnlich und muß deshalb reelle Eigenwerte haben.

Beispiel 8.1.

$$\begin{bmatrix} 1 & 0 & 0 \\ 0 & 2 & 0 \\ 0 & 0 & 6 \end{bmatrix} \begin{bmatrix} 1 & 4 & 0 \\ 1 & 1 & 9 \\ 0 & 1 & 1 \end{bmatrix} \begin{bmatrix} 1 & 0 & 0 \\ 0 & \frac{1}{2} & 0 \\ 0 & 0 & \frac{1}{6} \end{bmatrix} = \begin{bmatrix} 1 & 4 & 0 \\ 2 & 2 & 18 \\ 0 & 6 & 6 \end{bmatrix} \begin{bmatrix} 1 & 0 & 0 \\ 0 & \frac{1}{2} & 0 \\ 0 & 0 & \frac{1}{6} \end{bmatrix}$$

$$= \begin{bmatrix} 1 & 2 & 0 \\ 2 & 1 & 3 \\ 0 & 3 & 1 \end{bmatrix} .$$

Übung 8.8. Man zeige, daß das charakteristische Polynom $\phi_n(\lambda)$ einer n×n-Jacobischen Matrix aufgrund der folgenden Rekursionsformel gewonnen werden kann:

$$\phi_r(\lambda) = (\lambda - b_r)\phi_{r-1} - c_{r-1}a_{r-1}\phi_{r-2} \ , \ 1 < r \leq n$$

$$\phi_1(\lambda) = \lambda - b_1$$

$$\phi_o(\lambda) = 1 \ .$$

[Man entwickle die charakteristische Determinante nach der letzten Zeile.]

8.3. Einige Eigenschaften von Eigenwerten

Es wurde bereits gezeigt, daß die Eigenwerte einer beliebigen reellen symmetrischen Matrix oder einer beliebigen hermiteschen Matrix reell sein müssen. Bei jeder Diagonalmatrix stimmen die Eigenwerte mit den Hauptdiagonalelementen überein, und dasselbe gilt für jede Dreiecksmatrix. Der erste Teil dieser Aussage ist offensichtlich, der zweite wird folgendermaßen bewiesen. Es sei T eine beliebige obere Dreiecksmatrix. Dann ist auch $(\lambda I - T)$ eine obere Dreiecksmatrix, und es gilt $|\lambda I - T| = \prod_{i=1}^{n}(\lambda - t_{ii})$, so daß die Eigenwerte von T gerade die Hauptdiagonalelemente von T sind. Das Ergebnis für eine untere Dreiecksmatrix folgt in entsprechender Weise.

Übung 8.9. Man beweise, daß die Eigenwerte einer beliebigen unitären Matrix auf dem Einheitskreis liegen und daß die Eigenwerte einer beliebigen schiefhermiteschen Matrix rein imaginär sind. [Man betrachte die unitär ähnlichen Diagonalmatrizen.]

Ergebnisse der in Übung 8.9 gewonnenen Art beschränken die Eigenwerte spezieller Typen von Matrizen auf bestimmte Gebiete in der komplexen Ebene. Das folgende, auf Gerschgorin zurückgehende Theorem stellt ein interessantes und nützliches Ergebnis ähnlicher Art dar; es bezieht sich jedoch auf allgemeine Matrizen. [Man vergleiche Marcus und Minc, 1964, bezüglich weiterer Ergebnisse über die Verteilung der Eigenwerte.]

THEOREM 8.2. Sämtliche Eigenwerte einer beliebigen Matrix $A = (a_{ij})$ über dem Körper der komplexen Zahlen befinden sich in der Vereinigungsmenge aller Kreisscheiben, welche definiert sind durch

$$|z - a_{ii}| \leq r_i, \quad i = 1,2,\ldots,n \,. \tag{8.12}$$

Dabei gilt

$$\sum_{\substack{j=1 \\ j \neq i}}^{n} |a_{ij}| = r_i .$$

Die Eigenwerte befinden sich auch in der Vereinigungsmenge aller Kreisscheiben, die definiert sind durch

$$|z - a_{jj}| \leq \rho_j, \quad j = 1,2,\ldots,n,$$

mit

$$\sum_{\substack{i=1 \\ i \neq j}}^{n} |a_{ij}| = \rho_j .$$

Beweis. Es sei λ ein Eigenwert von (a_{ij}) mit $v = (v_1, v_2, \ldots, v_n)^T$ als entsprechendem Eigenvektor. Dann gilt

$$Av = \lambda v$$

oder

$$\sum_{j=1}^{n} a_{ij} v_j = \lambda v_i, \quad i = 1,2,\ldots,n .$$

Subtrahiert man $a_{ii} v_i$ von beiden Seiten, so wird

$$\sum_{\substack{j=1 \\ j \neq i}}^{n} a_{ij} v_j = (\lambda - a_{ii}) v_i ,$$

und für $v_i \neq 0$ erhält man

$$(\lambda - a_{ii}) = \sum_{\substack{j=1 \\ j \neq i}}^{n} a_{ij} \frac{v_j}{v_i} . \tag{8.13}$$

Es sei nun i derart ausgewählt, daß

$$|v_i| \geq |v_j|, \quad j = 1,2,\ldots,n,$$

gilt. Bildet man den Betrag auf beiden Seiten von Gl.(8.13), dann erhält man die Beziehung

$$|\lambda - a_{ii}| \leq \sum_{\substack{j=1 \\ j \neq i}}^{n} |a_{ij}| \left|\frac{v_j}{v_i}\right| \leq r_i .$$

Damit ist gezeigt, daß jeder Eigenwert in einer Scheibe liegt, deren Mittelpunkt a_{ii} und deren Radius r_i ist. Deshalb liegen sämtliche Eigenwerte in der Vereinigung dieser Scheiben. Den zweiten Teil der Aussage erhält man, indem man berücksichtigt, daß die Eigenwerte von A^T mit jenen von A übereinstimmen.

Beispiel 8.2. Gegeben sei die Matrix

$$A = \begin{bmatrix} 4 & 0 & 2 \\ -1 & 3 & 0 \\ 1 & 2 & 5 \end{bmatrix} .$$

Die erste Menge von Gerschgorinschen Scheiben ist

$$|z - 4| \leq 2,$$
$$|z - 3| \leq 1,$$
$$|z - 5| \leq 3.$$

Alle Eigenwerte von A müssen in der Vereinigung dieser drei Scheiben liegen, also in diesem Fall in der letzten Kreisscheibe. Man beachte, daß sämtliche Kreise in der positiven Halbebene liegen. Deshalb besitzen sämtliche Eigenwerte von A positiven Realteil. Die zweite Menge von Kreisscheiben lautet

$$|z - 4| \leq 2,$$
$$|z - 3| \leq 2,$$
$$|z - 5| \leq 2.$$

Alle Eigenwerte von A befinden sich auch in der Vereinigung dieser Kreisscheiben. Die Eigenwerte liegen demzufolge im Durchschnitt der zwei Vereinigungsmengen, was zu einer etwas genaueren Aussage führt, wie aus Bild 1 hervorgeht.

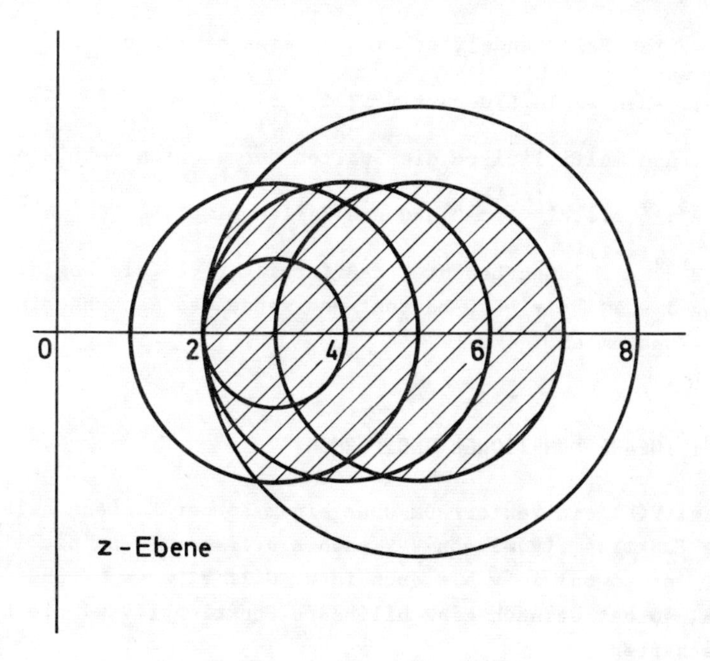

Bild 1

Übung 8.10. Im Kapitel VI wird gezeigt werden, daß die Lösung $x = 0$ der Differentialgleichung $\dot{x} = Ax$ asymptotisch stabil ist, falls jeder Eigenwert von A einen negativen Realteil hat. Die Matrix A wird dann als eine *stabile Matrix* bezeichnet. Man zeige, daß folgende Matrizen stabil sind:

$$\begin{bmatrix} -3 & 0 & 2 \\ 1 & -2 & 0 \\ 1 & 0 & -2 \end{bmatrix}, \quad \begin{bmatrix} -1 & 1 & 0 & \dots & 0 & 0 \\ 1 & -2 & 1 & \dots & 0 & 0 \\ 0 & 1 & -2 & \dots & 0 & 0 \\ \vdots & \vdots & \vdots & & \vdots & \vdots \\ 0 & 0 & 0 & \dots & -2 & 1 \\ 0 & 0 & 0 & \dots & 1 & -\alpha \end{bmatrix}.$$

Im zweiten Fall handelt es sich um eine $n\times n$-Matrix mit $\alpha > 1$. [Man wähle β derart, daß $1 < \beta^{2^{(n-2)}} < \max\{\alpha, \frac{3}{2}\}$ gilt, und multipliziere die Spalten der zweiten Matrix mit $1, \beta, \beta^3, \beta^7, \dots, \beta^{2^{(n-1)}-1}$ und die Zeilen mit $1, \beta^{-1}, \beta^{-3}, \beta^{-7}, \dots, \beta^{1-2^{(n-1)}}$. Man beachte, daß für $1 < \gamma < \frac{3}{2}$ die Ungleichung $1 - 2\gamma^2 + \gamma^3 < 0$ besteht und wende das Gerschgorinsche Theorem an.]

9. Bilineare Funktionen und Formen

Es sei V(K) ein Vektorraum über einem Körper K. Dann heißt eine Funktion $f(v,w)$ von $V\times V$ nach K *bilinear*, wenn sie linear ist sowohl in v als auch in w. Gilt $v, w, x \in V$ und $\alpha \in K$, so hat demnach eine bilineare Funktion $f(v,w)$ die Eigenschaften

$$f(v, w+x) = f(v,w) + f(v,x) ,$$
$$f(v+w, x) = f(v,x) + f(w,x) ,$$
$$f(\alpha v, w) = f(v, \alpha w) = \alpha f(v,w) .$$

Eine bilineare Funktion $f(v,w)$ wird ***symmetrisch*** genannt, wenn $f(v,w) = f(w,v)$ für sämtliche $v,w \in V$ gilt, und sie heißt ***schiefsymmetrisch***, wenn $f(v,w) = -f(w,v)$ ist für alle $v,w \in V$. Eine symmetrische bilineare Funktion wird gewöhnlich als *Bilinearform* bezeichnet.

Übung 9.1. Man beweise, daß das gewöhnliche innere Produkt in $V_n(\mathbb{R})$ eine Bilinearform darstellt.

Es sei $\{v_1,v_2,\ldots,v_n\}$ eine Basis für $V(K)$, und f sei eine bilineare Funktion auf V. Dann bildet für alle Paare $1 \leq i, j \leq n$ die Menge der Skalare $a_{ij} = f(v_i,v_j)$ eine Matrix $A = (a_{ij})$, die als die ***Matrix von f bezüglich der Basis*** $\{v_1,v_2,\ldots,v_n\}$ bezeichnet wird. Falls die Koordinaten von zwei Vektoren w und x in $V(K)$ mit α_i bzw. β_i, $i = 1,2,\ldots,n$, bezeichnet werden, gilt

$$\begin{aligned} f(w,x) &= f\left(\sum_{i=1}^{n} \alpha_i v_i, \sum_{j=1}^{n} \beta_j v_j\right) \\ &= \sum_{i=1}^{n} \sum_{j=1}^{n} \alpha_i \beta_j f(v_i,v_j) \\ &= \sum_{i=1}^{n} \sum_{j=1}^{n} \alpha_i \beta_j a_{ij} . \end{aligned} \tag{9.1}$$

In der Darstellung mit Matrizen kann die Gl.(9.1) in der Form

$$f(w,x) = a^T A b \tag{9.2}$$

geschrieben werden, wobei a und b die Spaltenvektoren $(\alpha_1, \alpha_2, \ldots, \alpha_n)^T$ und $(\beta_1, \beta_2, \ldots, \beta_n)^T$ sind.

Übung 9.2. Man ermittle die Matrix des gewöhnlichen inneren Produkts von $V_n(\mathbb{R})$ bezüglich der gewöhnlichen Basis für $V_n(\mathbb{R})$.

Es soll die Basis $\{v_1, v_2, \ldots, v_n\}$ von V(K) mit b_1 bezeichnet werden, und es sei $b_2 = \{w_1, w_2, \ldots, w_n\}$ eine zweite Basis für V(K) mit $w_j = \sum_{i=1}^n c_{ij} v_i$. Ist f eine bilineare Funktion mit der Matrix $A = (a_{ij})$ bezüglich b_1, dann wird

$$f(w_i, w_j) = f\left(\sum_{k=1}^n c_{ki} v_k, \sum_{h=1}^n c_{hj} v_h\right)$$

$$= \sum_{k=1}^n \sum_{h=1}^n c_{ki} c_{hj} f(v_k, v_h)$$

$$= \sum_{k=1}^n \sum_{h=1}^n c_{ki} a_{kh} c_{hj} . \tag{9.3}$$

Offensichtlich läßt sich die Gl.(9.3) in Matrizenform schreiben als

$$(b_{ij}) = (c_{ij})^T (a_{ij}) (c_{ij})$$

oder

$$B = C^T A C , \tag{9.4}$$

wobei $C = (c_{ij})$ bedeutet, und $B = (b_{ij})$ die Matrix von f bezüglich b_2 darstellt.

Die durch Gl.(9.4) ausgedrückte Transformation ist als eine *Kongruenztransformation* bekannt, und die Matrizen A und B werden als *kongruent* bezeichnet. Da C nichtsingulär ist, müssen offensichtlich A und B den gleichen Rang haben, und deshalb heißt der Rang einer Matrix, welche f bezüglich irgendeiner Basis von V(K) darstellt, der *Rang der Bilinearform* f. Man beachte, daß eine Kongruenztransformation notwendigerweise eine Äquivalenztransformation ist. Bei reellem K ist eine Kongruenztransformation auch eine Ähnlichkeitstransformation, sofern C orthogonal ist. Aufgrund der Definition von A und aus Gl.(9.2) folgt unmittelbar, daß eine bilineare Funktion genau dann symmetrisch ist, wenn ihre Matrix symmetrisch ist, und daß sie genau dann schiefsymmetrisch ist, wenn ihre Matrix schiefsymmetrisch ist.

Übung 9.3. Man beweise, daß jede bilineare Funktion f auf einem Vektorraum V(K) in eindeutiger Weise ausgedrückt werden kann als die Summe einer symmetrischen und einer schiefsymmetrischen bilinearen Funktion auf V(K). Hierbei ist vorauszusetzen, daß $1+1 \neq 0$ in K gilt.

Beispiel 9.1. Die ganzen Zahlen modulo 2 bilden einen Körper (Kapitel I, Abschnitt 4). Über diesem Körper läßt sich die bilineare Funktion mit der Matrix $\begin{bmatrix} 1 & 1 \\ 0 & 1 \end{bmatrix}$ nicht als die Summe einer symmetrischen und einer schiefsymmetrischen bilinearen Funktion ausdrücken.

Beispiel 9.2. Über dem Körper der ganzen Zahlen modulo 3 kann die Matrix aus Beispiel 9.1 in der Form

$$\begin{bmatrix} 1 & 1 \\ 0 & 1 \end{bmatrix} = \begin{bmatrix} 1 & 2 \\ 2 & 1 \end{bmatrix} + \begin{bmatrix} 0 & 2 \\ 1 & 0 \end{bmatrix}$$

ausgedrückt werden, wobei die letzte Matrix schiefsymmetrisch ist. Man beachte, daß das Inverse von 2 in diesem Körper 2 ist, und daß gilt

$$\begin{bmatrix} 1 & 2 \\ 2 & 1 \end{bmatrix} = 2\left\{\begin{bmatrix} 1 & 1 \\ 0 & 1 \end{bmatrix} + \begin{bmatrix} 1 & 0 \\ 1 & 1 \end{bmatrix}\right\} \bmod 3 ,$$

$$\begin{bmatrix} 0 & 2 \\ 1 & 0 \end{bmatrix} = 2\left\{\begin{bmatrix} 1 & 1 \\ 0 & 1 \end{bmatrix} - \begin{bmatrix} 1 & 0 \\ 1 & 1 \end{bmatrix}\right\} \bmod 3 .$$

9.1. Quadratische Formen

Ausgehend von irgendeiner bilinearen Funktion f auf einem n-dimensionalen Vektorraum V(K) kann man f eine Funktion q von V(K) in K zuordnen, indem man $q(v) = f(v,v)$ für alle $v \in V$ setzt. Eine derartige Funktion q(v) heißt die f *zugeordnete quadratische Form.*

Die in dieser Weise angegebene Definition liefert nicht zu jeder quadratischen Form eine ihr eindeutig zugeordnete bilineare Funktion. Schreibt man nämlich f als die Summe ihres symmetrischen und ihres schiefsymmetrischen Teils, so ist unmittelbar zu erkennen, daß die f zugeordnete quadratische Form nur vom symmetrischen Teil abhängt. Angesichts dieser Tatsache beschränkt man sich bei der Definition der quadratischen Form auf symmetrische bilineare Funktionen. Dann gibt es eine eineindeutige Korrespondenz zwischen quadratischen Formen und den ihnen entsprechenden symmetrischen Bilinearformen.

Man beachte, daß bei irgendwelchen Anwendungen eine quadratische Form aus einer unsymmetrischen Matrix A in Gestalt des Ausdrucks $x^T Ax$ entstehen kann. Dieser Ausdruck ist durch $\frac{1}{2}\, x^T(A+A^T)x$ zu ersetzen, um die Form in Übereinstimmung mit der Definition zu bringen.

Es wird eine quadratische Form q(v) auf V(K) betrachtet. Gilt $v,w \in V$, so wird

$$\begin{aligned} q(w+v) &= f(w+v,\ w+v) \\ &= f(w,w) + 2f(w,v) + f(v,v) \\ &= q(w) + 2f(w,v) + q(v)\ , \end{aligned}$$

wobei die Symmetrie von f ausgenützt wurde. Deshalb ist (falls $1+1 \neq 0$ in K gilt)

$$f(w,v) = 2^{-1}\{q(w+v) - q(w) - q(v)\}\ . \tag{9.5}$$

Die Gl.(9.5) läßt erkennen, wie die bilineare Form gefunden werden kann, wenn die quadratische Form vorgegeben ist. Die Funktion f(w,v) wird oft die *Polarform* von q(v) genannt.

Es sei nun V(K) der Vektorraum von n-Tupeln mit Elementen in K, d.h. $V_n(K)$, und es sei weiterhin $A = (a_{ij})$ eine symmetrische n×n-Matrix mit Elementen in K. Bezüglich der gewöhnlichen Basis stellt dann (a_{ij}) eine symmetrische Bilinearform f dar mit

$$f(x,y) = x^T A y\ . \tag{9.6}$$

Da A symmetrisch ist, lautet die f zugeordnete quadratische Form

$$q(x) = x^T A x\ . \tag{9.7}$$

Beispiel 9.3. Man ermittle die symmetrische Matrix, welche die quadratische Form

$$q(x) = \xi_1^2 + 4\xi_1\xi_2 + \xi_2^2 + 2\xi_1\xi_3 + \xi_3^2$$

darstellt, und gebe ihre Polarform an.

Ist A die Matrix, welche q(x) darstellt, dann gilt $q(x) = x^T Ax$. Aus

$$(\xi_1, \xi_2, \xi_3) \begin{bmatrix} a_{11} & a_{12} & a_{13} \\ a_{12} & a_{22} & a_{23} \\ a_{13} & a_{23} & a_{33} \end{bmatrix} \begin{bmatrix} \xi_1 \\ \xi_2 \\ \xi_3 \end{bmatrix}$$

ergibt sich aber

$$a_{11}\xi_1^2 + a_{22}\xi_2^2 + a_{33}\xi_3^2 + 2a_{23}\xi_2\xi_3 + 2a_{13}\xi_1\xi_3 + 2a_{12}\xi_1\xi_2,$$

und durch direkten Vergleich mit q(x) erhält man

$$a_{11} = a_{22} = a_{33} = 1, \quad 2a_{12} = 4, \quad 2a_{23} = 0, \quad 2a_{13} = 2 .$$

Hieraus folgt

$$A = \begin{bmatrix} 1 & 2 & 1 \\ 2 & 1 & 0 \\ 1 & 0 & 1 \end{bmatrix} .$$

Die Polarform von q lautet deshalb

$$(\xi_1, \xi_2, \xi_3) \begin{bmatrix} 1 & 2 & 1 \\ 2 & 1 & 0 \\ 1 & 0 & 1 \end{bmatrix} \begin{bmatrix} \eta_1 \\ \eta_2 \\ \eta_3 \end{bmatrix}$$

$$= \xi_1\eta_1 + 2(\xi_2\eta_1 + \xi_1\eta_2) + \xi_2\eta_2 + \xi_1\eta_3 + \xi_3\eta_1 + \xi_3\eta_3 .$$

Beispiel 9.4. Man gebe die Polarform der folgenden quadratischen Form an:

$$q(x) = \xi_1^2 + 2\xi_1\xi_2 + 4\xi_1\xi_3 + 3\xi_2^2 + \xi_2\xi_3 + 7\xi_3^2 .$$

Aus Gl.(9.5) folgt $2f(w,v) = q(w+v) - q(w) - q(v)$, also ist

$$\begin{aligned}2f(w,v) = {} & (\xi_1+\eta_1)^2 + 2(\xi_1+\eta_1)(\xi_2+\eta_2) \\ & + 4(\xi_1+\eta_1)(\xi_3+\eta_3) + 3(\xi_2+\eta_2)^2 \\ & + (\xi_2+\eta_2)(\xi_3+\eta_3) + 7(\xi_3+\eta_3)^2 \\ & - \xi_1^2 - 2\xi_1\xi_2 - 4\xi_1\xi_3 - 3\xi_2^2 - \xi_2\xi_3 - 7\xi_3^2 \\ & - \eta_1^2 - 2\eta_1\eta_2 - 4\eta_1\eta_3 - 3\eta_2^2 - \eta_2\eta_3 - 7\eta_3^2 .\end{aligned}$$

Nach einer Vereinfachung erhält man hieraus

$$\begin{aligned}2f(w,v) = {} & 2\xi_1\eta_1 + 2(\xi_1\eta_2+\eta_1\xi_2) + 4(\xi_1\eta_3+\eta_1\xi_3) \\ & + 6\xi_2\eta_2 + (\xi_2\eta_3+\eta_2\xi_3) + 14\xi_3\eta_3 .\end{aligned}$$

9.2. DIAGONALISIERUNG QUADRATISCHER FORMEN

Es sei $V(K)$ ein Vektorraum über einem Körper, für den $1+1 \neq 0$ gilt, und $q(v)$ sei eine quadratische Form auf V. Ist A die Matrix von $q(v)$ bezüglich einer gegebenen Basis $b_1 = \{v_1, v_2, \ldots, v_n\}$ für $V(K)$, dann ist die Matrix von $q(v)$ bezüglich einer zweiten Basis für $V(K)$ durch eine Kongruenztransformation C^TAC gegeben. Ist die zweite Basis derart beschaffen, daß C^TAC diagonal ist, so nimmt die quadratische Form eine besonders einfache Gestalt an. Es ist daher wichtig, derartige Basen zu ermitteln.

THEOREM 9.1. Es kann eine Kongruenztransformation angegeben werden, welche eine symmetrische Matrix auf Diagonalform reduziert.

Beweis. Dieses Theorem läßt sich auf direktem Wege beweisen, indem man elementare Operationen in ähnlicher Weise anwendet (Mirsky, 1955), wie sie für Äquivalenztransformationen benützt wurden. Man kann aber auch auf die folgende Weise vorgehen.

Es sei $f(v,w)$ die der quadratischen Form $q(v)$ entsprechende Bilinearform. Wenn $f(v,w) \equiv 0$ gilt, dann ist $A = 0$, also bereits diagonal. Für $f(v,w) \not\equiv 0$ erkennt man aus Gl. (9.5), daß $q(w_1) \not\equiv 0$ für ein $w_1 \in V$ sein muß. Es sei $q(w_1) = \alpha_1$. Nun wird vorausgesetzt, daß die Diagonalisierung möglich ist für $V(K)$ mit der Dimension $n-1$ (dies gilt sicher für $n=1$). Sodann wird eine Induktion auf n durchgeführt. Hält man w fest, so kann man sich $w^T Av$ als eine lineare Transformation T von $V(K)$ in K (betrachtet als Vektorraum) vorstellen. Die Transformation T ist nicht identisch Null, da $w_1^T Aw_1 = q(w_1) = \alpha_1 \not\equiv 0$ gilt. Die Dimension ihres Wertebereichs ist 1 und daher ist der Defekt von T gleich $n-1$ (man vergleiche Abschnitt 3).

Es wird jetzt der durch

$$S = \{v \in V(K) \mid w_1^T Av = 0\}$$

definierte Teilraum von V betrachtet. Es wurde bereits gezeigt, daß seine Dimension $n-1$ ist. Aufgrund der Induktionsvoraussetzung existiert daher eine Basis $\{w_2, w_3, \ldots, w_n\}$, bezüglich welcher die Matrix A_1 von f auf S diagonal ist. Es gilt aber $f(w_1,w_1) = \alpha_1$ und $f(w_1,w_j) = f(w_j,w_1) = 0$ für $2 \leq j \leq n$, und deshalb ist die Matrix von $f(v,w)$ bezüglich der Basis $b_2 = \{w_1, w_2, \ldots, w_n\}$ ebenfalls diagonal. Stellt P die Matrix dar, welche den Übergang von der Basis b_1 zur Basis b_2 angibt, und ist r der Rang von A, so ergibt sich

$$P^T AP = \left[\begin{array}{c|c} \operatorname{diag}(\alpha_1, \alpha_2, \ldots, \alpha_r) & 0_{r,n-r} \\ \hline 0_{n-r,r} & 0_{n-r,n-r} \end{array}\right] \tag{9.8}$$

Übung 9.4. Man zeige, daß man eine andere Basis für V(K) derart wählen kann, daß die Diagonalelemente in der Diagonaldarstellung einer quadratischen Form mit den Quadraten beliebiger von Null verschiedener Skalare aus K multipliziert werden. Ist K der Körper der komplexen Zahlen, so können deshalb diese Elemente zu Eins gemacht werden.

Beispiel 9.5. Man ermittle eine Kongruenztransformation, welche die Matrix

$$A = \begin{bmatrix} 2 & 1 & 1 \\ 1 & 2 & 1 \\ 1 & 1 & 2 \end{bmatrix}$$

auf Diagonalform reduziert.

Es sei $w_1 = e_1 = (1,0,0)^T$. Dann wird $w_1^T A w_1 = 2 \neq 0$ und $w_1^T A = (2,1,1)$. Ein Vektor, der $w_1^T A = (2,1,1)$ annulliert, ist $(0,1,-1)^T = w_2$, und es wird $w_2^T A w_2 = 2$ mit $w_2^T A = (0,1,-1)$. Schließlich wird ein Vektor, welcher sowohl $w_2^T A = (0,1,-1)$ als auch $w_1^T A = (2,1,1)$ annulliert, durch $(1,-1,-1)^T = w_3$ gegeben (man findet w_3 durch unmittelbare Überlegung oder durch Auflösen linearer Gleichungen), und es wird $w_3^T A = (0,-2,-2)$ mit $w_3^T A w_3 = 4$. Damit erhält man

$$\begin{bmatrix} 1 & 0 & 0 \\ 0 & 1 & -1 \\ 1 & -1 & -1 \end{bmatrix} \begin{bmatrix} 2 & 1 & 1 \\ 1 & 2 & 1 \\ 1 & 1 & 2 \end{bmatrix} \begin{bmatrix} 1 & 0 & 1 \\ 0 & 1 & -1 \\ 0 & -1 & -1 \end{bmatrix}$$

$$= \begin{bmatrix} 2 & 1 & 1 \\ 0 & 1 & -1 \\ 0 & -2 & -2 \end{bmatrix} \begin{bmatrix} 1 & 0 & 1 \\ 0 & 1 & -1 \\ 0 & -1 & -1 \end{bmatrix} = \begin{bmatrix} 2 & 0 & 0 \\ 0 & 2 & 0 \\ 0 & 0 & 4 \end{bmatrix} .$$

9.3. Reelle quadratische Formen

Stellt K den Körper der reellen Zahlen dar, dann ist -1 kein Quadrat, und es ist nur möglich, die Hauptdiagonalelemente in der Diagonalform der Matrizendarstellung einer quadratischen Form q auf ±1 zu reduzieren. Hat man dies jedoch erreicht, dann unterscheiden sich die Anzahlen von positiven und negativen Gliedern bei verschiedenen Diagonalreduktionen nicht. Die Differenz zwischen der Zahl der positiven Glieder und der Zahl der negativen Glieder ist deshalb eine Invariante. Sie heißt die *Signatur* der quadratischen Form.

THEOREM 9.2. Auf welche Weise man auch immer eine reelle quadratische Form diagonalisiert, stets bleibt ihre Signatur gleich.

Beweis. Es seien $b_1 = \{v_1, v_2, \ldots, v_n\}$ und $b_2 = \{w_1, w_2, \ldots, w_n\}$ zwei Basen für V(K), von denen jede die Matrixdarstellung von q auf Diagonalform reduziert. Es ist offensichtlich möglich, bei beiden Darstellungen sämtliche positiven Terme so anzuordnen, daß sie vor den negativen Gliedern auf der Diagonalen erscheinen. Es wird angenommen, daß es ℓ positive Terme in der Darstellung bezüglich b_1 und m in jener bezüglich b_2 gibt, und es soll $\ell > m$ sein.

Es seien die Koordinaten eines nicht verschwindenden Vektors v in $[\![v_1, v_2, \ldots, v_\ell]\!]$ durch $(\alpha_1, \alpha_2, \ldots, \alpha_\ell)$ ausgedrückt. Dann wird

$$q(v) = \sum_{i=1}^{\ell} \alpha_i^2 > 0 .$$

Die Koordinaten eines von Null verschiedenen Vektors w in $[\![w_{m+1}, w_{m+2}, \ldots, w_n]\!]$ seien durch $(\beta_{m+1}, \beta_{m+2}, \ldots, \beta_n)$ bezeichnet. Dann wird

$$q(w) = - \sum_{i=m+1}^{n} (\beta_i)^2 \leq 0 \ .$$

Da aber

$$\dim [\![v_1, v_2, \ldots, v_\ell]\!] = \ell$$

und

$$\dim [\![w_{m+1}, w_{m+2}, \ldots, w_n]\!] = n-m$$

gilt, ist zu erkennen, daß diese beiden Teilräume einen von Null verschiedenen Vektor gemeinsam haben müssen, weil $\ell > m$ ist. Für diesen Vektor gilt sowohl $q > 0$ als auch $q < 0$, was unmöglich ist. Deshalb muß $\ell \leq m$ sein. In ähnlicher Weise folgert man $m \leq \ell$, so daß $m = \ell$ sein muß. Ist r der Rang der Form und p die Zahl positiver Elemente, dann erhält man für die Signatur $s = p - (r-p) = 2p - r$.

Ist die Signatur s einer quadratischen Form q gleich n, also gleich der Dimension von V(K), dann wird die Form *positiv definit* genannt, und es gilt $q(v) > 0$ für alle von Null verschiedenen $v \in V(K)$. Ist $s = r$, dann heißt q *positiv semidefinit*, und es gilt $q(v) \geq 0$ für sämtliche $v \in V(K)$. Die Begriffe *negativ definit* und *negativ semidefinit* werden in entsprechender Weise definiert. Falls q sowohl positive als auch negative Werte annehmen kann, heißt die Form *indefinit*.

9.4. Hermitesche Formen

Es sei $V(\mathbb{C})$ ein Vektorraum über dem Körper $\mathbb{C}$ der komplexen Zahlen. Dann heißt eine Funktion $f(v,w)$ von $V \times V$ in $\mathbb{C}$ *hermitesch*, wenn $f(v,w) = f^*(w,v)$ gilt. Eine Funktion $f(v,w)$, welche hermitesch und linear in der zweiten Variablen ist, nennt man eine *hermitesche Form*. Stellt $f(v,w)$ eine hermitesche Form dar, und gilt $v_1, v_2, w \in V(\mathbb{C})$ und $\alpha_1, \alpha_2 \in \mathbb{C}$, so erhält man

$$\begin{aligned} f(\alpha_1 v_1 + \alpha_2 v_2, w) &= f^*(w, \alpha_1 v_1 + \alpha_2 v_2) \\ &= \left[\alpha_1 f(w,v_1) + \alpha_2 f(w,v_2)\right]^* \\ &= \alpha_1^* f^*(w,v_1) + \alpha_2^* f^*(w,v_2) \\ &= \alpha_1^* f(v_1,w) + \alpha_2^* f(v_2,w) . \end{aligned}$$

Angesichts dieser Eigenschaft heißt die Form $f(v,w)$ *konjugiert linear* bezüglich ihrer ersten Variablen.

Aus der Definition einer hermiteschen Form folgt, daß die Matrix irgendeiner hermiteschen Form bezüglich einer gegebenen Basis hermitesch ist. Sind A und B Matrixdarstellungen einer hermiteschen Form bezüglich zweier verschiedener Basen desselben Vektorraums, so heißen A und B *hermitesch kongruent*, und es gilt die Beziehung $B = C^+AC$. Dabei stellt die Matrix C den Übergang zwischen den beiden Basen dar (man vergleiche dazu Gl.(9.4)). Wie bei einer reellen quadratischen Form erhält man eine *hermitesche quadratische Form* $q(v)$ aus der zugeordneten hermiteschen Form $f(v,w)$ indem man $q(v) = f(v,v)$ setzt. In Matrizenschreibweise läßt sich jede hermitesche quadratische Form als v^+Av darstellen, wobei A eine hermitesche Matrix ist, und umgekehrt ist durch jede hermitesche Matrix in eindeutiger Weise eine hermitesche quadratische Form bestimmt. Offensichtlich ist der Wert jeder hermiteschen quadratischen Form reell, denn es gilt

$$\begin{aligned}(v^{+}Av)^{*} &= v^{T}A^{*}v^{*}\\ &= (v^{T}A^{*}v^{*})^{T} \quad \text{(da der Ausdruck ein Skalar ist)}\\ &= v^{+}A^{+}v\\ &= v^{+}Av\,.\end{aligned}$$

Der Rang einer hermiteschen Form stimmt überein mit dem Rang ihrer Matrixdarstellung bezüglich irgendeiner Basis. Man kann die Signatur, ebenso wie positiv und negativ (semi-) definite Formen bei einer hermiteschen quadratischen Form in genau derselben Weise definieren wie für reelle quadratische Formen. Der Leser dürfte keine Schwierigkeiten haben, die beiden folgenden Aussagen über hermitesche quadratische Formen zu beweisen. Die Beweise seien als Übung empfohlen.

Übung 9.5. Man beweise, daß jede hermitesche Matrix durch eine nichtsinguläre hermitesche Kongruenztransformation auf Diagonalform reduziert werden kann und daß jede positiv definite hermitesche Matrix durch eine solche Transformation auf die Einheitsmatrix zurückgeführt werden kann.

Übung 9.6. Man zeige, daß jede hermitesche quadratische Form $x^{+}Ax$ mit Hilfe einer geeigneten unitären Transformation reduziert werden kann auf die Form $\sum_{i=1}^{r} \lambda_i x_i^{*} x_i$. Hierbei bedeuten die λ_i die von Null verschiedenen Eigenwerte von A. Man formuliere die entsprechende Aussage, wenn $x^{+}Ax$ eine reelle quadratische Form ist (man verwende das Theorem 8.1).

9.5. Die Bestimmung der positiven und negativen Definitheit

Aus Übung 9.6 folgt, daß eine hermitesche oder eine reelle quadratische Form genau dann positiv (negativ) definit ist, wenn sämtliche Eigenwerte ihrer Matrix positiv (negativ) sind. Entsprechend ist eine quadratische Form genau dann positiv (negativ) semidefinit, wenn sämtliche Eigenwerte nicht negativ (nicht positiv) sind. Indefinit ist eine quadratische Form genau dann, wenn wenigstens ein positiver und ein negativer Eigenwert vorhanden sind.

Die positive und negative Definitheit von Formen wurden mit Hilfe ihres Rangs und ihrer Signatur definiert. Die vorausgegangenen Aussagen liefern entsprechende Ergebnisse aufgrund der Eigenwerte der Matrizen, welche die Formen darstellen. Im folgenden sollen Bedingungen für positive und negative Definitheit direkt aus den Elementen dieser Matrizen abgeleitet werden. Eine Matrix hat definitionsgemäß die gleiche Vorzeichen-Definitheit wie die Form, welche sie darstellt. Daher gelten die im folgenden angegebenen Bedingungen gleichermaßen für Matrizen und für ihre Formen. Der Beweis wird für hermitesche Formen geführt; er läßt sich jedoch bei sehr geringen Änderungen auch auf reelle quadratische Formen anwenden.

Die Tatsache, daß eine Matrix A positiv (negativ) definit ist, wird gewöhnlich durch die Schreibweise $A > 0$ $(A < 0)$ zum Ausdruck gebracht. Entsprechend schreibt man bei einer positiv (negativ) semidefiniten Matrix $A \geq 0$ $(A \leq 0)$.

THEOREM 9.3. Die hermitesche Form $v^{+}Av$ (mit $A^{+} = A$) ist genau dann positiv definit, wenn ihre *Hauptabschnittsdeterminanten* die Ungleichungen

$$a_{11} > 0, \quad \begin{vmatrix} a_{11} & a_{12} \\ a_{21} & a_{22} \end{vmatrix} > 0, \ldots, \begin{vmatrix} a_{11} & \cdots & a_{1n} \\ \vdots & & \vdots \\ a_{n1} & \cdots & a_{nn} \end{vmatrix} > 0 \qquad (9.9)$$

erfüllen.

Beweis. Die Notwendigkeit der Bedingungen (9.9) folgt aus der Tatsache, daß die Determinante der Matrix A einer positiv definiten hermiteschen Form positiv ist. Um dies deutlich zu machen, sei daran erinnert (man vergleiche Übung 9.5), daß es eine nichtsinguläre Matrix C gibt mit der Eigenschaft

$$C^{+}AC = I \,. \qquad (9.10)$$

Bildet man die Determinante auf beiden Seiten der Gl.(9.10), so erhält man

$$|C^{*}||C||A| = |C|^{*}|C||A| = 1 \,. \qquad (9.11)$$

Hieraus folgt $|A| > 0$. Es sei nun $v^{+}Av$ positiv definit. Dann muß auch $\sum_{i,j=1}^{m} a_{ij}v_i^{*}v_j$ positiv definit sein für $1 \le m \le n$, womit die Notwendigkeit der Bedingungen (9.9) nachgewiesen ist.

Der Beweis dafür, daß die Bedingungen hinreichend sind, erfolgt durch eine Induktion auf n. Das Theorem gilt in trivialer Weise für $n = 1$. Es wird angenommen, daß es für $n-1$ mit $n \ge 2$ Gültigkeit hat und daß die Bedingungen (9.9) erfüllt sind. Mit $a_{11} > 0$ erhält man

$$\sum_{i,j=1}^{n} a_{ij}v_i^{*}v_j = a_{11}v_1^{*}v_1 + \sum_{i=2}^{n}(a_{1i}v_1^{*}v_i + a_{i1}v_i^{*}v_1) + \sum_{i,j=2}^{n} a_{ij}v_i^{*}v_j$$

$$= a_{11}\left[\left(v_1^* + \frac{a_{21}}{a_{11}}v_2^* + \ldots + \frac{a_{n1}}{a_{11}}v_n^*\right)\left(v_1 + \frac{a_{12}}{a_{11}}v_2 + \ldots + \frac{a_{1n}}{a_{11}}v_n\right)\right.$$

$$\left. - \sum_{i,j=2}^{n} \frac{a_{i1}}{a_{11}}v_i^* \cdot \frac{a_{1j}}{a_{11}}v_j\right]$$

$$+ \sum_{i,j=2}^{n} a_{ij}v_i^*v_j$$

$$= a_{11}\left|v_1 + \frac{a_{12}}{a_{11}}v_2 + \ldots + \frac{a_{1n}}{a_{11}}v_n\right|^2 + \sum_{i,j=2}^{n}\left(a_{ij} - \frac{a_{i1}a_{1j}}{a_{11}}\right)v_i^*v_j$$

(9.12)

Da

$$\left(a_{ij} - \frac{a_{i1}a_{1j}}{a_{11}}\right)^* = a_{ji} - \frac{a_{j1}a_{1i}}{a_{11}}$$

ist, stellt die Summe über i und j in Gl.(9.12) eine hermitesche Form auf einem Raum der Dimension n-1 dar. Diese Form sei mit ϕ bezeichnet. Weiterhin erhält man die Beziehung

$$a_{11}\left|\left(a_{ij} - \frac{a_{i1}a_{1j}}{a_{11}}\right)\right| = \left|\left(a_{k\ell}\right)\right| > 0, \quad \begin{aligned} i,j &= 2,3,\ldots,m \\ k,\ell &= 1,2,\ldots,m \\ m &= 2,3,\ldots,n, \end{aligned}$$

indem man die mit a_{1p}/a_{11} multiplizierte erste Spalte von der p-ten Spalte der Matrix $(a_{k\ell})$, $p = 2,3,\ldots,m$, subtrahiert. Aufgrund der Induktionsvoraussetzung wird also $\phi > 0$ für $v \neq 0$.

Es wird angenommen, daß $(v_1, v_2, \ldots, v_n)$ die Ungleichung $v^+Av \leq 0$ erfüllt. Da ϕ positiv definit ist und $a_{11} > 0$ gilt, erhält man aus Gl.(9.12) die Aussage $v_2 = v_3 = \ldots = v_n = 0$ und $\sum_{i=1}^{n} a_{1i}v_i = 0$, woraus sich $v_1 = 0$ ergibt. Also ist v^+Av positiv definit.

Wendet man dieses Theorem auf $-v^+Av$ an, so ist einzusehen, daß die hermitesche Form v^+Av genau dann negativ definit ist, wenn

$$a_{11} < 0, \quad \begin{vmatrix} a_{11} & a_{12} \\ a_{21} & a_{22} \end{vmatrix} > 0, \quad \begin{vmatrix} a_{11} & a_{12} & a_{13} \\ a_{21} & a_{22} & a_{23} \\ a_{31} & a_{32} & a_{33} \end{vmatrix} < 0, \ \ldots \qquad (9.13)$$

gilt. Die aufeinanderfolgenden Determinanten müssen also abwechslungsweise negativ und positiv sein.

Übung 9.7. Man zeige, daß die Matrix jeder definiten quadratischen oder hermiteschen Form nichtsingulär ist. Was kann diesbezüglich über indefinite Formen ausgesagt werden?

Übung 9.8. Man zeige, daß das Theorem 9.3 für jede geeignete Menge von Hauptminoren der Matrix A gilt. Die Aussage des Theorems hängt also nicht von der Numerierung der a_{ij} ab.

Übung 9.9. Man beweise, daß die hermitesche Form v^+Av genau dann positiv (negativ) semidefinit ist, wenn alle ihre Hauptminoren von jeder Ordnung nicht negativ sind (wenn ihre Hauptminoren von gerader Ordnung nicht negativ und jene von ungerader Ordnung nicht positiv sind). [Man beachte, daß es nicht genügt zu fordern, daß die Hauptabschnittsdeterminanten nicht negativ sind, und betrachte die Matrix $\begin{bmatrix} 0 & 0 \\ 0 & -1 \end{bmatrix}$.]

10. Normen von Matrizen

Eine Matrixnorm ist eine reellwertige Funktion $\|A\|$ der Elemente einer Matrix A mit den vier folgenden Eigenschaften

M(i) $\|A\| > 0$ für $A \neq 0$

M(ii) $\|\alpha A\| = |\alpha| \, \|A\|$ für jeden beliebigen Skalar α

M(iii) $\|A + B\| \leq \|A\| + \|B\|$

M(iv) $\|AB\| \leq \|A\| \, \|B\|$.

Zwei häufig verwendete Matrixnormen sind

$$\|A\|_e = \Big(\sum_{i,j} |a_{ij}|^2 \Big)^{1/2}$$

und

$$\|A\|_c = n \max_{i,j} |a_{ij}| \; .$$

Die erste dieser Normen erhält man, indem man A als einen n^2-dimensionalen Vektor auffaßt und die euklidische Vektornorm verwendet. Die zweite Norm ist eine direkte Erweiterung der kubischen Norm für Vektoren. Man beachte, daß

$$\|A\|_e = (\mathrm{sp}\, A^+ A)^{1/2}$$

gilt. Offensichtlich erfüllen die beiden oben eingeführten Matrixnormen die Bedingungen M(i), M(ii) und M(iii). Dies folgt aus ihrer Beziehung zu Vektornormen. Da das ij-te Element von AB gleich $\sum_{k=1}^{n} a_{ik} b_{kj}$ ist, erhält man die Aussage

$$\|AB\|_c = n \max_{i,j} \left| \sum_{k=1}^{n} a_{ik} b_{kj} \right|$$

$$\leq n \max_{i,j} \sum_{k=1}^{n} |a_{ik}| |b_{kj}|$$

$$\leq n \sum_{k=1}^{n} \frac{1}{n} \|A\|_c \frac{1}{n} \|B\|_c$$

$$= \|A\|_c \|B\|_c \ .$$

Damit ist die Bedingung M(iv) für die kubische Matrixnorm erfüllt.

Weiterhin erhält man

$$\|AB\|_e^2 = \sum_{i,j} \left| \sum_{k=1}^{n} a_{ik} b_{kj} \right|^2$$

$$\leq \sum_{i,j} \left\{ \sum_{k=1}^{n} |a_{ik}|^2 \sum_{\ell=1}^{n} |b_{\ell j}|^2 \right\}$$

$$= \sum_{i,k} |a_{ik}|^2 \sum_{\ell,j} |b_{\ell j}|^2$$

$$= \|A\|_e^2 \|B\|_e^2 \ .$$

Damit ist gezeigt, daß die Ungleichung $\|AB\|_e \leq \|A\|_e \|B\|_e$ gilt, also ist die Bedingung M(iv) auch für die euklidische Matrixnorm erfüllt.

Wenn die Bedingung $\|Ax\| \leq \|A\| \|x\|$ für jeden beliebigen Vektor x und jede Matrix A besteht, bezeichnet man die Matrixnorm $\|A\|$ und die Vektornorm $\|x\|$ als *verträglich* oder *kompatibel*.

Übung 10.1. Man zeige, daß $\|A\|_c$ mit $\|x\|_e$, $\|x\|_c$ und $\|x\|_o$ verträglich ist.

Man kann auf verschiedene Weise eine Matrixnorm aufstellen, welche mit einer gegebenen Vektornorm verträglich ist. Bedeutet $\|Ax\|$ irgendeine Vektornorm, dann kann man beispielsweise eine Matrixnorm $\|A\|_s$ durch die Beziehung

$$\|A\|_s = \max_{\|x\|=1} \|Ax\|$$

definieren. Man bezeichnet die Matrixnorm $\|A\|_s$ als der gegebenen Vektornorm *untergeordnet*.

Übung 10.2. Man beweise, daß $\|A\|_s$ die Bedingungen M(i), M(ii), M(iii) und M(iv) erfüllt und daß diese Norm mit $\|x\|$ verträglich ist.

Eine interessante Eigenschaft einer untergeordneten Norm ist die Tatsache, daß sie kleiner oder gleich jeder anderen Matrixnorm ist, welche mit derselben Vektornorm verträglich ist. Der Beweis hierfür läßt sich folgendermaßen führen: Es sei $\|x\|$ eine beliebige Vektornorm, $\|A\|$ eine mit $\|x\|$ verträgliche Matrixnorm und $\|A\|_s$ eine der Vektornorm $\|x\|$ untergeordnete Matrixnorm. Definitionsgemäß gibt es einen Vektor y mit $\|y\| = 1$ und

$$\|A\|_s = \|Ay\|.$$

Aufgrund der Bedingung M(iv) gilt

$$\|Ay\| \le \|A\| \, \|y\| = \|A\| .$$

Hieraus folgt

$$\|A\|_s \le \|A\| .$$

Es sei nun

$$\|A\|_s = \max_{\|x\|_e=1} \|Ax\|_e ,$$

d.h. $\|A\|_s$ sei der euklidischen Vektornorm untergeordnet. Angesichts der Beziehung

$$\|Ax\|_e^2 = \langle Ax, Ax\rangle$$

$$= \langle x, A^+Ax\rangle$$

ergibt sich (man vergleiche Übung 8.17 aus Kapitel IV und beachte, daß A^+A hermitesch ist), daß

$$\max_{\|x\|_e=1} \langle x, A^+Ax\rangle$$

gerade den höchsten Eigenwert λ_m von A^+A darstellt und daher die Beziehung

$$\|A\|_s = \sqrt{\lambda_m}$$

besteht. Es sei nun

$$\|A\|_s = \max_{\|x\|_o=1} \|Ax\|_o ,$$

d.h. in diesem Fall ist $\|A\|_s$ der oktaedrischen Vektornorm untergeordnet. Stellt x mit den Elementen ξ_i irgendeinen Vektor mit der oktaedrischen Norm Eins dar, so erhält man

$$\|Ax\|_o = \sum_{i=1}^{n} \left| \sum_{j=1}^{n} a_{ij}\xi_j \right|$$

$$\leq \sum_{i=1}^{n} \sum_{j=1}^{n} |a_{ij}|\,|\xi_j|$$

$$= \sum_{j=1}^{n} |\xi_j| \left\{ \sum_{i=1}^{n} |a_{ij}| \right\}$$

$$\leq \left\{ \max_j \sum_{i=1}^{n} |a_{ij}| \right\} \left\{ \sum_{k=1}^{n} |\xi_k| \right\}$$

$$= \max_j \sum_{i=1}^{n} |a_{ij}|$$

wegen

$$\sum_{k=1}^{n} |\xi_k| = 1 .$$

Es ist leicht einzusehen, daß $\| Ax \|_o$ die im vorstehenden aufgestellte obere Schranke erreicht, und damit lautet die der oktaedrischen Vektornorm untergeordnete Matrixnorm

$$\| A \|_s = \max_j \sum_{i=1}^{n} |a_{ij}| .$$

Übung 10.3. Man beweise, daß die der kubischen Vektornorm untergordnete Matrixnorm durch

$$\| A \|_s = \max_i \sum_{j=1}^{n} |a_{ij}|$$

gegeben ist.

11. Pseudoinverse oder verallgemeinerte Inverse

Die Matrizengleichung

$$AX = I_n \tag{11.1}$$

hat die eindeutige Lösung $X = A^{-1}$, falls A nichtsingulär ist. Ist die Matrix A quadratisch und singulär oder rechteckig, dann existiert A^{-1} nicht, und die Gl.(11.1) besitzt keine Lösung im obigen Sinn. Es ist jedoch von Interesse, unter diesen Umständen, die "beste Näherungslösung" der Gl.(11.1) zu ermitteln.

Die Matrix X_o soll (definitionsgemäß) die *beste Näherungslösung* von Gl.(11.1) darstellen, falls für alle anderen Matrizen X entweder

$$\| AX - I_n \|_e > \| AX_o - I_n \|_e \tag{11.2}$$

oder

$$\| AX - I_n \|_e = \| AX_o - I_n \|_e \quad \text{und} \quad \| X \|_e > \| X_o \|_e \tag{11.3}$$

gilt. Die auf diese Weise eingeführte Matrix X_o wird die *Pseudoinverse* oder die *verallgemeinerte Inverse* von A genannt und mit $A^{\dagger}$ bezeichnet. Offensichtlich gilt $A^{\dagger} = A^{-1}$, falls A nichtsingulär ist.

Die Pseudoinverse läßt sich auch als die Matrix $A^{\dagger}$ definieren, welche die vier folgenden Gleichungen erfüllt:

$$AA^{\dagger}A = A \tag{11.4}$$

$$A^{\dagger}AA^{\dagger} = A^{\dagger} \tag{11.5}$$

$$(AA^{\dagger})^{*} = AA^{\dagger} \tag{11.6}$$

$$(A^{\dagger}A)^{*} = A^{\dagger}A \,. \tag{11.7}$$

Man kann nachweisen, daß die beiden eingeführten Definitionen verträglich sind (vergleiche Penrose, 1956).

Die folgenden Eigenschaften der Pseudoinversen (die in diesem Buch nicht weiter verwendet wird), werden ohne Beweis mitgeteilt:

(i) $A^{+}AA^{\dagger} = A^{+} = A^{\dagger}AA^{+}$ (11.8)

(ii) $(A^{\dagger})^{\dagger} = A$ (11.9)

(iii) $A^{+}(A^{\dagger})^{+}A^{\dagger} = A^{\dagger} = A^{\dagger}(A^{\dagger})^{+}A^{+}$ (11.10)

(iv) $A^{\dagger} = A^{-1}$, falls A nichtsingulär ist (11.11)

(v) $A^{\dagger} = (A^{+}A)^{-1}A^{+}$, falls $(A^{+}A)$ nichtsingulär ist. (11.12)

Weiterführende Literatur

Der gesamte in diesem Kapitel behandelte Stoff ist im Buch von Gantmacher (1965) enthalten. In diesem Buch findet man wohl die beste moderne Behandlung dieses Sachgebiets. Das Buch von Halmos (1958) ist eine recht individuelle Darstellung und wird mathematisch orientierten Lesern empfohlen. Eine weitere individuelle und interessante Behandlung der grundlegenden Theorie findet man in dem Buch von Bellman (1960). Weitere wichtige allgemeine Darstellungen sind die Bücher von Mirsky (1955), Jacobson (1951, 1953), Birkhoff und MacLane (1965) sowie Hodge und Pedoe (1947). Die Abhandlung von Pease (1965) ist speziell auf Anwendungen der Matrizentheorie ausgerichtet.

Es gibt eine große Zahl von neueren Büchern, welche sich auf einem einführenden Niveau mit der linearen Algebra und Matrizentheorie beschäftigen. Von diesen seien besonders die Bücher von Nering (1963), Marcus und Minc (1965),

Nomizu (1966), Steward (1963) sowie Thrall und Tornheim (1957) erwähnt. Die geometrischen Aspekte der linearen Algebra werden im Buch von Martin und Mizel (1966) betont.

Bezüglich der numerischen Aspekte der Matrizentheorie sei der Leser auf die Bücher von Householder (1964), Wilkinson (1965), Faddejew und Faddejewa (1964) und Fox (1964) hingewiesen.

Gute allgemeine Darstellungen der Algebra sind die Bücher von Archbold (1961), Bocher (1936) und Ferrar (1941).

Schließlich wird das sehr umfangreiche Buch von Marcus und Minc (1964) als Nachschlagewerk empfohlen.

SCHRIFTTUM

Archbold, J.W., 1961, *Algebra,* Pitman, London.

Bellman, R., 1960, *Introduction to matrix analysis,* McGraw-Hill, New York.

Birkhoff, G. und S. MacLane, 1965, *A survey of modern algebra,* Macmillan, New York.

Bocher, M., 1936, *Introduction to higher algebra,* Macmillan, New York.

Dieudonné, J., 1960, *Foundations of modern analysis,* Academic Press, New York.

Faddejew, D.K. und W.N. Faddejewa, 1964, *Numerische Methoden der linearen Algebra,* R. Oldenbourg, München.

Ferrar, W.L., 1941, *Algebra,* Oxford University Press, London.

Fox, L., 1964, *An introduction to numerical linear algebra,* Clarendon Press, Oxford.

Gantmacher, F.R., 1966, *Matrizenrechnung,* Band 1 und 2, VEB Deutscher Verlag der Wissenschaften, Berlin.

Halmos, P.R., 1958, *Finite dimensional vector spaces,* Van Nostrand, Princeton, N.J.

Hodge, W.V.D. und D. Pedoe, 1947, *Methods of algebraic geometry,* Band 1, Cambridge University Press, London.

Householder, A.S., 1964, *The theory of matrices in numerical analysis,* Blaisdell, Waltham, Mass.

Jacobson, N., 1951, *Lectures in abstract algebra,* Band 1, *Basic concepts,* Van Nostrand, Princeton, N.J.

Jacobson, N., 1953, *Lectures in abstract algebra,* Band 2, *Linear algebra,* Van Nostrand, Princeton, N.J.

Marcus, M. und H. Minc, 1964, *A survey of matrix theory and matrix inequalities,* Allyn and Bacon, Boston.

Marcus, M. und H. Minc, 1965, *Introduction to linear algebra,* Macmillan, New York.

Martin, A.D. und V.J. Mizel, 1966, *Introduction to linear algebra,* McGraw-Hill, New York.

Mirsky, L., 1955, *An introduction to linear algebra,* Oxford University Press, London.

Nering, E.D., 1963, *Linear algebra and matrix theory,* John Wiley, New York.

Nomizu, K., 1966, *Fundamentals of linear algebra,* McGraw-Hill, New York.

Pease, M.C., 1965, *Methods of matrix algebra,* Academic Press, New York.

Penrose, R., 1956, *On best approximate solutions of linear matrix equations.* Proc. Camb. Phil. Soc., 52,17-19.

Steward, F.M., 1963, *Introduction to linear algebra,* Van Nostrand, Princeton, N.J.

Thrall, R.M. und L. Tornheim, 1957, *Vector spaces and matrices,* John Wiley, New York.

Wilkinson, J.H., 1965, *The algebraic eigenvalue problem,* Oxford University Press, London.

AUFGABEN

1 Man beweise, daß die Menge der geraden komplexen Polynome und die Menge der ungeraden komplexen Polynome komplementäre Teilräume des Raumes sämtlicher komplexer Polynome $C[\lambda]$ darstellen. [Das Polynom $a(\lambda)$ ist gerade, falls $a(\lambda) = a(-\lambda)$ gilt, und $a(\lambda)$ ist ungerade, falls $a(\lambda) = -a(-\lambda)$ gilt.]

2 Das *Kroneckersche Produkt* $A \otimes B$ einer $m \times n$-Matrix A und einer $p \times q$-Matrix B ist definiert durch

$$A \otimes B = \begin{bmatrix} a_{11}B & a_{12}B & \cdots & a_{1n}B \\ a_{21}B & a_{22}B & \cdots & a_{2n}B \\ \vdots & \vdots & & \vdots \\ a_{m1}B & a_{m2}B & \cdots & a_{mn}B \end{bmatrix}.$$

Man beweise folgende Aussagen:

(a) Für Matrizen A, B, C, D mit geeigneten Dimensionen gilt die Beziehung

$(A \otimes B)(C \otimes D) = (AC) \otimes (BD)$.

(b) Sind A und B nichtsinguläre Matrizen, dann existiert $(A \otimes B)^{-1}$, und diese Matrix ist gegeben durch $A^{-1} \otimes B^{-1}$.

(c) Sind A und B quadratische Matrizen der Ordnung n bzw. m, dann ist

$\det(A \otimes B) = (\det A)^m (\det B)^n$.

(d) Das Produkt eines beliebigen Eigenwerts von A mit einem beliebigen Eigenwert von B stellt einen Eigenwert von $A \otimes B$ dar.

3 Es sei $N(s) = N_o + N_1 s + \ldots + N_r s^r$ eine m×n-Polynommatrix mit reellen Koeffizienten. Es sei $V(\mathbb{R})$ der von den Spalten von $N(s)$ aufgespannte Raum und $W(\mathbb{R})$ sei der von den Spalten von $\begin{bmatrix} N_o \\ N_1 \\ \vdots \\ N_r \end{bmatrix}$ aufgespannte Raum. Man zeige, daß V und W isomorph sind.

4 Man beweise, daß jede hermitesche Matrix H mit der Eigenschaft $H^2 = I$ unitär ist.

5 Die Matrix $B = (A + I)(A - I)^{-1}$ ist von Bedeutung in der Stabilitätstheorie linearer Systeme. Man beweise folgende Aussagen:

(a) Ist die Matrix A schiefhermitesch, dann ist B unitär.

(b) Falls die Eigenwerte von A durchweg negativen Realteil haben, dann ist der Betrag des größten Eigenwerts von B kleiner als 1.

6 Man beweise, daß jede normale Matrix von dreieckförmiger Gestalt notwendigerweise diagonal ist.

7 Man zeige, daß $A^T BA$ genau dann positiv definit ist, wenn die reelle Matrix B positiv definit ist. Dabei sei A eine reelle nichtsinguläre Matrix.

8 Man beweise folgende Aussage: Stellt A eine beliebige Matrix über dem Körper der komplexen Zahlen dar, so ist $A^+ A$ hermitesch und positiv semidefinit. Ist zudem A nichtsingulär, dann ist $A^+ A$ hermitesch und positiv definit.

9 Man untersuche die Definitheit der quadratischen Formen

$$q_1(x) = 2x_1^2 - x_1x_2 + x_2^2$$

und

$$q_2(x) = 2x_1^2 + 2x_2^2 + 4x_3^2 + x_1x_2 - 6x_1x_3 + 3x_2x_3 .$$

10 Man ermittle sämtliche Eigenwerte und alle Eigenvektoren der Matrix

$$A = \begin{bmatrix} 2 & -2 & 1 \\ 3 & -1 & -2 \\ 2 & 2 & -1 \end{bmatrix} .$$

Grenzwertprozesse

1. Einführung

Die vorausgegangenen Kapitel betrafen im wesentlichen endliche Operationen. Solche Operationen lassen sich durch eine wirkliche Rechnung vollständig durchführen. In dem folgenden Kapitel wird der Begriff des Grenzwerts eingeführt. Damit werden Größen nicht mehr durch endlich viele Operationen definiert, die durchgeführt werden können, es werden vielmehr unendlich viele Operationen verwendet, welche in Wirklichkeit nicht ausgeführt werden können. Diese Unterscheidung soll durch die zwei folgenden Möglichkeiten zur Erzeugung der Zahl 2 illustriert werden:

$$1 + 1 = 2 \tag{1.1}$$

$$\lim_{n\to\infty} \sum_{r=0}^{n} 2^{-r} = 2 . \tag{1.2}$$

Die Operationen in der Gl.(1.1) können durchgeführt werden und liefern als Ergebnis die Zahl 2. Die Operationen in Gl.(1.2) können nicht zu Ende geführt werden, und die Summe auf der linken Seite der Gleichung wird die 2 niemals erreichen. Der Leser wird allerdings schon jetzt erkennen, daß man diese Summe so nahe an die Zahl 2 heranbringen kann, wie man will.

Der Begriff eines Grenzwertes ist eines der fruchtbarsten Konzepte in der gesamten Mathematik. Zugleich stellt er oft eine Quelle von Schwierigkeiten dar, wenn die Mathematik zur Lösung physikalischer Probleme angewandt wird. Die Nützlichkeit dieses Gedankens liegt in der Vereinfachung und in der Vollständigkeit der mathematischen Ergebnisse, auf welche er führt. Die Schwierigkeiten auf der anderen Seite folgen aus der Tatsache, daß der Grenzwertprozeß zwangsläufig eine gewisse Idealisierung oder übermäßige Vereinfachung in die physikalische Situation bringt. Im allgemeinen nimmt man dies in Kauf angesichts der damit verbundenen mathematischen Vereinfachungen, jedoch ergeben sich mitunter Zweifel darüber, ob das mathematische Modell den physikalischen Prozeß sachgemäß beschreibt. Die Ergebnisse einer mathematischen Untersuchung können dann zweifelhaft werden und eine gewisse Sorgfalt bei ihrer Interpretation erfordern.

Ein einfaches Beispiel hierfür bildet die Definition der Geschwindigkeit v durch die Beziehung

$$v = \lim_{\delta t \to 0} \frac{\delta x}{\delta t} \quad . \tag{1.3}$$

Ermittelt man aufgrund von Messungen die beiden Größen δx und δt und bildet man das Verhältnis $\delta x/\delta t$, dann nähert sich gewöhnlich dieses Verhältnis immer mehr einem bestimmten Wert, wenn δt immer kleiner gewählt wird. Eine beständige Verkleinerung von δt jedoch wird schließlich zu Meßungenauigkeiten führen, so daß das Verhältnis in zufälliger Weise vom früheren Wert abweichen wird. Eine erhöhte Meßgenauigkeit kann zwar diese Erscheinung hinausschieben, allerdings nicht beliebig lange. Die Schwierigkeit ist zwar hier nicht gravierend, aber sie kann es in anderen Fällen werden. Es ist daher Vorsicht geboten, wenn Grenzwertprozesse bei Anwendungen der Mathematik auftreten.

Die in diesem Kapitel abgeleiteten Ergebnisse gelten hauptsächlich für reelle Variable. Komplexe Variable werden ausführlich im Kapitel VII behandelt.

2. HÄUFUNGSPUNKTE

Eine *Umgebung* $N(x,h)$ eines Punktes x in E_n ist die Menge der Punkte y mit der Eigenschaft

$$N(x,h) = \{y \mid \|y - x\| < h\}. \tag{2.1}$$

Damit ist $N(x,h)$ die offene Kugel vom Radius h mit dem Mittelpunkt in x. Falls h für den augenblicklichen Zweck unwesentlich ist, wird diese Größe weggelassen, so daß $N(x)$ eine Umgebung von x mit nicht näher bestimmtem Radius darstellt. Die Bezeichnung $N'(x,h)$ wird verwendet für die Umgebung $N(x,h)$, wenn dort der Punkt x ausgeschlossen ist:

$$N'(x,h) = \{y \mid \|y - x\| < h,\ y \neq x\}. \tag{2.2}$$

Man spricht dann von einer *gelochten Umgebung* von x.

Es sei S eine Punktmenge in E_n, und es sei a ein Punkt in E_n. Man bezeichnet a als *Häufungspunkt* von S, falls in jeder Umgebung von a mindestens ein Punkt von S liegt, der von a selbst verschieden ist.

Beispiel 2.1. Es sei $n = 1$ und $S \subset E_1$ die Punktmenge $1, \frac{1}{2}, \frac{1}{4}, \ldots$. Dann stellt $a = 0$ einen Häufungspunkt von S dar. Man beachte, daß a nicht zu S gehört.

Beispiel 2.2. Es sei $n = 2$, und $S \subset E_2$ die Kugelfläche $\|x\| = 1$ (die Kugelfläche im zweidimensionalen Raum stellt eine Kreislinie dar). Dann ist $a = \begin{bmatrix} 1 \\ 0 \end{bmatrix}$ ein Häufungspunkt von S. Hierbei gilt $a \in S$.

Beispiel 2.3. Es sei $n = 1$, und $S \subset E_1$ die Punktmenge $\frac{1}{2}, 2, \frac{1}{3}, 3, \ldots$. Dann sind $a = 0$ und $b = \infty$ Häufungspunkte von S. Man beachte, daß in E_1 eine Umgebung $N(\infty,h)$ von $+\infty$ durch

$$N(\infty,h) = \{y | y > \frac{1}{h}\} \tag{2.3}$$

und $N(-\infty,h)$ durch

$$N(-\infty,h) = \{y | -y > \frac{1}{h}\} \tag{2.4}$$

definiert sind. In E_n, $n \geq 2$, gibt es nur eine Umgebung von Unendlich bei vorgegebenem h, welche durch die Beziehung

$$N(\infty,h) = \{y | \|y\| > \frac{1}{h}\} \tag{2.5}$$

definiert ist.

Bei der Definition eines Häufungspunktes wird nur gefordert, daß jede Umgebung von a wenigstens einen Punkt von S enthält, der von a verschieden ist. Ist dies der Fall, dann enthält jede Umgebung tatsächlich unendlich viele solcher Punkte. Damit kann folgendes Theorem ausgesprochen werden.

THEOREM 2.1. Stellt a einen Häufungspunkt der Menge S dar, so enthält jede Umgebung N(a) unendlich viele Punkte von S.

Beweis. Es wird angenommen, daß irgendeine Umgebung N(a,h) eine endliche Zahl von Punkten von S enthält, die sich von a unterscheiden. Sie seien mit $y_1, y_2, \ldots, y_n$ bezeichnet. Dann enthält die endliche Menge der Zahlen

$$\|y_1 - a\|, \|y_2 - a\|, \ldots, \|y_n - a\|$$

eine kleinste Zahl, die mit 2ε bezeichnet werden soll. Daraus folgt, daß die Umgebung $N(a,\varepsilon)$ keine von a verschiedenen Punkte der Menge S enthält, und damit stellt a keinen Häufungspunkt dar.

3. Offene und abgeschlossene Mengen

Eine Punktmenge S in E_n heißt *offen*, wenn jeder Punkt $x \in S$ eine Umgebung N(x) besitzt, welche ganz in S liegt.

Beispiel 3.1. Die Punktmenge S in E_1,

$$S = \{x \mid -1 < x < 1\}, \tag{3.1}$$

ist offen. Dieses *offene Intervall* S wird durch (-1,1) bezeichnet.

Beispiel 3.2. Die Punktmenge S in E_2,

$$S = \left\{x \mid x = \begin{bmatrix} x_1 \\ 0 \end{bmatrix}, -1 < x_1 < 1\right\}, \tag{3.2}$$

ist nicht offen, weil jede Umgebung N(x,h) von $x = \begin{bmatrix} x_1 \\ 0 \end{bmatrix} \in S$ den Punkt $\begin{bmatrix} x_1 \\ h/2 \end{bmatrix} \notin S$ enthält.

Beispiel 3.3. Die Punktmenge S in E_2,

$$S = \{x \mid \|x\| < 1 \quad \text{oder} \quad x = \begin{bmatrix} 1 \\ 0 \end{bmatrix}\}, \tag{3.3}$$

ist nicht offen, weil jede Umgebung N(x,h) des Punktes $x = \begin{bmatrix} 1 \\ 0 \end{bmatrix}$ den Punkt $\begin{bmatrix} 1 + h/2 \\ 0 \end{bmatrix}$ enthält, der nicht zu S gehört.

Eine Punktmenge S in E_n heißt *abgeschlossen*, falls sie alle ihre Häufungspunkte enthält. Ist eine Menge S_o in E_n

nicht abgeschlossen, dann nennt man die Menge S, die sich ergibt, wenn man zur Menge S_o alle ihre Häufungspunkte hinzuzählt, die *abgeschlossene Hülle* von S_o.

Beispiel 3.4. Die Punktmenge S aus E_1,

$$S = \{x | -1 \leq x \leq 1\}, \tag{3.4}$$

ist abgeschlossen. Dieses *abgeschlossene Intervall* S wird durch $[-1,1]$ bezeichnet.

Beispiel 3.5. Die Punktmenge in Beispiel 3.3 ist nicht abgeschlossen.

Das Beispiel 3.5 zeigt, daß es neben offenen Mengen und abgeschlossenen Mengen auch Mengen gibt, welche weder offen noch abgeschlossen sind. Außerdem gibt es zwei besondere Mengen, welche sowohl offen als auch abgeschlossen sind: der Gesamtraum E_n und die leere Menge ϕ. Die erste erfüllt sowohl die Definition einer offenen als auch die einer abgeschlossenen Menge. Die leere Menge enthält keine Punkte und besitzt daher keine Umgebungen und keine Häufungspunkte. Man ist sich gewöhnlich darüber einig, daß diese Menge daher beide Definitionen in trivialer Weise erfüllt.

Beispiel 3.6. Die Ebene $x = \begin{bmatrix} x_1 \\ x_2 \\ 0 \end{bmatrix}$, die einen Teilraum von E_3 darstellt, ist abgeschlossen, jedoch nicht offen. Man beachte den Unterschied zwischen dieser Ebene und dem Raum E_2 und vergleiche Beispiel 3.2.

Übung 3.1. Man zeige, daß die Vereinigung einer beliebigen (endlichen oder unendlichen) Anzahl offener Mengen und der Durchschnitt endlich vieler offener Mengen offen ist.

Beispiel 3.7. Die Einschränkung des zweiten Teils der Übung 3.1 auf endliche Ansammlungen kann nicht aufgegeben werden, was durch die folgende Tatsache gezeigt werden kann. Betrachtet man in E_1 die Mengen

$$S_k = \{x | -\frac{1}{k} < x < \frac{1}{k}\}, \tag{3.5}$$

dann ist deren Durchschnitt $S_1 \cap S_2 \cap S_3 \ldots$ der Punkt $x = 0$, welcher eine abgeschlossene Menge darstellt.

Übung 3.2. Man zeige folgendes: Ist $S \subseteq E_n$ eine offene Menge, dann ist die Komplementmenge $E_n - S$ abgeschlossen, und die Umkehrung dieser Aussage gilt ebenfalls.

Übung 3.3. Man formuliere und beweise die zu Übung 3.1 analoge Aussage für abgeschlossene Mengen.

Übung 3.4. Man zeige, daß jeder Punkt x einer offenen Menge $S \subseteq E_n$ einen Häufungspunkt von S darstellt.

4. Supremum und Infimum

Es sei S eine Menge reeller Zahlen. Dann ist das *Supremum* q von S, soweit es existiert, durch die folgende Eigenschaft definiert: Kein Element von S ist größer als q, aber irgendein Element von S ist größer als jede Zahl, welche kleiner ist als q. Das *Infimum* p von S wird, soweit es existiert, auf entsprechende Weise definiert. Kein Element von S ist kleiner als p, aber jede größere Zahl als p ist größer als (wenigstens) ein Element von S. Weitere Bezeichnungen für Supremum sind *kleinste obere Schranke* oder *obere Grenze*, und ein Infimum wird auch die *größte untere Schranke* oder die *untere Grenze* genannt. Als Abkürzung verwendet man üblicherweise die Bezeichnung $p = \inf S$ und $q = \sup S$.

Stellt S eine Menge reeller Zahlen dar, die nach oben beschränkt ist, so hat S ein Supremum. Dies kann man entweder als ein Axiom des reellen Zahlensystems betrachten oder man kann es aus anderen Axiomen ableiten, die etwa gleichwertig sind. Es gibt natürlich keine Möglichkeit, eine solche Behauptung physikalisch nachzuprüfen anhand irgendeines Falles, auf den unendliche Mengen reeller Zahlen angewandt werden. Dies ist eine der Situationen, in denen die Forderungen nach mathematischer Strenge und nach physikalischer Nachprüfbarkeit auseinandergehen, worauf bereits im Abschnitt 1 hingewiesen wurde.

In entsprechender Weise gilt für eine nach unten beschränkte Menge S von reellen Zahlen, daß sie ein Infimum besitzt.

Beispiel 4.1. Die Menge $\{0, \frac{1}{2}, \frac{2}{3}, \frac{3}{4}, \ldots\}$ hat das Supremum 1. Diese Zahl stellt kein Element der Menge dar. Ihr Infimum ist 0, und diese Zahl gehört zur Menge.

4.1. Maximum und Minimum

Es sei S eine Menge reeller Zahlen mit dem Supremum q. Stellt q ein Element von S dar, dann bezeichnet man es als das *Maximum* von S. Besitzt S ein Infimum $p \in S$, dann stellt p das sogenannte *Minimum* von S dar. Diese Aussagen werden kurz als $p = \min S$, $q = \max S$ geschrieben. Ist S eine endliche Menge, dann besitzt sie ein Maximum, welches mit ihrem Supremum übereinstimmt und ein Minimum, das gleich ihrem Infimum ist.

Beispiel 4.2. Die Menge im Beispiel 4.1 hat das Minimum Null, jedoch hat sie kein Maximum.

5. Beschränkte Mengen

Eine Punktmenge S in E_n heißt ***beschränkt***, falls eine Umgebung N(0,r) um den Ursprung existiert, so daß bei endlichem r die Beziehung $S \subset N(0,r)$ gilt.

THEOREM 5.1 *(Satz von Bolzano-Weierstraß).* Enthält eine beschränkte Menge $S \subset E_n$ unendlich viele Punkte, dann hat S wenigstens einen Häufungspunkt (der ein Element von S sein kann oder auch nicht).

Beweis. Die Menge S liegt in der Umgebung N(0,r). Sie befindet sich daher in dem Gebiet G (einem Hyperwürfel), welches definiert ist durch

$$G = \left\{ x \in E_n \,\middle|\, x = \begin{bmatrix} x_1 \\ x_2 \\ \vdots \\ x_n \end{bmatrix}, \quad -r \leq x_i \leq r, \quad i = 1,2,\ldots,n \right\}. \tag{5.1}$$

Dieses Gebiet wird in zwei Teile geteilt, von denen der eine durch $-r \leq x_1 \leq 0$ und der andere durch $0 \leq x_1 \leq r$ gekennzeichnet ist. (Daß die beiden Teile gemeinsame Punkte besitzen, berührt nicht die folgende Schlußweise.) Dann umfaßt wenigstens ein Teilgebiet eine unendliche Punktmenge von S. Würden nämlich beide Teile nur endlich viele Punkte von S enthalten, dann müßte ihre Vereinigungsmenge ebenfalls eine endliche Zahl solcher Punkte umfassen. Diese Vereinigungsmenge enthält jedoch den ursprünglichen Hyperwürfel, und damit enthält sie die Menge S selbst.

Es wird nun einer der beiden Teilbereiche ausgewählt, welcher unendlich viele Punkte von S enthält, und in zwei Teile unterteilt, welche durch $-r \leq x_2 \leq 0$ bzw. $0 \leq x_2 \leq r$ gekennzeichnet sind. Wenigstens einer dieser neugewonnenen Teile enthält unendlich viele Punkte von S. In dieser Weise wird mit $x_3, x_4, \ldots, x_n$ fortgefahren. Als Ergebnis erhält man einen Hyperwürfel der Seitenlänge r, der unendlich viele Punkte von S enthält. Dieser Würfel läßt sich weiter unterteilen, so daß Hyperwürfel mit den Seitenlängen $\frac{1}{2}$ r, $\frac{1}{4}$ r,... entstehen, welche durchweg unendlich viele Punkte von S enthalten.

Die Projektionen dieser aufeinanderfolgenden Hyperwürfel auf die x_1-Achse definieren eine unendliche Menge von ineinander geschachtelten Intervallen. Die linken Enden dieser aufeinanderfolgenden Intervalle seien mit -r, p_1, p_2,... bezeichnet, die rechten Enden mit r, q_1, q_2,... . Die Folge der Zahlen p_1, p_2,... wird nach oben durch r beschränkt und besitzt daher ein Supremum p (die Folge ist außerdem nicht abnehmend). In ähnlicher Weise ist die Zahlenfolge q_1, q_2,... nach unten durch -r beschränkt und besitzt ein Infimum q (die Folge ist außerdem nicht zunehmend). Für die Differenz von Infimum und Supremum muß $q-p \geq 0$ gelten. Wäre nämlich q links von p, dann müßte es Werte p_i und q_i zwischen p und q mit der Eigenschaft $p_i > q_i$ geben, was einen Widerspruch zur oben vereinbarten Bezeichnungsweise darstellen würde.

Da die Folge p_1, p_2,... nicht abnimmt, gilt $p \geq p_k$ für alle k. In ähnlicher Weise sieht man ein, daß die Ungleichung $q \leq q_k$ für alle k besteht. Somit ist $q-p \leq q_k-p_k = 2^{1-k}$ r unabhängig vom Wert k. Hieraus folgt, daß $q-p = 0$ gilt. Nun setzt man $t_1 = p = q$, und es werden in der gleichen Weise die Größen t_2, t_3,..., t_n für die Achsen x_2, x_3,..., x_n eingeführt. Es sei t der Punkt $\begin{bmatrix} t_1 \\ t_2 \\ \vdots \\ t_n \end{bmatrix}$. Für t_1 wurde bereits gezeigt, daß die Ungleichung $p_k \leq t_1 \leq q_k$ für alle k besteht, und entsprechende Ergebnisse gelten für t_2, t_3,..., t_n. Demzufolge liegt t in jedem der Hyperwürfel, welche durch Unterteilung des ursprünglichen Hyperwürfels erzeugt wurden.

Es wird eine Umgebung $N(t,h)$ von t betrachtet. Der Punkt t befindet sich in einem Hyperwürfel mit der Seitenlänge $2^{1-k}r$. Die Diagonale des Würfels hat die Länge $2^{1-k}r\sqrt{n}$. Durch eine genügend große Wahl von k kann erreicht werden, daß $2^{1-k}r\sqrt{n} < h$ gilt, wodurch der Hyperwürfel ganz innerhalb $N(t,h)$ liegt. Da der Hyperwürfel unendlich viele der Punkte von S enthält, stellt t, wie man sieht, einen Häufungspunkt von S dar.

Übung 5.1. Mit der Annahme, daß π irrational ist, zeige man, daß die Punktmenge S in E_1,

$$S = \{x_k | x_k = \sin k, \quad k = 1,2,\ldots\}, \tag{5.2}$$

einen Häufungspunkt hat.

THEOREM 5.2. Es sei $S = \bigcap_{i=1}^{\infty} R_i$ der Durchschnitt abzählbar vieler nicht leerer Mengen $R_i \subset E_n$. Dabei sei jedes der R_i abgeschlossen, es sei R_1 beschränkt und $R_{i+1} \subseteq R_i$, für $i = 1,2,\ldots$. Dann ist S selbst abgeschlossen und nicht leer.

Beweis. Aus der Übung 3.3 folgt unmittelbar, daß S abgeschlossen ist. Entweder enthält jede Menge R_i unendlich viele Punkte, oder es gibt ein m derart, daß R_i eine endliche Zahl von Punkten umfaßt, wenn $i > m$ ist. Im zweiten Fall ist der Beweis sofort ersichtlich. Im ersten Fall kann man aus R_1 einen Punkt x_1 auswählen, aus R_2 einen Punkt x_2 (der von x_1 verschieden ist), aus R_3 einen Punkt x_3 (der sich von x_1 und x_2 unterscheidet), usw. Aufgrund von Theorem 5.1 besitzt die unendliche Folge $\{x_i\}$ einen Häufungspunkt, der mit x bezeichnet werden soll. Jede Umgebung von x enthält unendlich viele Punkte von $\{x_i\}$ und daher unendlich viele Punkte von R_k, da $x_j \in R_k$, $j \geq k$, gilt. Daraus folgt, daß x ein Häufungspunkt von jeder Menge R_k ist und daß $x \in R_k$ gilt, da R_k abgeschlossen ist. Demzufolge ist $x \in \bigcap R_k$, also kann dieser Durchschnitt nicht leer sein.

Eine Ansammlung von Mengen $S_i \subseteq E_n$ heißt eine *Überdeckung* einer Menge $S \subseteq E_n$, falls S in der Vereinigung $\bigcup_i S_i$ enthalten ist. Sind die S_i offen, dann bilden sie eine *offene Überdeckung* von S.

Eine Menge S heißt *kompakt*, wenn jede offene Überdeckung von S endlich viele Teilmengen enthält, welche S ebenfalls überdecken.

THEOREM 5.3 *(Überdeckungssatz von Heine-Borel).* Jede abgeschlossene und beschränkte Menge S in E_n ist kompakt.

Beweis. Der erste Beweisschritt besteht darin zu zeigen, daß jede Überdeckung C von $S \subset E_n$ eine abzählbare Familie von Mengen enthält, welche ebenfalls S überdecken. Man betrachte hierzu die abzählbare Familie von Mengen $C_1 = \{N_1, N_2, \ldots\}$, wobei die N_i Umgebungen in E_n darstellen mit rationalem Radius und dem Mittelpunkt in den Punkten mit rationalen Koordinaten.

Ist G eine offene Menge in E_n und $x \in G$, so existiert eine Umgebung $N(x,h)$ mit der Eigenschaft $N(x,h) \subset G$. Es sei $x = (x_1,x_2,\ldots,x_n)^T$ und $y = (y_1,y_2,\ldots,y_n)^T$, wobei jedes y_k eine rationale Zahl darstellt, welche die Bedingung

$$|y_k - x_k| < \frac{h}{4n}, \quad k = 1,2,\ldots,n$$

erfüllt. Dann gilt $\|y - x\| < h/4$, und falls α eine andere rationale Zahl mit der Eigenschaft $h/4 < \alpha < h/2$ darstellt, ergibt sich, daß $x \in N(y,\alpha)$ und $N(y,\alpha) \subset N(x,h) \subset G$ gilt. Dies zeigt, daß wenigstens eine Umgebung der Familie $\{N_i\}$ die Größe x enthält und selbst in G enthalten ist.

Ist $x \in S$, dann existiert in C eine offene Menge G, so daß $x \in G$ und $x \in N_k \subset G$ für irgendein k gilt. Wenn der Punkt x alle Werte in S annimmt, stellt die Menge solcher Umgebungen N_k eine abzählbare Überdeckung von S dar. Falls dann jedem N_k ein $G \subset C$ zugeordnet wird, so daß $N_k \subset G$ ist, erhält man eine abzählbare Teilmenge von C, die S überdeckt.

Es sei $\{G_1, G_2, \ldots\}$ eine solche abzählbare Teilmenge von C, die S überdeckt, und es sei $I_m = \bigcup_{i=1}^{m} G_i$ für $m \geq 1$. Dann ist sicher I_m offen (Übung 3.1), und $E_n - I_m$ ist abgeschlossen (Übung 3.2). Es wird nun $R_1 = S$ und $R_i = S \cap (E_n - I_i)$ gesetzt. Man beachte, daß R_i abgeschlossen ist, daß $R_{i+1} \subseteq R_i$ gilt wegen $I_{i+1} \supseteq I_i$, und daß $S = R_1$ beschränkt ist. Wenn alle R_i nicht leer sind, folgt damit aus Theorem 5.2, daß ihr Durchschnitt nicht leer ist. Dies ist jedoch ein Widerspruch, da $S \subset \bigcup_{i=1}^{\infty} G_i$ gilt, und damit muß R_m leer sein für irgendein m. Demzufolge wird S durch ein I_m überdeckt, und das Theorem ist bewiesen.

Die Umkehrung des Heine-Borelschen Satzes ist ebenfalls wichtig und soll im folgenden bewiesen werden.

THEOREM 5.4. Jede kompakte Menge $S \subset E_n$ ist abgeschlossen und beschränkt.

Beweis. Die Familie offener Kugeln, deren Mittelpunkt im Ursprung liegt und deren Radien 1,2,3,... sind, bildet eine offene Überdeckung von S. Da S kompakt ist, überdeckt auch eine endliche Teilmenge dieser Familie die Menge S. Damit ist definitionsgemäß (Abschnitt 5) S beschränkt.

Es soll nun gezeigt werden, daß die Annahme, die Menge S sei offen, auf einen Widerspruch führt. Ist S offen, dann muß es einen Häufungspunkt von S geben, der nicht zu S gehört und mit y bezeichnet werden soll. Ist $x \in S$, dann kann also der Abstand $d_x = \|x - y\|$ nicht Null sein und die Familie von Umgebungen $N(x, \frac{1}{2} d_x)$ bildet eine offene Überdeckung von S, wenn x die Menge S überstreicht. Da S voraussetzungsgemäß kompakt ist, überdeckt auch eine endliche Teilfamilie dieser Umgebungen die Menge S. Es wird angenommen, daß p den kleinsten Abstand d_x in dieser endlichen Teilfamilie darstellt. Ist $z \in N(y, 1/2\ p)$, so folgt dann, daß $\|z-y\| < \frac{1}{2} p \leq \frac{1}{2} d_k$ gilt, wobei $N(x_k, \frac{1}{2} d_k)$ ein allgemeines Glied dieser endlichen Teilfamilie darstellt. Weiterhin gilt

$$\|z-x_k\| = \|y-x_k+z-y\| \geq \|y-x_k\| - \|z-y\| = d_k - \|z-y\| > \frac{1}{2} d_k,$$

woraus zu erkennen ist, daß $z \notin N(x_k, \frac{1}{2} d_k)$ sein muß. Dies bedeutet, daß kein Punkt von $N(y, \frac{1}{2} p)$ in S liegt, was einen Widerspruch zur Annahme darstellt, daß y ein Häufungspunkt von S ist. Daher ist S abgeschlossen, und der Beweis des Theorems ist vollständig.

Übung 5.2. Man zeige, daß eine Menge S in E_n genau dann kompakt ist, wenn jede unendliche Teilmenge von S einen Häufungspunkt in S hat. [Ist S abgeschlossen und beschränkt, dann folgt diese Aussage direkt aus dem Satz von Bolzano-Weierstraß. Unter der Voraussetzung, daß jede unendliche Teilmenge von S einen Häufungspunkt in S hat, soll nachgewiesen werden, daß die Annahme, S sei nicht beschränkt, auf einen Widerspruch führt. Weiterhin soll unter dieser Voraussetzung gezeigt werden, daß S abgeschlossen ist, indem nachgewiesen wird, daß jeder Häufungspunkt x in S als der einzige Häufungspunkt einer Folge $\{x_k\} \subset S$ mit $x_k \in N(x, 1/k)$, $k = 1,2,\ldots$, betrachtet werden kann.]

6. Grenzwerte

Es sei f eine Funktion mit dem Definitionsbereich $S \subseteq E_n$ und dem Wertebereich $R \subseteq E_m$. Damit stellt x einen n-Vektor dar, $y = f(x)$ ist ein m-Vektor und jedem $x \in S$ ordnet die Funktion f in eindeutiger Weise ein $y \in R$ zu. Es sei x_0 ein Häufungspunkt von S. Dann sagt man, *y strebe gegen den Grenzwert y_0, wenn x gegen x_0 strebt,* falls für jede Umgebung $N(y_0) \subset E_m$ eine Umgebung $N(x_0) \subset E_n$ existiert, so daß

$$x \in N'(x_0) \cap S \Rightarrow y = f(x) \in N(y_0) \tag{6.1}$$

gilt. Natürlich gilt $y \in N(y_0) \cap R$, aber dies braucht nicht besonders erwähnt zu werden. Es ist jedoch notwendig, $x \in N'(x_0) \cap S$ anstelle von $x \in N'(x_0)$ zu schreiben, da $f(x)$ nicht definiert ist, falls $x \in N'(x_0)$ und $x \notin S$ ist.

Weitere Bezeichnungen dafür, daß y gegen y_0 strebt, wenn x gegen x_0 strebt, sind:

$$y \to y_0 \quad \text{für } x \to x_0 \tag{6.2}$$

$$\lim_{x \to x_0} y = y_0 \tag{6.3}$$

$$\lim_{\substack{x \to x_0 \\ x \in S}} y = y_0 \,. \tag{6.4}$$

In Gl.(6.4) wird betont, daß $x \in E_n$ auf die Menge S beschränkt ist. Stellt $S \subset E_1$ ein Intervall (a,b) oder $[a,b]$ dar, dann schreibt man $\lim_{x \to a, x \in S}$ und $\lim_{x \to b, x \in S}$ in der Form $\lim_{x \to a+}$ bzw. $\lim_{x \to b-}$.

Beispiel 6.1. Es sei $S \subset E_1$ die Punktmenge $x = 1,2,3,\ldots$ und $f(x) = 1/x$, so daß $R \subset E_1$ die Menge $y = 1/n$, $n = 1,2,3,\ldots$ darstellt. Dann strebt $y \to 0$, wenn $x \to \infty$ strebt. Ist nämlich $x \in N'(\infty,h) \cap S$, dann stellt x eine ganze Zahl dar, welche größer als $1/h$ ist. Weiterhin gilt $y < h$, und somit ist sicher $y \in N(0,h)$. Hierbei gilt $x_0 \notin S$ und $y_0 \notin R$, und y_0 stellt einen Häufungspunkt von R dar.

Beispiel 6.2. Es sei $S \subseteq E_1$ das Intervall $(-\infty,\infty)$, d.h. $S = E_1$. Die Funktion f sei definiert durch

$$\left.\begin{aligned} f(x) &= 0, \text{ wenn } x \text{ keine negative ganze Zahl ist ,} \\ f(x) &= 1, \text{ wenn } x \text{ eine negative ganze Zahl ist .} \end{aligned}\right\} \tag{6.5}$$

Damit ist R die Menge {0,1}, und es gilt

$$\lim_{x\to\infty} f(x) = 0 \ . \tag{6.6}$$

Die Funktion f(x) strebt aber nicht gegen einen Grenzwert, wenn $x \to -\infty$ geht. Weiterhin ist weder 0 noch 1 ein Häufungspunkt von R, denn N(0, 1/2) enthält keinen von 0 verschiedenen Punkt von R, und ähnliches gilt für N(1, 1/2).

Beispiel 6.3. Es sei $S \subseteq E_1$ das Intervall $(-\infty,\infty)$ und es sei f(x) gegeben durch

$$\left.\begin{aligned} f(x) &= 0, \text{ wenn } x \text{ keine ganze Zahl ist,} \\ f(x) &= e^{-x}, \text{ wenn } x \text{ eine ganze Zahl ist .} \end{aligned}\right\} \tag{6.7}$$

Dann gilt

$$\lim_{x\to\infty} f(x) = 0 \ , \tag{6.8}$$

während f(x) nicht gegen einen Grenzwert strebt, wenn $x \to -\infty$ geht. Hierbei sind $y = 0$ und $y = \infty$ beide Häufungspunkte von

$$R = \{y | y = 0 \ \ \text{oder} \ \ y = e^{\pm k}, \ \ k = 0,1,2,\ldots\} \ .$$

Übung 6.1. Man zeige aufgrund der vorausgegangenen Beispiele, daß y_0 ein Häufungspunkt von R sein kann oder auch nicht. Unter der Voraussetzung, y_1 sei ein Häufungspunkt von R, zeige man weiterhin, daß nicht notwendig $y \to y_1$ strebt, wenn x gegen irgendein $x_1 \in R$ geht. Man beachte jedoch, daß aus "$f(x) \to y_0$ für $x \to x_0$" folgt, daß x_0 ein Häufungspunkt von S sein muß. Ist beispielsweise

$$S = \{x \in E_1 | x = +1, -1, -\tfrac{1}{2}, -\tfrac{1}{4}, \ldots\}$$

und

$$f(x) = \begin{cases} x, \text{ für } x < 0 \\ 0, \text{ für } x \geq 0 \end{cases}, \tag{6.9}$$

so schreibt man nicht $f(x) \to 0$ für $x \to +1$, obwohl für alle $\varepsilon > 0$ ein $\delta = 1+\varepsilon$ existiert, so daß

$$x \in N'(1,\delta) \cap S \Rightarrow y \in N(0,\varepsilon)$$

gilt.

Übung 6.2. Es soll folgendes gezeigt werden: Stellt S eine Punktmenge in E_n dar, welche einen Häufungspunkt x besitzt, dann kann man eine Folge voneinander verschiedener Punkte $x_1, x_2, \ldots$ auswählen, welche durchweg in S liegen und für die $\lim_{k\to\infty} x_k = x$ gilt.

Übung 6.3. Die Funktion $f: f(x) = x^2$ ***strebt,*** wie man sagt, ***gegen Unendlich*** für $x \to \pm\infty$. Man bringe diese Terminologie mit der Bezeichnung von Gl.(2.3) in Einklang. Strebt $1/x$ gegen Unendlich, wenn $x \to 0$ geht? [Nein, da x beide Vorzeichen haben kann.]

6.1. Das Cauchysche Kriterium

In der oben gegebenen Definition eines Grenzwerts tritt der Grenzwert y_0 selbst auf. Von Cauchy stammt ein Kriterium für die Existenz eines Grenzwerts y_0, wobei die Kenntnis des Grenzwerts selbst nicht vorausgesetzt wird.

THEOREM 6.1. Es sollen dieselben Bezeichnungen verwendet werden wie im früheren Teil dieses Abschnitts, und es sei x_0 ein Häufungspunkt von S. Dann lautet das Cauchysche Kriterium folgendermaßen: Notwendig und hinreichend für die Existenz von y_0 mit der Eigenschaft $y = f(x) \to y_0$ für $x \to x_0$ ist, daß es für beliebiges $\varepsilon > 0$ ein δ gibt derart, daß $\|f(x_2) - f(x_1)\| < \varepsilon$ gilt für alle $x_1 \in N'(x_0,\delta) \cap S$ und $x_2 \in N'(x_0,\delta) \cap S$ (man vergleiche Bild 1).

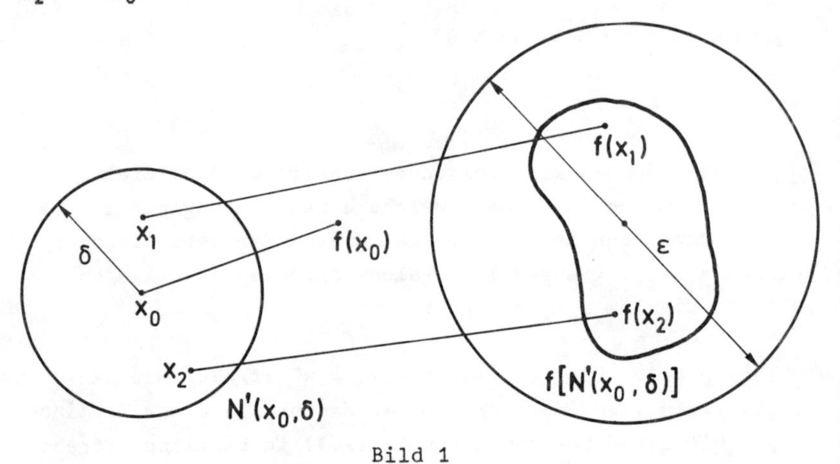

Bild 1

Beweis. Es wird angenommen, daß y_0 existiert mit der Eigenschaft $\lim_{x \to x_0} f(x) = y_0$. In der Definition von Abschnitt 6 soll $N(y_0) = N(y_0, \varepsilon/2)$ gewählt werden. Dann existiert ein $N(x_0)$, so daß $x \in N'(x_0) \cap S \Rightarrow f(x) \in N(y_0, \varepsilon/2)$ gilt. Der Radius von $N(x_0)$ sei δ. Falls dann $x_1 \in N'(x_0,\delta) \cap S$ und $x_2 \in N'(x_0,\delta) \cap S$ ist, ergibt sich, daß $f(x_1) \in N(y_0,\varepsilon/2)$, $f(x_2) \in N(y_0, \varepsilon/2)$ und damit $\|f(x_2) - f(x_1)\| \leq \|f(x_2) - y_0\| + \|f(x_1) - y_0\| < \varepsilon$ gilt. Damit ist die Notwendigkeit des Theorems bewiesen.

Zum Beweis dafür, daß die Aussage hinreichend ist, soll zunächst festgestellt werden, daß bei einem gegebenen δ_0, welches irgendeinem ε_0 gemäß den Voraussetzungen des Theorems entspricht, der Ausdruck $f(N'(x_0,\delta_0) \cap S)$ eine beschränkte Menge darstellt. Dabei gilt (Bild 1)

$$f(N'(x_0,\delta_0) \cap S) = \{y \mid y = f(x);\ x \in S,\ \|x - x_0\| < \delta_0,\ x \neq x_0\}. \tag{6.10}$$

Diese Aussage ergibt sich daraus, daß für festes $x_1 \in N'(x_0,\delta_0) \cap S$ und beliebiges $x_2 \in N'(x_0,\delta_0) \cap S$ die Beziehung

$$\|f(x_2)\| \leq \|f(x_2) - f(x_1)\| + \|f(x_1)\| < \varepsilon_0 + \|f(x_1)\|$$

gilt.

Der Beweis wird nun weitergeführt, indem eine Punktfolge $p_k \in S$, $k = 1,2,\ldots$ ausgewählt wird, so daß alle p_k sich von x_0 unterscheiden, jedoch $\lim_{k\to\infty} p_k = x_0$ gilt. Dies ist nach Übung 6.2 möglich, da x_0 ein Häufungspunkt von S ist. Aufgrund der Definition eines Grenzwerts existiert dann ein k_0 derart, daß für alle $k > k_0$ die Punkte p_k in $N'(x_0,\delta_0)$ liegen, wobei δ_0 der Größe ε_0 entspricht. Daher liegt die Folge $f(p_k)$, $k > k_0$, in der Menge $f(N'(x_0,\delta_0) \cap S)$, die beschränkt ist. Aufgrund des Bolzano-Weierstraßschen Satzes hat damit die Folge $f(p_k)$, $k > k_0$, einen Häufungspunkt, der mit y_0 bezeichnet werden soll.

Nun wird irgendein ε gewählt, und δ soll die nach den Voraussetzungen des Theorems dem Wert ε entsprechende Größe darstellen. Da $p_k \in S$, $p_k \neq x_0$ und $\lim_{k\to\infty} p_k = x_0$ gilt, existiert ein ℓ derart, daß für alle $k > \ell$ $p_k \in N'(x_0,\delta) \cap S$ ist. Da y_0 ein Häufungspunkt von $f(p_k)$, $k > \ell$, ist, muß es überdies ein $m > \ell$ geben, so daß $f(p_m) \in N(y_0,\varepsilon)$ gilt. Man betrachte irgendein $x \in N'(x_0,\delta) \cap S$. Da sowohl p_m als auch x in $N'(x_0,\delta) \cap S$ liegen, gilt aufgrund der Voraussetzungen des Theorems $\|f(x) - f(p_m)\| < \varepsilon$. Deshalb besteht die Relation

$$\|f(x) - y_0\| \le \|f(x) - f(p_m)\| + \|f(p_m) - y_0\| < 2\varepsilon ; \tag{6.11}$$

d.h. $f(x) \to y_0$ für $x \to x_0$.

6.2. Cauchysche Folgen

Das vorausgegangene Theorem nimmt eine besonders einfache Form an, wenn S die Menge $\{1,2,3,\ldots\}$ in E_1 darstellt. Die Aussage lautet dann folgendermaßen: Notwendig und hinreichend für die Existenz von y mit $\lim_{k\to\infty} y_k = y$ ist, daß es zu jedem $\varepsilon > 0$ ein ℓ gibt mit der Eigenschaft $\|y_p - y_q\| < \varepsilon$ für alle $p > \ell$ und $q > \ell$.

Übung 6.4. Man leite das Ergebnis von Abschnitt 6.2 aus dem Theorem 6.1 ab.

6.3. Reelle Zahlen

Die reellen Zahlen können auf axiomatische Weise durch die Angabe ihrer Eigenschaften (vgl. Kapitel I) definiert werden. Ursprünglich wurden sie durch einen Grenzwertprozeß aus den rationalen Zahlen abgeleitet. Es ist beispielsweise wohlbekannt, daß es keine rationale Zahl p/q mit der Eigenschaft $(p/q)^2 = 2$ gibt. Auf der anderen Seite kann man eine Folge wie folgt einführen. Es sei $q_k = 10^k$, und es sei p_k die größte ganze Zahl, für die $(p_k/q_k)^2 < 2$ gilt. Dann liegt die Folge

$$\frac{p_0}{q_0}, \frac{p_1}{q_1}, \frac{p_2}{q_2}, \ldots = \frac{1}{1}, \frac{14}{10}, \frac{141}{100}, \ldots \tag{6.12}$$

in N(0,2), und hat damit aufgrund des Bolzano-Weierstraßschen Satzes einen Häufungspunkt, der mit x bezeichnet werden soll. Zudem stellt p_k/q_k eine nicht fallende Folge dar, woraus man leicht den Schluß ziehen kann, daß $p_k/q_k \to x$ strebt für $k \to \infty$. Definitionsgemäß gilt nun

$$2 < \left(\frac{p_k + 1}{q_k}\right)^2 = \left(\frac{p_k}{q_k}\right)^2 + (2p_k + 1)10^{-2k}, \tag{6.13}$$

und da $p_k < 2 \cdot 10^k$ ist, wird

$$0 < 2 - \left(\frac{p_k}{q_k}\right)^2 < 5 \cdot 10^{-k} . \tag{6.14}$$

Weiterhin ist

$$\begin{aligned} 0 &< x^2 - (p_k/q_k)^2 = (x + p_k/q_k)(x - p_k/q_k) \\ &< 4(x - p_k/q_k) = 4\varepsilon , \end{aligned} \tag{6.15}$$

wobei $\varepsilon \to 0$ strebt für $k \to \infty$. Daher gilt

$$|2 - x^2| < 5 \cdot 10^{-k} + 4\varepsilon . \tag{6.16}$$

Durch die Wahl eines genügend großen k läßt sich die rechte Seite der Ungleichung (6.16) beliebig klein machen. Daraus folgt, daß $x^2 = 2$ sein muß, und daher ist x die reelle (irrationale) Zahl $\sqrt{2}$.

Es möge beachtet werden, daß die Existenz von x nachgewiesen wurde [nach Gl.(6.12)] aufgrund des Bolzano-Weierstraßschen Satzes, der auf einem in Abschnitt 4 genannten Axiom beruht.

6.4. Operationen mit Grenzwerten

Es seien f_1 und f_2 zwei Funktionen, jeweils mit dem Definitionsbereich $S \subseteq E_n$ und dem Wertebereich $R \subseteq E_m$. Falls $f_1(x) \to y_1$ und $f_2(x) \to y_2$ für $x \to x_0$ strebt, dann gilt auch $f_1(x) + f_2(x) \to y_1 + y_2$ für $x \to x_0$. Dies läßt sich leicht zeigen: Bei gegebenem $\varepsilon_1 = \eta/2$ und $\varepsilon_2 = \eta/2$ existieren Grössen δ_1 und δ_2, so daß

$$x \in N'(x_0,\delta_1) \cap S \Rightarrow f_1(x) \in N(y_1,\varepsilon_1) \quad (6.17)$$

$$x \in N'(x_0,\delta_2) \cap S \Rightarrow f_2(x) \in N(y_2,\varepsilon_2) \quad (6.18)$$

gilt. Es sei $\delta = \min\{\delta_1,\delta_2\}$. Dann gilt für $x \in N'(x_0,\delta) \cap S$

$$\|f_1(x) + f_2(x) - (y_1 + y_2)\| \le \|f_1(x) - y_1\| + \|f_2(x) - y_2\| < \varepsilon_1 + \varepsilon_2 = \eta. \quad (6.19)$$

Dies bedeutet, daß für beliebiges $\eta > 0$ ein δ gefunden werden kann mit der Eigenschaft

$$x \in N'(x_0,\delta) \cap S \Rightarrow f_1(x) + f_2(x) \in N(y_1 + y_2, \eta). \quad (6.20)$$

Übung 6.5. Stellen f_1 und f_2 zwei Funktionen mit dem Definitionsbereich $S \subseteq E_n$ und dem Wertebereich $R \subseteq E_1$ dar und gilt $f_1(x) \to y_1$, $f_2(x) \to y_2$ für $x \to x_0$, dann strebt das Produkt $f_1(x)f_2(x) \to y_1y_2$ für $x \to x_0$. Dies soll gezeigt werden.

Übung 6.6. Stellen f_1 und f_2 zwei Funktionen mit dem Definitionsbereich $S \subseteq E_n$ und dem Wertebereich $R \subseteq E_m$ dar und streben $f_1(x) \to y_1$, $f_2(x) \to y_2$ für $x \to x_0$, so strebt das innere Produkt $f_1^T(x)f_2(x) \to y_1^Ty_2$ für $x \to x_0$. Dies soll nachgewiesen werden.

Übung 6.7. Haben f_1, f_2, R, S, y_1 und y_2 die Bedeutung von Übung 6.5, dann strebt $f_1(x)/f_2(x) \to y_1/y_2$ für $x \to x_0$, sofern $y_2 \neq 0$ ist. Dies soll gezeigt werden.

Übung 6.8. Es soll untersucht werden, wie die obigen Ergebnisse auf Folgen von Operationen erweitert werden können.

Übung 6.9. Besitzt sowohl f_1 als auch f_2 den Definitionsbereich $S \subseteq E_n$ und den Wertebereich $R \subseteq E_m$ und gilt $f_1(x) \leq f_2(x)$ für alle $x \in S$, dann besteht die Ungleichung $\lim_{x \to x_0} f_1(x) \leq \lim_{x \to x_0} f_2(x)$, sofern beide Grenzwerte existieren. Dies soll nachgewiesen werden.

7. Stetigkeit

Es wird aufgefallen sein, daß bei der Definition des Grenzwerts von f(x) für $x \to x_0$ der Wert von $f(x_0)$ keine Rolle spielt. Dieser Wert braucht in der Tat nicht definiert zu sein, und ist er definiert, so darf er beliebig abgeändert werden, ohne daß der Grenzwert (soweit er existiert) davon berührt wird.

Beispiel 7.1. Es sei $S = E_1$, und man betrachte die beiden Funktionen, die durch

$$f_1(x) = |x| , \tag{7.1}$$

$$f_2(x) = \begin{cases} |x| , & x \neq 0 \\ 1 , & x = 0 \end{cases} \tag{7.2}$$

definiert sind. Dann gilt $\lim_{x \to 0} f_1(x) = 0 = \lim_{x \to 0} f_2(x)$.

Im Beispiel 7.1 stellt f_1 eine "natürlichere" Funktion dar als f_2, da $\lim_{x \to 0} f_1(x) = f_1(0)$ gilt, während bei f_2 die entsprechende Aussage nicht stimmt. Dies drückt man dadurch aus, daß man sagt, f_1 sei im Ursprung stetig, während f_2 sich im Ursprung unstetig verhalte. Die Definition lautet folgendermaßen: Es sei eine Funktion f auf einem Definitionsbereich $S \subseteq E_n$ erklärt, und sie habe den Wertebereich $R \subseteq E_m$. Es sei $x_0 \in S$ ein Häufungspunkt von S. Existiert $\lim_{x \to x_0} f(x)$ und ist dieser Grenzwert gleich $f(x_0)$, dann nennt man f *stetig an der Stelle* x_0.

Übung 7.1. Man zeige, daß die durch die Gleichung $f(x) = \sin(1/x)$ definierte Funktion an der Stelle $x = 0$ nicht stetig ist. [Für $x \to 0$ hat f keinen Grenzwert.]

Übung 7.2. Ist $S = E_1$ und f durch

$$f(x) = 1/x \tag{7.3}$$

definiert, so ist f an der Stelle $x = 0$ nicht stetig [f(0) ist nicht definiert]. Dies soll gezeigt werden.

Übung 7.3. Ist $S = E_1$ und ist f durch

$$f(x) = \begin{cases} 0, & x \leq 0 \\ 1, & x > 0 \end{cases} \tag{7.4}$$

definiert, dann ist f an der Stelle $x = 0$ nicht stetig. Dies ist zu zeigen. Die durch Gl.(7.4) definierte Funktion f wird gewöhnlich *Sprungfunktion* (im Ursprung) genannt und durch das Symbol U(x) bezeichnet.

Beispiel 7.2. Es sei $S = E_2$, $R \subset E_1$, und es werde f durch

$$f(x) = \begin{cases} x_1x_2/(x_1^2 + x_2^2), & x_1^2 + x_2^2 \neq 0 \\ 0, & x_1^2 + x_2^2 = 0 \end{cases} \tag{7.5}$$

definiert. Diese Funktion ist Null längs den Geraden $x_1 = 0$ und $x_2 = 0$. Sie ist jedoch an der Stelle $x = 0$ unstetig. Für $x_2 = x_1$ ist nämlich $f(x) = 1/2$, so daß längs der Geraden $x_2 = x_1$ Punkte x existieren, die beliebig nahe beim Ursprung liegen und für welche $\|f(x) - f(0)\| = 1/2$ ist.

Übung 7.4. Es seien f_1 und f_2 zwei Funktionen mit den Definitionsbereichen $S_1 \subseteq E_n$, $S_2 \subseteq E_n$ und den Wertebereichen $R_1 \subseteq E_m$, $R_2 \subseteq E_m$. Sie seien stetig an einem Häufungspunkt x_0 von $S_1 \cap S_2$. Man zeige, daß dann auch die Funktion $f = f_1 + f_2$ an der Stelle x_0 stetig ist.

Übung 7.5. Man formuliere in Analogie zum Ergebnis von Übung 7.4 Aussagen für die durch $f(x) = f_1(x)f_2(x)$ und $g(x) = f_1(x)/f_2(x)$ definierten Funktionen. Dabei sei $m = 1$.

Ist $S \subseteq E_1$, so pflegt man den Begriff der Stetigkeit zu unterteilen. Es sei f eine Funktion mit $S \subseteq E_1$ und $R \subseteq E_m$, und es sei x_0 ein Häufungspunkt von S. Existiert $\lim_{x \to x_0, x < x_0} f(x)$ und stimmt dieser Grenzwert mit $f(x_0)$ überein, so bezeichnet man f als *stetig von links an der Stelle* x_0 oder *an der Stelle* x_0 *linksseitig stetig.* Falls $f(x) \to f(x_0)$ für $x \to x_0$ von oben gilt, so bezeichnet man f in entsprechender Weise als *stetig von rechts an der Stelle* x_0 oder *an der Stelle* x_0 *rechtsseitig stetig.* Eine in einem inneren Punkt $x_0 \in S \subseteq E_1$ linksseitig und rechtsseitig stetige Funktion ist dort natürlich stetig entsprechend der früheren Definition.

Beispiel 7.3. Die folgende Funktion (mit $S = E_1$ und $R \subset E_2$) ist linksseitig stetig an jeder Stelle $x \in S$:

$$f(x) = \begin{bmatrix} |x| \\ \\ U(x) \end{bmatrix} . \tag{7.6}$$

Hat eine Funktion f den Definitionsbereich $S \subseteq E_1$ und den Wertebereich $R \subseteq E_1$, so können ihre möglichen Arten der Unstetigkeit klassifiziert werden. Besonders wichtig ist die einfache Unstetigkeit. Eine Funktion f hat an der Stelle x_0 eine *einfache rechtsseitige Unstetigkeit vom Maß* α, falls $\lim_{x \to x_0, x > x_0} f(x) - f(x_0) = \alpha$ gilt. Hierbei soll ebenso wie bei künftigen Definitionen der gleichen Art vorausgesetzt werden, daß die Aussage über den Grenzwert zwangsläufig dessen Existenz voraussetzt. Eine einfache linksseitige Unstetigkeit an der Stelle x_0 wird in analoger Weise definiert.

Das folgende Theorem über Funktionen, die auf abgeschlossenen, beschränkten Mengen stetig sind, wird später nützlich sein.

THEOREM 7.1. Es sei f eine stetige Funktion auf einer Punktmenge $S \subseteq E_m$, und es sei $f(S) = R \subseteq E_n$. Ist dann S kompakt, so ist auch R kompakt; d.h. das Bild einer kompakten Menge unter einer stetigen Abbildung ist selbst kompakt.

Beweis. Ist $x \in S$ und $C = \bigcup_i A_i$ eine offene Überdeckung von R, dann ist $f(x) \in A_i$ für wenigstens einen Wert von i, der mit $i = r$ bezeichnet werden soll. Da A_r offen ist, gibt es eine Umgebung N von f(x), so daß $N(f(x)) \subset A_r$ ist. Da f stetig ist, existiert eine Umgebung N(x), so daß $f(N(x) \cap S) \subset N(f(x)) \subset A_r$ gilt. Wenn x alle Werte von S annimmt, bilden die Umgebungen N(x) eine offene Überdeckung von S, aus der eine endliche Teilmenge $N(x_p)$, $p = 1,2,\ldots,q$, ausgewählt werden kann, welche ebenfalls S überdeckt (Theorem 5.3). Jedes $x \in S$ ist in einem Element $N(x_p)$ dieser endlichen Familie von Mengen enthalten. Dann gilt $f(x) \in f(N(x_p) \cap S) \subset N(f(x_p)) \subset A_p$, wobei A_p das entsprechende Element von C bedeutet. Dadurch ist bewiesen, daß f(S) durch eine endliche Familie offener Mengen A_p, $p = 1,2,\ldots,q$, überdeckt wird und daher kompakt ist.

Übung 7.6. Ist die Funktion f im vorausgegangenen Theorem eineindeutig, dann ist auch f^{-1} stetig. Dies soll gezeigt werden. [Es sei y ein Häufungspunkt in R und $y = \lim_{n\to\infty} y_n$. Man zeige, daß $x = f^{-1}(y)$ der einzige Häufungspunkt von $\{x_n\}$ ist, mit $x_n = f^{-1}(y_n)$].

Übung 7.7. Man zeige, daß jede auf einer abgeschlossenen Menge stetige Funktion beschränkt ist.

7.1. Reellwertige stetige Funktionen

Es werden nun einige Eigenschaften stetiger Funktionen f mit dem Definitionsbereich $S \subseteq E_n$ und einem Wertebereich in E_1 abgeleitet. Derartige Funktionen heißen *reellwertige Funktionen*. Gibt es einen Punkt $a \in S$, für welchen $f(a) \geq f(x)$ für alle $x \in S$ gilt, dann sagt man, f habe ein *schwaches absolutes (oder globales) Maximum* an der Stelle a. Besteht die Ungleichung in Strenge, d.h. gilt $f(a) > f(x)$ für alle $x \in S$ mit Ausnahme von a, dann befindet sich an der Stelle a ein *starkes absolutes (globales) Maximum*. Schwache und starke absolute Minima werden in der gleichen Weise definiert, indem man die Zeichen $\geq$ und $>$ durch $\leq$ bzw. $<$ ersetzt. Bestehen die genannten Bedingungen nur in einer gewissen Umgebung des Punktes a, dann bezeichnet man die Maxima bzw. Minima als *relativ* (oder *lokal*) an Stelle von absolut. Ein Punkt, in welchem ein relatives Maximum oder Minimum auftritt, heißt *Extremalpunkt*.

THEOREM 7.2. Eine reellwertige Funktion f, welche auf einer kompakten Menge S in E_n stetig ist, hat ein absolutes Maximum und ein absolutes Minimum auf S.

Beweis. Aufgrund von Theorem 7.1 ist f(S) kompakt und daher nach Theorem 5.4 auch abgeschlossen und beschränkt. Hat f(S) endlich viele Elemente, so ist das Ergebnis offenkundig (vgl. Abschnitt 4). Deshalb wird angenommen, daß die Menge f(S) unendlich ist. Da f(S) beschränkt ist, existiert sup f(S). Gibt man ein beliebiges $\varepsilon > 0$ vor, so gibt es einen Punkt $x \in f(S)$ derart, daß $\sup f(S) - \varepsilon \leq x$ gilt. Deshalb muß sup f(S) ein Häufungspunkt von f(S) sein, und zwar in f(S), da f(S) abgeschlossen ist. Da $\sup f(S) \geq f(x)$ für alle $x \in S$ gilt, ist das absolute Maximum von f auf S gleich sup f(S). Durch eine ähnliche Beweisführung kann gezeigt werden, daß das absolute Minimum von f auf S mit inf f(S) übereinstimmt. Dieses absolute Maximum und dieses absolute Minimum sind im allgemeinen schwach, sie können aber auch stark sein.

THEOREM 7.3. Es sei f eine reellwertige Funktion, welche auf dem abgeschlossenen Intervall [a,b] stetig ist. Gilt dann die Ungleichung $f(a) < c < f(b)$, so gibt es ein $x_0 \in (a,b)$ derart, daß $f(x_0) = c$ ist.

Beweis. Es wird die Menge $\{x \mid \xi \in [a,x] \Rightarrow f(\xi) < c\}$ mit S bezeichnet. Dann ist S sicher nicht leer, da $a \in S$ ist, und S ist von oben beschränkt durch b. Es sei $x_0 = \sup S$ und es wird angenommen, daß $f(x_0) < c$ gilt. Da f stetig ist, gibt es ein $\delta > 0$, für welches aus $\xi \in (x_0 - \delta, x_0 + \delta)$ die Aussage $f(\xi) < c$ folgt. Da aber $x_0 = \sup S$ ist, muß $x_0 - \delta \in S$ sein, und für das gesamte Intervall gilt $[x_0 - \delta, x_0 + \delta) \subset S$. Daraus folgt, daß es einen Punkt in S geben muß, welcher größer als x_0 ist, und damit ist ein Widerspruch zur Definition von x_0 aufgetreten. Deshalb muß $f(x_0) \geq c$ gelten. Nun wird vorausgesetzt, daß $f(x_0) > c$ ist.

Aufgrund der Stetigkeit gibt es dann ein $\delta > 0$, für welches mit $\xi \in (x_0 - \delta, x_0 + \delta)$ die Aussage $f(\xi) > c$ resultiert. Dies bedeutet, daß $x_0 - \delta \notin S$ gilt, woraus sich wiederum ein Widerspruch zu $x_0 = \sup S$ ergibt. Es muß also $f(x_0) \leq c$ sein. Damit erhält man schließlich die Beziehung $f(x_0) = c$, und wegen $f(a) \neq c$, $f(b) \neq c$ gilt $x_0 \in (a,b)$. Der Beweis ist nun vollständig geführt.

Übung 7.8. Man beweise folgende Aussage. Ist f eine reellwertige und stetige Funktion auf [a,b] und gilt $f(a)f(b) < 0$, so gibt es mindestens einen Punkt x in (a,b), für den $f(x) = 0$ ist.

Übung 7.9. Man beweise, daß eine reellwertige, stetige Funktion f auf einem abgeschlossenen Intervall [a,b] jeden Wert zwischen ihrem Maximum und ihrem Minimum annimmt.

Übung 7.10. Man zeige die Richtigkeit der folgenden Aussage. Ist f eine stetige, eineindeutige Abbildung des abgeschlossenen, beschränkten Intervalls [c,d] auf das abgeschlossene, beschränkte Intervall [a,b] mit $f(c) = a$, dann existiert f^{-1}, ist auf [a,b] stetig, und beide Funktionen f und f^{-1} sind streng monoton steigend. [Bei der Bezeichnung [a,b] soll $b > a$ vorausgesetzt werden. Man verwende das Ergebnis der Übung 7.6.]

7.2. GLEICHMÄSSIGE STETIGKEIT

Es wird die durch $f(x) = 1/x$ auf dem einseitig offenen Intervall $I = (0,1]$ definierte Funktion f betrachtet. Dann ist f, wie jetzt gezeigt wird, auf I stetig. Es wird angenommen, daß $\left|\frac{1}{x} - \frac{1}{a}\right| < \varepsilon$ für $x,a \in I$ gilt. Hieraus folgt durch Multiplikation der Ungleichung auf beiden Seiten mit $xa > 0$ die Aussage $|x - a| < \varepsilon xa$. Diese Ungleichung wird genau dann erfüllt, wenn $|x - a| < \varepsilon a^2/(1 - a\varepsilon)$ ist. Dadurch wird direkt bestätigt, daß f an der Stelle a stetig ist (man wähle $\delta = \varepsilon a^2/(1 - a\varepsilon)$), und man sieht, daß der Wert der Zahl δ bei der Definition der Stetigkeit sowohl von ε als auch vom betrachteten Punkt a abhängt.

Es liegt nahe zu fragen, ob für ein gegebenes ε ein δ gefunden werden kann (welches natürlich von ε abhängt), das für jeden Punkt in I ausreicht. Es wird also nach einem δ gefragt, das unabhängig von a ist. Ein solches δ existiert sicher nicht für $f(x) = 1/x$, was aus der Tatsache folgt, daß $\varepsilon a^2/(1 - a\varepsilon) \to 0$ geht für $a \to 0+$.

Diese Frage führt auf die folgende Definition der gleichmäßigen Stetigkeit. Es sei f eine Funktion mit dem Definitionsbereich $S \subseteq E_n$ und dem Wertebereich $R \subseteq E_m$. Dann bezeichnet man f als *gleichmäßig stetig auf S,* wenn zu einem gegebenen $\varepsilon > 0$ ein δ existiert derart, daß aus $\|x - y\| < \delta$ die Ungleichung $\|f(x) - f(y)\| < \varepsilon$ für $x,y \in S$ folgt. Man beachte, daß δ nur von ε abhängt.

Übung 7.11. Man beweise, daß die Funktion $f:f(x) = 1/x$ gleichmäßig stetig ist auf dem abgeschlossenen Intervall $[a,1]$ für jedes $0 < a < 1$.

Übung 7.12. Man beweise, daß die Funktion $f:f(x) = x$ gleichmäßig stetig ist auf dem abgeschlossenen Intervall $[0,1]$.

Übung 7.13. Man beweise, daß die Funktion $f:f(x) = \sin(1/x)$ stetig, aber nicht gleichmäßig stetig ist auf dem offenen Intervall $(0,1)$.

Daß eine auf einer Menge S gleichmäßig stetige Funktion f auf S auch stetig ist, folgt aus der Definition der gleichmäßigen Stetigkeit. Man kann zeigen, daß die Umkehrung dieser Aussage zutrifft, wenn die Menge S kompakt ist. Der Beweis beruht auf dem Satz von Heine-Borel (Theorem 5.3).

THEOREM 7.4. Jede auf einer kompakten Menge S in E_n stetige Funktion f ist gleichmäßig stetig auf S.

Beweis. Da f stetig ist, gibt es zu jedem $\varepsilon > 0$ und jedem $x \in S$ ein $\delta_x > 0$ derart, daß aus $y \in N(x, 2\delta_x) \cap S$ sich $f(y) \in N(f(x), \varepsilon)$ ergibt. Wenn x sämtliche Werte in S überstreicht, muß die Gesamtheit der Umgebungen $N(x, \delta_x)$ die Menge S überdecken. Aufgrund des Heine-Borelschen Theorems kann man eine endliche Teilmenge S_0 von S in der Weise auswählen, daß für jedes $x \in S$ die Aussage $x \in N(a, \delta_a)$ für irgendein $a \in S_0$ gilt.

Es sei $p = \min \delta_a$. Ist $x \in S$ und $y \in N(x, p) \cap S$, dann gibt es ein $a \in S_0$ mit der Eigenschaft $x \in N(a, \delta_a)$ und $y \in N(a, \delta_a + p) \subset N(a, 2\delta_a)$. Dies bedeutet, daß f(x) und f(y) beide in $N(f(a), \varepsilon)$ liegen, und somit muß $f(y) \in N(f(x), 2\varepsilon)$ gelten, woraus die gleichmäßige Stetigkeit von f zu erkennen ist.

7.3. Stetigkeit einer zusammengesetzten Funktion

THEOREM 7.5. Es sei f eine Funktion mit dem Definitionsbereich S in E_n und Wertebereich $f(S) \subseteq E_m$. Es sei g eine zweite Funktion mit Definitionsbereich f(S) und Wertebereich R in E_ℓ. Es sei f stetig in einem Häufungspunkt $a \in S$, und es sei f(a) ein Häufungspunkt von f(S), in welchem g stetig ist. Dann ist auch die zusammengesetzte (verkettete) Funktion gf stetig im Punkt a.

Beweis. Unter den Annahmen des Theorems und mit $f(a) = b$ und $g(b) = c$ existiert zu einer gegebenen Umgebung $N(c) \subset E_\ell$ eine Umgebung $N(b) \subset E_m$ derart, daß für $x \in N(b) \cap f(S)$ die Beziehung $g(x) \in N(c)$ gilt. In ähnlicher Weise kann man eine Umgebung $N(a) \subset E_n$ finden, so daß für $y \in N(a) \cap S$ die Beziehung $f(y) \in N(b)$ gilt. Deshalb gibt es zu jeder Umgebung von $c = g(b) = g(f(a)) \in E_\ell$ eine Umgebung $N(a) \subset E_n$ derart, daß für $y \in N(a) \cap S$ sich die Beziehung $gf(y) \in N(c)$ ergibt. Deshalb muß die zusammengesetzte Funktion gf im Punkt a stetig sein.

7.4. Stetigkeit physikalischer Variabler

Es kann vorkommen, daß sich eine physikalische Variable, beispielsweise eine Spannung oder eine Geschwindigkeit, sehr schnell ändert. So kann in dem Netzwerk von Bild 2 der

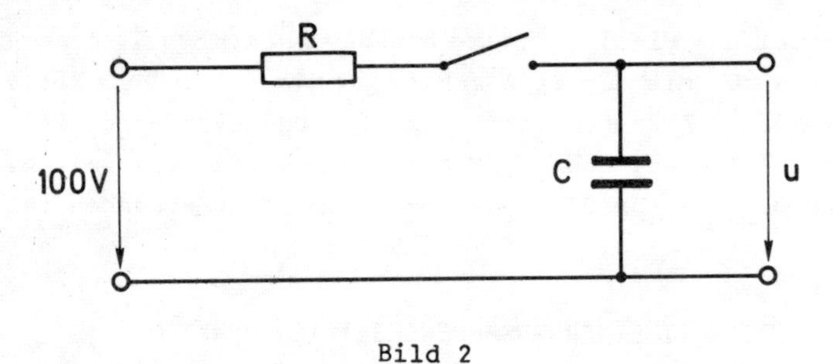

Bild 2

Schalter geschlossen werden, oder es kann ein Golfball von einem Schläger getroffen werden. In solchen Fällen kann bei Verwendung einer hinreichend schnellen Meßeinrichtung die Art der Änderung der physikalischen Variablen in ihren Einzelheiten untersucht werden. Man wird dann feststellen, daß sich die Variable stetig ändert. Selbst dann, wenn sich die Schwierigkeiten bei der Messung nicht beseitigen lassen, wird man zur Vermutung gelangen, daß physikalische Variable sich nicht unstetig ändern können.

Auf der anderen Seite kommt es oft vor, daß die Einzelheiten der plötzlichen Änderung von geringem Interesse sind. Im Netzwerk von Bild 2 beispielsweise kann der Schalter eine physikalische Anordnung bedeuten, welche einen metallischen Kontakt erzeugt, während C eine kleine Streukapazität darstellen kann. Wenn man nun den Schalter im Zeitpunkt t = 0 zu schließen beginnt, wird eine kleine Zeit vergehen, bis der Kontakt hergestellt ist. Die Spannung u wird sich dann in einer Weise ändern, welche von den Einzelheiten (und Zufälligkeiten) der zeitlichen Änderungen des Kontaktwiderstands abhängt, und welche außerdem von R und C abhängt. Dies ist im Bild 3 angedeutet.

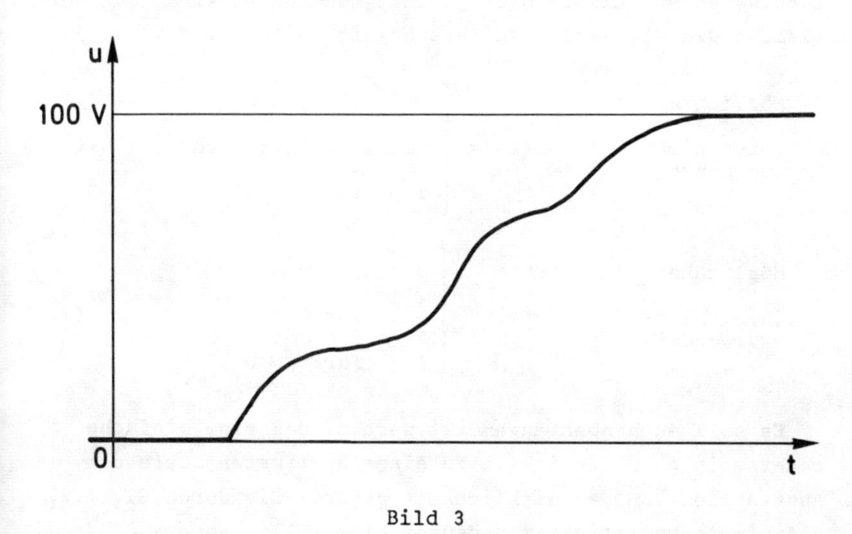

Bild 3

Die im Bild 3 dargestellte Änderung von u kann sich in einem Bruchteil einer Millisekunde vollziehen. Wenn man dann u beispielsweise an den Eingang eines Verstärkers legt, der ein mechanisches Regelungssystem steuert, so wird man im wesentlichen dieselbe Wirkung erhalten, wie bei einer plötzlichen Änderung von u vom Wert 0 Volt auf den Wert 100 Volt. D.h. wenn man ausgehend von der im Bild 3 dargestellten Situation das Verhalten von u immer stärker durch 100 U(t) annähert, dann ist zu erwarten, daß sich das Verhalten des mechanischen Systems nur wenig ändert.

Hierin liegt die Begründung für die Einführung unstetiger physikalischer Variabler bei der Beschreibung eines Systems. Die Sprungfunktion U(t) läßt sich mathematisch leichter behandeln als das tatsächliche Zeitverhalten, und zudem kann letzteres sogar unbekannt sein. Aufgrund dieser Überlegungen wird angenommen, daß sämtliche physikalischen Variablen linksseitig stetig sind für alle t. In jedem endlichen Intervall werden jedoch endlich viele einfache rechtsseitige Unstetigkeiten zugelassen.

Man beachte, daß die Sprungfunktion gelegentlich in etwas anderer Weise, als es hier geschah, definiert wird (man vergleiche die Gl.(7.4)). Weitere Möglichkeiten sind:

Möglichkeit 1 (hier nicht verwendet)

$$U(t) = \begin{cases} 0 & \text{für } t < 0 \\ \text{nicht definiert} & \text{für } t = 0 \\ 1 & \text{für } t > 0 \end{cases} \qquad (7.7)$$

Möglichkeit 2 (hier nicht verwendet)

$$U(t) = \begin{cases} 0 & \text{für } t < 0 \\ \frac{1}{2} & \text{für } t = 0 \\ 1 & \text{für } t > 0 \; . \end{cases} \qquad (7.8)$$

Es soll auch noch angemerkt werden, daß eine einfache rechtsseitige Unstetigkeit zu einer bestimmten Stufe der Abstraktion von der Wirklichkeit gehört. Die durch Gl.(7.2) definierte Unstetigkeit bedeutet eine völlig andere Stufe der Abstraktion, und man kann ihr keine physikalische Bedeutung zumessen. Entsprechend sind die verschiedenen Definitionen der Sprungfunktion (die sich ja nur an einer einzelnen Stelle unterscheiden) für alle physikalischen Zwecke äquivalent. Die oben gewählte Definition scheint diejenige zu sein, welche sich in der natürlichsten Weise ergibt.

8. Die Ableitung

Es sei f eine Funktion mit dem Definitionsbereich $S \subseteq E_n$, wobei S eine offene Menge darstellt, und mit dem Wertebereich $R \subseteq E_m$. Weiterhin sei x_0 ein Punkt in S, der deshalb (nach Übung 3.4) einen Häufungspunkt von S darstellt. Dann existiert $f(x_0)$ und gehört zu R. Es wird nun die folgende lineare Funktion betrachtet:

$$g(x) = f(x_0) + J\cdot(x - x_0) . \tag{8.1}$$

Hierbei ist J eine konstante (endliche) m×n-Matrix. Die Funktion g(x) wurde in der Weise gebildet, daß $g(x_0) = f(x_0)$ gilt. Die Matrix J ist zunächst noch unbestimmt. Gilt

$$\lim_{\substack{x \to x_0 \\ x \in S}} \frac{\|f(x) - g(x)\|}{\|x - x_0\|} = 0 , \tag{8.2}$$

dann sagt man, daß *f und g sich im Punkt x_0 berühren.*

Zu einem gegebenen f und x_0 kann es höchstens eine Funktion g mit der Eigenschaft Gl.(8.2) geben. Nimmt man nämlich an, es gäbe zwei Funktionen g_1 und g_2 mit der Eigenschaft Gl.(8.2), so würde man die Aussage erhalten

$$\frac{\|g_2(x) - g_1(x)\|}{\|x - x_0\|} \leq \frac{\|f(x) - g_2(x)\|}{\|x - x_0\|} + \frac{\|f(x) - g_1(x)\|}{\|x - x_0\|} . \tag{8.3}$$

Hieraus folgt bei demselben Grenzübergang wie in Gl.(8.2) und unter Verwendung der Ergebnisse aus Abschnitt 6.4

$$\lim \frac{\|g_2(x)-g_1(x)\|}{\|x - x_0\|} \leq \lim \frac{\|f(x)-g_2(x)\|}{\|x - x_0\|} + \lim \frac{\|f(x)-g_1(x)\|}{\|x - x_0\|} = 0. \tag{8.4}$$

Aufgrund von Kapitel III, Abschnitt 10 läßt sich $x - x_0$ derart wählen, daß

$$\frac{\| g_2(x) - g_1(x) \|}{\| x - x_0 \|} = \frac{\| J_2 \cdot (x - x_0) - J_1 \cdot (x - x_0) \|}{\| x - x_0 \|} \tag{8.5}$$

$$= \| J_2 - J_1 \| \tag{8.6}$$

gilt, wobei die Matrixnorm der euklidischen Vektornorm untergeordnet ist. Also ist $\| J_2 - J_1 \| = 0$, und hieraus folgt $J_2 = J_1$. Wenn also J existiert und die Gl.(8.2) für x_0 erfüllt wird, so ist die Matrix J eindeutig.

Die Matrix J wird hier als die *Ableitung* (oder die *Derivierte)* von f definiert. Eine gebräuchlichere Definition, welche im wesentlichen gleichwertig ist, besteht darin, daß man die Funktion $g - f(x_0)$ als Ableitung von f bezeichnet. Nach Kapitel III, Abschnitt 4 gibt es eine eineindeutige Beziehung zwischen dieser linearen Funktion (Abbildung) und der Matrix J.

Übliche Bezeichnungen für die Ableitung J an der Stelle x_0 sind $f'(x_0)$ und $Df(x_0)$. Durch diese Bezeichnungen wird die Abhängigkeit der Matrix J von f und x_0 zum Ausdruck gebracht. Eine nützliche, jedoch etwas formwidrige Bezeichnung ist df/dx, daher muß diese mit Sorgfalt verwendet werden. Falls man die Abhängigkeit von x_0 betonen will, wird diese letzte Schreibweise etwas schwerfällig. Mögliche Bezeichnungen sind

$$\left.\frac{df}{dx}\right|_{x=x_0}, \quad \left.\frac{df}{dx}\right|_{x_0}, \quad \frac{df}{dx}(x_0), \quad \text{usw.}$$

Man beachte noch folgendes. Wird $f'(x_0)$ zur Bezeichnung von J verwendet, dann sollte die Transponierte eines Vektors u mit u^T oder u^t und nicht mit u' bezeichnet werden.

Besitzt f eine Ableitung an der Stelle x_0, dann nennt man f *differenzierbar* an der Stelle x_0. Das wesentliche Merkmal für die Differenzierbarkeit ist die Existenz einer Berührungsebene für die Funktion im betrachteten Punkt.

Beispiel 8.1. Es sei $f: E_2 \rightarrow E_2$ die Funktion, welche definiert ist durch

$$\left.\begin{array}{l} y_1 = f_1(x) = a_1 + a_{11}x_1 + a_{12}x_2 \\ y_2 = f_2(x) = a_2 + a_{21}x_1 + a_{22}x_2 \end{array}\right\} . \tag{8.7}$$

Diese Funktion ist differenzierbar (sie ist linear und definiert deshalb ihre eigene Berührungsebene), und sie hat die Ableitung

$$J = \begin{bmatrix} a_{11} & a_{12} \\ a_{21} & a_{22} \end{bmatrix} \tag{8.8}$$

an jedem Punkt $x \in E_2$.

Ist f auf einer nicht offenen Menge T definiert, so erhält man eine offene Menge S, indem man die Randpunkte von T aus der Menge entfernt. In jedem Punkt von S, in welchem die Gl.(8.2) erfüllt wird, hat f eine Ableitung. Die Ableitung ist jedoch in einem Randpunkt von T nicht definiert.

8.1. Funktionen mit dem Definitionsbereich $S \subseteq E_1$

Bei Funktionen, die von einer einzigen Variablen abhängen (d.h. bei Funktionen mit dem Definitionsbereich $S \subseteq E_1$) erlaubt die Existenz einer Ordnungsrelation (>,<), den Begriff der Differenzierbarkeit zu unterteilen (man vergleiche Abschnitt 7). Es sei f eine Funktion mit Definitionsbereich $S \subseteq E_1$ und Wertebereich $R \subseteq E_m$. Es sei $x_0 \in S$ ein Häufungspunkt von S. Wenn der Grenzwert

$$\lim_{\substack{x \to x_0 \\ x \in S \\ x < x_0}} \frac{f(x) - f(x_0)}{x - x_0} \tag{8.9}$$

existiert und endlich ist, so bezeichnet man f als *linksseitig differenzierbar an der Stelle* x_0, und der Zahlenwert des Grenzwertes heißt die *linksseitige Ableitung* (oder die *linksseitige Derivierte)* $D_-f(x_0)$ von f an der Stelle x_0. Die *rechtsseitige Ableitung (rechtsseitige Derivierte)* $D_+f(x_0)$ und die Differenzierbarkeit von rechts werden in entsprechender Weise definiert. Eine Funktion f, welche sowohl von rechts als auch von links an der Stelle x_0 differenzierbar ist, heißt differenzierbar im Punkt x_0, und zwar im Sinne von Abschnitt 8, sofern $D_-f(x_0)=D_+f(x_0)$ gilt. In diesem Fall stimmt jede dieser einseitigen Ableitungen mit $Df(x_0)$ überein.

Übung 8.1. Man formuliere die vorausgegangene Definition unter Verwendung einer linearen Funktion g und der Gl.(8.2) in einer entsprechend spezialisierten Form. Man bringe die beiden Definitionen miteinander in Einklang.

Falls $S \subseteq E_1$ gilt, braucht man nicht mehr darauf zu bestehen, daß S offen ist, wie es oben gefordert wurde. Es ist aber noch notwendig, daß x_0 einen Häufungspunkt von S darstellt, denn sonst wäre der Grenzübergang nicht definiert (man vergleiche Übung 6.1). Es ist jedoch nun erlaubt, daß x_0 beispielsweise der rechte Endpunkt b eines abgeschlossenen Intervalls S = [a,b] ist. Die "Ableitung in b" bedeutet dann natürlich die linksseitige Ableitung im Punkt b.

Da die Ableitungen in den Endpunkten a,b des Intervalls S = [a,b] auf diese Weise gedeutet werden können, wird die Aussage "f besitzt eine Ableitung auf [a,b]" mehrdeutig. Man kann darunter verstehen, daß f auch eine Ableitung in den Punkten a und b im gewöhnlichen Sinne hat, was die Existenz von f auf einem offenen Intervall voraussetzt, welches [a,b] einschließt. Man kann darunter auch verstehen, daß D_+f auf $[a,b)$ existiert und D_-f auf $(a,b]$, und daß $D_+f = D_-f$ auf (a,b) gilt. Die zweite Interpretationsmöglichkeit erfordert nicht, daß f außerhalb $[a,b]$ definiert ist. In diesem Buch soll stets die erste dieser beiden Interpretationsmöglichkeiten gemeint sein, wenn nicht ausdrücklich etwas anderes vermerkt ist.

Die obigen Überlegungen lassen sich sofort auf Matrizen $A(x)$ mit Elementen $a_{ij}(x)$ erweitern, welche von einer reellen Variablen $x \in S \subseteq E_1$ abhängen. Falls

$$\lim_{\substack{x \to x_0 \\ x \in S^0}} \frac{A(x) - A(x_0)}{x - x_0}$$

existiert und endlich ist, bezeichnet man A als differenzierbar an der Stelle x_0. Damit ist die Matrix A differenzierbar, wenn ihre Elemente differenzierbar sind, und es ist $dA/dx = (da_{ij}/dx)$.

Übung 8.2. Es seien $A_1(x)$ und $A_2(x)$ differenzierbare Matrizen und α ein beliebiger Skalar. Man beweise folgende Aussagen:

(a) $\frac{d}{dx}(A_1 + A_2) = \frac{dA_1}{dx} + \frac{dA_2}{dx}$

(b) $\frac{d}{dx}(\alpha A_1) = \alpha \frac{dA_1}{dx}$

(c) $\frac{d}{dx}(A_1 A_2) = A_1 \frac{dA_2}{dx} + \frac{dA_1}{dx} A_2$.

Man beachte, daß

$$\frac{d}{dx} A^2 = A \frac{dA}{dx} + \frac{dA}{dx} A$$

gilt, was mit $2A(dA/dx)$ nur übereinstimmt, wenn A und dA/dx vertauschbar sind.

8.2. Partielle Ableitung, Richtungsableitung

Es sei f eine Funktion, deren Definitionsbereich eine offene Menge $S \subseteq E_n$ ist und die einen Wertebereich $R \subseteq E_m$ hat. Es werde x auf eine Teilmenge T von S beschränkt:

$$T = \{x | x = x_0 + ut, \; t \in E_1, \; x \in S\}. \tag{8.10}$$

Dabei ist u ein Einheitsvektor in E_n und t ein Parameter. Mit anderen Worten, T stellt ein offenes Segment der Geraden durch x_0 mit der Richtung u dar. Man beachte dabei folgendes. Da S offen ist, gibt es eine Umgebung $N(x,h)$, so daß $N(x,h) \cap T$ ein offenes Intervall der Länge 2h darstellt.

Mit der Einschränkung $x = x_0 + ut$, wird f eine Funktion h von $t \in E_1$. Die Ableitung $h'(0)$ von h an der Stelle $t = 0$ heißt, sofern sie existiert, die *Richtungsableitung* von f in x_0, und sie wird als $D_u f(x_0)$ geschrieben. Man beachte, daß $D_u f(x_0)$ einen m-Vektor darstellt.

Die speziellen Richtungsableitungen, welche man erhält, indem man u parallel zu den Koordinatenachsen wählt, heißen die *partiellen Ableitungen* bezüglich $x_1, x_2, \ldots, x_n$, wobei $x_1, x_2, \ldots, x_n$ die Komponenten des n-Vektors x sind. Man schreibt sie als $D_1 f(x_0)$, $D_2 f(x_0)$, usw. oder $\partial f/\partial x_1$, $\partial f/\partial x_2$, usw. Ausführlich geschrieben hat der m-Vektor $D_1 f(a)$ die Form

$$D_1 f(a) = \left[\frac{\partial f}{\partial x_1}\right]_{x=a} = \begin{bmatrix} \partial f_1/\partial x_1 \\ \partial f_2/\partial x_1 \\ \vdots \\ \partial f_m/\partial x_1 \end{bmatrix}_{x=a} . \tag{8.11}$$

Beispiel 8.2. Es sei $f:E_2 \rightarrow E_1$ durch $f(x) = x_1x_2$ definiert. Die partielle Ableitung $D_1f(a)$ im Punkt $a = \begin{bmatrix} a_1 \\ a_2 \end{bmatrix}$ erhält man, indem man $x = \begin{bmatrix} x_1 \\ x_2 \end{bmatrix}$ auf $x = \begin{bmatrix} a_1 \\ a_2 \end{bmatrix} + t\begin{bmatrix} 1 \\ 0 \end{bmatrix}$ beschränkt. Auf diese Weise wird $f(x)$ zu $h(t) = (a_1 + t)a_2$, und es ist $h'(0) = a_2 = D_1f(a)$. Dies führt offensichtlich auf die übliche Regel, daß man "x_2 als eine Konstante behandelt".

THEOREM 8.1. Die Funktion f habe eine Ableitung $Df(x_0)$ in x_0. Dann gilt

$$D_uf(x_0) = Df(x_0)u = Ju \ , \tag{8.12}$$

wobei u wie bisher einen Einheits-n-Vektor darstellt.

Beweis. Da die Ableitung existiert, erhält man

$$\lim_{\substack{x \to x_0 \\ x \in S}} \frac{\| f(x) - f(x_0) - J \cdot (x - x_0) \|}{\| x - x_0 \|} = 0 \ . \tag{8.13}$$

Es sei T die durch Gl.(8.10) definierte Menge, und es wird

$$f(x_0 + ut) = h(t) \tag{8.14}$$

geschrieben. Dann folgt unmittelbar aus der Gl.(8.13) und der Definition eines Grenzwerts, daß mit $x = x_0 + ut$ die Beziehung

$$\lim_{\substack{t \to 0 \\ t \in T \subset S}} \frac{\| h(t) - h(0) - Jut \|}{\| ut \|} = 0 \tag{8.15}$$

gilt. Da u ein Einheitsvektor ist, wird $\|ut\| = |t|$. Die Gl. (8.15) führt somit auf

$$\lim_{\substack{t \to 0 \\ t \in T \subset S}} \left\| \frac{h(t) - h(0)}{t} - Ju \right\| = 0 \tag{8.16}$$

oder

$$\lim_{\substack{t \to 0 \\ t \in T \subset S}} \frac{h(t) - h(0)}{t} = Ju \; . \tag{8.17}$$

Hieraus folgt die Aussage

$$D_u f(x_0) = h'(0) = Ju \; . \tag{8.18}$$

Insbesondere läßt sich die Folgerung ziehen, daß bei Existenz von $Df(x_0)$ auch $D_1 f(x_0)$ existiert und mit der ersten Spalte von $J = Df(x_0)$ übereinstimmt. Weiterhin existiert $D_2 f(x_0)$ und ist gleich der zweiten Spalte, usw. Dies bedeutet, daß die Matrix J gegeben ist durch

$$J = \begin{bmatrix} \partial f_1/\partial x_1 & \partial f_1/\partial x_2 & \cdots & \partial f_1/\partial x_n \\ \partial f_2/\partial x_1 & \partial f_2/\partial x_2 & \cdots & \partial f_2/\partial x_n \\ \vdots & \vdots & & \vdots \\ \partial f_m/\partial x_1 & \partial f_m/\partial x_2 & \cdots & \partial f_m/\partial x_n \end{bmatrix} . \tag{8.19}$$

Diese Matrix ist als die *Jacobi-Matrix* von f bekannt, und die Determinante von J ist die *Jacobi-Determinante* oder die *Funktionaldeterminante* von f. Andererseits ist es wichtig zu beachten, daß die Existenz von $D_1 f(x_0)$, $D_2 f(x_0)$, ..., $D_n f(x_0)$ keinesfalls gewährleistet, daß $Df(x_0)$ existiert.

Beispiel 8.3. Die Funktion f (man vergleiche Beispiel 7.2), welche definiert ist durch

$$f(x) = \begin{cases} x_1 x_2/(x_1^2 + x_2^2) & \text{für} \quad x_1^2 + x_2^2 \neq 0 \\ 0 & \text{für} \quad x_1^2 + x_2^2 = 0 \quad , \end{cases} \tag{8.20}$$

verschwindet längs $x_1 = 0$ und $x_2 = 0$. Deshalb existieren $D_1 f(0)$ und $D_2 f(0)$, und sie sind beide gleich Null. Jedoch, die Funktion f ist im Ursprung nicht differenzierbar, da längs der Geraden

$$\begin{bmatrix} x_1 \\ x_2 \end{bmatrix} = \frac{t}{\sqrt{2}} \begin{bmatrix} 1 \\ 1 \end{bmatrix} = tu \tag{8.21}$$

einerseits $f(x) = h(t) = 1/2$ für $t \neq 0$, andererseits aber $h(0) = 0$ gilt. Somit wird

$$\lim_{t \to 0} \frac{h(t) - h(0)}{t} = \lim_{t \to 0} \frac{1}{2t} \quad . \tag{8.22}$$

Der Grenzwert existiert nicht (da t positiv oder negativ sein darf), und damit kann $Df(0)$ nicht existieren. Würde nämlich $Df(0)$ existieren, so müßte aufgrund der Gl.(8.12) jedes $D_u f(0)$ existieren und gleich Null sein.

Beispiel 8.4. Selbst die Existenz von (endlichen) Richtungsableitungen $D_u f(x_0)$ für sämtliche u hat nicht zur Folge, daß $Df(x_0)$ existiert, was mit Hilfe der Funktion

$$f(x) = \begin{cases} x_1 x_2^2/(x_1^2 + x_2^4) & \text{für} \quad x_1^2 + x_2^2 \neq 0 \\ \\ 0 & \text{für} \quad x_1^2 + x_2^2 = 0 \end{cases} \tag{8.23}$$

gezeigt werden kann. Wählt man nämlich $u = \begin{bmatrix} \alpha \\ \beta \end{bmatrix}$ mit $\alpha^2 + \beta^2 = 1$, so erhält man

$$D_u f(0) = \lim_{t \to 0} \frac{\alpha\beta^2}{\alpha^2 + \beta^4 t^2} \tag{8.24}$$

$$= \begin{cases} \frac{\beta^2}{\alpha} & \text{für} \quad \alpha \neq 0 \\ \\ 0 & \text{für} \quad \alpha = 0 \quad . \end{cases} \tag{8.25}$$

Auch hier ist die Gl.(8.12) nicht erfüllt, und damit existiert $Df(0)$ nicht.

Sobald der Wertebereich R von f mit E_1 übereinstimmt, geht die Matrix J in Gl.(8.19) in den Zeilenvektor

$$\left[\frac{\partial f}{\partial x_1}, \frac{\partial f}{\partial x_2}, \ldots, \frac{\partial f}{\partial x_n} \right] \tag{8.26}$$

über. Da dieser Fall bei physikalischen Anwendungen häufig vorkommt, verwendet man hierfür eine besondere Bezeichnung: Dieser Vektor (oder manchmal seine Transponierte) heißt der *Gradient* von f, und man schreibt üblicherweise ∇f (gesprochen: nabla f) oder grad f. In diesem speziellen Fall wird aus Gl.(8.12) die Beziehung

$$D_u f(x_0) = \nabla f(x_0) u \ . \tag{8.27}$$

8.3. Die Kettenregel

Im Abschnitt 7.3 wurde gezeigt, daß die Verkettung zweier stetiger Funktionen selbst eine stetige Funktion ist. Im folgenden wird ein wichtiges Theorem angegeben, welches die Ableitung einer zusammengesetzten Funktion behandelt.

THEOREM 8.2 (*Kettenregel*). Es sei f eine stetige Funktion, deren Definitionsbereich eine offene Umgebung $N(x^0) \subseteq E_n$ ist und deren Wertebereich in E_m liegt. Es gelte $y^0 = f(x^0)$, und es sei g eine stetige Funktion, deren Definitionsbereich eine offene Umgebung $N(y^0) \subseteq E_m$ ist und deren Wertebereich in E_ℓ liegt. Ist f differenzierbar in x^0 und g differenzierbar in y^0, so ist die zusammengesetzte Funktion h = gf differenzierbar in x^0, und es gilt

$$Dh = DgDf \ . \tag{8.28}$$

Hierbei ist DgDf als das Produkt zweier Matrizen aufzufassen.

Beweis. Da f in x^0 und g in y^0 differenzierbar ist, gilt

$$f(x^0 + x) = f(x^0) + f'(x^0)x + \varepsilon_1 \tag{8.29}$$

und

$$g(y^0 + y) = g(y^0) + g'(y^0)y + \varepsilon_2 . \tag{8.30}$$

Hierbei ist $x \in N'(x^0)$, $y \in N'(y^0)$, und es gilt $\|\varepsilon_1\| \to 0$, $\|\varepsilon_2\| \to 0$, falls $x \to x^0$ bzw. $y \to y^0$ strebt. Unter Verwendung der Gln.(8.29) und (8.30) erhält man damit

$$\begin{aligned} h(x^0 + x) &= g(f(x^0 + x)) \\ &= g(f(x^0) + f'(x^0)x + \varepsilon_1) \\ &= g(y^0) + g'(y^0)(f'(x^0)x + \varepsilon_1) + \varepsilon_2 \, . \end{aligned}$$

Es ist also

$$h(x^0 + x) = g(y^0) + g'(y^0)f'(y^0)x + \varepsilon_3 \tag{8.31}$$

mit $\varepsilon_3 = g'(y^0)\varepsilon_1 + \varepsilon_2$.

Das geforderte Ergebnis erhält man unmittelbar aus Gl. (8.31), denn $g'(y^0)$ ist eine endliche Matrix. Aufgrund der Stetigkeit strebt $y \to y^0$ für $x \to x^0$, und somit streben $\|\varepsilon_1\|$ und $\|\varepsilon_2\|$ gegen Null für $x \to x^0$.

Unter der Annahme

$$\begin{aligned} x^0 &= (x_1^0, x_2^0, \ldots, x_n^0) \\ y^0 &= (y_1^0, y_2^0, \ldots, y_m^0) \\ f &= (f_1, f_2, \ldots, f_m) \\ g &= (g_1, g_2, \ldots, g_\ell) \\ h &= (h_1, h_2, \ldots, h_\ell) \end{aligned}$$

geht die Gl.(8.28) über in die Beziehung

$$\begin{bmatrix} \frac{\partial h_1}{\partial x_1} & \frac{\partial h_1}{\partial x_2} & \cdots & \frac{\partial h_1}{\partial x_n} \\ \frac{\partial h_2}{\partial x_1} & \frac{\partial h_2}{\partial x_2} & \cdots & \frac{\partial h_2}{\partial x_n} \\ \vdots & \vdots & & \vdots \\ \frac{\partial h_\ell}{\partial x_1} & \frac{\partial h_\ell}{\partial x_2} & \cdots & \frac{\partial h_\ell}{\partial x_n} \end{bmatrix} = \begin{bmatrix} \frac{\partial g_1}{\partial y_1} & \frac{\partial g_1}{\partial y_2} & \cdots & \frac{\partial g_1}{\partial y_m} \\ \frac{\partial g_2}{\partial y_1} & \frac{\partial g_2}{\partial y_2} & \cdots & \frac{\partial g_2}{\partial y_m} \\ \vdots & \vdots & & \vdots \\ \frac{\partial g_\ell}{\partial y_1} & \frac{\partial g_\ell}{\partial y_2} & \cdots & \frac{\partial g_\ell}{\partial y_m} \end{bmatrix} \begin{bmatrix} \frac{\partial f_1}{\partial x_1} & \frac{\partial f_1}{\partial x_2} & \cdots & \frac{\partial f_1}{\partial x_n} \\ \frac{\partial f_2}{\partial x_1} & \frac{\partial f_2}{\partial x_2} & \cdots & \frac{\partial f_2}{\partial x_n} \\ \vdots & \vdots & & \vdots \\ \frac{\partial f_m}{\partial x_1} & \frac{\partial f_m}{\partial x_2} & \cdots & \frac{\partial f_m}{\partial x_n} \end{bmatrix} . \tag{8.32}$$

Hieraus erhält man die Formeln

$$\frac{\partial h_i}{\partial x_j} = \sum_{k=1}^{m} \frac{\partial g_i}{\partial y_k} \frac{\partial f_k}{\partial x_j} \tag{8.33}$$

für $i = 1,2,\ldots,\ell$ und $j = 1,2,\ldots,n$.

Im Sonderfall, daß $h(x)$ ein Skalar ist, läßt sich der Gradient von h in der Form

$$\nabla h = DgDf = \nabla gDf \tag{8.34}$$

ausdrücken, oder in Komponentenschreibweise

$$\frac{\partial h}{\partial x_i} = \frac{\partial g}{\partial y_1} \frac{\partial f_1}{\partial x_i} + \frac{\partial g}{\partial y_2} \frac{\partial f_2}{\partial x_i} + \ldots + \frac{\partial g}{\partial y_m} \frac{\partial f_m}{\partial x_i} \tag{8.35}$$

für $i = 1,2,\ldots,n$.

Übung 8.3. Man gebe einen unabhängigen Beweis der Kettenregel für reellwertige Funktionen einer einzigen Variablen unter Verwendung der Definition nach Abschnitt 8.1.

Übung 8.4. Es seien f und g stetige Funktionen mit einem gemeinsamen Definitionsbereich S, der eine offene Teilmenge von E_n darstellt, und mit Wertebereichen in E_m. Man beweise folgendes. Sind f und g differenzierbar in irgendeinem Punkt $x^0 \in S$ und stellen α und β Skalare dar, dann ist auch $\alpha f + \beta g$ differenzierbar in x^0 und hat die Ableitung $\alpha Df(x^0) + \beta Dg(x^0)$.

Beispiel 8.5. Es sei $g(r,\theta) = f(x,y)$ mit $x = r \cos \theta$ und $y = r \sin \theta$. Dann wird

$$\frac{\partial g}{\partial r} = \frac{\partial f}{\partial x}\frac{\partial x}{\partial r} + \frac{\partial f}{\partial y}\frac{\partial y}{\partial r}$$

$$= \cos\theta \frac{\partial f}{\partial x} + \sin\theta \frac{\partial f}{\partial y} \tag{8.36}$$

und

$$\frac{\partial g}{\partial \theta} = \frac{\partial f}{\partial x}\frac{\partial x}{\partial \theta} + \frac{\partial f}{\partial y}\frac{\partial y}{\partial \theta}$$

$$= -r\sin\theta \frac{\partial f}{\partial x} + r\cos\theta \frac{\partial f}{\partial y} . \tag{8.37}$$

Die Gln.(8.36) und (8.37) lassen sich in der Form

$$\begin{bmatrix} \frac{\partial g}{\partial r} \\ \frac{\partial g}{\partial \theta} \end{bmatrix} = \begin{bmatrix} \cos\theta & \sin\theta \\ -r\sin\theta & r\cos\theta \end{bmatrix} \begin{bmatrix} \frac{\partial f}{\partial x} \\ \frac{\partial f}{\partial y} \end{bmatrix} \tag{8.38}$$

schreiben. Diese Darstellung stellt einen Sonderfall von Gl.(8.32) dar.

8.4. Der Mittelwertsatz

Das folgende Theorem wird oft bei späteren Beweisführungen benötigt.

THEOREM 8.3 (*Mittelwertsatz*). Es sei $I = [a,b]$ ein kompaktes Intervall in E_1, f sei eine stetige Funktion mit dem Definitionsbereich I und einem Wertebereich in E_m, und g sei eine stetige Funktion mit dem Definitionsbereich I und einem Wertebereich in E_1. Besitzen f und g jeweils eine

Ableitung in jedem Punkt ξ von (a,b) und gilt $\|f'(\xi)\| \le g'(\xi)$ auf (a,b), dann besteht die Ungleichung

$$\|f(b) - f(a)\| \le g(b) - g(a) \ . \tag{8.39}$$

Beweis. Es sei S die Teilmenge von I, für welche mit $\xi \in S$ und $\eta \in [a,\xi)$ die Ungleichung $\|f(\eta) - f(a)\| \le g(\eta) - g(a) + \varepsilon(\eta - a)$ gilt, wobei $\varepsilon > 0$ ist. Die Teilmenge S ist nicht leer, da $a \in S$ ist, und mit $\xi \in S$ ist auch jedes $\delta \in [a,\xi)$ definitionsgemäß in S. Falls γ das Supremum von S bezeichnet, so muß S entweder $[a,\gamma]$ oder $[a,\gamma)$ sein. Aufgrund der Definition ist dann S gleich $[a,\gamma]$.

Unter Verwendung der Stetigkeit von f und g ergibt sich die Ungleichung

$$\|f(\gamma) - f(a)\| \le g(\gamma) - g(a) + \varepsilon(\gamma - a) \ . \tag{8.40}$$

Im Gegensatz zu dem, was bewiesen werden soll, wird nun angenommen, daß $\gamma < b$ gilt. Aufgrund der Definition der Ableitung muß es dann ein Intervall $[\gamma,\gamma + \lambda] \subset I$ geben, so daß mit $\eta \in [\gamma,\gamma + \lambda]$ die Ungleichungen

$$\|f(\eta) - f(\gamma) - f'(\gamma)(\eta - \gamma)\| \le \frac{\varepsilon}{2} (\eta - \gamma) \tag{8.41}$$

und

$$|g(\eta) - g(\gamma) - g'(\gamma)(\eta - \gamma)| \le \frac{\varepsilon}{2} (\eta - \gamma) \tag{8.42}$$

gelten. Hieraus folgt, daß

$$\begin{aligned} \|f(\eta) - f(\gamma)\| &\le \|f'(\gamma)\| (\eta - \gamma) + \frac{\varepsilon}{2} (\eta - \gamma) \\ &\le g'(\gamma)(\eta - \gamma) + \frac{\varepsilon}{2} (\eta - \gamma) \\ &\le g(\eta) - g(\gamma) + \varepsilon(\eta - \gamma) \end{aligned} \tag{8.43}$$

gilt. Unter Verwendung der Ungleichungen (8.40) und (8.43) gewinnt man jetzt die Aussage

$$\|f(\eta) - f(a)\| \leq g(\eta) - g(a) + \varepsilon(\eta - a) \;, \tag{8.44}$$

welche einen Widerspruch zur Definition von γ darstellt. Deshalb ist $\gamma = b$ und das Theorem folgt aus Ungleichung (8.40) und der Tatsache, daß $\varepsilon > 0$ beliebig gewählt werden kann.

Korollar 1. Wählt man $g(\xi)$ als $M\cdot(\xi - a)$ mit der positiven Konstanten M, und ist $\|f'(\xi)\| \leq M$ auf (a,b), dann gilt

$$\|f(b) - f(a)\| \leq M\cdot(b - a) \;. \tag{8.45}$$

Korollar 2. Es sei f eine stetige Funktion mit Definitionsbereich S in E_n und Wertebereich R in E_m, und es seien a und b zwei Punkte von S. Befindet sich das offene Geradenstück, welches die Punkte a und b verbindet, ganz innerhalb von S und ist f in jedem Punkt dieses offenen Liniensegments differenzierbar, so gilt

$$\|f(b)-f(a)\| \leq \|b-a\| \sup_{0<t<1} \|Df(a+t(b-a))\| \;. \tag{8.46}$$

Beweis. Dieses Ergebnis stellt eine direkte Folge des vorausgegangenen Korollars dar, da die Funktion $h(t) = f(a + t(b-a))$ mit dem Definitionsbereich $[0,1]$ und einem Wertebereich in E_m in jedem Punkt von $(0,1)$ differenzierbar ist und die Ableitung $Df(a + t(b-a))\cdot(b-a)$ hat. Die Matrixnorm in Ungleichung (8.46) muß natürlich mit der (euklidischen) Vektornorm verträglich sein (man vergleiche Kapitel III, Abschnitt 10).

Man beachte, daß im Korollar 2 von Theorem 8.3 nicht verlangt wird, daß Df in $[a,b]$ stetig ist oder daß Df in a oder in b existiert. Wenn nun tatsächlich Df im Intervall $[a,b]$ existiert und stetig ist, so darf $\sup_{0<t<1}$ in der Ungleichung (8.46) durch $\max_{0\le t\le 1}$ ersetzt werden. Man beachte auch, daß S *konvex* genannt wird, wenn das offene Geradenstück, welches a und b verbindet, für alle $a,b \in S$ ganz innerhalb von S liegt. Demzufolge ist die Bedingung für das Geradenstück in Korollar 2 sicher dann erfüllt, wenn S eine konvexe Menge ist.

Übung 8.5. Es sei g eine stetige Funktion, deren Definitionsbereich ein abgeschlossenes endliches Intervall $I = [a,b]$ in E_1 darstellt und für deren Wertebereich $R \subset E_1$ gilt. Man beweise folgende Aussage. Hat g eine Ableitung in jedem Punkt ξ von (a,b) und gilt $m < g'(\xi) < M$, so besteht die Ungleichung $m(b-a) \le g(b) - g(a) \le M(b-a)$. Man zeige zusätzlich, daß $m(b-a) < g(b) - g(a) < M(b-a)$ gilt, ausgenommen wenn $g(\xi) = g(a) + m(\xi - a)$ oder $g(\xi) = g(a) + M(\xi - a)$ für alle Werte von ξ in I ist.

Übung 8.6. Man beweise, daß das Theorem 8.3 auch dann noch gilt, wenn es eine abzählbare Menge $P = \{p_n\}$ von Punkten in I gibt, an welchen f und g keine Ableitungen besitzen. [Man bilde eine eineindeutige Korrespondenz $n \to p_n$ zwischen den ganzen Zahlen und den Punkten $p_n \in S$ und addiere $\varepsilon\sum_{p_n<\eta} 2^{-n}$ zu dem Ausdruck, welcher die Menge S in Theorem 8.3 definiert. Man betrachte die Fälle $\gamma \notin P$ und $\gamma \in P$ getrennt.]

Es soll nun der wichtige Sonderfall betrachtet werden, in welchem f eine reellwertige Funktion darstellt.

THEOREM 8.4 *(Rollescher Satz).* Es sei f eine reellwertige, auf dem abgeschlossenen Intervall $[a,b] \subset E_1$ stetige und auf dem offenen Intervall (a,b) differenzierbare Funktion. Es gelte $f(a) = f(b) = 0$. Dann gibt es einen Punkt $x_0 \in (a,b)$ mit der Eigenschaft $f'(x_0) = 0$.

Beweis. Da f auf [a,b] stetig ist, nimmt die Funktion ihr Maximum und ihr Minimum auf [a,b] an (man vergleiche Theorem 7.2). Falls sowohl das Maximum als auch das Minimum in den Endpunkten von [a,b] auftreten, ist die Funktion identisch Null in [a,b], und die Aussage des Theorems ist trivial.

Es wird deshalb vorausgesetzt, daß das Maximum von f in $x_0 \in (a,b)$ liegt. Dann wird

$$f(x_0 + h) - f(x_0) \leq 0 \quad \text{für sämtliche} \quad x_0 + h \in [a,b] .$$

Dies bedeutet, daß $[f(x_0 + h) - f(x_0)]/h$ für positives h negativ und für negatives h positiv ist. Da der Grenzwert existiert, muß daher

$$f'(x_0) = \lim_{h \to 0} \frac{[f(x_0 + h) - f(x_0)]}{h} = 0$$

sein. Eine ähnliche Schlußweise kann angewendet werden, falls $f(x_0)$ ein Minimum ist.

Man kann leicht erkennen, daß Theorem 8.4 auch dann gilt, wenn $f(a) = f(b) = c \neq 0$ gilt. Hierzu wird $f(x) - c$ statt $f(x)$ betrachtet. Das folgende Theorem stellt die Form des Mittelwertsatzes dar, die am häufigsten benützt wird.

THEOREM 8.5 (*Mittelwertsatz für reellwertige Funktionen einer Veränderlichen*). Stellt f(x) eine im abgeschlossenen Intervall [a,b] stetige und im offenen Intervall (a,b) differenzierbare Funktion dar, dann gibt es einen Punkt $x_0 \in (a,b)$, für den

$$f(b) - f(a) = (b - a)f'(x_0) \tag{8.47}$$

gilt.

Beweis. Der Beweis ergibt sich unmittelbar durch Anwendung des Rolleschen Satzes auf die Funktion

$$G(x) = f(b) - f(x) - \frac{b - x}{b - a}[f(b) - f(a)] \quad ,$$

welche die erforderlichen Bedingungen erfüllt und die Ableitung

$$G'(x) = \frac{f(b) - f(a)}{b - a} - f'(x)$$

hat. Wie man unmittelbar sieht, kann man die Gl.(8.47) in der äquivalenten Form

$$f(b) - f(a) = (b - a)f'(a + \theta(b - a)) \tag{8.48}$$

schreiben, wobei $0 < \theta < 1$ ist.

THEOREM 8.6. Eine reellwertige Funktion f, die im Intervall $[a,b]$ stetig und im Intervall (a,b) differenzierbar ist, stellt eine Konstante dar, wenn $f'(x) = 0$ für alle $x \in (a,b)$ gilt. Sie ist streng monoton fallend, falls im Intervall (a,b) $f'(x) < 0$ gilt, und sie ist streng monoton steigend, falls $f'(x) > 0$ im Intervall (a,b) gilt.

Beweis. Diese Aussage folgt in einfacher Weise aus der Gl.(8.48) des vorausgegangenen Theorems. Einzelheiten seien dem Leser überlassen.

Übung 8.7. Man beweise folgende Aussage. Besitzen zwei im Intervall $[a,b]$ stetige Funktionen f und g endliche Ableitungen und gilt $f'(x) = g'(x)$ für sämtliche $x \in (a,b)$, dann stellt $f - g$ im Intervall $[a,b]$ eine Konstante dar.

Übung 8.8. Die reellwertigen Funktionen f und g seien stetig im Intervall $[a,b]$ und differenzierbar im Intervall (a,b). Es wird angenommen, daß $g(b) \neq g(a)$ gilt und daß $f'(x)$ und $g'(x)$ nicht gleichzeitig für beliebiges $x \in (a,b)$ verschwinden. Man beweise, daß es ein $x_0 \in (a,b)$ gibt mit der Eigenschaft

$$\frac{f(b) - f(a)}{g(b) - g(a)} = \frac{f'(x_0)}{g'(x_0)} .$$

[Man wende den Rolleschen Satz auf eine geeignete Funktion an.]

Übung 8.9 (Mittelwertsatz für reellwertige Funktionen mit Definitionsbereich in E_n). Es sei f eine reellwertige Funktion, die überall auf einer offenen Menge $S \subseteq E_n$ differenzierbar ist, und es seien a und b zwei Punkte in S. Befindet sich das offene Geradenstück, welches die Punkte a und b verbindet, [hierunter versteht man die Punktmenge $\theta a + (1 - \theta)b$ mit $0 < \theta < 1$] ganz in S, dann gibt es einen Punkt c auf diesem Geradenstück mit der Eigenschaft

$$f(b) - f(a) = \nabla f(c)(b - a) .$$

Dies ist zu beweisen. [Man wende das Theorem 8.3 auf die Funktion einer einzigen Variablen an, welche durch $g(t) = f(a + tu)$ mit $0 < t < \|b - a\|$ und $u = (b - a)/\|b - a\|$ gegeben ist.]

Übung 8.10. Man drücke das Ergebnis aus Übung 8.9 aus in einer Form, die für eine reellwertige Funktion f geeignet ist, die auf einer nicht notwendig offenen Menge $S \subseteq E_n$ definiert ist.

8.5. Beziehung zur Stetigkeit

Hat eine Funktion f eine Ableitung an der Stelle x_0, dann ist sie an dieser Stelle x_0 stetig. Definitionsgemäß existiert nämlich eine endliche Matrix J, so daß

$$\lim_{\substack{x \to x_0 \\ x \in S}} \frac{\| f(x) - f(x_0) - J(x - x_0) \|}{\| x - x_0 \|} = 0 \tag{8.49}$$

gilt. Hieraus folgt

$$\lim_{\substack{x \to x_0 \\ x \in S}} \| f(x) - f(x_0) - J(x - x_0) \| = 0 \tag{8.50}$$

und somit

$$\lim_{\substack{x \to x_0 \\ x \in S}} \| f(x) - f(x_0) \| = \lim_{\substack{x \to x_0 \\ x \in S}} J(x - x_0)$$

$$= 0 . \tag{8.51}$$

Dies bedeutet aber, daß f in x_0 stetig ist.

Ist insbesondere $S \subseteq E_1$, so folgt aus der Existenz eines endlichen $Df(x_0)$ die Stetigkeit von f in x_0. In allen bisher gegebenen Definitionen einer Ableitung wurde ausdrücklich verlangt, daß J [im Falle $S \subseteq E_1$ also der Vektor $Df(x_0)$] endlich sein soll. Es empfiehlt sich nun, diese Forderung zu lockern für den Fall, daß $S \subseteq E_1$ ist. Gilt $S \subseteq E_1$ und existiert

$$\lim_{\substack{x \to x_0 \\ x \in S}} \frac{f(x) - f(x_0)}{x - x_0} , \tag{8.52}$$

dann sagt man, sofern f in x_0 stetig ist, daß $Df(x_0)$ existiert, unabhängig davon, ob der Grenzwert (8.52) endlich ist oder nicht. Die Forderung, daß f in x_0 stetig sein soll, ist überflüssig, wenn der Grenzwert (8.52) endlich ist, andernfalls ist sie jedoch wesentlich.

Beispiel 8.6. Die reelle Funktion $f: f(x) = x^{1/3}$ ist in $x = 0$ stetig, und es gilt

$$\lim_{x \to 0} \frac{x^{1/3}}{x} = +\infty \; . \tag{8.53}$$

Man sagt daher, diese Funktion habe in $x = 0$ die Ableitung $+\infty$. Betrachtet man andererseits die durch

$$f(x) = \begin{cases} -1 & \text{für } x < 0 \\ 0 & \text{für } x = 0 \\ 1 & \text{für } x > 0 \end{cases} \tag{8.54}$$

gegebene Funktion, so erhält man

$$\lim_{x \to 0} \frac{f(x) - f(0)}{x} = \lim_{x \to 0} \frac{1}{|x|} = +\infty \; . \tag{8.55}$$

Da aber f in $x = 0$ unstetig ist, gibt es dort keine Ableitung.

Mit dieser erweiterten Definition einer Ableitung für den Fall $S \subseteq E_1$ folgt aus der Existenz der Ableitung in x_0 noch immer die Stetigkeit in x_0.

Im Abschnitt 8.2 wurde gezeigt, daß (bei $S \subseteq E_n$, $n \geq 2$) die Existenz sämtlicher partieller Ableitungen $D_i f(x_0)$ oder sogar die Existenz aller Richtungsableitungen $D_u f(x_0)$ nicht die Existenz von $Df(x_0)$ zur Folge haben muß. Diese Bedingungen sichern nicht einmal die Stetigkeit in x_0, wie anhand des folgenden Beispiels gezeigt werden soll.

Beispiel 8.7. Die Funktion f aus Beispiel 8.4,

$$f(x) = x_1x_2^2/(x_1^2 + x_2^4), \tag{8.56}$$

ist in x = 0 unstetig. Wählt man nämlich $x_1 = x_2^2 \neq 0$, so wird f(x) = 1/2. Andererseits gilt f(x) = 0 für x = 0.

Natürlich ist im Fall $S \subseteq E_1$ die Existenz von $D_1f(x_0)$ gleichbedeutend mit der Existenz von $Df(x_0)$, und hieraus folgt die Stetigkeit.

8.6. Partielle Ableitungen in einem offenen Gebiet

Obwohl die Existenz sämtlicher partieller Ableitungen in einem Punkt a nicht die Differenzierbarkeit, nicht einmal Stetigkeit, zur Folge hat, wären Bedingungen äußerst wünschenswert, die auf den partiellen Ableitungen beruhen und aus welchen die Differenzierbarkeit oder Stetigkeit abgelesen werden kann. Andernfalls wird es mühsam, in einzelnen Fällen nachzuweisen, daß eine Funktion differenzierbar oder stetig ist. Die gewünschten Bedingungen können aufgestellt werden, wenn man die Existenz der partiellen Ableitungen nicht nur im Punkt a selbst, sondern in einer offenen Umgebung von a voraussetzt. Die beiden folgenden Aussagen sind in diesem Zusammenhang besonders nützlich.

THEOREM 8.7. Es sei f eine Funktion mit $S \subseteq E_n$ und $R \subseteq E_m$. Die partiellen Ableitungen $D_1f, D_2f, \ldots, D_nf$ sollen in einer Umgebung $N(a,h) \subset S$ existieren und in a stetig sein. Diese Bedingungen sind hinreichend dafür, daß f eine Ableitung Df(a) in a hat.

Beweis. Wenn die Ableitung existiert, ist sie durch Gl.(8.19) gegeben. Zu beweisen ist nunmehr, daß mit der durch diese Gleichung gegebenen Matrix J die Gleichung (8.2) erfüllt ist.

Es sei J_a, J_x das Ergebnis, welches sich bei der Berechnung der partiellen Ableitungen in Gl.(8.19) an der Stelle $a \in N(a,h) \subset S$, bzw. $x \in N(a,h) \subset S$ ergibt. Nun wird Korollar 2 von Theorem 8.3 auf die Funktion

$$q(x) = f(x) - J_a x \tag{8.57}$$

angewendet. Da die Jacobi-Matrix von x gleich I_n ist, erhält man hiermit

$$\|f(x) - f(a) - J_a(x-a)\| \le \|x - a\| \sup_{0<t<1} \|J_{a+t(x-a)} - J_a\|. \tag{8.58}$$

Dabei ist die Matrixnorm (Kapitel III, Abschnitt 10) durch

$$\|A\| = \sqrt{\{\lambda_{max}(A^T A)\}} \tag{8.59}$$

gegeben. Aus der Stetigkeit der partiellen Ableitungen in a folgt nun, daß für $z \in N(a,h) \subset S$ sämtliche Elemente von $J_z - J_a$ gegen Null streben für $z \to a$. Aufgrund des Gerschgorinschen Theorems (Kapitel III, Abschnitt 8.3) und der Gleichung (8.59) folgt hieraus

$$\lim_{z \to a} \|J_z - J_a\| = 0 . \tag{8.60}$$

D.h. für jedes ε gibt es ein $\delta < h$ derart, daß

$$z \in N'(a,\delta) \subset S \Rightarrow \|J_z - J_a\| < \varepsilon \tag{8.61}$$

gilt. Hieraus folgt weiterhin

$$\lim_{x \to a} \left\{ \sup_{0<t<1} \|J_{a+t(x-a)} - J_a\| \right\} = 0 \tag{8.62}$$

und somit

$$\lim_{x \to a} \frac{\| f(x) - f(a) - J_a(x - a) \|}{\| x - a \|} = 0 \; . \tag{8.63}$$

Dies stimmt mit Gl.(8.2) überein, und der Beweis ist damit vollständig geführt.

Unter den Bedingungen von Theorem 8.7 ist f(x) in a differenzierbar, und die Stetigkeit folgt hieraus nach Abschnitt 8.5. Eine schwächere Forderung als die Stetigkeit der partiellen Ableitungen ist jedoch hinreichend um sicherzustellen, daß f in a stetig ist. Dies wird im folgenden Theorem ausgesagt.

THEOREM 8.8. Die Funktion f bilde $S \subseteq E_n$ auf $R \subseteq E_m$ ab. Sämtliche partiellen Ableitungen $\partial f_i / \partial x_j$ sollen in einer Umgebung $N(a,h) \subset S$ existieren und die Ungleichung $|\partial f_i / \partial x_j| \leq M$ erfüllen. Dann ist f in a stetig.

Beweis. Es seien $e_1, e_2, \ldots, e_n$ die Vektoren

$$e_1 = \begin{bmatrix} 1 \\ 0 \\ \vdots \\ 0 \end{bmatrix}, \quad e_2 = \begin{bmatrix} 0 \\ 1 \\ \vdots \\ 0 \end{bmatrix}, \quad \ldots , \quad e_n = \begin{bmatrix} 0 \\ 0 \\ \vdots \\ 1 \end{bmatrix}. \tag{8.64}$$

Die Vektoren $y_0, y_1, \ldots, y_n$ seien definiert durch

$$\begin{aligned} y_0 &= a \\ y_1 &= y_0 + e_1^T(x - a)e_1 \\ y_2 &= y_1 + e_2^T(x - a)e_2 \\ &\vdots \\ y_n &= y_{n-1} + e_n^T(x - a)e_n = x \in N(a,\delta) \subset N(a,h) \; . \end{aligned} \tag{8.65}$$

Dann wird

$$\|f(x)-f(a)\| = \left\| \sum_{j=1}^{n} [f(y_j)-f(y_{j-1})] \right\| \leq \sum_{j=1}^{n} \|f(y_j)-f(y_{j-1})\|, \quad (8.66)$$

und es ist $y_j - y_{j-1} = e_j^T(x-a)e_j$. Dies bedeutet, daß sich y_j und y_{j-1} nur in ihrem j-ten Element unterscheiden. Nach Korollar 1 von Theorem 8.3 gilt

$$\|f(y_j) - f(y_{j-1})\| \leq M\delta,$$

also

$$\|f(x) - f(a)\| \leq nM\delta, \quad (8.67)$$

und damit geht $f(x) \to f(a)$ für $x \to a$. Demzufolge ist f stetig an der Stelle a.

8.7. Höhere Ableitungen

Ist f eine reellwertige Funktion, deren Definitionsbereich eine offene Menge $S \subseteq E_n$ ist, und existieren die partiellen Ableitungen D_1f, D_2f, ..., D_nf überall in S, so stellen diese selbst Funktionen dar, welche in S definiert sind. Man kann daher die partiellen Ableitungen der partiellen Ableitungen bilden, sofern sie existieren. Man bezeichnet sie als die *partiellen Ableitungen zweiter Ordnung* von f. Dieser Prozeß läßt sich offensichtlich wiederholen, und man kann partielle Ableitungen dritter und höherer Ordnung bilden. Die partielle Ableitung von D_if nach x_j, wobei $x = (x_1,x_2,...,x_n)^T \subset S$ gilt, wird geschrieben als $D_{ji}f$ oder $\partial^2 f/\partial x_j \partial x_i$. Es gibt n^2 partielle Ableitungen zweiter Ordnung von f und n^k partielle Ableitungen der Ordnung k.

Das folgende wichtige Theorem wird an späterer Stelle dieses Kapitels bei der Diskussion von Maxima und Minima benötigt.

THEOREM 8.9. Es sei $f(x_1,x_2)$ eine reellwertige Funktion, welche auf einer offenen Teilmenge S von E_2 definiert ist, und es seien D_1f, D_2f und $D_{21}f$ in einer Umgebung N(a) eines Punktes $a = \begin{bmatrix} a_1 \\ a_2 \end{bmatrix}$ in S stetig. Dann existiert auch die gemischte partielle Ableitung $D_{12}f$ in a und stimmt mit $D_{21}f(a)$ überein.

Beweis. Es sei $x = \begin{bmatrix} x_1 \\ x_2 \end{bmatrix}$ ein Punkt in N(a). Dann gilt

$$D_2f(a_1+h,a_2) - D_2f(a_1,a_2) = \lim_{k\to 0} \frac{f(a_1+h,a_2+k)-f(a_1+h,a_2)}{k}$$

$$- \lim_{k\to 0} \frac{f(a_1,a_2+k)-f(a_1,a_2)}{k} . \quad (8.68)$$

Für beliebiges, festes k wird die Funktion

$$g_k(t) \equiv f(a_1 + t, a_2 + k) - f(a_1 + t, a_2) \quad (8.69)$$

definiert. Dann läßt sich Gl.(8.68) in der Form

$$D_2f(a_1+h,a_2) - D_2f(a_1,a_2) = \lim_{k\to 0} \frac{g_k(h) - g_k(0)}{k} \quad (8.70)$$

schreiben. Unter Verwendung des Mittelwertsatzes kann die rechte Seite von Gl.(8.70) in der Form

$$\lim_{k\to 0} \frac{h}{k} g_k'(h^*) \quad (8.71)$$

dargestellt werden, wobei h^* zwischen 0 und h liegt und im allgemeinen von k abhängt.

Nun gilt

$$g_k'(t) = D_1 f(a_1+t, a_2+k) - D_1 f(a_1+t, a_2) \ . \tag{8.72}$$

Damit erhält man aus den Gln.(8.70), (8.71) und (8.72) die Aussage

$$\frac{D_2 f(a_1+h, a_2) - D_2 f(a_1, a_2)}{h} = \lim_{k\to 0} \frac{D_1 f(a_1+h^*, a_2+k) - D_1 f(a_1+h^*, a_2)}{k} \ . \tag{8.73}$$

Verwendet man erneut den Mittelwertsatz, dann läßt sich die rechte Seite von Gl.(8.73) als

$$\lim_{k\to 0} D_{21} f(a_1 + h^*, a_2 + k^*) \tag{8.74}$$

schreiben, wobei k^* zwischen 0 und k liegt.

Da $D_{21}f$ stetig ist, gibt es eine Umgebung $N(a,\delta)$, so daß

$$|D_{21} f(x_1, x_2) - D_{21} f(a_1, a_2)| < \varepsilon \tag{8.75}$$

gilt für jedes vorgegebene $\varepsilon > 0$ und alle $(x_1, x_2) \in N(a,\delta)$. Nun ist aber $(a_1+h^*, a_2+k^*) \in N(a,\delta)$, sofern $|h| < \delta/2$ und $|k| < \delta/2$ gilt. Hält man also h fest mit $|h| < \delta/2$, und ist $|k| < \delta/2$, so wird

$$|D_{21} f(a_1+h^*, a_2+k^*) - D_{21} f(a_1, a_2)| < \varepsilon \ . \tag{8.76}$$

Läßt man in der Ungleichung (8.76) $k \to 0$ streben, so wird

$$\left|\lim_{k\to 0} D_{21}f(a_1+h^*,a_2+k^*) - D_{21}f(a_1,a_2)\right| < \varepsilon \tag{8.77}$$

für $h < \delta/2$. Dieses letzte Ergebnis bedeutet jedoch einfach, daß

$$\lim_{h\to 0}\left\{\lim_{k\to 0} D_{21}f(a_1+h^*,a_2+k^*)\right\} = D_{21}f(a_1,a_2) \tag{8.78}$$

gilt.

Der Beweis des Theorems ergibt sich nun, wenn man beachtet, daß wegen Gl.(8.73) und Gl.(8.74) die linke Seite von Gl.(8.78) gerade mit $D_{12}f(a_1,a_2)$ übereinstimmt.

Übung 8.11. Warum läßt sich der Beweis des Theorems nicht abkürzen, indem man

$$\lim_{k\to 0} D_{21}f(a_1+h^*,a_2+k^*) = D_{21}f(a_1+h^*,a_2)$$

setzt und dann $h \to 0$ streben läßt? [Die Größe h^* hängt von k ab.]

Übung 8.12. Man zeige folgendes. Ist f eine reellwertige Funktion, deren Definitionsbereich eine offene Menge $S \subseteq E_n$ darstellt, dann gilt $D_{ij}f(x) = D_{ji}f(x)$ für $i,j = 1, 2,\ldots,n$, sofern sämtliche partiellen Ableitungen zweiter Ordnung $D_{ij}(x)$ in einer Umgebung von $x \in S$ stetig sind.

Falls die Bedingungen der Übung 8.12 erfüllt sind, dann ist die Matrix H mit den Elementen $h_{ij} = D_{ij}f$ symmetrisch. Die Matrix H wird die *Hessesche Matrix* von f genannt.

Beispiel 8.8. Das folgende, etwas konstruierte Beispiel wird oft verwendet, um nachzuweisen, daß $\partial^2 f/\partial x_i \partial x_j$ nicht immer gleich $\partial^2 f/\partial x_j \partial x_i$ ist. Es sei $f(x,y)=xy(x^2-y^2)/(x^2+y^2)$, wenn x und y nicht beide Null sind, und es sei $f(0,0) = 0$. Dann gilt im Ursprung

$$D_1 f(0,0) = \lim_{h \to 0} \frac{f(h,0) - f(0,0)}{h} = 0$$

und

$$D_2 f(0,0) = \lim_{k \to 0} \frac{f(0,k) - f(0,0)}{k} = 0 .$$

Andererseits erhält man

$$D_1 f(0,y) = -y \quad \text{für} \quad y \neq 0$$

$$D_2 f(x,0) = x \quad \text{für} \quad x \neq 0 \quad .$$

Damit wird

$$D_{12} f(0,0) = \lim_{h \to 0} \frac{D_2 f(h,0) - D_2 f(0,0)}{h}$$

$$= 1$$

und in entsprechender Weise

$$D_{21} f(0,0) = -1 .$$

Damit ist gezeigt, daß die gemischten partiellen Ableitungen zweiter Ordnung im Nullpunkt nicht übereinstimmen.

8.8. Taylorscher Satz (Allgemeiner Mittelwertsatz)

Der Mittelwertsatz in der im Theorem 8.5 angegebenen Form zeigt, daß es zu einer in [a,b] stetigen und in (a,b) differenzierbaren Funktion f ein $x_0 \in (a,b)$ gibt mit der Eigenschaft $f(b) - f(a) = (b-a)f'(x_0)$. Verwendet man die Schreibweise $x_0 = a + \theta(b-a)$ mit $0 < \theta < 1$, dann ist also

$$f(b) - f(a) = (b-a)f'\{a + \theta(b-a)\}. \tag{8.79}$$

Man kann dieses Ergebnis auf naheliegende Weise erweitern, indem man voraussetzt, daß f' in [a,b] stetig und in (a,b) differenzierbar ist.

Hierzu wird die Funktion g betrachtet, die durch

$$g(x) = f(b)-f(x)-(b-x)f'(x) - \left(\frac{b-x}{b-a}\right)^2\{f(b)-f(a)-(b-a)f'(a)\} \tag{8.80}$$

gegeben sei. Offensichtlich gilt $g(a) = g(b) = 0$ und

$$g'(x) = \frac{2(b-x)}{(b-a)^2}\{f(b)-f(a)-(b-a)f'(a) - \frac{1}{2}(b-a)^2f''(x)\}. \tag{8.81}$$

Wendet man den Mittelwertsatz auf g an, so erhält man

$$f(b) = f(a)+(b-a)f'(a) + \frac{1}{2}(b-a)^2f''(a+\theta_1(b-a)), \tag{8.82}$$

wobei $0 < \theta_1 < 1$ gilt.

Dieser Prozeß läßt sich wiederholen und führt dann auf das folgende wichtige Theorem.

THEOREM 8.10 *(Taylorscher Satz).* Es sei f eine reellwertige Funktion mit dem abgeschlossenen Intervall [a,b] als Definitionsbereich, und es sei $f^{(n-1)}(x)$ in [a,b] stetig und in (a,b) differenzierbar. Dann ist

$$f(b) = f(a) + (b-a)f'(a) + \frac{1}{2!}(b-a)^2 f''(a) + \ldots$$

$$\ldots + \frac{1}{(n-1)!}(b-a)^{n-1}f^{(n-1)}(a) + \frac{1}{n!}(b-a)^n f^{(n)}(a+\theta_n(b-a)), \tag{8.83}$$

wobei $0 < \theta_n < 1$ gilt.

Beweis. Es wird die Funktion

$$g(x) = g_n(x) - \left(\frac{b-x}{b-a}\right)^n g_n(a) \tag{8.84}$$

betrachtet, wobei

$$g_n(x) = f(b)-f(x)-(b-x)f'(x) - \ldots - \frac{(b-x)^{n-1}}{(n-1)!} f^{(n-1)}(x) \tag{8.85}$$

gilt. Da $f^{(n-1)}$ stetig ist in $[a,b]$, sind nach Abschnitt 8.3 auch $f^{(n-2)}$, $f^{(n-3)}$, ..., f stetig. Deshalb ist auch g stetig.

Eine direkte Rechnung zeigt, daß $g(a) = g(b) = 0$ sein muß und daß

$$g'(x) = \frac{n(b-x)^{n-1}}{(b-a)^n}\left\{g_n(a) - \frac{(b-a)^n}{n!} f^{(n)}(x)\right\} \tag{8.86}$$

gilt. Deshalb muß ein θ_n mit $0 < \theta_n < 1$ existieren, so daß $g'(a+\theta_n(b-a)) = 0$ wird. Damit ist das Theorem bewiesen.

Führt man in Gl.(8.83) die Substitution $b = a + h$ durch, dann erhält man

$$f(a+h) = f(a) + hf'(a) + \frac{1}{2!}h^2 f''(a) + \ldots$$
$$\ldots + \frac{1}{(n-1)!}h^{n-1}f^{(n-1)}(a) + \frac{1}{n!}h^n f^{(n)}(a+\theta_n h) . \tag{8.87}$$

In dieser Form wird der Taylorsche Satz üblicherweise angegeben. Sind die Bedingungen des Theorems für das Intervall $[c,b]$ erfüllt, wobei a ein innerer Punkt von $[c,b]$ sein soll, dann darf h in Gl.(8.87) sowohl negative als auch positive Werte annehmen.

Beispiel 8.9. Es sei $f(x) = 1/x$, und es wird $0 < x < x+h$ vorausgesetzt. Dann sind die Bedingungen des obigen Theorems erfüllt, und mit $f^{(r)}(x) = (-1)^r r!/x^{r+1}$ erhält man

$$\frac{1}{x+h} = \frac{1}{x} - \frac{h}{x^2} + \frac{h^2}{x^3} - \ldots + \frac{(-1)^{n-1}h^{n-1}}{x^n} + \frac{(-1)^n h^n}{(x+\theta h)^{n+1}} \tag{8.88}$$

für ein θ mit $0 < \theta < 1$.

Übung 8.13. Man zeige, daß

$$\cos(x+h) = \cos x - h \sin x - \frac{h^2}{2!}\cos x + \frac{h^3}{3!}\sin x + \ldots$$
$$+ (-1)^n \frac{h^{2n-1}}{(2n-1)!}\sin x + (-1)^n \frac{h^{2n}}{(2n)!}\cos(x+\theta h) \tag{8.89}$$

gilt für

$$0 < \theta < 1 . \tag{8.90}$$

Es wurde bisher in diesem Abschnitt angenommen, daß die Funktion f Ableitungen von entsprechender Ordnung nicht nur in (a,b) besitzt, sondern auch in a und in b. Man kann leicht einsehen, daß für $b > a$ nur die rechtsseitigen Ableitungen D_+f, $D_+^2f = D_+(D_+f)$ usw. in a von Bedeutung sind und daß man in b nur die linksseitigen Ableitungen benötigt. Die Bedingungen des Theorems 8.10 können damit in folgender Weise gelockert werden: Es sei f eine reellwertige Funktion, deren Definitionsbereich das abgeschlossene Intervall $[a,b]$ ist. Weiterhin sei $D_+^{n-1}f$ in $[a,b)$ stetig, $D_-^{n-1}f$ sei in $(a,b]$ stetig und in (a,b) sei $D_+^{n-1}f$ differenzierbar und mit $D_-^{n-1}f$ identisch. Dann lassen sich in Gl.(8.83) die Größen $f'(a)$, $f''(a)$ usw. durch $D_+f(a)$, $D_+^2f(a)$ usw. ersetzen. Da die n-te Ableitung im offenen Intervall (a,b) gebildet wird, braucht nur noch die Stetigkeit der (entsprechend modifizierten) Funktion g verifiziert werden. Dies sei dem Leser als Übung überlassen.

Es ist naheliegend, den Taylorschen Satz auf reellwertige Funktionen mit Definitionsbereich $S \subseteq E_n$ zu erweitern. Die vorausgegangene Verallgemeinerung ist dann nicht möglich, und daher wird S am einfachsten als offene Menge gewählt.

THEOREM 8.11. Die Funktion f habe stetige partielle Ableitungen der Ordnung m in jedem Punkt einer offenen Menge $S \subseteq E_n$. Weiterhin seien a und b zwei voneinander verschiedene Punkte von S, deren geradlinige Verbindung vollständig in S liegt. Dann gibt es einen inneren Punkt c auf dieser geradlinigen Verbindung, so daß

$$f(b) = f(a) + \sum_{k=1}^{m-1} \frac{1}{k!} d^k f(a,b-a) + \frac{1}{m!} d^m f(c,b-a) \tag{8.91}$$

gilt. Dabei bedeutet mit $y = (y_1,y_2,\ldots,y_n)^T$

$$d^k f(x,y) \equiv \sum_{j_1=1}^{n} \sum_{j_2=1}^{n} \cdots \sum_{j_k=1}^{n} D_{j_1 j_2 \ldots j_k} f(x) y_{j_1} y_{j_2} \ldots y_{j_k} . \tag{8.92}$$

Beweis. Zum Beweis des Theorems wird die Aussage auf ein Problem in einer einzigen Variablen wie folgt zurückgeführt. Es sei $g(\theta) = f(\theta b + (1-\theta)a)$ mit $0 \le \theta \le 1$. Da f stetige partielle Ableitungen besitzt, liefert die Kettenregel (Theorem 8.2)

$$g'(\theta) = \sum_{j_1=1}^{n} D_{j_1} f(\theta b + (1-\theta)a)(b_{j_1} - a_{j_1})$$

$$= d^1 f[\theta b + (1-\theta)a,\ b-a] \tag{8.93}$$

$$g''(\theta) = \sum_{j_2=1}^{n} \sum_{j_1=1}^{n} D_{j_2 j_1} f[\theta b + (1-\theta)a](b_{j_1} - a_{j_1})(b_{j_2} - a_{j_2})$$

$$= d^2 f[\theta b + (1-\theta)a,\ b-a]\ . \tag{8.94}$$

(Man beachte, daß j_1 und j_2 sämtliche Werte von 1 bis n durchlaufen.) Fährt man in dieser Weise fort, so erhält man allgemein

$$g^{(m)}(\theta) = d^m f[\theta b + (1-\theta)a,\ b-a]. \tag{8.95}$$

Die Anwendung von Theorem 8.10 auf g(1) liefert

$$g(1) - g(0) = \sum_{k=1}^{m-1} \frac{g^k(0)}{k!} + \frac{1}{m!} g^{(m)}(\theta_1) \tag{8.96}$$

mit $0 < \theta_1 < 1$. Da $g(1) = f(b)$ und $g(0) = f(a)$ gilt, erhält man das Ergebnis unmittelbar durch Substitution von Gl.(8.95) in Gl.(8.96), wenn man beachtet, daß $\theta_1 b + (1-\theta_1)a$ einen inneren Punkt c auf dem Geradenstück zwischen a und b darstellt.

Beispiel 8.10. Ist $b = (x_1+\xi_1, x_2+\xi_2)$ und $a = (x_1,x_2)$, dann wird Gl.(8.91) für $m = 2$ zu

$$f(x_1+\xi_1,x_2+\xi_2) = f(x_1,x_2) + \sum_{i=1}^{2} \xi_i \frac{\partial f(x_1,x_2)}{\partial x_i}$$

$$+ \frac{1}{2!} \sum_{i=1}^{2} \sum_{j=1}^{2} \xi_i \xi_j \frac{\partial^2 f(x_1+\theta\xi_1,x_2+\theta\xi_2)}{\partial x_i \partial x_j} \tag{8.97}$$

mit $0 < \theta < 1$.

Übung 8.13. Man beweise, daß für kleine Werte x und y der Ausdruck $y + xy$ näherungsweise mit $e^x \sin y$ übereinstimmt.

Übung 8.14. Man zeige, daß in der Umgebung des Ursprungs $\sin x \cdot \sin y$ näherungsweise mit xy übereinstimmt.

8.9. Maxima und Minima stetiger Funktionen

Maxima und Minima (und zwar absolute und relative) von stetigen reellwertigen Funktionen wurden im Abschnitt 7.1 eingeführt. Ihre Eigenschaften werden in diesem Abschnitt weiter diskutiert. Zunächst wird eine wichtige notwendige Bedingung bewiesen.

THEOREM 8.12. Es sei f eine reellwertige Funktion, deren Definitionsbereich das offene Intervall $(a,b) \subset E_1$ ist. Hat f ein relatives Maximum oder Minimum in einem Punkt $x_0 \in (a,b)$ und hat die Funktion dort eine Ableitung, so gilt $f'(x_0) = 0$.

Beweis. Es wird vorausgesetzt, daß $f'(x_0) > 0$ und endlich ist. Aufgrund der Definition der Ableitung (Abschnitt 8.1) gibt es eine Umgebung $N(x_0)$, so daß

$$\left| \frac{f(x) - f(x_0)}{x - x_0} - f'(x_0) \right| < \varepsilon$$

gilt für sämtliche x in der gelochten Umgebung $N'(x_0)$ und für jedes $\varepsilon > 0$. Hieraus folgt die Beziehung $-\varepsilon + f'(x_0) < [f(x) - f(x_0)]/(x - x_0) < \varepsilon + f'(x_0)$. Wählt man $\varepsilon < f'(x_0)$, dann ist zu erkennen, daß $f(x) - f(x_0)$ dasselbe Vorzeichen wie $x - x_0$ haben muß. Wenn $f'(x_0)$ endlich und positiv ist, dann muß es also eine Umgebung von x_0 geben, in welcher $f(x)$ zunimmt, und deshalb kann $f(x_0)$ weder ein Maximum noch ein Minimum sein.

Gilt andererseits $f'(x_0) = +\infty$, dann muß es eine Umgebung von x_0 geben, so daß $[f(x) - f(x_0)]/(x - x_0) > 1$ in der gelochten Umgebung $N'(x_0)$ gilt, und damit läßt sich die gleiche Schlußfolgerung durchführen.

In derselben Weise kann gezeigt werden, daß f an der Stelle x_0 weder ein Maximum noch ein Minimum haben kann, falls $f'(x_0)$ negativ ist (endlich oder unendlich). Aufgrund der Voraussetzung gibt es jedoch eine Ableitung in x_0, und deshalb ist $f'(x_0) = 0$.

Übung 8.15. Man gebe einen weiteren Beweis des obigen Theorems unter direkter Verwendung des Mittelwertsatzes.

Man beachte, daß die Bedingung $f'(x_0) = 0$ nur eine notwendige Forderung für ein Maximum oder ein Minimum darstellt. Das folgende einfache Beispiel zeigt, daß diese Bedingung keinesfalls hinreichend ist.

Beispiel 8.11. Es sei $f(x) = x^3$, so daß $f'(x) = 3x^2$ und $f'(0) = 0$ gilt. Die Funktion f hat jedoch in $x = 0$

weder ein Maximum noch ein Minimum, da x^3 in jedem offenen Intervall $(-h,h)$ zunimmt.

Das folgende Theorem liefert hinreichende Bedingungen für ein Maximum oder ein Minimum, wenn der Definitionsbereich von f in E_1 liegt.

THEOREM 8.13. Der Definitionsbereich einer reellwertigen Funktion f sei das offene Intervall (a,b) und es sei $f^{(n)}(x)$ in (a,b) stetig. Gilt in einem Punkt $x_0 \in (a,b)$ die Beziehung $f'(x_0) = f''(x_0) = \ldots = f^{(n-1)}(x_0) = 0$ und $f^{(n)}(x_0) \neq 0$ mit ungeradem n (≥ 1), dann kann in x_0 weder ein Maximum noch ein Minimum sein. Ist jedoch n eine gerade Zahl, dann befindet sich in x_0 ein Maximum, falls $f^{(n)}(x_0) < 0$ gilt, und es ist ein Minimum in x_0, wenn $f^{(n)}(x_0) > 0$ gilt.

Beweis. Die Aussage folgt unmittelbar aus dem Taylorschen Satz, der sich unter den obigen Bedingungen auf

$$f(x) - f(x_0) = \frac{f^{(n)}(y)}{n!}(x - x_0)^n$$

reduziert, wobei sich x in einer geeigenten Umgebung von x_0 befindet und $y \in N'(x_0, |x-x_0|)$ gilt. Die Einzelheiten des Beweises seien dem Leser als Übung empfohlen.

Beispiel 8.12. Es sei $f(x) = (x-1)^3$, so daß $f'(x) = 3(x-1)^2$, $f''(x) = 6(x-1)$ und $f^{(3)}(x) = 6$ gilt. Die erste nicht verschwindende Ableitung in $x = 1$ ist die Ableitung dritter Ordnung. Daher befindet sich dort weder ein Maximum noch ein Minimum (Beispiel 8.10). Wählt man andererseits $f(x) = (x-1)^4$, so ergibt sich $f'(1) = f''(1) = f^{(3)}(1) = 0$, $f^{(4)}(1) = 24 > 0$ und $(x-1)^4$ hat damit ein Minimum in $x = 1$.

Im folgenden wird eine Erweiterung der notwendigen Bedingung von Theorem 8.12 auf reellwertige Funktionen, die auf einer Menge in E_n definiert sind, angegeben.

THEOREM 8.14. Die reellwertige Funktion f habe partielle Ableitungen $\partial f/\partial x_i$, $i = 1,2,\ldots,n$, erster Ordnung in jedem Punkt x einer offenen Menge $S \subset E_n$. Für das Auftreten eines relativen Maximums oder Minimums im Punkt $a \in S$ ist dann notwendig, daß $\partial f/\partial x_i = 0$ für $i = 1,2,\ldots,n$ in a gilt.

Beweis. Es sei $a = (a_1,a_2,\ldots,a_n)^T$. Stellt f(a) ein Maximum (oder ein Minimum) dar, dann muß die Funktion $f(x_1,a_2,\ldots,a_n)$ ein Maximum (ein Minimum) bezüglich der Variablen x_1 sein. Deshalb gilt $\partial f/\partial x_1 = 0$ in a. Ein entsprechendes Ergebnis erhält man für die anderen Variablen.

Übung 8.16. Man gebe einen anderen Beweis dieses Theorems aufgrund des Taylorschen Satzes an.

Im folgenden wird eine nützliche hinreichende Bedingung für die Existenz von Maxima oder Minima bei Funktionen von mehr als einer Variablen bewiesen.

THEOREM 8.15. Die Funktion f habe stetige partielle Ableitungen zweiter Ordnung $D_{ij}f$, $i,j = 1,2,\ldots,n$, auf einer offenen Menge S in E_n. Es wird vorausgesetzt, daß sämtliche partiellen Ableitungen erster Ordnung von f in einem Punkt $a \in S$ verschwinden und daß $\det(D_{ij}f)$ in a nicht gleich Null ist. Dann hat f ein relatives Minimum in a, falls

$$d_i > 0 \quad \text{für} \quad i = 1,2,\ldots,n \tag{8.98}$$

gilt, und ein relatives Maximum in a, falls

$$\left.\begin{array}{ll} d_i > 0 & \text{für} \quad i = 2,4,6,\ldots \\ d_i < 0 & \text{für} \quad i = 1,3,5,\ldots \end{array}\right\} i \le n \tag{8.99}$$

gilt, wobei die d_i die Hauptabschnittsdeterminanten

$$d_i = \begin{vmatrix} D_{11}f(a) & D_{12}f(a) & \ldots & D_{1i}f(a) \\ D_{21}f(a) & D_{22}f(a) & \ldots & D_{2i}f(a) \\ \vdots & \vdots & & \vdots \\ D_{i1}f(a) & D_{i2}f(a) & \ldots & D_{ii}f(a) \end{vmatrix} \tag{8.100}$$

sind.

Beweis. Unter den im Theorem genannten Bedingungen erhält man (bei Verwendung einer Taylorschen Entwicklung bis zum zweiten Grade)

$$f(a + \xi) - f(a) = \xi^T H(a + \theta\xi)\xi \ , \tag{8.101}$$

wobei H die Hessesche Matrix ist, $0 < \theta < 1$ gilt und $a+\xi$ einen Punkt in einer Umgebung N(a) bedeutet, welche sich ganz in S befindet.

Ist die Bedingung (8.98) erfüllt, dann ist die Matrix H(a), welche nach Übung 8.12 symmetrisch ist, positiv definit (Kapitel III, Abschnitt 9.5), und aus der Stetigkeit von H(y) für $y \in S$ folgt, daß es eine Umgebung $N_1(a) \subset S$ geben muß, für welche $H(y) > 0$ für $y \in N_1(a)$ gilt. Nimmt man nun an, daß N(a) in $N_1(a)$ enthalten ist, so befindet sich $a+\theta\xi$ in $N_1(a)$ und wegen Gl.(8.101) gilt $f(a+\xi) - f(a) > 0$ in $N_1'(a)$. Damit ist zu erkennen, daß a ein lokales Minimum von f ist.

Die Bedingungen für ein relatives Maximum ergeben sich in genau derselben Weise (unter Verwendung der Bedingungen für negative Definitheit aus Kapitel III, Abschnitt 9.5). Im Falle, daß H(a) semidefinit (positiv oder negativ) ist, reicht die Taylorsche Entwicklung Gl.(8.101) nicht aus, um zu bestimmen, ob a ein Extremalpunkt von f ist. Ist schließlich H(a) indefinit, dann ist $f(a+\xi) - f(a)$ in einer beliebig kleinen Umgebung von a sowohl positiver als auch negativer Werte fähig, und deshalb kann a kein Extremalpunkt von f sein.

Beispiel 8.13. Die Funktion f habe in sämtlichen Punkten einer offenen Menge $S \subset E_2$ stetige partielle Ableitungen zweiter Ordnung, und es sei $D_1f(a) = D_2f(a) = 0$ für einen Punkt $a \in S$.

Gilt

$$\Delta \equiv D_{11}f(a)D_{22}f(a) - \left[D_{12}f(a)\right]^2 > 0\,, \tag{8.102}$$

dann befindet sich in a ein Maximum von f, sofern

$$D_{11}f(a) < 0 \tag{8.103}$$

ist, und ein Minimum von f, wenn

$$D_{11}f(a) > 0 \tag{8.104}$$

gilt. Ist $\Delta < 0$, so kann es weder ein Maximum noch ein Minimum in a geben. Falls schließlich $\Delta = 0$ ist, so gibt dieser Test keinen Aufschluß, und man muß Ableitungen höherer Ordnun untersuchen.

Wegen einer Behandlung von Maxima und Minima, bei denen die Veränderlichen nicht frei variieren können, sondern Gleichheitsbedingungen unterworfen sind, sei der Leser auf Apostol (1957) verwiesen.

Übung 8.17. Man betrachte den Quotienten $r(x) = x^+Hx/x^+x$, $x \neq 0$, wobei H eine hermitesche Matrix und x einen Vektor mit komplexen Komponenten bedeuten.(Die Größe r(x) wird als *Rayleighscher Quotient* bezeichnet.) Man beweise, daß r(x) Maximal- und Minimalwerte auf der Menge $\|x\| = 1$ annimmt und daß diese Werte den größten bzw. den kleinsten der Eigenwerte von H darstellen. Natürlich kann es mehr als einen größten oder kleinsten Eigenwert geben. [Man diagonalisiere die quadratische Form im Zähler wie in Abschnitt 9.2 von Kapitel III.]

9. Differenzierbarkeit physikalischer Variabler

Beim Studium Dynamischer Systeme treten insbesondere vektorielle Funktionen der Zeit auf. Im Abschnitt 7.4 wurden Gründe dafür angegeben, daß man diese Funktionen als stetig betrachten kann, möglicherweise ausgenommen an endlich vielen Stellen in jedem endlichen Intervall, wo einfache rechtsseitige Unstetigkeiten auftreten können. Beispielsweise wird die Sprungfunktion durch

$$U(t) = \begin{cases} 0 & \text{für } t \leq 0 \\ 1 & \text{für } t > 0 \end{cases} \tag{9.1}$$

definiert.

Es empfiehlt sich, noch einen Schritt weiterzugehen und derartigen physikalischen Variablen Eigenschaften der Differenzierbarkeit zuzumessen. Dabei werden die folgenden Definitionen verwendet.

(a) Eine Funktion f, deren Definitionsbereich ein (endliches oder unendliches) offenes Intervall $I \subseteq E_1$ ist und die den Wertebereich $R \subseteq E_m$ hat, gehört zu einer Klasse D_R auf I, wenn sie auf jedem beschränkten offenen Intervall $J \subset I$ dargestellt werden kann in der Form

$$f(t) = \sum_{i=1}^{p} f_i U(t - p_i) + \phi(t) , \tag{9.2}$$

wobei $p_i \in J$ gilt und die f_i Konstanten sind. Die Funktion ϕ sei auf J stetig und beschränkt.

(b) Eine Funktion f, deren Definitionsbereich ein (endliches oder unendliches) offenes Intervall $I \subseteq E_1$ ist und die den Wertebereich $R \subseteq E_m$ hat, gehört zur Klasse D_R^1 auf I, wenn sie auf jedem beschränkten offenen Intervall $J \subset I$ geschrieben werden kann in der Form

$$f(t) = \sum_{i=1}^{p} f_i U(t-p_i) + \sum_{i=1}^{q} (t-q_i)\phi_i U(t-q_i) + \psi(t) , \quad (9.3)$$

wobei $p_i \in J$, $q_i \in J$ gilt, f_i und ϕ_i Konstanten bedeuten und ψ eine auf J stetige und beschränkte Funktion mit auf J stetiger und beschränkter Ableitung $D\psi$ ist.

Wird das Intervall I nicht näher beschrieben, so wird hierunter $I = E_1$ verstanden. Die Tatsache, daß eine Funktion in D_R oder D_R^1 ist, wird durch $f \in D_R$ oder $f \in D_R^1$ bezeichnet. Die Funktionsklassen D_L und D_L^1 werden in ähnlicher Weise definiert, wobei $U(t-p_i)$, $U(t-q_i)$ durch $U(p_i-t)$, $U(q_i-t)$ ersetzt werden. Aus den Eigenschaften von U(t) folgt, daß $f \in D_R$ die im Abschnitt 7.4 beschriebenen Eigenschaften hat. Eine Funktion $f \in D_L$ besitzt statt rechtsseitigen linksseitige Unstetigkeiten.

Gilt $f \in D_R^1$ in I, dann hat diese Funktion eine linksseitige Ableitung überall in $J \subset I$. Sie ist gegeben durch

$$D_- f(t) = \sum_{i=1}^{q} \phi_i U(t-q_i) + D\psi(t) , \quad (9.4)$$

was man unmittelbar aus den Eigenschaften von U(t) entnehmen kann. Aufgrund von Gl.(9.4) ist offensichtlich, daß $D_- f \in D_R$ gilt. In jedem Punkt von J, mit Ausnahme der Punkte

$t = q_i$, $i = 1,2,\ldots,q$, hat f eine mit D_-f übereinstimmende Ableitung Df. In den Punkten q_i existiert D_+f nicht, und deshalb existiert Df nicht.

Funktionen, welche abgesehen von endlich vielen Punkten in jedem endlichen Intervall überall stetig oder differenzierbar sind, heißen *stückweise stetig* oder *stückweise differenzierbar*. Die Klassen D_R und D_L definieren Teilmengen der stückweise stetigen Funktionen, und die Klassen D_R^1, D_L^1 definieren Teilmengen der stückweise differenzierbaren Funktionen.

9.1. Beschränkte Variation

Funktionen von beschränkter Variation werden in späteren Kapiteln von Bedeutung sein. Zunächst wird eine Funktion f mit Definitionsbereich $S \subseteq E_1$ und Wertebereich $R \subseteq E_1$ betrachtet. Es sei $[a,b]$ ein Intervall in S, und es sei eine Punktmenge $\{x_i\}$ im Intervall definiert durch

$$a = x_0 < x_1 < \ldots < x_{n-1} < x_n = b .$$

Eine derartige Punktmenge wird als *Unterteilung* oder *Zerlegung* P von [a,b] bezeichnet. Es sei

$$\Delta f_k = f(x_k) - f(x_{k-1}),\ k = 1,2,\ldots,n .$$

Gibt es eine Schranke M mit der Eigenschaft $V_P(f) = \sum_{k=1}^{n} |\Delta f_k| < M$ für alle möglichen Zerlegungen P (d.h. für jede Wahl von n und von Punkten $x_1, x_2, \ldots, x_{n-1}$), dann sagt man, f sei von *beschränkter Variation* in [a,b].

Hat eine Funktion g den Definitionsbereich $S \subseteq E_1$ und den Wertebereich $R \subseteq E_m$ und ist jedes Element von g von beschränkter Variation auf einem Intervall [a,b] entsprechend der vorstehenden Definition, so heißt g eine Funktion von beschränkter Variation in [a,b].

Ein wichtiges Ergebnis, welches später Verwendung findet, lautet wie folgt.

THEOREM 9.1. Falls eine Funktion g mit Definitionsbereich $S \subseteq E_1$ und Wertebereich $R \subseteq E_m$ in einem offenen Intervall J zu D_R^1 [oder D_L^1] gehört, ist sie von beschränkter Variation in $[a,b] \subset J$.

Beweis. Es sei f ein Element des Vektors g. Wie in Gl. (9.2) wird

$$f(t) = \sum_{i=1}^{p} f_i U(t - p_i) + \phi(t) \tag{9.5}$$

geschrieben, wobei angesichts von Gl.(9.3)

$$\phi(t) = \sum_{i=1}^{q} (t - q_i)\phi_i U(t - q_i) + \psi(t) \tag{9.6}$$

gilt. Für jede vorgegebene Zerlegung P erhält man

$$V_P(f) = \sum_{k=1}^{n} \left| \sum_{i=1}^{p} f_i\left[U(x_k - p_i) - U(x_{k-1} - p_i)\right] + \phi(x_k) - \phi(x_{k-1}) \right| \tag{9.7}$$

$$\leq \sum_{i=1}^{p} |f_i| + V_P(\phi). \tag{9.8}$$

Durch die Einführung eines neuen Punktes in P wird die Summe $\sum |\Delta\phi|$ nicht kleiner, denn mit $x_{i-1} < x_\alpha < x_i$ ergibt sich

$$|\phi(x_i) - \phi(x_\alpha)| + |\phi(x_\alpha) - \phi(x_{i-1})| \geq |\phi(x_i) - \phi(x_{i-1})|. \tag{9.9}$$

Es wird nun in P jeder Punkt q_i eingefügt, in welchem $D\phi$ unstetig ist, soweit er nicht bereits eingeschlossen ist. Die resultierende Zerlegung wird mit P_1 bezeichnet. Innerhalb jedes Intervalls (x_{i-1}, x_i) von P_1 existiert $D\phi$, und es gilt $|D\phi| < M$ aufgrund von Gl.(9.6) und der Beschränktheit von $D\psi$. Die Anwendung von Theorem 8.5 ergibt

$$V_P(\phi) \leq V_{P_1}(\phi) = \sum |\phi(x_i) - \phi(x_{i-1})| \tag{9.10}$$

$$= \sum |x_i - x_{i-1}| \, |D\phi(y_i)| \tag{9.11}$$

$$\leq M|b - a| \, , \tag{9.12}$$

wobei in Gl.(9.11) $x_{i-1} < y_i < x_i$ für alle i gilt.

Die Ungleichungen (9.8) und (9.12) lassen erkennen, daß für jedes beliebige P stets

$$V_P(f) \leq \sum_{i=1}^{p} |f_i| + M|b - a| \tag{9.13}$$

gilt, so daß f von beschränkter Variation in [a,b] ist. Mit den notwendigen Änderungen läßt sich dieser Beweis auch für $g \in D_L^1$ durchführen.

Bei späteren Untersuchungen wird das folgende Theorem nützlich sein, da es bei Beweisführungen wesentliche Vereinfachungen erlaubt.

THEOREM 9.2. Ist eine Funktion $f: S \subseteq E_1 \to R \subseteq E_1$ von beschränkter Variation in $[a,b] \subset S$, dann kann $f = g - h$ geschrieben werden, wobei g und h in [a,b] nichtabnehmende Funktionen bedeuten.

Beweis. Die Grundidee des Beweises ist folgende: Es sei P eine Zerlegung von [a,b] , und es sei

$$p(x) = \sup_P \sum_a^x |\Delta f_k| ,$$

wobei die Summe über sämtliche Intervalle von P zu erstrekken ist, welche in [a,x] liegen und für welche $\Delta f_k > 0$ ist. Das Supremum ist bezüglich sämtlicher Zerlegungen von [a,b] zu bilden. In ähnlicher Weise sei

$$n(x) = \sup_P \sum_a^x |\Delta f_k| ,$$

wobei jetzt die $\Delta f_k < 0$ sein sollen.

Aufgrund ihrer Definitionen sind die Funktionen p(x) und n(x) nichtabnehmende Funktionen von x. Der Beweis des Theorems folgt nun aus der Tatsache, daß $f(x) = f(a)+p(x)-n(x)$ gilt.

Übung 9.1. Man führe die Einzelheiten des vorausgegangenen Beweises aus. [Für jede Zerlegung P, welche x enthält, gilt $f(x) = f(a) + \sum_p |\Delta f_k| - \sum_n |\Delta f_k|$, wobei $\sum_p$ sämtliche $\Delta f_k > 0$ enthält und $\sum_n$ sämtliche $\Delta f_k < 0$. Man verwende die Eigenschaften der Grenzwerte.]

Man beachte, daß $f \in D_R^1$ in jedem endlichen Intervall von beschränkter Variation ist. Die Funktionen p und n können dann für alle $x \geq a$ angegeben werden.

10. Unendliche Reihen

Es sei E ein euklidischer Raum und $\{x_n\}$ für $n \geq 0$ eine Menge von Elementen aus E. Es wird nun die diesen Elementen zugeordnete Folge $\{X_n\}$ für $n \geq 0$ betrachtet, wobei

$$X_n = x_0 + x_1 + \dots + x_n$$

$$= \sum_{k=0}^{n} x_k$$

gilt. Der Ausdruck $x_0+x_1+ \dots$ wird mit der Folge $\{X_n\}$ identifiziert und heißt die *Reihe* mit dem *allgemeinen Glied* x_n. Die Größe X_n wird die *n-te Teilsumme* der Reihe genannt. Man beachte, daß $x_0 = X_0$ und $x_n = X_n - X_{n-1}$ für $n \geq 1$ gilt.

Falls $\lim_{n\to\infty} X_n$ existiert und endlich ist, also $\lim_{n\to\infty} X_n = X$ ist, heißt die Folge $\{X_n\}$ *konvergent* gegen die Summe X. Wenn die Folge nicht konvergiert, heißt man sie *divergent*, und wenn X_n bei einer divergenten Folge nicht gegen einen Grenzwert (also gegen $+\infty$ oder $-\infty$) strebt, dann heißt die Folge *oszillierend*. Wenn die Folge $\{X_n\}$ konvergiert, wird die Reihe $x_0+x_1+ \dots$ als *konvergent* bezeichnet, und man schreibt $X = \sum_{n=0}^{\infty} x_n$ oder, sofern keine Mißverständnisse entstehen können, $X = \sum x_n$. Die Reihe wird als *divergent* bezeichnet, wenn die Folge divergiert, und sie heißt *oszillierend*, wenn die Folge oszilliert.

Das Cauchysche Kriterium aus Abschnitt 6.1 kann leicht auf unendliche Reihen angewendet werden und führt auf die folgende Aussage.

THEOREM 10.1 (*Cauchysche Bedingung für Reihen*). Eine notwendige und hinreichende Bedingung für die Konvergenz der Reihe $\sum_{n=0}^{\infty} x_n$ ist, daß es für jedes $\varepsilon > 0$ eine natürliche Zahl N gibt, so daß für $n > N$ stets

$$\| x_{n+1} + x_{n+2} + \ldots + x_{n+r} \| < \varepsilon$$

gilt für $r = 1,2,\ldots$.

Beweis. Der Beweis ergibt sich sofort durch Anwendung von Theorem 6.1 auf die Folge $\{X_n\}$.

Korollar. Es folgt unmittelbar aus dem Theorem, daß das allgemeine Glied $x_n = X_n - X_{n-1}$ einer konvergenten Reihe gegen Null streben muß für $n \to \infty$.

Das folgende Gegenbeispiel zeigt, daß $\lim_{n\to\infty} x_n = 0$ jedoch keine hinreichende Bedingung für die Konvergenz darstellt. Wählt man $x_n = 1/n$, so gilt sicher $\lim_{n\to\infty} x_n = 0$, jedoch erhält man bei Wahl von $n = 2^q$ und $r = 2^q$

$$\sum_{i=n+1}^{n+r} x_i = \frac{1}{2^q+1} + \frac{1}{2^q+2} + \ldots + \frac{1}{2^q+2^q} > \frac{2^q}{2 \cdot 2^q} = \frac{1}{2} ,$$

woraus zu erkennen ist, daß die Reihe aufgrund von Theorem 10.1 divergiert.

THEOREM 10.2. Sind $\sum_{n=0}^{\infty} x_n$ und $\sum_{n=0}^{\infty} y_n$ zwei konvergente Reihen mit der Summe s bzw. r, dann konvergiert auch die Reihe $\sum_{n=0}^{\infty} (\alpha x_n + \beta y_n)$, und diese Reihe hat die Summe $\alpha s + \beta r$.

Beweis. Schreibt man

$$\sum_{n=0}^{N} (\alpha x_n + \beta y_n) = \alpha \sum_{n=0}^{N} x_n + \beta \sum_{n=0}^{N} y_n ,$$

dann folgt die Aussage direkt aus Abschnitt 6.4.

Übung 10.1. Man beweise, daß zwei beliebige Reihen, welche abgesehen von endlich vielen ihrer Glieder in allen Gliedern übereinstimmen, entweder beide konvergieren oder beide divergieren müssen.

Übung 10.2. Die Folge $\{s_n\}$ heißt *monoton wachsend* (bzw. *monoton fallend*), falls $s_1 \leq s_2 \leq s_3 \leq \ldots \leq s_n \leq \ldots$ (bzw. $s_1 \geq s_2 \geq s_3 \geq \ldots \geq s_n \geq \ldots$) gilt; statt monoton wachsend (monoton fallend) sagt man häufig auch *nichtabnehmend (nichtzunehmend)*. Wenn die Gleichheitszeichen nicht zugelassen sind, heißen die Folgen *streng monoton* (wachsend oder fallend). Man beweise, daß jede monotone Folge genau dann konvergiert, wenn sie beschränkt ist.

10.1. Absolute und bedingte Konvergenz

Eine Reihe $\sum_{n=0}^{\infty} x_n$ heißt *absolut konvergent* (auch *unbedingt konvergent*), wenn $\sum_{n=0}^{\infty} \|x_n\|$ konvergiert. Falls $\sum_{n=0}^{\infty} x_n$ konvergiert, aber $\sum_{n=0}^{\infty} \|x_n\|$ divergiert, heißt die Reihe *bedingt konvergent*.

THEOREM 10.3. Notwendig und hinreichend für die Konvergenz einer Reihe $\sum_{n=0}^{\infty} x_n$, deren Glieder nichtnegative reelle Zahlen sind, ist die Forderung, daß die Folge ihrer Teilsummen beschränkt ist.

Beweis. Da $x_n \geq 0$ ist, muß $X_n \geq X_{n-1}$ gelten. Deshalb ist die Folge der Teilsummen monoton wachsend. Das Ergebnis folgt damit nach Übung 10.2.

THEOREM 10.4. Eine absolut konvergente Reihe $\sum_{n=0}^{\infty} x_n$ ist konvergent.

Beweis. Da $\sum_{n=0}^{\infty} \|x_n\|$ konvergiert, folgt aus der Cauchyschen Bedingung, daß für jedes $\varepsilon > 0$ ein N existiert, für welches mit $n > N$ stets

$$\|x_n\| + \|x_{n+1}\| + \ldots + \|x_{n+r}\| < \varepsilon$$

gilt für r = 1,2,.... Damit erhält man nach Kapitel III, Übung 2.5 die Ungleichung

$$\|x_n + x_{n+1} + \ldots + x_{n+r}\| < \varepsilon \quad ,$$

und somit konvergiert $\sum_{n=0}^{\infty} x_n$ aufgrund der Cauchyschen Bedingung.

Übung 10.3. Man zeige mit Hilfe eines Gegenbeispiels, daß die Umkehrung von Theorem 10.4 nicht gilt.

THEOREM 10.5. Jede Umordnung einer absolut konvergenten Reihe ist absolut konvergent gegen die gleiche Summe wie die ursprüngliche Reihe.

Beweis. Es wird angenommen, daß die Reihe $\sum_{k=0}^{\infty} x_k$ absolut konvergiert und daß $\sum_{k=0}^{\infty} \|x_k\|$ die Summe X hat. Es sei $\sigma(n)$ eine eineindeutige Abbildung der Menge der natürlichen Zahlen $\{0,1,2,\ldots\}$ auf sich selbst, und die Umordnung von $\{x_n\}$ sei durch $\{y_n\}$ gekennzeichnet mit $y_n = x_{\sigma(n)}$. Es wird angenommen, daß $\sum_{k=0}^{n} x_k = X_n$ und $\sum_{k=0}^{n} y_k = Y_n$ gilt. Bezeichnet man für jedes n die größte ganze Zahl von $\{\sigma(0), \sigma(1), \ldots, \sigma(n)\}$ mit m, so erhält man

$$\sum_{k=0}^{n} \|y_k\| \le \sum_{k=0}^{m} \|x_k\| \le \sum_{k=0}^{\infty} \|x_k\| = X \ ,$$

und deshalb konvergiert $\sum_{k=0}^{\infty} \|y_k\|$ aufgrund von Theorem 10.3. Aufgrund der Cauchyschen Bedingung kann man nun für jedes $\varepsilon > 0$ eine ganze Zahl N angeben, für welche mit $n > N$ und $r > 0$ stets

$$\|x_{n+1}\| + \|x_{n+2}\| + \ldots + \|x_{n+r}\| < \varepsilon$$

gilt. Ist M die größte ganze Zahl in der Menge $\{\sigma^{-1}(0), \sigma^{-1}(1), \ldots, \sigma^{-1}(N)\}$, dann wird

$$\|y_{n+1}\| + \|y_{n+2}\| + \ldots + \|y_{n+r}\| < \varepsilon$$

für $n > M$ und $r > 0$, und die Differenz $\|Y_M - X_N\|$ besteht aus einer Summe von Termen x_j mit $j > N$. Hieraus ist zu erkennen, daß $\|Y_M - X_N\| < \varepsilon$ und damit für $n > \max(N,M)$

$$\|Y_n - X_n\| < 3\varepsilon$$

gilt, womit gezeigt ist, daß $\sum_{n=0}^{\infty} x_n = \sum_{n=0}^{\infty} y_n$ sein muß.

Es sollte an dieser Stelle betont werden, daß die vorausgegangenen Ergebnisse dieses Abschnittes (wenn nicht ausdrücklich etwas anderes festgestellt wird) Gültigkeit haben für Reihen mit Elementen aus einem allgemeinen euklidischen Raum, und deshalb gelten die Ergebnisse auch für Reihen von Vektoren. Für Matrizen lauten die Definitionen von Grenzwert, Konvergenz und absoluter Konvergenz folgendermaßen.

Man sagt, die Folge $\{A_k\}$ von n×n-Matrizen $A_k = (a_{ij}^k)$ *strebe gegen den Grenzwert* $A = (a_{ij})$, falls

$$\lim_{k\to\infty} a_{ij}^k = a_{ij} \quad \text{für } i,j = 1,2,\ldots n$$

gilt.

Die unendliche Matrizenreihe $\sum_{k=0}^{\infty} A_k$ *konvergiert zur Summe A,* sofern die Folge der Teilsummen

$$Y_m = \sum_{k=0}^{m} A_k$$

für $n \to \infty$ gegen A strebt. Die Reihe $\sum_{k=0}^{\infty} A_k$ ist *absolut konvergent,* falls $\sum \| A_k \|$ konvergiert. Die Norm kann frei gewählt werden. Eine besonders geeignete Norm ist $\| A \|_c = n \cdot \max_{i,j} |a_{ij}|$, welche (Kapitel III, Übung 10.1) mit der euklidischen Vektornorm verträglich ist.

THEOREM 10.6. Eine absolut konvergente Matrizenreihe ist konvergent.

Beweis. Es gilt $|a_{ij}^k| \le \| A_k \|_c$, so daß die Konvergenz von $\sum_{k=0}^{\infty} \| A_k \|_c$ die Konvergenz von $\sum_{k=0}^{\infty} |a_{ij}^k|$ zur Folge hat, und damit (Theorem 10.4) auch die Konvergenz von $\sum_{k=0}^{\infty} a_{ij}^k$, $i,j = 1,2,\ldots,n$.

Beispiel 10.1. Falls $\| A \|_c = r < 1$ gilt, konvergiert die Matrizenreihe $I_n + A + A^2 + \ldots$ absolut gegen $(I_n - A)^{-1}$. Es gilt nämlich $\| I_n \|_c = n$, $\| A \|_c = r$, $\| A^2 \|_c \le r^2$, ..., und die Reihe $n + r + r^2 + \ldots$ konvergiert. Deshalb konvergiert die Matrizenreihe absolut. Außerdem gilt

$$\| I_n - (I_n - A)(I_n + A + A^2 + \ldots + A^k) \|_c = \| A^{k+1} \|_c \le r^{k+1} \to 0 ,$$

so daß die Matrizenreihe gegen $(I_n - A)^{-1}$ konvergiert.

Übung 10.4. Unter Verwendung der Eigenschaften von e^x (Abschnitt 12), wobei x reell ist, soll gezeigt werden, daß $\sum_{k=0}^{\infty} A^k/k!$ für alle A absolut konvergiert. Diese Reihe definiert die Matrizenfunktion e^A.

10.2. KONVERGENZKRITERIEN

Es ist nützlich, über Möglichkeiten zur Prüfung der Konvergenz unendlicher Reihen zu verfügen. Zwei derartige Möglichkeiten sollen im folgenden angegeben werden. Bezüglich weiterer Einzelheiten über die Konvergenzprüfung wird auf Apostol (1957), Rankin (1963) oder Bromwich (1926) verwiesen.

THEOREM 10.7 (*Das Vergleichskriterium*). Falls die unendliche Reihe positiv reeller Zahlen $\sum b_n$ zur Summe b konvergiert und falls eine positive Zahl k angegeben werden kann, so daß $\|a_n\| \leq kb_n$ für $n \geq n_0$ gilt, dann konvergiert die Reihe $\sum a_n$ absolut. Falls weiterhin die obige Ungleichung für sämtliche Werte von n besteht und a die Summe von $\sum a_n$ ist, dann gilt $\|a\| \leq kb$.

Beweis. Da die Teilsummen von $\sum b_n$ beschränkt sind (Theorem 10.3), gilt dies auch für die Teilsummen von $\sum \|a_n\|$. Daher ist $\sum a_n$ absolut konvergent. Es wird nun angenommen, daß $\|a_n\| \leq kb_n$ für sämtliche Werte n gilt, und es sollen die Teilsummen von $\sum a_n$ und $\sum b_n$ mit A_n bzw. B_n bezeichnet werden. Dann gilt

$$\begin{aligned} \|A_n\| &= \left\|\sum_{i=0}^{n} a_i\right\| \\ &\leq \sum_{i=0}^{n} \|a_i\| \\ &\leq k \sum_{i=0}^{n} b_i = kB_n . \end{aligned}$$

Die Aussage $\|a\| \leq kb$ ergibt sich jetzt, indem man den Grenzübergang für $n \to \infty$ durchführt.

Bevor das nächste Theorem ausgesprochen werden kann, werden die Begriffe des oberen und unteren Limes einer Folge $\{a_n\}$ benötigt.

Eine Zahl L_o heißt der *Limes superior* oder *obere Limes* von $\{a_n\}$, falls für jedes $\varepsilon > 0$

(a) $a_n < L_o + \varepsilon$ für alle hinreichend großen Werte n

(b) $a_n > L_o - \varepsilon$ für unendlich viele Werte von n

gilt. Den oberen Limes einer Folge $\{a_n\}$ schreibt man $\lim\sup_{n\to\infty} a_n$. In ähnlicher Weise definiert man den *Limes inferior* oder *unteren Limes* L_u durch

(c) $a_n > L_u - \varepsilon$ für alle hinreichend großen n

(d) $a_n < L_u + \varepsilon$ für unendlich viele Werte von n.

Der untere Limes wird als $\lim\inf_{n\to\infty} a_n$ geschrieben. Man beachte, daß $\lim\inf_{n\to\infty} a_n = -\lim\sup_{n\to\infty} b_n$ gilt, wobei $b_n = -a_n$ bedeutet. Im Fall, daß die Folge $\{a_n\}$ keine obere Schranke besitzt, wird $\lim\sup_{n\to\infty} a_n$ als $+\infty$ definiert. Ist $\{a_n\}$ nach oben beschränkt, jedoch nicht nach unten, und hat die Folge keinen endlichen oberen Limes, so ist $\lim\sup_{n\to\infty} a_n = -\infty$.

Beispiel 10.2. Die Folge 1/2, -1/2, 2/3, -2/3, 3/4, -3/4,... hat als Limes superior den Wert 1, als Limes inferior den Wert -1. Die Folge 1,2,3,... hat den Limes superior ∞ und den Limes inferior ∞. Die Folge -1, -2, -3, ... besitzt den Limes superior $-\infty$ und außerdem den Limes inferior $-\infty$. Die reellen Zahlen in den Intervallen (a,b), (a,b], [a,b), [a,b] haben durchweg den Limes inferior a und den Limes superior b.

Übung 10.5. Man beweise folgende Aussage. Notwendig und hinreichend für die Konvergenz der Folge $\{a_n\}$ ist die Bedingung, daß $\lim\sup_{n\to\infty} a_n$ und $\lim\inf_{n\to\infty} a_n$ übereinstimmen und endlich sind.

Reihen mit komplexen Gliedern werden in aller Ausführlichkeit im Kapitel VII behandelt. Es ist aber zweckmäßig, derartige Reihen in die folgenden Testmethoden einzubeziehen. Aus diesem Grund wird die Konvergenz derartiger Reihen definiert. Die komplexen Glieder seien $a_n = x_n + iy_n$. Betrachtet man $b_n = \begin{bmatrix} x_n \\ y_n \end{bmatrix}$ als einen Vektor in E_2, dann konvergiert $\sum a_n$, wenn $\sum b_n$ konvergiert. Die Reihe $\sum a_n$ konvergiert absolut, wenn $\sum b_n$ absolut konvergiert, und falls $\sum b_n = b = \begin{bmatrix} x \\ y \end{bmatrix}$ ist, wird $\sum a_n = a = x + iy$. Man beachte, daß $\|b_n\| = |a_n|$ gilt.

THEOREM 10.8 (*Das Quotientenkriterium*). Es sei $\sum a_n$ eine unendliche Reihe von nicht verschwindenden reellen oder komplexen Zahlen, und es werde

$$r = \liminf_{n\to\infty} \left|\frac{a_{n+1}}{a_n}\right| , \quad R = \limsup_{n\to\infty} \left|\frac{a_{n+1}}{a_n}\right|$$

gesetzt. Falls $R < 1$ gilt, ist $\sum a_n$ absolut konvergent; bei $r > 1$, ist $\sum a_n$ divergent. Diese Aussage gilt nur für (reelle oder komplexe) skalare Reihen.

Beweis. Aufgrund der Definition des oberen Limes gibt es ein N, so daß $|a_{n+1}/a_n| < x$ wird für $n > N$, wobei $R < x < 1$ ist. Für $n > N$ folgt daraus die Beziehung

$$\frac{|a_{n+1}|}{x^{n+1}} < \frac{|a_n|}{x^n} < \ldots < \frac{|a_N|}{x^N} ,$$

also

$$|a_n| < \frac{|a_N|}{x^N} x^n .$$

Hieraus ist zu erkennen, daß $\sum|a_n|$ aufgrund des Vergleichskriteriums konvergiert, da die geometrische Reihe für $|x| < 1$ konvergiert.

Falls $r > 1$ gilt, existiert ein N derart, daß $|a_{n+1}| > |a_n|$ für $n > N$ sein muß. Daraus folgt, daß $\lim_{n\to\infty} a_n \neq 0$ sein muß, und daher kann $\sum a_n$ nicht konvergieren.

Übung 10.6. Man verwende die Reihe $\sum 1/n^\alpha$ mit (a) $\alpha > 1$ und (b) $\alpha \leq 1$ um zu zeigen, daß das Quotientenkriterium bei $1 \in [r,R]$ keine Schlußfolgerung zuläßt.

10.3. Das Produkt absolut konvergenter Reihen

THEOREM 10.9 (*Cauchyscher Produktsatz*). Falls die absolut konvergenten Reihen mit reellen oder komplexen (skalaren) Gliedern $\sum_{n=0}^\infty a_n$, $\sum_{n=0}^\infty b_n$ zur Summe a bzw. b konvergieren, dann ist die Reihe $\sum_{n=0}^\infty c_n$ mit $c_n = \sum_{i=0}^n a_i b_{n-i}$ absolut konvergent gegen die Summe $c = ab$.

Beweis. Zunächst wird angenommen, daß $\sum a_n$ und $\sum b_n$ Reihen von positiv reellen Zahlen sind mit den Teilsummen A_n bzw. B_n. Es seien C_n die Teilsummen von $\sum c_n$. Offensichtlich ist dann die Folge $\{C_n\}$ nichtabnehmend. Nun wird das quadratische Schema der Zahlen

$$\begin{array}{cccc|ccc}
a_0b_0 & a_1b_0 & \cdots & a_nb_0 & a_{n+1}b_0 & \cdots & a_{2n}b_0 \\
a_0b_1 & a_1b_1 & \cdots & a_nb_1 & a_{n+1}b_1 & \cdots & a_{2n}b_1 \\
\vdots & \vdots & & \vdots & \vdots & & \vdots \\
a_0b_n & a_1b_n & \cdots & a_nb_n & a_{n+1}b_n & \cdots & a_{2n}b_n \\
\hline
\vdots & \vdots & & \vdots & \vdots & & \vdots \\
a_0b_{2n} & a_1b_{2n} & \cdots & a_nb_{2n} & a_{n+1}b_{2n} & \cdots & a_{2n}b_{2n}
\end{array} \tag{10.1}$$

betrachtet. Man sieht sofort, daß A_nB_n aus der Summe sämtlicher Elemente besteht, welche von den ausgezogenen Linien in der linken oberen Ecke des Schemas eingeschlossen sind, während C_n die Summe der Elemente ist, welche sich auf und oberhalb der markierten Diagonalen befinden. Dies zeigt, daß die Ungleichung

$$C_n \leq A_nB_n \tag{10.2}$$

besteht, und da $A_n \leq a$, $B_n \leq b$ gilt, hat C_n einen Grenzwert, der die Beziehung

$$c = \lim_{n\to\infty} C_n \leq ab \tag{10.3}$$

erfüllt. Weiterhin kann dem Schema entnommen werden, daß die Ungleichung

$$C_{2n} \geq A_nB_n \tag{10.4}$$

besteht. Aufgrund der Ungleichung (10.4) und Abschnitt 6.4 erhält man die Aussage

$$c = \lim C_n \geq \lim A_nB_n = \lim A_n \lim B_n,$$

so daß

$$c \geq ab \tag{10.5}$$

gilt. Ein Vergleich der Ungleichungen (10.3) und (10.5) liefert $c = ab$.

Nun soll von der ursprünglichen Annahme des Theorems ausgegangen werden, daß nämlich $\sum a_n$ und $\sum b_n$ absolut konvergieren. Es sei $d_n = \sum_{i=0}^{n} |a_i||b_{n-i}|$, und es seien D_n die Teilsummen der Reihe $\sum d_n$. Da $|c_n| \leq |d_n|$ gilt und $\sum d_n$

aufgrund des ersten Teils des Beweises konvergiert, ergibt sich, daß $\sum c_n$ absolut konvergiert.

Zur Vervollständigung des Beweises muß gezeigt werden, daß die Beziehung c = ab besteht. Mit E_n und F_n seien die Teilsummen von $\sum|a_n|$ und $\sum|b_n|$ bezeichnet, und e und f seien ihre Summen. Dann gilt die Ungleichung

$$|A_nB_n - C_n| \leq |E_nF_n - D_n|. \tag{10.6}$$

Da $D_n \to ef$ strebt, ist aufgrund der Ungleichung (10.6) zu erkennen, daß c = ab sein muß.

Man kann zeigen, daß nur eine der Reihen im vorausgegangenen Theorem absolut konvergent zu sein braucht (die andere muß aber konvergieren), damit das Ergebnis noch gilt. Dieses schärfere Ergebnis wird jedoch in diesem Buch nicht benötigt; der Leser sei wegen eines Beweises auf Apostol (1957) verwiesen.

Das Theorem 10.9 läßt sich sofort auf zwei (reelle oder komplexe) Matrizenreihen erweitern, wenn man voraussetzt, daß sie verträglich sind und die Reihenfolge der Produkte beibehalten bleibt. Die Änderungen im Beweis bestehen nur darin, daß man für Beträge Normen setzt; er sei als Übung empfohlen.

Übung 10.7. Man zeige, daß $e^Ae^A = e^{2A}$ gilt, wobei die Matrizen-Exponentialfunktion e^A gemäß Abschnitt 10.1 definiert ist. Man nenne hinreichende Bedingungen für die Gültigkeit der Beziehung $e^Ae^B = e^{A+B}$. [Es seien A und B vertauschbar, so daß man beispielsweise schreiben kann $A^2 + 2AB + B^2 = A^2 + AB + BA + B^2 = (A + B)^2$.]

10.4. Doppelfolgen und Doppelreihen

Es sei f eine Funktion, deren Definitionsbereich das kartesische Produkt der Menge aller natürlichen Zahlen mit sich selbst sein soll und deren Wertebereich in $\mathbb{R}$ oder $\mathbb{C}$ sein möge. Sind m, n natürliche Zahlen, so wird f(m,n) einfach als $a_{m,n}$ geschrieben, und $\{a_{m,n}\}$ heißt eine *Doppelfolge*. Die Doppelfolge $\{a_{m,n}\}$ heißt *konvergent gegen den Wert a*, wenn zu jedem $\varepsilon > 0$ eine positive ganze Zahl N derart angegeben werden kann, daß $|a_{m,n} - a| < \varepsilon$ gilt, sofern $m > N$ und $n > N$ gewählt wird. In diesem Fall bezeichnet man a als den *Grenzwert* von $\{a_{m,n}\}$, und man schreibt $\lim_{m,n\to\infty}\{a_{m,n}\} = a$.

Es sei $\{a_{m,n}\}$ eine Doppelfolge, und es werde eine neue Doppelfolge $\{A_{m,n}\}$ definiert, indem man

$$A_{m,n} = \sum_{p=1}^{m} \sum_{q=1}^{n} a_{p,q} \tag{10.7}$$

setzt. Dann wird $\{A_{m,n}\}$ eine *Doppelreihe* genannt, und man heißt sie *konvergent zur Summe a*, wenn

$$\lim_{m,n\to\infty} \{A_{m,n}\} = a \tag{10.8}$$

gilt. Jedes $A_{m,n}$ heißt eine *Teilsumme* der Doppelreihe; letztere wird als $\sum_{m,n} a_{m,n}$ geschrieben. Wie bei einfachen Reihen heißt man $\sum_{m,n} a_{m,n}$ *absolut konvergent*, falls $\sum_{m,n} |a_{m,n}|$ konvergiert.

Übung 10.8. Man verallgemeinere die Theoreme 10.3 und 10.4 für Doppelreihen.

Übung 10.9. Es sei $\lim_{m,n\to\infty}\{a_{m,n}\} = a$, und es wird angenommen, daß $\lim_{n\to\infty}\{a_{m,n}\}$ für jeden festen Wert von m existiert. Man zeige, daß $\lim_{m\to\infty}\lim_{n\to\infty}\{a_{m,n}\}$ ebenfalls existiert und mit dem Wert a übereinstimmt. [Den Ausdruck $\lim_{m\to\infty}\lim_{n\to\infty}\{a_{m,n}\}$ nennt man einen *iterierten Grenzwert*, um ihn von dem doppelten Grenzwert $\lim_{m,n\to\infty}\{a_{m,n}\}$ zu unterscheiden.]

Bei der Summierung einer Doppelreihe $\sum_{m,n} a_{m,n}$ ist es offensichtlich möglich, die Teilsummen $A_{m,n}$ auf viele verschiedene Arten zu bilden. Werden insbesondere zuerst die Summen $\sum_{n=1}^{\infty} a_{m,n}$ für feste Werte von m gebildet und danach die Summe dieser Summen, so bezeichnet man das Ergebnis als *iterierte Reihe* und schreibt

$$\sum_{m=1}^{\infty}\sum_{n=1}^{\infty} a_{m,n} . \tag{10.9}$$

(Man beachte, daß hierbei die innere Summe zuerst bestimmt wird.) Führt man die Summation bezüglich m zuerst durch und dann erst die Summation bezüglich n, so ist das Ergebnis die iterierte Reihe

$$\sum_{n=1}^{\infty}\sum_{m=1}^{\infty} a_{m,n} . \tag{10.10}$$

Der Ausdruck (10.9) heißt *Reihe der Zeilensummen* von $\sum_{m,n} a_{m,n}$, und der Ausdruck (10.10) wird die *Reihe der Spaltensummen* genannt.

Es wird im folgenden ein wichtiges Theorem bewiesen, das sich auf diese beiden iterierten Reihen bezieht.

THEOREM 10.10. Es seien sämtliche Glieder der Folge $\{a_{m,n}\}$ reell und nicht negativ. Es wird vorausgesetzt, daß $\sum_{n=1}^{\infty} a_{m,n}$ für jeden festen Wert von m konvergiert und daß die iterierte Reihe $\sum_{m=1}^{\infty}\sum_{n=1}^{\infty} a_{m,n}$ zur Summe a konvergiert. Dann konvergiert $\sum_{m=1}^{\infty} a_{m,n}$ für jeden festen Wert von n, und die iterierte Reihe $\sum_{n=1}^{\infty}\sum_{m=1}^{\infty} a_{m,n}$ konvergiert ebenfalls, und ihre Summe stimmt mit a überein.

Beweis. Da $a_{m,n} \geq 0$ ist, gilt die Ungleichung

$$a_{m,n} \leq \sum_{k=1}^{\infty} a_{m,k} \tag{10.11}$$

für jeden festen Wert von n, und durch Summation bezüglich m ergibt sich damit

$$\sum_{m=1}^{M} a_{m,n} \leq \sum_{m=1}^{M} \sum_{k=1}^{\infty} a_{m,k} \leq a \; . \tag{10.12}$$

Wenn nun in Ungleichung (10.12) $M \to \infty$ strebt, ist zu erkennen, daß $\sum_{m=1}^{\infty} a_{m,n}$ für jeden festen Wert von n konvergiert.

Nun wird für jedes feste n die Summe $\sum_{m=1}^{\infty} a_{m,n}$ mit A_n bezeichnet. Durch Summation bezüglich n erhält man

$$\begin{aligned} \sum_{n=1}^{N} A_n &= \sum_{n=1}^{N} \sum_{m=1}^{\infty} a_{m,n} \\ &= \sum_{m=1}^{\infty} \sum_{n=1}^{N} a_{m,n} \\ &\leq \sum_{m=1}^{\infty} \sum_{n=1}^{\infty} a_{m,n} \\ &= a \end{aligned} \tag{10.13}$$

wegen $a_{m,n} \geq 0$. Damit sieht man, daß $\sum A_n$ gegen eine Summe $A \leq a$ konvergiert. In genau der gleichen Weise kann gezeigt werden, daß $a \leq A$ gilt, weshalb $a = A$ ist. Der Beweis des Theorems ist somit vollständig geführt.

Übung 10.10. Man zeige durch ein Gegenbeispiel, daß für eine allgemeine Folge $\{a_{m,n}\}$ aus der Konvergenz der iterierten Reihen $\sum_{m=1}^{\infty}\sum_{n=1}^{\infty}a_{m,n}$ und $\sum_{n=1}^{\infty}\sum_{m=1}^{\infty}a_{m,n}$ nicht notwendig die Übereinstimmung ihrer Summen folgt.

11. Gleichmässige Konvergenz

Es sei $\sum_{n=0}^{\infty}a_n(z)$ eine Reihe, bei der jedes Glied eine Funktion einer komplexen Variablen z ist, deren Definitionsbereich S und Wertebereich R beide in $\mathbb{C}$ sind. Die Reihe $\sum_{n=0}^{\infty}a_n(z)$ heißt auf S *gleichmäßig konvergent* zur Summe $T(z)$, wenn für beliebiges $\varepsilon > 0$ eine ganze Zahl $N(\varepsilon)$ derart existiert, daß $|T(z) - T_n(z)| < \varepsilon$ für alle $n \geq N$ und alle $z \in S$ gilt. Dabei ist $T_n(z)$ die n-te Teilsumme $\sum_{i=0}^{n}a_i(z)$. Man vergleiche diese Definition mit jener für die gleichmäßige Stetigkeit in Abschnitt 7.1.

THEOREM 11.1. Die Summe $T(z)$ einer gleichmäßig konvergenten Reihe $\sum_{n=0}^{\infty}a_n(z)$ ist stetig in jedem Punkt $z_0 \in S$, in welchem sämtliche $a_n(z_0)$ stetig sind.

Beweis. Es sei $T_n = \sum_{i=0}^{n}a_i(z)$. Aufgrund von Abschnitt 7 ist dann T_n im Punkt z_0 stetig, und z_0 stellt definitionsgemäß einen Häufungspunkt dar. Da die Reihe gleichmäßig gegen $T(z)$ konvergiert, gibt es eine ganze Zahl p derart, daß $|T_n(z) - T(z)| < \varepsilon/3$ gilt für $n \geq p$, für alle $z \in S$ und $\varepsilon > 0$. Da weiterhin $T_n(z)$ in z_0 stetig ist, gibt es eine Umgebung $N(z_0)$ mit der Eigenschaft

$$z \in N(z_0) \cap S \Rightarrow |T_n(z) - T_n(z_0)| < \frac{\varepsilon}{3} .$$

Angesichts der Ungleichung

$$|T(z)-T(z_0)| \leq |T(z)-T_n(z)| + |T_n(z)-T_n(z_0)| + |T_n(z_0)-T(z_0)|$$

ergibt sich, daß für $z \in N(z_0) \cap S$ die Ungleichung $|T(z)-T(z_0)| < \varepsilon$ besteht. Damit ist das Theorem bewiesen.

Beispiel 11.1. Man betrachte die Reihe mit dem allgemeinen Glied $a_n = x^2/(1+x^2)^n$, $n = 0,1,\ldots$. Hierbei bedeutet x eine reelle Zahl, die zur Übereinstimmung mit der vorausgegangenen Diskussion als die komplexe Zahl x+i0 angesehen wird. Es handelt sich hier um eine geometrische Reihe mit dem Quotienten $1/(1+x^2)$, welcher stets kleiner als 1 ist, wenn man von $x = 0$ absieht. Daher ist die Reihe für sämtliche reellen Werte von x absolut konvergent. Man beachte jedoch, daß die Beziehung

$$\lim_{n\to\infty} T_n = \lim_{n\to\infty} \left\{ 1 + x^2 - \frac{1}{(1 + x^2)^n} \right\}$$

$$= 1 + x^2 \quad \text{für } x \neq 0$$

besteht. Man sieht unmittelbar, daß die Reihe für $x = 0$ die Summe Null hat, womit gezeigt ist, daß die Summe in $x = 0$ eine Unstetigkeit aufweist. Der Grund hierfür liegt natürlich in der Tatsache, daß $\sum a_n$ in keinem Intervall, das den Ursprung enthält, gleichmäßig konvergiert.

Übung 11.1 (Cauchysche Bedingung für gleichmäßige Konvergenz). Man beweise folgende Aussage. Notwendig und hinreichend für die gleichmäßige Konvergenz von $\sum_{n=0}^{\infty} a_n(z)$ auf S ist die Bedingung, daß es für jedes $\varepsilon > 0$ ein N gibt, so daß mit $n > N$ stets $|a_{n+1}(z) + a_{n+2}(z) + \ldots + a_{n+p}(z)| < \varepsilon$ gilt für sämtliche $p > 0$ und alle $z \in S$.

THEOREM 11.2 (*Weierstraßsches Vergleichskriterium*). Die Reihe $\sum_{n=0}^{\infty} a_n(z)$ konvergiert gleichmäßig auf S, sofern $|a_n(z)| \leq M_n$ für $n \geq 0$ und alle $z \in S$ gilt und $\sum_{n=0}^{\infty} M_n$ eine konvergente Reihe mit nicht negativen Zahlen ist.

Beweis. Aufgrund der Cauchyschen Bedingung (Theorem 10.1) läßt sich ein N derart angeben, daß für $\varepsilon > 0$ und $n > N$ die Ungleichung $\sum_{i=n+1}^{n+r} M_i < \varepsilon$ gilt für sämtliche $r > 0$. Aufgrund der Voraussetzung besteht die Beziehung $|\sum_{i=n+1}^{n+r} a_i(z)| \leq \sum_{i=n+1}^{n+r} M_i < \varepsilon$ für alle $z \in S$, und das Ergebnis folgt nun aus Übung 11.1.

Übung 11.2. Es sei $\{a_{m,n}\}$ eine Doppelfolge mit komplexen Werten. Es wird vorausgesetzt, daß $\sum_{n=1}^{\infty} a_{m,n}$ für festgehaltenes m absolut konvergiert und daß die iterierte Reihe $\sum_{m=1}^{\infty}\sum_{n=1}^{\infty} |a_{m,n}|$ konvergiert. Man beweise, daß $\sum_{m=1}^{\infty} a_{m,n}$ für festgehaltenes n absolut konvergiert und daß $\sum_{n=1}^{\infty} \sum_{m=1}^{\infty} a_{m,n}$ absolut konvergiert und mit $\sum_{m=1}^{\infty}\sum_{n=1}^{\infty} a_{m,n}$ übereinstimmt. [Die absolute Konvergenz von $\sum_{m=1}^{\infty} a_{m,n}$ für festes n und von $\sum_{n=1}^{\infty} \sum_{m=1}^{\infty} a_{m,n}$ folgt aus Theorem 10.10. Nimmt man nun die Reihe $\sum_{m=1}^{\infty} g_m(x)$ mit $x \in \{0,1,1/2,\ldots,1/q,\ldots\}$ und $g_m(0) = \sum_{n=1}^{\infty} a_{m,n}$, $g_m(1/q) = \sum_{n=1}^{q} a_{m,n}$, dann kann mit Hilfe der Theoreme 11.1 und 11.2 gezeigt werden, daß $\sum_{m=1}^{\infty} g_m(x)$ in $x = 0$ stetig ist. Das Ergebnis folgt nun aus der Tatsache, daß $\sum_{m=1}^{\infty} g_m(0) = \lim_{q\to\infty} \sum_{m=1}^{\infty} g_m(1/q)$ gilt, und aus der Definition von $g_m(x)$.]

Übung 11.3. Man verallgemeinere die Theoreme 11.1 und 11.2 auf Vektor- und Matrizenreihen.

12. Potenzreihen

Reihen der Form

$$\sum_{n=0}^{\infty} a_n(z - z_0)^n , \qquad (12.1)$$

wobei z, z_0 und a_n komplexe Zahlen bedeuten, werden als *Potenzreihen* bezeichnet. Derartige Reihen sind von besonderer Bedeutung. Dieses Kapitel soll mit einer kurzen Diskussion einiger ihrer Eigenschaften abgeschlossen werden. Die Zahl z_0 heißt *Entwicklungsstelle* der Potenzreihe, und für $z_0 = 0$ vereinfacht sich die Reihe (12.1) zu

$$a_0 + a_1 z + a_2 z^2 + \ldots + a_n z^n + \ldots . \qquad (12.2)$$

Beispiel 12.1. Die Reihe $1+z+z^2+\ldots+z^n+\ldots$ ist als geometrische Reihe bekannt. Man beachte, daß

$$T_n = \sum_{k=0}^{n} z^k = \frac{1 - z^{n+1}}{1 - z}$$

gilt. Da $\lim_{n\to\infty} z^{n+1} = 0$ ist für $|z| < 1$, konvergiert die Reihe gegen $1/(1-z)$ für $|z| < 1$. Für $|z| \geq 1$ jedoch divergiert die Reihe, weil dann $|z^n| \geq 1$ wird.

Wie noch gezeigt wird, konvergieren Potenzreihen innerhalb eines bestimmten Kreises, und sie divergieren außerhalb dieses Kreises; er wird der *Konvergenzkreis* genannt. Auf dem Kreis selbst können die Potenzreihen konvergieren oder auch nicht. Der Radius des Konvergenzkreises wird als *Konvergenzradius* bezeichnet und kann in Sonderfällen 0 oder ∞ sein. Falls der Konvergenzradius unendlich ist, konvergiert die Reihe in der gesamten komplexen Ebene.

THEOREM 12.1. Jede Potenzreihe (12.2) hat einen Konvergenzradius R mit der Eigenschaft $0 \leq R \leq \infty$. Die Reihe ist absolut konvergent für $|z| < R$, sie ist gleichmäßig konvergent für $|z| \leq r$ bei beliebigem r mit der Eigenschaft $0 \leq r < R$, und sie divergiert für $|z| > R$. Diese Aussagen lassen sich in naheliegender Weise auf Reihen der Form (12.1) erweitern.

Beweis. Es sei

$$R = \frac{1}{\limsup_{n\to\infty} \sqrt[n]{|a_n|}} .$$

Ist R = 0, dann ist die Reihe offensichtlich divergent für alle $|z| > 0$. Für $R > 0$ gilt

$$\limsup_{n\to\infty} \sqrt[n]{|a_n z^n|} = \frac{|z|}{R} . \qquad (12.3)$$

Aus der Definition des Limes superior folgt, daß $|a_n z^n| < x^n$ für alle hinreichend großen n gilt, sofern $|z|/R < x < 1$ ist. Aufgrund des Vergleichskriteriums konvergiert die Potenzreihe absolut für $|z| < R$, da dann x als $(1 + |z|/R)/2$ gewählt werden kann.

Gilt $|z| \leq r$ mit $0 \leq r < R$, so wird $|a_n z^n| \leq |a_n r^n|$, und $\sum |a_n r^n|$ stellt eine Reihe aus nicht negativen Zahlen dar, welche aufgrund des vorausgegangenen Abschnitts konvergiert. Angesichts des Weierstraßschen Vergleichskriteriums konvergiert dann $\sum a_n z^n$ gleichmäßig für $|z| \leq r$.

Schließlich ergibt sich aus Gl.(12.3) mit $|z| > R$ die Ungleichung $|a_n z^n| > 1$ für unendlich viele Werte von n, weshalb $\lim_{n\to\infty} a_n z^n \neq 0$ wird, und damit muß die Reihe divergieren.

Die Stetigkeit der Summe einer Potenzreihe innerhalb ihres Konvergenzkreises folgt unmittelbar aus Theorem 11.1.

Sind weiterhin zwei Potenzreihen $f(z) = \sum a_n z^n$ und $g(z) = \sum b_n z^n$ mit dem Konvergenzradius r bzw. R gegeben, dann hat ihr Produkt $f(z)g(z) = \sum c_n z^n$ den Konvergenzradius $\min\{r,R\}$, und es ist $c_n = \sum_{i=0}^{n} a_i b_{n-i}$ (Theorem 10.9).

Beispiel 12.2 (Die Exponentialreihe). Für die Reihe $f(z) = \sum_{n=0}^{\infty} z^n/n!$ ergibt sich aufgrund des Quotientenkriteriums der Konvergenzradius $+\infty$. Die Summenfunktion dieser Reihe definiert die ***Exponentialfunktion***, und man schreibt

$$\exp(z) = \sum_{n=0}^{\infty} \frac{z^n}{n!} \tag{12.4}$$

(eine weitere Schreibweise für exp(z) ist e^z). Aufgrund der Theoreme 12.1 und 11.1 ist die Funktion exp(z) für alle z stetig.

Übung 12.1. Man verwende Theorem 10.9 zum Nachweis der Beziehung $e^{z_1}e^{z_2} = e^{z_1+z_2}$. Man zeige weiterhin, daß für reelles t und alle positiven r und β stets $\lim_{t\to+\infty} t^r e^{-\beta t} = 0$ gilt. [Man schreibe $e^{-\beta t} = 1/e^{\beta t}$ und verwende die Reihendarstellung.]

Eine wichtige Eigenschaft von Potenzreihen ist die Tatsache, daß sie in jeder Umgebung, in der sie konvergieren, gliedweise differenziert werden dürfen. Als Vorbereitung zu Theorem 12.2, in dem diese Eigenschaft etwas genauer ausgedrückt wird, dient das folgende Lemma.

Lemma. Es sei $\sum a_n(z-z_0)^n$ konvergent in einem offenen Kreis B mit Mittelpunkt z_0 und Radius H, und es wird angenommen, daß $f(z) = \sum_{n=0}^{\infty} a_n(z-z_0)^n$ für alle $z \in S$ gilt, wobei S eine offene Teilmenge von B sein soll. Zu jedem Punkt $z_1 \in S$ gibt es eine Umgebung $N(z_1,h) \subset S$, in welcher

$$f(z) = \sum_{k=0}^{\infty} b_k (z-z_1)^k \tag{12.5}$$

gilt, wobei

$$b_k = \sum_{n=k}^{\infty} \binom{n}{k} a_n (z_1-z_0)^{n-k} \quad \text{für } k = 0,1,2,\ldots \tag{12.6}$$

ist und

$$\binom{n}{k} = \frac{n!}{k!\,(n-k)!}$$

bedeutet.

Beweis. Für jeden Punkt $z \in S$ erhält man

$$f(z) = \sum_{n=0}^{\infty} a_n (z-z_0)^n \tag{12.7}$$

$$= \sum_{n=0}^{\infty} a_n \{(z-z_1) + (z_1-z_0)\}^n \,. \tag{12.8}$$

Entwickelt man den Klammerausdruck, so ergibt sich

$$f(z) = \sum_{n=0}^{\infty} a_n \sum_{k=0}^{n} \binom{n}{k} (z-z_1)^k (z_1-z_0)^{n-k} \,. \tag{12.9}$$

Dieser Ausdruck läßt sich als eine Doppelreihe $\sum_{n=0}^{\infty} \sum_{k=0}^{\infty} c_n(k)$ schreiben mit $c_n(k) = \binom{n}{k} a_n (z-z_1)^k (z_1-z_0)^{n-k}$ für $k \leq n$ und $c_n(k) = 0$ sonst.

Nun wird die absolute Konvergenz dieser Doppelreihe untersucht. Ist z ein Punkt in der Umgebung $N(z_1,h) \subset S$, dann wird

$$\sum_{n=0}^{\infty} \sum_{k=0}^{\infty} |c_n(k)| \leq \sum_{n=0}^{\infty} |a_n| \{|z-z_1| + |z_1-z_0|\}^n .$$

Damit ist die absolute Konvergenz der Doppelreihe bewiesen, denn es ist $|z-z_1| + |z_1-z_0| < h + |z_1-z_0| \leq H$.

Aufgrund von Übung 11.2 kann man nun die Reihenfolge der Summation in Gl.(12.9) vertauschen und erhält

$$f(z) = \sum_{k=0}^{\infty} \sum_{n=k}^{\infty} \binom{n}{k} a_n (z-z_1)^k (z_1-z_0)^{n-k} .$$

Damit ist das Lemma bewiesen.

Die Ableitung Df(z) einer komplexen Funktion von einer komplexen Variablen wird im Kapitel VII betrachtet. Es empfiehlt sich aber, die Definition von Df(z) für die Anwendungen in diesem Abschnitt vorwegzunehmen. Falls f(z) auf einer Umgebung $N(z_1)$ von z_1 existiert und der Grenzwert

$$\lim_{z \to z_1} \frac{f(z) - f(z_1)}{z - z_1}$$

existiert, dann wird dieser Ausdruck als $Df(z_1)$ definiert.

THEOREM 12.2. Falls die Reihe $\sum a_n(z-z_0)^n$ in einer Umgebung $N(z_0,h)$ konvergiert, dann besitzt die Summenfunktion $f(z) = \sum_{n=0}^{\infty} a_n(z-z_0)^n$ eine Ableitung in dieser Umgebung, welche gegeben ist durch die Reihe

$$Df(z) = \sum_{n=1}^{\infty} na_n(z-z_0)^{n-1} . \qquad (12.10)$$

Beweis. Aufgrund der Gln.(12.5) und (12.6) erhält man

$$f(z) = b_0 + b_1(z-z_1) + \sum_{k=1}^{\infty} b_{k+1}(z-z_1)^{k+1} ,$$

wobei $b_0 = f(z_1)$, $b_1 = \sum_{n=1}^{\infty} na_n(z_1-z_0)^{n-1}$ und $z_1 \in N(z_0,h)$ gilt. Somit wird

$$\frac{f(z)-f(z_1)}{z - z_1} = \sum_{n=1}^{\infty} na_n(z_1-z_0)^{n-1} + \sum_{k=1}^{\infty} b_{k+1}(z-z_1)^k ,$$

und das Ergebnis folgt hieraus, indem man den Grenzübergang $z \to z_1$ durchführt.

Übung 12.2. Durch wiederholte Anwendung des vorausgegangenen Theorems soll gezeigt werden, daß eine Potenzreihe in ihrem Konvergenzkreis Ableitungen beliebiger Ordnung besitzt und daß

$$D^k f(z) = \sum_{n=k}^{\infty} \frac{n!}{(n-k)!} a_n(z-z_0)^{n-k} \qquad (12.11)$$

gilt. Man leite daraus die Richtigkeit folgender Aussage her: Kann eine Funktion f(z) durch eine Potenzreihe um einen Punkt z_0 dargestellt werden, dann ist diese Darstellung eindeutig und von der Form

$$f(z) = \sum_{n=0}^{\infty} \frac{D^n f(z_0)}{n!} (z-z_0)^n \ . \tag{12.12}$$

Beispiel 12.3. Wendet man Gl.(12.10) auf die Exponentialreihe

$$\exp(z) = \sum_{n=0}^{\infty} \frac{z^n}{n!}$$

an, so erhält man

$$D \exp(z) = \sum_{n=1}^{\infty} \frac{nz^{n-1}}{n!} = \exp(z) \ . \tag{12.13}$$

Beispiel 12.4. Aufgrund des Taylorschen Satzes läßt sich eine reellwertige Funktion f(x) in der Form

$$f(x) = \sum_{k=0}^{n-1} \frac{f^{(k)}(x_0)}{k!} (x-x_0)^k + \frac{f^{(n)}(x_1)}{n!} (x-x_0)^n \tag{12.14}$$

schreiben. Dabei wurde angenommen, daß f(x) Ableitungen beliebiger Ordnung in dem abgeschlossenen Intervall [a,b] besitzt, daß $x, x_0 \in [a,b]$ gilt und daß x_1 einen Punkt zwischen x und x_0 bedeutet. Die Reihe

$$\sum_{n=0}^{\infty} \frac{f^{(n)}(x_0)}{n!} (x-x_0)^n$$

heißt die *Taylorsche Reihe* für f(x). Notwendig und hinreichend für die Konvergenz der Taylorschen Reihe ist die Bedingung

$$\lim_{n\to\infty} \frac{f^{(n)}(x_1)}{n!} (x-x_0)^n = 0 .$$

[Man beachte, daß f(x) in [a,b] nach Abschnitt 8.5 und Theorem 7.2 endlich ist.]

13. Funktionen einer Matrix

Der *Spektralradius* $\rho(A)$ einer reellen q×q-Matrix A ist definiert als

$$\rho(A) = \max_i \{|\lambda_i(A)|\} .$$

Offensichtlich gilt $\rho(A) \leq \|A\|$ für jede Norm. Ist nämlich x ein von Null verschiedener Eigenvektor und λ der entsprechende Eigenwert von A, dann gilt

$$Ax = \lambda x$$

und

$$\|\lambda x\| = |\lambda|\,\|x\| = \|Ax\| \leq \|A\|\|x\| ,$$

woraus die Ungleichung

$$|\lambda| \leq \|A\|$$

folgt. Hieraus erhält man unmittelbar das Ergebnis.

Übung 13.1. Man beweise folgendes. Gilt

$$\lim_{n\to\infty} \sum_{i=1}^{n} A_i = A ,$$

dann wird

$$\lim_{n\to\infty} \sum_{i=1}^{n} B\,A_i C = B\,A\,C .$$

Übung 13.2. Man zeige, daß die Bedingung $\rho(A) < 1$ notwendig und hinreichend ist für

$$\lim_{n\to\infty} A^n = 0 .$$

[Man verwende die Übung 13.1 mit $C = B^{-1}$ und Übung 7.19 von Kapitel III.]

THEOREM 13.1. Man betrachte die geometrische Reihe

$$I + A + A^2 + A^3 + \dots , \tag{13.1}$$

wobei A eine reelle q×q-Matrix ist. Gilt $\rho(A) < 1$, dann konvergiert die Reihe (13.1) zum Grenzwert $(I-A)^{-1}$.

Beweis. Aus $\rho(A) < 1$ folgt $|I-A| \neq 0$ und daher ist I-A nichtsingulär. Setzt man weiterhin

$$S_n = I + A + A^2 + \dots + A^n ,$$

so ergibt sich

$$S_n(I-A) = I - A^{n+1} \quad ,$$

und nach Übung 13.2 erhält man die Aussage

$$\lim_{n\to\infty} S_n(I-A) = I \ ,$$

womit das Ergebnis bewiesen ist.

Eine schwächere Form des Theorems 13.1 wurde im Beispiel 10.1 angegeben.

THEOREM 13.2. Nun wird allgemeiner die Potenzreihe

$$\alpha_0 I + \alpha_1 A + \alpha_2 A^2 + \ldots \tag{13.2}$$

betrachtet, wobei die α_i Skalare sind. Falls die zugeordnete skalare Potenzreihe

$$f(\beta) = \alpha_0 + \alpha_1\beta + \alpha_2\beta^2 + \ldots \tag{13.3}$$

einen Konvergenzradius $r > \rho(A)$ hat, dann konvergiert die Matrizenreihe (13.2); ihr Grenzwert wird mit $f(A)$ bezeichnet.

Beweis. Zum Beweis dieses Ergebnisses über die Konvergenz der Reihe (13.2) wird die Jordansche Normalform J von A verwendet. Man schreibt also

$$A = SJS^{-1} \quad , \tag{13.4}$$

wobei J die quasidiagonale Matrix

$$J = \begin{bmatrix} J_1 & & & & 0 \\ & J_2 & & & \\ & & \cdot & & \\ & & & \cdot & \\ & & & & \cdot \\ 0 & & & & J_k \end{bmatrix} \tag{13.5}$$

ist, in der J_i den i-ten Jordan-Block bedeutet (Kapitel III, Abschnitt 7.4). Man betrachte die Teilsumme

$$\begin{aligned} f_n(A) &= \sum_{p=0}^{n} \alpha_p A^p \\ &= \sum_{p=0}^{n} \alpha_p (SJS^{-1})^p \\ &= S\Big(\sum_{p=0}^{n} \alpha_p J^p\Big)S^{-1} \ . \end{aligned} \tag{13.6}$$

Da

$$J^p = \begin{bmatrix} J_1^p & & & & 0 \\ & J_2^p & & & \\ & & \cdot & & \\ & & & \cdot & \\ & & & & \cdot \\ 0 & & & & J_k^p \end{bmatrix} \tag{13.7}$$

gilt, stellt man nach der Substitution von Gl.(13.7) in Gl. (13.6) sowie bei Verwendung des Ergebnisses von Kapitel III, Übung 7.19 fest, daß sämtliche auftretenden Reihen für $n \to \infty$ konvergieren, sofern $r > \rho(A)$ gilt. Damit ist der Beweis vollständig geführt.

Man beachte insbesondere, daß die Konvergenz der Reihe (13.3) in der gesamten komplexen Ebene diese Eigenschaft auch für die Reihe (13.2) nach sich zieht. Weiterhin beachte man, daß im Sonderfall

$$J = \text{diag}\,(\lambda_1, \lambda_2, \ldots, \lambda_k)$$

einfach

$$J^p = \text{diag}\,(\lambda_1^p, \lambda_2^p, \ldots, \lambda_k^p)$$

gilt und daß somit

$$f_n(A) = S\,\text{diag}\left(\sum_{p=0}^{n} \alpha_p \lambda_1^p, \sum_{p=0}^{n} \alpha_p \lambda_2^p, \ldots, \sum_{p=0}^{n} \alpha_p \lambda_k^p\right) S^{-1}$$

wird.

Die drei wichtigen Funktionen cos β, sin β und exp β haben Potenzreihenentwicklungen, welche für sämtliche Werte von β konvergieren. Deshalb konvergieren die Matrizenfunktionen

$$\exp A = I + A + \frac{1}{2!} A^2 + \frac{1}{3!} A^3 + \ldots \tag{13.8}$$

$$\cos A = I - \frac{1}{2!} A^2 + \frac{1}{4!} A^4 - \ldots \tag{13.9}$$

$$\sin A = A - \frac{1}{3!} A^3 + \frac{1}{5!} A^5 - \ldots \tag{13.10}$$

für alle A. In ähnlicher Weise konvergiert die Potenzreihenentwicklung der Funktion $\log(1+\beta)$ für sämtliche β mit der Eigenschaft $|\beta| < 1$. Deshalb konvergiert

$$\log\,(I+A) = A - \frac{1}{2} A^2 + \frac{1}{3} A^3 - \ldots$$

für alle Matrizen A mit $\rho(A) < 1$.

Übung 13.3. Man beweise die Aussage

$$\lim_{h\to 0} \frac{1}{h} \{\exp(Ah) - I\} = A .$$

13.1. Die Matrizenexponentielle

Es wurde bereits gezeigt, daß die Matrizenexponentielle e^A konvergiert. Nun wird die Matrix e^{At} mit der reellen Zahl t betrachtet. Nach Beispiel 12.2 ist $e^{\|A\| t}$ für alle reellen t konvergent, und damit muß e^{At} für alle reellen t absolut konvergieren. Die folgenden Theoreme werden an späterer Stelle dieses Buches gebraucht.

THEOREM 13.3. Die Ableitung von e^{At} ist gegeben durch $De^{At} = Ae^{At}$.

Beweis. Aufgrund des Cauchyschen Produktsatzes (Theorem 10.9; man vergleiche auch Übung 10.7) erhält man

$$e^{At_1} e^{At_2} = e^{A(t_1+t_2)} . \tag{13.11}$$

Nun ist

$$De^{At} = \lim_{h\to 0} \frac{e^{A(t+h)} - e^{At}}{h} , \tag{13.12}$$

und dieser Ausdruck erhält bei Anwendung von Gl.(13.11) die Form

$$De^{At} = \lim_{h\to 0} e^{At} \frac{e^{Ah} - I}{h} \tag{13.13}$$

$$= e^{At} \lim_{h \to 0} \frac{e^{Ah} - I}{h} = Ae^{At} . \quad (13.14)$$

Hierbei wurde noch das Ergebnis von Übung 13.3 verwendet.

THEOREM 13.4. Die Determinante von e^{At} kann für keine reelle Zahl t verschwinden.

Beweis. Es sei $A = S^{-1}JS$, wobei J die Jordansche Form von A bedeutet. Es wird eine Funktion ϕ eingeführt mit der Bedeutung

$$\phi(t) = |e^{At}| = \det(e^{At}) . \quad (13.15)$$

Damit ergibt sich

$$\begin{aligned} \phi(t) &= |S^{-1}e^{Jt}S| \\ &= |e^{Jt}| \\ &= e^{\lambda_1 t} e^{\lambda_2 t} \dots e^{\lambda_q t} . \end{aligned} \quad (13.16)$$

Demnach ist $\phi(t) \neq 0$, außer wenn $e^{\lambda_i t} = 0$ gilt für irgendein λ_i und irgendein t. Dies ist aber unmöglich, da $e^{-\lambda_i t}$ nach Beispiel 12.2 endlich ist und nach Übung 12.1 die Beziehung $e^{-\lambda_i t} e^{\lambda_i t} = e^0 = 1$ besteht.

THEOREM 13.5. Ist c ein reeller n-Vektor und α eine reelle Zahl, welche größer ist als der größte Realteil aller Eigenwerte von A, dann gibt es einen Wert M derart, daß $\|e^{At}c\| < Me^{\alpha t}$ für alle $t \geq 0$ gilt.

Beweis. Wie bei Theorem 13.4 sei $A = S^{-1}JS$, und es werde die Beziehung

$$e^{-\alpha t}\|e^{At}c\| \leq \|S\|_c\|S^{-1}\|_c\|c\| \, \|e^{-\alpha t}e^{Jt}\|_c \tag{13.17}$$

betrachtet, in der die Vektornorm wie gewöhnlich die euklidische Norm bedeutet, mit welcher die kubische Matrixnorm gemäß Übung 10.1 von Kapitel III verträglich ist. Benützt man das Ergebnis von Übung 7.19 aus Kapitel III, dann ist leicht einzusehen, daß die von Null verschiedenen Elemente von e^{Jt} die Form

$$\frac{t^r}{r!}\, e^{\lambda_q t}. \quad r = 0,1,\ldots,k_q < n \tag{13.18}$$

haben, wobei $\lambda_q = \sigma_q + i\omega_q$ einen Eigenwert von A bedeutet. Nach Übung 12.1 gilt für $t \geq 0$

$$\phi_{qr}(t) := \left|e^{-\alpha t}\frac{t^r}{r!}\, e^{\lambda_q t}\right| = \frac{t^r}{r!}\, e^{-(\alpha-\sigma_q)t} \to 0 \quad \text{für} \quad t \to \infty. \tag{13.19}$$

Für vorgegebene Werte λ_q und r gibt es daher ein $T_{qr} \geq 0$ derart, daß $\phi_{qr}(t) < 1$ für alle $t > T_{qr}$ gilt. Es sei T das größte unter den T_{qr}. Auf dem Intervall $0 \leq t \leq T$ ist jede der Funktionen ϕ_{qr} stetig und besitzt daher ein Maximum M_{qr}. Es sei M_0 das größte unter den M_{qr}. Dann gilt für alle $t \geq 0$ die Beziehung

$$\|e^{-\alpha t}e^{Jt}\|_c \leq \max\,\{M_0,1\} \; . \tag{13.20}$$

Unter Beachtung der Ungleichung (13.17) ist damit das Theorem bewiesen mit

$$M > \|S\|_c\|S^{-1}\|_c\|c\|\max\,\{M_0,1\} \; . \tag{13.21}$$

WEITERFÜHRENDE LITERATUR

Eine ausgezeichnete allgemeine Darstellung der Analysis ist das Buch von Apostol (1957). Fortgeschrittenere Darstellungen, in denen die Analysis auf einem höheren und abstrakteren Niveau behandelt wird, sind die Bücher von Dieudonné (1960) und Graves (1956). Für ein tieferes Studium unendlicher Reihen wird das Buch von Bromwich (1926) empfohlen.

Eine Auswahl von einführenden Lehrbüchern in die Analysis sind die Werke von Phillips (1950), Munroe (1965), Scott und Tims (1966), Flett (1966) und Rankin (1963).

SCHRIFTTUM

Apostol, T.M., 1957, *Mathematical analysis*, Addison-Wesley, Reading, Mass.

Bromwich, T.J.I'A., 1926, *An introduction to the theory of infinite series*, Macmillan, London.

Dieudonné, J., 1960, *Foundations of modern analysis*, Academic Press, New York.

Flett, T.M., 1966, *Mathematical analysis*, McGraw-Hill, New York.

Graves, L.M., 1956, *The theory of functions of a real variable*, McGraw-Hill, New York.

Munroe, M.E., 1965, *Introductory real analysis*, Addison-Wesley, Reading, Mass.

Phillips, E.G., 1950, *A course of analysis*, Cambridge University Press, London.

Rankin, R.A., 1963, *An introduction to mathematical analysis*, Pergamon Press, Oxford.

Scott, D.B. und S.R. Tims, 1966, *Mathematical analysis: an introduction*, Cambridge University Press, London.

Aufgaben

1 Man beweise, daß eine Umgebung $N(a,h)$ eines Punktes $a \in E_n$ eine konvexe Menge darstellt.

2 Es sei angenommen, daß die Funktionen f und g endliche Ableitungen im offenen Intervall $a < x < b$ haben und daß $f(c) = g(c) = 0$ mit $c \in (a,b)$ gilt. Man beweise die Aussage (Regel von de l'Hospital)

$$\lim_{x \to c} \frac{f(x)}{g(x)} = \frac{f'(c)}{g'(c)} ,$$

wobei vorausgesetzt wird, daß $g'(x)$ in keinem Punkt des Intervalls (a,b) verschwindet.

3 Man diskutiere die Stetigkeit der Funktion f, welche definiert ist durch $f(x) = x \sin(1/x)$ für $x \neq 0$ und $f(0) = 0$. Existiert $Df(0)$?

4 Man bestimme sämtliche Maxima und Minima der Funktionen $\cos x/(1+\cos^2 x)^{2/3}$ und $xe^{a/x}$.

5 Man zeige, wie eine Zahl N in drei Teile a,b,c derart zerlegt werden kann, daß das Produkt a^3b^2c ein Maximum wird.

6 Man entwickle $\arccos(1-2x)$ in eine Potenzreihe in x und gebe einen Ausdruck an für das n-te Glied der Reihe. Man verwende das Ergebnis zum Nachweis dafür, daß $\arccos(0{,}98) = 0{,}2003$ gilt.

7 Man zeige, daß eine Doppelreihe $\sum_{m,n} a_{m,n}$ aus nichtnegativen Gliedern bei jeder beliebigen Summationsmethode dieselbe Summe hat.

8 Man zeige, daß die positive (negative) Richtung des Gradientenvektors $(\partial f/\partial x_1, \partial f/\partial x_2, \ldots, \partial f/\partial x_n)$ einer Funktion $f(x_1, x_2, \ldots, x_n)$ mit der Richtung übereinstimmt, in welcher f am schnellsten zunimmt (abnimmt).

9 Man beweise, daß die quadratische Kurve, welche durch die drei Punkte (x_1, y_1), (x_2, y_2) und (x_3, y_3) geht, unter der Voraussetzung

$$\frac{(x_2 - x_3)y_1 + (x_3 - x_1)y_2 + (x_1 - x_2)y_3}{(x_1 - x_2)(x_2 - x_3)(x_3 - x_1)} < 0$$

ein Minimum im Punkte x_4 aufweist, der gegeben ist durch

$$x_4 = \frac{1}{2} \cdot \frac{(x_2^2 - x_3^2)y_1 + (x_3^2 - x_1^2)y_2 + (x_1^2 - x_2^2)y_3}{(x_2 - x_3)y_1 + (x_3 - x_1)y_2 + (x_1 - x_2)y_3} .$$

10 Man stelle fest, für welche reellen Werte x die unendliche Reihe $\sum_{k=1}^{\infty} (\sin kx)/k^2$ konvergiert, und man prüfe, ob sie gleichmäßig konvergiert.

Riemann-Stieltjes-Integral

1. Einführung

Es wird angenommen, daß der Leser bereits mit dem Begriff des Integrals als der Fläche unter einer Kurve vertraut ist. Das Ziel dieses Kapitels besteht darin, diese Vorstellung mathematisch zu formulieren und gleichzeitig auf natürliche Weise zu erweitern.

Die Fläche eines Rechtecks der Länge a und der Breite b ist definiert als das Produkt ab. Physikalisch ist einleuchtend, daß die Fläche von Rechtecken, welche aus einer gleichmäßig starken Platte ausgeschnitten wurden, proportional zu ihrer Masse ist. Ebenso ist folgendes physikalisch einleuchtend: Die Fläche unter einer beliebigen Kurve, wie z.B. c_1g in Bild 1, läßt sich definieren, indem man

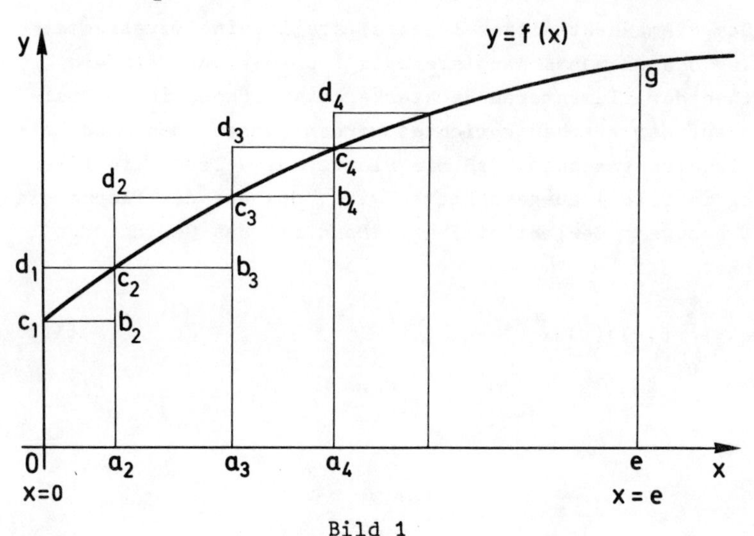

Bild 1

feststellt, daß sie proportional zu der Masse ist, die man erhält, wenn man die Fläche oc_1ge aus einer gleichmäßig starken Platte ausschneidet. Auf diese Weise kann die Fläche unter einer beliebigen Kurve auf die bereits definierte Fläche eines Rechtecks zurückgeführt werden.

Bei einer mathematischen Definition der Fläche unter einer Kurve muß wieder ein Weg gefunden werden, auf dem diese mit der Fläche eines Rechtecks in Beziehung gebracht wird. Beim Riemannschen Integral wird dies auf vertraute Weise über einen Grenzwertprozeß erreicht. Es werden Ordinaten oc_1d_1, $a_2b_2c_2d_2$, ... festgelegt, deren Abszissenwerte nicht unbedingt gleiche Abstände voneinander haben müssen. Die Summe der Rechteckflächen $od_1c_2a_2$, $a_2d_2c_3a_3$, ... ist definiert und ebenso die Summe der Flächen $oc_1b_2a_2$, $a_2c_2b_3a_3$, ... Dabei ist die erste Summe nicht kleiner als die zweite. Wenn bei geeigneter Vermehrung der Zahl von Punkten a_i in der festen Strecke oe die beiden Summen gegen einen gemeinsamen Grenzwert streben, dann bezeichnet man diesen als die Fläche unter der Kurve. Diese Definition steht offensichtlich im Einklang mit unseren physikalischen Vorstellungen.

Das Riemann-Stieltjes-Integral stellt eine Verallgemeinerung des Riemannschen Integrals insoweit dar, als die Flächen der elementaren Rechtecke entsprechend ihrer Position auf der x-Achse gewichtet werden können. Man kann beispielsweise annehmen, daß die Platte, aus welcher die Fläche oc_1eg im Bild 1 ausgeschnitten wird, das auf die Flächeneinheit bezogene Gewicht $\rho(x)$ hat. Dann ist das Gewicht des Stückes

$$w = \int_0^e f(x)\rho(x)dx \,. \tag{1.1}$$

Schreibt man

$$\alpha(x) = \int_0^x \rho(x)dx \quad , \tag{1.2}$$

dann läßt sich die Gleichung (1.1) (zunächst rein formal) in der Form

$$w = \int_0^e f(x) \frac{d\alpha(x)}{dx} dx \tag{1.3}$$

$$= \int_0^e f(x)d\alpha(x) \tag{1.4}$$

schreiben.

Bis jetzt ist nichts gewonnen. Die Theorie des Riemann-Stieltjes-Integrals geht jedoch nicht von Gl.(1.1), sondern von Gl.(1.4) aus. Geht man jetzt in geeigneter Weise vor, dann darf $\alpha(x)$ einfache Unstetigkeiten aufweisen. Springt $\alpha(x)$ beispielsweise an der Stelle $x = 3$ vom Wert 1 auf den Wert 1,5, so ist $\rho(3)$ nicht definiert. Es wird jedoch später gezeigt, daß die Gl.(1.4) unter geeigneten Bedingungen wohldefiniert bleibt und daß sich an der Stelle $x = 3$ zum Integral ein Beitrag ergibt, welcher mit $0{,}5f(3)$ übereinstimmt. Dies entspricht einer idealisierten physikalischen Situation, bei welcher eine Massenkonzentration auf der Geraden $x = 3$ mit der Stärke 1/2, bezogen auf die Längeneinheit, vorhanden ist. Die Dichte $\rho(x)$ kann in $x = 3$ nicht angegeben werden, aber die physikalische Situation ist bedeutungsvoll, und die Möglichkeiten, welche das Riemann-Stieltjes-Integral in diesem Zusammenhang liefert, sind daher wertvoll.

Es gibt noch andere Verallgemeinerungen des Riemannschen Integrals, insbesondere das Lebesguesche Integral. Die Bedeutung dieses Integrals liegt darin, daß die Klasse der Funktionen f(x), welche integrierbar sind, erweitert wird. Ein Beispiel ist die "Dirichletsche Funktion", welche definiert ist durch

$$\left.\begin{aligned} f(x) &= 0 \quad \text{für rationales } x \\ f(x) &= 1 \quad \text{für irrationales } x \,. \end{aligned}\right\} \tag{1.5}$$

In jedem endlichen Intervall nimmt die Funktion f(x) sowohl den Wert 0 als auch den Wert 1 an, und das Riemannsche Integral existiert nicht. Das Lebesguesche Integral aber existiert und hat im Intervall [a,b] den Wert b-a.

Dieses Beispiel illustriert den Funktionstyp, für welchen die Lebesguesche Integration benötigt wird. Die Schwierigkeiten, welche sie behebt, ergeben sich im allgemeinen durch die mathematische Formulierung eines physikalischen Problems und weniger aus der Natur des Problems selbst. Dies bedeutet, daß sie sich gewöhnlich vermeiden lassen, indem man die mathematische Formulierung ändert, und dieser Weg wird hier eingeschlagen.

2. Definition des Integrals

Die Diskussion soll zunächst auf Funktionen f mit Definitionsbereich $S \subset E_1$ und Wertebereich $R_f \subset E_1$ beschränkt bleiben; genauer gesagt soll S ein Intervall [a,b] sein. Eine zweite Funktion α, welche bei der Definition auftreten wird, soll ebenfalls den Definitionsbereich [a,b] und einen Wertebereich $R_\alpha \subset E_1$ haben.

Es wird häufig notwendig sein, Mengen von Punkten x_i zu betrachten, welche das Intervall [a,b] unterteilen in der Form

$$a = x_0 < x_1 < \dots < x_{n-1} < x_n = b. \tag{2.1}$$

Für derartige Unterteilungen soll die folgende Bezeichnung verwendet werden. Die Punktmenge $\{x_i\}$ in der Beziehung (2.1) wird eine *Zerlegung* von $[a,b]$ genannt und mit P bezeichnet (vgl. Abschnitt 9.1 von Kapitel IV). Die *Norm* $|P|$ der Zerlegung ist das größte Intervall $x_i - x_{i-1}$. Eine *Verfeinerung* P_1 der Zerlegung P ist eine neue Einteilung, die aus P gewonnen wird, indem man zusätzliche Punkte in P einfügt. Offensichtlich gilt $|P_1| \le |P|$.

Beispiel 2.1. Ist $[a,b] = [0,1]$, dann ist

$$P = \{0;\ 0{,}5;\ 1\}$$

eine Zerlegung von $[a,b]$, und es gilt $|P| = 0{,}5$. Die Zerlegung

$$P_1 = \{0;\ 0{,}1;\ 0{,}5;\ 1\}$$

stellt eine Verfeinerung von P dar, und es gilt

$$|P_1| = 0{,}5 = |P|.$$

Die Zerlegung

$$P_2 = \{0;\ 0{,}3;\ 0{,}6;\ 1\},$$

für welche zwar $|P_2| = 0{,}4 < |P|$ gilt, ist dennoch keine Verfeinerung von P, da der Punkt $x = 0{,}5$, welcher in P auftritt, in P_2 nicht vorhanden ist.

Es sei P eine Zerlegung von $[a,b]$, und die Punkte t_k, $k = 1,2,\dots,n$ sollen die Eigenschaft

$$x_{k-1} \le t_k \le x_k \tag{2.2}$$

aufweisen. Unter einer *Riemann-Stieltjesschen Summe* von f bezüglich α wird künftig eine Summe der Form

$$\sum_{k=1}^{n} f(t_k)\left[\alpha(x_k) - \alpha(x_{k-1})\right] =: S(P,f,\alpha) \qquad (2.3)$$

verstanden.§

Übung 2.1. Es seien f und α definiert durch

$$f(t) = U(t-a), \quad \text{d.h.} \quad f(t) = \begin{cases} 0 & \text{für } t \leq a \\ 1 & \text{für } t > a \end{cases}$$

$$\alpha(t) = U(b-t), \quad \text{d.h.} \quad \alpha(t) = \begin{cases} 1 & \text{für } t < b \\ 0 & \text{für } t \geq b \end{cases},$$

und es sei $P = \{a, \frac{1}{2}(a+b), b\}$. Man zeige, daß $S(P,f,\alpha)=-1$ ist und daß eine Verfeinerung von P diese Summe nicht verändert.

Eine Funktion f heißt *integrierbar bezüglich* α (im Riemann-Stieltjesschen Sinne) und ihr *Riemann-Stieltjes-Integral* bezüglich α in $[a,b]$ ist gleich I, falls eine Größe I mit den folgenden Eigenschaften existiert:

> Zu jedem beliebigen $\varepsilon > 0$ gibt es eine Zerlegung P_ε derart, daß $|S(P,f,\alpha) - I| < \varepsilon$ gilt, wobei P eine beliebige Verfeinerung der Zerlegung P_ε ist und die Punkte t_k in $S(P,f,\alpha)$ beliebig aus $[x_{k-1},x_k]$ gewählt werden dürfen.

§ Das Zeichen =: (bzw. :=) soll ausdrücken, dass die nachfolgende (bzw. vorhergehende) Abkürzung durch den vorausgehenden (bzw. nachfolgenden) Ausdruck definiert wird.

Beispiel 2.2. In Übung 2.1 erfüllt $I = -1$ diese Definition mit $P_\varepsilon = \{a, \frac{1}{2}\cdot(a+b), b\}$. Deshalb ist f bezüglich α integrierbar, wobei f und α die in Übung 2.1 definierten Funktionen bedeuten.

Eine weitere Bezeichnung ist $f \in R(\alpha)$ in $[a,b]$, was bedeutet, daß f im Riemann-Stieltjesschen Sinne bezüglich α in $[a,b]$ integrierbar ist. Das Integral I wird geschrieben als

$$I = \int_a^b f(x)d\alpha(x) \tag{2.4}$$

oder

$$I = \int_a^b f\ d\alpha\ . \tag{2.5}$$

Hierbei heißt f der *Integrand* und α der *Integrator*. Das gewöhnliche Riemannsche Integral entspricht dem Sonderfall $\alpha(x) = x$, und die Bezeichnung für das Integral lautet dann

$$I = \int_a^b f(x)\ dx\ .$$

Nun soll f eine vektorielle Funktion von x sein mit Definitionsbereich $S \subset E_1$ und Wertebereich $R_f \subset E_m$. Hat dann α wie bisher den Definitionsbereich $S \subset E_1$ und den Wertebereich $R_\alpha \subset E_1$, dann wird das Integral

$$I = \int_a^b f(x)d\alpha(x) \tag{2.6}$$

auf ganz natürliche Weise eingeführt. Das Integral I stellt dann nämlich einen m-Vektor dar mit der i-ten Komponente

$$I_i = \int_a^b f_i(x)d\alpha(x) . \tag{2.7}$$

Dabei wird vorausgesetzt, daß jedes der I_i, $i = 1,2,\ldots,m$, entsprechend der früheren Definition existiert.

Sind sowohl f als auch α m-Vektoren, dann wird das Integral

$$I = \int_a^b f^T(x)d\alpha(x) \tag{2.8}$$

definiert durch

$$I = \int_a^b \sum_{i=1}^{m} f_i(x)d\alpha_i(x) . \tag{2.9}$$

Die Definition läßt sich auch auf den Fall erweitern, daß $A(x) = (a_{ij}(x))$ eine p×q-Matrix ist und $B(x) = (b_{jk}(x))$ eine q×r-Matrix. Das Integral

$$I = \int_a^b A(x)dB(x) \tag{2.10}$$

ist dann eine p×r-Matrix mit den Komponenten

$$I_{ik} = \int_a^b \sum_{j=1}^{q} a_{ij}(x)db_{jk}(x) . \tag{2.11}$$

3. Eigenschaften des Integrals

Im nächsten Abschnitt wird gezeigt, daß hinreichende (jedoch nicht notwendige) Bedingungen für die Existenz des Riemann-Stieltjes-Integrals (2.4) die Forderungen $f \in D_L^1$ in J und $\alpha \in D_R^1$ in J sind. Dabei ist J ein offenes Intervall, das [a,b] enthält. Um den Beweis dieses Ergebnisses vorzubereiten, werden bestimmte Eigenschaften des Integrals abgeleitet. Diese Eigenschaften muß das Integral, sofern es existiert, immer aufweisen. Die erste dieser Eigenschaften ist die Formel für die *partielle Integration,* welche im folgenden Theorem angegeben wird.

THEOREM 3.1. Es seien f und α in [a,b] definierte reellwertige Funktionen. Ist $f \in R(\alpha)$ in [a,b], so ist $\alpha \in R(f)$ in [a,b], und die beiden Integrale, deren Existenz damit sichergestellt ist, erfüllen die Beziehung

$$\int_a^b f(x)d\alpha(x) + \int_a^b \alpha(x)df(x) = f(b)\alpha(b) - f(a)\alpha(a). \tag{3.1}$$

Beweis. Es sei $S(P,\alpha,f)$ eine Riemann-Stieltjessche Summe für das Integral $\int_a^b \alpha df$. Dann wird

$$S(P,\alpha,f) = \sum_{k=1}^{n} \alpha(t_k)\{f(x_k) - f(x_{k-1})\} \tag{3.2}$$

$$= f(x_n)\alpha(x_n) - f(x_0)\alpha(x_0) - \sum_{k=1}^{n} \{f(x_k)\alpha(x_k)$$

$$- f(x_{k-1})\alpha(x_{k-1})\} + \sum_{k=1}^{n}\alpha(t_k)\{f(x_k) - f(x_{k-1})\}, \tag{3.3}$$

da die Summe der in Gl.(3.3) eingeführten Glieder Null wird. Wählt man $x_0 = a$, $x_n = b$, so ergibt sich

$$S(P,\alpha,f) = f(b)\alpha(b) - f(a)\alpha(a) - \sum_{k=1}^{n} f(x_k)\{\alpha(x_k) - \alpha(t_k)\}$$

$$- \sum_{k=1}^{n} f(x_{k-1})\{\alpha(t_k) - \alpha(x_{k-1})\}. \tag{3.4}$$

Es sei jetzt P_1 eine Verfeinerung von P, welche aus den ursprünglichen Punkten x_k und den Punkten t_k besteht. Die Summe

$$\sum_{k=1}^{n} f(x_k)\{\alpha(x_k)-a(t_k)\} + \sum_{k=1}^{n} f(x_{k-1})\{\alpha(t_k)-\alpha(x_{k-1})\} \tag{3.5}$$

läßt sich dann als eine Riemann-Stieltjessche Summe $S(P_1,f,\alpha)$ auffassen, in welcher eine spezielle Wahl der Punkte getroffen wurde, für die f berechnet wird, nämlich das linke oder rechte Ende von jedem der Intervalle von P_1.

Da $\int_a^b f d\alpha$ existiert, gibt es ein I und ein P_ε derart, daß für jede Verfeinerung P von P_ε die Ungleichung

$$|S(P,f,\alpha) - I| < \varepsilon \tag{3.6}$$

gilt. Mit diesem P erhält man aber

$$S(P,\alpha,f) = f(b)\alpha(b) - f(a)\alpha(a) - S(P_1,f,\alpha) , \tag{3.7}$$

wobei P_1 eine Verfeinerung von P und damit auch von P_ε ist. Durch eine weitere Anwendung der Ungleichung (3.6) erhält man somit

$$\left|S(P_1,f,\alpha) - I\right| < \varepsilon \ , \tag{3.8}$$

woraus sich aufgrund von Gl.(3.7) die Ungleichung

$$\left|f(b)\alpha(b) - f(a)\alpha(a) - S(P,\alpha,f) - I\right| < \varepsilon \tag{3.9}$$

ergibt. Dabei bedeutet P in $S(P,\alpha,f)$ irgendeine Verfeinerung von P_ε, und die Punkte t_k wurden willkürlich gewählt. Aufgrund der Definition eines Riemann-Stieltjes-Integrals ist damit aus Ungleichung (3.9) zu erkennen, daß $\alpha \in R(f)$ ist und

$$\int_a^b \alpha df = f(b)\alpha(b) - f(a)\alpha(a) - I \tag{3.10}$$

gilt. Dabei ist

$$I = \int_a^b f d\alpha \ . \tag{3.11}$$

Damit ist der Beweis vollständig geführt.

Einige weitere Eigenschaften des Riemann-Stieltjes-Integrals, welche in einfacher Weise aus der Definition und den Eigenschaften von Grenzwerten folgen, werden im folgenden in Form von Übungen angegeben.

Übung 3.1. Ist $f \in R(\alpha)$ in $[a,b]$, dann gilt $cf \in R(\alpha)$ in $[a,b]$, wobei c eine beliebige reelle Konstante und

$$\int_a^b cf d\alpha = c \int_a^b f d\alpha \tag{3.12}$$

ist. Dies soll gezeigt werden.

Übung 3.2. Man zeige, daß für $h = f + g$ und $f,g \in R(\alpha)$ in $[a,b]$ auch $h \in R(\alpha)$ in $[a,b]$ gilt und die Beziehung

$$\int_a^b h d\alpha = \int_a^b f d\alpha + \int_a^b g d\alpha \tag{3.13}$$

besteht.

Übung 3.3. Ist $f \in R(\alpha)$ in $[a,b]$ und $f \in R(\beta)$ in $[a,b]$, dann gilt, wie zu zeigen ist, $f \in R(c_1\alpha + c_2\beta)$ in $[a,b]$, wobei c_1, c_2 zwei beliebige reelle Konstanten sind und

$$\int_a^b f d(c_1\alpha + c_2\beta) = c_1 \int_a^b f d\alpha + c_2 \int_a^b f d\beta \tag{3.14}$$

gilt.

Übung 3.4. Man zeige, daß die Gln.(2.9) und (2.11) in der Form

$$I = \sum_{i=1}^{m} \int_a^b f_i(x) d\alpha_i(x) \tag{3.15}$$

$$I_{ik} = \sum_{j=1}^{q} \int_a^b a_{ij}(x) db_{jk}(x) \tag{3.16}$$

geschrieben werden können. Dabei wird vorausgesetzt, daß jedes in den Gln.(3.15) und (3.16) auftretende Integral existiert. Man erweitere die Ergebnisse aus den Übungen 3.1, 3.2 und 3.3 auf Integrale der Art von Gl.(2.8) und Gl.(2.10).

Übung 3.5. Man erweitere die Formel für die partielle Integration wie folgt: Sind f und α beide m-Vektoren, dann gilt

$$\int_a^b f^T d\alpha + \int_a^b \alpha^T df = f^T(b)\alpha(b) - f^T(a)\alpha(a). \tag{3.17}$$

Stellt A eine p×q-Matrix und B eine q×r-Matrix dar, so gilt weiterhin

$$\int_a^b AdB + \left\{\int_a^b B^T dA^T\right\}^T = A(b)B(b)-A(a)B(a) . \tag{3.18}$$

[Wenn keine Mißverständnisse entstehen können, kann die Gl. (3.18) auch in der Form

$$\int_a^b AdB + \int_a^b dAB = A(b)B(b) - A(a)B(a)$$

geschrieben werden.]

Übung 3.6. Für $f \in R(\alpha)$ in [a,b] zeige man, daß $f \in R(\alpha)$ in [b,a] und

$$\int_b^a fd\alpha = -\int_a^b fd\alpha \tag{3.19}$$

gilt.

Übung 3.7. Ist $f \in R(\alpha)$ in $[a,b]$ und $\beta(b-s) = \alpha(s)$, dann gilt, wie zu zeigen ist,

$$\int_a^b f(s)d\alpha(s) = \int_a^b f(s)d\beta(b-s) = -\int_a^b f(a+b-s)d\beta(s-a). \quad (3.20)$$

Übung 3.8. Für $f \in R(\alpha)$ in $[a,c]$ und $f \in R(\alpha)$ in $[a,b]$ mit $c > b$ zeige man, daß $f \in R(\alpha)$ in $[b,c]$ und

$$\int_a^c f d\alpha = \int_a^b f d\alpha + \int_b^c f d\alpha \quad (3.21)$$

gilt. Man zeige, daß dieses Ergebnis auch für $b > c$ richtig bleibt. Man erweitere dieses Ergebnis auf endlich viele aufeinanderfolgende Intervalle.

Übung 3.9. Man zeige, daß das Integral $\int_a^b d\alpha$ den Wert $\alpha(b) - \alpha(a)$ hat, sofern es existiert.

4. Existenz des Integrals

Es soll daran erinnert werden, daß in Kapitel IV davon ausgegangen wurde, daß physikalische Variable von links her stetig sind und zu D_R oder zu D_R^1 gehören. Später wird deutlich, daß derartige Variable häufig als Integranden oder als Integratoren auftreten und daß sie gewöhnlich Funktionen der Zeit t sind, wobei sie, wie gesagt, in D_R oder D_R^1 sein sollen. Gelegentlich jedoch treten sie als Funktionen von -t auf, und in einem solchen Fall gehören sie zu D_L oder D_L^1.

Beispiel 4.1. Die durch

$$U(t) = \begin{cases} 0 & \text{für } t \leq 0 \\ 1 & \text{für } t > 0 \end{cases}$$

definierte Funktion ist von links stetig und gehört zu D_R; sie gehört außerdem zu D_R^1. Die durch

$$U(-t) = \begin{cases} 1 & \text{für } t < 0 \\ 0 & \text{für } t \geq 0 \end{cases}$$

definierte Funktion ist von rechts stetig und gehört zu D_L; sie ist außerdem in D_L^1. Die durch $U(-t)$ dargestellte Funktion repräsentiert keine physikalische Variable, trotzdem wird man ihr in späteren Ergebnissen häufig begegnen.

Zunächst soll der Sonderfall betrachtet werden, daß der Integrator $\alpha(x)$ eine Sprungfunktion $U(x-c)$ mit $a \leq c \leq b$ ist und daß $f \in D_L$ gilt in einem offenen Intervall $J \supset [a,b]$. Dann kann folgendes ausgesagt werden:

THEOREM 4.1. Gilt $f \in D_L$ in $J \supset [a,b]$, dann existiert das Integral

$$\int_a^b f(x)dU(x-c)\ , \quad a \leq c \leq b\ , \tag{4.1}$$

und es hat den Wert $f(c)$, sofern $a \leq c < b$ ist. Gilt $c = b$, so ist das Integral Null.

Beweis. Es sei P eine Zerlegung von $[a,b]$, welche den Punkt $x_{r-1} = c$ enthält, und es wird zunächst $a \leq c < b$ vorausgesetzt. Da $U(x-c)$ mit Ausnahme der Stelle c konstant ist, besteht dann der einzige Beitrag zur Summe $S[P,f(x), U(x-c)]$ aus einem Term

$$S[P,f(x),\ U(x-c)] = f(t_r)[U(x_r-c) - U(x_{r-1} - c)] \qquad (4.2)$$

$$= f(t_r)\ , \qquad (4.3)$$

wobei $c = x_{r-1} \leq t_r \leq x_r$ gilt. Nun ist $f(x) \in D_L$ also von rechts stetig. Für ein gegebenes ε läßt sich daher ein δ derart wählen, daß die Ungleichung

$$|f(t_r) - f(c)| < \varepsilon \quad \text{für} \quad 0 < t_r-c < \delta \qquad (4.4)$$

besteht. Man wähle als P_ε irgendeine Zerlegung von $[a,b]$, welche c enthält und die Eigenschaft $|P_\varepsilon| < \delta$ hat. Aufgrund der Aussagen (4.3) und (4.4) erhält man, wenn P irgendeine Verfeinerung von P_ε ist, die Ungleichung

$$\left|S[P,f(x),\ U(x-c)] - f(c)\right| < \varepsilon\ . \qquad (4.5)$$

Dies bedeutet, daß $f(x) \in R[U(x-c)]$ ist und daß das Integral den Wert f(c) hat. Ist c = b, dann verschwindet U(x-c) überall in $[a,b]$, und damit existiert das Integral und hat den Wert Null.

Aufgrund der verwendeten Beweismethode ist offensichtlich, daß

$$\int_a^b f(x)dU(c-x) \qquad (4.6)$$

existiert, wenn $f(x) \in D_R$ in $J \supset [a,b]$ und $a \leq c \leq b$ ist. Das Integral hat dann den Wert -f(c) für $a < c \leq b$ und den Wert Null für c = a. Es möge beachtet werden, daß bei den Integralen (4.1) und (4.6) in keinem Punkt beide Funktionen f und α von rechts oder von links unstetig sind. Im Buch von Apostol (1957) wird auf Seite 212 gezeigt, daß dies eine notwendige Bedingung für die Existenz der Integrale ist.

Beispiel 4.2. Eine Funktion $f \in D_R$ in $J \supset [0,T]$ läßt sich in der Form

$$f(t-c) = \int_c^t f(t-s)dU(s-c) \tag{4.7}$$

schreiben, falls $0 \leq c \leq t \leq T$ ist. Man beachte, daß für $f(t-s) = \phi(s)$ sich $\phi(s) \in D_L$ in $[c,t]$ ergibt.

Beispiel 4.3. Die Teilsummen S_n einer Reihe,

$$S_n = f(0) + f(1) + \ldots + f(n) , \tag{4.8}$$

wobei f in jedem endlichen Intervall stetig sein soll, lassen sich in der Form

$$S_n = \int_0^{n+1/2} f(x)d\alpha(x) \tag{4.9}$$

schreiben, wobei

$$\alpha(x) = U(x) + U(x-1) + \ldots + U(x-n) \tag{4.10}$$

ist.

Als zweiter Sonderfall wird folgende Aussage betrachtet:

THEOREM 4.2. Ist α stetig und f von beschränkter Variation in $[a,b]$, dann ist $f \in R(\alpha)$.

Beweis. Aufgrund von Theorem 9.2 aus Kapitel IV genügt es anzunehmen, daß f in $[a,b]$ nicht abnimmt. Bewiesen wird jetzt, daß $\alpha \in R(f)$ ist. Die zu beweisende Aussage folgt dann aus Theorem 3.1. Es sei P eine Zerlegung von $[a,b]$, und es sei $S(P,\alpha,f)$ eine Riemann-Stieltjessche Summe, welche zu P gehört. Dann ist $S(P,\alpha,f)$ eine Funktion von sämtlichen t_k, welche nur durch die Vorschrift $x_{k-1} \leq t_k \leq x_k$ eingeschränkt sind. Der von einem speziellen t_i abhängige Beitrag zu $S(P,\alpha,f)$ lautet

$$\alpha(t_i)\left[f(x_i) - f(x_{i-1})\right]. \tag{4.11}$$

Da α im abgeschlossenen Intervall $[x_{i-1}, x_i]$ stetig ist, nimmt dieser Ausdruck seinen Maximalwert an für irgendein t_i in $[x_{i-1}, x_i]$. Wenn man sämtliche t_k auf diese Weise festlegt, erreicht $S(P,\alpha,f)$ seinen Maximalwert $S_{max}(P,\alpha,f)$. Entsprechend sei $S_{min}(P,\alpha,f)$ die Summe, bei der jedes t_k so gewählt wird, daß $S(P,\alpha,f)$ seinen Minimalwert erreicht. Offensichtlich gilt $S_{max}(P,\alpha,f) \geq S_{min}(P,\alpha,f)$ für jedes P.

Jede Verfeinerung P_1 von P kann durch sukzessives Hinzufügen einzelner Punkte hergestellt werden. Es werde auf diese Weise y zwischen x_{i-1} und x_i eingeschaltet. Dann gilt für den von den Intervallen $[x_{i-1},y]$ und $[y,x_i]$ herrührenden Beitrag zu $S_{max}(P_1,\alpha,f)$:

$$\max_{s_1 \in [x_{i-1},y]} \alpha(s_1)\left[f(y)-f(x_{i-1})\right] + \max_{s_2 \in [y,x_i]} \alpha(s_2)\left[f(x_i)-f(y)\right]$$

$$\leq \max_{s_1 \in [x_{i-1},x_i]} \alpha(s_1)\left[f(y)-f(x_{i-1})\right] + \max_{s_2 \in [x_{i-1},x_i]} \alpha(s_2)\cdot \left[f(x_i)-f(y)\right] \tag{4.12}$$

$$= \max_{t_i \in [x_{i-1},x_i]} \alpha(t_i)\left[f(y)-f(x_{i-1}) + f(x_i)-f(y)\right] \tag{4.13}$$

$$= \max_{t_i \in [x_{i-1},x_i]} \alpha(t_i)\left[f(x_i)-f(x_{i-1})\right] . \tag{4.14}$$

Auf der rechten Seite der Ungleichung (4.12) wird nämlich der Variationsbereich von s_1 und s_2 erweitert, und in Gl. (4.13) sind die Terme $f(y)-f(x_{i-1})$ und $f(x_i)-f(y)$ beide nichtnegativ. Der Ausdruck auf der rechten Seite von Gl. (4.14) stellt den Beitrag zu $S_{max}(P,\alpha,f)$ dar, ehe der neue Punkt s hinzugefügt wurde. Deshalb kann $S_{max}(P,\alpha,f)$ nicht größer werden, wenn P verfeinert wird. Entsprechend kann $S_{min}(P,\alpha,f)$ nicht abnehmen, wenn P verfeinert wird.

Es sollen nun die aufeinanderfolgenden Verfeinerungen $P_2,P_3,\ldots$ einer gegebenen Zerlegung P_1 betrachtet werden, wobei $|P_r| \to 0$ streben soll für $r\to\infty$. Die Folge

$$S_{max}(P_1,\alpha,f),\ S_{max}(P_2,\alpha,f),\ S_{max}(P_3,\alpha,f),\ \ldots \qquad (4.15)$$

ist nicht zunehmend, und sie ist nach unten beschränkt durch $S_{min}(P_1,\alpha,f)$, denn es gilt

$$S_{max}(P_r,\alpha,f) \geq S_{min}(P_r,\alpha,f) \geq S_{min}(P_1,\alpha,f). \qquad (4.16)$$

Demzufolge hat die Folge (4.15) einen Grenzwert L. Entsprechend besitzt die Folge

$$S_{min}(P_1,\alpha,f),\ S_{min}(P_2,\alpha,f),\ S_{min}(P_3,\alpha,f),\ \ldots \qquad (4.17)$$

einen Grenzwert ℓ. Es wird nun gezeigt, daß $\ell = L$ ist.

Die Variation der monotonen Funktion f in [a,b] hat die obere Schranke $M = f(b)-f(a)$. Nun ist α stetig, und deshalb gleichmäßig stetig in [a,b] . Aus diesem Grund gibt es für jedes $\varepsilon > 0$ ein δ mit der Eigenschaft $|P_r| < \delta$ für $r > r_0$ und hinreichend großes r_0, so daß

$$|\alpha(s) - \alpha(t)| < \frac{\varepsilon}{M} \quad \text{für } s,t \in [x_{i-1},x_i] \qquad (4.18)$$

gilt. Dabei sind x_{i-1}, x_i Punkte von P_r mit $r > r_0$, und somit gilt $|s-t| < \delta$. Weiterhin besteht die Beziehung

$$S_{max}(P_r,\alpha,f) - S_{min}(P_r,\alpha,f) = \sum_{i=1}^{n} [\alpha(t_i)-\alpha(s_i)] [f(x_i)-f(x_{i-1})] \geq 0, \tag{4.19}$$

wobei t_i die maximierenden und s_i die minimierenden Werte bedeuten. Damit erhält man für sämtliche $r > r_0$

$$S_{max}(P_r,\alpha,f) - S_{min}(P_r,\alpha,f) < \frac{\varepsilon}{M}\sum_{i=1}^{n} [f(x_i)-f(x_{i-1})] \tag{4.20}$$

$$= \varepsilon . \tag{4.21}$$

Dies führt auf die Aussage

$$0 \leq L-\ell \leq S_{max}(P_r,\alpha,f) - S_{min}(P_r,\alpha,f) < \varepsilon , \tag{4.22}$$

in der ε eine beliebige positive Konstante ist. Damit muß $L-\ell$ zwangsläufig Null sein. Der gemeinsame Wert von L und ℓ soll mit I bezeichnet werden. Es wird gezeigt, daß I die Forderungen eines Riemann-Stieltjes-Integrals erfüllt.

Es sei P_r eine Zerlegung mit der Eigenschaft (4.21), und es sei $S(P,\alpha,f)$ irgendeine Riemann-Stieltjessche Summe, welche zu einer Verfeinerung P von P_r gehört. Dies bedeutet, daß die t_k in ihren jeweiligen Intervallen beliebig gewählt werden dürfen. Offensichtlich gilt

$$S_{min}(P,\alpha,f) \leq S(P,\alpha,f) \leq S_{max}(P,\alpha,f) . \tag{4.23}$$

Aufgrund dieser und der oben bewiesenen Aussage erhält man dann

$$S_{min}(P_r,\alpha,f) \le S_{min}(P,\alpha,f) \le S(P,\alpha,f)$$

$$\le S_{max}(P,\alpha,f) \le S_{max}(P_r,\alpha,f) , \qquad (4.24)$$

$$S_{min}(P_r,\alpha,f) \le I \le S_{max}(P_r,\alpha,f) , \qquad (4.25)$$

$$S_{max}(P_r,\alpha,f) - S_{min}(P_r,\alpha,f) < \varepsilon . \qquad (4.26)$$

Hieraus folgt

$$|S(P,\alpha,f) - I| < \varepsilon , \qquad (4.27)$$

wobei $S(P,\alpha,f)$ irgendeine Riemann-Stieltjessche Summe bedeutet, welche zu einer Verfeinerung P von P_r gehört. Dabei hängt P_r von ε ab, und ε selbst darf beliebig gewählt werden. Damit ist der Beweis vollständig geführt.

Übung 4.1. Ist $f \in R(\alpha)$ in $[a,b]$, ist $|f| < M_1$ in $[a,b]$ und ist die Variation von α in $[a,b]$ durch M_2 beschränkt, dann besteht die Ungleichung

$$\left|\int_a^b f\, d\alpha\right| < M_1 M_2 . \qquad (4.28)$$

Dies soll bewiesen werden.

Übung 4.2. Man beweise folgende Aussage. Das Riemannsche Integral $\int_a^b f(x)dx$ existiert, falls entweder f in $[a,b]$ stetig ist oder f in $[a,b]$ von beschränkter Variation ist.

Ausgehend von Theorem 4.1 und Theorem 4.2 kann man nun in einfacher Weise das folgende Theorem gewinnen.

THEOREM 4.3. Es sei f eine Funktion, welche in einem offenen Intervall $J \supset [a,b]$ zu D_L^1 gehört, und es sei α eine Funktion, die in J zu D_R^1 gehört. Dann gilt $f \in R(\alpha)$ in $[a,b]$.

Beweis. Da die Funktion α zu D_R^1 gehört, besitzt sie höchstens endlich viele einfache rechtsseitige Unstetigkeiten in $[a,b]$. Diese sollen sich an den Stellen $p_1 < p_2 < \cdots < p_n$ befinden, und die entsprechenden Sprünge von α sollen die Höhe $\alpha_1, \alpha_2, \ldots, \alpha_n$ haben, wobei diese Werte positiv gerechnet werden, wenn $\alpha(x)$ mit x zunimmt. Dann ist die Funktion

$$\gamma(x) = \alpha(x) - \sum_{i=1}^{n} \alpha_i U(x-p_i) = \alpha(x) - \beta(x) \tag{4.29}$$

im Intervall $[a,b]$ stetig.

Die Funktion f gehört zu D_L^1 und damit zu D_L in J. Deshalb gilt nach Theorem (4.1) $f \in R(\beta)$ in $[a,b] \subset J$, und es ist

$$\int_a^b f(x)d\beta(x) = \begin{cases} \sum_{i=1}^{n} \alpha_i f(p_i) & \text{für } p_n < b \\ \sum_{i=1}^{n-1} \alpha_i f(p_i) & \text{für } p_n = b\,. \end{cases} \tag{4.30}$$

Da f zu D_L^1 gehört, ist f in $[a,b]$ nach Theorem 9.1 aus Kapitel IV von beschränkter Variation. Damit ist $f \in R(\gamma)$ nach Theorem 4.2, weil γ eine in $[a,b]$ stetige Funktion ist.

Schließlich gilt gemäß Übung 3.3 die Beziehung

$$\int_a^b f(x)d\alpha(x) = \int_a^b f(x)d\left[\beta(x) + \gamma(x)\right] \tag{4.31}$$

$$= \int_a^b f(x)d\beta(x) + \int_a^b f(x)d\gamma(x) . \tag{4.32}$$

Die Existenz der beiden letzten Integrale wurde bereits nachgewiesen, und somit ist $f \in R(\alpha)$ in $[a,b]$.

Übung 4.3. Man zeige, daß für $f \in D_R$ in $J \supset [a,b]$ das Riemannsche Integral $\int_a^b f(x)dx$ existiert. [Man bezeichne eine Unstetigkeit von $f(x)$ in $x = p_i$ mit f_i und schreibe

$$f(x) = \phi(x) + \sum_{i=1}^{n} f_i U(x-p_i) = \phi(x) + \xi(x) , \tag{4.33}$$

so daß $\phi(x)$ stetig ist und $\xi(x)$ von beschränkter Variation.]

Übung 4.4. Gilt $f \in D_R$ in $J \supset [a,b]$, so existiert das Riemannsche Integral $\int_a^b |f(x)|dx$, und es besteht die Ungleichung

$$\left|\int_a^b f(x)dx\right| \le \int_a^b |f(x)|dx . \tag{4.34}$$

Dies soll bewiesen werden. [Man zeige, daß $|f| \in D_R$ ist. Damit existiert das fragliche Integral. Man vergleiche die Riemannschen Summen für jede Zerlegung von $[a,b]$ und leite so die Ungleichung (4.34) her.]

Übung 4.5. Die Funktion f sei definiert durch

$$f(x) = \begin{cases} 0 & \text{für } x \neq c \\ 1 & \text{für } x = c,\ a \leq c \leq b\ . \end{cases} \tag{4.35}$$

Man zeige, daß $\int_a^b f(x)dx$ existiert und gleich Null ist. Damit soll gezeigt werden, daß unter Voraussetzung der Existenz des Integrals $\int_a^b g(x)dx$ sich dessen Wert nicht ändert, wenn man die Werte der Funktion g an endlich vielen beliebigen Stellen im Intervall [a,b] abändert. Insbesondere gilt

$$\int_0^t g(x)U(x)dx = \int_0^t g(x)dx\ , \tag{4.36}$$

sofern das zweite Integral in Gl.(4.36) existiert.

Die Klassen der im Theorem 4.3 verwendeten Funktionen, nämlich D_L^1 und D_R^1, lassen sich erweitern; tatsächlich gehört im Theorem 4.1 α zur größeren Klasse D_R, und im Theorem 4.2 gehört f zur größeren Klasse der Funktionen von beschränkter Variation. Das Ziel besteht hier jedoch nicht darin, die Ergebnisse möglichst allgemein zu formulieren, sondern darin, Ergebnisse anzugeben, welche den ins Auge gefaßten Anwendungen angemessen sind.

4.1. Ein Mittelwertsatz für Integrale

Das folgende Ergebnis wird an späterer Stelle benötigt.

THEOREM 4.4. Es sei α im Intervall [a,b] nicht abnehmend und von beschränkter Variation. Es sei f in [a,b] stetig.

Dann gilt

$$\int_a^b f d\alpha = f(c)\left[\alpha(b) - \alpha(a)\right] , \quad a \le c \le b. \tag{4.37}$$

Beweis. Die Gl.(4.37) gilt sicher, wenn $\alpha(b) = \alpha(a)$ ist. Es sei nun $\alpha(b) > \alpha(a)$. Da die Funktion f in $[a,b]$ stetig ist, hat sie ein Maximum M und ein Minimum m in $[a,b]$. Ist irgendein y mit der Eigenschaft $m \le y \le M$ gegeben, dann gibt es ebenfalls aufgrund der Stetigkeit von f ein $c \in [a,b]$ mit der Eigenschaft $f(c) = y$. Jede Riemann-Stieltjessche Summe erfüllt die Ungleichung

$$m\left[\alpha(b) - \alpha(a)\right] \le S(P,\alpha,f) \le M\left[\alpha(b) - \alpha(a)\right] . \tag{4.38}$$

Mit der Ungleichung (4.25) erhält man damit

$$m \le \frac{S_{min}(P_r,\alpha,f)}{\alpha(b) - \alpha(a)} \le y = \frac{I}{\alpha(b) - \alpha(a)} \le \frac{S_{max}(P_r,\alpha,f)}{\alpha(b) - \alpha(a)} \le M . \tag{4.39}$$

Damit ist $y = f(c)$, und der Beweis ist vollständig geführt.

Übung 4.6. Man verwende das soeben bewiesene Theorem zum Nachweis folgender Aussage. Ist f in $[a,b]$ stetig, dann ist auch die durch

$$g(t) = \int_a^t f(\tau) d\tau \tag{4.40}$$

definierte Funktion in $[a,b]$ stetig.

5. Sprungantwort eines Systems

In diesem Abschnitt wird ein besonders wichtiges Ergebnis mit Hilfe der in den vorausgegangenen Abschnitten gewonnenen Aussagen entwickelt. Es ist aus Kapitel I bekannt, daß man einen Raum bilden kann, dessen Elemente Funktionen irgendeines besonderen Typs sind - stetige Funktionen, differenzierbare Funktionen, usw. Eine Abbildung eines derartigen Funktionenraums in sich ist als ein *Operator* bekannt. Mathematisch gesehen besagt das Theorem, das in diesem Abschnitt behandelt werden soll, daß eine bestimmte Klasse von Operatoren auf einem speziellen Funktionenraum durch *Riemann-Stieltjessche Faltungsintegrale* dargestellt werden kann, d.h. durch Integrale der Form $\int_0^t f(t-\tau)dg(\tau)$.

Zur Gewinnung konkreter Aussagen und angesichts der Bedeutung für die Anwendungen des Theorems wird das Ergebnis für ein *physikalisches System* entwickelt. Hierunter versteht man irgendeinen Gegenstand, auf den ein *Eingangssignal* (eine Zeitfunktion) einwirken kann und welches mit einem *Ausgangssignal* (einer weiteren Zeitfunktion) antwortet. Beispiele sind elektrische Netzwerke mit einer Eingangsspannung u und einem Ausgangsstrom i, mechanische Systeme mit einer Eingangskraft f und einer Ausgangsverschiebung x und ein erhitzter Metallstab mit einem Eingangswärmefluß w und einer Ausgangstemperatur θ an einer bestimmten Stelle. Regelungssysteme sind ein weiteres Beispiel hierfür. Obwohl hier von physikalischen Systemen die Rede ist, wird verständlich sein, daß Systeme abstrakt definiert werden könnten und daß man sie dann mit geeigneten Operatoren identifizieren kann.

Es soll nun angenommen werden, daß ein *lineares System* vorgegeben sei mit einer Eingangsvariablen u und einer Ausgangsvariablen y. Sowohl u als auch y sind reellwertige Funktionen der Zeit. Die *Linearität* des Systems bedeutet folgendes: Sind y_1, y_2 Ausgangssignale, welche den Eingangssignalen u_1 bzw. u_2 entsprechen, dann ist $c_1y_1 + c_2y_2$ das dem Eingangssignal $c_1u_1 + c_2u_2$ entsprechende Ausgangssignal. Dabei sind c_1 und c_2 beliebige reelle Konstanten. Darüber hinaus soll das System noch die folgenden Eigenschaften aufweisen:

(a) Es ist *nicht antizipierend* (man spricht auch von *physikalisch realisierbar* oder *kausal*). Dies bedeutet, daß aus $u(t) = 0$ für $t \leq 0$ stets $y(t) = 0$ für $t \leq 0$ folgt.

(b) Ist $u(t) = 0$ für $t \leq 0$ und $|u(t)| < M_1$ für $0 < t \leq T$, dann gilt $|y(t)| < M_2$ für $0 < t \leq T$ (wobei M_2 nur von M_1 und T, nicht aber von u abhängt).

(c) Das System ist *zeitinvariant*. Dies bedeutet, daß stets $y(t-\tau)$ die Antwort auf $u(t-\tau)$, $\tau > 0$, darstellt, sofern $y(t)$ die Antwort auf $u(t)$ ist.

Eine besonders wichtige Kenngröße des Systems ist seine *Sprungantwort* $H(t)$. Hierunter versteht man das spezielle Ausgangssignal, das man erhält, wenn als Eingangssignal ein Einheitssprung an der Stelle $t = 0$ gewählt wird. Es wird angenommen, daß $H \in D_R^1$ gilt. Wie im Kapitel VI noch gezeigt wird, bestehen diese und die vorausgegangenen Eigenschaften, wenn das System mathematisch auf eine bestimmte, allgemein übliche Weise dargestellt werden kann.

Aufgrund von Beispiel 4.1 erhält man für $0 < t \leq T$

$$H(t) = \int_0^t H(t-s)dU(s) . \tag{5.1}$$

Diese Gleichung besteht unabhängig davon, ob $H(t)$ die Sprungantwort ist oder nicht. Wenn jedoch $H(t)$ die Sprungantwort darstellt, dann kann man diese Gleichung so auffassen, als liefere sie das Ausgangssignal $H(t)$ in Abhängigkeit vom

Eingangssignal $U(t)$. Wählt man nun als Eingangssignal $U(t-c)$ mit $0 \leq c \leq T$, dann ergibt sich aufgrund der Voraussetzung (c) als Ausgangssignal $H(t-c)$, was für $0 \leq c < t \leq T$ durch eine weitere Anwendung von Gl.(4.7) ausgedrückt werden kann in der Form

$$H(t-c) = \int_{c}^{t} H(t-s)dU(s-c) \; . \qquad (5.2)$$

Da $H(0) = 0$ ist, besteht die Gl.(5.2) auch für $0 \leq c \leq t \leq T$, wenn man die Übereinkunft $\int_c^c = 0$ trifft. Da

$$U(x) = 0 \quad \text{für} \quad x \leq 0$$

gilt, erhält man weiterhin

$$0 = \int_{0}^{c} H(t-s)dU(s-c), \quad 0 \leq c \leq t \; . \qquad (5.3)$$

Damit ergibt sich für $0 \leq c \leq t \leq T$ durch Addition der Gln. (5.2) und (5.3) die Beziehung

$$H(t-c) = \int_{0}^{t} H(t-s)dU(s-c) \; , \qquad (5.4)$$

welche auch für $0 \leq t < c \leq T$ gilt, da $U(x) = 0$ ist für $x < 0$. Deshalb besteht die Gl.(5.4) für sämtliche Werte c, t mit der Eigenschaft $0 \leq c \leq T$, $0 \leq t \leq T$. Stellt nun das Eingangssignal eine Summe von Sprungfunktionen dar, gilt also

$$v_n(t) = \sum_{i=1}^{r_n} v_{ni} U(t-c_i) \qquad (5.5)$$

mit $0 \leq c_i \leq T$, $i = 1,2,\ldots,r_n$, so erhält man das entsprechende Ausgangssignal $y_n(t)$ angesichts der Linearität des Systems, indem man die Antworten auf die einzelnen Sprungsignale $v_{ni}U(t-c_i)$ aufsummiert. Aus Gl.(5.4) folgt daher, daß $y_n(t)$ ausgedrückt werden kann durch

$$y_n(t) = \sum_{i=1}^{r_n} v_{ni} \int_0^t H(t-s)dU(s-c_i) \tag{5.6}$$

$$= \int_0^t H(t-s)d\left[\sum_{i=1}^{r_n} v_{ni}U(s-c_i)\right] \tag{5.7}$$

$$= \int_0^t H(t-s)dv_n(s). \tag{5.8}$$

Verwendet man die Formel für die partielle Integration und die Tatsache, daß $H(0) = v_n(0) = 0$ ist, dann erhält die Gl.(5.8) die Form

$$y_n(t) = -\int_0^t v_n(s)dH(t-s)\ . \tag{5.9}$$

Es soll nun angenommen werden, daß $u \in D_R^1$ ein vorgegebenes Eingangssignal des Systems mit der Eigenschaft $u(t) = 0$ für $t \leq 0$ ist und daß eine Folge $v_1(t)$, $v_2(t)$, ... angegeben werden kann, in der jedes Glied durch Gl.(5.5) gegeben ist, so daß für jedes vorgeschriebene δ ein n_0 existiert mit der Eigenschaft

$$|u(t) - v_n(t)| < \delta,\ 0 \leq t \leq T \tag{5.10}$$

für alle $n > n_0$. Die Existenz einer derartigen Folge wird später nachgewiesen. Da $H \in D_R^1$ gilt, hat H eine in $[0,T]$

durch M beschränkte Variation, und nach Übung 4.1 erhält man die Aussage

$$\left|\int_0^t [v_n(s) - u(s)]\, dH(t-s)\right| < M\delta . \tag{5.11}$$

Dies bedeutet, daß

$$\left|-y_n(t) - \int_0^t u(s)dH(t-s)\right| < M\delta \tag{5.12}$$

gilt, und somit strebt $v_n(t) \to u(t)$ für $n \to \infty$ und $0 \leq t \leq T$, und es strebt

$$y_n(t) \to -\int_0^t u(s)dH(t-s), \quad 0 \leq t \leq T, \tag{5.13}$$

$$= \int_0^t H(t-s)du(s) . \tag{5.14}$$

Bei der letzten Beziehung wurde partiell integriert und $H(0) = u(0) = 0$ berücksichtigt.

Andererseits erfüllt die Antwort y_δ des Systems auf das Eingangssignal $v_n - u$ wegen der Linearität und der Voraussetzung (b) die Beziehung

$$|y_\delta(t)| = |y_n(t) - y(t)| < \frac{M_2\delta}{M_1} , \tag{5.15}$$

wobei y die Antwort auf u bedeutet. Für $n \to \infty$ strebt somit $y_n(t) \to y(t)$, $0 \leq t \leq T$. Aus dieser Tatsache und der Gl.

(5.14) folgt, daß die Antwort $y(t)$ auf $u(t)$ dargestellt werden kann durch

$$y(t) = \int_0^t H(t-s)du(s) \quad . \tag{5.16}$$

Schließlich muß noch gezeigt werden, daß für jedes $u \in D_R^1$ mit $u(t) = 0$ für $t \leq 0$ stets eine Folge $v_1(t)$, $v_2(t)$, ... existiert, welche die oben geforderten Eigenschaften besitzt. Hieraus folgt dann, daß die Gl.(5.16) stets besteht, wenn die Voraussetzungen über das System erfüllt sind und u zu D_R^1 gehört und für $t \leq 0$ verschwindet.

Da $u \in D_R^1$ ist, muß die Ableitung von u beschränkt sein, soweit sie existiert, d.h. es gilt $|Du| < M_3$. Es sei P eine Zerlegung von $[0,T]$, welche sämtliche Punkte enthält, in denen u oder Du unstetig ist, und es sei $|P| < \delta/M_3$. Es seien

$$0 = x_0 < x_1 < \ldots < x_n = T \tag{5.17}$$

die Punkte von P, und v_n sei definiert durch

$$v_n(t) = \sum_{i=1}^{n} \left[u(x_i) - u(x_{i-1})\right] U(t-x_{i-1}) \ , \tag{5.18}$$

wie es im Bild 2 veranschaulicht ist. Es wird nun gezeigt, daß $v_n(t)$ die gewünschte Eigenschaft (5.10) hat.

Zunächst folgt aus Gl.(5.18), daß

$$v_n(x_i) - u(x_i) = 0 \quad \text{für } i = 0,1,\ldots,n \tag{5.19}$$

gilt. Weiterhin ist $v_n \in D_R^1$ und $u \in D_R^1$, weswegen $w_n = v_n - u \in D_R^1$ gilt. Daher ist $w_n(t)$ überall linksseitig stetig, und es

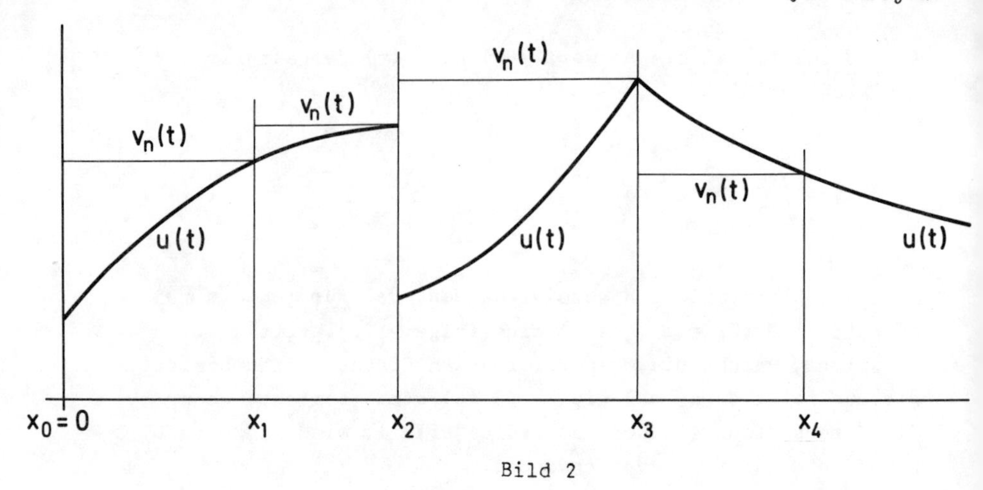

Bild 2

gilt $w_n(x_i) = 0$. Es sei t_0 ein beliebiger Punkt im Intervall $[0,T]$. Dann muß t_0 entweder einer der Punkte x_i sein, und es gilt $w_n(t_0) = 0$, oder t_0 ist ein innerer Punkt eines Intervalls $[x_{k-1}, x_k]$. Wegen der Bildungsweise von P muß dann w_n im Intervall $[t_0, x_k]$ stetig sein, und Dw_n existiert in (t_0, x_k) und erfüllt die Ungleichung $|Dw_n| < M_3$.

Aufgrund des Mittelwertsatzes erhält man dann

$$|w_n(t_0)| = |w_n(t_0) - w_n(x_k)| \leq M_3 |t_0 - x_k| < \delta. \qquad (5.20)$$

Wie hieraus folgt, kann für gegebene $u(t)$ und δ die geforderte Funktion $v_n(t)$ mit der Eigenschaft (5.10) nach Gl. (5.18) gebildet werden unter Verwendung irgendeiner Zerlegung P mit der Eigenschaft $|P| < \delta/M_3$. Damit ist der Beweis abgeschlossen.

Man beachte, daß die einzige Stelle im Beweis, an welcher die Zeitinvarianz des Systems benützt wurde, die Gl.(5.2) ist. Demzufolge genügt die Annahme, daß die Zeitinvarianz für die Sprungfunktion besteht; daraus folgt dann die Zeitinvarianz für beliebige Eingangssignale aufgrund von Gl. (5.16). Das oben bewiesene Ergebnis läßt sich nun auf folgende Weise zusammenfassen.

THEOREM 5.1. Es sei ein System mit den folgenden Eigenschaften gegeben:

(a) Es ist linear.

(b) Es ist nicht antizipierend.

(c) Erfüllt das Eingangssignal u die Bedingungen $u(t)=0$ für $t \leq 0$ und $|u(t)| < M_1(T)$ für $0 < t \leq T$, dann befriedigt das Ausgangssignal y die Ungleichung $|y(t)| < M_2(M_1,T)$ für $0 < t \leq T$.

(d) Ist $H(t)$ die Antwort auf $U(t)$, dann stellt $H(t-\tau)$ die Antwort auf $U(t-\tau)$ mit $\tau > 0$ dar.

(e) Für die Antwort $H(t)$ auf einen Einheitssprung $U(t)$ gilt $H \in D_R^1$.

Unter den getroffenen Voraussetzungen ist dann das System zeitinvariant, und die Antwort y auf ein Eingangssignal u mit den Eigenschaften $u(t) = 0$ für $t \leq 0$ und $u \in D_R^1$ läßt sich darstellen in der Form

$$y(t) = \int_0^t H(t - s)du(s). \tag{5.21}$$

Übung 5.1. Für das im Bild 3 dargestellte Netzwerk ist die Ausgangsspannung in Abhängigkeit von der Eingangsspannung gegeben durch $y(t) = R_2u(t)/(R_1 + R_2)$. Man verifiziere die Bedingungen von Theorem 5.1 und gebe die Gleichung für dieses Netzwerk an, welche Gl.(5.21) entspricht. Man zeige, daß diese Gleichung die richtige Antwort liefert, wenn das Eingangssignal $U(t - t_0)$ mit $t_0 > 0$ ist. (Weitere Beispiele finden sich im Abschnitt 9.1 und im Kapitel VI).

Übung 5.2. Falls die Bedingung (d) von Theorem 5.1 nicht erfüllt ist, stellt die Antwort $H(t,t_0)$ im Zeitpunkt t auf einen Einheitssprung $U(t-t_0)$ im Punkt t_0 eine Funktion

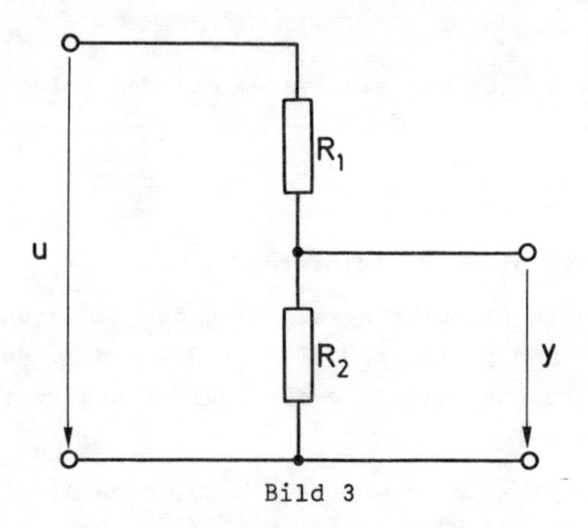

Bild 3

sowohl von t als auch von t_0 dar und nicht nur von $t - t_0$. Es sollen die Bedingungen (a), (b) und (c) nach wie vor bestehen und es soll die Bedingung (e) ersetzt werden durch

(e') Die Antwort $H(t,t_0)$ im Zeitpunkt t auf einen Einheitssprung in t_0, betrachtet als eine Funktion von t_0, gehört zu D_L^1.

Man zeige, daß dann die Gl.(5.21) ersetzt wird durch

$$y(t) = \int_0^t H(t,s)du(s) . \tag{5.22}$$

[Man beachte, daß H(t) in Gl.(5.1) bei den Bezeichnungen dieser Übung der Funktion H(t,0) entspricht. Die Beweisschritte werden wie zuvor geführt, wobei H(t,s) an die Stelle von H(t-s) tritt.]

Übung 5.3. Hat ein System m Eingangssignale und ℓ Ausgangssignale, dann wird die Rolle der Sprungantwort im Theorem 5.1 übernommen von einer Matrix $H(t) = (H_{ij}(t))$, wobei $H_{ij}(t)$ die Sprungantwort am Ausgang i auf einen Einheitssprung am Eingang j bedeutet, wenn alle anderen Eingangssignale identisch Null sind. Man gebe die der Gl.(5.21) entsprechende Beziehung an, welche das Ausgangssignal y(t) (einen m-Vektor) durch das Eingangssignal u(t) (einen ℓ-Vektor) ausdrückt. [Man verwende die Linearität des Systems und überlagere die Wirkungen der verschiedenen Eingangssignale. Die gesuchte Gleichung stimmt formal mit Gl.(5.21) überein, wobei nun aber H eine Matrix darstellt und u und y Vektoren bedeuten.]

6. Uneigentliche und unendliche Integrale

Im Abschnitt 4 wurden Integrale in einem endlichen Intervall [a,b] betrachtet, und die Forderungen an f und α stellten sicher, daß beide Funktionen in [a,b] beschränkt waren. Diese Bedingungen können mitunter gelockert werden, indem man zuläßt, daß eine oder mehrere der Größen a,b,f unendlich werden. Man spricht dann von einem *uneigentlichen Integral*, und dieses wird durch einen Grenzwertprozeß definiert. Falls nur a oder b unendlich wird, dann wird das uneigentliche Integral ein unendliches Integral genannt. Im einzelnen werden die folgenden Definitionen verwendet.

Es wird angenommen, daß $f \in R(\alpha)$ ist in einem Intervall [a,b] , und es sei

$$I(b) = \int_a^b f d\alpha. \tag{6.1}$$

Strebt I(b) gegen einen endlichen Grenzwert I für $b \to \infty$ (bei festgehaltenem a), dann heißt das Integral I *konvergent*, und der Grenzwert wird als *unendliches Integral* bezeichnet. Man schreibt dann

$$I = \int_a^\infty f d\alpha \ . \tag{6.2}$$

Sagt man, daß $\int_a^\infty f d\alpha$ *existiert*, so bedeutet dies, daß $\int_a^b f d\alpha$ für sämtliche b > a existiert und daß das Integral konvergiert. Das unendliche Integral

$$I = \int_{-\infty}^b f d\alpha \tag{6.3}$$

wird in entsprechender Weise definiert.

Beispiel 6.1. Es seien f und α definiert durch

$$f(x) = c^x, \ \alpha(x) = \sum_{r=1}^{\infty} (-1)^r U(x - r) \ . \tag{6.4}$$

Dann ist f in jedem beschränkten offenen Intervall J stetig, und es gilt $f \in D_L$ in $J \supset [0,b]$. Aufgrund von Theorem 4.1 existiert damit $\int_0^b f d\alpha$ für sämtliche endlichen b > 0, und der Wert, welchen man nach Theorem 4.1 erhält, ist

$$I(b) = \sum_{r=0}^{[b]} (-1)^r c^r \ , \tag{6.5}$$

wobei [b] die größte ganze Zahl bedeutet, die kleiner als b ist. Damit wird

$$I(b) = \frac{1 - (-c)^{[b]+1}}{1 + c} \ , \tag{6.6}$$

und unter der Annahme $|c| < 1$ strebt $I(b) \to 1/(1+c)$ für $b \to \infty$. Somit existiert $\int_0^\infty f d\alpha$ für $|c| < 1$ und hat den Wert $1/(1+c)$. Dieses Beispiel zeigt, wie eine unendliche Reihe als ein Sonderfall eines unendlichen Integrals aufgefaßt werden kann.

Es wird nun angenommen, daß die beiden folgenden unendlichen Integrale existieren:

$$\int_a^\infty f d\alpha \ , \ \int_{-\infty}^a f d\alpha \ . \tag{6.7}$$

Dann wird das unendliche Integral $\int_{-\infty}^\infty f d\alpha$ definiert durch

$$\int_{-\infty}^\infty f d\alpha = \int_{-\infty}^a f d\alpha + \int_a^\infty f d\alpha \ . \tag{6.8}$$

Aus Gl.(3.21) folgt, daß $\int_{-\infty}^\infty f d\alpha$ unabhängig von der Wahl von a ist.

Beispiel 6.2. Für jedes $f \in D_R$ existieren die beiden unendlichen Integrale

$$\int_a^\infty f(x) dU(c - x), \int_{-\infty}^a f(x) dU(c - x) \ , \tag{6.9}$$

und es gilt

$$\int_{-\infty}^\infty f(x) dU(c - x) = f(c) \ . \tag{6.10}$$

Eines der beiden Integrale (6.9) ist Null je nach den Werten von a und c.

Falls die Integrale $\int_a^\infty f d\alpha$ und $\int_{-\infty}^a f d\alpha$ nicht beide existieren, besteht dennoch die Möglichkeit, daß

$$I(b) = \int_{-b}^{b} f d\alpha \tag{6.11}$$

für $b \to \infty$ gegen einen endlichen Grenzwert I strebt. Dann bezeichnet man I als den *Cauchyschen Hauptwert* von $\int_{-\infty}^{\infty} f d\alpha$.

Beispiel 6.3. Definiert man f und α durch

$$f(x) = x, \quad \alpha(x) = \sum_{r=0}^{\infty} (-1)^r U(x-r) - \sum_{r=0}^{-\infty} (-1)^r U(r-x), \tag{6.12}$$

dann gilt

$$\int_0^b f d\alpha = -1 + 2 - 3 + \ldots + (-1)^{[b]}[b] \ , \tag{6.13}$$

wobei [b] wie im Beispiel 6.1 definiert ist. Damit existiert $\int_0^\infty f d\alpha$ nicht. Aber es ist $\int_{-b}^b f d\alpha = 0$ für sämtliche Werte b, so daß der Cauchysche Hauptwert von $\int_{-\infty}^\infty f d\alpha$ existiert und gleich Null ist.

Übung 6.1. Man zeige, daß der Cauchysche Hauptwert von $\int_{-\infty}^\infty x^3 dx$ existiert und gleich Null ist.

Es gehe $f(x) \to \infty$ für $x \to c$, und es sei $f \in R(\alpha)$ in [a,b] für $b < c$. Strebt $I(b) = \int_a^b f d\alpha$ für $b \to c$ gegen einen endlichen Grenzwert I, so bezeichnet man I als ein uneigentliches Integral und schreibt

$$I = \int_a^c f d\alpha \ . \tag{6.14}$$

Man beachte, daß die Bedingung $b < c$ sicherstellt, daß b von unten gegen c geht. Unter Verwendung derselben Funktionen f und α wird das uneigentliche Integral $\int_c^d f d\alpha$ mit $d > c$ in ähnlicher Weise definiert.

Strebt $f(x) \to \infty$ für $x \to c$, wobei jedoch $f \in R(\alpha)$ in $[a,b]$ und in $[d,e]$ gilt für beliebige $b < c < d$, und existieren beide uneigentlichen Integrale $\int_a^c f d\alpha$ und $\int_c^e f d\alpha$, dann wird das uneigentliche Integral $\int_a^e f d\alpha$ definiert durch

$$\int_a^e f d\alpha = \int_a^c f d\alpha + \int_c^e f d\alpha \,. \tag{6.15}$$

Falls in den Bedingungen der vorausgegangenen Definition $\int_a^c f d\alpha$ oder $\int_c^e f d\alpha$ nicht existiert, jedoch

$$I(\varepsilon) = \int_a^{c-\varepsilon} f d\alpha + \int_{c+\varepsilon}^e f d\alpha \tag{6.16}$$

gegen einen Grenzwert I strebt, wenn ε von oben gegen Null geht, dann bezeichnet man I als den *Cauchyschen Hauptwert* von $\int_a^e f d\alpha$.

Übung 6.2. Man zeige, daß der Cauchysche Hauptwert von $\int_{-1}^2 (1/x)dx$ gleich $\log 2$ ist. [Man zeige zunächst, daß $\left(\int_{-1}^{-\varepsilon} + \int_{+\varepsilon}^1\right)(1/x)dx = 0$ gilt.]

Die obigen Definitionen schöpfen nicht alle Möglichkeiten aus. Strebt beispielsweise $f(x) \to \infty$ für $x \to c$, dann können die uneigentlichen Integrale $\int_c^a f d\alpha$ und $\int_a^\infty f d\alpha$ mit $a > c$ existieren. Es läßt sich dann ein uneigentliches Integral $\int_c^\infty f d\alpha$ definieren durch

$$\int_c^\infty f d\alpha = \int_c^a f d\alpha + \int_a^\infty f d\alpha \,. \tag{6.17}$$

Ein uneigentliches Integral kann sich auch ergeben, weil f oder α in einem Punkt nicht existiert oder weil eine andere Anomalie gegeben ist. Wenn beispielsweise f in a nicht existiert, jedoch $f \in R(\alpha)$ ist in $[a+\varepsilon, b]$ für sämtliche ε mit $0 < \varepsilon < b-a$, dann ist das Integral

$$I(\varepsilon) = \int_{a+\varepsilon}^{b} f d\alpha \tag{6.18}$$

wohldefiniert. Strebt nun $I(\varepsilon) \to I$ für $\varepsilon \to 0$, dann ist I das uneigentliche Integral $\int_a^b f d\alpha$. In derartigen Fällen kann es wünschenswert sein, die Natur des uneigentlichen Integrals durch die Schreibweise $\int_{a+}^{b} f d\alpha$ hervorzuheben.

Falls ein Integral nicht uneigentlich ist (und somit auch kein unendliches Integral ist), heißt es *eigentlich*.

7. Die Beziehung zum Riemannschen Integral

Das gewöhnliche Riemannsche Integral $\int_a^b f(x)dx$ entspricht dem Sonderfall in der Definition von Abschnitt 2, daß man $\alpha(x) = x$ wählt. Liegt ein Riemann-Stieltjes-Integral $\int_a^b f(x)d\alpha(x)$ vor, so kann man es manchmal als ein Riemannsches Integral ausdrücken. Das folgende Theorem liefert ein Ergebnis dieser Art, welches sich später als nützlich erweisen wird.

THEOREM 7.1. Es sei $f \in D_L^1$ in einem offenen Intervall $J \supset [a,b]$, und es gelte $\alpha \in D_R^1$ in J. Wie in Gl.(4.29) wird

$$\alpha(x) = \gamma(x) + \beta(x) = \gamma(x) + \sum_{i=1}^{n} \alpha_i U(x - p_i) \tag{7.1}$$

geschrieben, wobei die $p_i \in [a,b]$ und die α_i derart gewählt sind, daß γ im Intervall $[a,b]$ stetig ist. Dann gilt

$$\int_a^b f d\alpha = \sum_{i=1}^{n,n-1} \alpha_i f(p_i) + \int_a^b f(x) D_{-}\alpha(x) dx \ , \qquad (7.2)$$

wobei der Summationsindex i von 1 bis n läuft, falls $p_n < b$ ist, und von 1 bis n-1, falls $p_n = b$ gilt.

Beweis. Wie im Abschnitt 4 kann

$$\int_a^b f d\alpha = \sum_{i=1}^{n,n-1} \alpha_i f(p_i) + \int_a^b f(x) d\gamma(x) \qquad (7.3)$$

geschrieben werden. Es sei T eine Menge offener, disjunkter Intervalle, welche die endlich vielen Unstetigkeiten von $D\gamma$ in einem beschränkten offenen Intervall $J_1 \supset [a,b]$ enthalten, und es sei W die abgeschlossene Hülle von $T \cap [a,b]$. Es sei S die Menge der abgeschlossenen Intervalle mit der Eigenschaft

$$S \cup \{T \cap [a,b]\} = [a,b] . \qquad (7.4)$$

Der erste Beweisschritt besteht darin, daß die Existenz und die Gleichheit der folgenden Integrale nachgewiesen wird:

$$\int_S f d\gamma = \int_S f(x) D\gamma(x) dx = \int_S f(x) D_{-}\gamma(x) dx \ . \qquad (7.5)$$

Dann wird nachgewiesen, daß die Integrale $\int_W f d\gamma$ und $\int_W f(x) D_{-}\gamma(x) dx$ beide existieren. Schließlich wird bei Vorgabe irgendeines ε gezeigt, daß es ein δ gibt mit der folgenden Eigenschaft: Ist die Gesamtlänge der Intervalle von W kleiner als δ, so gilt

$$\int_W f d\gamma < \frac{\varepsilon}{2}, \quad \int_W f(x)D_-\gamma(x)dx < \frac{\varepsilon}{2}. \tag{7.6}$$

Hieraus folgt die Aussage

$$\left|\int_a^b f d\gamma - \int_a^b f(x)D_-\gamma(x)dx\right|$$

$$= \left|\left\{\int_S f d\gamma - \int_S f(x)D_-\gamma(x)dx\right\} + \int_W f d\gamma - \int_W f(x)D_-\gamma(x)dx\right|$$

$$< \varepsilon. \tag{7.7}$$

Dann ist der Beweis vollständig geführt.

Man betrachte eines der Intervalle von S, etwa $[e,h]$. Da $f \in D_L^1$ und $\gamma \in D_R^1$ in $J \supset [e,h]$ gilt, muß $f \in R(\gamma)$ sein in $[e,h]$. Aufgrund der Bildungsweise von S existiert $D\gamma(x)$ und ist stetig in einem offenen Intervall, das $[e,h]$ enthält. Es sei P eine Zerlegung von $[e,h]$, und es werde eine Riemann-Stieltjessche Summe für $\int_e^h f d\gamma$ gebildet, nämlich

$$S(P,f,\gamma) = \sum_{k=1}^{n} f(t_k)\left[\gamma(x_k) - \gamma(x_{k-1})\right]. \tag{7.8}$$

Daneben wird eine Riemannsche Summe für $\int_e^h f(x)D\gamma(x)dx$ betrachtet mit derselben Zerlegung P und denselben Punkten t_k, also

$$S(P,fD\gamma,x) = \sum_{k=1}^{n} f(t_k)D\gamma(t_k)\left[x_k - x_{k-1}\right]. \tag{7.9}$$

Nun wird der Mittelwertsatz auf die Funktion $g(x) = \gamma(x)-D\gamma(t_k)x$ im Intervall $[x_{k-1},x_k]$ angewendet, wodurch sich

$$|g(x_k) - g(x_{k-1})| \leq (x_k-x_{k-1}) \sup_{x_{k-1}<s<x_k} |Dg(s)| \tag{7.10}$$

$$= (x_k-x_{k-1}) \max_{x_{k-1}\leq s\leq x_k} |D\gamma(s) - D\gamma(t_k)| \tag{7.11}$$

ergibt. Dabei hat Dg angesichts seiner Stetigkeit in $[x_{k-1},x_k]$ ein Maximum in diesem Intervall, welches mit dem Supremum in (x_{k-1},x_k) übereinstimmt. Das maximierende s sei $s_k \in [x_{k-1},x_k]$. Dann liefert die Gl.(7.11)

$$\left|f(t_k)\left[g(x_k)-g(x_{k-1})\right]\right|$$

$$= \left|f(t_k)\left[\gamma(x_k)-\gamma(x_{k-1})\right] - f(t_k)D\gamma(t_k)\left[x_k-x_{k-1}\right]\right|$$

$$\leq |f(t_k)|\,|D\gamma(s_k)-D\gamma(t_k)|\,(x_k-x_{k-1}) \tag{7.12}$$

$$\leq M_1 |D\gamma(s_k)-D\gamma(t_k)|\,(x_k-x_{k-1}) . \tag{7.13}$$

Dabei ist M_1 eine Schranke für $|f|$ in $[a,b]$, welche wegen $f \in D_L^1$ in $J \supset [a,b]$ existiert. Somit erhält man

$$|S(P,f,\gamma)-S(P,fD\gamma,x)| < M_1 \sum_{k=1}^{n} |D\gamma(s_k)-D\gamma(t_k)|\,(x_k-x_{k-1}). \tag{7.14}$$

Nun ist $D\gamma(x)$ stetig im abgeschlossenen Intervall $[e,h]$ und somit gleichmäßig stetig in $[e,h]$. Es wird ein δ derart gewählt, daß $|D\gamma(s_k) - D\gamma(t_k)| < \varepsilon/\{2M_1(h-e)\}$ gilt für $|s_k - t_k| < \delta$. Ist P'_ε eine Zerlegung mit der Eigenschaft $|P'_\varepsilon| < \delta$, und ist P' irgendeine Verfeinerung von P'_ε, dann folgt aus der Ungleichung (7.14) die Aussage

$$|S(P',f,\gamma) - S(P',fD\gamma,x)| < \varepsilon/2 . \tag{7.15}$$

Da aber $f \in R(\gamma)$ in $[e,h]$ gilt, gibt es eine Zerlegung P''_ε derart, daß für alle Verfeinerungen P'' von P''_ε stets

$$\left| S(P'',f,\gamma) - \int_e^h f d\gamma \right| < \varepsilon/2 \tag{7.16}$$

ist. Besteht P_ε aus sämtlichen Punkten von P'_ε und P''_ε und ist P irgendeine Verfeinerung von P_ε (so daß also P eine Verfeinerung sowohl von P'_ε als auch von P''_ε ist), dann erhält man aus den Ungleichungen (7.15) und (7.16) die Aussage

$$\left| S(P,fD\gamma,x) - \int_e^h f d\gamma \right| < \varepsilon. \tag{7.17}$$

Hieraus folgt, daß $\int_e^h f(x)D\gamma(x)dx$ existiert und mit $\int_e^h f(x)d\gamma(x)$ übereinstimmt. Summiert man über sämtliche Intervalle von S und beachtet man, daß $D_-\gamma = D\gamma$ in S gilt, dann ergibt sich die Gl.(7.5).

Da $f \in D_L^1$ und $\gamma \in D_R^1$ in $J \supset [a,b]$ gilt, muß $\int_W f d\gamma$ existieren. Außerdem gilt $|f| < M_1$ in $[a,b]$, und nach Theorem 9.1 aus Kapitel IV übersteigt die Variation der stetigen Funktion γ in W nicht die Konstante $\cdot M_2\eta$, wobei M_2 eine Schranke ist für $|D\gamma|$, soweit es in $[a,b]$ existiert, und η die gesamte Länge der Intervalle von W bedeutet. Nach Übung 4.1 erhält man damit

$$\int_W f d\gamma < M_1 M_2 \eta . \tag{7.18}$$

Weiterhin ist $f \in D_L^1$ und $D_-\gamma \in D_R$ in $J \supset [a,b]$. Man setzt nun

$$f(x) = \phi(x) - \sum_{i=1}^{m} f_i U(q_i - x) = \phi(x) + \zeta(x) \tag{7.19}$$

und

$$D_-\gamma(x) = \psi(x) + \sum_{i=1}^{\ell} \xi_i U(x - r_i) = \psi(x) + \theta(x) , \tag{7.20}$$

so daß die Funktionen ϕ und ψ in einem offenen Intervall $J_1 \supset [a,b]$ stetig sind. Dann erhält man

$$\int_W f(x) D_-\gamma(x) dx = \int_W [\phi\psi + \phi\theta + \psi\zeta + \zeta\theta] dx , \tag{7.21}$$

und $\phi\psi$ ist stetig, $\phi\theta \in D_R$, $\psi\zeta \in D_L$ und $\zeta\theta$ von beschränkter Variation, jeweils im Intervall $J_1 \supset W$. Gemäß den Übungen 4.2 und 4.3 existiert demnach jedes der Integrale

$$\int_W \phi\psi dx, \quad \int_W \phi\theta dx, \quad \int_W \psi\zeta dx, \quad \int_W \zeta\theta dx , \tag{7.22}$$

und nach Übung 3.2 existiert dann

$$\int_W f(x) D_-\gamma(x) dx . \tag{7.23}$$

Mit $|f| < M_1$, $|D_-\gamma| < M_2$ in $[a,b]$ ist das Integral (7.23) kleiner als $M_1M_2\eta$.

Wählt man $\delta = \varepsilon/(2M_1M_2)$, dann gelten die Ungleichungen (7.6) für $\eta < \delta$, und der Beweis ist vollständig geführt.

Die Formel für die partielle Integration von Riemann-Stieltjesschen Integralen lautet

$$\int_a^b f d\alpha + \int_a^b \alpha df = f(b)\alpha(b) - f(a)\alpha(a) . \tag{7.24}$$

Gilt $f \in D_L^1$ und $\alpha \in D_R^1$ in $J \supset [a,b]$, dann kann jedes der Integrale in Gl.(7.24) umgeformt werden nach Gl.(7.2) und der analogen Gleichung, welche sich ergibt, wenn die Rollen von $f \in D_L^1$ und $\alpha \in D_R^1$ vertauscht werden. Zu diesem Zweck wird $\alpha(x)$ wie in Gl.(7.1) und $f(x)$ wie in Gl.(7.19) geschrieben, und man erhält

$$\int_a^b f(x)D_-\alpha(x)dx + \int_a^b \alpha(x)D_+f(x)dx$$

$$= f(b)\alpha(b)-f(a)\alpha(a) - \sum_{i=1}^{n,n-1} \alpha_i f(p_i) - \sum_{i=1,2}^{m} f_i\alpha(q_i). \tag{7.25}$$

In dem Sonderfall, daß f und α stetige erste Ableitungen in $J \supset [a,b]$ haben und daher selbst stetig sind in $[a,b]$, gilt

$$\int_a^b f(x)D\alpha(x)dx + \int_a^b \alpha(x)Df(x)dx = f(b)\alpha(b) - f(a)\alpha(a). \tag{7.26}$$

Die Gl.(7.26) stellt die übliche Formel für die partielle Integration Riemannscher Integrale dar.

Übung 7.1. Ist sowohl f als auch α stetig in $[a,b]$, existieren Df und $D\alpha$ und sind diese Funktionen in (a,b) stetig, dann folgt aus der Existenz eines der in der folgenden Gleichung auftretenden uneigentlichen Integrale auch die Existenz des anderen, und es gilt die Beziehung

$$\int_{a+}^{b-} f(x)D\alpha(x)dx + \int_{a+}^{b-} \alpha(x)Df(x)dx = f(b)\alpha(b) - f(a)\alpha(a). \quad (7.27)$$

Man beweise diese Aussage und wende das Ergebnis an auf $\alpha(x) = \sqrt{x}$, $f(x) = 1$, $a = 0$, $b = 2$. [Man beachte, daß $|Df|$ und $|D\alpha|$ in $[a,b]$ nicht beschränkt zu sein brauchen, sondern nur in einem Teilintervall $[p,q] \subset (a,b)$, was aufgrund der Stetigkeit von Df und $D\alpha$ in (a,b) sichergestellt ist.]

8. Die "Deltafunktion"

Gilt in Gl.(7.2) $f \in D_L^1$ und bedeutet α einen Einheitssprung $U(x-c)$, so erhält man nach dem Ergebnis von Theorem 4.1

$$\int_a^b f(x)dU(x-c) = f(c), \quad a \leq c < b . \quad (8.1)$$

Es wird nun ein Symbol $\delta(x)$, genannt die *Diracsche Deltafunktion* oder *Einheitsimpuls*, durch die Formel

$$\int_a^b f(x)\delta(x-c)dx = \int_a^b f(x)dU(x-c) \quad (8.2)$$

eingeführt. Stellt man $\alpha(x) \in D_R^1$ wie in Gl.(7.1) dar, d.h. in der Form

$$\alpha(x) = \gamma(x) + \sum_{i=1}^{n} \alpha_i U(x-p_i) , \tag{8.3}$$

dann wird weiterhin $D\alpha$ (das entsprechend der Definition aus Kapitel IV nicht existiert) in folgendem Sinne definiert:

$$D\alpha(x) = D_{-}\alpha(x) + \sum_{i=1}^{n} \alpha_i \delta(x-p_i) . \tag{8.4}$$

Mit dieser Konvention läßt sich die Gl.(7.2) in der kompakteren Form

$$\int_a^b f(x)d\alpha(x) = \int_a^b f(x)D\alpha(x)dx \tag{8.5}$$

ausdrücken. Die auf diese Weise eingeführte Deltafunktion kann einfach angesehen werden als eine Möglichkeit, Formeln geschickt und übersichtlich darzustellen. Wenn $\delta(x)$ auftritt, wird dieses Symbol wie eine Funktion behandelt. Tritt es in einem Integral auf, so muß es entsprechend Gl.(8.2) gedeutet werden. Jede solche Verwendung der Deltafunktion läßt sich nach Belieben durch die äquivalente Darstellung ersetzen, die früher als zulässig erkannt wurde: Beispielsweise kann man die Gl.(8.5) durch die Gl.(7.2) ersetzen. In dieser Weise wird die Deltafunktion in diesem Buche behandelt. Auch andere Auffassungen sind üblich, und diese werden in den Abschnitten 9.1 und 9.2 kurz erläutert.

Man beachte, daß bei Verwendung der oben angeführten Definitionen $\delta(x-c)$ und $\delta(c-x)$ verschiedene Eigenschaften haben. Der erste Ausdruck (der als ein "Impuls an der Stelle c+" aufgefaßt werden kann) entspricht $U(x-c)$ und wird mit $f \in D_L$ verwendet. Der zweite Ausdruck (ein "Impuls an der Stelle c-") entspricht U(c-x) und wird mit $f \in D_R$ verwendet. Andere Darstellungen verwenden einen "Impuls an der Stelle c", für welchen das erste Integral in Gl.(8.2) möglicherweise nur definiert ist (je nach der Behandlung), wenn f stetig ist.

Abschließend soll betont werden, daß $\delta(x)$ keine Funktion im Sinne von Kapitel I darstellt. Dies bedeutet, daß es keine Möglichkeit gibt, jedem Punkt des Intervalls $[a,b]$ eine reelle Zahl zuzuordnen, so daß eine Funktion entsteht mit den Eigenschaften von $\delta(x)$.

9. Impulsantwort eines Systems

Im Theorem 5.1 wurde gezeigt, daß unter bestimmten Bedingungen das Ausgangssignal y(t) eines Systems, welches einem Eingangssignal $u(t) \in D_R^1$ mit $u(t) = 0$ für $t \leq 0$ entspricht, in der Form

$$y(t) = \int_0^t H(t - s)du(s) \tag{9.1}$$

dargestellt werden kann. Hierbei ist $H(t) \in D_R^1$ die Systemantwort auf einen Einheitssprung. Da $u(0) = H(0) = 0$ gilt, erhält man durch partielle Integration

$$y(t) = - \int_0^t u(s)dH(t - s) . \tag{9.2}$$

Schreibt man

$$h(x) = DH(x) \tag{9.3}$$

in Anlehnung an die Vereinbarung von Abschnitt 8, dann enthält h(x) überall dort eine Deltafunktion, wo H(x) unstetig ist. Die Gl.(8.5) liefert dann

$$y(t) = -\int_0^t u(s)dH(t-s) = \int_0^t u(s)h(t-s)ds\ . \tag{9.4}$$

Der Vorzeichenwechsel in Gl.(9.4) entsteht deshalb, weil H(t-s) im Integral eine Funktion von s ist; man vergleiche die Gl.(3.19) oder Abschnitt 11. Durch den letzten Ausdruck in Gl.(9.4) wird y(t) als ein *Faltungsintegral* angegeben. Zur Interpretation von h wird $\delta(s)$ als u(s) gewählt, so daß man durch formale Verwendung[§] der Gln.(8.2) und (8.1) die Beziehung

$$y(t) = \int_0^t \delta(s)h(t-s)ds = \int_0^t h(t-s)dU(s) = h(t) \tag{9.5}$$

erhält. Hieraus ist zu erkennen, daß h(t) die "Systemantwort auf einen Einheitsimpuls" darstellt. Man nennt sie die *Impulsantwort*. Nach den Vereinbarungen von Abschnitt 8 muß die Gl.(9.5) als ein rein formales Ergebnis betrachtet werden. Dies bedeutet, daß h(t) nicht dadurch ermittelt werden kann, daß man das physikalische System mit einem Eingangssignal $\delta(t)$ erregt. Dies ist in der Tat unmöglich, da $\delta(t)$ keine Funktion darstellt. Vielmehr muß h(t), wenn es auftritt, in Anlehnung an Gl.(9.4) interpretiert werden, in der H(t) eine Größe bedeutet, welche durch Experimente am

§ Man beachte, dass $\delta(t) \notin D_R$ gilt, was zur direkten Anwendung dieser Ergebnisse erforderlich wäre. Die Interpretation von h(t) ist mit gewissen Schwierigkeiten verbunden, wie in der Aufgabe 4 gezeigt wird. Die Schwierigkeit liegt in dieser Aufgabe selbst und besteht auch dann, wenn die Distributionentheorie verwendet wird.

System ermittelt werden kann (bei Berücksichtigung des Approximationsprozesses und der Idealisierung, wie sie im Abschnitt 7.4 von Kapitel IV erklärt wurden).

Historisch gesehen wurde die Deltafunktion in den Ingenieur-Wissenschaften ganz anders eingeführt, als dies oben geschah. Hierauf wird im Abschnitt 9.1 eingegangen.

9.1. Historische Behandlung von Deltafunktionen

Deltafunktionen wurden in den Ingenieur-Wissenschaften auf eine Weise eingeführt, welche sehr direkt durch physikalische Betrachtungen begründet war. Zuerst wurde eine Klasse von Funktionen $\delta_\varepsilon(x)$ definiert. Diese Funktionen sollten bestimmte Bedingungen erfüllen, von denen im folgenden ein typischer Satz angegeben wird:

(a) $\delta_\varepsilon(x) = 0$ für $|x| > \varepsilon > 0$

(b) $\delta_\varepsilon(x) \geq 0$ für $|x| \leq \varepsilon$

(c) $\delta_\varepsilon(x)$ ist von beschränkter Variation in $[-\varepsilon,\varepsilon]$

(d) $\int_{-\varepsilon}^{\varepsilon} \delta_\varepsilon(x)dx = 1$.

Zwei mögliche Formen von $\delta_\varepsilon(x)$ sind im Bild 4 dargestellt. Ist f stetig und von beschränkter Variation in $[a,b]$ und gilt $a < c < b$, dann kann mit Hilfe der Theorie des Riemannschen Integrals leicht gezeigt werden, daß unter den oben genannten Bedingungen für $\delta_\varepsilon(x)$ stets

$$\lim_{\varepsilon \to 0} \int_a^b f(x)\delta_\varepsilon(x - c)dx = f(c) \tag{9.6}$$

ist. Diese Aussage gilt unabhängig von der speziellen Form, die für $\delta_\varepsilon(x)$ gewählt werden kann.

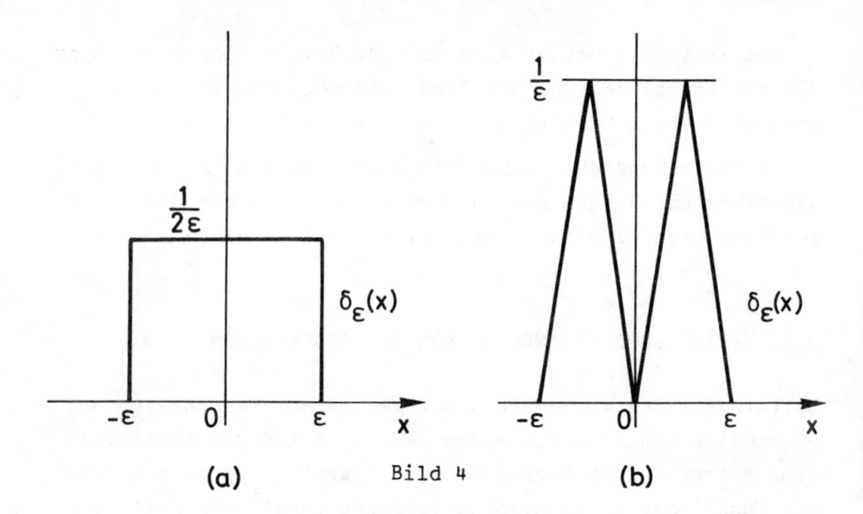

Bild 4

Bei dieser Darstellung muß jede Aussage über eine Deltafunktion $\delta(x)$ als eine Aussage über $\delta_\varepsilon(x)$ interpretiert werden, und sobald $\delta_\varepsilon(x)$ in einem Integral auftritt, muß der Limes für $\varepsilon \to 0$ genommen werden. In diesem Sinne bedeutet die Gleichung

$$\int_a^b f(x)\delta(x - c)dx = f(c) \tag{9.7}$$

einfach eine kompaktere Darstellung von Gl.(9.6).

Diese Auffassungsweise kann mathematisch streng begründet werden (man vergleiche Lighthill, 1960). Elementare Darstellungen gehen jedoch oft ohne Rücksicht auf Strenge vor und behandeln $\delta(x)$ als den "Grenzwert von $\delta_\varepsilon(x)$ für $\varepsilon \to 0$". Wenn dann die Reihenfolge von Integration und Grenzwertbildung in Gl.(9.6) umgekehrt werden kann, erhält man als Ergebnis die Gl.(9.7). Die Schwierigkeiten bei diesem Vorgehen lassen sich aus der Tatsache erkennen, daß für die Funktion $\delta_\varepsilon(x)$ nach Bild 4(b) die Beziehung

$$\lim_{\varepsilon\to 0} \delta_\varepsilon(x) = 0 \quad \text{für alle } x \tag{9.8}$$

gilt, wie unten im Beispiel 9.1 gezeigt wird. Damit erhält man für Funktionen f, welche stetig und von beschränkter Variation in [a,b] sind mit a < c < b

$$\left.\begin{aligned} &\lim_{\varepsilon\to 0} \int_a^b f(x)\delta_\varepsilon(x-c)dx = f(c) \\ &\text{und} \\ &\int_a^b f(x) \lim_{\varepsilon\to 0} \delta_\varepsilon(x-c)dx = 0. \end{aligned}\right\} \tag{9.9}$$

Beispiel 9.1. Für die Funktion $\delta_\varepsilon(x)$, die im Bild 4(b) dargestellt ist, gilt

$$\lim_{\varepsilon\to 0} \delta_\varepsilon (0) = \lim_{\varepsilon\to 0} 0 = 0 . \tag{9.10}$$

Es sei t ein beliebiger von Null verschiedener Wert von x. Dann gilt $\delta_\varepsilon(t) = 0$ für sämtliche $\varepsilon<|t|$. Damit wird

$$\lim_{\varepsilon\to 0} \delta_\varepsilon(t) = 0 , \tag{9.11}$$

und die Gl.(9.8) besteht für sämtliche x.

Beispiel 9.2. Die Sprungantwort eines Systems laute

$$H(t) = \left\{\begin{matrix} 0 & \text{für } t \leq 0 \\ e^{-t} & \text{für } t > 0 \end{matrix}\right\} = U(t)e^{-t} . \tag{9.12}$$

Mit Gl.(9.4) lautet die Impulsantwort

$$h(t) = \begin{Bmatrix} 0 & \text{für } t \leq 0 \\ \delta(t) - e^{-t} & \text{für } t > 0 \end{Bmatrix} = \delta(t) - U(t)e^{-t}. \quad (9.13)$$

Die Antwort auf das Eingangssignal

$$u(t) = \begin{cases} 0 & \text{für } t \leq 0 \\ t & \text{für } t > 0 \end{cases} \quad (9.14)$$

wird entsprechend den Betrachtungen von Abschnitt 5 und mit Gl.(5.16)

$$y(t) = \int_0^t U(t - s)e^{-(t-s)}ds \quad (9.15)$$

$$= \int_0^t e^{-(t-s)}ds$$

$$= e^{-t}\int_0^t e^s \, ds$$

$$= e^{-t}\left[e^s\right]_0^t$$

$$= 1 - e^{-t} , \quad t \geq 0 . \quad (9.16)$$

Andererseits erhält man aus Gl.(9.4)

$$y(t) = \int_0^t s\left[\delta(t - s) - U(t - s)e^{-(t-s)}\right]ds . \quad (9.17)$$

Hierbei gilt definitionsgemäß entsprechend den Betrachtungen im Abschnitt 8

$$\int_0^t s\ \delta(t - s)ds := \int_0^t s\ dU(t - s) = t\ , \tag{9.18}$$

während

$$-\int_0^t sU(t - s)e^{-(t-s)}ds = -e^{-t}\int_0^t se^s\ ds \tag{9.19}$$

$$= -e^{-t}\left\{\left[se^s\right]_0^t - \int_0^t e^s\ ds\right\}$$

$$= -e^{-t}\left[te^t - e^t + 1\right]$$

$$= -t + 1 - e^{-t} \tag{9.20}$$

ist, so daß sich wie oben

$$y(t) = 1 - e^{-t} \tag{9.21}$$

ergibt.

Zur Interpretation der Gl.(9.17) gemäß Gl.(9.6) wird $\delta_\varepsilon(t)$ entsprechend der Darstellung im Bild 4(a) gewählt. Unter Verwendung der Interpretation von Gl.(9.7) erhält man

$$\int_0^t s\delta(t - s)\ ds := \lim_{\varepsilon\to 0}\int_{t-\varepsilon}^{t+\varepsilon}\frac{s\ ds}{2\varepsilon} \tag{9.22}$$

$$= \lim_{\varepsilon\to 0}\frac{1}{2\varepsilon}\left[\frac{s^2}{2}\right]_{t-\varepsilon}^{t+\varepsilon}$$

$$= \lim_{\varepsilon \to 0} \frac{(t+\varepsilon)^2 - (t-\varepsilon)^2}{4\varepsilon}$$

$$= \lim_{\varepsilon \to 0} \frac{4t}{4} = t \,. \qquad (9.23)$$

Damit ist für ein spezielles f und δ_ε die Gl.(9.6) verifiziert, und das Ergebnis stimmt mit Gl.(9.18) überein. Der verbleibende Teil der Gl.(9.17) wird wie zuvor ausgewertet.

Man beachte folgendes. Obwohl das Integral auf der linken Seite der Gl.(9.22) von 0 bis t zu erstrecken ist, muß das Integral auf der rechten Seite bis $t+\varepsilon$ gebildet werden. Dies liegt daran, daß die Deltafunktion in das Integrationsintervall eingeschlossen werden muß und daß $\delta_\varepsilon(x)$ im Bild 4(a) bezüglich des Stoßpunktes x=0 des Impulses $\delta(x)$ symmetrisch ist.

Übung 9.1. Man beweise das in Gl.(9.6) mitgeteilte Ergebnis.

9.2. Theorie der Distributionen

Eine von mehreren Möglichkeiten zur strengen Begründung der Formeln, welche Deltafunktionen enthalten, wird durch die Theorie der Distributionen geliefert. Dabei werden sämtliche Integrale im Lebesqueschen Sinne definiert. Dann wird eine Menge von *Testfunktionen* ϕ mit folgenden Eigenschaften eingeführt:

(a) ϕ hat stetige Ableitungen sämtlicher Ordnungen in jedem Punkt.

(b) Es ist $\phi(x) = 0$, sofern x nicht in einem bestimmten Intervall $[a,b]$ liegt.

Es werden sodann *Distributionen* definiert, indem man einem Integral, in welchem Testfunktionen auftreten, einen Wert zuordnet. Die Distribution $\delta(x)$ wird beispielsweise definiert durch die Eigenschaft

$$\int_{-\infty}^{\infty} \delta(x)\phi(x)\, dx = \phi(0) \qquad \text{für alle } \phi \; . \tag{9.24}$$

Zwei Distributionen werden als gleich bezeichnet, wenn die sie definierenden Integrale auf dasselbe Ergebnis führen.

In dieser Theorie ist die Sprungfunktion $U_D(x)$ eine Distribution, und sie ist definiert durch

$$\int_{-\infty}^{\infty} U_D(x)\phi(x)\, dx = \int_{0}^{\infty} \phi(x)\, dx \qquad \text{für alle } \phi \; . \tag{9.25}$$

Offensichtlich erfüllt die früher definierte Sprungfunktion $U(x)$ diese Definition, jedoch nach Abschnitt 1 [man vergleiche die Gl.(1.4)] erfüllt diese Definition auch die Funktion $V(x)$, welche definiert ist durch

$$V(x) = \begin{cases} 0 & \text{für } \; x \leq 0 \;\text{ oder }\; x \;\text{ rational} \\ 1 & \text{für } \; x > 0 \;\text{ und irrational.} \end{cases} \tag{9.26}$$

Hieraus ist die folgende Tatsache zu erkennen. Selbst dann, wenn eine Distribution durch eine Funktion dargestellt werden kann, ist die Funktion im allgemeinen nicht eindeutig definiert. Insbesondere ist die Antwort eines Systems auf einen Einheitssprung (als Distribution aufgefaßt) wieder eine Distribution und deshalb, sofern diese durch eine Funktion dargestellt werden kann, im allgemeinen nicht eindeutig definiert. Aus diesem Grunde ist es ohne weitere Untersuchungen nicht möglich, beispielsweise die Antwort eines "Abtasthaltenetzwerks" auf das Ausgangssignal eines derartigen Systems zu diskutieren.

9.3. Vergleich der Behandlungsmöglichkeiten

Im vorausgehenden wurden drei verschiedene Behandlungsmöglichkeiten der Deltafunktion skizziert. Die physikalisch begründete Möglichkeit von Abschnitt 9.1 ist zweifellos für ein zwangloses Vorgehen attraktiv. Die Methode hat den kleinen Nachteil, daß der Grenzwert in Gl.(9.6) nicht existiert, wo f unstetig ist. Außerdem führt die Symmetrieeigenschaft von $\delta_\varepsilon(t)$ beim üblichen Vorgehen zu Unannehmlichkeiten im Zusammenhang mit Anfangsbedingungen und der Kausalität eines Systems.

Die Verwendung des Riemann-Stieltjes-Integrals nach Abschnitt 5 führt auf Ergebnisse in Abhängigkeit von der Sprungantwort, für die eine klare physikalische Vorstellung besteht. Eine strenge Begründung dieser Ergebnisse erhält man auf elementare Weise, und es entstehen keine Schwierigkeiten im Zusammenhang mit Anfangsbedingungen. Sofern es wünschenswert ist, können Formeln, die Deltafunktionen enthalten, nach Abschnitt 9 gewonnen werden, jedoch sind diese wie erörtert nur als formale Darstellungen anzusehen und müssen über die Sprungfunktion gedeutet werden.

Beide diese Methoden können mathematisch streng begründet werden in dem Sinne, daß den Aussagen, welche Deltafunktionen enthalten, eine exakte Bedeutung gegeben werden kann und daß ihre Gültigkeit mit der üblichen mathematischen Beweistechnik gezeigt werden kann. Sobald man dies tut, werden die Unterschiede zwischen diesen beiden Behandlungsmöglichkeiten und der Theorie der Distributionen ziemlich geringfügig. Die Distributionentheorie stellt ihrer Natur nach eine allgemeine Theorie dar, die auf diesen beiden speziellen Wegen angegangen werden kann.

Der Hauptvorteil der Distributionentheorie liegt in ihrer Allgemeinheit und der Folgerichtigkeit, die sie formelmäßigen Beziehungen verleiht. Beispielsweise können Distributionen stets differenziert werden, konvergente Reihen dürfen immer gliedweise differenziert werden usw. Entsprechend haben jedoch Aussagen, welche statt Funktionen Distributionen enthalten, eine geringere Aussagekraft - von der Distribution Null kann nicht behauptet werden, daß sie in jedem einzelnen Punkt Null ist, usw.

Diese letzte Tatsache führt auf einige kleinere Schwierigkeiten. Es können sich gewisse Unannehmlichkeiten im Zusammenhang mit Anfangsbedingungen und der Kausalität eines Systems ergeben. Außerdem kann eine Distribution in einem Punkt nicht abgetastet werden; sie muß zuerst über ein kleines Intervall gemittelt werden. Größere Schwierigkeiten ergeben sich jedoch bei der physikalischen Interpretation von Formeln, welche Deltafunktionen enthalten.

Bei der Anwendung mathematischer Methoden auf physikalische Systeme muß man sicherstellen, daß die mathematischen Überlegungen sauber begründet sind. Man muß außerdem sicher sein, daß die verwendeten mathematischen Modelle eine ausreichende Beschreibung der physikalischen Verhältnisse liefern. Dieser zweite Gesichtspunkt, welcher in der Praxis häufig Sorgen bereitet, ist besonders dann schwierig zu erfüllen, wenn die Distributionentheorie verwendet wird. Beispielsweise ist kein physikalisches System für beliebig große Werte seiner Variablen linear. Wenn man also ein physikalisches System durch seine Impulsantwort charakterisiert, entsteht sofort das Problem der Deutung dieser Charakterisierung auf eine physikalisch bedeutsame Art. Der mathematische Grenzwertprozeß, der in irgendeiner Weise herangezogen werden muß, läßt sich nicht durch ein entsprechendes physikalisches Modell erfassen.

Schwierigkeiten dieser Art ergeben sich stets dann, wenn mathematische Grenzwertprozesse auftreten, jedoch sind sie weniger mühevoll bei Verwendung von Sprungfunktionen als bei Verwendung von Impulsen. Der Leser mag hierin vielleicht einen Widerspruch erkennen, denn ein Spannungssprung an einer Kapazität wird im allgemeinen einen impulsförmigen Stromfluß erfordern. Eine kurze Überlegung wird jedoch zeigen, daß von einem bestimmten Punkt an die Annäherung der Sprungfunktion eher durch Reduktion des Kapazitätswertes erreicht wird als durch eine Vergrößerung der Stromspitze. Eine ähnliche Feststellung wurde von Newcomb (1966), S. 37 gemacht, der auf eine durchdachte Weise zeigt, daß Netzwerkeigenschaften unmittelbar mit Hilfe von Distributionen nicht definiert werden können.

Dies sind die Hauptgründe dafür, daß Impulse und die Impulsantwort bei den Betrachtungen in diesem Buch meist vermieden werden. Da sie jedoch eine weitverbreitete Anwendung erfahren, werden Formeln, welche die Impulsantwort enthalten, angegeben, soweit dies angebracht ist. In jedem Fall werden diese Formeln nur als eine alternative Darstellung erscheinen für Ergebnisse, die auf andere Weise gewonnen wurden.

10. Ableitung eines Integrals

Wenn das Integral

$$F(x) = \int_a^x f(t)d\alpha(t) \tag{10.1}$$

existiert, kann sein Verhalten als eine Funktion von x untersucht werden. Das folgende Theorem liefert ein spezielles Ergebnis dieser Art. Das Theorem wird für skalare Funktionen ausgesprochen, es läßt sich jedoch leicht auf Vektoren oder Matrizen gemäß Abschnitt 2 erweitern.

THEOREM 10.1. Es sei $f(x)$ stetig im Intervall $[a,b]$. Dann hat die Funktion $F(x)$, welche durch

$$F(x) = \int_a^x f(t)dt \tag{10.2}$$

definiert ist, die stetige Ableitung $DF(x) = f(x)$ für $x \in (a,b)$.

Beweis. Da die Funktion f im Intervall $[a,b]$ stetig ist, ist sie auch gleichmäßig stetig in $[a,b]$. Stellen also c,t und x Punkte in (a,b) dar, dann existiert ein δ mit der Eigenschaft

$$|t - c| < \delta \Rightarrow |f(t) - f(c)| < \varepsilon \ . \tag{10.3}$$

Hieraus ergibt sich

$$|x - c| < \delta \Rightarrow \left| \int_c^x [f(t) - f(c)] \, dt \right| < \varepsilon |x - c| \ . \tag{10.4}$$

Mit Gl.(10.2) erhält man

$$\int_c^x f(t)dt = F(x) - F(c) \ , \tag{10.5}$$

und aufgrund der Definition des Riemannschen Integrals wird

$$f(c) \int_c^x dt = f(c)(x - c) \ . \tag{10.6}$$

Unter Verwendung der Gln.(10.5) und (10.6) geht die Beziehung (10.4) über in

$$|x - c| < \delta \Rightarrow F(x) - F(c) - f(c)(x - c)| < \varepsilon |x - c| . \tag{10.7}$$

Dies bedeutet, daß $DF(c)$ existiert und mit $f(c)$ übereinstimmt und somit stetig ist im Intervall (a,b).

Übung 10.1. Man zeige, daß $D_+F(x)$ existiert, im Intervall $[a,b)$ stetig ist und den Wert $f(x)$ hat. Man zeige weiterhin, daß $D_-F(x)$ existiert, im Intervall $(a,b]$ stetig ist und den Wert $f(x)$ besitzt.

Übung 10.2. Man beweise, daß $\int_0^t e^{A\tau}d\tau = A^{-1}[e^{At} - I]$ gilt. [Man gebe zunächst die Matrizenform von Gl.(10.2) an. Dann setze man $W(t) = \int_0^t e^{A\tau}d\tau$ und wende Theorem 13.3 aus Kapitel IV an, um nachzuweisen, daß $D[AW(t) - e^{At}] = 0$ ist.]

In Gl.(10.1) hängt das Integral von einem Parameter x ab, der eine der Integrationsgrenzen darstellt. Ein Integral kann aber auch von einem Parameter abhängen, welcher in der Funktion f auftritt:

$$F(x) = \int_a^b f(x,t)d\alpha(t) \quad . \tag{10.8}$$

Der Parallelfall, daß α und nicht f von x abhängt, läßt sich auf Gl.(10.8) reduzieren, indem man partiell integriert. Wenn sowohl f als auch α von x abhängen, kann die Kettenregel angewendet werden. Es werden nun zwei Theoreme angegeben, welche sich auf Sonderfälle beziehen.

THEOREM 10.2. Die Funktion $f(x,t)$ besitze eine erste partielle Ableitung bezüglich x, welche mit $D_1f(x,t)$ bezeichnet wird und die in einem Gebiet in E_2 stetig ist. Dieses Gebiet sei definiert durch $t \in [a,b]$, $x \in [e,h]$. Die Funktion α sei von beschränkter Variation im Intervall $[a,b]$, und das durch Gl.(10.8) definierte Integral existiere für jedes feste $x \in (e,h)$. Dann existiert für sämtliche $x \in (e,h)$ die Ableitung $DF(x)$, und sie stimmt überein mit der Funktion $\phi(x)$, welche definiert ist durch

$$\phi(x) = \int_a^b D_1 f(x,t) d\alpha(t) \ . \tag{10.9}$$

Beweis. Es wird eine Funktion g(x,t) eingeführt durch

$$g(x,t) = f(x,t) - D_1 f(c,t)x \tag{10.10}$$

für $x \in (e,h)$ und irgendein $c \in (e,h)$ mit $c \neq x$. Nun wird das Integral

$$I = \int_a^b [g(x,t) - g(c,t)] \, d\alpha(t)$$

$$= \int_a^b [f(x,t) - f(c,t) - D_1 f(c,t)(x - c)] \, d\alpha(t)$$

$$= F(x) - F(c) - (x-c)\phi(c) \tag{10.11}$$

betrachtet, wobei $\phi(c)$ durch Gl.(10.9) definiert ist und existiert, da $D_1 f(c,t)$ eine stetige Funktion von t ist und $\alpha(t)$ von beschränkter Variation. Aufgrund des Mittelwertsatzes erhält man

$$|g(x,t)-g(c,t)| \leq |x-c| \max_{s \in [x,c]} |D_1 g(s,t)| \tag{10.12}$$

$$= |x-c| \max_{s \in [x,c]} |D_1 f(s,t) - D_1 f(c,t)| , \tag{10.13}$$

wobei [x,c] durch [c,x] zu ersetzen ist, falls c < x ist.

Nun ist $D_1 f(x,t)$ stetig als Funktion ihrer beiden Variablen im abgeschlossenen, beschränkten Gebiet $t \in [a,b], x \in [e,h]$

und somit gleichmäßig stetig in diesem Gebiet. Dies bedeutet folgendes. Für jedes ε existiert ein nur von ε abhängiges δ mit der Eigenschaft

$$(x_1-x_0)^2 + (t_1 - t_0)^2 < \delta^2 \Rightarrow |D_1f(x_1,t_1) - D_1f(x_0,t_0)| < \varepsilon \tag{10.14}$$

für Wertepaare (x_0,t_0) und (x_1,t_1) im genannten Gebiet. Gilt $|x-c| < \delta$, dann liefert demzufolge Gl.(10.13) die Aussage

$$|g(x,t) - g(c,t)| < |x-c|\varepsilon \quad . \tag{10.15}$$

Außerdem gibt es eine Schranke M für die Variation von α im Intervall $[a,b]$. Nach Übung 4.1 erhält man

$$|x-c| < \delta \Rightarrow |I| < M|x-c|\varepsilon \ , \tag{10.16}$$

und somit liefert die Gl.(10.11)

$$|x-c| < \delta \Rightarrow |F(x) - F(c) - (x-c)\phi(c)| < M\varepsilon|x-c| \ . \tag{10.17}$$

Mit anderen Worten, DF(c) existiert und stimmt mit $\phi(c)$ überein.

Übung 10.3. Man erweitere das Theorem 10.2 auf eine reellwertige Funktion f, welche von einem Vektor x und von t abhängt. [In Gl.(10.9) ist $D_1f(x,t)$ zu ersetzen durch den Vektor der partiellen Ableitungen von f bezüglich der Elemente von x.]

Übung 10.4. In der Aussage von Theorem 10.2 wird verlangt, daß D_1f in x=e und in x=h stetig sein soll, woraus folgt, daß $D_1(f)$ für x < e und x > h existieren muß. Man zeige, daß diese Forderung gelockert werden kann, indem man D_1f in x=e durch die rechtsseitige partielle Ableitung $D_{1+}f$ und in x=h durch $D_{1-}f$ ersetzt und verlangt, daß die auf diese Weise modifizierte partielle Ableitung für $t \in [a,b]$, $x \in [e,h]$ stetig ist. Andererseits könnte man auch annehmen, daß D_1f existiert und für $t \in [a,b]$, $x \in (e,h)$ gleichmäßig stetig ist. [Man beachte, daß die Eigenschaften von D_1f an den Stellen e und h nur bei der zur Aussage (10.14) führenden Argumentation erforderlich sind, da x und c im Beweis im Intervall (e,h) liegen.]

Übung 10.5. Es sei $F(x) = \int_y^z f(x,t)dt$, wobei y und z Funktionen von x bedeuten mit im Intervall $[a,b]$ beschränkter erster Ableitung. Die Funktion f und ihre erste partielle Ableitung D_1f seien im Gebiet R stetig, das erklärt ist durch

$$R: x \in [a,b], \quad t \in [c,d]; \qquad c < \min_{x \in [a,b]} \{y(x),\ z(x)\}$$

$$d > \max_{x \in [a,b]} \{y(x),\ z(x)\} .$$

Man verwende die Kettenregel, um für $x \in (a,b)$ die Aussage zu erhalten:

$$DF(x) = f(x,z(x))Dz(x) - f(x,y(x))Dy(x) + \int_{y(x)}^{z(x)} D_1f(x,t)dt.$$

THEOREM 10.3. Die beiden Funktionen H(t) und u(t) sollen für $t \leq 0$ Null sein und zu D_R^1 gehören in einem offenen Intervall, das $[0,T]$ enthält. Dann gehört auch die durch

$$y(t) = \int_0^t H(t-s)du(s) \qquad (10.18)$$

definierte Funktion y zu D_R^1 in einem offenen Intervall, das $[0,T]$ enthält.

Beweis. Man schreibe

$$u(t) = \sum_{i=1}^{n} u_i U(t - p_i) + v(t) \ , \tag{10.19}$$

wobei die u_i und $p_i \in [0,T]$ derart gewählt sein sollen, daß v in einem beschränkten offenen Intervall $J \supset [0,T]$ stetig ist. In ähnlicher Weise wird

$$H(x) = \sum_{i=1}^{m} H_i U(x - q_i) + \eta(x) \tag{10.20}$$

geschrieben, wobei die H_i und $q_i \in [0,T]$ in der Weise gewählt seien, daß η in J stetig ist. Da $H(x) = 0$ für $x \leq 0$ gilt, liefert die Gl.(10.18) für $t \in [-\varepsilon, T+\varepsilon] \subset J$, $\varepsilon > 0$, die Beziehung

$$y(t) = \int_{-\varepsilon}^{T+\varepsilon} H(t-s) \left\{ \sum_{i=1}^{n} u_i dU(s-p_i) + dv(s) \right\} \tag{10.21}$$

$$= \sum_{i=1}^{n} u_i H(t-p_i) + \int_{-\varepsilon}^{T+\varepsilon} H(t-s) dv(s) \tag{10.22}$$

$$= \sum_{i=1}^{n} u_i H(t-p_i) - \int_{-\varepsilon}^{T+\varepsilon} v(s) \left\{ \sum_{i=1}^{m} H_i dU(t-s-q_i) + d\eta(t-s) \right\} \tag{10.23}$$

$$= \sum_{i=1}^{n} u_i H(t-p_i) + \sum_{i=1}^{m} H_i v(t-q_i) + \int_{-\varepsilon}^{T+\varepsilon} \eta(t-s) dv(s) \ , \tag{10.24}$$

wobei die Gln.(10.23) und (10.24) jeweils durch partielle

Integration gewonnen wurden mit den Nebenbedingungen

$$v(s)=0 \text{ für } s=-\varepsilon; \quad U(t-s-q_i)=0=\eta(t-s) \text{ für } s=T+\varepsilon,\ t\leq T+\varepsilon. \tag{10.25}$$

Die beiden Summen in Gl.(10.24) repräsentieren Funktionen, welche in J zu D_R^1 gehören, so daß nur das in dieser Gleichung auftretende Integral betrachtet zu werden braucht. In diesem Integral gilt $\eta\in D_R^1$ und $v\in D_R^1$ in $J\supset[-\varepsilon,T+\varepsilon]$, und η und v sind im Intervall $[-\varepsilon,T+\varepsilon]$ stetig. Das Integral soll mit I(t) bezeichnet werden.

Da $\eta\in D_R^1$ gilt, ist η in $J\supset[-\varepsilon,T+\varepsilon]$ durch M beschränkt, und in ähnlicher Weise hat $v\in D_R^1$ eine durch $M_1(T+2\varepsilon)$ beschränkte Variation im Intervall $[-\varepsilon,T+\varepsilon]$, wobei M_1 eine Schranke für $|Dv|$ darstellt, soweit es in J existiert. Aufgrund von Übung 4.1 ist deshalb I(t) im Intervall $[-\varepsilon,T+\varepsilon]$ durch $MM_1(T+2\varepsilon)$ beschränkt, und da $\varepsilon>0$ beliebig gewählt wurde, ist I in J beschränkt. Jetzt wird gezeigt, daß I in J eine Ableitung hat.

Es seien c,t zwei Punkte in $(-\varepsilon,T+\varepsilon)$ mit $c\neq t$, und es wird

$$g(t,s) = \eta(t-s) - D_-\eta(c-s)t \tag{10.26}$$

gesetzt. Man betrachte

$$\int_{-\varepsilon}^{T+\varepsilon}\{g(c,s) - g(t,s)\}dv(s)$$

$$= \int_{-\varepsilon}^{T+\varepsilon}\{\eta(c-s) - \eta(t-s) - D_-\eta(c-s)(c-t)\}dv(s), \tag{10.27}$$

also

$$\int_{-\varepsilon}^{T+\varepsilon} \{g(c,s) - g(t,s)\} dv(s)$$

$$= I(c) - I(t) - (c-t) \int_{-\varepsilon}^{T+\varepsilon} D_{-}\eta(c-s) dv(s) . \qquad (10.28)$$

Nun setzt man

$$\eta(c-s) = \sum_{i=1}^{\ell} (c-s-r_i)\eta_i U(c-s-r_i) + \phi(c-s), \qquad (10.29)$$

wobei die η_i und $r_i \in [0,T]$ so gewählt werden, daß $\phi(t)$ im Intervall J eine stetige erste Ableitung hat. Dann erhält man

$$D_{-}\eta(c-s) = \sum_{i=1}^{\ell} \eta_i U(c-s-r_i) + D\phi(c-s), \qquad (10.30)$$

und die durch die Summe in Gl.(10.30) definierte Funktion ist für $s \in [-\varepsilon, T+\varepsilon]$ von beschränkter Variation, während $D\phi(c-s)$ für $s \in [0, T+\varepsilon]$ stetig ist. Da die Funktion v im Intervall $[-\varepsilon, T+\varepsilon]$ sowohl stetig als auch von beschränkter Variation ist und für $s \leq 0$ verschwindet, ist aus Theorem 4.2 zu erkennen, daß das letzte Integral in Gl.(10.28) existiert, und somit muß auch das Integral in Gl.(10.27) existieren. Das Ziel ist nun zu zeigen, daß es für jedes $\varepsilon_1 > 0$ ein δ gibt, so daß die rechte Seite in Gl.(10.28) kleiner ist als $|c-t|\varepsilon_1$ für $|c-t| < \delta$. Dies wird die Existenz von DI(c) sicherstellen. Zu diesem Zweck wird die rechte Seite der Gl.(10.28) als Summe zweier Integrale $I_1(c,t)$ und $I_2(c,t)$ geschrieben, welche unten definiert werden.

Das Integral $I_1(c,t)$ wird definiert durch

$$I_1(c,t) = \sum_{i=1}^{\ell} \eta_i \int_{-\varepsilon}^{T+\varepsilon} \{[(c-s-r_i) - (c-t)]U(c-s-r_i) - (t-s-r_i)U(t-s-r_i)\}dv(s) \tag{10.31}$$

$$= \sum_{i=1}^{\ell} \eta_i \int_{c-r_i}^{t-r_i} (t-s-r_i)dv(s) \ . \tag{10.32}$$

Der Integrand in Gl.(10.32) ist beschränkt durch $|c-t|$, und die Variation der stetigen Funktion $v \in D_R^1$ ist beschränkt durch $M_1|c-t|$. Damit erhält man

$$|I_1(c,t)| < \sum_{i=1}^{\ell} |\eta_i| \ M_1(c-t)^2 \ . \tag{10.33}$$

In ähnlicher Weise wird das Integral $I_2(c,t)$ definiert durch

$$I_2(c,t) = \int_{-\varepsilon}^{T+\varepsilon} \{\phi(c-s) - \phi(t-s) - D\phi(c-s)(c-t)\}dv(s), \tag{10.34}$$

und die Anwendung des Mittelwertsatzes liefert

$$|\phi(c-s) - D\phi(c-s)c - [\phi(t-s) - D\phi(c-s)t]| \le |c-t| \max_{x \in [c,t]} |D\phi(x-s) - D\phi(c-s)|, \tag{10.35}$$

wobei $[c,t]$ durch $[t,c]$ zu ersetzen ist, falls $t < c$ gilt. Verwendet man die Ungleichung (10.35) in Gl.(10.34), so ergibt sich

$$|I_2(c,t)| < M_1(T+2\varepsilon)|c-t| \max_{x \in [c,t]} |D\phi(x-s) - D\phi(c-s)| \,. \tag{10.36}$$

Ein Vergleich der Beziehungen (10.28), (10.33) und (10.36) führt auf die Aussage

$$|I(c) - I(t) - (c-t) \int_{-\varepsilon}^{T+\varepsilon} D\_\eta(c-s)dv(s)|$$

$$= |I_1(c,t) + I_2(c,t)|$$

$$< M_1|c-t|\left\{\sum_{i=1}^{\ell} |\eta_i(c-t)| + (T+2\varepsilon) \max_{x \in [c,t]} |D\phi(x-s)-D\phi(c-s)|\right\}. \tag{10.37}$$

Da $D\phi$ stetig ist, kann man bei Vorgabe eines ε_1 die Größe δ so wählen, daß

$$|c-t| < \delta \Rightarrow \left\{\sum_{i=1}^{\ell} |\eta_i(c-t)| + (T+2\varepsilon) \max_{x \in [c,t]} |D\phi(x-s) - D\phi(c-s)|\right\} < \frac{\varepsilon_1}{M_1} \tag{10.38}$$

gilt. Dies besagt zusammen mit der Beziehung (10.37), daß die Ableitung DI im Intervall $(-\varepsilon,T+\varepsilon)$ und somit im Intervall J existiert und gegeben ist durch

$$DI(c) = \int_{-\varepsilon}^{T+\varepsilon} D\_\eta(c-s)dv(s) \,. \tag{10.39}$$

Die restlichen Eigenschaften, welche I aufweisen muß, damit es zu D_R^1 gehört, lassen sich nun leicht nachweisen. Die Existenz von DI hat die Stetigkeit von I im Intervall $(-\varepsilon, T+\varepsilon)$ und somit in J zur Folge. Da $D_{-}\eta \in D_R$ in J gilt, ist diese Funktion beschränkt, und auch die Variation von $v \in D_R^1$ ist im Intervall J beschränkt. Somit läßt die Gl.(10.39) erkennen, daß DI im Intervall $(-\varepsilon, T+\varepsilon)$ und somit in J beschränkt ist.

Unter Verwendung der Gl.(10.29) in Gl.(10.39) erhält man schließlich

$$DI(c) = \int_{-\varepsilon}^{T+\varepsilon} \left\{ \sum_{i=1}^{\ell} \eta_i U(c-s-r_i) + D\phi(c-s) \right\} dv(s) \ . \qquad (10.40)$$

Der erste Teil des Integrals in Gl.(10.40) ist

$$\sum_{i=1}^{\ell} \eta_i \int_0^{c-r_i} dv(s) = \sum_{i=1}^{\ell} \eta_i [v(c-r_i) - v(0)] \qquad (10.41)$$

$$= \sum_{i=1}^{\ell} \eta_i v(c-r_i) \ . \qquad (10.42)$$

Folglich wird

$$DI(c) - DI(t) = \sum_{i=1}^{\ell} \eta_i [v(c-r_i) - v(t-r_i)]$$

$$+ \int_{-\varepsilon}^{T+\varepsilon} [D\phi(c-s) - D\phi(t-s)] dv(s). \qquad (10.43)$$

Da v und $D\phi$ stetig sind und v von beschränkter Variation ist, ergibt sich, daß die rechte Seite der Gl.(10.43) für $t \to c$ gegen Null strebt. Dies bedeutet, daß DI im Intervall $(-\varepsilon, T+\varepsilon)$ und somit in J stetig ist.

Zusammenfassend kann man feststellen, daß I und DI in J stetig und beschränkt sind, d.h. es gilt $I \in D_R^1$ in J. Damit ist der Beweis vollständig geführt.

Aus den Gln.(10.24) und (10.39) folgt, daß die Ableitung Dy, sofern sie existiert, gegeben ist durch

$$Dy(t) = \sum_{i=1}^{n} u_i DH(t-p_i) + \sum_{i=1}^{m} H_i Dv(t-q_i) + \int_0^t D_-H(t-s)dv(s), \tag{10.44}$$

da $D_-H = D_-\eta$ und $D_-H(t-s) = 0$ für $s \geq t$ gilt.

Besitzen sowohl H als auch u eine stetige Ableitung im Intervall $J \supset [0,T]$, dann sind beide Funktionen in J stetig, und es gilt $D_-H = DH$. Die Gl.(10.44) erhält dann die Form

$$Dy(t) = \int_0^t DH(t-s)du(s) \tag{10.45}$$

$$= \int_0^t h(t-s)Du(s)ds \ , \tag{10.46}$$

wobei h die Impulsantwort ist. Hat h eine stetige Ableitung in J, dann kann die Gl.(10.46) partiell integriert werden, und man erhält mit Gl.(7.27) als Ergebnis

$$Dy(t) = \int_0^t Dh(t-s)u(s)ds \ . \tag{10.47}$$

Hierbei ergab sich ein Vorzeichenwechsel, weil h im Integral eine Funktion von s ist, während ihre Ableitung bezüglich t-s gebildet wird. Die Tatsache, daß aufgrund der Stetigkeit $u(0) = 0 = DH(0)$ gilt, wurde ebenfalls verwendet.

11. Variablenänderung

In Übung 3.7 wurde die folgende Formel angegeben

$$\int_a^b f(s)d\beta(b-s) = -\int_a^b f(a+b-s)d\beta(s-a). \tag{11.1}$$

Dies folgt direkt aus der Definition, denn die Riemann-Stieltjessche Summe für die beiden Integrale enthalten bei gemeinsamer Zerlegung dieselben Terme, nur umgeordnet und in ihrem Vorzeichen geändert. Die Gl.(11.1) stellt ein Beispiel für eine Variablenänderung im Riemann-Stieltjes-Integral dar.

THEOREM 11.1. Es sei ϕ eine stetige, eineindeutige Abbildung des abgeschlossenen, beschränkten Intervalls $[c,d]$ auf das abgeschlossene, beschränkte Intervall $[a,b]$ mit $\phi(c) = a$. Es existiere $\int_a^b f\,d\alpha$, und es sollen für $y \in [c,d]$ die Bezeichnungen $x = \phi(y)$ und $f(x) = f[\phi(y)] = g(y)$, $\alpha(x) = \alpha[\phi(y)] = \beta(y)$ verwendet werden. Dann erhält man

$$\int_c^d g(y)d\beta(y) = \int_a^b f(x)d\alpha(x). \tag{11.2}$$

Beweis. Nach Übung 7.9 aus Kapitel IV hat die Funktion ϕ eine stetige Inverse ϕ^{-1}, und beide Funktionen ϕ und ϕ^{-1} sind streng monoton wachsend. Es muß daher eine eineindeutige Zuordnung zwischen jeder Unterteilung P von $[a,b]$ mit

$a = x_1 < x_2 < \ldots < x_n = b$ und einer Unterteilung P' von $[c,d]$ mit $c = y_1 = \phi^{-1}(x_1) < y_2 = \phi^{-1}(x_2) < \ldots < y_n = \phi^{-1}(x_n) = d$ geben. Entsprechend gibt es eine eineindeutige Zuordnung zwischen jeder Riemann-Stieltjesschen Summe

$$S(P,f,\alpha) = \sum_{i=1}^{n} f(t_i)[\alpha(x_i) - \alpha(x_{i-1})] \tag{11.3}$$

und einer Summe

$$S(P',g,\beta) = \sum_{i=1}^{n} g(\theta_i)[\beta(y_i) - \beta(y_{i-1})] \ , \tag{11.4}$$

wobei

$$y_i = \phi^{-1}(x_i) \ , \tag{11.5}$$

$$\theta_i = \phi^{-1}(t_i) \tag{11.6}$$

bedeutet. Darüber hinaus stimmen die Summen $S(P,f,\alpha)$ und $S(P',g,\beta)$ überein. Die Existenz des Integrals $\int_a^b f d\alpha$ bedeutet, daß es zu jedem ε ein P_ε gibt, so daß

$$\left| S(P,f,\alpha) - \int_a^b f d\alpha \right| < \varepsilon \tag{11.7}$$

gilt, wobei P eine Verfeinerung von P_ε ist. Daraus folgt, daß es ein P'_ε (welches P_ε entspricht) derart gibt, daß

$$\left| S(P',g,\beta) - \int_a^b f d\alpha \right| < \varepsilon \tag{11.8}$$

gilt, sofern P' eine Verfeinerung von P'_ε ist [denn der Zerlegung P' entspricht P, eine Verfeinerung von P_ε, und der Summe $S(P',g,\beta)$ entspricht $S(P,f,\alpha) = S(P',g,\beta)$].

Im Riemannschen Integral wird häufig eine Variablenänderung vorgenommen, und es gibt hierfür eine geeignete Formel.

THEOREM 11.2. Es sei $[a,b]$ ein abgeschlossenes, beschränktes Intervall. Es sei ϕ eine Funktion, die eine stetige erste Ableitung $D\phi$ im Intervall $[c,d]$ besitzt und für die $\phi(c) = a$ und $\phi(d) = b$ gilt. Es seien p und q erklärt durch $p < p_1 = \min_{y\in[c,d]}\phi(y)$, $q > q_1 = \max_{y\in[c,d]}\phi(y)$, und es sei f stetig im Intervall $[p,q]$. Ist $f(x) = f[\phi(y)] = g(y)$, dann gilt

$$\int_a^b f(x)dx = \int_c^d g(y)D\phi(y)dy \ . \tag{11.9}$$

Beweis. Man beachte, daß aus $p_1 < a$ oder $q_1 > b$ sofort $\phi(y) \notin [a,b]$ für ein $y \in (c,d)$ folgt. Das Integral $\int_a^b f(x)dx$ existiert aufgrund von Theorem 4.2, da f im Intervall $[a,b]$ stetig ist und $\alpha(x) = x$ im Intervall $[a,b]$ von beschränkter Variation. Nun wird für $t \in [c,d]$ die Funktion

$$\psi(t) = \int_a^{\phi(t)} f(x)dx - \int_c^t g(y)D\phi(y)dy \tag{11.10}$$

eingeführt. Da die Funktion ϕ eine stetige erste Ableitung im Intervall $[c,d]$ hat, muß sie selbst in $[c,d]$ stetig und daher auch beschränkt sein in $[c,d]$. Somit ist x von beschränkter Variation in $[a,\phi(t)]$. Da außerdem $[a,\phi(t)]\subset[p,q]$ gilt, ist f eine in $[a,\phi(t)]$ stetige Funktion. Deshalb existiert das erste Integral in Gl.(11.10). Weiterhin ist die zusammengesetzte Funktion $g = f\circ\phi$ der beiden stetigen Funktionen f und ϕ im Intervall $[c,t]$ stetig, und dasselbe gilt für das Produkt von g mit der stetigen Funktion $D\phi$. Damit existiert auch das zweite Integral.

Aufgrund von Theorem 10.1 und der Kettenregel ergibt sich für die Ableitung $D\psi$ einfach

$$D\psi(t) = f[\phi(t)]D\phi(t) - g(t)D\phi(t) = 0, \quad t \in (c,d), \tag{11.11}$$

und wegen $\phi(c) = a$ ist $\psi(c) = 0$. Nach dem Mittelwertsatz ist $\psi(d) = 0$, und dies ist die Aussage der Gl.(11.9).

Übung 11.1. Die Bedingungen des Theorems verlangen, daß $D\phi$ im Intervall $[c,d]$ stetig ist. Hieraus folgt, daß ϕ in einem offenen Intervall $J \supset [c,d]$ existieren muß. Man verwende die links- und rechtsseitigen Ableitungen $D_-\phi$ und $D_+\phi$ in d bzw. c zur Lockerung dieser Bedingung.

Übung 11.2. Die Bedingungen des Theorems fordern $p < \min_{y\in[c,d]}\phi(y)$, $q > \max_{y\in[c,d]}\phi(y)$. Falls ϕ das Intervall $[c,d]$ auf das beschränkte, abgeschlossene Intervall $[p_1,q_1]$ abbildet und falls die Werte p_1,q_1 nur endlich oft durch ϕ für $t\in[c,d]$ erreicht werden, dann dürfen p,q in der Aussage des Theorems durch p_1,q_1 ersetzt werden. Dies soll gezeigt werden. [Verwendet man p_1 und q_1 in der Aussage des Theorems, dann kann die Kettenregel nicht verwendet werden, um die Ableitung von $\int_a^{\phi(t)} f(x)dx$ in einem Punkt t_0 zu finden, für den $\phi(t_0) = p_1$ oder $\phi(t_0) = q_1$ gilt; denn $\int_a^{\xi} f(x)dx$ ist dann nicht in einer offenen Umgebung von $\xi = p_1$ oder $\xi = q_1$ definiert. Man schließe t_0 in ein Intervall $t_0-\varepsilon$, $t_0+\varepsilon$ ein und untersuche $|\psi(t_0+\varepsilon) - \psi(t_0-\varepsilon)|$ direkt unter Berücksichtigung von $D\phi(t_0) = 0$.]

Weiterführende Literatur

Die obige Darstellung des Riemann-Stieltjes-Integrals lehnt sich eng an die von Apostol (1963) an. Dieses Buch kann für ein vollständiges Studium der Theorie herangezogen werden. Eine allgemeinere Darstellung der Integrationstheorie einschließlich weiterer Behandlungsmöglichkeiten des Riemann-Stieltjes-Integrals und eines Abrisses der Lebesgueschen Integration findet man im Buch von Hildebrandt (1963).

Lighthill (1960) liefert eine besonders durchsichtige und einfache Darstellung der Deltafunktion entsprechend Abschnitt 9.1. Schwartz (1957, 1959) zeigt, in welcher Beziehung die Behandlung in der Einleitung von Abschnitt 9 zur Distributionentheorie steht, welche er dann im einzelnen darlegt. Einen elementaren Abriß dieser Theorie findet man im Buche von Zadeh und Desoer (1963), Anhang A. Eine weitere Beschreibung dieses Sachgebiets, welche auf Arbeiten von Mikusinski basiert, wird durch Erdélyi (1962) und durch Berg (1965) gegeben.

Schrifttum

Apostol, T.M., 1957, *Mathematical analysis*, Addison-Wesley, Reading, Mass.

Berg, L., 1965, *Einführung in die Operatorenrechnung*, VEB Deutscher Verlag der Wissenschaften, Berlin.

Erdélyi, A., 1962, *Operational calculus and generalized functions*, Holt, Rinehart, and Winston, New York.

Hildebrandt, T.H., 1963, *Introduction to the theory of integration*, Academic Press, New York.

Lighthill, M.J., 1960, *Introduction to Fourier analysis and generalized functions*, Cambridge University Press, London.

Newcomb, R.W., 1966, *Linear multiport synthesis*, McGraw-Hill, New York.

Schwartz, L., 1957, *Théorie des distributions* (Band I), Hermann, Paris.

Schwartz, L., 1959, *Théorie des distributions* (Band II), Hermann, Paris.

Zadeh, L.A. und C.A. Desoer, 1963, *Linear system theory*, McGraw-Hill, New York.

AUFGABEN

1 Ausgehend von der Definition des Riemann-Stieltjes-Integrals zeige man, daß für positive ganze Zahlen m und n stets $x^m \in R(x^n)$ in $[a,b]$ gilt und daß die Beziehung besteht

$$\int_a^b x^m d(x^n) = \frac{n}{n+m}\left[b^{n+m} - a^{n+m}\right] .$$

2 Ein System (welches aus zwei Verzögerungsleitungen besteht, deren Ausgangssignale aufsummiert werden) hat die Sprungantwort

$$H(t) = U(t-1) + U(t-3) .$$

Mit Hilfe von Gl.(5.16) soll gezeigt werden, daß die Antwort auf ein Eingangssignal

$$u(t) = tU(t-2)$$

durch

$$y(t) = (t-1)U(t-3) - (t-3)U(t-5)$$

gegeben ist. [Man verwende die Beziehung $tU(t-2) = 2U(t-2) + (t-2)U(t-2)$, oder man integriere die Gl.(5.16) partiell.]

3 Ein Abtasthalteglied liefert auf ein Eingangssignal $u(t)$, $t \geq 0$, das Ausgangssignal $y(t) = u(r)$, $r < t \leq r+1$, wobei r eine nichtnegative ganze Zahl bedeutet. Man zeige, daß die Sprungantwort für $0 \leq t, t_0 \leq n$ und ganzzahliges n die Bedingungen aus Übung 5.2 erfüllt und gegeben ist durch

$$H(t,t_0) = \sum_{r=1}^{n-1} U(r-t_0)[U(t-r)-U(t-r-1)].$$

Somit lautet die Antwort auf $u \in D_R^1$

$$y(t) = \int_0^t \sum_{r=1}^{n-1} U(r-s)[U(t-r)-U(t-r-1)]\,du(s).$$

Man überprüfe dieses Ergebnis durch partielle Integration.

4 Die Impulsantwort $h(t,t_0)$ eines zeitvarianten linearen Systems sei definiert durch

$$h(t,t_0) = -\frac{d}{dt_0} H(t,t_0),$$

wobei d/dt_0 im Sinne der Distributionentheorie aufzufassen ist. Man zeige, daß unter den Bedingungen von Übung 5.2 die Antwort $y(t)$ ausgedrückt werden kann in der Form

$$y(t) = -\int_0^t u(s)dH(t,s) = \int_0^t u(s)h(t,s)ds$$

mit der Interpretation nach Abschnitt 8. Man wende dieses Ergebnis auf das System von Aufgabe 3 an und verifiziere die resultierende Formel für $u(t) = tU(t)$. Mit Hilfe von $u(t) = \delta_\varepsilon(t-t_0)$ soll gezeigt werden, daß $h(t,t_0)$ in diesem Falle nicht als Antwort auf einen Impuls in $t=t_0$ interpretiert werden kann.

5 Für $\phi \in D_L$ in $J \supset [a,b]$ und in $J \supset [a,b]$ stetiges $\alpha \in D_R^1$ zeige man, daß $\phi \in R(\alpha)$ gilt in $[a,b]$. Man zeige hiermit, daß $D_-f \in R(\alpha)$ gilt, falls $f \in D_L^1$ ist. [Man vergleiche Abschnitt 10.]

6 Es wird angenommen, daß $f \in D_L^1$ in $J \supset [a,b]$ gilt und daß $\alpha \in D_R^1$ in $[a,b]$ stetig ist. Es sei T eine Menge von disjunkten offenen Intervallen, welche die Unstetigkeiten von f und von D_-f enthalten, und es sei W die abgeschlossene Hülle von $T \cap [a,b]$. Es sei S eine Menge von abgeschlossenen Intervallen mit der Eigenschaft $S \cup \{T \cap [a,b]\} = [a,b]$, und $\int_S$ bezeichne die Summe von Integralen über die Intervalle von S. Man beweise die Gültigkeit der Beziehung

$$\int_a^b D_-f d\alpha = \lim_{\varepsilon \to 0} \int_S D_-f d\alpha = \lim_{\varepsilon \to 0} \int_S Df d\alpha \quad ,$$

wobei ε die gesamte Länge der Intervalle von W bedeutet.

7 Nach der Vereinbarung von Abschnitt 8 sei h in Gl.(10.47) entstanden aus H nach Gl.(10.20), und es sei u durch Gl.(10.19) definiert. Man interpretiere die in Dh vorkommenden "Ableitungen der Deltafunktion", indem man partiell integriert und so die Beziehung (10.39) erhält. Hieraus leite man mit den Gln.(7.2) und (8.2) sowie durch weitere partielle Integration die Beziehung

$$Dy(t) = \sum_{i=1}^{n} u_i h(t-p_i) + \sum_{i=1}^{m} H_i Dv(t-q_i)$$

$$+ \int_0^t D_- H(t-s)dv(s)$$

her und vergleiche dieses Ergebnis mit Gl.(10.44).

8 Mit der Vereinbarung von Abschnitt 8 soll gezeigt werden, daß für Funktionen $\phi(t)$, die stetige Ableitungen sämtlicher Ordnungen haben und außerhalb eines Intervalls $[a,b]$ Null sind, die Beziehung besteht:

$$\int_{-\infty}^{\infty} D\delta(t-c)\phi(t) = D\phi(c).$$

[Diese Gleichung dient in der Distributionentheorie zur Definition von $D\delta(t-c)$.]

9 Es sei $D\delta_\varepsilon$ definiert durch

$$D\delta_\varepsilon(t) = \begin{cases} -\frac{1}{\varepsilon^2} & \text{für } -\varepsilon \leq t < 0 \\ \frac{1}{\varepsilon^2} & \text{für } 0 \leq t \leq \varepsilon \\ 0 & \text{für } |t| > \varepsilon. \end{cases}$$

Für eine Funktion ϕ nach Aufgabe 8 und ausgehend von

$$\frac{1}{\varepsilon^2} \int_0^{\varepsilon} [\phi(t) - \phi(0) - 2t\, D\phi(0)]dt$$

soll gezeigt werden, daß

$$\lim_{\varepsilon \to 0} \int_{-\infty}^{\infty} D\delta_\varepsilon(t)\phi(t)dt = D\phi(0)$$

gilt.

10 Ein analoger Integrator hat die Sprungantwort $H(t) = tU(t)$ und als Eingangssignal eine Funktion $u(t) \in D_R^1$ mit $u(t) = 0$ für $t \leq 0$. Man zeige aufgrund von Gl.(10.44), daß die Ableitung des Ausgangssignals, wo sie existiert, gegeben ist durch

$$Dy(t) = \sum_{i=1}^{n} u_i U(t-p_i) + v(t) = u(t) \; .$$

Man leite aus Theorem 10.3 die Tatsache her, daß $D_-y(t) = u(t)$ für sämtliche t gilt. Unter der Voraussetzung, daß u stetig ist, leite man hieraus die Aussage von Theorem 10.1 ab.

Differentialgleichungen

1. Einführung

Eine Differentialgleichung ist eine Beziehung zwischen den Werten der Ableitung Dx einer Funktion und den Werten der Funktion x selbst, beispielsweise eine Beziehung der Art

$$\dot{x}(t) = Dx(t) = f[x(t),t] \; . \qquad (1.1)$$

Hierbei darf x eine Vektorfunktion der skalaren Größe t sein, und die Gl.(1.1) stellt dann ein System von gekoppelten Gleichungen

$$\left.\begin{aligned} \dot{x}_1(t) &= f_1[x_1(t), x_2(t), \ldots, x_n(t), t] \\ \dot{x}_2(t) &= f_2[x_1(t), x_2(t), \ldots, x_n(t), t] \\ &\vdots \\ \dot{x}_n(t) &= f_n[x_1(t), x_2(t), \ldots, x_n(t), t] \end{aligned}\right\} \qquad (1.2)$$

dar. Es wird gewöhnlich angenommen, daß die Gl.(1.1) überall in einem offenen Gebiet $R \subseteq E_{n+1}$ besteht, beispielsweise in

$$R = \{x,t \,|\, ||x|| < \alpha, \; |t| < \beta\} \; . \qquad (1.3)$$

Die Gl.(1.1) wird oft in der kürzeren Form

$$\dot{x} = f(x,t) \tag{1.4}$$

geschrieben, oder, wenn f nicht explizit von t abhängt, als

$$\dot{x} = f(x). \tag{1.5}$$

Man beachte jedoch, daß diese Schreibweise nicht mit den Vereinbarungen übereinstimmt, welche im Kapitel I getroffen wurden. Entsprechend diesen Vereinbarungen würde f(x) eine funktionale Abhängigkeit von der Funktion x darstellen, während die Gl.(1.5) oder die Gl.(1.4) eine Beziehung zwischen Werten der Funktionen repräsentiert, welche für ein gegebenes t berechnet wurden, wie in Gl.(1.1).

Es ist wohlbekannt (und wird an späterer Stelle auch noch bewiesen), daß es unter bestimmten Bedingungen für f eine eindeutige Lösung der Gl.(1.1) gibt, welche durch einen gegebenen Punkt $x = c$, $t = t_0$ in R verläuft. Diese Lösung wird mit $\phi(t;c,t_0)$ bezeichnet, um ihre Abhängigkeit von t und von der Bedingung $x(t_0) = c$ hervorzuheben. Etwas kürzer bezeichnet man die Lösung auch als $\phi(t)$. Häufig wird für die Lösung x(t) geschrieben, obwohl dadurch der Unterschied zwischen der Differentialgleichung (1.1), welche überall in R gültig ist, und der durch Gl.(1.1) unter der Bedingung $x(t_0) = c$ bestimmten Lösung verdeckt wird.

Ein wichtiges mathematisches Problem besteht darin, Bedingungen für f anzugeben, welche sicherstellen, daß die Gl.(1.1) und die Bedingung $x(t_0) = c$ zu einer Lösung führen und daß diese Lösung eindeutig ist. Ist R gegeben durch

$$R = \{x,t \mid x \in E_n, \beta < t\}\ , \tag{1.6}$$

dann ist es auch wichtig zu wissen, ob eine Lösung, welche durch $(c,t_0) \in R$ geht, für sämtliche t fortgesetzt werden kann.

Beispiel 1.1. Durch Differentiation der durch

$$\phi(t) = \log(1-t) \tag{1.7}$$

definierten Funktion ϕ stellt man fest, daß diese Funktion für $t < 1$ die Beziehung

$$\dot{\phi}(t) = \frac{1}{t-1}\ ; \quad \phi(0) = 0 \tag{1.8}$$

erfüllt. Die Lösung ϕ läßt sich jedoch ausgehend von $t = 0$ nicht kontinuierlich über den Punkt $t = 1$ hinaus fortsetzen; sie geht in einem endlichen Zeitintervall gegen Unendlich.

Es ist üblich, das Verhalten physikalischer Systeme durch Differentialgleichungen der Art (1.1) auszudrücken. Läßt man sich jedoch vom Vorgehen in Kapitel IV leiten und läßt man unstetige Variable zu, dann ist es möglich, daß in bestimmten Punkten die Ableitungen nicht existieren. Die physikalischen Verhältnisse werden dann besser beschrieben durch Gleichungen der Art

$$D_{-}x(t) = f[x(t),t] \tag{1.9}$$

zusammen mit der Bedingung, daß x stetig ist.

Beispiel 1.2. Ein Strom $i(t)$ fließe in eine Kapazität C, und die Ladung $q(t)$ in der Kapazität im Zeitpunkt $t = 0$ sei gleich Null. Die Ladung zur Zeit t ist dann

$$q(t) = \int_0^t i(\tau)d\tau\ , \tag{1.10}$$

und die Spannung an der Kapazität ist $u(t) = q(t)/C$. Nimmt man $i \in D_R^1$ an, dann kann

$$i(t) = \sum_k i_k U(t-q_i) + w(t) \tag{1.11}$$

geschrieben werden, wobei w(t) stetig ist. Damit erhält man aus Gl.(1.10)

$$q(t) = \sum_k (t-q_i) i_k U(t-q_i) + \int_0^t w(\tau)d\tau \; . \tag{1.12}$$

Mit Hilfe von Theorem 10.1 aus Kapitel V ist zu erkennen, daß

$$D_- \int_0^t w(\tau)d\tau = D \int_0^t w(\tau)d\tau = w(t) \tag{1.13}$$

gilt, und somit wird

$$D_- q(t) = \sum_k i_k U(t-q_i) + w(t) = i(t) \; . \tag{1.14}$$

Die Spannung u(t) gehorcht also der Gleichung

$$D_- u(t) = i(t)/C \; . \tag{1.15}$$

Weiterhin ist aus den Gln.(1.12) und (1.13) zu erkennen, daß q, und damit u, stetig ist. Wo i stetig ist, gehorcht u nach den Gln.(1.12) und (1.13) der Differentialgleichung

$$Du(t) = i(t)/C, \tag{1.16}$$

und es ist aus Gl.(1.12) ersichtlich, daß $Dq(t)$, und damit $Du(t)$, nicht existiert, wo i unstetig ist. Physikalisch gesehen folgt die Stetigkeit von u aus der Tatsache, daß der Strom endlich ist, während das Auftreten von D_-u in Gl.(1.15) die nicht antizipierende Natur des Systems ausdrückt.

Im folgenden werden einige Existenzsätze mitgeteilt. Sie werden in einer Weise formuliert, die den späteren Anwendungen angemessen erscheint.

2. Lineare, zeitinvariante Differentialgleichungen

Die folgende Aussage stellt ein Existenztheorem für lineare, zeitinvariante Differentialgleichungen dar. Dieses Theorem wird für sich angegeben, weil zum einen seine Form besonders auf die Bedürfnisse vieler Dynamischer Systeme angepaßt ist und weil es zum anderen einfacher als das allgemeinere Theorem von Abschnitt 3 bewiesen werden kann.

THEOREM 2.1 Es seien gegeben eine konstante $n \times n$-Matrix A, eine konstante $n \times \ell$-Matrix B, eine Vektorfunktion $u \in D_R$ mit Definitionsbereich E_1 und Wertebereich $R_u \subseteq E_\ell$ und ein konstanter n-Vektor c. Dann existiert eine eindeutige stetige Funktion ϕ mit Definitionsbereich E_1 und Wertebereich $R_\phi \subseteq E_n$ derart, daß $\phi(t_0) = c$ ist und für sämtliche t

$$D_-\phi(t) = A\phi(t) + Bu(t) \tag{2.1}$$

gilt. Ist u stetig in $t = t_1$, dann existiert $D\phi(t_1)$. Die Funktion ϕ ist explizit gegeben durch

$$\phi(t) = e^{A(t-t_0)}c + \int_{t_0}^{t} e^{A(t-\tau)}Bu(\tau)d\tau \ , \tag{2.2}$$

und es ist $\phi \in D_R^1$.

Beweis. Aufgrund von Theorem 13.3 aus Kapitel IV ist

$$D[e^{At}c] = [De^{At}]c = Ae^{At}c \ . \tag{2.3}$$

Es wird

$$u(\tau) = \sum_i u_i U(\tau - p_i) + v(\tau) \tag{2.4}$$

gesetzt, wobei die Konstanten $p_i \in [t_0, t]$ derart gewählt werden, daß $v(\tau)$ in einem offenen Intervall J, welches $[t_0, t]$ enthält, stetig ist. Dann erhält man nach Übung 10.2 von Kapitel V

$$\int_{t_0}^{t} e^{A(t-\tau)} Bu_i U(\tau - p_i) d\tau = \left\{ \int_{p_i}^{t} e^{A(t-\tau)} d\tau \right\} Bu_i \tag{2.5}$$

$$= A^{-1}\{e^{A(t-p_i)} - I_n\} Bu_i U(t-p_i) \ . \tag{2.6}$$

Hieraus wird

$$D_- \int_{t_0}^{t} e^{A(t-\tau)} Bu_i U(\tau - p_i) d\tau = e^{A(t-p_i)} Bu_i U(t-p_i) \ . \tag{2.7}$$

Weiterhin gilt nach Theorem 10.1 von Kapitel V

$$D \int_{t_0}^{t} e^{A(t-\tau)} Bv(\tau)d\tau$$

$$= [De^{At}] \left\{ \int_{t_0}^{t} e^{-A\tau} Bv(\tau)d\tau \right\} + e^{At} e^{-At} Bv(t) \tag{2.8}$$

$$= A \int_{t_0}^{t} e^{A(t-\tau)} Bv(\tau)d\tau + Bv(t) \ . \tag{2.9}$$

Die Gln.(2.4), (2.7) und (2.9) liefern

$$D_{-} \int_{t_0}^{t} e^{A(t-\tau)} Bu(\tau)d\tau$$

$$= \sum_i e^{A(t-p_i)} Bu_i U(t-p_i) + A \int_{t_0}^{t} e^{A(t-\tau)} Bv(\tau)d\tau + Bv(t) \tag{2.10}$$

$$= A \int_{t_0}^{t} e^{A(t-\tau)} B\left[\sum_i u_i U(\tau-p_i) + v(\tau) \right] d\tau$$

$$+ B\left[\sum_i u_i U(t-p_i) + v(t) \right] \tag{2.11}$$

$$= A \int_{t_0}^{t} e^{A(t-\tau)} Bu(\tau)d\tau + Bu(t) \ , \tag{2.12}$$

wobei in Gl.(2.11) die Gl.(2.6) verwendet wurde. Berücksichtigt man die Gln.(2.3) und (2.12), dann ergibt sich aus Gl.(2.2)

$$D_-\phi(t) = A\phi(t) + Bu(t) \ . \tag{2.13}$$

Damit erfüllt die durch Gl.(2.2) definierte Funktion ϕ die Gl.(2.1) im Intervall J.

Die Gln.(2.3) und (2.9) lassen erkennen, daß die Ableitungen von $e^{At}c$ und von

$$\int_{t_0}^{t} e^{A(t-\tau)}Bv(\tau)d\tau$$

existieren; daher sind diese Funktionen stetig. Weiterhin läßt sich wegen

$$e^{A(t-p_i)} = I_n \text{ für } t = p_i \tag{2.14}$$

leicht aus Gl.(2.6) verifizieren, daß die Funktion

$$\int_{t_0}^{t} e^{A(t-\tau)}B \sum_i u_i U(\tau-p_i)d\tau$$

stetig ist. Daraus folgt, daß die durch Gl.(2.2) definierte Funktion ϕ in J stetig ist. Da $J \supset [t_0, t_1]$ beliebig gewählt wurde, ist ϕ in einem abgeschlossenen beschränkten Intervall $K \supset J$ stetig, und somit ist ϕ in J beschränkt.

Wählt man $t = t_0$, so wird $e^{A(t-t_0)} = I_n$, und das Integral in Gl.(2.2) verschwindet. Damit ergibt sich

$$\phi(t_0) = c. \tag{2.15}$$

Weiterhin kann man in Gl.(2.7), ausgenommen in den Punkten $t = p_i$, stets D_- durch D ersetzen. Abgesehen von diesen Punkten wird dann Gl.(2.13) zu

$$D\phi(t) = A\phi(t) + Bu(t) \ . \tag{2.16}$$

Aufgrund der Gln.(2.16) und (2.13) hat die Funktion ϕ stetige erste Ableitungen in J, abgesehen von den Punkten $t = p_i$, wo $D\phi$ unstetig ist, aber $D_-\phi$ existiert. Also ist $D_-\phi$ in J beschränkt, und damit ergibt sich $\phi \in D_R^1$.

Abschließend wird gezeigt, daß für jede stetige Funktion ψ mit der Eigenschaft

$$D_-\psi(t) = A\psi(t) + Bu(t); \quad \psi(t_0) = c \tag{2.17}$$

für sämtliche t stets

$$g(t) := e^{-At}[\psi(t) - \phi(t)] = 0 \tag{2.18}$$

wird. Mit den Gln.(2.1) und (2.17) erhält man

$$D_-g(t) = -Ae^{-At}[\psi(t) - \phi(t)] + e^{-At}A[\psi(t) - \phi(t)] = 0, \tag{2.19}$$

und somit ist auch g(t) stetig. Im Gegensatz dazu, was zu beweisen ist, soll vorausgesetzt werden, daß $g(t_2) = 3\varepsilon > 0$ für ein $t_2 > t_0$ gilt. Der Fall $t_2 < t_0$ wird in ähnlicher

Weise behandelt. Dann ist die durch

$$h(t) = g(t) - \varepsilon\left[1 + \frac{t - t_0}{t_2 - t_0}\right] \tag{2.20}$$

definierte Funktion h stetig, und sie erfüllt die Beziehungen

$$h(t_0) = -\varepsilon, \quad h(t_2) = \varepsilon \,. \tag{2.21}$$

Demzufolge gibt es wenigstens ein $t \in (t_0, t_2)$, für welches

$$h(t) = 0 \tag{2.22}$$

gilt. Es sei t_3 das Infimum jener Werte t im Intervall $[t_0, t_2]$, welche die Gl.(2.22) erfüllen. Da h stetig ist, wird

$$h(t_3) = 0 \,, \tag{2.23}$$

und die Gln.(2.21) lassen erkennen, daß $t_3 > t_0$ und

$$h(t) < 0 \text{ für } t_0 \leq t < t_3 \tag{2.24}$$

ist. Daher erhält man

$$\lim_{\eta \to 0+} \frac{h(t_3) - h(t_3 - \eta)}{\eta} = D_- h(t_3) \geq 0. \tag{2.25}$$

Zusammen mit den Gln.(2.19) und (2.20) liefert die Gl.(2.25) die Aussage

$$0 \leq D_- g(t_3) - \frac{\varepsilon}{t_2 - t_0} = -\frac{\varepsilon}{t_2 - t_0} < 0 \,, \tag{2.26}$$

welche einen Widerspruch darstellt. Deshalb ist

$$g(t) = e^{-At}[\psi(t) - \phi(t)] = 0 \quad \text{für sämtliche } t. \tag{2.27}$$

Da e^{At} nichtsingulär ist für sämtliche A und t (man vergleiche Theorem 13.4 aus Kapitel IV), ergibt sich hieraus

$$\psi(t) = \phi(t) \quad \text{für sämtliche } t\ . \tag{2.28}$$

Damit ist der Beweis vollständig geführt.

Ist u stetig, dann kann man die Bedingung, daß ϕ stetig sein soll, fallen lassen, sofern Gl.(2.1) durch Gl.(2.16) ersetzt wird. Dies führt auf die folgende, gebräuchlichere Form dieses Existenzsatzes:

THEOREM 2.2. Es seien A, B und c wie in Theorem 2.1. Es sei u eine stetige Vektorfunktion mit Definitionsbereich E_1 und Wertebereich $R_u \subset E_\ell$. Dann gibt es eine eindeutige Funktion ϕ auf E_1 derart, daß $\phi(t_0) = c$ ist und für sämtliche t

$$D\phi(t) = A\phi(t) + Bu(t) \tag{2.29}$$

gilt. Die Funktion ϕ hat eine stetige erste Ableitung, und sie ist explizit gegeben durch

$$\phi(t) = e^{A(t-t_0)}c + \int_{t_0}^{t} e^{A(t-\tau)}Bu(\tau)d\tau. \tag{2.30}$$

Beweis. Es sei ϕ eine beliebige Funktion, welche die Differentialgleichung (2.29) für sämtliche t erfüllt. Dann existiert $D\phi(t)$ für sämtliche t, und somit ist ϕ überall stetig. Da $D\phi$ existiert, existiert auch $D_{-}\phi$ und stimmt mit $D\phi$ überein. Somit erfüllt ϕ die Bedingungen von Theorem 2.1. Wenn umgekehrt ϕ die Bedingungen von Theorem 2.1 erfüllt und u stetig ist, dann erfüllt ϕ für sämtliche t die Gl.(2.16), die mit Gl.(2.29) identisch ist. Wenn also u stetig ist, sind die Bedingungen der beiden Theoreme äquivalent. Die Existenz und Eindeutigkeit von ϕ sowie die Gültigkeit der Gl.(2.30) folgen aus Theorem 2.1. Die Tatsache, daß ϕ eine stetige erste Ableitung hat, ergibt sich aus Gl.(2.29), aus der Stetigkeit von ϕ und der Stetigkeit von u.

Übung 2.1. Es soll im Theorem 2.2 die Bedingung, daß u überall stetig ist, ersetzt werden durch die Bedingung, daß u in dem offenen Intervall (a,b) mit $a < t_0 < b$ stetig ist. Man zeige, daß sämtliche Schlußfolgerungen weiterbestehen, wenn man t auf das Intervall (a,b) beschränkt.

Beispiel 2.1. Es sei A die Begleitmatrix

$$A = \begin{bmatrix} 0 & 0 & \dots & 0 & -a_0 \\ 1 & 0 & \dots & 0 & -a_1 \\ \vdots & \vdots & \vdots & \vdots & \vdots \\ 0 & 0 & \dots & 1 & -a_{n-1} \end{bmatrix}, \tag{2.31}$$

und es sei B der Vektor

$$B = \begin{bmatrix} b_0 \\ b_1 \\ \vdots \\ b_{n-1} \end{bmatrix}. \tag{2.32}$$

Dann lassen sich die der Gl.(2.29) entsprechenden Differentialgleichungen (wenn man das Argument t von x(t) und u(t) wie in Gl.(1.5) wegläßt) in der Form

$$\left.\begin{array}{lllll} Dx_1 & = & & -a_0x_n & + b_0u \\ Dx_2 & = & x_1 & -a_1x_n & + b_1u \\ \vdots & & & & \\ Dx_{n-1} & = & x_{n-2} & -a_{n-2}x_n & + b_{n-2}u \\ Dx_n & = & x_{n-1} & -a_{n-1}x_n & + b_{n-1}u \end{array}\right\} \quad (2.33)$$

schreiben, wobei u eine stetige reellwertige Funktion von t ist. Die letzte dieser Gleichungen führt auf

$$(Dx_n + a_{n-1}x_n - b_{n-1}u) = x_{n-1}\,, \quad (2.34)$$

und aus der zweitletzten der Gln.(2.33) ist ersichtlich, daß x_{n-1} eine Ableitung hat. Damit besitzt der auf der linken Seite von Gl.(2.34) stehende Ausdruck eine Ableitung, und man erhält

$$D(Dx_n + a_{n-1}x_n - b_{n-1}u) + a_{n-2}x_n - b_{n-2}u = x_{n-2}\,. \quad (2.35)$$

Fährt man in dieser Weise fort, so erhält man

$$0 = a_0x_n - b_0u + D\{a_1x_n - b_1u + D[a_2x_n - b_2u + D(\ldots)]\}. \quad (2.36)$$

Die Gl.(2.36) wird gewöhnlich in der Form

$$a_0 x_n + a_1 D x_n + \ldots + a_{n-1} D^{n-1} x_n + D^n x_n$$
$$= b_0 u + b_1 D u + \ldots + b_{n-1} D^{n-1} u \qquad (2.37)$$

geschrieben. Man beachte aber, daß u nur als stetig vorausgesetzt wurde und daher Du, $D^2u,\ldots,D^{n-1}u$ nicht zu existieren brauchen. Die Gln.(2.33) und (2.36) lassen sich daher allgemeiner anwenden als Gl.(2.37). [In der Distributionentheorie kann Du, D^2u, usw. auch dort eine Bedeutung gegeben werden, wo diese Ableitungen im gewöhnlichen Sinne nicht existieren, so daß die Gl.(2.37) sinnvoll wird. In zahlreichen Anwendungen jedoch ergeben sich die Gleichungen eines Systems[§] in der Form von Gl.(2.33) oder in äquivalenter Form, und man kann die mit der Gl.(2.37) verbundenen Schwierigkeiten vermeiden. Man vergleiche die Hamiltonschen Gleichungen aus der Mechanik oder die Wärmegleichungen für die Stoffgleichgewichte bei chemischen Prozessen, usw.]

Übung 2.2. In Beispiel 2.1 sei $n = 2$, $a_0=a_1=b_1 = 1$, $b_0 = 0$ und $u(t) = tU(t)$, so daß die Gln.(2.33) die Form erhalten

$$\begin{aligned} Dx_1 &= \quad\; - x_2 \\ Dx_2 &= x_1 - x_2 + tU(t) \,. \end{aligned} \qquad (2.38)$$

Weiterhin sei als Anfangsbedingung $x(0) = 0$ vorgeschrieben. Durch direktes Einsetzen soll gezeigt werden, daß die

§ Falls u unstetig sein kann, muss die Gl.(2.1) statt der Gl.(2.33) verwendet werden, oder aber es muss wieder die Distributionentheorie herangezogen werden.

Gln.(2.38) durch

$$x_1(t) = U(t)\left\{1 - t - e^{-t/2}\left[\cos\frac{t\sqrt{3}}{2} - \frac{1}{\sqrt{3}}\sin\frac{t\sqrt{3}}{2}\right]\right\} \qquad (2.39)$$

$$x_2(t) = U(t)\left\{1 - e^{-t/2}\left[\cos\frac{t\sqrt{3}}{2} + \frac{1}{\sqrt{3}}\sin\frac{t\sqrt{3}}{2}\right]\right\} \qquad (2.40)$$

erfüllt werden. Die Funktion $tU(t)$ besitzt keine Ableitung in $t=0$, so daß die Gl.(2.37) im gewöhnlichen Sinne keine Bedeutung hat. Andererseits liefert die Gl.(2.36)

$$D(Dx_2 + x_2 - u) + x_2 = 0 \,. \qquad (2.41)$$

Man zeige, daß die in der Gl.(2.41) in Klammern stehende Größe überall eine Ableitung besitzt. [Man schreibe $Dx_2 + x_2 - u$ in der Form $U(t)(\alpha + \beta t + \gamma t^2 + \ldots)$ und zeige, daß $\alpha = \beta = 0$ ist.]

3. Ein allgemeinerer Existenzsatz

Die Existenzsätze im Abschnitt 2 beziehen sich auf den Sonderfall der linearen Differentialgleichungen mit konstanten Koeffizienten. Lautet die Differentialgleichung

$$Dx(t) = f[x(t),t]; \quad x(t_0) = c, \qquad (3.1)$$

wobei x ein n-Vektor sei, dann kann man die Existenz und die Eindeutigkeit einer Lösung unter weit weniger einschränkenden Bedingungen für f beweisen als sie im Abschnitt 2 benutzt wurden.

Ein Blick auf Theorem 2.1 zeigt, daß selbst in dem dort betrachteten Sonderfall die Funktion f in Gl.(3.1) als eine Funktion von t stetig sein mußte, falls die Ableitung $Dx(t)$

existieren sollte. Es ist daher zu erwarten, daß auch in Gl.(3.1) die Stetigkeit von f gefordert werden muß. Falls f(x,t) als eine Funktion von t allein unstetig ist in endlich vielen Punkten in jedem endlichen Intervall, muß Gl.(3.1) in diesen Punkten durch die Forderung ersetzt werden, daß die Lösung stetig sein soll (oder durch eine aufgrund der physikalischen Natur des Problems geeignete andere Forderung). Diese Möglichkeit wird hier nicht betrachtet, sondern es wird angenommen, daß f stetig ist als eine Funktion von x und t in einem Bereich D von E_{n+1}, der gegeben sei durch

$$D = \{x,t \mid \|x - c\| \le \alpha, \quad \beta_1 \le t - t_0 \le \beta_2\} \tag{3.2}$$

mit $\beta_1 \le 0 \le \beta_2$.

Man kann zeigen (Coddington und Levinson, 1955), daß die Stetigkeit von f hinreichend ist für die Sicherstellung der Existenz einer Lösung der Gl.(3.1) in D. Diese Bedingung reicht nicht zur Sicherstellung der Eindeutigkeit der Lösung, was durch das folgende Beispiel gezeigt werden soll.

Beispiel 3.1 (Coddington und Levinson, 1955). In Gl.(3.1) wird die stetige Funktion $f(x) = \frac{3}{2} x^{1/3}$ gewählt, und es sei $x(0) = 0$. Ist η eine beliebige positive Zahl, dann stellt die durch

$$\phi(t) = \begin{cases} 0 & \text{für } t \le \eta \\ (t-\eta)^{3/2} & \text{für } t > \eta \end{cases} \tag{3.3}$$

definierte Funktion ϕ eine Lösung der Gl.(3.1) dar, denn es gilt

$$D\phi(t) = 0 = \frac{3}{2}[\phi(t)]^{1/3} \quad \text{für } t < \eta \tag{3.4}$$

$$D\phi(t) = \frac{3}{2}(t - \eta)^{1/2} = \frac{3}{2}[\phi(t)]^{1/3} \quad \text{für } t > \eta. \tag{3.5}$$

Außerdem ist

$$D_{-}\phi(\eta) = \lim_{h\to 0+} \frac{\phi(\eta) - \phi(\eta - h)}{h} = 0 \tag{3.6}$$

$$D_{+}\phi(\eta) = \lim_{h\to 0+} \frac{\phi(\eta) - \phi(\eta + h)}{h} \tag{3.7}$$

$$= \lim_{h\to 0+} \frac{1}{h} \{ - h^{3/2}\} \tag{3.8}$$

$$= \lim_{h\to 0+} \{ - h^{1/2}\} \tag{3.9}$$

$$= 0 \ , \tag{3.10}$$

und somit existiert $D\phi(\eta)$ und ist gleich Null. Da man für η eine beliebige positive Zahl wählen darf, ist die Lösung nicht eindeutig.

Eine einfache Bedingung für f, in Ergänzung zur Stetigkeit, welche die Eindeutigkeit der Lösung von Gl.(3.1) sicherstellt, ist die *Lipschitz-Bedingung*. Diese wird auf folgende Weise definiert:

Die Funktion f habe einen Definitionsbereich $D \subset E_{n+1}$ gemäß Gl.(3.2) und einen Wertebereich $R \subset E_n$. Es existiere eine Konstante $k > 0$ derart, daß für alle $(x,t) \in D$ und $(y,t) \in D$ die Ungleichung

$$||f(y,t) - f(x,t)|| \le k||y - x|| \tag{3.11}$$

besteht. Man sagt dann, f erfülle eine Lipschitz-Bedingung bezüglich x in D und schreibt $f \in \text{Lip}$ in D.

Falls die Funktion f in D stetig ist und eine Lipschitz-Bedingung bezüglich x in D erfüllt, verwendet man die Bezeichnung $f \in (C, Lip)$.

Übung 3.1. Falls f eine stetige Funktion von t in D ist und eine Lipschitz-Bedingung bezüglich x in D erfüllt, dann ist f in D stetig und somit ist $f \in (C, Lip)$. Dies ist zu beweisen. [Man schreibe

$$||f(x_2,t_2) - f(x_1,t_1)|| \le ||f(x_2,t_2) - f(x_2,t_1)|| + ||f(x_2,t_1) - f(x_1,t_1)||.]$$

Übung 3.2. Man zeige, daß die durch

$$f(x,t) = x^2 t^{1/3} \tag{3.12}$$

definierte reelle Funktion f die Eigenschaft $f \in (C,Lip)$ in $D = \{x,t| \; |x| \le 1, \; |t| \le 1\}$ aufweist. [Man beachte, daß f keine Lipschitz-Bedingung bezüglich t in D erfüllt; dies wird durch die Definition von (C, Lip) nicht verlangt.]

Übung 3.3. Die Funktion f habe stetige und beschränkte erste Ableitungen in einem offenen Gebiet, welches den durch Gl.(3.2) definierten Bereich D einschließt. Aufgrund von Theorem 8.7 aus Kapitel IV hat dann f überall in D eine Ableitung und ist daher stetig in D. Man verwende Korollar 2 von Theorem 8.3 aus Kapitel IV um zu zeigen, daß $f \in (C, Lip)$ in D gilt. [Dies stellt eine einfache hinreichende Bedingung für $f \in (C, Lip)$ dar. Man beachte, daß der Beweis die Konvexität von D verwendet.]

Da f in D stetig ist, muß auch $||f||$ in D stetig sein. Da aber D abgeschlossen und beschränkt ist, hat $||f||$ einen maximalen Wert M in D. Man definiere $\gamma_1 \le t_0$ und $\gamma_2 \ge t_0$ durch

$$\gamma_1 = \max\{t_0 - \frac{\alpha}{M}, t_0 + \beta_1\},\ \gamma_2 = \min\{t_0 + \frac{\alpha}{M}, t_0 + \beta_2\}, \tag{3.13}$$

wobei α, β_1, β_2 durch Gl.(3.2) gegeben seien. Es wird unten gezeigt, daß dann eine eindeutige Lösung $\phi(t)$ der Gl.(3.1) für $t \in [\gamma_1, \gamma_2]$ existiert und daß sich diese Lösung in D befindet. Die Lösung ergibt sich als Grenzwert einer Folge von Funktionen ϕ_r, welche definiert sind durch

$$\left.\begin{aligned} \phi_0(t) &= c \\ \phi_{r+1}(t) &= c + \int_{t_0}^{t} f[\phi_r(\tau),\tau]d\tau, \quad r = 0,1,2,\ldots; \\ & \qquad t \in [\gamma_1,\gamma_2]. \end{aligned}\right\} \tag{3.14}$$

Zunächst wird die Existenz einer Lösung bewiesen.

THEOREM 3.1. Gilt $f \in (C, Lip)$ in D, dann existieren die Funktionen ϕ_r, $r=0,1,2,\ldots$, im Intervall $[\gamma_1,\gamma_2]$, und sie sind stetig. Für $r \to \infty$ konvergieren die Funktionen ϕ_r gleichmäßig im Intervall $[\gamma_1,\gamma_2]$ gegen eine Funktion ϕ, welche die Gl.(3.1) in (γ_1,γ_2) erfüllt. Diese Lösung ϕ von Gl.(3.1) ist in $[\gamma_1,\gamma_2]$ stetig, und sie hat eine stetige erste Ableitung in (γ_1,γ_2).

Beweis. Die Funktion ϕ_0 hat die folgenden Eigenschaften:

(a) ϕ_0 existiert in $[\gamma_1,\gamma_2]$
(b) ϕ_0 ist stetig in $[\gamma_1,\gamma_2]$
(c) $||\phi_0(t) - c|| \leq M|t - t_0|$ für $t \in [\gamma_1,\gamma_2]$.

Als Ausgangspunkt für einen Induktionsschluß wird angenommen, daß auch ϕ_r diese drei Eigenschaften hat. Dann ist $f[\phi_r(t),t]$ definiert und stetig in $[\gamma_1,\gamma_2]$, und somit existiert die durch Gl.(3.14) definierte Funktion ϕ_{r+1} in diesem Intervall nach Übung 4.2 aus Kapitel V. Aufgrund des Ergebnisses von Übung 4.6 aus Kapitel V ist die Funktion ϕ_{r+1} auch stetig im Intervall $[\gamma_1,\gamma_2]$. Weiterhin ist

$$||\phi_{r+1}(t) - c|| = \left|\left|\int_{t_0}^{t} f[\phi_r(\tau),\tau]d\tau\right|\right| \tag{3.15}$$

$$\leq \left| \int_{t_0}^{t} ||f[\phi_r(\tau),\tau]||d\tau \right| \tag{3.16}$$

$$\leq M|t - t_0| \quad , \tag{3.17}$$

so daß auch ϕ_{r+1} die drei aufgeführten Eigenschaften aufweist. Aufgrund eines Induktionsschlusses müssen daher sämtliche Funktionen ϕ_r, $r = 0,1,2,\ldots$, diese Eigenschaften haben.

Es seien $m > 0$ und $n > m$ ganze Zahlen. Dann ergibt sich für $t \in [\gamma_1,\gamma_2]$

$$||\phi_n(t) - \phi_m(t)|| \leq \sum_{j=1}^{n-m} ||\phi_{m+j}(t)-\phi_{m+j-1}(t)||. \tag{3.18}$$

Wegen $f \in (C, \text{Lip})$ gilt aber

$$||\phi_{r+1}(t) - \phi_r(t)|| \leq \left| \int_{t_0}^{t} ||f[\phi_r(\tau),\tau] - f[\phi_{r-1}(\tau),\tau]||\,d\tau \right| \tag{3.19}$$

$$\leq k \left| \int_{t_0}^{t} ||\phi_r(\tau) - \phi_{r-1}(\tau)||\,d\tau \right|, \tag{3.20}$$

und ausgehend von

$$||\phi_1(t) - c|| \leq M\,|t - t_0| \tag{3.21}$$

mit $c = \phi_0(t)$ erhält man durch einen Induktionsschluß aus der Beziehung (3.20)

$$||\phi_r(t) - \phi_{r-1}(t)|| \leq \frac{M}{k} \cdot \frac{(k|t-t_0|)^r}{r!} \,. \tag{3.22}$$

Verwendet man die Ungleichung (3.22) in der Aussage (3.18), dann erhält man

$$||\phi_n(t) - \phi_m(t)|| \leq \sum_{j=1}^{n-m} \frac{M}{k} \cdot \frac{(k|t-t_0|)^{m+j}}{(m+j)!} \tag{3.23}$$

$$\leq \frac{M}{k} \sum_{j=1}^{n-m} \frac{[k(\gamma_2 - \gamma_1)]^{m+j}}{(m+j)!} \tag{3.24}$$

für $t \in [\gamma_1,\gamma_2]$. Die Reihe

$$\sum_{r=0}^{\infty} \frac{[k(\gamma_2 - \gamma_1)]^r}{r!} = e^{k(\gamma_2-\gamma_1)} \tag{3.25}$$

konvergiert für sämtliche $k(\gamma_2 - \gamma_1)$, wie im Beispiel 12.2 aus Kapitel IV gezeigt wurde. Aufgrund der Cauchyschen Bedingung folgt hieraus, daß zu jedem $\varepsilon > 0$ ein m_0 existieren muß, so daß für sämtliche $m > m_0$ und $n > m$ stets

$$\sum_{j=1}^{n-m} \frac{[k(\gamma_2 - \gamma_1)]^{m+j}}{(m+j)!} < \frac{k\varepsilon}{M} \tag{3.26}$$

wird. Dies wiederum hat aufgrund von Ungleichung (3.24) die gleichmäßige Konvergenz von $\phi_m(t)$ für $m \to \infty$ gegen einen Grenzwert $\phi(t)$ für alle $t \in [\gamma_1,\gamma_2]$ zur Folge. Insbesondere wird $\phi(t_0) = c$. Die Funktion $\phi(t)$ ist in $[\gamma_1,\gamma_2]$ nach Theorem 11.1 von Kapitel IV stetig.

Da jedes ϕ_m die Bedingung $||\phi_m(t) - c|| \leq M|t - t_0|$ für $t \in [\gamma_1,\gamma_2]$ erfüllt, muß auch ϕ diese Bedingung befriedigen. Somit ist $(\phi(t),t) \in D$ für $t \in [\gamma_1,\gamma_2]$, und $f[\phi(t),t]$ ist für $t \in [\gamma_1,\gamma_2]$ definiert und stetig und damit auch im Riemannschen Sinne integrierbar in diesem Intervall. Man erhält für $t \in [\gamma_1,\gamma_2]$

$$\left|\left|\int_{t_0}^{t} \{f[\phi(\tau),\tau] - f[\phi_m(\tau),\tau]\}\, d\tau \right|\right|$$

$$\leq \left|\int_{t_0}^{t} ||f[\phi(\tau),\tau] - f[\phi_m(\tau),\tau]||\, d\tau\right| \tag{3.27}$$

und somit

$$\left\| \int_{t_0}^{t} \{f[\phi(\tau),\tau] - f[\phi_m(\tau),\tau]\}\, d\tau \right\|$$

$$\leq k \left| \int_{t_0}^{t} \|\phi(\tau) - \phi_m(\tau)\| d\tau \right| . \qquad (3.28)$$

Für $m \to \infty$ strebt die rechte Seite der Gl.(3.28) gegen Null, und damit ergibt sich für $m \to \infty$

$$\int_{t_0}^{t} f[\phi_m(\tau),\tau] d\tau \to \int_{t_0}^{t} f[\phi(\tau),\tau]\, d\tau . \qquad (3.29)$$

Läßt man r in Gl.(3.14) gegen Unendlich streben und berücksichtigt man die Aussage (3.29), so erhält man

$$\phi(t) = c + \int_{t_0}^{t} f[\phi(\tau),\tau] d\tau . \qquad (3.30)$$

Die rechte Seite der Gl.(3.30) hat für $t \in (\gamma_1,\gamma_2)$ eine Ableitung, welche stetig ist und die Beziehung

$$D\phi(t) = f[\phi(t),t] \qquad (3.31)$$

erfüllt. Damit ist der Beweis der Existenz vollständig geführt.

Es zeigt sich, daß die durch dieses Theorem definierte Funktion ϕ in etwas weiterem Sinne als ursprünglich vorgesehen eine "Lösung" der Differentialgleichung darstellt. Gilt in Gl.(3.2) entweder $\beta_1 = 0$ oder $\beta_2 = 0$, dann liegt $(\phi(t_0),t_0)$ auf dem Rand von D. In ähnlicher Weise kann sich die Lösung auf dem Rand von D befinden für $t = t_0-\alpha/M$ oder für $t = t_0+\alpha/M$. Da die Existenz von f mit den erforderlichen Eigenschaften nur in D vorausgesetzt wurde, kann man offensichtlich nicht verlangen, daß ϕ die Differentialgleichung auch auf dem Rand von D befriedigt. Jedoch ist ϕ in derartigen Punkten stetig, und man kann leicht aufgrund von Gl.(3.30) nachweisen, daß in einem solchen Punkt $D_-\phi$ oder $D_+\phi$ (eine von diesen beiden Ableitungen wird stets existieren) mit $f(\phi,t)$ übereinstimmt. (Man vergleiche Aufgabe 3.)

Beispiel 3.2. Die Funktion ϕ befriedige die Gleichung

$$D\phi(t) = f[\phi(t)]; \quad \phi(0) = 0 \; , \tag{3.32}$$

wobei

$$f(x) = \begin{cases} 1 \text{ für } |x| \leq 1 \\ 0 \text{ für } |x| > 1 \end{cases} \tag{3.33}$$

bedeutet. Für

$$D = \{x,t \mid |x| \leq 1, \; 0 \leq t \leq 2\} \tag{3.34}$$

sind dann die Bedingungen des Theorems mit $M = 1$, $\alpha = 1$ erfüllt. Die Funktionen ϕ_r lauten

$$\begin{aligned} &\phi_0(t) = 0 \\ &\phi_1(t) = \phi_2(t) = \ldots = t \; . \end{aligned} \tag{3.35}$$

Demzufolge ist $\phi(t) = t$, und diese Funktion ist stetig in $[0,\alpha/M] = [0,1]$ und erfüllt die Differentialgleichung (3.31) im Intervall (0,1). Im Punkt $t = 1$ existiert $D_-\phi$ und hat den Wert 1, die Lösung ϕ kann aber nicht derart erweitert werden, daß sie die Differentialgleichung (3.31) in einem Intervall $(1 - \varepsilon, 1 + \varepsilon)$ befriedigt.

Übung 3.4. Man beweise die letzte Aussage im Beispiel 3.2. [Falls $D\phi(1)$ existiert, ist dieser Wert gleich 1. Somit gilt $\phi(1+\eta) > 1$ für ein $\eta>0$. Man verwende den Mittelwertsatz, um einen Widerspruch abzuleiten.]

Das Theorem läßt erkennen, daß eine Lösung ϕ sicher im Intervall $[\gamma_1,\gamma_2]$ existiert. Wenn sich in γ_1 oder in γ_2 die Funktion ϕ innerhalb von D befindet, dann kann die Lösung über ein größeres Intervall erweitert werden. Es wird angenommen, daß ϕ immer in D_1 mit

$$D_1 = \{x,t \mid \|x-c\| \le \alpha_1 < \alpha, \quad \beta_1 \le t \le \beta_2\} \tag{3.36}$$

bleibt. Dann kann die Lösung sicher an jeder Stelle t_1 in Richtung zunehmender Werte bis

$$t_1 + \min\left\{\frac{\alpha - \alpha_1}{M}, \beta_2 - t_1\right\}$$

erweitert werden. Demzufolge kann die Lösung ϕ in Richtung zunehmender Argumentwerte in sukzessiven Schritten bis $t = \beta_2$ erweitert werden. In ähnlicher Weise kann die Lösung in Richtung abnehmender Argumentwerte bis $t = \beta_1$ zurückgeführt werden.

3.1. Eindeutigkeit

Beim Beweis der Eindeutigkeit ist es notwendig, die oben erwähnte Verallgemeinerung des Begriffs einer "Lösung" zu berücksichtigen.

THEOREM 3.2. Es sei ψ eine Funktion, welche die Differentialgleichung (3.1) in jedem inneren Punkt von D erfüllt, soweit sie dort existiert. Sie sei in jedem Randpunkt von D, in dem sie existiert, stetig, und sie erfülle die Gleichung $\psi(t_0) = c$. Dann gilt im Intervall $[\gamma_1,\gamma_2]$ stets $\psi(t) = \phi(t)$, wobei $\phi(t)$ die im Theorem 3.1 definierte Funktion ist.

Beweis. Zunächst soll vorausgesetzt werden, daß (c,t_0) ein innerer Punkt von D ist. In jedem inneren Punkt von D, in welchem die Funktion ψ existiert, hat sie eine Ableitung und ist daher stetig. Die Funktion ψ geht durch den Punkt $(c,t_0) \in D$ und liegt daher in D in einem Intervall $[\omega_1,\omega_2]$, welches t_0 einschließt. Mit $(\psi(t),t) \in D$ für $t \in [\omega_1,\omega_2]$ erhält man aufgrund des Mittelwertsatzes

$$||\psi(t) - c|| \le M\,|t - t_0|, \quad t \in (\omega_1,\omega_2) \quad . \tag{3.37}$$

Damit darf $[\omega_1,\omega_2]$ mit $[\gamma_1,\gamma_2]$ identifiziert werden.

Es wird eine Funktion g in $[\gamma_1,\gamma_2]$ durch

$$g(t) = \phi(t) - \psi(t) \tag{3.38}$$

definiert. Da beide Funktionen ϕ und ψ im Intervall (γ_1,γ_2) eine Ableitung haben, müssen sie in diesem Intervall stetig sein. Sie sind außerdem in γ_1 und γ_2 stetig, da dies entweder innere Punkte oder Randpunkte von D sind. Deshalb ist g im Intervall $[\gamma_1,\gamma_2]$ stetig. Da f in D stetig ist, ist

$$Dg(t) = f[\phi(t),t] - f[\psi(t),t] \tag{3.39}$$

in (γ_1,γ_2) stetig, und das Integral

$$\int_{t_0}^{t} Dg(\tau)d\tau$$

existiert für $t \in (\gamma_1,\gamma_2)$. Eine einfache Anwendung von Gl.(7.26) aus Kapitel V ergibt

$$\int_{t_0}^{t} Dg(\tau)d\tau = g(t), \quad t \in (\gamma_1,\gamma_2) , \tag{3.40}$$

da $g(t_0) = 0$ ist. Damit erhält man

$$||g(t)|| \leq \left| \int_{t_0}^{t} ||Dg(\tau)||d\tau \right| \tag{3.41}$$

$$= \left| \int_{t_0}^{t} ||f[\phi(\tau),\tau] - f[\psi(\tau),\tau]||d\tau \right| \tag{3.42}$$

$$\leq K \left| \int_{t_0}^{t} ||\psi(\tau) - \psi(\tau)||d\tau \right| \tag{3.43}$$

$$= k \left| \int_{t_0}^{t} ||g(\tau)||d\tau \right| . \qquad (3.44)$$

Die Funktion $||g||$ ist stetig im abgeschlossenen Intervall $[\gamma_1,\gamma_2]$ und hat einen maximalen Wert m in diesem Intervall. Somit ergibt die Gl.(3.44)

$$||g(t)|| \le mk\cdot|t - t_0| . \qquad (3.45)$$

Wendet man diese Beziehung noch einmal in Gl.(3.44) an, so erhält man

$$||g(t)|| \le \frac{1}{2} mk^2(t - t_0)^2 , \qquad (3.46)$$

und durch einen Induktionsschluß folgt hieraus für $t \in (\gamma_1,\gamma_2)$

$$||g(t)|| \le \frac{mk^n|t - t_0|^n}{n!} \le \frac{mk^n|\gamma_2 - \gamma_1|^n}{n!} . \qquad (3.47)$$

Wegen der Stetigkeit von $||g||$ gilt die Aussage (3.47) für $t \in [\gamma_1,\gamma_2]$. Für jedes $\varepsilon > 0$ gibt es ein n_0 derart, daß das letzte Glied der Ungleichung(3.47) für sämtliche $n > n_0$ kleiner als ε ist. Hieraus folgt $g(t) = 0$ für sämtliche $t \in [\gamma_1,\gamma_2]$. Damit ist $\psi(t) = \phi(t)$ für alle $t \in [\gamma_1,\gamma_2]$.

Ist (c,t_0) ein Randpunkt von D, dann ist ψ laut Voraussetzung stetig in t_0. Deshalb liegt ψ in D in einem Intervall $[t_0,\omega_2]$ oder $[\omega_1,t_0]$.

Es wird der erste Fall angenommen; der zweite läßt sich in ähnlicher Weise behandeln. Wie in der Beziehung (3.37) erhält man für $t \in (t_0,\omega_2)$, $t_1 \in (t_0,\omega_2)$

$$||\psi(t) - \psi(t_1)|| \le M|t - t_1| .$$

Führt man den Grenzübergang $t_1 \to t_0$ durch, dann wird wegen der Stetigkeit von ψ in t_0

$$||\psi(t) - c|| \le M|t - t_0|, \quad t \in (t_0,\omega_2) , \tag{3.48}$$

und ω_2 darf mit γ_2 identifiziert werden. In ähnlicher Weise erhält man

$$\int_{t_1}^{t} Dg(\tau)d\tau = g(t) - g(t_1); \; t,t_1 \in (t_0,\gamma_2) , \tag{3.49}$$

und aufgrund der Stetigkeit von g im Intervall $[t_0,\gamma_2]$ wird

$$\lim_{t_1 \to t_0} \int_{t_1}^{t} Dg(\tau)d\tau = g(t), \quad t \in (t_0,\gamma_2) . \tag{3.50}$$

Dies besagt, daß die Gl.(3.40) besteht, falls man das Integral an der unteren Integrationsgrenze als uneigentliches Integral behandelt. Der restliche Teil des Beweises läßt sich leicht durchführen.

3.2. Stetigkeit in den Anfangsbedingungen

Die Lösung ϕ von Gl.(3.1) hat den Wert $\phi(t)$ in einem gegebenen Punkt t, soweit ϕ dort existiert. Dieser Wert von ϕ ist eine Funktion der Anfangsbedingung c, was durch die Bezeichnung $\phi(t;c,t_0)$ deutlicher zum Ausdruck kommt. Deshalb kann man fragen, welche Eigenschaften ϕ als eine Funktion von c besitzt. Zur Beantwortung dieser Frage wird zunächst das folgende Theorem benötigt.

THEOREM 3.3. Es seien $\phi_1(t;c_1,t_0)$ und $\phi_2(t;c_2,t_0)$ zwei Lösungen der Differentialgleichung (3.1) mit verschiedenen Anfangsbedingungen in t_0. Beide Lösungen sollen für $\xi_1 \leq t - t_0 \leq \xi_2$ mit $\xi_1 \leq t_0 \leq \xi_2$ in D bleiben. Dann wird für sämtliche $t-t_0 \in [\xi_1,\xi_2]$

$$||\phi_2(t) - \phi_1(t)|| \leq ||c_2 - c_1||e^{k|t-t_0|} . \tag{3.51}$$

Beweis. Aufgrund von Gl.(3.30) erhält man

$$\phi_1(t) = c_1 + \int_{t_0}^{t} f[\phi_1(\tau),\tau]d\tau \tag{3.52}$$

$$\phi_2(t) = c_2 + \int_{t_0}^{t} f[\phi_2(\tau),\tau]d\tau . \tag{3.53}$$

Damit wird

$$||\phi_2(t) - \phi_1(t)|| = \left|\left|c_2-c_1 + \int_{t_0}^{t} \{f[\phi_2(\tau),\tau] - f[\phi_1(\tau),\tau]\} d\tau\right|\right| \tag{3.54}$$

$$\leq ||c_2-c_1|| + k\left|\int_{t_0}^{t} ||\phi_2(\tau)-\phi_1(\tau)||d\tau\right| . \tag{3.55}$$

Nun ist $||\phi_2(t) - \phi_1(t)||$ stetig in $\xi_1 \leq t - t_0 \leq \xi_2$. Deshalb hat

$$w(t) := \int_{t_0}^{t} ||\phi_2(\tau) - \phi_1(\tau)|| d\tau \tag{3.56}$$

eine Ableitung in $\xi_1 < t - t_0 < \xi_2$, welche durch

$$Dw(t) = ||\phi_2(t) - \phi_1(t)|| \tag{3.57}$$

gegeben ist. Zunächst wird angenommen, daß $t \geq t_0$ ist. Dann wird aus der Beziehung (3.55)

$$Dw(t) \leq ||c_2 - c_1|| + kw(t) \ , \tag{3.58}$$

$$\frac{kDw(t)/||c_2 - c_1||}{1 + kw(t)/||c_2 - c_1||} \leq k \ . \tag{3.59}$$

Hieraus ergibt sich durch Integration und mit $w(t_0) = 0$ die Ungleichung

$$\log \left\{ 1 + \frac{kw(t)}{||c_2 - c_1||} \right\} \leq k(t - t_0) \tag{3.60}$$

oder

$$||c_2 - c_1|| + kw(t) \leq ||c_2 - c_1|| e^{k(t-t_0)} \ . \tag{3.61}$$

Diese Aussage liefert zusammen mit Ungleichung (3.55) für $\xi_1 < t-t_0 < \xi_2$

$$||\phi_2(t)-\phi_1(t)|| \leq ||c_2-c_1||e^{k(t-t_0)} . \tag{3.62}$$

Ein ähnliches Ergebnis erhält man für $t \leq t_0$, wobei jedoch $e^{-k(t-t_0)}$ an Stelle von $e^{k(t-t_0)}$ tritt. Kombiniert man die Ergebnisse und verwendet man die Stetigkeit von ϕ_1 und ϕ_2 in $\xi_1 \leq t-t_0 \leq \xi_2$, dann erhält man die Aussage des Theorems.

Mit Hilfe dieses Ergebnisses kann nun das folgende Theorem bewiesen werden.

THEOREM 3.4. Es sei $\phi(t;c,t_0)$ die Lösung von Gl.(3.1), und ϕ erfülle die Ungleichung $||\phi(t)-c|| \leq \alpha_1 < \alpha$ für $\beta_1 \leq \zeta_1 \leq t-t_0 \leq \zeta_2 \leq \beta_2$, wobei $\zeta_1 \leq t_0 \leq \zeta_2$ ist und α,β_1,β_2 die reellen Zahlen bedeuten, welche nach Gl.(3.2) den Bereich D definieren. Dann gibt es zu jedem $\varepsilon > 0$ ein $\delta > 0$ derart, daß aus $||c_1-c|| < \delta$ die Existenz von $\phi_1(t;c_1,t_0)$ in $\zeta_1 \leq t-t_0 \leq \zeta_2$ folgt und die Ungleichung $||\phi_1(t;c_1,t_0) - \phi(t;c,t_0)|| < \varepsilon$ für sämtliche $\zeta_1 \leq t-t_0 \leq \zeta_2$ gilt.

Beweis. Man wähle ein $\varepsilon_1 \leq \min\{\varepsilon,\alpha - \alpha_1\}$. Dann ist $\phi(t;c,t_0) + x \in D$, sofern $\zeta_1 \leq t-t_0 \leq \zeta_2$ und $||x|| < \varepsilon_1$ gilt. Sodann wird

$$\delta = \varepsilon_1 e^{-k(\zeta_2-\zeta_1)} \tag{3.63}$$

gewählt. Für sämtliche c_1 mit der Eigenschaft $||c_1 - c|| < \delta$ folgt aus der Beziehung (3.51), daß $||\phi_1(t;c_1,t_0)-\phi(t;c,t_0)|| < \varepsilon_1 \leq \varepsilon$ für sämtliche $\zeta_1 \leq t-t_0 \leq \zeta_2$ gilt, sofern ϕ existiert und in diesem Intervall in D bleibt. Dies hat zur Folge, daß ϕ_1 existiert und $||\phi_1(t;c_1,t_0) - \phi(t;c,t_0)|| < \varepsilon$ ist für sämtliche $\zeta_1 \leq t-t_0 \leq \zeta_2$. Die gegenteilige Annahme zusammen mit der Tatsache, daß die Funktion ϕ_1 dort, wo sie in D existiert, stetig ist, würde auf einen Widerspruch führen.

Mit Worten ausgedrückt besagt dieses Theorem, daß Lösungen von Gl.(3.1), welche für $t = t_0$ "nahe" bei c beginnen, für $\zeta_1 \leq t-t_0 \leq \zeta_2$ "nahe" bei $\phi(t;c,t_0)$ bleiben. Da die Lösung durch jeden Punkt in D eindeutig ist, können außerdem diese benachbarten Lösungen nicht zusammentreffen. Die Differentialgleichung liefert also zusammen mit den Bedingungen für f eine erhebliche Einschränkung für das Verhalten ihrer Lösungen.

4. LINEARE, ZEITABHÄNGIGE SYSTEME

Lineare, zeitinvariante Differentialgleichungen konnten im Abschnitt 2 separat behandelt werden, da zu ihrer Lösung eine einfache Formel, nämlich die Gl.(2.2), verwendet werden konnte. Es gibt eine Verallgemeinerung dieser Formel für die lineare, zeitabhängige Differentialgleichung

$$Dx(t) = A(t)x(t) + B(t)u(t); \quad x(t_0) = c \;, \tag{4.1}$$

in der x einen n-Vektor und u einen ℓ-Vekor darstellt. Diese verallgemeinerte Formel setzt jedoch die Existenz von Lösungen der Gl.(4.1) voraus; diese muß also zunächst sichergestellt werden.

THEOREM 4.1. Es seien A(t), B(t) und u(t) stetige Funktionen von t im Intervall $\beta_1 \leq t-t_0 \leq \beta_2$. Dann existiert eine Funktion ϕ, welche die Eigenschaft $\phi(t_0) = c$ hat und für welche mit $t-t_0 \in (\beta_1,\beta_2)$ die Gleichung

$$D\phi(t) = A(t)\phi(t) + B(t)u(t) \tag{4.2}$$

gilt. Diese Lösung ϕ von Gl.(4.1) ist eindeutig, sie ist stetig in $\beta_1 \le t-t_0 \le \beta_2$ und hat eine stetige erste Ableitung in $\beta_1 < t-t_0 < \beta_2$.

Beweis. Man braucht nur nachzuweisen, daß die Bedingungen von Theorem 3.1 erfüllt sind. Für ein beliebig vorgeschriebenes α ist offensichtlich die Funktion

$$f(x,t):=A(t)x(t) + B(t)u(t) \tag{4.3}$$

stetig im Definitionsbereich D, welcher definiert ist durch

$$D = \{x,t \,\big|\, ||x-c|| \le \alpha,\ \beta_1 \le t-t_0 \le \beta_2\}\ . \tag{4.4}$$

Weiterhin gilt für $(x,t) \in D$ und $(y,t) \in D$

$$||f(y,t) - f(x,t)|| = ||A(t)y(t) - A(t)x(t)|| \tag{4.5}$$

$$\le ||A(t)||_c\ ||y(t)-x(t)\ ||, \tag{4.6}$$

da, wie im Abschnitt 10 von Kapitel III gezeigt wurde, die kubische Norm $||A||_c$ mit der euklidischen Norm $||x||$ verträglich ist. Nun ist $||A(t)||_c$ offensichtlich eine stetige Funktion ihrer Elemente und damit eine stetige Funktion von t im Intervall $\beta_1 \le t-t_0 \le \beta_2$. Diese Funktion hat also einen maximalen Wert k im genannten Intervall. Die Konstante k kann als eine Lipschitz-Konstante betrachtet werden, und somit gilt $f \in (C,Lip)$ in D.

Die stetige Funktion $||B(t)u(t)||$ besitzt einen Maximalwert m im Intervall $\beta_1 \leq t-t_0 \leq \beta_2$. Es wird

$$\alpha = ||c|| + m/k \tag{4.7}$$

gewählt. Dann gilt für den maximalen Wert M von $||f(x,t)||$ in D

$$\max_{(x,t)\in D} ||A(t)x(t) + B(t)u(t)||$$

$$\leq \max_{t\in D}||A(t)||_c \max_{x\in D}||x|| + \max_{t\in D}||B(t)u(t)|| \tag{4.8}$$

$$= k(||c|| + \alpha) + m . \tag{4.9}$$

Aufgrund von Theorem 3.1 ist zu erkennen, daß eine Lösung von Gl.(4.1) in D existiert und daß sie bis zum kleineren Wert von $t-t_0 = \beta_2$ oder

$$t - t_0 = \frac{\alpha}{M} = \frac{1}{2k} \tag{4.10}$$

fortgesetzt werden kann. Gilt $(1/2k) < \beta_2$, dann kann man den Punkt $\phi(t_0+1/2k)$ auf der Lösung ϕ als einen neuen Anfangspunkt anstelle von c verwenden und ein neues α definieren. Auf diese Weise kann man die Lösung sukzessive fortsetzen bis $t_0+1/2k$, $t_0+2/2k$, $t_0+3/2k, \ldots$, bis sie schließlich $t=t_0+\beta_2$ erreicht. In ähnlicher Weise kann man die Lösung rückwärts bis zur Stelle $t=t_0+\beta_1$ fortsetzen. Damit ist der Beweis vollständig erbracht.

Nachdem bekannt ist, daß die Gl.(4.1) in $\beta_1 \leq t-t_0 \leq \beta_2$ eine Lösung ϕ hat, ist es nicht schwierig, mit Hilfe eines Fundamentalsystems von Lösungen eine explizite Formel für ϕ anzugeben. Es sei ψ_1 die Lösung von Gl.(4.1) für $u \equiv 0$ und $c = e_1$, ψ_2 die Lösung für $u = 0$ und $c = e_2$ usw., wobei alle Elemente des Spaltenvektors e_i Null sind mit Ausnahme des Elements in der i-ten Zeile, das gleich Eins ist. Die aus den ψ_i gebildete Matrix soll mit Ψ bezeichnet werden, also

$$\Psi(t) = \{\psi_1(t), \psi_2(t), \ldots, \psi_n(t)\} . \tag{4.11}$$

Diese Matrix bezeichnet man als die *Übergangsmatrix*, und sie stellt die Lösung der Matrizendifferentialgleichung

$$D\Psi(t) = A(t)\Psi(t); \quad \Psi(t_0) = I \tag{4.12}$$

dar. Unter Verwendung dieser Schreibweise ergibt sich das folgende Theorem.

THEOREM 4.2. Die Lösung ϕ von Gl.(4.1) im Intervall $\beta_1 \leq t-t_0 \leq \beta_2$ läßt sich darstellen in der Form

$$\phi(t) = \Psi(t)c + \Psi(t) \int_{t_0}^{t} \Psi^{-1}(\tau)B(\tau)u(\tau)d\tau . \tag{4.13}$$

Beweis. Zunächst kann festgestellt werden, daß Ψ aufgrund von Theorem 4.1 existiert und in $\beta_1 \leq t-t_0 \leq \beta_2$ stetig ist. Weiterhin befriedigt die Determinante $|\Psi|$ von Ψ die Differentialgleichung (man vergleiche die Übung 4.1 unten)

$$D\,|\Psi(t)| = [\mathrm{sp}\ A(t)]\cdot|\Psi(t)| , \tag{4.14}$$

woraus

$$|\Psi(t)| = \exp\left\{\int_{t_0}^{t} \mathrm{sp}\ A(\tau)d\tau\right\} \tag{4.15}$$

folgt. Deshalb wird $|\Psi(t)|$ für $t-t_0 \in [\beta_1,\beta_2]$ nicht Null. Somit existiert $\Psi^{-1}(t)$, und gemäß der Cramerschen Formel und der Stetigkeit von $\Psi(t)$ ist $\Psi^{-1}(t)$ in $\beta_1 \leq t-t_0 \leq \beta_2$ stetig. Damit ist gezeigt, daß das Integral in Gl.(4.13) existiert und bezüglich t in $\beta_1 < t-t_0 < \beta_2$ differenziert werden kann.

Differenziert man nun den durch Gl.(4.13) gegebenen Ausdruck und verwendet man die Gl.(4.12), so erhält man

$$D\phi(t) = A(t)\Psi(t)c + A(t)\Psi(t)\int_{t_0}^{t} \Psi^{-1}(\tau)B(\tau)u(\tau)d\tau$$

$$+ \Psi(t)\Psi^{-1}(t)B(t)u(t) \qquad (4.16)$$

$$= A(t)\phi(t) + B(t)u(t). \qquad (4.17)$$

Damit erfüllt ϕ die Differentialgleichung in $\beta_1<t-t_0<\beta_2$. Aus Gl.(4.13) und der Stetigkeit der Funktionen ψ_i, $i = 1,2,\ldots,n$, folgt, daß ϕ in $\beta_1 \leq t-t_0 \leq \beta_2$ stetig ist. Weiterhin erhält man für $t = t_0$ aus den Gln.(4.13) und (4.12)

$$\phi(t_0) = c \, . \qquad (4.18)$$

Damit ist die durch Gl.(4.13) gegebene Funktion ϕ die Lösung von Gl.(4.1).

Übung 4.1. Man beweise die Gültigkeit der Gl.(4.14). [Mit der Bezeichnung $A = (a_{ij})$ und $\Psi = (\psi_{ij})$ ergibt sich für die Ableitung von Ψ eine Summe von n Determinanten der Form

$$\begin{vmatrix} D\psi_{11} & D\psi_{12} & \cdots & D\psi_{1n} \\ \psi_{21} & \psi_{22} & \cdots & \psi_{2n} \\ \vdots & \vdots & & \vdots \\ \psi_{n1} & \psi_{n2} & \cdots & \psi_{nn} \end{vmatrix}, \quad \begin{vmatrix} \psi_{11} & \psi_{12} & \cdots & \psi_{1n} \\ D\psi_{21} & D\psi_{22} & \cdots & D\psi_{2n} \\ \vdots & \vdots & & \vdots \\ \psi_{n1} & \psi_{n2} & \cdots & \psi_{nn} \end{vmatrix}, \text{ usw.}$$

Man verwende die Gl.(4.12) zur Berechnung von $D\psi_{11}$ usw. und vereinfache die Determinanten, indem man Vielfache der anderen Zeilen subtrahiert.]

Übung 4.2. Sind A und B konstant, dann reduziert sich Gl.(4.13) auf Gl.(2.2). Dies soll gezeigt werden.

5. Stabilität

Eine wichtige Frage beim Studium von Dynamischen Systemen betrifft das Verhalten der Lösungen einer Differentialgleichung für $t \to \infty$. Es wird angenommen, daß Lösungen existieren für Anfangsbedingungen c_1 mit der Eigenschaft $||c_1 - c|| \leq r$ und daß diese Lösungen bis zu jedem endlichen Zeitpunkt t fortgesetzt werden können. Für einen beliebig vorgegebenen endlichen Zeitpunkt t folgt aus Theorem 3.4, daß für $c_1 \to c$ stets $\phi_1(t;c_1,t_0) \to \phi(t;c,t_0)$ strebt. Wenn jedoch c_1 und c fest gewählt werden und $c_1 \neq c$ gilt, kann es vorkommen, daß für $t \to \infty$ sogar $||\phi_1(t;c_1,t_0) - \phi(t;c,t_0)|| \to \infty$ strebt, selbst wenn $||c_1 - c||$ noch so klein ist. Diese Verhaltensweise ist oft unerwünscht, und deshalb wird die im folgenden definierte Eigenschaft der *Stabilität* häufig von einer Lösung ϕ gefordert.

Eine Lösung $\phi(t;c,t_0)$ der Gl.(3.1) ist *stabil*, wenn für ein beliebiges $\varepsilon > 0$ ein $\delta > 0$ derart angegeben werden kann, daß aus $||c_1 - c|| < \delta$ stets $||\phi_1(t;c_1,t_0) - \phi(t;c,t_0)|| < \varepsilon$ folgt für alle $t \geq t_0$.

Überdies kann man verlangen, daß Lösungen, welche nahe bei ϕ im Zeitpunkt $t = t_0$ beginnen, für $t \to \infty$ gegen ϕ streben. Die Lösung ϕ wird dann als *asymptotisch stabil* bezeichnet, und die entsprechende Definition lautet folgendermaßen.

Eine Lösung $\phi(t;c,t_0)$ der Gl.(3.1) ist asymptotisch stabil, wenn sie stabil ist und wenn es zusätzlich ein $r > 0$ derart gibt, daß aus $||c_1 - c|| < r$ stets $||\phi_1(t;c_1,t_0)-\phi(t;c,t_0)|| \to 0$ für $t \to \infty$ folgt.

Es gibt noch eine Reihe von Verfeinerungen dieser Gedankengänge, sie sollen jedoch hier nicht weiter verfolgt werden. Eine ausführliche Darstellung gibt Willems (1970).

Übung 5.1. Man zeige, daß die Lösung $\phi(t;0,0) = 0$ der Gleichung

$$Dx(t) = -x(t); \quad x(0) = 0 \tag{5.1}$$

asymptotisch stabil ist.

Übung 5.2. Die Lösung $\phi(t;0,0) = 0$ von

$$Dx(t) = Ax(t); \quad x(0) = 0 \quad , \tag{5.2}$$

wobei A eine nxn-Matrix mit verschiedenen Eigenwerten darstellt, ist genau dann asymptotisch stabil, wenn jeder Eigenwert von A negativen Realteil hat. Dies ist zu beweisen. [Man schreibe $Hx = y$, wobei H eine nichtsinguläre konstante Matrix ist, für die $H^{-1}AH$ diagonal wird.]

Übung 5.3. Man zeige, daß die Schlußfolgerung aus Übung 5.2 ihre Gültigkeit behält, wenn A mehrfache Eigenwerte hat. [Man bringe A auf die Jordansche Form.]

WEITERFÜHRENDE LITERATUR

Eine ausführlichere Behandlung der Theorie der Differentialgleichungen findet man in Coddington und Levinson (1955) sowie in Nemitskii und Stepanov (1960). Die Stabilitätseigenschaften von Differentialgleichungen werden vom Gesichtspunkt Dynamischer Systeme aus behandelt von Willems (1970) und von einem mehr mathematischen Gesichtspunkt aus von Bellman (1953), von LaSalle und Lefschetz (1961) und von Cesari (1963).

SCHRIFTTUM

Bellman, R., 1953, *Stability theory of differential equations*, McGraw-Hill, New York.

Cesari, L., 1963, *Asymptotic behaviour and stability problems in ordinary differential equations*, Springer Verlag, Heidelberg.

Coddington, E.A. und N. Levinson, 1955, *Theory of ordinary differential equations*, McGraw-Hill, New York.

LaSalle, J.P. und S. Lefschetz, 1961, *Stability by Liapunov's direct method*, Academic Press, New York.

Nemitskii, V.V. und V.V. Stepanov, 1960, *Qualitative theory of differential equations*, Princeton University Press, Princeton, N.J.

Willems, J.L., 1970, *Stability theory of dynamical systems*, Nelson, London.

AUFGABEN.

1 Man leite die Gln.(2.39) und (2.40) mit Hilfe der Gl.(2.2) ab.

2 Man gebe ein Beispiel an, bei dem in der Ungleichung (3.37) das Gleichheitszeichen gilt, und zeige dadurch, daß diese Ungleichung die bestmögliche ist.

3 Die Lösung ϕ von Gl.(3.1) liege in der Berandung von D für $t = \gamma_1$ und $t = \gamma_2$, wobei γ_1 und γ_2 gemäß Gl.(3.13) definiert sind. Man zeige, daß $D_+\phi(\gamma_1)$ und $D_-\phi(\gamma_2)$ existieren und die Beziehungen

$$D_+\phi(\gamma_1) = f[\phi(\gamma_1),\gamma_1]$$
$$D_-\phi(\gamma_2) = f[\phi(\gamma_2),\gamma_2]$$

erfüllen. [Man verwende das Ergebnis von Übung 10.1 aus Kapitel V.]

4 Die Lösung ϕ von Gl.(3.1) liege in der Berandung von D für $t=t_0+\beta_1$, wobei β_1 durch Gl.(3.2) gegeben ist. Man zeige, daß die Funktionen ϕ_k aus Abschnitt 3 ungeändert bleiben, wenn die Werte von $f(x,t_0)$ in irgendwelche andere (endliche) Werte abgeändert werden, wodurch f als eine Funktion von t in t_0 unstetig wird. Hiernach soll gezeigt werden, daß eine stetige Lösung ϕ im Intervall $[t_0,\gamma_2]$ definiert werden kann, daß aber $D_+\phi(t_0)$ nicht mehr mit $f[\phi(t_0),t_0]$ übereinstimmt. [Man verwende das Ergebnis von Übung 4.4 aus Kapitel V und vergleiche Aufgabe 3.]

5 In Abschnitt 4 sollen A(t), B(t) und u(t) für $\beta_1 \le t-t_0 \le \beta_2$ zu D_R gehören. Man unterteile dieses Intervall in eine endliche Zahl von Teilintervallen $(\gamma_i, \gamma_{i+1}]$, in welchen A,B und u stetig sind. Man verwende das Ergebnis von Aufgabe 4 zum Nachweis, daß die Gl.(4.1) für $\beta_1 \le t-t_0 \le \beta_2$ eine Lösung $\phi \in D_R^1$ hat.

6 In Gl.(3.1) sei $f(x,t) = 2tx$, $t_0 = 0$, $c = 1$. Man zeige, daß die Funktionen ϕ_k von Gl.(3.14) die Teilsummen der Reihe für e^{t^2} erzeugen.

7 Zwei Substanzen seien an einer chemischen Reaktion beteiligt. Ihre Konzentrationen im Zeitpunkt t seien $x_1(t)$ und $x_2(t)$. Aus physikalischen Gründen muß $0 \le x_1 \le 1$, $0 \le x_2 \le 1$ und $x_1 + x_2 \le 1$ gelten. Es sei D gegeben durch

$$D = \{x,t \,|\, 0 \le x_1,\ 0 \le x_2,\ x_1 + x_2 \le 1;\ 0 \le t\} .$$

In inneren Punkten von D erfüllen die x_i die Differentialgleichungen

$$Dx_1 = -k_1 x_1$$
$$Dx_2 = k_1 x_1 - k_2 x_2 ,$$

wobei $0 < k_1, k_2$ gilt und $x_1(t)$, $x_2(t)$ auf dem Rand von D stetig sind. Man zeige, ohne die Gleichungen explizit zu lösen, daß die von $x_1(0) = x_2(0) = 0$ ausgehende Lösung $x_1(t) = x_2(t) = 0$ lautet und daß Lösungen, welche von irgendeinem anderen Punkt auf dem Rand von D ausgehen, ins Innere von D gehen. Deshalb kann keine Lösung D verlassen, was mit den physikalischen Erfordernissen übereinstimmt.

8 Durch Ermittlung der expliziten Lösung der Differentialgleichungen aus Aufgabe 7 soll gezeigt werden, daß sämtliche in D beginnenden Lösungen für $t \to \infty$ asymptotisch gegen $x_1 = x_2 = 0$ streben.

9 Durch Betrachtung von $D(x_1^2 + x_2^2)$ soll gezeigt werden, daß sämtliche Lösungen von

$$Dx_1 = -x_1 + x_2$$
$$Dx_2 = -x_1 - x_2$$

für $t \to \infty$ gegen den Ursprung streben. Man leite daraus ab, daß die Eigenwerte von

$$\begin{bmatrix} -1 & 1 \\ -1 & -1 \end{bmatrix}$$

negative Realteile haben, und verifiziere dies.

10 Durch Betrachtung von $D(x_1+x_2) = -k_2x_2$ soll das Ergebnis von Aufgabe 8 ohne Verwendung der expliziten Lösung hergeleitet werden. [Aufgrund des Ergebnisses von Aufgabe 7 kann x_2 nicht Null bleiben, falls $x_1 \neq 0$ ist. Daher nimmt $x_1 + x_2$ ab und ist von unten durch 0 beschränkt. Somit strebt $x_1 + x_2$ gegen einen Grenzwert. Man zeige, daß hierfür nur 0 in Frage kommt.]

11 Ein lineares System ist durch die Gleichungen

$$\dot{x} = Ax + Bu; \quad x(0) = 0$$
$$y = Cx$$

definiert, wobei A,B,C konstante Matrizen vom Typ $n \times n$, $n \times \ell$ bzw. $m \times n$ bedeuten. Man zeige, daß das System die Bedingungen von Theorem 5.1 aus Kapitel 5 erfüllt und daß die Sprungantwort gegeben ist durch

$$H(t) = CA^{-1}[e^{At} - I]B \ .$$

Man zeige sodann, daß

$$y(t) = \int_0^t CA^{-1}[e^{A(t-\tau)} - I]B\,du(\tau)$$

gilt. Man führe in dieser Formel eine partielle Integration durch und bringe das Ergebnis in Einklang mit Gl.(2.2).

Komplexe Analysis

1. Komplexe Zahlen

Der Begriff der komplexen Zahl wurde im Kapitel I eingeführt, und es wurden dort einige ihrer einfachen Eigenschaften diskutiert. Das folgende Kapitel beschäftigt sich mit der komplexen Analysis, und es werden zunächst die komplexen Zahlen weiter behandelt.

1.1. Geometrische Interpretation

In Erweiterung der Idee, eine reelle Zahl als Punkt auf einer Geraden zu veranschaulichen, kann man eine komplexe Zahl als

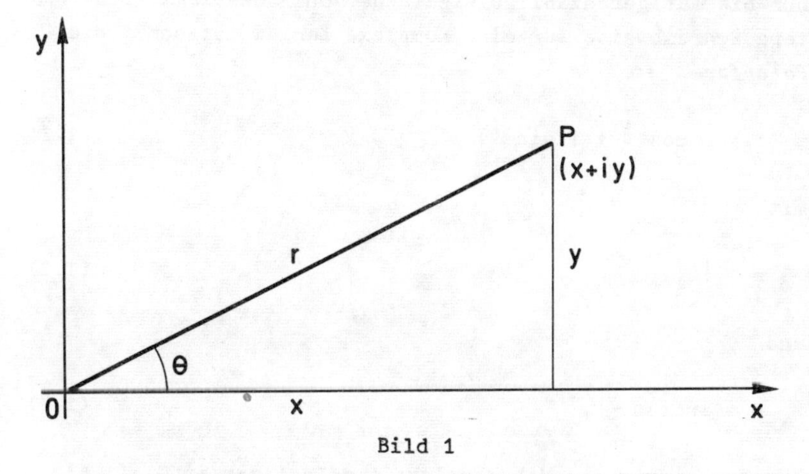

Bild 1

Punkt in einer Ebene auffassen. Auf diese Weise läßt sich die Zahl $z=x+iy$ in einem rechtwinkligen Koordinatensystem als Punkt mit den Koordinaten (x,y) darstellen (man vergleiche Bild 1). Eine graphische Darstellung der Art von Bild 1 wird nach ihrem Initiator ein *Argand-Diagramm* genannt. Die x-Achse heißt reelle Achse, und die y-Achse wird imaginäre Achse genannt. Der *Betrag* (oder *Absolutwert*) von z ist $|x+iy| = \sqrt{(x^2+y^2)}=r$ und bedeutet gerade die Entfernung des Punktes P vom Koordinatenursprung O. Der im Bogenmaß gemessene Winkel θ, welchen der Vektor OP mit der positiven Richtung der x-Achse einschließt, heißt das *Argument* (oder die *Phase*) von z. Die Polarkoordinaten (r,θ) des Punktes P sind daher der Betrag und das Argument von $x+iy$. Aus der graphischen Darstellung ist sofort zu erkennen, daß

$$\left.\begin{aligned} x &= r\cos\theta \\ y &= r\sin\theta \end{aligned}\right\} \tag{1.1}$$

gilt. Offensichtlich ist das Argument jeder komplexen Zahl nur bis auf geradzahlige Vielfache von π bestimmt. Eine weitere Schreibweise für eine komplexe Zahl z ist somit die *Polarform*

$$z = r(\cos\theta + i\sin\theta) \tag{1.2}$$

mit

$$r = |z| \tag{1.3}$$

und

$$\theta = \arctan\frac{y}{x}\,. \tag{1.4}$$

Zur Vermeidung der Mehrdeutigkeit pflegt man in Gl.(1.4)

$-\pi < \theta \leq \pi$ zu wählen. In diesem Fall heißt θ der *Hauptwert* des Arguments.

Stellt man $z_1=x_1+iy_1$ nach Bild 2 durch den Punkt P_1 und $z_2=x_2+iy_2$ durch den Punkt P_2 dar, dann ist $z_1+z_2=(x_1+x_2)+i(y_1+y_2)$, und die Summe z_1+z_2 erhält man daher im Argand-Diagramm nach der üblichen Parallelogrammregel für die

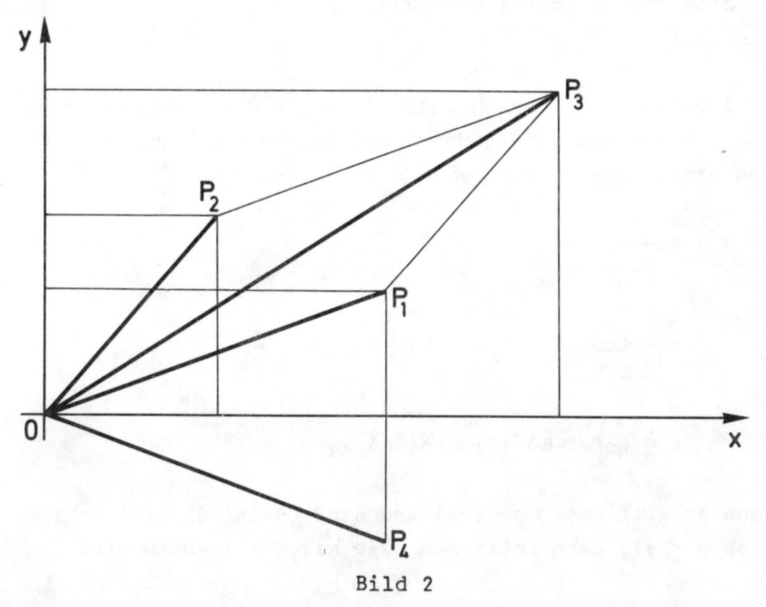

Bild 2

Addition von Vektoren; sie ist im Bild 2 durch den Punkt P_3 dargestellt. Die konjugiert komplexe Zahl z_1^* von z_1 ist x_1-iy_1, und man erhält sie durch Spiegelung des Punktes P_1 an der x-Achse. Auf diese Weise ergibt sich der Punkt P_4 im Bild 2.

Übung 1.1. Man beweise, daß der Betrag des Produkts zweier komplexer Zahlen gleich dem Produkt ihrer Beträge ist und daß das Argument des Produkts mit der Summe der Argumente der Faktoren übereinstimmt. Man erweitere dieses Ergebnis auf Produkte mit mehr als zwei Faktoren.

1.2. Der Satz von Moivre

THEOREM 1.1. Ist p eine beliebige ganze Zahl, welche positiv oder negativ sein darf, und ist $z=x+iy=r(\cos\theta + i\sin\theta)$, dann gilt

$$z^p = r^p(\cos p\theta + i \sin p\theta) \quad . \tag{1.5}$$

Beweis. Ist p gleich Null, dann ist das Ergebnis trivial. Für $p > 0$ folgt das Ergebnis unmittelbar aus Übung 1.1. Wählt man $p=-1$, dann liefert eine direkte Berechnung

$$\begin{aligned} z^{-1} &= \frac{z^*}{zz^*} \\ &= \frac{1}{r} (\cos \theta - i \sin \theta) \\ &= \frac{1}{r} [\cos(-\theta) + i \sin(-\theta)] \quad , \end{aligned}$$

denn es gilt $\cos\theta = \cos(-\theta)$ und $\sin\theta = -\sin(-\theta)$. Ist schließlich $p < -1$, dann setzt man $p=-q$ mit $q > 1$. Dann wird

$$z^p = z^{-q} = (z^q)^{-1} \quad ,$$

also

$$\begin{aligned} z^p &= [r^q(\cos q\theta + i \sin q\theta)]^{-1} \\ &= r^{-q}[\cos(-q\theta) + i \sin(-q\theta)] \quad . \end{aligned}$$

Das gewünschte Ergebnis erhält man, indem man $-q$ durch p ersetzt.

Beispiel 1.1. Es sei $z=\cos\theta + i\sin\theta$. Aufgrund des Moivreschen Satzes erhält man dann

$$z^4 = \cos 4\theta + i \sin 4\theta \quad . \tag{1.6}$$

Andererseits gilt aber

$$z^4 = (\cos\theta + i\sin\theta)^4$$

$$= \cos^4\theta + 4\cos^3\theta\cdot i\sin\theta + 6\cos^2\theta\cdot i^2\sin^2\theta + 4\cos\theta\cdot i^3\sin^3\theta$$

$$+ i^4\sin^4\theta \quad .$$

Hieraus ergibt sich

$$z^4 = (\cos^4\theta - 6\cos^2\theta\sin^2\theta + \sin^4\theta) + i(4\cos^3\theta\sin\theta - 4\cos\theta\sin^3\theta). \tag{1.7}$$

Setzt man die Realteile in den Gln.(1.6) und (1.7) einander gleich und verwendet man die Beziehung $\sin^2\theta = 1-\cos^2\theta$, so erhält man die Beziehung $\cos 4\theta = 8\cos^4\theta - 8\cos^2\theta + 1$, womit $\cos 4\theta$ als ein Polynom in $\cos\theta$ ausgedrückt wird.

Übung 1.2. Man gebe im Argand-Diagramm eine geometrische Konstruktion für die Ermittlung des Punktes $1/z$ an.

1.3. Wurzeln aus komplexen Zahlen

Eine Zahl w, welche für positives ganzes n die Beziehung

$$w^n = z$$

erfüllt, heißt eine n-te Wurzel aus z und wird durch $z^{1/n}$ bezeichnet. Schreibt man

$$w = p(\cos \phi + i \sin \phi)$$

$$z = r(\cos \theta + i \sin \theta),$$

dann erhält man aufgrund des Moivreschen Satzes

$$p^n(\cos n\phi + i \sin n\phi) = r(\cos \theta + i \sin \theta).$$

Damit muß

$$p = r^{1/n} \quad (\text{wegen } r > 0 \text{ und } p > 0) \tag{1.8}$$

und

$$\left.\begin{aligned} \cos(n\phi) &= \cos \theta \\ \sin(n\phi) &= \sin \theta \end{aligned}\right\} \tag{1.9}$$

sein. Aus den Gln.(1.9) erhält man

$$\phi = \frac{\theta + 2k\pi}{n} \quad , \tag{1.10}$$

wobei k eine beliebige positive oder negative ganze Zahl einschließlich Null bedeutet. Wenn man jedoch die Werte $k=0,1,\ldots,n-1$ wählt, kann es außer den hieraus resultierenden Werten von w keine weiteren geben, weil jeder andere Wert von k ein ϕ liefert, welches sich von einem der früheren Werte durch ein ganzzahliges Vielfaches von 2π unterscheidet. Außerdem müssen die Werte von w, welche aus zwei beliebigen der genannten Werte von k resultieren, verschieden sein, da die Differenz ihrer Argumente von Null verschieden und kleiner als 2π ist. Damit ist das folgende Theorem bewiesen.

THEOREM 1.2. Jede von Null verschiedene komplexe Zahl $z=r(\cos\theta + i\sin\theta)$ besitzt n verschiedene n-te Wurzeln (n sei eine positive ganze Zahl), welche durch

$$r^{1/n}\left\{\cos\left(\frac{\theta+2\pi k}{n}\right) + i\sin\left(\frac{\theta+2\pi k}{n}\right)\right\} \quad \text{für } k = 0,1,\ldots,n-1$$

gegeben sind. Ist θ das Hauptargument von z, so bedeutet

$$r^{1/n}\left\{\cos\frac{\theta}{n} + i\sin\frac{\theta}{n}\right\}$$

den *Hauptwert* von $z^{1/n}$.

Beispiel 1.2. Es gilt

$$(-1)^{1/5} = (-1 + 0i)^{1/5}$$

$$= (\cos\pi + i\sin\pi)^{1/5},$$

so daß die 5 Werte von $(-1)^{1/5}$ gegeben sind durch

$$\cos\frac{\pi}{5} + i\sin\frac{\pi}{5} = \frac{\sqrt{5}+1}{4} + i\sqrt{\left(\frac{5-\sqrt{5}}{8}\right)}$$

$$\cos\frac{3\pi}{5} + i\sin\frac{3\pi}{5} = -\frac{\sqrt{5}-1}{4} + i\sqrt{\left(\frac{5+\sqrt{5}}{8}\right)}$$

$$\cos\pi + i\sin\pi = -1 + i0$$

$$\cos\frac{7\pi}{5} + i\sin\frac{7\pi}{5} = -\frac{\sqrt{5}-1}{4} - i\sqrt{\left(\frac{5+\sqrt{5}}{8}\right)}$$

$$\cos\frac{9\pi}{5} + i\sin\frac{9\pi}{5} = \frac{\sqrt{5}+1}{4} - i\sqrt{\left(\frac{5-\sqrt{5}}{8}\right)} .$$

Übung 1.3. Man zeige, daß die n-ten Wurzeln von $r(\cos\theta + i\sin\theta)$ im Argand-Diagramm als die Ecken eines regelmäßigen n-Ecks dargestellt werden können, welches von einem Kreis um den Ursprung mit Radius $r^{1/n}$ umschrieben wird.

Übung 1.4. Man zeige, daß die n-ten Wurzeln von Eins in der Form $1, w, w^2, \ldots, w^{n-1}$ mit $w = \cos(2\pi/n) + i\sin(2\pi/n)$ geschrieben werden können.

Es ist nun eine direkte Erweiterung des Moivreschen Satzes möglich.

THEOREM 1.3. Es seien p und q ganze Zahlen, q sei positiv und es sei die p/q-te Potenz einer von Null verschiedenen komplexen Zahl definiert als die p-te Potenz irgendeiner der q-ten Wurzeln aus z. Dann gibt es genau q derartige p/q-te Potenzen, welche durch

$$z^{p/q} = r^{p/q}\left\{\cos p\left(\frac{\theta+2\pi k}{q}\right) + i\sin p\left(\frac{\theta+2\pi k}{q}\right)\right\} \qquad (1.11)$$

für $k = 0, 1, \ldots, q-1$ gegeben sind.

Beweis. Der Beweis ist trivial, wenn man den Moivreschen Satz anwendet auf das mit Hilfe von Theorem 1.2 gewonnene Ergebnis für $z^{1/q}$.

Beispiel 1.3. Es gilt

$$(-1) = (-1 + 0i)$$

$$= (\cos \pi + i \sin \pi).$$

Damit lauten die 4 Werte von $(-1)^{3/4}$

$$\cos \frac{3}{4} (\pi+2k\pi) + i \sin \frac{3}{4} (\pi+2k\pi), \quad k = 0,1,2,3.$$

Dies führt auf

$$\cos \frac{3}{4} \pi + i \sin \frac{3}{4} \pi = - \frac{1}{\sqrt{2}} + \frac{1}{\sqrt{2}} i$$

$$\cos \frac{1}{4} \pi + i \sin \frac{1}{4} \pi = \frac{1}{\sqrt{2}} + \frac{1}{\sqrt{2}} i$$

$$\cos \frac{7}{4} \pi + i \sin \frac{7}{4} \pi = \frac{1}{\sqrt{2}} - \frac{1}{\sqrt{2}} i$$

$$\cos \frac{5}{4} \pi + i \sin \frac{5}{4} \pi = - \frac{1}{\sqrt{2}} - \frac{1}{\sqrt{2}} i \quad .$$

Beispiel 1.4. Man drücke $x^{2n}+1$ als ein Produkt von n reellen quadratischen Faktoren aus. Schreibt man

$$x = (-1)^{1/2n}$$

$$= \cos \left(\frac{\pi+2k\pi}{2n}\right) + i \sin \left(\frac{\pi+2k\pi}{2n}\right) \quad , k = 0,1,\ldots,2n-1 \; ,$$

und setzt man

$$k = 2n - r - 1 \; ,$$

so ergibt sich

$$x = \cos\left(\frac{4n-2r-1}{2n}\right)\pi + i\sin\left(\frac{4n-2r-1}{2n}\right)\pi$$

$$= \cos\left(\frac{\pi+2r\pi}{2n}\right) - i\sin\left(\frac{\pi+2r\pi}{2n}\right) .$$

Somit wird

$$x = \cos\frac{2k+1}{2n}\pi \pm i\sin\frac{2k+1}{2n}\pi \ , \ k=0,1,\ldots,n-1.$$

Die Faktoren von $x^{2n}+1$ lauten damit

$$x - \cos\frac{2k+1}{2n}\pi \pm i\sin\frac{2k+1}{2n}\pi \ , \ k=0,1,\ldots,n-1 \ .$$

Bildet man nun die Produkte der konjugiert komplexen Faktoren, so erhält man

$$x^{2n} + 1 = \prod_{k=0}^{n-1}\left(x^2 - 2x\cos\frac{2k+1}{2n}\pi + 1\right) .$$

Beispielsweise ergibt sich für n=2

$$x^4 + 1 = (x^2 - \sqrt{2}x + 1)(x^2 + \sqrt{2}x + 1).$$

2. Komplexe Funktionen

Der Begriff der komplexen Funktion einer komplexen Variablen bringt gegenüber den bisherigen Betrachtungen keine neuen Gesichtspunkte - es handelt sich einfach um eine Abbildung von C_1 in C_1, wobei die Elemente von C_1 komplexe Zahlen sind und die Skalare von C_1 ebenfalls komplexe Zahlen bedeuten. Die Begriffe der Stetigkeit und des Grenzwerts und die Theoreme in Kapitel IV, welche sich auf diese Begriffe beziehen, lassen sich ohne Abänderung auf komplexe Funktionen anwenden. Man kann jedoch ebenso derartige Funktionen als Abbildung von E_2 in E_2 betrachten, wobei die Elemente von E_2 die Real- und Imaginärteile der komplexen Zahlen und die Skalare von E_2 reelle Zahlen bedeuten. Die Bedeutung der Theorie komplexer Funktionen ergibt sich zum großen Teil aus den Beziehungen zwischen diesen beiden Möglichkeiten, diese Funktionen zu betrachten.

Übung 2.1. Man beweise, daß eine komplexe Funktion $f(z)=u+iv$ genau dann stetig ist, wenn $u(x,y)$ und $v(x,y)$ stetig sind.

Beispiel 2.1. Es sei $f(z)=|z|^2$ (man beachte, daß diese Funktion in Wirklichkeit eine reelle Funktion einer komplexen Veränderlichen, also eine Abbildung von C_1 in E_1 ist). Für einen beliebigen Punkt z_0 in der komplexen Ebene gilt

$$|f(z) - f(z_0)| = \left||z|^2 - |z_0|^2\right| < \varepsilon ,$$

sofern $|z-z_0|<\delta$ mit $\delta=(|z_0|^2+\varepsilon)^{1/2}-|z_0|$ ist.

Beispiel 2.2. Es sei $f(z)=z^2$ (hierbei handelt es sich um eine komplexe Funktion einer komplexen Variablen). In diesem Fall gilt offensichtlich für ein beliebiges z_0

$$\lim_{z\to z_0} f(z) = \lim_{z\to z_0} (z^2) = z_0^2 ,$$

so daß z^2 überall in der komplexen Ebene stetig ist.

2.1. Analytische Funktionen

Da die komplexen Zahlen einen Körper bilden, in welchem die Division erklärt ist (Kapitel I, Abschnitt 4), kann man die Ableitung einer Funktion einer komplexen Variablen auf folgende Weise einführen (man vergleiche Kapitel IV, Abschnitt 8). Es sei $f(z)$ in $N(z_0)$ definiert, und es existiere der Grenzwert

$$f'(z_0) = \lim_{z \to z_0} \frac{f(z) - f(z_0)}{z - z_0} . \tag{2.1}$$

Dann heißt f *differenzierbar* an der Stelle z_0 mit der *Ableitung* $f'(z_0)$. Eine Funktion $f(z)$, deren Definitionsbereich eine offene Punktmenge $S \subseteq C_1$ ist, heißt *analytisch* in S (gelegentlich auch *regulär* oder *holomorph*), wenn sie in jedem Punkt von S eine endliche Ableitung besitzt. Eine Funktion $f(z)$ ist *analytisch in einem Punkt* $z_0 \in S$, wenn sie in einer Umgebung $N(z_0) \subset S$ analytisch ist. Eine Funktion, welche in jedem endlichen Gebiet der komplexen Ebene analytisch ist, heißt eine *ganze Funktion*.

In Gl.(2.1) ist es bedeutsam, daß f als eine Abbildung von C_1 in C_1 aufgefaßt wird. Behält man diese Interpretation bei, dann lassen sich die meisten§ der Ergebnisse für Ableitungen der Abbildungen von E_1 in E_1 übertragen, und man kann sie in ähnlicher Weise verallgemeinern auf Abbildungen von C_n in C_m. Beispielsweise ist die Abbildung Df einer Funktion f von C_n in C_m eine m×n-Matrix, und die Existenz von $Df(z_0)$ hat die Stetigkeit von f in z_0 zur Folge.

§ Dies gilt nicht für diejenigen Ergebnisse, welche von der Ordnungseigenschaft der reellen Zahlen abhängen, beispielsweise also jene, die sich auf D_-f oder D_+f beziehen.

Wird jedoch $f: C_1 \to C_1$ als eine Abbildung von E_2 in E_2 betrachtet, dann stellt ihre Ableitung eine 2×2-Matrix dar. Wenn also

$$z = x + iy \,, \tag{2.2}$$

$$f(z) = u(x,y) + iv(x,y) \tag{2.3}$$

und

$$w = \begin{bmatrix} x \\ \\ y \end{bmatrix} , \qquad g(w) = \begin{bmatrix} u(w) \\ \\ v(w) \end{bmatrix} \tag{2.4}$$

ist, dann ist Dg, sofern es existiert, gegeben durch

$$Dg = \begin{bmatrix} \frac{\partial u}{\partial x} & \frac{\partial u}{\partial y} \\ \\ \frac{\partial v}{\partial x} & \frac{\partial v}{\partial y} \end{bmatrix} . \tag{2.5}$$

In diesem Kapitel werden Ableitungen im Sinne von Gl.(2.1) mit einem Strich bezeichnet, es wird also f' und nicht Df geschrieben. Diese Unterscheidung ist nicht allgemein üblich.

Es wird nun gezeigt, daß die notwendigen Voraussetzungen dafür, daß die Funktion $f(z)=u+iv$ analytisch ist, dem Realteil u und dem Imaginärteil v recht einschränkende Bedingungen auferlegen.

THEOREM 2.1. Die Funktion f(z) habe als Definitionsbereich eine offene Menge $S \subseteq C_1$, und es wird angenommen, daß $f'(z_0)$ an irgendeiner Stelle $z_0 \in S$ existiert und endlich ist. Schreibt man $f(z)=u(x,y)+iv(x,y)$, dann sind u und v stetig in $z_0=x_0+iy_0$, und die vier partiellen Ableitungen $\partial u/\partial x$, $\partial u/\partial y$, $\partial v/\partial x$, $\partial v/\partial y$ existieren in z_0 und erfüllen die (als *Cauchy-Riemannsche Differentialgleichungen* bekannten) Beziehungen

$$\left.\begin{aligned} \frac{\partial u}{\partial x} &= \frac{\partial v}{\partial y} \\ \frac{\partial v}{\partial x} &= -\frac{\partial u}{\partial y} \ . \end{aligned}\right\} \tag{2.6}$$

Beweis. Der Ausdruck für die Ableitung in Gl.(2.1) läßt sich schreiben als

$$f'(z_0) = \lim_{h\to 0} \frac{f(z_0 + h) - f(z_0)}{h} \ . \tag{2.7}$$

Die Existenz dieses endlichen Grenzwerts hat zur Folge, daß $f(z_0+h)\to f(z_0)$ strebt für $h\to 0$. Damit müssen $u(x,y)$ und $v(x,y)$ in $z_0=x_0+iy_0$ stetig sein. Wählt man für h in Gl.(2.7) reelle Werte, dann erhält man als Ableitung die partielle Ableitung bezüglich x, und man kann

$$f'(z) = \frac{\partial f}{\partial x} = \frac{\partial u}{\partial x} + i\,\frac{\partial v}{\partial x} \tag{2.8}$$

schreiben. Wählt man andererseits h rein imaginär, so gewinnt man das Ergebnis

$$f'(z) = -i\,\frac{\partial f}{\partial y} = -i\,\frac{\partial u}{\partial y} + \frac{\partial v}{\partial y} \ . \tag{2.9}$$

In Gl.(2.7) muß der Grenzwert stets derselbe sein, unabhängig davon, wie man $h\to 0$ gehen läßt, und die Aussage von Theorem 2.1 folgt jetzt unmittelbar aus den Gln.(2.8) und (2.9).

Es ist bemerkenswert, daß aufgrund von Gl.(2.6)

$$|f'(z)|^2 = \frac{\partial u}{\partial x}\cdot\frac{\partial v}{\partial y} - \frac{\partial u}{\partial y}\cdot\frac{\partial v}{\partial x} \tag{2.10}$$

gilt. Der Ausdruck auf der rechten Seite von Gl.(2.10) ist gleich der Determinante der Matrix in Gl.(2.5).

Übung 2.2. Wenn entweder der Realteil, der Imaginärteil, der Betrag oder das Argument einer analytischen Funktion konstant ist, dann ist die Funktion selbst eine Konstante. Dies ist zu beweisen.

Übung 2.3. Die Cauchy-Riemannschen Differentialgleichungen sind notwendig für die Differenzierbarkeit, sie sind aber nicht hinreichend. Dies soll durch Betrachtung der Funktion $f(z)=\sqrt{|xy|}$ gezeigt werden.

Die Existenz der Ableitung Dg, wobei g in Gl.(2.4) definiert ist, garantiert nicht, daß f' existiert, da die partiellen Ableitungen möglicherweise die Cauchy-Riemannschen Differentialgleichungen nicht befriedigen. Wenn die Ableitung Dg existiert und die partiellen Ableitungen die Cauchy-Riemannschen Differentialgleichungen erfüllen, existiert jedoch auch f'.

THEOREM 2.2. Es sei $f(z)=u(x,y)+iv(x,y)$ mit $z=x+iy$, und es sei $w=\begin{bmatrix}x\\y\end{bmatrix}$ und $g(w)=\begin{bmatrix}u(w)\\v(w)\end{bmatrix}$. Hat g eine Ableitung Dg in $w_0=\begin{bmatrix}x_0\\y_0\end{bmatrix}$ und erfüllen die partiellen Ableitungen $\partial u/\partial x$, $\partial u/\partial y$, $\partial v/\partial x$, $\partial v/\partial y$ die Cauchy-Riemannschen Differentialgleichungen in w_0, dann besitzt f eine Ableitung $f'(z_0)$ an der Stelle $z_0=x_0+iy_0$.

Beweis. Da $Dg(w_0)$ existiert, gilt

$$\lim_{w\to w_0} ||g(w)-g(w_0)-Dg(w_0)\cdot(w-w_0)|| / ||w-w_0|| = 0. \qquad (2.11)$$

Hieraus folgt, da Dg durch Gl.(2.5) gegeben ist,

$$\lim_{w\to w_0} \sqrt{(\{[u(w) - u(w_0) - \frac{\partial u}{\partial x}(x-x_0) - \frac{\partial u}{\partial y}(y-y_0)]^2 + [v(w) - v(w_0) - \frac{\partial v}{\partial x}(x-x_0) - \frac{\partial v}{\partial y}(y-y_0)]^2\} / \{(x - x_0)^2 + (y - y_0)^2\})} = 0 . \qquad (2.12)$$

Unter Verwendung der Cauchy-Riemannschen Differentialgleichungen und der Gl.(2.8) erhält man aber

$$|f(z)-f(z_0) - f'(z_0)(z-z_0)| \Big/ |z-z_0|$$

$$= \sqrt{\Big(\Big\{\Big[u(x,y) - u(x_0,y_0) - \frac{\partial u}{\partial x}(x-x_0) - \frac{\partial u}{\partial y}(y-y_0)\Big]^2}$$

$$+ \Big[v(x,y) - v(x_0,y_0) - \frac{\partial v}{\partial x}(x-x_0) - \frac{\partial v}{\partial y}(y-y_0)\Big]^2\Big\} \Big/$$

$$\{(x - x_0)^2 + (y - y_0)^2\}\Big) . \tag{2.13}$$

Hieraus ist zu erkennen, daß $f'(z_0)$ existiert.

Übung 2.4. Man beweise die Umkehrung von Theorem 2.2.

Eine hinreichende Bedingung dafür, daß eine Funktion in einem offenen Gebiet analytisch ist, enthält das folgende Theorem.

THEOREM 2.3. Die Funktion $f(z)=u(x,y)+iv(x,y)$ habe als Definitionsbereich eine offene Menge $S \subseteq C_1$, und es wird angenommen, daß $\partial u/\partial x$, $\partial u/\partial y$, $\partial v/\partial x$, $\partial v/\partial y$ existieren und in S stetig sind. Dann ist $f(z)$ in jedem Punkt $z_0 \in S$ analytisch, in welchem die Cauchy-Riemannschen Differentialgleichungen erfüllt sind.

Beweis. Der Beweis folgt unmittelbar aus dem obigen Theorem 2.2 und aus Theorem 8.7 von Kapitel IV. Die Einzelheiten seien dem Leser als Übung empfohlen.

Beispiel 2.3 (Exponentialfunktion e^z). Die Exponentialfunktion e^z wurde bereits als Potenzreihe definiert, und sie ist in der gesamten komplexen Ebene stetig (man vergleiche Kapitel IV, Beispiel 12.2). Nach Theorem 12.2 von Kapitel IV hat diese Funktion tatsächlich überall in C_1 Ableitungen von jeder Ordnung, und sie stimmt mit ihrer eigenen Ableitung überein (Kapitel IV, Beispiel 12.3).

Eine weitere Möglichkeit, die Exponentialfunktion zu behandeln, ist die folgende. Es wird die Funktion exp(iy) mit reellem y betrachtet:

$$\exp(iy) = 1 + iy - \frac{y^2}{2} - i\,\frac{y^3}{3!} + \frac{y^4}{4!} + \ldots \quad . \tag{2.14}$$

Faßt man die Realteile und die Imaginärteile auf der rechten Seite von Gl.(2.14) zusammen, dann erhält man

$$\exp(iy) = \cos y + i \sin y \; . \tag{2.15}$$

Aufgrund von Übung 12.1 aus Kapitel IV ergibt sich damit

$$\exp(z) = \exp(x + iy) = e^x(\cos y + i \sin y) \; . \tag{2.16}$$

Es werden jetzt die im Theorem 2.3 geforderten Bedingungen betrachtet. Die vier partiellen Ableitungen sind gegeben durch

$$\frac{\partial u}{\partial x} = e^x \cos y \, , \qquad \frac{\partial u}{\partial y} = -e^x \sin y \tag{2.17}$$

$$\frac{\partial v}{\partial x} = e^x \sin y, \qquad \frac{\partial v}{\partial y} = e^x \cos y \; . \tag{2.18}$$

Man kann leicht nachweisen, daß diese Funktionen stetig sind und die Cauchy-Riemannschen Differentialgleichungen erfüllen. Demzufolge ist exp(z) überall in der komplexen Ebene analytisch, und damit stellt exp(z) eine ganze Funktion dar.

Übung 2.5. Es sei $w=f(z)$ eine eineindeutige Funktion mit Definitionsbereich S und Wertebereich R, beide in C_1, und es wird angenommen, daß $f^{-1}(w)=g(w)$ in R stetig ist. Ist f(z) in $z_0 \in S$ differenzierbar, dann ist $g(w)$ differenzierbar in $w_0=f(z_0) \in R$, und es gilt $g'(w_0)=1/[f'(z_0)]$, sofern $f'(z_0) \neq 0$ ist. Dies ist zu zeigen. [Man verwende die Stetigkeit von $f^{-1}(w)$ und die Tatsache, daß

$$\frac{f^{-1}(w_2) - f^{-1}(w_1)}{w_2 - w_1} = \frac{z_2 - z_1}{w_2 - w_1} = \left(\frac{w_2 - w_1}{z_2 - z_1}\right)^{-1}$$

gilt.]

2.2. Höhere Ableitungen analytischer Funktionen

Die Ableitung einer komplexen Funktion stellt selbst eine Funktion dar, welche differenzierbar ist oder nicht. Damit ergibt sich die Möglichkeit, Ableitungen zweiter, dritter und höherer Ordnung einer analytischen Funktion zu bilden. In Kapitel IV, Abschnitt 12 wurde gezeigt, daß eine Potenzreihe innerhalb ihres Konvergenzkreises Ableitungen sämtlicher Ordnungen besitzt. Daraus ergibt sich, daß eine komplexe Funktion, welche durch eine Potenzreihe dargestellt werden kann, eine analytische Funktion darstellt mit Ableitungen sämtlicher Ordnungen.

Es wird später noch gezeigt, daß jede in einer offenen Menge S analytische Funktion in S Ableitungen beliebiger Ordnung besitzt und in Form einer Potenzreihe ausgedrückt werden kann. Zunächst ist es jedoch nötig, die komplexe Integration zu betrachten.

3. Komplexe Integration

Im Kapitel V wurde das Riemann-Stieltjes-Integral $\int_a^b f\, d\alpha$ für reellwertige Funktionen f und α in einem Intervall $[a,b]$ definiert. Es entstehen keinerlei Schwierigkeiten, wenn man f und α als komplexwertige Funktionen zuläßt, welche als Abbildungen von E_1 nach C_1 in einem Intervall $[a,b]$ definiert sind. Die Riemann-Stieltjessche Summe bleibt wohldefiniert, und die Integraldefinition braucht nicht geändert zu werden. Ist $f=u+iv$ und $\alpha=\beta+i\gamma$, dann kann das komplexe Integral, wie man leicht zeigen kann, auf folgende Weise durch reelle Integrale ausgedrückt werden:

$$\int_a^b f\, d\alpha = \int_a^b u\, d\beta - \int_a^b v\, d\gamma + i\int_a^b u\, d\gamma + i\int_a^b v\, d\beta\,. \tag{3.1}$$

Diese Beziehung besteht, wenn die vier auf der rechten Seite auftretenden Integrale existieren. Die Gl.(3.1) erlaubt es, die Eigenschaften komplexer Integrale unmittelbar aus jenen reeller Integrale zu gewinnen.

Übung 3.1. Man berechne $\int_0^{\pi/2} (1+it)d(e^{it})$.

3.1. Linienintegrale

Falls f als eine Funktion der komplexen Variablen z definiert ist, läßt sich die oben gegebene Definition eines Integrals nicht verwenden. Macht man jedoch z zu einer Funktion des reellen Parameters t, so wird f eine Funktion von t und die Definition kann angewendet werden. Es sei $z=x+iy$, wobei x und y stetige reellwertige Funktionen der reellen Variablen t im Intervall $[t_a,t_b]$ bedeuten mit stetigen Ableitungen im Intervall (t_a,t_b). Während dann t von t_a bis t_b variiert, beschreibt die komplexe Variable

$$z(t) = x(t) + iy(t) \tag{3.2}$$

den Bogen $C(z)$ einer Kurve von dem Punkt $a=z(t_a)$ zum Punkt $b=z(t_b)$.

Es sei $f(z)=u(z)+iv(z)$, wobei z durch Gl.(3.2) gegeben ist. Dann wird das *Linienintegral* (*Kurvenintegral*) von f längs einer Kurve C definiert als das komplexe Riemann-Stieltjes-Integral

$$I = \int_{C(z)} f(z)dz = \int_{t_a}^{t_b} f[z(t)]dz(t) \tag{3.3}$$

$$= \int_{t_a}^{t_b} u[z(t)]dx(t) - \int_{t_a}^{t_b} v[z(t)]dy(t)$$

$$+ i\int_{t_a}^{t_b} u[z(t)]dy(t) + i\int_{t_a}^{t_b} v[z(t)]dx(t) . \tag{3.4}$$

Aus Kapitel V, Theorem 11.1 folgt nun unmittelbar die Aussage: Ist w eine andere komplexe Funktion, welche wie z die Eigenschaft der Stetigkeit und der Differenzierbarkeit besitzt und welche bei Variation des Parameters θ von θ_a bis θ_b dieselbe Kurve C beschreibt, dann wird

$$\int_{C(z)} f(z)dz = \pm \int_{C(w)} f(w)dw. \tag{3.5}$$

In Gl.(3.5) gilt das positive Vorzeichen, sofern die beiden Bezifferungen der Kurve C dieselbe Orientierung haben, und es ist das negative Vorzeichen zu wählen, falls C in entgegengesetzter Richtung durchlaufen wird.

Man beachte auch folgendes: Da x und y stetige Ableitungen im Intervall (t_a, t_b) haben, folgt aus Kapitel V, Abschnitt 7, daß jedes der Integrale in Gl.(3.4) als ein Riemannsches Integral ausgedrückt werden kann. Dabei erhält man

$$I = \int_{t_a}^{t_b} f[z(t)]z'(t)dt \quad . \tag{3.6}$$

Für die folgenden Anwendungszwecke genügt es, als Kurven Geradenstücke oder Kreisbögen zu betrachten. Diese werden als *elementare Kurven* bezeichnet, wobei es sich allerdings um keine allgemein übliche Terminologie handelt. Ein *elementarer Weg* wird hier definiert als eine stetige Kurve, welche aus einer endlichen Menge von elementaren Kurven aufgebaut ist. Diese Kurve soll sich nicht überkreuzen, kann jedoch geschlossen sein. Ein geschlossener elementarer Weg teilt offensichtlich die Ebene in zwei disjunkte, offene Mengen, welche den Weg als gemeinsamen Rand haben, nämlich die offene beschränkte innere Menge und die offene nicht beschränkte äußere Menge. [Für eine allgemeinere Diskussion von Wegen sei Markushevich (1965) oder Apostol (1957) empfohlen.]

Die folgenden einfachen Eigenschaften von Linienintegralen lassen sich leicht aufgrund der entsprechenden Definitionen und Theoreme aus Kapitel V verifizieren, und ihre Beweise werden als Übungen empfohlen.

Übung 3.2. Das Integral einer komplexen Funktion längs eines Weges C ist gleich der Summe der Linienintegrale (sofern sie existieren) der Funktion längs der Teilkurven von C. (Man beachte, daß dieses Ergebnis in gleicher Weise anwendbar ist auf einen Weg C, welcher zwei Wege C_1 und C_2 umfaßt, sofern der Endpunkt des einen Teilweges mit dem Anfangspunkt des anderen zusammenfällt.)

Übung 3.3. Man zeige, daß das Integral $\int_C f(z)dz$ existiert, falls f eine längs eines elementaren Weges stetige Funktion von z ist. Insbesondere existiert dieses Linienintegral, falls f'(z) in jedem Punkt z auf C existiert.

Übung 3.4. Bezeichnet man den Weg C beim Durchlaufen in entgegengesetzter Richtung mit -C, dann gilt

$$\int_C f(z)dz = - \int_{-C} f(z)dz. \tag{3.7}$$

Dies ist zu zeigen.

Übung 3.5. Es wird die *Länge* der elementaren Kurve C, welche durch die komplexe Variable $z=x(t)+iy(t)$ bei Variation von t im Intervall $[t_a,t_b]$ beschrieben wird, durch $L=\int_{t_a}^{t_b} [\{Dx(t)\}^2+\{Dy(t)\}^2]^{1/2}dt$ definiert, und es sei M das Supremum von $|f(z)|$ längs C. Dann gilt

$$\left|\int_C f(z)dz\right| \leq ML . \tag{3.8}$$

Dies ist zu beweisen.

Beispiel 3.1. Man betrachte das Integral $\int_C dz/z$, wobei C einen Kreis mit Radius r um den Ursprung bedeutet. In Polarkoordinaten gilt

$$z = r(\cos\theta + i\sin\theta) \tag{3.9}$$

$$\frac{\partial z}{\partial\theta} = r(-\sin\theta + i\cos\theta) \tag{3.10}$$

$$= rie^{i\theta} . \tag{3.11}$$

Längs des Weges C ist z nur eine Funktion von θ, und die im Abschnitt 11 von Kapitel V angegebene Formel für eine Variablenänderung läßt sich leicht anwenden und liefert

$$\int_C \frac{dz}{z} = \int_0^{2\pi} \frac{rie^{i\theta}d\theta}{re^{i\theta}} = 2\pi i \quad . \tag{3.12}$$

Übung 3.6. Ist C ein beliebiger geschlossener elementarer Weg, dann verschwindet sowohl $\int_C dz$ als auch $\int_C z\,dz$. Dies ist zu beweisen.

3.2. Cauchyscher Integralsatz

Im folgenden wird ein sehr wichtiges Theorem ausgesprochen und bewiesen, welches sich auf den Wert eines Linienintegrals längs eines geschlossenen Weges bezieht. Es ist interessant, daß gerade dieses ein Integral betreffende Theorem zu dem Beweis führt, daß eine analytische Funktion Ableitungen beliebiger Ordnung hat.

THEOREM 3.1 *(Cauchyscher Integralsatz)*. Ist eine Funktion f(z) analytisch in einer offenen Menge $S \subseteq C_1$ und befindet sich das Innere und der Rand eines geschlossenen elementaren Weges innerhalb von S, dann gilt $\int_C f(z)dz=0$.

Beweis. Man beachte zunächst, daß das Integral nach Übung 3.3 existiert. Ehe die Beweisführung des Theorems fortgesetzt werden kann, wird das folgende Lemma benötigt.

Lemma. Mann kann das Innere von C in endlich viele vollständige oder unvollständige Quadrate (mit Hilfe von Parallelen zur x- und zur y-Achse) derart einteilen, daß es innerhalb von jedem Quadrat einen Punkt z_0 gibt, für welchen

$$f(z) - f(z_0) = f'(z_0)(z - z_0) + \varepsilon_1|z - z_0| \qquad (3.13)$$

ist. Dies gilt für alle z innerhalb des Quadrats, wobei $|\varepsilon_1|<\varepsilon$ ist und ε eine beliebig vorgegebene positive Zahl bedeutet.

Beweis. Es wird angenommen, daß das Lemma nicht richtig ist, und es wird C in ein großes Quadrat Q eingeschlossen. Dann wird dieses Quadrat in vier gleiche Teile unterteilt und eines der Teilquadrate ausgewählt - es werde mit Q_1 bezeichnet - , in welchem das Lemma versagt. Wiederholt man diesen Prozeß und wählt man bei jedem Schritt ein Teilquadrat Q_n aus, in welchem das Lemma versagt, dann erhält man für $n\to\infty$ einen Häufungspunkt a innerhalb oder auf C. Da $a \in S$ gilt, ist f(z) in a differenzierbar, und somit [aufgrund der Definition von f'(a)] gilt

$$f(z) - f(a) = f'(a)(z - a) + \varepsilon_1|z - a|$$

mit $|\varepsilon_1|<\varepsilon$, sofern $|z-a|$ kleiner als ein geeignetes $\delta>0$ gewählt wird.

Wegen der Konstruktionsmethode des Punktes a werden jedoch alle Quadrate Q_n von einem hinreichend großen n an innerhalb eines Kreises Γ um den Punkt a liegen, so daß $|z-a|<\delta$ für alle z in Γ gilt. Deshalb wird Gl.(3.13) für den Punkt $z_0=a$ erfüllt im Gegensatz zur Annahme, daß das Lemma falsch sei.

Es soll jetzt der Beweis des Theorems 3.1 fortgeführt werden. Dabei wird vorausgesetzt, daß das Innere des Weges C entsprechend dem Lemma in Quadrate eingeteilt sei. Mit γ soll der Rand eines der Quadrate (oder Teilquadrate) bezeichnet werden, und zwar mit demselben Umlaufsinn wie bei C selbst. Dann gilt aufgrund der Übungen 3.2 und 3.4

$$\int_C f(z)dz = \sum \int_\gamma f(z)dz, \tag{3.14}$$

wobei die Summe über sämtliche Quadrate oder Teilquadrate zu erstrecken ist. Führt man die Gl.(3.13) in die rechte Seite von Gl.(3.14) ein und verwendet man Übung 3.6, so erhält man

$$\int_C f(z)dz = \sum \int_\gamma \varepsilon_1 |z - z_0| dz \ . \tag{3.15}$$

Hieraus folgt

$$\left|\int_C f(z)dz\right| \leq \sum \left|\int_\gamma \varepsilon_1 |z - z_0| |dz|\right| \ . \tag{3.16}$$

Man betrachte jetzt die unvollständigen Quadrate innerhalb des Gitters, in welches das Innere von C eingeteilt wurde. Die erhaltenen Teile der Seiten eines derartigen Quadrates sollen mit γ_1 bezeichnet werden und der Teil vom Weg C, welcher von dem Quadrat ausgeschnitten wird, soll mit γ_2 bezeichnet werden. Bedeutet L die Länge des Wegs C, dann ergibt sich aufgrund von Übung 3.5 die Aussage

$$\sum \int_{\gamma_2} \varepsilon_1 |z - z_0| |dz| < \varepsilon dL \ , \tag{3.17}$$

wobei d die Diagonale des Quadrates Q bedeutet und die Summe über sämtliche Teile γ_2 von C zu erstrecken ist. Die Zahl ε_1 hat in jedem Quadrat ihren entsprechenden Wert.

Für ein vollständiges Quadrat oder für den Teil γ_1 eines unvollständigen Quadrates erhält man aufgrund von Übung 3.5

$$\left|\int_\gamma |z - z_0| dz\right| < 4\sqrt{2}\ell^2 \quad , \tag{3.18}$$

wobei ℓ die Seitenlänge des Quadrates ist und z_0 sich in dessen Innerem befindet. Somit erhält man

$$\sum \left|\int_\gamma \varepsilon_1 |z - z_0| |dz|\right| < 4\sqrt{2}\varepsilon \cdot (\text{Fläche } Q). \tag{3.19}$$

Die Summe ist über sämtliche vollständigen Quadrate und die Teile γ_1 der unvollständigen Quadrate zu erstrecken.

Aus den Gln.(3.16), (3.17) und (3.18) erhält man die Aussage $|\int_C f(z)dz| < K\varepsilon$, wobei K eine Konstante ist. Damit ist der Beweis des Theorems vollständig geführt.

Übung 3.7. Es sei f(z) analytisch überall innerhalb und auf dem Rand des Ringgebiets zwischen zwei geschlossenen elementaren Wegen C_1 und C_2, wobei C_1 ganz innerhalb C_2 liegt. Man beweise, daß $\int_{C_1} f(z)dz = \int_{C_2} f(z)dz$ gilt, falls die Wege in derselben Richtung durchlaufen werden. [Man verwende Theorem 3.1 und beachte, daß aufgrund der Definition der Analytizität in einem Punkt nach Abschnitt 2.1 f(z) in einem offenen Gebiet analytisch ist, welches den Ring enthält.]

Eine unmittelbare Folge des Cauchyschen Integralsatzes ist die Tatsache, daß das Integral $F(z) = \int_{z_0}^{z} f(w)dw$, wobei z und z_0 im Gebiet S liegen, in welchem f(z) analytisch ist, unabhängig ist von dem Integrationsweg, welcher z und z_0 verbindet, sofern er ganz in S liegt.

Es wird nun gezeigt, daß die Funktion $F(z)$ selbst analytisch in S ist und daß $f(z)$ ihre Ableitung darstellt (man vergleiche Abschnitt 10 von Kapitel V).

THEOREM 3.2. Es sei $f(z)$ analytisch in einer offenen Menge S, und es sei $F(z)=\int_{z_0}^{z} f(w)dw$, wobei der Integrationsweg irgendeine Kurve $\Gamma \subset S$ sei. Dann ist auch $F(z)$ in S analytisch, und es gilt $F'(z)=f(z)$.

Beweis. Es wird h derart gewählt, daß der Kreis mit Mittelpunkt z und Radius h sich vollständig in S befindet. Da das Integral einer analytischen Funktion unabhängig vom Integrationsweg ist, darf geschrieben werden

$$F(z + h) - F(z) = \int_{z}^{z+h} f(w)dw ,$$

und man darf längs der geraden Linie von z nach $z+h$ integrieren. Da

$$\int_{z}^{z+h} f(z)dw = hf(z)$$

gilt, ergibt sich

$$\frac{F(z+h) - F(z)}{h} - f(z) = \frac{1}{h} \int_{z}^{z+h} \{f(w) - f(z)\}dw . \qquad (3.20)$$

Da die Funktion $f(z)$ in S analytisch ist, ist sie in S stetig. Damit muß für beliebiges $\varepsilon>0$ ein δ derart existieren, daß

$$|f(w) - f(z)| < \varepsilon \qquad (3.21)$$

für $|w-z|<\delta$ gilt. Wählt man ein h mit der Eigenschaft $0<|h|<\delta$, so erkennt man aus Gl. (3.20) und Ungleichung (3.21), daß $|[F(z+h)-F(z)]/h-f(z)|<\varepsilon$ gilt, womit das Theorem bewiesen ist.

Die Funktion F(z) heißt das *unbestimmte Integral* oder die *Stammfunktion* von f(z) in S.

Übung 3.8. Es sei f(z) analytisch innerhalb und auf einem geschlossenen elementaren Weg C. Ist F(z) irgendeine Stammfunktion von f(z), dann gilt

$$\int_{z_0}^{z} f(w)dw = F(z) - F(z_0) ,$$

wobei z und z_0 auf oder innerhalb von C liegen sollen. Dies ist zu beweisen. [Man beachte, daß aufgrund der Definition der Analytizität in einem Punkt nach Abschnitt 2.1 f(z) analytisch ist in einem offenen Gebiet, das C enthält.]

Übung 3.9. Man beweise die Gültigkeit der Gleichung

$$\int_C \sum_{n=0}^{\infty} f_n(z)dz = \sum_{n=0}^{\infty} \int_C f_n(z)\, dz ,$$

wobei $\sum f_n(z)$ eine gleichmäßig konvergente Reihe analytischer Funktionen ist und der Weg C innerhalb des Gebiets der gleichmäßigen Konvergenz liegt. [Man verwende das Ergebnis von Übung 3.5 sowie Theorem 6.1 aus Kapitel IV.]

Wie bereits erwähnt wurde, führt der Cauchysche Integralsatz auf Ergebnisse, welche die höheren Ableitungen einer analytischen Funktion betreffen. Den Ausgangspunkt bildet eine Formel, welche als *Cauchysche Integralformel* bekannt ist.

THEOREM 3.3. Ist f(z) analytisch innerhalb und auf einem geschlossenen elementaren Weg C und ist z ein beliebiger Punkt innerhalb von C, dann gilt

$$f(z) = \frac{1}{2\pi i}\int_C \frac{f(z)}{w-z}\,dw. \tag{3.22}$$

Beweis. Da der Punkt z innerhalb von C liegt, kann man ein hinreichend kleines r wählen, so daß der Kreis $C_1=\{w \mid |z-w|=r\}$ ganz innerhalb von C liegt. Aufgrund des Ergebnisses von Übung 3.7 erhält man dann

$$\int_C \frac{f(w)}{w-z}\,dw = \int_{C_1} \frac{f(w)}{w-z}\,dw \tag{3.23}$$

und gemäß Beispiel 3.1 (nach einer einfachen Transformation)

$$\int_{C_1} \frac{dw}{w-z} = 2\pi i \quad . \tag{3.24}$$

Da f(w) stetig ist, kann man r so klein wählen, daß für beliebiges $\varepsilon>0$

$$|f(w) - f(z)| < \varepsilon$$

gilt, solange w auf C_1 liegt. Dann wird

$$\int_{C_1} \frac{f(w)}{w-z}\, dw - f(z) \int_{C_1} \frac{dw}{w-z} = \int_{C_1} \frac{f(w)-f(z)}{w-z}\, dw , \qquad (3.25)$$

und nach Übung 3.5 ist das Integral auf der rechten Seite dem Betrage nach kleiner als $2\pi\varepsilon$. Verwendet man die Gln.(3.23), (3.24) und (3.25), so erhält man schließlich

$$\left| \int_C \frac{f(w)}{w-z}\, dw - 2\pi i\, f(z) \right| < 2\pi\varepsilon .$$

Damit ist das Theorem bewiesen.

Der Wert von $f(z)$ in einem Punkt innerhalb eines geschlossenen Weges läßt sich auf diese Weise ausdrücken durch die Werte auf dem Weg. Das entsprechende Ergebnis für $f'(z)$ wird durch das nächste Theorem geliefert.

THEOREM 3.4. Ist $f(z)$ analytisch innerhalb und auf einem geschlossenen elementaren Weg C, dann ist die Ableitung dieser Funktion in einem Punkt z innerhalb von C gegeben durch

$$f'(z) = \frac{1}{2\pi i} \int_C \frac{f(w)}{(w-z)^2}\, dw. \qquad (3.26)$$

Beweis. Das Theorem ergibt sich aus der Möglichkeit, die Differentiation unter dem Integralzeichen in Gl.(3.22) durchzuführen (Kapitel V, Abschnitt 10), es ist jedoch interessant, einen direkten Beweis anzugeben.

Aus Gl.(3.22) folgt, daß

$$\frac{f(z+h)-f(z)}{h} = \frac{1}{2\pi i} \int_C \frac{1}{h} \left\{ \frac{1}{w-z-h} - \frac{1}{w-z} \right\} f(w)dw$$

$$\frac{f(z+h)-f(z)}{h} = \frac{1}{2\pi i}\int_C \left\{ \frac{f(w)}{(w-z)^2} + \frac{hf(w)}{(w-z)^2(w-z-h)} \right\} dw \qquad (3.27)$$

gilt. Man betrachte das letzte Integral auf der rechten Seite von Gl.(3.27). Da die Funktion f(w) analytisch ist innerhalb und auf C, ist sie stetig, und somit gilt $|f(w)| \leq M$ längs C. Es sei ℓ die Länge von C und m das Infimum von $|w-z|$ für alle w auf C. Wählt man h derart, daß $|h| < m/2$ ist, dann wird

$$I = \left| \int_C \frac{f(w)dw}{(w-z)^2(w-z-h)} \right| < \frac{1}{2\pi} \cdot \frac{M\ell}{m^2 \cdot \frac{1}{2}m} .$$

Hieraus folgt, daß hI gegen Null strebt, wenn h gegen Null geht, und damit ist das Theorem bewiesen.

Der geschilderte Prozeß kann offensichtlich wiederholt werden, wobei durch Induktion das folgende allgemeine Theorem gewonnen wird.

THEOREM 3.5. Ist die Funktion f(z) analytisch innerhalb und auf dem geschlossenen elementaren Weg C, dann besitzt sie Ableitungen beliebiger Ordnung in allen Punkten innerhalb C, und es gilt

$$f^{(n)}(z) = \frac{n!}{2\pi i}\int_C \frac{f(w)dw}{(w-z)^{n+1}} . \qquad (3.28)$$

Übung 3.10. Man beweise, daß eine Funktion, welche in einem Punkt z_0 analytisch ist, Ableitungen beliebiger Ordnung in z_0 hat. [Man beachte die Definition der Analytizität in einem Punkt nach Abschnitt 2.1.]

Übung 3.11. Ist $f(z)=u(x,y)+iv(x,y)$ analytisch in $z_0=x_0+iy_0$, dann haben u und v partielle Ableitungen beliebiger Ordnung in einer Umgebung von (x_0,y_0). Dies ist zu beweisen.

Übung 3.12. Ist $f(z)=u(x,y)+iv(x,y)$ analytisch innerhalb und auf einem geschlossenen elementaren Weg C, dann erfüllen u und v die Laplacesche Differentialgleichung innerhalb C, d.h. es gilt

$$D_{11}u(x,y) + D_{22}u(x,y) = 0$$

$$D_{11}v(x,y) + D_{22}v(x,y) = 0.$$

Dies ist zu zeigen.

Es ist nun möglich, die Umkehrung des Ergebnisses über die Differenzierbarkeit von Potenzreihen zu beweisen (man vergleiche Kapitel IV, Theorem 12.2).

THEOREM 3.6 *(Taylorsche Reihe).* Es sei $f(z)$ analytisch innerhalb und auf einem geschlossenen elementaren Weg C. Befindet sich der Punkt a innerhalb C, dann gilt

$$f(z) = \sum_{n=0}^{\infty} \frac{f^{(n)}(a)}{n!} (z-a)^n . \tag{3.29}$$

Der Konvergenzradius dieser Reihe ist nicht kleiner als die kleinste Entfernung zwischen a und C.

Beweis. Es soll die kleinste Entfernung zwischen a und C mit d bezeichnet werden. Liegt z innerhalb eines Kreises C_1 mit Mittelpunkt a und Radius $r < d$, dann gilt

$$f(z) = \frac{1}{2\pi i} \int_{C_1} \frac{f(w)}{w-z}\, dw \quad .$$

Der Ausdruck 1/(w-z) läßt sich auf folgende Weise als geometrische Reihe beschreiben, welche für w innerhalb C_1 gleichmäßig konvergiert (Kapitel IV, Theorem 12.1):

$$\frac{1}{w-z} = \frac{1}{w-a} + \frac{z-a}{(w-a)^2} + \ldots + \frac{(z-a)^n}{(w-a)^{n+1}} + \ldots \quad . \tag{3.30}$$

Aufgrund von Übung 3.9 kann man die Gl.(3.30) auf beiden Seiten mit f(w)/2πi multiplizieren und sodann längs C_1 integrieren. Auf diese Weise erhält man

$$f(z) = \frac{1}{2\pi i} \int_{C_1} \frac{f(w)}{w-a}\, dw + \frac{z-a}{2\pi i} \int_{C_1} \frac{f(w)}{(w-a)^2}\, dw + \ldots$$

$$+ \frac{(z-a)^n}{2\pi i} \int_{C_1} \frac{f(w)}{(w-a)^{n+1}}\, dw + \ldots \quad .$$

Das Ergebnis folgt nun unmittelbar aus Gl.(3.28).

Beispiel 3.2. Die Gleichung $e^x = y$, $y > 0$, hat bei alleiniger Zulassung reeller Variabler die eindeutige Lösung x=log y. Läßt man jedoch komplexe Variable zu, so hat $e^w = z$ bei nicht verschwindendem z unendlich viele Lösungen w, die alle als Logarithmus von z bezeichnet werden. Dies stellt natürlich eine Abweichung von der Definition einer Funktion nach Kapitel I dar. "Funktionen", welche in dieser Weise ein mehrdeutiges Verhalten aufweisen, treten in der Theorie der Funktionen einer komplexen Variablen ständig auf, und man kann ihr besonderes Verhalten unter Verwendung von *Riemannschen Flächen* deuten. Eine Behandlung der Riemannschen Flächen würde jedoch den Rahmen dieses Buches sprengen; wegen Einzelheiten sei der interessierte Leser auf das Buch von Ahlfors (1966) verwiesen.

Für den Logarithmus gilt offensichtlich $e^x(\cos y + i \sin y) = z$, wenn man $w=x+iy$ setzt. Damit muß y einer der Werte von arg z und $e^x = \log |z|$ sein. Wählt man für arg z den Hauptwert, dann erhält man den *Hauptwert* vom Logarithmus von z. Dieser Hauptwert des Logarithmus wird als log z bezeichnet, und somit ist

$$\log z = \log |z| + i\cdot(\text{Hauptwert von arg } z).$$

Betrachtet man den Hauptwert des Logarithmus und wählt man die komplexe Ebene mit Ausschluß des Ursprungs und der negativ reellen Achse als Definitionsbereich, dann stellt log z eine Funktion dar in Übereinstimmung mit der Definition aus Kapitel I. Da

$$\log z = \log \sqrt{(x^2 + y^2)} + i \arctan \frac{y}{x}$$

gilt, kann man leicht zeigen, daß die Bedingungen von Theorem 2.2 erfüllt sind, und somit log z analytisch ist. Aufgrund der Cauchy-Riemannschen Differentialgleichungen erhält man weiterhin

$$\frac{d}{dz} \log z = \frac{\partial u}{\partial x} - i \frac{\partial u}{\partial y}$$

mit $u = \log \sqrt{(x^2+y^2)}$ und somit

$$\frac{d}{dz} \log z = \frac{x-iy}{x^2+y^2} = \frac{1}{z} \quad . \tag{3.31}$$

Einen direkten Beweis der Stetigkeit von log z, und damit nach Übung 2.5 der Analytizität, findet man im Buch von Ahlfors (1966), S. 71.

Die Funktion log (1+z) ist analytisch im Kreis $|z| < 1$, und aus Gl.(3.31) ergibt sich

$$\frac{d^n}{dz^n} \log(1+z) = (-1)^{n-1} \frac{(n-1)!}{(1+z)^n} \text{ für } n \geq 2 \; .$$

Aus Theorem 3.6 folgt mit a=0

$$\log(1+z) = z - \frac{z^2}{2} + \frac{z^3}{3} - \frac{z^4}{4} + \dots + (-1)^{n-1} \frac{z^n}{n} + \dots \; , \tag{3.32}$$

da log 1 = 0 gilt in Übereinstimmung mit der Theorie der reellwertigen Funktionen.

Übung 3.13. Man leite die Taylorsche Reihe für log(1+z) nach Gl.(3.32) her, indem man die Entwicklung von

$$f'(z) = \frac{1}{z} = \frac{1}{(z-1)+1} \tag{3.33}$$

betrachtet und gliedweise integriert.

Beispiel 3.3 (man vergleiche hierzu Beispiel 2.3). Es gilt

$$\exp(z) = 1 + \frac{z}{1!} + \frac{z^2}{2!} + \dots + \frac{z^n}{n!} + \dots \; . \tag{3.34}$$

Definiert man sin(z) und cos(z) durch die Beziehungen

$$\sin z = \frac{e^{iz} - e^{-iz}}{2i} \tag{3.35}$$

und

$$\cos z = \frac{e^{iz} + e^{-iz}}{2} \; , \tag{3.36}$$

dann ergeben sich die Reihendarstellungen

$$\sin z = z - \frac{z^3}{3!} + \frac{z^5}{5!} - \ldots \tag{3.37}$$

und

$$\cos z = 1 - \frac{z^2}{2!} + \frac{z^4}{4!} - \ldots \quad , \tag{3.38}$$

und beide Reihen haben einen unendlichen Konvergenzradius. Außerdem folgen unmittelbar aus der Definition die Beziehungen

$$\frac{d}{dz} \sin z = \cos z \tag{3.39}$$

$$\frac{d}{dz} \cos z = - \sin z. \tag{3.40}$$

Es soll nun die Funktion $\sin^2 z$ betrachtet werden. Sie ist in der gesamten komplexen Ebene analytisch und besitzt deshalb eine Taylorsche Entwicklung in jedem Kreis um den Ursprung. Da

$$\frac{d}{dz} \sin^2 z = 2 \sin z \cos z \tag{3.41}$$

gilt, lassen sich die Koeffizienten in dieser Entwicklung leicht berechnen. Auf diese Weise erhält man

$$\sin^2 z = \frac{2}{2!} z^2 - \frac{8}{4!} z^4 + \frac{32}{6!} z^6 - \ldots + (-1)^{n-1} \frac{2^{2n-1}}{(2n)!} z^{2n} + \ldots \tag{3.42}$$

Übung 3.14. Man verifiziere die Ergebnisse von Beispiel 3.3 unmittelbar unter Verwendung der Formel für die Produktbildung zweier Potenzreihen.

Zum Abschluß dieses Abschnitts soll ein nützliches Ergebnis, welches als Satz von Morera bekannt ist, angegeben werden.

THEOREM 3.7 *(Satz von Morera)*. Es sei $f(z)$ stetig innerhalb des Kreises $C_1: |z| < R$, und es wird angenommen, daß

$$\int_C f(z)dz = 0 \tag{3.43}$$

gilt für sämtliche geschlossenen Wege C innerhalb C_1. Dann ist die Funktion $f(z)$ analytisch innerhalb von C_1.

Beweis. Es seien z und z_0 Punkte innerhalb von C_1. Aufgrund der Gl.(3.43) hängt dann das Integral

$$g(z) = \int_{z_0}^{z} f(w)dw$$

nicht vom Integrationsweg ab, der daher als die geradlinige Verbindung zwischen den beiden Punkten gewählt werden kann. Laut Voraussetzung ist $f(w)$ stetig, und daher strebt

$$\frac{g(z+h) - g(z)}{h} - f(z) = \frac{1}{h} \int_{z}^{z+h} \{f(w) - f(z)\}dw$$

für $h \to 0$ gegen Null. Damit ist zu erkennen, daß $g'(z)=f(z)$ sein muß. Gemäß Theorem 3.5 muß die Ableitung einer analytischen Funktion ebenfalls analytisch sein, und das Theorem ist damit bewiesen.

Übung 3.15. Man beweise, daß eine Funktion $f(z)$, welche für alle endlichen Werte von z analytisch ist und die Bedingung $|f(z)| < M$ für alle z erfüllt (also beschränkt ist), eine Konstante sein muß. [Man verwende die Theoreme 3.3 und 3.5. Dieses Ergebnis ist als *Satz von Liouville* bekannt.]

4. Laurentsche Reihen

Ist eine Funktion $f(z)$ nicht analytisch in einem Punkt z_0, jedoch analytisch in einer gelochten Umgebung von z_0, dann heißt z_0 eine *isolierte Singularität* von $f(z)$. Man kann $f(z)$ offensichtlich nicht in eine Taylorsche Reihe um z_0 entwickeln, es ist jedoch von Interesse zu untersuchen, ob eine Reihenentwicklung in einem Ringgebiet durchgeführt werden kann, welches durch konzentrische Kreise um z_0 gebildet wird.

Es soll nun gezeigt werden, daß eine in dem Ringgebiet $r \leq |z-z_0| \leq R$ analytische Funktion als unendliche Reihe von positiven und negativen Potenzen von $(z-z_0)$ ausgedrückt werden kann. Es gilt hierbei das folgende Theorem.

THEOREM 4.1. Stellt f eine innerhalb und auf dem Rand des Rings

$$r \leq |z-z_0| \leq R$$

analytische Funktion dar, dann ist $f(z)$ gegeben durch die *Laurentsche Reihe*

$$f(z) = \sum_{n=0}^{\infty} a_n (z-z_0)^n + \sum_{n=1}^{\infty} b_n (z-z_0)^{-n} , \tag{4.1}$$

wobei

$$a_n = \frac{1}{2\pi i} \int_{C_2} \frac{f(w)dw}{(w-z_0)^{n+1}} \tag{4.2}$$

und

$$b_n = \frac{1}{2\pi i}\int_{C_1} (w-z_0)^{n-1} f(w)dw \tag{4.3}$$

gilt und z ein beliebiger Punkt innerhalb des Ringgebiets ist. Der Kreis $|z-z_0|=r$ wurde mit C_1 und $|z-z_0|=R$ mit C_2 bezeichnet.

Beweis. Man betrachte den in Bild 3 durch Pfeile gekennzeichneten geschlossenen Weg, welcher im Punkt A beginnt, den Kreis C_2 in positivem Umlaufsinn beschreibt, längs des

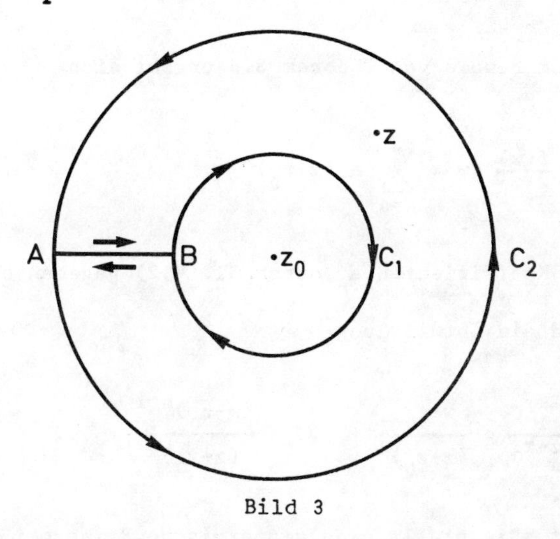

Bild 3

Durchmessers von A nach B fortschreitet, den Kreis C_1 in negativem Sinn beschreibt und schließlich von B nach A geradlinig zurückführt.

Geht die geradlinige Verbindung von A nach B nicht durch den Punkt z, dann erhält man nach Theorem 3.3 für das Integral $\frac{1}{2\pi i}\int\frac{f(w)}{w-z}\,dw$ längs des oben bezeichneten Weges die Beziehung

$$f(z) = \frac{1}{2\pi i}\int_{C_2}\frac{f(w)}{w-z}\,dw - \frac{1}{2\pi i}\int_{C_1}\frac{f(w)}{w-z}\,dw\ , \tag{4.4}$$

da die Integralbeiträge längs der Geraden AB sich gegenseitig aufheben. Das Vorzeichen des zweiten Integrals wurde umgekehrt, dafür wird der Kreis C_1 in positiver Richtung durchlaufen.

Wie beim Beweis von Theorem 3.6 ergibt sich

$$\frac{1}{2\pi i}\int_{C_2}\frac{f(w)}{w-z}\,dw = \sum_{n=0}^{\infty} a_n(z-z_0)^n\ , \tag{4.5}$$

wobei die Koeffizienten a_n durch Gl.(4.2) gegeben sind.

Es wird die Entwicklung

$$\frac{1}{z-w} = \frac{1}{z-z_0} + \frac{w-z_0}{(z-z_0)^2} + \ldots + \frac{(w-z_0)^{n-1}}{(z-z_0)^n} + \ldots \tag{4.6}$$

betrachtet. Sie stellt eine geometrische Reihe mit dem Quotienten $(w-z_0)/(z-z_0)$ dar und ist deshalb längs C_1 gleichmäßig konvergent (man vergleiche Kapitel IV, Theorem 12.1). Man kann deshalb beide Seiten der Gl.(4.6) mit $f(w)/2\pi i$ multiplizieren und längs C_1 gliedweise integrieren, so daß man

$$-\frac{1}{2\pi i}\int_{C_1}\frac{f(w)}{w-z}\,dw = \frac{1}{z-z_0}\cdot\frac{1}{2\pi i}\int_{C_1} f(w)dw + \ldots$$

$$\ldots + \frac{1}{(z-z_0)^n}\cdot\frac{1}{2\pi i}\int_{C_1}(w-z_0)^{n-1}f(w)dw + \ldots$$

$$= \sum_{n=1}^{\infty} b_n(z-z_0)^{-n} \qquad (4.7)$$

erhält. Hierbei sind die b_n durch Gl.(4.3) gegeben. Die Aussage des Theorems ergibt sich jetzt aus den Gln.(4.4), (4.5) und (4.7).

Offensichtlich konvergiert die Reihe $\sum a_n(z-z_0)^n$ für sämtliche z innerhalb des Kreises C_2, und die Reihe $\sum b_n(z-z_0)^{-n}$ konvergiert für sämtliche z außerhalb des Kreises C_1. Stellt f(z) eine innerhalb C_1 analytische Funktion dar, dann verschwinden sämtliche b_n aufgrund des Cauchyschen Satzes, und die Laurentsche Reihe wird eine Taylorsche Reihe. Man beachte auch, daß die bei der Berechnung von a_n und b_n vorkommenden Integrale längs jedes geschlossenen Weges im Ringgebiet zwischen C_1 und C_2 gebildet werden können.

Übung 4.1. Man beweise, daß die Laurentsche Reihe für eine in einem Ringgebiet analytische Funktion eindeutig ist. [Man nehme zwei Entwicklungen an und vergleiche die Ausdrücke für ihre Koeffizienten.]

Beispiel 4.1. Es ist

$$\left(\frac{1}{z^2}+\frac{2}{z}\right)e^z=\left(\frac{1}{z^2}+\frac{2}{z}\right)\left(1+z+\frac{z^2}{2!}+\ldots+\frac{z^n}{n!}+\ldots\right)$$

$$=\frac{1}{z^2}+\frac{1}{z}+\frac{1}{2!}+\frac{z}{3!}+\ldots+\frac{z^n}{(n+2)!}+\ldots$$

$$+\frac{2}{z}+2+\frac{2z}{2!}+\ldots+\frac{2z^n}{(n+1)!}+\ldots$$

$$=\frac{1}{z^2}+\frac{3}{z}+\frac{5}{2}+\ldots+\frac{2n+5}{(n+2)!}z^n+\ldots\quad.$$

Beispiel 4.2. Für $z \neq 0$ ist

$$\exp\frac{1}{z}=1+\frac{1}{z}+\frac{1}{2!z^2}+\ldots+\frac{1}{n!z^n}+\ldots\quad.$$

Beispiel 4.3. Für $z \neq 0$ erhält man

$$\frac{\sin z}{z}=\frac{1}{z}\left\{\sum_{n=0}^{\infty}(-1)^n\frac{z^{2n+1}}{(2n+1)!}\right\}$$

$$=1-\frac{z^2}{3!}+\frac{z^4}{5!}-\ldots\quad.$$

4.1. Pole und Nullstellen

Besitzt die Funktion f(z) eine isolierte Singularität in einem Punkt z_0, dann kann man ein Ringgebiet A mit Mittelpunkt z_0 angeben, in welchem f(z) analytisch ist. Es ist dann möglich, für f(z) in A die Laurentsche Entwicklung

$$f(z) = \sum_{n=1}^{\infty} b_n(z-z_0)^{-n} + \sum_{n=0}^{\infty} a_n(z-z_0)^n \qquad (4.8)$$

zu bilden. Die erste Reihe auf der rechten Seite von Gl. (4.8) wird als *Hauptteil* von f(z) in $z=z_0$ bezeichnet.

Falls jedes Glied im Hauptteil verschwindet, spricht man von einer *hebbaren Singularität* in z_0, da diese Singularität behoben werden kann, indem man f(z) für $z=z_0$ den Wert a_0 zumißt. Dieser Fall lag in Beispiel 4.3 vor; die Funktion (sin z)/z ist in z=0 unstetig (da sie dort nicht definiert ist), diese Singularität läßt sich aber beseitigen, indem man definiert, daß (sin z)/z in z=0 den Wert 1 hat.

Es sei nun $b_n=0$ für n größer als eine gewisse ganze Zahl m mit $m \geq 1$. Der Hauptteil wird dann $\sum_{k=1}^{m} b_k/(z-z_0)^k$, und die Singularität heißt ein *Pol m-ter Ordnung*. Man beachte, daß in diesem Fall $(z-z_0)^m f(z)$ eine hebbare Singularität in z_0 hat. Der Wert von b_1 (der Null sein kann) heißt das *Residuum* von f(z) im Pol $z=z_0$. Für m=1 ist, wie man leicht sieht, das Residuum $b_1=\lim_{z\to z_0}(z-z_0)f(z)$. Im allgemeinen Fall erhält man für einen Pol m-ter Ordnung

$$\lim_{z\to z_0} (z-z_0)^m f(z) = b_m \ . \qquad (4.9)$$

Hieraus ist zu erkennen, daß $|f(z)|\to\infty$ strebt für $z\to z_0$, sofern f(z) in z_0 einen Pol hat. Im Beispiel 4.1 liegt im Ursprung ein Pol der Ordnung 2 mit Residuum 3. Eine Funktion, welche in jedem endlichen Gebiet der komplexen Ebene außer Polen keine Singularitäten hat, wird *meromorph* genannt.

Eine weitere Möglichkeit besteht darin, daß der Hauptteil von f(z) aus einer unendlichen Reihe besteht, und in diesem Falle spricht man von einer *wesentlichen Singularität* in z_0. Der Wert von b_1 heißt das Residuum der wesentlichen Singularität. In diesem Sinne besitzt exp(1/z) eine wesentliche Singularität im Ursprung mit dem Residuum 1 (man vergleiche Beispiel 4.2).

Eine Funktion f(z), welche in einem Punkt z_0 analytisch ist, besitzt eine Taylorsche Entwicklung

$$f(z) = \sum_{n=0}^{\infty} a_n (z-z_0)^n \tag{4.10}$$

um den Punkt z_0. Ist a_m der erste von Null verschiedene Koeffizient in Gl.(4.10), dann sagt man, f(z) habe eine *Nullstelle m-ter Ordnung* in z_0.

Übung 4.2. Es sei $f(z)=(z-z_0)^m g(z)$, und f(z) sei analytisch in z_0 und habe eine Nullstelle m-ter Ordnung in z_0. Man zeige, daß g(z) in z_0 analytisch ist. [Man verwende die Differentiationseigenschaften einer Potenzreihe gemäß Kapitel IV, Abschnitt 12.]

THEOREM 4.2. Ist die Funktion f(z) analytisch im Punkt z_0 und hat sie eine Nullstelle von endlicher Ordnung in z_0, dann existiert eine gewisse Umgebung $N(z_0,h)$, welche keine weiteren Nullstellen von f(z) enthält (d.h. Nullstellen sind *isoliert*).

Beweis. Es wird angenommen, daß die Nullstelle in z_0 von m-ter Ordnung ist, und es wird $f(z)=(z-z_0)^m g(z)$ geschrieben, wobei nach Übung 4.2 die Funktion g(z) in einem Kreis $|z-z_0|<H$ analytisch ist. Da die Nullstelle die Ordnung m hat, ist $g(z_0)=a_m \neq 0$. Aufgrund der Stetigkeit von g(z) kann man ein $h > 0$ derart wählen, daß aus $|z-z_0|<h$ stets $|g(z)-g(z_0)|<|a_m/2|$ folgt. Für $|z-z_0| < h$ erhält man damit die Ungleichung $|g(z)| \geq |\{|g(z_0)|-|g(z)-g(z_0)|\}|>|a_m/2|$, somit ist g(z) in $N(z_0,h)$ nicht Null.

Es wird nun ein wichtiges Ergebnis bewiesen, durch welches Pole und Nullstellen miteinander verknüpft werden.

THEOREM 4.3. Ist die Funktion f(z) analytisch und hat sie eine Nullstelle m-ter Ordnung im Punkt z_0, dann hat die Funktion 1/f(z) einen Pol m-ter Ordnung in z_0.

Beweis. Da die Funktion f(z) in z_0 analytisch ist und dort eine Nullstelle hat, ist sie in einer Umgebung $N(z_0,h)$ analytisch, und es gilt $f(z) \neq 0$ in $N'(z_0,h)$. Damit ist die Funktion 1/f(z), welche für $f \neq 0$ die Ableitung $-f'/f^2$ hat, in $N'(z_0,h)$ ebenfalls analytisch und hat daher eine isolierte Singularität in z_0.

Es wird jetzt $f(z)=(z-z_0)^m g(z)$ geschrieben. Dann wird $g(z)= \sum_{n=0}^{\infty} a_{n+m}(z-z_0)^n$, und g(z) ist in $N(z_0,h)$ analytisch und von Null verschieden. Die Funktion 1/g(z) ist in z_0 analytisch und besitzt deshalb eine Taylor-Entwicklung

$$\frac{1}{g(z)} = \sum_{n=0}^{\infty} A_n(z-z_0)^n$$

in $N(z_0,h)$, wobei $A_0 = \frac{1}{g(z_0)} \neq 0$ gilt. Damit erhält man in $N'(z_0,h)$

$$\frac{1}{f(z)} = \frac{A_0}{(z-z_0)^m} + \frac{A_1}{(z-z_0)^{m-1}} + \ldots + A_m + \sum_{n=1}^{\infty} A_{m+n}(z-z_0)^n,$$

und demzufolge hat $1/f(z)$ einen Pol m-ter Ordnung in z_0.

Übung 4.3. Man beweise die Umkehrung von Theorem 4.3, also die Aussage: Hat $f(z)$ einen Pol m-ter Ordnung in z_0, dann läßt sich die Funktion $1/f(z)$ in z_0 geeignet definieren, so daß sie dort analytisch wird und eine Nullstelle m-ter Ordnung aufweist.

Übung 4.4. Man beweise, daß ein Häufungspunkt einer Folge von Nullstellen einer nichtkonstanten Funktion $f(z)$ eine wesentliche Singularität von $f(z)$ sein muß. [Man zeige zunächst, daß eine in einem Häufungspunkt einer Folge ihrer Nullstellen analytische Funktion $f(z)$ identisch verschwinden muß. Sodann zeige man, daß ein solcher Häufungspunkt kein Pol sein kann, sofern $f(z)$ nicht identisch Null ist.]

Übung 4.5. Man zeige, daß der Häufungspunkt einer Folge isolierter Singularitäten einer Funktion, welche abgesehen von diesen Singularitäten analytisch ist, selbst eine Singularität ist, jedoch kein Pol sein kann. Ein derartiger Häufungspunkt wird als eine *nicht isolierte wesentliche Singularität* bezeichnet. [Der Häufungspunkt ist nicht isoliert.]

Eine wesentliche Singularität einer Funktion $f(z)$ weist ein viel komplizierteres Verhalten auf als ein Pol. Es kann gezeigt werden, daß bei einer wesentlichen Singularität der Funktion $f(z)$ in z_0 erreicht werden kann, daß $f(z)$ gegen jeden beliebigen Grenzwert strebt, indem man z in geeigneter Weise gegen z_0 streben läßt. (Man vergleiche beispielsweise Titchmarsh, 1939, S. 93.)

Ist f(z) eine rationale Funktion (d.h. der Quotient zweier Polynome), dann ist sie für sämtliche Werte von z analytisch, für welche ihr Nenner nicht verschwindet. Das Verhalten einer komplexen Funktion im Unendlichen wird mit Hilfe der Transformation $z=1/w$ untersucht, und die Eigenschaften von f(z) im Unendlichen werden ausgedrückt durch die entsprechenden Eigenschaften von f(1/w) in $w=0$. Der *Punkt Unendlich* in der komplexen Ebene ist als der Punkt definiert, welcher bei Anwendung der Transformation $z=1/w$ dem Ursprung entspricht. Man beachte, daß es nur einen derartigen Punkt gibt, und man vergleiche Kapitel IV, Abschnitt 2. Man kann nun das folgende Theorem für rationale Funktionen beweisen.

THEOREM 4.4. Eine Funktion f(z), welche keine wesentliche Singularität bei endlichen oder unendlichen Werten von z aufweist, ist eine rationale Funktion.

Beweis. Aufgrund der Voraussetzungen ist der Punkt Unendlich keine wesentliche Singularität. Deshalb existiert eine Umgebung $N(\infty)$, in welcher der Punkt Unendlich ein Pol von f(z) ist oder in welcher f(z) analytisch ist. Der Hauptteil von f(z) im Unendlichen muß deshalb die Form $\sum_{k=1}^{m} b_k z^k$ haben mit einem endlichen Wert von m.

Weiterhin kann man ein Gebiet um den Ursprung in der Weise wählen, daß der Punkt Unendlich die einzige Singularität darstellt, die sich außerhalb des Gebiets befindet. Innerhalb des Gebiets können nur endlich viele Pole liegen, da es sonst einen Häufungspunkt geben müßte, welcher eine andere Singularität darstellt als einen Pol.

Diese endliche Folge von Polen soll mit $z_1, z_2, \ldots, z_n$ bezeichnet werden, und die Hauptteile von f(z) in diesen Polen seien $\sum_{k=1}^{p_j} b_{kj}/(z-z_j)^k$ für $j=1,2,\ldots,n$, wobei p_j die Ordnung des Poles z_j ist. Die Funktion

$$g(z) = f(z) - \sum_{j=1}^{n} \sum_{k=1}^{p_j} \frac{b_{kj}}{(z-z_j)^k} - \sum_{k=1}^{m} b_k z^k$$

ist nun analytisch in der gesamten komplexen Ebene (einschließlich des Punktes Unendlich) und ist deshalb auch beschränkt. Aufgrund des Liouvilleschen Satzes (man vergleiche Übung 3.15) muß somit g(z) eine Konstante sein. Damit ist gezeigt, daß f(z) eine rationale Funktion ist.

Übung 4.6. Man beweise, daß eine Funktion mit einem Pol m-ter Ordnung im Unendlichen und keinen weiteren Singularitäten ein Polynom vom Grad m sein muß.

Beispiel 4.4. Es wurde bereits gezeigt, daß die Funktion exp(1/z) in z=0 eine wesentliche Singularität hat. Daraus folgt, daß e^z im Unendlichen eine wesentliche Singularität aufweist. Man beachte, daß für jede von Null verschiedene komplexe Zahl $z_0=r_0(\cos\theta_0+i\sin\theta_0)$ die unendliche Folge $w_n=\log r_0+i(\theta_0+2\pi n)$ für sämtliche Werte von n den Ausdruck $\exp(w_n)=z_0$ liefert.

Beispiel 4.5. Man betrachte die rationale Funktion

$$g(z) = \frac{z(z-1)}{(z+1)(z-2)(z-3)}.$$

Man setze z=1/w. Dann erhält man

$$g(w) = \frac{w(1-w)}{(1+w)(1-2w)(1-3w)} .$$

Diese Funktion ist im Ursprung analytisch, da der Nenner dort nicht verschwindet. Deshalb ist g(z) im Unendlichen analytisch. Die Funktion 1/[g(z)] besitzt Nullstellen erster Ordnung in z=-1, z=2 und z=3. Deshalb hat g(z) einfache Pole in diesen Punkten, deren Residuen nach Gl.(4.9) gleich 1/6, -2/3 bzw. 3/2 sind. Man kann sich leicht davon überzeugen, daß g(z) in Partialbrüchen ausgedrückt werden kann durch

$$g(z) = \frac{1}{6(z+1)} - \frac{2}{3(z-2)} + \frac{3}{2(z-3)} \quad .$$

5. Die Residuenrechnung

Man kann den Cauchyschen Integralsatz als ein wirkungsvolles Mittel zur Berechnung bestimmter Integrale verwenden. Das folgende Theorem bildet die Grundlage für diese Anwendung.

THEOREM 5.1 *(Cauchyscher Residuensatz).* Die Funktion f(z) sei überall innerhalb und auf einem geschlossenen elementaren Weg C analytisch, abgesehen von endlich vielen isolierten Singularitäten, welche sich innerhalb von C befinden. Dann gilt $\int_C f(z)dz=2\pi i \sum \text{Res}(z_k)$, wobei $\sum \text{Res}(z_k)$ die Summe der Residuen in den Singularitäten innerhalb von C bedeutet.

Beweis. Aufgrund der Laurent-Entwicklung ist das Residuum b_{1k} in der Singularität z_k gegeben durch $b_{1k}=(1/2\pi i)\int_{C_k} f(z)dz$, wobei C_k einen geschlossenen Kreis um z bedeutet, welcher keine andere Singularität von f(z) umschließt.

Alle Singularitäten $z_1,\ldots, z_n$ innerhalb C sollen durch derartige Kreise C_k, k=1,2,...,n umgeben sein, wobei die Radien so klein gewählt werden, daß alle Kreise vollständig innerhalb C verlaufen und sich nicht gegenseitig schneiden. Aus dem Cauchyschen Integralsatz und einer einfachen Erweiterung der Übung 3.7 folgt nun, daß die Beziehung

$$\int_C f(z)\,dz = \sum_{k=1}^{n} \int_{C_k} f(z)\,dz$$

$$= 2\pi i \sum_{k=1}^{n} b_{1k}$$

gilt, womit das Theorem bewiesen ist.

Das Residuum der Funktion $f(z)$ im Punkt Unendlich ist definiert als das Negative des Koeffizienten bei z in der Entwicklung von $f(1/z)$ um den Ursprung. Damit ist das Residuum im Punkt Unendlich gegeben durch $(1/2\pi i) \int_C f(z)dz$, wobei C einen Kreis bedeutet, welcher so groß gewählt sein muß, daß er alle endlichen Singularitäten von $f(z)$ enthält, und welcher im mathematisch negativen Sinn (also im Uhrzeigersinn) durchlaufen wird. Nach der Transformation $z=1/w$ ist leicht zu erkennen, daß das Residuum von $f(z)$ in Unendlich durch $\lim_{z\to\infty}\{-zf(z)\}$ gegeben ist, sofern dieser Grenzwert existiert. Es ist wichtig, im Gedächtnis zu behalten, daß eine in Unendlich analytische Funktion dort trotzdem ein Residuum haben kann. Beispielsweise besitzt die rationale Funktion aus Beispiel 4.5 das Residuum -1 in Unendlich.

Übung 5.1. Die Summe der Residuen in den endlichen Singularitäten und in Unendlich bei der rationalen Funktion von Beispiel 4.5 ist Null. Man zeige, daß dies für sämtliche rationale Funktionen gilt.

Es sei $f(z)$ analytisch innerhalb und auf einem geschlossenen Weg C, abgesehen von endlich vielen Polen, welche innerhalb von C liegen. Es wird angenommen, daß keine der Nullstellen von $f(z)$ auf C liegt. Ist z_0 eine Nullstelle m-ter Ordnung von $f(z)$, dann kann man schreiben $f(z)=(z-z_0)^m g(z)$, wobei $g(z_0) \neq 0$ gilt und $g(z)$ in $z=z_0$ analytisch ist. Damit erhält man

$$\frac{f'(z)}{f(z)} = \frac{m}{z-z_0} + \frac{g'(z)}{g(z)} ,$$

und hieraus ist zu erkennen, daß $f'(z)/f(z)$ in z_0 einen einfachen Pol mit dem Residuum m hat. In ähnlicher Weise zeigt sich, daß $f'(z)/f(z)$ einen einfachen Pol mit dem Residuum $-m$ in einem Pol m-ter Ordnung von $f(z)$ besitzt. Damit führt eine einfache Anwendung von Theorem 5.1 zu folgender Aussage.

THEOREM 5.2. Ist $f(z)$ analytisch innerhalb und auf einem geschlossenen elementaren Weg, abgesehen von endlich vielen Polen, welche innerhalb C liegen, und verschwindet $f(z)$ nicht auf C, dann gilt

$$\frac{1}{2\pi i} \int_C \frac{f'(z)}{f(z)} dz = N - P,$$

wobei N die Zahl der Nullstellen und P die Zahl der Pole innerhalb von C bedeutet (dabei wird jeder Pol oder jede Nullstelle m-ter Ordnung m Mal gezählt).

Beispiel 5.1. Man betrachte das Integral

$$I = \int_0^{2\pi} \frac{a d\theta}{a^2 + \sin^2\theta} , \quad a > 0 .$$

Nun wird $z=\exp(i\theta)$ gesetzt, so daß $\sin\theta = (1/2i)(z-1/z)$ und $d\theta/dz = 1/iz$ wird, wodurch man

$$I = \int_C \frac{-4aiz\,dz}{4a^2z^2-(z^2-1)^2}$$

erhält; dabei bedeutet C den Einheitskreis. Nun ist

$$\frac{z}{4a^2z^2-(z^2-1)^2} = \frac{-z}{(z^2-2az-1)(z^2+2az-1)} .$$

Es sei

$$(z^2-2az-1) = (z-\alpha)(z-\beta)$$

und

$$(z^2+2az-1) = (z-\alpha')(z-\beta'),$$

wobei

$$\alpha,\beta = a \pm \sqrt{(a^2+1)}$$

$$\alpha',\beta' = -a \pm \sqrt{(a^2+1)}$$

gilt. Damit hat obige rationale Funktion einfache Pole in β und α' innerhalb des Einheitskreises (da $a > 0$ ist, befinden sich die beiden anderen Pole außerhalb von C).

Das Residuum in β ist gegeben durch

$$\frac{-\beta}{(\beta-\alpha)(\beta-\alpha')(\beta-\beta')}$$

und das Residuum in α' durch

$$\frac{-\alpha'}{(\alpha'-\alpha)(\alpha'-\beta)(\alpha'-\beta')} .$$

Nun gilt aber

$$\beta-\alpha = -2\sqrt{(a^2+1)}$$

$$\beta-\alpha' = 2a-2\sqrt{(a^2+1)}$$

$$\beta-\beta' = 2a$$

$$\alpha'-\alpha = -2a$$

$$\alpha'-\beta = -2a+2\sqrt{(a^2+1)}$$

$$\alpha'-\beta' = 2\sqrt{(a^2+1)} \ ,$$

und damit wird die Summe der Residuen innerhalb von C gerade gleich

$$\frac{-1}{(\beta-\alpha)(\beta-\beta')} = \frac{1}{4a\sqrt{(a^2+1)}} \ .$$

Theorem 5.1. liefert dann

$$\int_0^{2\pi} \frac{a\,d\theta}{a^2+\sin^2\theta} = \frac{2\pi}{\sqrt{(a^2+1)}} \ .$$

Beispiel 5.2. Man betrachte das Integral $I=\int_C e^{imz}f(z)dz$, wobei die einzigen Singularitäten von f(z) für endliches z Pole sind (d.h. f(z) ist meromorph) und C einen Halbkreis vom Radius R in der oberen Halbebene um den Ursprung bedeutet. Es sei m positiv und f(z) strebe für $|z|\to\infty$ gleichmäßig gegen Null.

Aufgrund dieser letzten Bedingung kann man für jedes gegebene $\varepsilon>0$ den Radius R hinreichend groß wählen, so daß für alle z auf C stets $|f(z)|<\varepsilon$ gilt. Setzt man $z=R(\cos\theta + i\sin\theta) = R\exp(i\theta)$, dann erhält man

$$\left|\int_C f(z)\exp(imz)\,dz\right| = \left|\int_0^{\pi} f(z)\exp(imz)\,R\exp(i\theta)i\,d\theta\right|$$

$$< \varepsilon \int_0^{\pi} \exp(-mR\sin\theta)\,R\,d\theta$$

$$= 2\varepsilon R \int_0^{\pi/2} \exp(-mR\sin\theta)\,d\theta\,.$$

Es ist nämlich $|\exp imz| = \exp(-mR\sin\theta)$. Die Funktion $(\sin\theta)/\theta$ nimmt stetig von 1 auf den Wert $2/\pi$ ab, wenn θ von 0 bis $\pi/2$ ansteigt, so daß $(\sin\theta)/\theta > 2/\pi$ für $0<\theta<\pi/2$ gilt. Deshalb erhält man

$$|I| < 2R\varepsilon \int_0^{\pi/2} \exp\left(-\frac{2mR\theta}{\pi}\right)d\theta = \frac{\pi\varepsilon}{m}\,(1 - e^{-mR}).$$

Damit ist gezeigt, daß für $R\to\infty$ das Integral $I\to 0$ strebt. Dieses Ergebnis ist bekannt als *Jordansches Lemma*.

Als ein Beispiel für die Anwendung des Jordanschen Lemmas sei $f(z)=z/(z^2+1)$ gewählt. Diese Funktion erfüllt die oben genannten Bedingungen. Es wird $f(z)\exp(iz)$ längs eines Weges C integriert, welcher aus obigem Halbkreis und der reellen Achse von $-R$ bis $+R$ besteht. Dabei soll R über alle Grenzen anwachsen. Als Ergebnis erhält man

$$\int_{-\infty}^{+\infty} \frac{x\exp(ix)}{x^2+1}\,dx = \frac{\pi i}{e}\,,$$

weil der einzige in der oberen Halbebene gelegene Pol von $f(z)$ an der Stelle i liegt und das Residuum $1/2e$ hat. Das Integral längs des Halbkreises ist gemäß dem Jordanschen Lemma gleich Null.

Betrachtet man im obigen Integral nur den Imaginärteil, dann ergibt sich

$$\int_{-\infty}^{\infty} \frac{x\sin x}{x^2 + 1}\, dx = \frac{\pi}{e} .$$

Der hierbei auftretende Integrand stellt eine gerade Funktion dar. Deshalb gilt auch

$$\int_{0}^{\infty} \frac{x\sin x}{x^2 + 1}\, dx = \frac{\pi}{2e} .$$

Beispiel 5.3. Das folgende Ergebnis ist bei der Umkehrung der Laplace-Transformation recht nützlich (man vergleiche Kapitel VIII). Es sei $f(z)$ eine meromorphe Funktion mit der Eigenschaft $|f(z)|<M/|z|^k$ für alle $|z|>K$, wobei M, k und K positive Konstanten sind. Man betrachte den in Bild 4 dargestellten geschlossenen Weg C, welcher aus einem Teil des Kreises vom Radius R um den Ursprung und aus einem Teil der Geraden $\operatorname{Re} z = \alpha$ besteht. Es wird angenommen, daß sich keine Pole von f auf BD befinden und daß R hinreichend groß gewählt ist, so daß sämtliche Pole von f, die links von dieser Geraden liegen, eingeschlossen werden. Weiterhin wird vorausgesetzt, daß $R>K$ gilt. Aufgrund von Theorem 5.1 erhält man dann

$$I = \int_C e^{zt} f(z)dz = 2\pi i \sum \operatorname{Res}\left[e^{zt} f(z)\right] ,$$

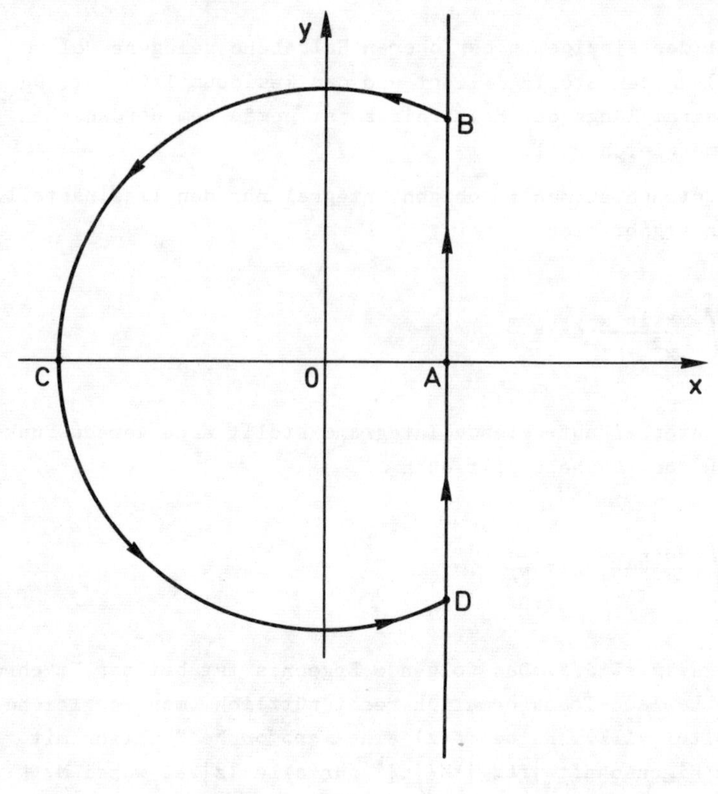

Bild 4

wobei t eine reelle und positive Größe ist. Betrachtet man obiges Integral längs der Kreisbögen BC und CD, dann zeigt eine ähnliche Überlegung wie beim Jordanschen Lemma, daß diese Anteile von I für $R \to \infty$ verschwinden. Daraus folgt, daß

$$\int_{\alpha-i\infty}^{\alpha+i\infty} e^{zt} f(z)dz = 2\pi i \sum \operatorname{Res}[e^{zt} f(z)]$$

gilt, wobei die Summe über sämtliche Pole links von der Geraden $\operatorname{Re} z = \alpha$ erstreckt wird und das Integral als Cauchyscher Hauptwert aufzufassen ist.

Übung 5.2. Man beweise, daß

$$\frac{1}{2\pi i}\int_{\alpha-i\infty}^{\alpha+i\infty} z^{-1}e^{zt}dz = \begin{cases} 0 & \text{für } t<0 \\ \frac{1}{2} & \text{für } t=0 \\ 1 & \text{für } t>0 \end{cases}$$

ist, wobei der Cauchysche Hauptwert des Integrals gemeint ist und $\alpha>0$ gilt. [Man verwende den Teil eines Kreises rechts von $\mathrm{Re}\, z=\alpha$ für $t<0$ und den Teil links von $\mathrm{Re}\, z=\alpha$ für $t>0$. Für $t=0$ wähle man einen Weg, welcher aus der Geraden $\mathrm{Re}\, z=\alpha$, der im Nullpunkt nach rechts ausgebuchteten Geraden $\mathrm{Re}\, z=0$ und den zwei verbindenden Kreisbögen besteht.]

Übung 5.3. Man beweise die Gültigkeit der Beziehung

$$\frac{1}{2\pi}\int_0^{2\pi} (x^2+y^2+2xy\cos\theta)^n\, d\theta = \sum_{r=0}^{n} \binom{n}{r}^2 x^{2r}y^{2(n-r)}.$$

Diese Beispiele sollten einen Eindruck von den Verfahren vermitteln, welche bei der Residuenrechnung Verwendung finden. Weitere Einzelheiten und andere Anwendungen einschließlich der Entwicklung meromorpher Funktionen, der Summierung von Reihen und der Partialbrüche finden sich im Schrifttum, das am Ende des Kapitels aufgeführt ist.

6. Analytische Fortsetzung

Das Kapitel soll mit einem kurzen Hinweis auf die analytische Fortsetzung abgeschlossen werden. Ist eine Funktion $f_1(z)$ im Gebiet S_1 innerhalb eines gegebenen geschlossenen Weges C_1 analytisch, dann kann sie als eine Taylorsche Reihe dargestellt werden in einer Umgebung jedes Punktes $z_0 \in S_1$, wobei der Konvergenzradius wenigstens gleich der kleinsten Entfernung zwischen z_0 und C_1 ist. Konvergiert diese Taylorsche Reihe im Innern S_2 eines größeren Kreises C_2, dann ist in S_2 eine analytische Funktion $f_2(z)$ definiert, welche in $S_1 \cap S_2$ mit $f_1(z)$ zusammenfällt. Die Funktion $f_2(z)$ heißt die *analytische Fortsetzung* von $f_1(z)$ nach S_2. Umgekehrt kann man f_1 als die analytische Fortsetzung von f_2 nach S_1 bezeichnen. Dieser Prozeß läßt sich offensichtlich für jeden Punkt in der Nähe von C_2 wiederholen, und man kann in dieser Weise fortfahren. Diese Methode der Fortsetzung ist bekannt als die *Potenzreihenmethode*.

Wenn allgemeiner zwei Funktionen f_1 und f_2 innerhalb der Gebiete S_1 und S_2, welche im Innern der geschlossenen Wege C_1 und C_2 liegen, analytisch sind und wenn $f_1=f_2$ in $S_1 \cap S_2$ gilt, dann heißt f_2 die analytische Fortsetzung von f_1 nach S_2. Man kann dann die beiden Funktionen f_1 und f_2 als eine einzige analytische Funktion in $S_1 \cup S_2$ auffassen. Ist sowohl f_2 als auch g_2 eine analytische Fortsetzung von f_1 aus S_1 nach S_2, dann gilt $f_2=g_2$.

Unter einer *vollständigen analytischen Funktion* versteht man die ursprüngliche Funktion zusammen mit der Gesamtheit ihrer direkten analytischen Fortsetzungen, zusammen mit den Fortsetzungen dieser Fortsetzungen usw.

Ein gründliches Studium der analytischen Fortsetzung liegt außerhalb des Rahmens dieses Buches. Der interessierte Leser sei wegen der Einzelheiten beispielsweise auf das Buch von Ahlfors (1966) verwiesen.

Beispiel 6.1. Es wird die Reihe

$$f(z) = 1 + z^2 + z^4 + z^8 + \ldots + z^{2^n} + \ldots$$

betrachtet, welche für $|z|<1$ eine analytische Funktion darstellt. Die Wurzeln der Gleichungen $z^{2^n}=1$ für $n=1,2,\ldots$ stellen durchweg Singularitäten von $f(z)$ dar. Stimmt nämlich z mit einer derartigen Wurzel überein, dann sind sämtliche Reihenglieder nach dem n-ten Glied in der Reihe gleich 1. Da es aber unendlich viele derartiger Wurzeln auf jedem Bogen des Einheitskreises $|z|=1$ gibt, kann die Funktion $f(z)$ über diesen Kreis hinaus nicht fortgesetzt werden. In diesem Falle stellt $|z|=1$ die sogenannte *natürliche Grenze* von $f(z)$ dar.

Übung 6.1. Das größte Gebiet, innerhalb welchem die Funktion $f(z)=\sum_{n=0}^{\infty} z^n$ analytisch ist, ist $|z|<1$. Man ermittle einen Punkt innerhalb dieses Gebiets, um den die Taylor-Entwicklung für $f(z)$ eine analytische Fortsetzung außerhalb des ursprünglichen Gebiets liefert, und man ermittle außerdem einen Punkt, von dem aus eine Fortsetzung unmöglich ist.

Weiterführende Literatur

Der gesamte Stoff dieses Kapitels wird in größerer Ausführlichkeit in den klassischen Büchern von Copson (1935) und Titchmarsh (1939) behandelt. Zahlreiche interessante historische Einzelheiten bezüglich des Cauchyschen Integralsatzes und Beispiele von Linienintegralen finden sich in Watson (1914). Eine nützliche kurze Darstellung enthält das Buch von Phillips (1951).

Neuere einführende Literatur sind die Bücher von Franklin (1959), Goodstein (1965) und Ahlfors (1966). Das zuletzt genannte Werk zeichnet sich durch eine besonders individuelle Darstellung aus und enthält einen bemerkenswerten Teil der modernen Analysis. Eine recht umfassende und moderne Behandlung findet man im Buch von Markushevich (1965).

Bezüglich Anwendungen des Stoffes sei der Leser schließlich auf die Werke von Dettman (1965) und Carrier (1966) verwiesen.

Schrifttum

Ahlfors, L.V., 1966, *Complex analysis*, McGraw-Hill, New York.

Apostol, T.M., 1957, *Mathematical analysis*, Addison-Wesley, Reading, Mass.

Carrier, G.F., M. Krook, und C.E. Pearson, 1966, *Functions of a complex variable; theory and technique*, McGraw-Hill, New York.

Copson, T., 1935, *An introduction to the theory of functions of a complex variable*, Oxford University Press, London.

Dettman, J.W. 1965, *Applied complex variables*, Macmillan, New York.

Franklin, P., 1959, *Functions of complex variables*, Pitman, London.

Goodstein, R.L., 1965, *Complex functions*, McGraw-Hill, New York.

Markushevich, A.I. (Übers. R.A. Silverman), 1965, *Theory of functions of a complex variable* (Bd. I, II und III), Prentice-Hall, Englewood Cliffs, N.J.

Phillips, E.G., 1951, *Functions of a complex variable*, Oliver and Boyd, Edinburgh.

Titchmarsh, E.C., 1939, *The theory of functions* (2. Aufl.), Oxford University Press, London.

Watson, G.N., 1914, *Complex integration and Cauchy's theorem*, Hafner, New York.

Aufgaben

1 Man zeige folgendes: Ist n eine ungerade ganze Zahl, dann gilt

$$\cos^n\theta = \frac{1}{2^{n-1}} \left\{ \cos n\theta + \sum \binom{n}{r} \cos(n-2r)\theta \right\}$$

mit $r=1,2,\ldots, \frac{1}{2}(n-1)$.

2 Man zeige, daß die Funktion $w=f(z)=z^{1/2}$ die gesamte z-Ebene mit Ausnahme des Nullpunkts und der negativ reellen Achse in die rechte w-Halbebene abbildet. Man beweise außerdem, daß die Bilder zweier Kurven sich unter demselben Winkel schneiden wie die Originalkurven.

3 Ist C der Einheitskreis um den Ursprung, dann gilt

$$\int_C z^n dz = 0$$

für jede beliebige, von -1 verschiedene ganze Zahl n. Dies ist zu beweisen.

4 Man entwickle die Funktion cosec z in eine Laurentsche Reihe um z=0 und zeige, daß sie dort einen einfachen Pol mit dem Residuum 1 hat. Man zeige weiterhin, daß die Funktion cosec(1/z) eine nichtisolierte wesentliche Singularität in z=0 hat.

5 Sind die beiden Funktionen f(z) und g(z) analytisch innerhalb und auf einem geschlossenen Weg C, gilt weiterhin $f(z) \neq 0$ und $|g(z)| < |f(z)|$ längs C, dann haben die Funktionen f(z) und g(z)+f(z) gleichviele Nullstellen innerhalb von C. Dies ist zu beweisen. (Das Ergebnis ist als *Satz von Rouché* bekannt.)

6 Ist f(x,y) eine rationale Funktion von x und y, dann gilt stets

$$\int_0^{2\pi} f(\cos\theta, \sin\theta)d\theta = 2\pi i \sum \text{Res}\left\{\frac{1}{iz} f\left[\frac{1}{2}\left(z+\frac{1}{z}\right), \frac{1}{2i}\left(z-\frac{1}{z}\right)\right]\right\},$$

wobei die Summe über die Pole von f innerhalb des Kreises $|z|=1$ zu erstrecken ist. Dies ist zu beweisen.

7 Man beweise, daß ein Polynom vom Grad n genau n Wurzeln hat.

8 Ist die Funktion f(z) analytisch auf der abgeschlossenen Scheibe $|z| \leq R$, dann gilt

$$u(r,\theta) = \frac{1}{2\pi} \int_0^{2\pi} \frac{R^2 - r^2}{R^2 - 2\,Rr\,\cos(\theta-\phi) + r^2}\, u(R,\phi)d\phi\ ,$$

wobei u den Realteil von f bedeutet und $0 \leq r < R$ gilt. Dies soll bewiesen werden. Man gebe ein ähnliches Ergebnis an für den Imaginärteil von f. (Dieses Ergebnis ist bekannt als *Poissonsche Formel*.)

9 Mit Hilfe von Linienintegralen soll die Gültigkeit der folgenden Formeln nachgewiesen werden:

(a) $$\int_0^{\infty} \frac{\operatorname{sech}^2 x\, dx}{4x^2 + \pi^2} = \frac{1}{12}$$

(b) $$\int_0^{\infty} \frac{\cos \pi x}{1 + x^2 + x^4}\, dx = \frac{\pi}{2} \exp\left(- \frac{\sqrt{3}}{2}\pi\right).$$

10 Man ermittle die Laurentschen Entwicklungen der Funktion $1/\{(z-1)(z-2)\}$, welche gültig sind in den Gebieten $1<|z|<2$, $|z|<1$ und $|z|>2$.

Laplace-Transformation und Z-Transformation

1. Einführung

Die Verwendung der Laplace-Transformation in den Ingenieurwissenschaften ergab sich aus den von Heaviside eingeführten Operatormethoden. Für eine gegebene Differentialgleichung

$$\ddot{x} + 3\dot{x} + 2x = 1; \quad \dot{x}(0) = x(0) = 0 \tag{1.1}$$

schrieb Heaviside

$$(p^2 + 3p + 2)x = 1 \quad , \tag{1.2}$$

wobei der "Operator" p die Differentiation repräsentiert. Aus Gl.(1.2) erhielt er

$$x = \frac{1}{p^2 + 3p + 2} = \frac{1}{p + 1} - \frac{1}{p + 2} \quad . \tag{1.3}$$

Sofern nun der Übergang von Gl.(1.1) auf Gl.(1.2) zulässig ist, müßte in gleicher Weise $1/(p + 1)$ die Lösung sein von

$$\dot{y} + y = 1; \quad y(0) = 0. \tag{1.4}$$

Diese Lösung lautet

$$y(t) = 1 - e^{-t} \quad . \tag{1.5}$$

Deutet man 1/(p + 2) entsprechend, dann führt die Gl.(1.3) auf

$$x(t) = \frac{1}{2} - e^{-t} + \frac{1}{2} e^{-2t} \quad . \tag{1.6}$$

Diese Funktion erfüllt die Gl.(1.1), wie man leicht zeigen kann.

Es ist nicht schwierig, obiges Vorgehen zu rechtfertigen. Die Rechtfertigung ist jedoch weniger einfach, sobald ähnliche Methoden auf partielle Differentialgleichungen angewendet werden. In der Zeit nach Heaviside wurde von Mathematikern durch die Laplace-Transformation die Grundlage eines Verfahrens geschaffen, welches bei Problemen der Art von Gl.(1.1) auf genau parallele Ergebnisse führt. Diese auf der Laplace-Transformation beruhende Methode hat im Vergleich zur Heavisideschen Methode gewisse geringfügige Nachteile bei der Anwendung auf Gl.(1.1) (man vergleiche Abschnitt 5.4). Bei der Behandlung partieller Differentialgleichungen jedoch ist die Laplace-Transformation in entscheidender Weise überlegen, und sie hat deshalb die ältere Methode verdrängt.

Die Laplace-Transformation ist eng verwandt mit der Fourier-Transformation, und sie erlaubt eine Interpretation in Vektorräumen. Es sei f eine Funktion, welche E_1 in E_1 abbildet. Derartige Funktionen definieren einen Vektorraum (man vergleiche Kapitel III). Es sei K eine Funktion, welche $C_1 \times E_1$ in C_1 abbildet, wobei C_1 den Raum der komplexen Zahlen bedeutet. Falls f und K geeignete Bedingungen befriedigen, existiert das Integral

$$\phi(s) = \int_{-\infty}^{\infty} K(s,t)f(t)dt. \tag{1.7}$$

Es definiert eine Abbildung des Raums der Funktionen f in den Raum der Funktionen ϕ. Unter weiteren geeigneten Bedingungen für K und f ist diese Abbildung eineindeutig. Man beachte die Analogie zwischen der Beziehung (1.7) und dem Produkt einer Matrix (k_{ij}) mit einem Vektor (f_j).

Die spezielle Wahl $K(s,t) = e^{-st}$ in Gl.(1.7) führt auf die zweiseitige Laplace-Transformation. Ihre Bedeutung bei der Lösung von linearen, zeitinvarianten Differentialgleichungen liegt in der Tatsache, daß für die Laplace-Transformierte ϕ von f und die Laplace-Transformierte ψ von Df, wiederum unter der Annahme geeigneter Bedingungen, die Beziehung

$$\psi(s) = s\phi(s) \tag{1.8}$$

besteht. Der Rest dieses Kapitels ist dem Beweis von Gl.(1.8) gewidmet und zusätzlichen Ergebnissen, welche für die Lösung von Gl.(1.1) oder für andere Anwendungen beim Studium Dynamischer Systeme benötigt werden.

2. Die Laplace-Transformation

Es sei $s = \sigma + i\omega$ eine komplexe Zahl, und es sei $f \in D^1_R$ eine Funktion mit Definitionsbereich E_1 und Wertebereich $R \subseteq E_1$. Dann gilt

$$e^{-st} = e^{-\sigma t}(\cos \omega t - i \sin \omega t), \tag{2.1}$$

und somit

$$\phi(a,b,s) := \int_a^b e^{-st} f(t)dt$$

$$= \int_a^b f(t)e^{-\sigma t}\cos \omega t \, dt - i \int_a^b f(t)e^{-\sigma t}\sin \omega t \, dt. \tag{2.2}$$

Jeder der Integranden, $f(t)e^{-\sigma t}\cos \omega t$ und $f(t)e^{-\sigma t}\sin \omega t$, gehört zu D_R^1, und somit existieren nach Abschnitt 4 von Kapitel V beide Integrale in Gl.(2.2), und ϕ ist definiert als eine komplexe Zahl, welche von a,b und s abhängt.

Es wird nun angenommen, daß für alle s in einem bestimmten Gebiet S der komplexen Ebene $\phi(-\infty,\infty,s)$ als ein uneigentliches Integral existiert. Die Funktion ϕ mit Definitionsbereich S und Wertebereich $R \subseteq C_1$, deren Wert für $s \in S$ nach Gl.(2.2) mit $a = -\infty$ und $b = \infty$ definiert ist, heißt *zweiseitige Laplace-Transformierte* von f. Es gibt zahlreiche Bezeichnungen für die Laplace-Transformierte und bei allen wird die Verknüpfung zwischen der Transformierten und der Funktion f, aus welcher sie hervorgegangen ist, hervorgehoben. Übliche Bezeichnungen sind $\mathcal{L}(f)$, F, $\bar{f}$. Gewöhnlich wird es auch keine Verwechslung geben, wenn dasselbe Symbol f für die Funktion und ihre Transformierte verwendet wird und wenn sie durch ihr Argument unterschieden werden. So verwendet man häufig auch die Bezeichnung f(t) und f(s).

In diesem Buch wird im allgemeinen der Querstrich, also $\bar{f}$ verwendet. Dadurch kann zwischen den Funktionen f und $\bar{f}$ und ihren Werten f(t) und $\bar{f}(s)$ unterschieden werden (man vergleiche Kapitel I), was nicht möglich ist, wenn man f sowohl für die Funktion als auch für ihre Transformierte verwendet. Die Schreibweise $\mathcal{L}(f)$ wird gelegentlich auch benützt, und wegen Bezeichnungsschwierigkeiten muß mitunter $\mathcal{L}[f(t)] = \bar{f}(s)$ statt $\mathcal{L}(f) = \bar{f}$ geschrieben werden. Beispielsweise läßt sich die Schreibweise $\mathcal{L}[U(t)] = s^{-1}$ nur umgehen, wenn man die etwas schwerfällige Formulierung " $\mathcal{L}(\phi) = \psi$, wobei ϕ durch $\phi(t) = U(t)$ und ψ durch $\psi(s) = s^{-1}$ definiert sind", verwendet.

Bisher wurde angenommen, daß $\bar{f}(s)$ für Werte s aus einem gewissen Gebiet S der komplexen Ebene existiert. Um diese Existenz sicherzustellen, werden gewöhnlich die folgenden zusätzlichen Einschränkungen für die Funktion $f \in D_R^1$ vorausgesetzt: Es sollen Konstanten M_1, M_2, α_1, α_2 existieren mit den Eigenschaften $\alpha_1 < \alpha_2$ und

$$|f(t)| < M_1 e^{\alpha_1 t} \quad \text{für } t > 0 \, , \tag{2.3}$$

$$|f(t)| < M_2 e^{\alpha_2 t} \quad \text{für } t < 0 \, . \tag{2.4}$$

Dann existiert $\bar{f}(s)$ für alle $s = \sigma + i\omega$ mit $\alpha_1 < \sigma < \alpha_2$. Anders ausgedrückt: die Funktion $\bar{f}(s)$ ist als komplexe Funktion von s im Streifen $\alpha_1 < \sigma < \alpha_2$ definiert. Dieses Ergebnis wird auf folgende Weise bewiesen.

Es wird das erste Integral in Gl.(2.2) betrachtet; das zweite Integral wird auf dieselbe Weise behandelt. Schreibt man

$$\int_a^b f(t)e^{-\sigma t}\cos\omega t\,dt = \int_a^0 f(t)e^{-\sigma t}\cos\omega t\,dt + \int_0^b f(t)e^{-\sigma t}\cos\omega t\,dt \quad , \tag{2.5}$$

dann erhält man für $0 < c < b$ und $\sigma > \alpha_1$

$$\int_0^b f(t)e^{-\sigma t}\cos\omega t\,dt = \left(\int_0^c + \int_c^b\right) f(t)e^{-\sigma t}\cos\omega t\,dt \qquad (2.6)$$

und

$$\left|\int_c^b f(t)e^{-\sigma t}\cos\omega t\,dt\right| \le \int_c^b |f(t)|e^{-\sigma t}dt \qquad (2.7)$$

$$< \int_c^b M_1 e^{-(\sigma-\alpha_1)t}dt \qquad (2.8)$$

$$= \frac{M_1}{\sigma-\alpha_1}\left[e^{-(\sigma-\alpha_1)c} - e^{-(\sigma-\alpha_1)b}\right] \qquad (2.9)$$

$$< \frac{M_1}{\sigma-\alpha_1}\, e^{-(\sigma-\alpha_1)c} \quad . \qquad (2.10)$$

Aufgrund des Cauchyschen Kriteriums strebt damit das Integral auf der linken Seite von Gl.(2.6) für $b \to \infty$ gegen einen endlichen Grenzwert. Entsprechend strebt das erste Integral auf der rechten Seite von Gl.(2.5) für $a \to -\infty$ gegen einen endlichen Grenzwert, sofern $\sigma < \alpha_2$ gewählt wird. Damit ist das Ergebnis bewiesen.

Es sei eine Funktion f gegeben, welche die Bedingung (2.3) erfüllt. Dann bleibt die Bedingung (2.3) bei endlichem $M_1(\alpha_1)$ für sämtliche, auch beliebig kleine Werte von α_1 erfüllt oder es gibt ein Infimum α für die Werte von α_1, für welche die Bedingung (2.3) erfüllt wird. Entsprechend besitzt α_2 in Bedingung (2.4) ein Supremum β, sofern die Ungleichung (2.4) nicht für sämtliche, auch beliebig große, Werte von α_2 erfüllt wird. Der durch $\alpha < \sigma < \beta$ (wobei α oder β oder beide in den angedeuteten Fällen unendlich sein können) in der komplexen Ebene definierte Streifen wird der *Streifen exponentieller Konvergenz* von $\bar{f}$ genannt. Aus obigem Beweis folgt, daß $\bar{f}(s)$ für sämtliche s in diesem Streifen existiert und endlich ist. Die Beweismethode zeigt ausserdem, daß das Definitionsintegral für $\bar{f}(s)$ im Streifen exponentieller Konvergenz auch dann konvergiert, wenn der Integrand durch seinen Betrag ersetzt wird. Dies bedeutet, daß das unendliche Integral in diesem Streifen *absolut konvergiert.*

Das Integral für $\bar{f}(s)$ kann auch in einem größeren Streifen konvergent oder sogar absolut konvergent sein. Man kann daher auch einen *Konvergenzstreifen* und einen *Streifen absoluter Konvergenz* definieren. Der Streifen exponentieller Konvergenz reicht jedoch für die folgenden Anwendungen aus. Er wird durch (α,β) gekennzeichnet.

Beispiel 2.1. Bei der durch

$$f(t) = U(t) - U(t-1) \tag{2.11}$$

definierten Funktion ist der Streifen exponentieller Konvergenz die gesamte s-Ebene. Die Laplace-Transformierte von f ist gegeben durch

$$\bar{f}(s) = \int_{-\infty}^{\infty} f(t)e^{-st}dt \tag{2.12}$$

$$= \int_0^1 e^{-st}dt \tag{2.13}$$

$$= \frac{1-e^{-s}}{s}\,. \tag{2.14}$$

Beispiel 2.2. Es sei f definiert durch

$$f(t) = U(t)e^{-at}. \tag{2.15}$$

Der Streifen exponentieller Konvergenz ist dann $(-a,\infty)$. Die Laplace-Transformierte ist gegeben durch

$$\bar{f}(s) = \int_0^\infty e^{-(s+a)t}dt \tag{2.16}$$

$$= \frac{1}{s+a} . \tag{2.17}$$

Eine direkte Nachprüfung in Gl.(2.16) läßt erkennen, daß das Integral im Punkt $s = -a$ nicht konvergiert.

Beispiel 2.3. Es sei f definiert durch

$$f(t) = -U(-t)e^{-at} . \tag{2.18}$$

Der Streifen exponentieller Konvergenz ist $(-\infty,-a)$. Die Laplace-Transformierte ist

$$\bar{f}(s) = -\int_{-\infty}^0 e^{-(s+a)t}dt = \frac{1}{s+a} , \tag{2.19}$$

wobei das Integral in $s = -a$ nicht konvergiert. Ein Vergleich mit Gl.(2.17) zeigt, daß zwei verschiedene Funktionen dieselbe Laplace-Transformierte besitzen können, allerdings haben bei diesem Beispiel die Konvergenzstreifen keinen gemeinsamen Punkt (man vergleiche Abschnitt 4).

Beispiel 2.4. Man betrachte die durch

$$f(t) = \sum_{r=1}^{\infty} \phi_r(t) \tag{2.20}$$

definierte Funktion, wobei

$$\phi_r(t) = U(t - r + e^{-r^2}) - U(t - r - e^{-r^2}) \tag{2.21}$$

bedeutet. Ist $t = n$ eine positive Zahl, so gilt $f(t) = 1$; weiterhin ist $f(t)$ überall entweder 1 oder 0. Daraus folgt, daß der Streifen exponentieller Konvergenz $(0,\infty)$ ist. Andererseits ist

$$\int_{-\infty}^{\infty} f(t)e^{-st}dt = \sum_{r=1}^{\infty} \int_{r-e^{-r^2}}^{r+e^{-r^2}} e^{-\sigma t}(\cos \omega t - i \sin \omega t)dt. \tag{2.22}$$

Für $\sigma \leq 0$ besitzt jedes Glied in der Reihe einen Realteil und einen Imaginärteil, deren Betrag kleiner ist als

$$\exp[-\sigma(r+1)]\cdot 2\exp(-r^2) = 2\exp\left(-\sigma + \frac{\sigma^2}{4}\right)\exp[-(r + \frac{\sigma}{2})^2] \tag{2.23}$$

$$< 2\exp\left(-\sigma + \frac{\sigma^2}{4}\right)\exp[-(r/2)^2], \quad r>-\sigma. \tag{2.24}$$

Alle Glieder der Reihe $\sum_{r=1}^{\infty}\exp[-(r/2)^2]$ sind enthalten in der Reihe $\sum_{r=1}^{\infty}\exp(-r/4)$. Diese letzte Reihe hat nur positive Glieder und ist konvergent, also muß auch die erste Reihe konvergieren. Daraus folgt, daß das Definitionsintegral für $\bar{f}(s)$ für sämtliche s absolut konvergiert. Dies bedeutet, daß der Streifen absoluter Konvergenz $(-\infty,\infty)$ ist, und er ist damit größer als der Streifen exponentieller Konvergenz.

Übung 2.1. Es seien f und g zwei Funktionen aus D^1_R. Die entsprechenden Streifen exponentieller Konvergenz seien (α_f,β_f) und (α_g,β_g). Wenn diese Streifen einen von Null verschiedenen Durchschnitt (α,β) haben, dann besitzt die Funktion $h = c_1 f + c_2 g$ die Laplace-Transformierte $\bar{h} = c_1\bar{f} + c_2\bar{g}$ mit exponentieller Konvergenz in (α,β). Hierbei bedeuten c_1 und c_2 beliebige reelle Konstanten. Dies ist zu beweisen.

2.1. Sonderfälle

Es gibt zwei wichtige Sonderfälle der zweiseitigen Laplace-Transformation. Zunächst sei angenommen, daß der Streifen exponentieller Konvergenz für eine Funktion f die imaginäre Achse Re s = 0 einschließt. Dann existiert die zweiseitige Laplace-Transformierte auf dieser Achse, und die eingeschränkte Transformierte $\bar{f}(0 + i\omega)$ ist als die *exponentielle Fourier-Transformierte* von f bekannt. Es ist

$$\bar{f}(0 + i\omega) = \int_{-\infty}^{\infty} f(t)e^{-i\omega t}dt \tag{2.25}$$

$$= \int_{-\infty}^{\infty} f(t)\cos\omega t\,dt - i\int_{-\infty}^{\infty} f(t)\sin\omega t\,dt. \tag{2.26}$$

Die beiden Integrale in Gl.(2.26) nennt man die *Fouriersche Cosinus-Transformation* und die *Fouriersche Sinus-Transformation.*

Es sei darauf hingewiesen, daß es bei der Definition der Fourier-Transformation in der Literatur gewisse Abweichungen gibt. Beispielsweise wird die durch Gl.(2.25) gegebene Definition gelegentlich ersetzt durch

$$\frac{1}{\sqrt{(2\pi)}} \int_{-\infty}^{\infty} f(t)e^{-i\omega t}dt \ . \tag{2.27}$$

Außerdem kann das Integral aus Gl.(2.25) selbst dann konvergieren, wenn die imaginäre Achse nicht innerhalb des Streifens exponentieller Konvergenz liegt (man vergleiche Beispiel 2.4).

Ein zweiter Sonderfall der zweiseitigen Laplace-Transformation ergibt sich, wenn die Funktion f die Bedingung $f(t) = 0$ für $t \leq 0$ erfüllt. Diese Bedingung, welche sich in natürlicher Weise bei der Erregung nicht antizipierender Systeme aus der Ruhe ergibt, wurde bereits im Kapitel V verwendet. Die zweiseitige Laplace-Transformierte $\bar{f}$ ist definiert durch

$$\bar{f}(s) = \int_{-\infty}^{\infty} e^{-st}f(t)dt$$

$$= \int_{0}^{\infty} e^{-st}f(t)dt \ . \tag{2.28}$$

Das letzte Integral in Gl.(2.28) definiert die *einseitige Laplace-Transformierte*. Der Streifen exponentieller Konvergenz reicht in diesem Falle auf der rechten Seite bis ins Unendliche; d.h. falls ein Streifen exponentieller Konvergenz existiert, hat er die Form (α,∞).

Die einseitige Laplace-Transformation stellt bei der Untersuchung linearer, zeitinvarianter Systeme das natürlichste Konzept dar. Wenn im Rest dieses Buches von der "Laplace-Transformierten" ohne weitere Angabe gesprochen wird, so soll hierunter stets die einseitige Laplace-Transformierte verstanden werden. Dabei soll natürlich vorausgesetzt sein, daß die Funktionen f, welche transformiert werden, die Bedingung $f(t) = 0$ für $t \leq 0$ erfüllen.

Beispiel 2.5. Die Laplace-Transformierte der Sprungfunktion $U(t-\tau)$ mit $\tau \geq 0$ lautet

$$\mathcal{L}\{U(t-\tau)\} = \int_{\tau}^{\infty} e^{-st} dt = e^{-s\tau}/s \tag{2.29}$$

mit exponentieller Konvergenz in $(0,\infty)$.

Beispiel 2.6. Die Laplace-Transformierte der Deltafunktion $\delta(t-\tau)$ mit $\tau \geq 0$ ist formal definiert durch

$$\mathcal{L}\{\delta(t-\tau)\} = \int_{0}^{\infty} \delta(t-\tau) e^{-st} dt. \tag{2.30}$$

Dies läßt sich aufgrund von Abschnitt 8 aus Kapitel V interpretieren in der Form

$$\mathcal{L}\{\delta(t-\tau)\} = \int_{0}^{\infty} e^{-st} dU(t-\tau) \tag{2.31}$$

$$= e^{-s\tau} \tag{2.32}$$

mit exponentieller Konvergenz in $(-\infty,\infty)$.

Übung 2.2. Ist $\mathcal{L}\{f(t)\} = \bar{f}(s)$ mit exponentieller Konvergenz in (α,∞), dann gilt $\mathcal{L}\{e^{-at}f(t)\} = \bar{f}(s+a)$ mit exponentieller Konvergenz in $(\alpha-a,\infty)$. Hierbei bedeutet a eine reelle Konstante. Dies ist zu beweisen.

Übung 2.3. Ist $\mathcal{L}\{f(t)\} = \bar{f}(s)$ mit exponentieller Konvergenz in (α,∞), dann gilt $\mathcal{L}\{f(t-\tau)\} = e^{-s\tau}\bar{f}(s)$, $\tau > 0$, mit demselben Streifen exponentieller Konvergenz. Dies ist zu zeigen. [Man führe eine Variablenänderung im Definitionsintegral von $\mathcal{L}\{f(t-\tau)\}$ durch.]

Übung 2.4. Man verifiziere die Laplace-Transformierten und Streifen exponentieller Konvergenz in der folgenden Tabelle. [Man verwende die exponentielle Darstellung für die trigonometrischen Funktionen, das Ergebnis aus Übung 2.2 und die partielle Integration.]

f(t)	$\bar{f}(s)$	Streifen exponentieller Konvergenz
$U(t)e^{-at}$	$\frac{1}{s+a}$	$(-a,\infty)$
$U(t)\sin \omega t$	$\frac{\omega}{s^2+\omega^2}$	$(0,\infty)$
$U(t)\cos \omega t$	$\frac{s}{s^2+\omega^2}$	$(0,\infty)$
$U(t)e^{-at}\sin \omega t$	$\frac{\omega}{(s+a)^2+\omega^2}$	$(-a,\infty)$
$U(t)e^{-at}\cos \omega t$	$\frac{s+a}{(s+a)^2+\omega^2}$	$(-a,\infty)$

$f(t)$	$\bar{f}(s)$	Streifen exponentieller Konvergenz
$U(t)e^{-at}\{\cos \omega t + \frac{b-a)}{\omega}\sin \omega t\}$, $a = \frac{1}{2}c_1,\ \omega^2 = c_0 - \frac{1}{4}c_1^2$	$\frac{s+b}{s^2+c_1 s+c_0}$	$(-a,\infty)$
$U(t)t^r e^{-at}$	$\frac{r!}{(s+a)^{r+1}}$	$(-a,\infty)$
$U(t)t^r \sin \omega t$	$\frac{r!(r+1)!}{(s^2+\omega^2)^{r+1}} \times \left\{\frac{s^r\omega}{r!1!} - \frac{s^{r-2}\omega^3}{(r-2)!3!} + \dots\right\}$	$(0,\infty)$
$U(t)t^r \cos \omega t$	$\frac{r!(r+1)!}{(s^2+\omega^2)^{r+1}} \times \left\{\frac{s^{r+1}}{(r+1)!} - \frac{s^{r-1}\omega^2}{(r-1)!2!} + \dots\right\}$	$(0,\infty)$

2.2. Laplace-Transformierte eines Vektors oder einer Matrix

Bisher wurde angenommen, daß f den Definitionsbereich E_1 und den Wertebereich $R \subseteq E_1$ hat. Gilt stattdessen $R \subseteq E_n$, so daß f einen n-Vektor darstellt, dann soll vorausgesetzt werden, daß jedes Element f_i von f die Bedingungen

$$f_i(t) = 0, \quad t \le 0; \quad |f_i(t)| < Me^{\alpha t}, \quad t > 0 \tag{2.33}$$

erfüllt. Damit hat jedes Element f_i eine Laplace-Transformierte $\bar{f}_i$, welche exponentiell konvergiert für Re $s > \alpha$. Der Vektor $\bar{f}$ mit den Elementen $\bar{f}_i$ heißt die Laplace-Transformierte von f. Falls F eine Matrix ist, deren Elemente f_{ij} den Beziehungen (2.33) entsprechende Bedingungen erfüllen, dann ist in gleicher Weise die Matrix $\bar{F}$ mit den Elementen $\bar{f}_{ij}$ die Laplace-Transformierte von F.

Beispiel 2.7. Die Laplace-Transformierte $\bar{F}$ einer Matrix F mit

$$F(t) = \begin{bmatrix} U(t) & U(t)e^{-at} \\ U(t)\cos \omega t & U(t)\sin \omega t \end{bmatrix} \tag{2.34}$$

und $a \geq 0$ ist gegeben durch

$$\bar{F}(s) = \begin{bmatrix} \frac{1}{s} & \frac{1}{s + a} \\ \frac{s}{s^2 + \omega^2} & \frac{\omega}{s^2 + \omega^2} \end{bmatrix} \tag{2.35}$$

mit dem Streifen exponentieller Konvergenz $(0,\infty)$.

3. Laplace-Transformierte der Ableitung

Die Funktion $f \in D_R^1$ habe die Eigenschaft $f(t) = 0$ für $t \leq 0$, und es sei (α,∞) der Streifen exponentieller Konvergenz für $\bar{f}(s)$. Dann besitzt f eine linksseitige Ableitung D_-f in jedem Punkt. Die Ableitung Df existiert dort, wo f unstetig ist, nicht im gewöhnlichen Sinne. Schreibt man jedoch f in der Form

$$f(t) = \phi(t) + \sum_i f_i U(t - p_i), \tag{3.1}$$

dann kann man mit der Konvention von Kapitel V, Abschnitt 8 die Ableitung Df definieren durch

$$Df(t) = D_-\phi(t) + \sum_i f_i \delta(t-p_i) . \tag{3.2}$$

Es erhebt sich nun die folgende Frage: Welche Beziehung besteht zwischen $\bar{f}$ und der Laplace-Transformierten von Df, wenn man annimmt, daß letztere im gewöhnlichen Sinne oder im Sinne von Gl.(3.2) existiert?

Aufgrund von Gl.(7.25) aus Kapitel V erhält man

$$\int_0^b e^{-st} D_- f(t)dt - \int_0^b se^{-st} f(t)dt = f(b)e^{-sb} - \sum_i f_i e^{-sp_i} , \tag{3.3}$$

da f(0) = 0 ist und e^{-st} keine Unstetigkeiten aufweist. Die Summation über i schließt sämtliche Unstetigkeiten von f im Intervall $[0,b]$ ein. Man braucht nicht vorauszusetzen, daß f endlich viele Unstetigkeiten hat, es muß nur gefordert werden, daß es in jedem endlichen Intervall nur endlich viele gibt.

Definitionsgemäß ist nun

$$\bar{f}(s) = \lim_{b\to\infty} \int_0^b e^{-st} f(t)dt, \tag{3.4}$$

und der Grenzwert existiert für alle s im Streifen exponentieller Konvergenz. Aus Gl.(3.3) erhält man somit

$$\zeta(s) := \lim_{b\to\infty} \int_0^b e^{-st} D_- f(t)dt \tag{3.5}$$

$$= s\bar{f}(s) - \lim_{b\to\infty} \sum_i f_i e^{-sp_i}, \quad \text{Re } s > \alpha, \tag{3.6}$$

sofern die auftretenden Grenzwerte existieren. Es ist nämlich

$$\lim_{b\to\infty} f(b)e^{-sb} = 0 \quad \text{für} \quad \text{Re } s > \alpha . \tag{3.7}$$

In Gl.(3.5) bedeutet $\zeta(s)$ definitionsgemäß die Laplace-Transformierte von $D_-f(t)$. Aus den Gln.(3.3) und (3.7) folgt, daß das Integral in Gl.(3.5) für sämtliche s im Streifen (α,∞) konvergiert, sofern die Summe in Gl.(3.6) endlich ist. Falls die Summe in Gl.(3.6) unendlich ist, aber für Re $s > \alpha_1 \geq \alpha$ konvergiert, dann konvergiert das Integral in Gl.(3.5) im Streifen (α_1,∞).

Übung 3.1. Ist $f \in D_R^1$, dann ist f in jedem endlichen Intervall von beschränkter Variation und kann daher als die Differenz zweier monoton wachsender Funktionen ausgedrückt werden, also in der Form $f(t) = g(t) - h(t)$, wobei $g(t)$ und $h(t)$ so gewählt werden können, daß ihre Funktionswerte für $t \leq 0$ verschwinden. Es wird vorausgesetzt, daß die Streifen exponentieller Konvergenz für g und h einen nichtverschwindenden Durchschnitt (α_1,∞) haben. Man zeige, daß das Definitionsintegral für $\mathcal{L}\{D_-f(t)\}$ für alle s aus dem Streifen (α_1,∞) absolut konvergiert. [Für die monoton wachsende, positive Funktion $g \in D_R^1$ gilt $\sum_{i=1}^n g_i \leq g(p_n+) < Me^{\alpha_1 p_n}$ und somit $g_n < Me^{\alpha_1 p_n}$, woraus man die Konvergenz von $\sum_i g_i e^{-\sigma p_i}$ für $\sigma > \alpha_1$ erhält. Man verwende dann die Beziehung $|D_-f(t)| \leq D_-g(t) + D_-h(t)$.]

Besitzt nun f eine Ableitung im gewöhnlichen Sinne in jedem Punkt, so daß $Df = D_f$ gilt und f notwendigerweise stetig ist, so erhält man aus Gl.(3.6)

$$\mathcal{L}\{Df(t)\} = \zeta(s) = s\bar{f}(s) . \qquad (3.8)$$

Ist f zwar stetig, existiert aber die Ableitung Df an bestimmten Stellen nicht, so ergibt sich aus Gl.(3.6) für die Laplace-Transformierte von $D_f(t)$

$$\mathcal{L}\{D_f(t)\} = s\bar{f}(s) . \qquad (3.9)$$

Ist schließlich f in den Punkten p_i unstetig, so erhält man aus Gl.(3.6)

$$\mathcal{L}\{D_f(t)\} = s\bar{f}(s) - \sum_i f_i e^{-sp_i} . \qquad (3.10)$$

Die durch die Gln.(3.8), (3.9) und (3.10) gelieferten Ergebnisse sind durch die in den Abschnitten 2 bis 5 aus Kapitel V durchgeführten Untersuchungen streng begründet, und es wird von Deltafunktionen kein Gebrauch gemacht. Ist jedoch f unstetig, und Df durch Gl.(3.2) definiert, dann wird

$$\mathcal{L}\{Df(t)\} = \mathcal{L}\{D_f(t)\} + \mathcal{L}\left\{\sum_i f_i \delta(t-p_i)\right\} . \qquad (3.11)$$

Unter Verwendung der Gln.(3.6) und (2.32) erhält man hieraus

$$\mathcal{L}\{Df(t)\} = s\bar{f}(s) . \qquad (3.12)$$

Dies demonstriert die Vereinfachung von Formeln, welche durch die Theorie der Distributionen oder eine ihr gleichwertige Theorie (man vergleiche die Abschnitte 8 und 9 aus Kapitel V) geliefert wird. Die Gl.(3.12) wird jedoch bei den folgenden Untersuchungen an keiner wesentlichen Stelle verwendet.

Beispiel 3.1. Bedeutet f die Sprungfunktion U(t), dann ist $D_-f(t) = 0$ für sämtliche t. Aufgrund von Gl.(2.29) erhält man $\bar{f}(s) = 1/s$ mit exponentieller Konvergenz in $(0,\infty)$. Die einzige Unstetigkeit von f ist $f_1 = 1$ in $t = 0$. Damit liefert die Gl.(3.10)

$$\mathcal{L}\{D_-f(t)\} = 0 = s(1/s) - 1 , \tag{3.13}$$

was offensichtlich richtig ist. Die Gl.(3.12) ergibt

$$\mathcal{L}\{Df(t)\} = 1 \tag{3.14}$$

mit absoluter Konvergenz mindestens in $(0,\infty)$ nach Übung 3.1. Man vergleiche dieses Ergebnis mit Gl.(2.32).

Beispiel 3.2. Es sei f definiert durch

$$f(t) = U(t)e^{-at} , \tag{3.15}$$

so daß Gl.(2.17) die Laplace-Transformierte $\bar{f}(s) = 1/(s + a)$ mit exponentieller Konvergenz in $(-a,\infty)$ liefert. Es gilt dann $D_-f(t) = -aU(t)e^{-at}$, und Gl.(3.10) führt auf

$$\mathcal{L}\{-aU(t)e^{-at}\} = \frac{s}{s+a} - 1 = \frac{-a}{s+a} , \tag{3.16}$$

was richtig ist. Aus Gl.(3.12) erhält man

$$\mathcal{L}\{DU(t)e^{-at}\} = \frac{s}{s+a} \quad , \tag{3.17}$$

was sich leicht bestätigen läßt. Man beachte, daß durch Übung 3.1 für dieses Beispiel absolute Konvergenz nur in $(0,\infty)$ sichergestellt ist, während die absolute Konvergenz tatsächlich in dem größeren Streifen $(-a,\infty)$ besteht.

Es soll noch darauf hingewiesen werden, daß in den üblichen Darstellungen, bei denen Deltafunktionen in $t = 0$ zugelassen sind, das Definitionsintegral Gl.(2.28) durch

$$\int_{0-}^{\infty} e^{-st} f(t)dt \tag{3.18}$$

ersetzt wird, um "die Deltafunktion in den Integrationsbereich einzubeziehen". Eine weitere Möglichkeit besteht darin, als untere Integrationsgrenze 0+ zu wählen und den Einfluß einer Deltafunktion im Ursprung getrennt zu behandeln. Das Definitionsintegral ist in beiden Fällen bezüglich beider Grenzen uneigentlich. (Man vergleiche Zadeh und Desoer, 1963, Anhang B.)

4. Eindeutigkeit

Aus Gl.(2.28) ist ersichtlich, daß jeder Funktion $f \in D_R^1$ mit den Eigenschaften

$$f(t) = 0 \ , \quad t \leq 0, \tag{4.1}$$

$$|f(t)| < Me^{\alpha t}, \quad t > 0 \tag{4.2}$$

eine eindeutige Laplace-Transformierte $\bar{f}$ entspricht mit exponentieller Konvergenz im Streifen (α,∞). Im folgenden soll die umgekehrte Frage untersucht werden: Unter welchen Bedingungen gibt es eine eindeutige Funktion f, die einer gegebenen Funktion $\bar{f}$ mit exponentieller Konvergenz im Streifen (α,∞) entspricht? Dies wird durch folgendes Ergebnis beantwortet:

THEOREM 4.1. Es seien $f_1 \in D_R^1$ und $f_2 \in D_R^1$ zwei Funktionen, welche die Bedingung

$$f_1(t) = f_2(t) = 0, \quad t \leq 0 \tag{4.3}$$

und für gewisse Konstanten M und α die Ungleichungen

$$|f_1(t)| < Me^{\alpha t}, \quad t > 0 \tag{4.4}$$

$$|f_2(t)| < Me^{\alpha t}, \quad t > 0 \tag{4.5}$$

erfüllen. Die Laplace-Transformierten von f_1 und f_2 sollen im Streifen (α,∞) identisch sein. Dann gilt $f_1(t) = f_2(t)$ für sämtliche Werte t.

Beweis §. Man schreibe $g = f_1 - f_2$, so daß

$$g(t) = 0, \quad t \leq 0 \tag{4.6}$$

und

$$|g(t)| < 2Me^{\alpha t}, \quad t > 0 \tag{4.7}$$

gilt. Im ersten Beweisschritt wird gezeigt, daß für jedes reelle $\sigma < \alpha$ sämtliche Momente $\int_0^\infty t^r e^{-\sigma t} g(t)dt$ mit $r = 0,1,2,...$ Null sind. Aus der Ungleichung (4.7) folgt für $\alpha_1 > \alpha$ und $r \geq 1$

§ **Der Beweis kann zunächst übergangen werden.**

$$|t^r g(t)| < 2t^r e^{-(\alpha_1-\alpha)t} M e^{\alpha_1 t} < R \cdot e^{\alpha_1 t}, \quad t > 0 , \tag{4.8}$$

denn $t^r e^{-(\alpha_1-\alpha)t}$ ist für $t > 0$ beschränkt. In der Ungleichung (4.8) hängt R von r und α_1 ab, und α_1 darf bei Berücksichtigung der Bedingung $\alpha_1 > \alpha$ willkürlich gewählt werden. Aufgrund der im Theorem getroffenen Voraussetzung besitzt g die Laplace-Transformierte $\bar{g}$, welche die Eigenschaft

$$\bar{g}(s) = 0 \quad \text{für} \quad \operatorname{Re} s > \alpha \tag{4.9}$$

hat. Ist s_0 ein s-Wert mit $\operatorname{Re} s_0 > \alpha$, dann hat $\bar{g}$ eine Ableitung in s_0 (man vergleiche Kapitel VII, Abschnitt 2.1), und es gilt

$$\bar{g}'(s_0) = 0. \tag{4.10}$$

Es sei h reell und erfülle die Bedingung $|h| < \operatorname{Re} s_0 - \alpha$. Dann wird

$$\bar{g}(s_0+h) - \bar{g}(s_0) = \int_0^\infty e^{-(s_0+h)t} g(t)dt - \int_0^\infty e^{-s_0 t} g(t)dt \tag{4.11}$$

$$= \lim_{a\to\infty} \int_0^a e^{-(s_0+h)t} g(t)dt$$

$$- \lim_{a\to\infty} \int_0^a e^{-s_0 t} g(t)dt$$

und damit

$$\bar{g}(s_0+h) - \bar{g}(s_0) = \lim_{a\to\infty} \left\{ \int_0^a e^{-s_0 t}(e^{-ht} - 1)g(t)dt \right\} \qquad (4.12)$$

$$= \lim_{a\to\infty} \left\{ \int_0^a [-hte^{-s_0 t} g(t) + (e^{-ht} - 1 + ht)e^{-s_0 t} g(t)]dt \right\} \qquad (4.13)$$

$$= -h \lim_{a\to\infty} \int_0^a e^{-s_0 t} tg(t)dt + \lim_{a\to\infty} \int_0^a (e^{-ht} - 1 + ht)e^{-s_0 t} g(t)dt \qquad (4.14)$$

gebildet, wobei Eigenschaften von Grenzwerten und Integralen verwendet wurden. Man beachte bei Gl.(4.14), daß der erste Term auf der rechten Seite die Laplace-Transformierte von tg(t) in s_0 darstellt, die sicherlich existiert, da nach Ungleichung (4.8) die Beziehung $|tg(t)| < M_1 e^{\alpha_1 t}$, $t > 0$, mit $\alpha < \alpha_1 < \mathrm{Re}\, s_0$ gilt. Demzufolge existiert auch der Grenzwert des zweiten Integrals, und der Übergang von Gl.(4.13) zu Gl.(4.14) ist gerechtfertigt.

Jetzt wird gezeigt, daß die Ungleichung

$$\left| \lim_{a\to\infty} \int_0^a (e^{-ht} -1 + ht)e^{-s_0 t} g(t)dt \right| < M_2 h^2 \qquad (4.15)$$

besteht. Eine unmittelbare Auswertung zeigt, daß

$$e^{-ht} + 1 + ht =: \phi(t) = h^2 \int_0^t \left\{ \int_0^x e^{-hy} dy \right\} dx \tag{4.16}$$

sein muß, und aus der Tatsache, daß $0 < e^{-hy} \leq 1$ für $y \geq 0$ gilt, folgt die Aussage

$$0 \leq \phi(t) \leq h^2 \int_0^t \left\{ \int_0^x dy \right\} dx = h^2 t^2/2. \tag{4.17}$$

Aus Gl.(4.16), der Beziehung (4.17) und der Ungleichung (4.34) aus Kapitel V erhält man

$$\left| \int_0^a \phi(t) e^{-s_0 t} g(t) dt \right| \leq \frac{1}{2} h^2 \int_0^a e^{-\sigma t} \, |t^2 g(t)| dt, \tag{4.18}$$

wobei $\sigma = \text{Re } s_0$ ist. Da die "Betragsfunktion" stetig ist, wird

$$\left| \lim_{a\to\infty} \int_0^a \phi(t) e^{-s_0 t} g(t) dt \right| = \lim_{a\to\infty} \left| \int_0^a \phi(t) e^{-s_0 t} g(t) dt \right|$$

$$\leq \frac{1}{2} h^2 \lim_{a\to\infty} \int_0^a e^{-\sigma t} |t^2 g(t)| dt \tag{4.19}$$

$$< h^2 M_2 \quad , \tag{4.20}$$

wobei M_2 die Laplace-Transformierte von $|t^2 g(t)|$ für den reellen Wert σ bedeutet. Diese Transformierte existiert, weil aufgrund von Ungleichung (4.8) mit $\alpha < \alpha_1 < \sigma$ die Bedingung $|t^2 g(t)| < M_3 e^{\alpha_1 t}$ für $t > 0$ erfüllt ist.

Verwendet man die Aussage (4.20) in Gl.(4.14), dann ergibt sich für $\text{Re } s_0 > \alpha$

$$0 = \bar{g}'(s_0) = \lim_{h \to 0} \frac{\bar{g}(s_0 + h) - \bar{g}(s_0)}{h}$$

$$= -\int_0^\infty e^{-s_0 t} tg(t)dt = -\bar{h}(s_0) \ . \tag{4.21}$$

Dabei ist $\bar{h}(s_0)$ die Transformierte von $h(t) = tg(t)$ an der Stelle $s = s_0$. Nun kann in Gl.(4.9) statt $\bar{g}(s)$ auch $\bar{h}(s)$ verwendet werden, und die gleiche Schlußfolgerung ergibt bei wiederholter Anwendung für $\text{Re } s_0 > \alpha$

$$0 = \bar{g}''(s_0) = \int_0^\infty e^{-s_0 t} t^2 g(t)dt \tag{4.22}$$

$$\vdots$$

$$0 = \bar{g}^{(r)}(s_0) = (-1)^r \int_0^\infty e^{-s_0 t} t^r g(t)dt. \tag{4.23}$$

Die Gln.(4.21), (4.22) und (4.23) gelten insbesondere, wenn man für s_0 den reellen Wert $\sigma > \alpha$ wählt. Damit ist zu erkennen, daß sämtliche Momente von $e^{-\sigma t} g(t)$ Null sind. Der verbleibende und etwas mühsame Teil des Beweises besteht darin nachzuweisen, daß hieraus $g(t) = 0$ folgt für sämtliche t.

Im Gegensatz zu dem, was zu beweisen ist, sei nun $g(t_0) = 2\eta > 0$ angenommen für ein $t_0 > 0$. Ist $g(t_0) < 0$, dann geht man in entsprechender Weise vor. Da $g \in D_R^1$ gilt, gibt es ein $\varepsilon_1 > 0$, so daß g in $[t_0 - \varepsilon_1, t_0]$ stetig ist. Außerdem gibt es ein $\varepsilon_2 > 0$ derart, daß g in $(t_0-\varepsilon_2, t_0)$ eine stetige erste Ableitung mit der Eigenschaft $|Dg| < M_4$ besitzt. Mit $\varepsilon_3 = \eta/M_4$ und $\varepsilon = \min(\varepsilon_1, \varepsilon_2, \varepsilon_3, \frac{1}{2}t_0)$ läßt sich sofort der Schluß ziehen, daß

$$g(t) > \eta \text{ für } t_0 - \varepsilon \leq t \leq t_0 \tag{4.24}$$

sein muß.

Es wird nun gezeigt, daß die Beziehungen (4.23) und (4.24) einen Widerspruch enthalten. Zunächst wird $q = t_0 - \frac{1}{2}\varepsilon > 0$ gesetzt und in Gl.(4.23) die Variablenänderung $qu = t$ durchgeführt. Dann wählt man $s_0 = \beta + r/q$ mit $\beta > \max\{\alpha_1, 0\}$, so daß nach Multiplikation mit $r^{r+1}/r!q^{r+1}$ aus Gl.(4.23) die Beziehung

$$\frac{r^{r+1}}{r!}\int_0^\infty e^{-ru}u^r g(qu)e^{-\beta qu}du = 0 \tag{4.25}$$

entsteht, während die Ungleichung (4.24) die Aussage liefert

$$g(qu)e^{-\beta qu} > \eta_1, \quad 1 - \delta \leq u \leq 1 + \delta \tag{4.26}$$

mit

$$\eta_1 = \eta e^{-\beta q(1+\delta)} > 0, \ \delta = \varepsilon/2q > 0 . \tag{4.27}$$

Aufgrund von Ungleichung (4.7) erhält man außerdem

$$|g(qu)e^{-\beta qu}| < 2Me^{-(\beta-\alpha)qu} < 2M, \quad u > 0 , \tag{4.28}$$

da $\beta > \alpha_1 > \alpha$ ist.

In dem Lemma, welches im Anschluß an diesen Beweis folgt, werden die folgenden Ergebnisse abgeleitet:

$$\frac{r^{r+1}}{r!}\int_0^\infty e^{-ru}u^r du = 1 \quad \text{für alle } r, \tag{4.29}$$

$$\lim_{r\to\infty}\left\{\frac{r^{r+1}}{r!}\int_0^{1-\delta} e^{-ru}u^r du\right\} = 0 \ , \tag{4.30}$$

$$\lim_{r\to\infty}\left\{\frac{r^{r+1}}{r!}\int_{1+\delta}^\infty e^{-ru}u^r du\right\} = 0. \tag{4.31}$$

Diese Ergebnisse haben zur Folge, daß $(r^{r+1}/r!)e^{-ru}u^r$ sich für $r\to\infty$ mehr und mehr wie eine Deltafunktion in $u = 1$ verhält. Auf dieser Idee beruht der verbleibende Teil des Beweises.

Aus den Gln.(4.30) und (4.31) folgt die Existenz eines r_0, so daß für sämtliche $r > r_0$ der Klammerausdruck in diesen beiden Gleichungen (welcher positiv ist) jeweils kleiner als 1/5 ist. Deshalb erhält man für $r > r_0$

$$\begin{aligned}\frac{r^{r+1}}{r!}\int_{1-\delta}^{1+\delta} e^{-ru}u^r du \\ &= \frac{r^{r+1}}{r!}\left\{\int_0^\infty - \int_0^{1-\delta} - \int_{1+\delta}^\infty\right\} e^{-ru}u^r du \\ &> \frac{3}{5}\ ,\end{aligned} \tag{4.32}$$

und aufgrund von Ungleichung (4.26) ergibt sich

$$\frac{r^{r+1}}{r!} \int_{1-\delta}^{1+\delta} e^{-ru} u^r g(qu) e^{-\beta qu} du > \frac{3}{5}\eta_1 > 0. \tag{4.33}$$

Andererseits existiert wegen der Beziehungen (4.28), (4.30) und (4.31) ein r_1 derart, daß für sämtliche $r > r_1$ stets

$$\left| \frac{r^{r+1}}{r!} \int_{0}^{1-\delta} e^{-ru} u^r g(qu) e^{-\beta qu} du \right| < \frac{1}{5}\eta_1 \tag{4.34}$$

gilt, und es gibt ein r_2, so daß für sämtliche $r > r_2$ stets

$$\left| \frac{r^{r+1}}{r!} \int_{1+\delta}^{\infty} e^{-ru} u^r g(qu) e^{-\beta qu} du \right| < \frac{1}{5}\eta_1 \tag{4.35}$$

ist. Aus den Beziehungen (4.33), (4.34) und (4.35) erhält man für $r > \max\{r_0, r_1, r_2\}$

$$\frac{r^{r+1}}{r!} \int_{0}^{\infty} e^{-ru} u^r g(qu) e^{-\beta qu} du > \frac{1}{5}\eta_1 > 0, \tag{4.36}$$

womit ein Widerspruch zu Gl.(4.25) gefunden ist. Damit ist der Beweis vollständig geführt.

LEMMA. Durch partielle Integration gewinnt man aus Gl. (4.29)

$$\frac{r^{r+1}}{r!} \left\{ \left[-\frac{e^{-ru}}{r} u^r \right]_0^{\infty} + \int_0^{\infty} \frac{e^{-ru}}{r} r u^{r-1} du \right\} . \tag{4.37}$$

Da $u^r e^{-ru} \to 0$ strebt für $u \to \infty$, verschwindet der integrierte Teil im Ausdruck (4.37). Fährt man in dieser Weise fort, so erhält man

$$\frac{r^{r+1}}{r!} \left\{ \frac{r}{r} \times \frac{r-1}{r} \times \ldots \times \frac{1}{r} \int_0^\infty e^{-ru} du \right\} = 1. \qquad (4.38)$$

Die Stirlingsche Reihe (man vergleiche Bromwich, 1926, S. 330) wird hier als ein bekanntes Ergebnis vorausgesetzt. Sie zeigt, daß

$$\log (r!) > (r + \tfrac{1}{2}) \log r - r \qquad (4.39)$$

gilt. Damit erhält man

$$\phi(r,u) := \log \left[\frac{r^{r+1}}{r!} e^{-ru} u^r \right] < \frac{1}{2} \log r + r[1 - u + \log u]. \qquad (4.40)$$

Setzt man $u = 1 + x$ und verwendet man die Reihenentwicklung von $\log(1+x)$ (Kapitel VII, Beispiel 3.2)

$$\log (1+x) = x - \frac{1}{2} x + \frac{1}{3} x^3 - \ldots , \qquad (4.41)$$

welche für $|x| < 1$ konvergiert, dann erhält man

$$\phi(r,1+x) < \frac{1}{2} \log r - \left[\frac{1}{2} x^2 - \frac{1}{3} x^3 + \ldots \right] r . \qquad (4.42)$$

Die mit r multiplizierte Reihe in der Ungleichung (4.42) läßt sich umformen in

$$(\tfrac{1}{2} x^2 - \tfrac{1}{3} x^3) + (\tfrac{1}{4} x^4 - \tfrac{1}{5} x^5) + \ldots$$

$$> \frac{1}{2} x^2 - \frac{1}{3} x^3 \quad \text{für } |x| < 1$$

$$> \frac{1}{6} x^2 \quad \text{für } |x| < 1. \tag{4.43}$$

Da die Exponentialfunktion monoton wächst, erhält man somit

$$\exp \phi(r,u) < r^{1/2} \exp\left(-\frac{rx^2}{6}\right), \quad |x| < 1,\ r \geq 1, \tag{4.44}$$

woraus nach Übung 12.1 von Kapitel IV zu erkennen ist, daß

$$\frac{r^{r+1}}{r!} e^{-ru} u^r \to 0 \quad \text{für} \quad r \to \infty \tag{4.45}$$

strebt, falls $u = 1 - \delta$ und $0 < \delta < 1$ gilt. Die letzte Bedingung wird durch das in Gl.(4.27) eingeführte δ erfüllt, denn es ist $q = t_0 - \frac{1}{2}\varepsilon$, $0 < \varepsilon \leq \frac{1}{2} t_0$, $0 < \delta = \varepsilon/2q \leq \frac{1}{3}$.

Für $r \geq 1$ erhält man

$$\frac{\partial}{\partial u} e^{-ru} u^r = r u^{r-1} e^{-ru}(1 - u) \tag{4.46}$$

$$> 0, \quad 0 < u < 1 . \tag{4.47}$$

Für ein beliebiges $\varepsilon_4 > 0$ existiert wegen der Beziehung (4.45) ein $r_3 > 1$, so daß für sämtliche $r > r_3$

$$\frac{r^{r+1}}{r!} e^{-ru} u^r < \varepsilon_4, \quad u = 1 - \delta , \tag{4.48}$$

ist. Aufgrund der Aussage (4.47) und des Mittelwertsatzes sowie der Tatsache, daß $e^{-ru}u^r \geq 0$ für $u \geq 0$ gilt, besteht die Ungleichung (4.48) für alle Werte u aus $[0, 1-\delta]$. Daraus folgt

$$\int_0^{1-\delta} \frac{r^{r+1}}{r!} e^{-ru} u^r du < (1-\delta)\varepsilon_4 . \qquad (4.49)$$

Hieraus ist zu erkennen, daß die Gl.(4.30) richtig ist.

Schließlich liefert die Ungleichung (4.40) für $r \geq 1$ die Aussage

$$0 < \frac{r^{r+1}}{r!} e^{-ru} u^r < r^{1/2} u^r e^{r(1-u)} , \qquad (4.50)$$

woraus sich durch partielle Integration die Beziehung ergibt

$$\frac{r^{r+1}}{r!} \int_{1+\delta}^{\infty} e^{-ru} u^r du < e^r r^{1/2} \Big\{ - \Big[\frac{e^{-ru}}{r} u^r \Big]_{1+\delta}^{\infty}$$

$$+ \int_{1+\delta}^{\infty} \frac{e^{-ru}}{r} r u^{r-1} du \Big\} \qquad (4.51)$$

$$= e^r r^{1/2} e^{r(1+\delta)} \Big\{ \frac{(1+\delta)^r}{r} + \frac{r(1+\delta)^{r-1}}{r^2}$$

$$+ \frac{r(r-1)(1+\delta)^{r-2}}{r^3} + \ldots + \frac{r!}{r^{r+1}} \Big\} \qquad (4.52)$$

$$< e^{-r\delta} r^{1/2} (r+1) \frac{(1+\delta)^r}{r} \qquad (4.53)$$

$$\leq 2r^{1/2} \exp r \left[-\delta + \log(1+\delta) \right] . \qquad (4.54)$$

Für $|\delta| < 1$ wird

$$- \delta + \log(1+\delta) = - \delta + \delta - \frac{\delta^2}{2} + \frac{\delta^3}{3} - \ldots \tag{4.55}$$

$$= - \left(\frac{\delta^2}{2} - \frac{\delta^3}{3}\right) - \left(\frac{\delta^4}{4} - \frac{\delta^5}{5}\right) - \ldots \tag{4.56}$$

$$< 0 \ ,$$

und mit Ungleichung (4.54) und Übung 12.1 aus Kapitel IV ist hieraus zu ersehen, daß die Gl.(4.31) richtig sein muß. Damit ist der Beweis des Lemmas abgeschlossen.

Übung 4.1. Man zeichne die durch

$$\psi(r,u) = \frac{r^{r+1}}{r!} \ e^{-ru} u^r \tag{4.57}$$

definierte Funktion ψ für $r = 2,4,6$ und für $0 \leq u \leq 2$.

5. Lösung linearer zeitinvarianter Differentialgleichungen

Im Abschnitt 2 von Kapitel VI wurde gezeigt, daß die Gleichung

$$\dot{\xi}(t) = A\xi(t) \ ; \quad \xi(0) = c \quad , \tag{5.1}$$

in der ξ einen n-dimensionalen Vektor und A eine konstante $n \times n$-Matrix bedeuten, eine eindeutige Lösung besitzt, welche für sämtliche t existiert und explizit ausgedrückt werden kann in der Form

$$\xi(t) = e^{At}c. \tag{5.2}$$

Durch die Gl.(5.2) wird die Lösung der Gl.(5.1) in einer übersichtlichen Weise angegeben, aber sie kann nicht einfach mit Hilfe von tabellierten Funktionen angeschrieben werden. Zu diesem Zweck kann man die Laplace-Transformation verwenden.

Da die einseitige Laplace-Transformation voraussetzt, daß die betrachteten Funktionen für $t \leq 0$ verschwinden, soll x die durch

$$x(t) = \xi(t)U(t) \tag{5.3}$$

definierte Funktion bedeuten, wobei $\xi(t)$ die Gl.(5.1) erfüllt. Aus den Gln.(5.2) und (5.3) ist sofort ersichtlich, daß $x \in D_R^1$ gilt. Weiterhin muß aufgrund von Theorem 13.5 aus Kapitel IV eine Konstante $M(\alpha)$ derart existieren, daß

$$|\xi_i(t)| < Me^{\alpha t} \quad \text{für} \quad t > 0 \quad \text{und alle } i \tag{5.4}$$

gilt, wobei α eine beliebige Konstante bedeutet, die größer als ρ ist, und ρ der größte Realteil der Eigenwerte von A ist. Damit besitzt x eine Laplace-Transformierte, deren Streifen exponentieller Konvergenz mindestens gleich (ρ,∞) ist. Der Streifen kann in Wirklichkeit größer sein, falls nämlich die Lösung von Gl.(5.1) keinen Term enthält, dessen Exponent von den Eigenwerten mit Realteil ρ abhängt.

Aufgrund von Gl.(5.3) existiert $D_x(t)$ für sämtliche t, und es gilt

$$\left.\begin{aligned} D_-x(t) &= D_-\xi(t) = D\xi(t) = A\xi(t) = Ax(t)\ , \quad t > 0 \\ D_-x(t) &= Ax(t) = 0, \quad t \leq 0\ . \end{aligned}\right\} \tag{5.5}$$

Aus Gl.(5.5) folgt, daß D_-x eine Laplace-Transformierte hat, deren Streifen exponentieller Konvergenz mindestens gleich (ρ,∞) ist. Die Gl.(3.10) liefert

$$\mathcal{L}\{D_-x(t)\} = s\bar{x}(s) - c\ , \tag{5.6}$$

wobei c den Sprung der Funktion x in ihrer Unstetigkeitsstelle t = 0 bedeutet. Die Gl.(5.5) führt auf

$$\mathcal{L}\{D_-x(t)\} = A\int_0^\infty e^{-st}x(t)dt \tag{5.7}$$

$$= A\bar{x}(s)\ . \tag{5.8}$$

Die Gln.(5.6) und (5.8) liefern zusammen

$$(sI - A)\bar{x}(s) = c \tag{5.9}$$

oder

$$\bar{x}(s) = (sI - A)^{-1}c. \tag{5.10}$$

Die Elemente des Vektors $(sI - A)^{-1}c$ sind rationale Funktionen von s. Diese lassen sich durch Partialbrüche darstellen, und die Partialbrüche können in Tafeln der Laplace-Transformierten aufgesucht werden. Die auf diese Weise gewonnene Zeitfunktion gehört zu D_R^1, ist exponentiell beschränkt und besitzt die Laplace-Transformierte $\bar{x}$. Diese Laplace-Transformierte erfüllt die Gl.(5.9), die eine notwendige Bedingung für die Lösung $x(t) = \xi(t)U(t)$ von Gl.(5.1) für t > 0 darstellt. Im Abschnitt 4 wurde gezeigt, daß es keine zwei exponentiell beschränkte Funktionen $\phi \in D_R^1$ mit derselben Laplace-Transformierten $\bar{\phi} = \bar{x}$ gibt. Daraus folgt also, daß die mit Hilfe einer Tafel der Laplace-Transformierten gewonnene Zeitfunktion tatsächlich die gesuchte Lösung $x(t) = \xi(t)U(t)$ ist.

Beispiel 5.1. Der Vektor ξ erfülle die Gleichungen

$$\dot{\xi}_1 = \xi_2 \ ; \qquad \xi_1(0) = c_1 \ , \tag{5.11}$$

$$\dot{\xi}_2 = -a_0\xi_1 - a_1\xi_2 \ ; \quad \xi_2(0) = c_2 \ , \tag{5.12}$$

oder, was dasselbe bedeutet,

$$\ddot{\xi}_1 + a_1\dot{\xi}_1 + a_0\xi_1 = 0 \ ; \quad \xi_1(0) = c_1 \ , \quad \dot{\xi}_1(0) = c_2 \ . \tag{5.13}$$

Dann wird

$$A = \begin{bmatrix} 0 & 1 \\ -a_0 & -a_1 \end{bmatrix} \tag{5.14}$$

und

$$\bar{x}(s) = \begin{bmatrix} s & -1 \\ a_0 & s+a_1 \end{bmatrix}^{-1} \begin{bmatrix} c_1 \\ c_2 \end{bmatrix} \tag{5.15}$$

$$= \frac{1}{s^2 + a_1 s + a_0} \begin{bmatrix} s+a_1 & 1 \\ -a_0 & s \end{bmatrix} \begin{bmatrix} c_1 \\ c_2 \end{bmatrix} \tag{5.16}$$

$$= \frac{1}{s^2 + a_1 s + a_0} \begin{bmatrix} c_1 s + a_1 c_1 + c_2 \\ c_2 s - a_0 c_1 \end{bmatrix} . \tag{5.17}$$

Aus der Tafel der Laplace-Transformierten erhält man

$$x(t) = U(t) e^{-\sigma t} \begin{bmatrix} c_1 \cos \omega t + \dfrac{c_2 + \sigma c_1}{\omega} \sin \omega t \\ c_2 \cos \omega t - \dfrac{a_0 c_1 + \sigma c_2}{\omega} \sin \omega t \end{bmatrix} \tag{5.18}$$

mit

$$\sigma = \frac{1}{2} a_1 \tag{5.19}$$

$$\omega^2 = a_0 - \frac{1}{4} a_1^2 . \tag{5.20}$$

Man kann leicht bestätigen, daß in Gl.(5.18)

$$\dot{x}_1(t) = x_2(t) \quad \text{für} \quad t > 0 \tag{5.21}$$

gilt. Wird das Problem in Form der Gl.(5.13) gestellt, so wird es gewöhnlich genügen, die Funktion x_1 zu ermitteln. Man vergleiche die Übung 5.1.

Übung 5.1. Es sei A die Begleitmatrix

$$A = \begin{bmatrix} 0 & 1 & 0 & \dots & 0 \\ 0 & 0 & 1 & \dots & 0 \\ \vdots & \vdots & \vdots & & \vdots \\ -a_0 & -a_1 & -a_2 & \dots & -a_{n-1} \end{bmatrix} . \tag{5.22}$$

Man zeige, daß das Element an der Stelle (1,r) in der Matrix $(sI - A)^{-1}$ gegeben ist durch

$$\frac{s^{n-r}+a_{n-1}s^{n-r-1}+\ldots+a_r}{s^n+a_{n-1}s^{n-1}+\ldots+a_0}, \quad r = 1,2,\ldots,n-1, \tag{5.23}$$

während für r = n der Zähler in Gl.(5.23) gleich 1 ist. Damit soll folgendes gezeigt werden: Ist

$$\xi^{(n)} + a_{n-1}\xi^{(n-1)} + \ldots + a_1\dot{\xi} + a_0\xi = 0, \tag{5.24}$$

$$\xi^{(n-1)}(0) = c_{n-1}, \quad \xi^{(n-2)}(0) = c_{n-2}, \ldots, \xi(0) = c_0, \tag{5.25}$$

dann erhält man die Lösung $x(t) = U(t)\xi(t)$, indem man die folgende Gl.(5.26) nach $\bar{x}(s)$ auflöst und die entsprechende Zeitfunktion ermittelt:

$$\begin{aligned}&[s^n\bar{x}(s) - s^{n-1}c_0 - \ldots - sc_{n-2} - c_{n-1}]\\ &\quad + a_{n-1}[s^{n-1}\bar{x}(s) - s^{n-2}c_0 - \ldots - c_{n-2}]\\ &\quad + \ldots + a_1[s\bar{x}(s) - c_0] + a_0\bar{x}(s)\\ &= 0.\end{aligned} \tag{5.26}$$

Man leite die bekannte Regel zur Gewinnung der Gl.(5.26) aus den Gln.(5.24) und (5.25) her, also die Regel, daß $D^r\xi$ in Gl.(5.24) beim Übergang zu Gl.(5.26) zu ersetzen ist durch $s^r\bar{x}(s) - s^{r-1}c_0 - \ldots - sc_{r-2} - c_{r-1}$.

Übung 5.2. Es sei $x(t) = U(t)\xi(t)$ wie bei Übung 5.1. Man zeige, daß das Vorgehen aus Abschnitt 8, Kapitel V formal auf

$$\left.\begin{aligned} Dx(t) &= U(t)D\xi(t) + c_0\delta(t) \\ D^2x(t) &= U(t)D^2\xi(t) + c_0D\delta(t) + c_1\delta(t) \\ &\vdots \\ D^rx(t) &= U(t)D^r\xi(t) + c_0D^{r-1}\delta(t) + \ldots + c_{r-1}\delta(t) \end{aligned}\right\} \quad (5.27)$$

führt. Wendet man die Ergebnisse aus Abschnitt 3 formal an, so erhält man aus den Gln.(5.27), wie zu zeigen ist, die Beziehungen

$$\left.\begin{aligned} \mathcal{L}\{U(t)D\xi(t)\} &= s\bar{x}(s) - c_0 \\ \mathcal{L}\{U(t)D^2\xi(t)\} &= s^2\bar{x}(s) - c_0s - c_1 \\ &\vdots \\ \mathcal{L}\{U(t)D^r\xi(t)\} &= s^r\bar{x}(s) - c_0s^{r-1} - \ldots - c_{r-1} \,. \end{aligned}\right\} \quad (5.28)$$

Aus Gl.(5.24) gewinnt man

$$\int_0^\infty e^{-st}U(t)\{D^n\xi(t) + a_{n-1}D^{n-1}\xi(t) + \ldots + a_0\xi(t)\}dt = 0. \quad (5.29)$$

Man verwende die Gln.(5.28) in Gl.(5.29) und führe einen Vergleich mit Gl.(5.26) durch. [Das in dieser Übung gezeigte Vorgehen ist rein formal. Es wird mit Hilfe der Theorie der Distributionen legitimiert. Beim Vergleich von Beziehungen der Art (5.28) mit anderen Darstellungen sollte man sich daran erinnern, daß beim üblichen Vorgehen Deltafunktionen in $t = 0$ statt, wie es in Wirklichkeit hier geschieht, in $t = 0+$ zugelassen sind und daß die untere Grenze des Definitionsintegrals für die Laplace-Transformierte entweder $0-$ oder $0+$ (anstatt 0) gewählt wird. Um diese Unterschiede miteinander in Einklang zu bringen, wird die allgemeine Beziehung aus den Gln.(5.28) ersetzt durch

$$\mathcal{L}_{0\pm}\{U(t)D^r\xi(t)\} = \mathcal{L}_{0\pm}\{D^r x(t) - c_0 D^{r-1}\delta(t) - \ldots - c_{r-1}\delta(t)\}$$
$$-s^{r-1}x(0\pm) - s^{r-2}Dx(0\pm) - \ldots - D^{r-1}x(0\pm). \tag{5.30}$$

Ist die untere Grenze des Definitionsintegrals für die Laplace-Transformierte 0-, dann liefern die Deltafunktionen in Gl.(5.30) einen Beitrag zur Transformierten, und es ist $x(0-)=Dx(0-)=\ldots=D^{r-1}x(0-)=0$. Ist dagegen die untere Integrationsgrenze 0+, dann liefern die Deltafunktionen keinen Beitrag, jedoch gilt dann $x(0+)=c_0$, $Dx(0+)=c_1,\ldots,$ $D^{r-1}x(0+)=c_{r-1}$.]

5.1. Inhomogene Gleichungen

Im Abschnitt 5 wurde die homogene Gleichung (5.1) betrachtet. Es soll nun die inhomogene Gleichung bei verschwindenden Anfangswerten untersucht werden:

$$\dot{\xi}(t) = A\xi(t) + Bu(t); \quad \xi(0) = 0. \tag{5.31}$$

Dabei bedeutet u einen ℓ-dimensionalen Vektor von Eingangsfunktionen. Es wird angenommen, daß $u \in D_R^1$, $u(t)=0$ für $t \leq 0$ und $|u_i(t)| < M_1 e^{\alpha_1 t}$ für $t > 0$ und sämtliche i gilt. Demzufolge besitzt u eine Laplace-Transformierte $\bar{u}$ mit exponentieller Konvergenz im Streifen (α_1,∞). Es sei x definiert durch

$$x(t) = \begin{cases} 0, & t \leq 0 \\ \int_0^t e^{(t-\tau)A}Bu(\tau)d\tau, & t > 0\,. \end{cases} \tag{5.32}$$

Im Abschnitt 2 aus Kapitel VI wurde gezeigt, daß im Falle $u \in D_R^1$ (und damit im Falle $u \in D_R$) und $u(t)=0$ für $t \leq 0$ die durch Gl.(5.32) gegebene Funktion x stetig ist, zu D_R^1 gehört und diejenige eindeutige stetige Funktion darstellt, welche die Differentialgleichung (5.31) in jedem Punkt erfüllt, wo u stetig ist. In Unstetigkeitspunkten von u existiert $Dx(t)$ nicht, jedoch existiert $D_-x(t)$ und stimmt mit $Ax(t)+Bu(t)$ überein. Mit diesen Vereinbarungen [welche im Einklang stehen mit der üblichen physikalischen Bedeutung von Gl.(5.31)] kann x der Lösung ξ von Gl.(5.31) gleichgesetzt werden.

Beispiel 5.2. Es soll das durch $u(t)=U(t-1)$ definierte Eingangssignal u auf das im Bild 1 dargestellte Analognetzwerk einwirken, wobei die Anfangswerte Null seien. Die Gleichung, welcher das System gehorcht, wird üblicherweise in der Form geschrieben

$$\dot{x} = -ax + bu \;; \quad x(0) = 0. \tag{5.33}$$

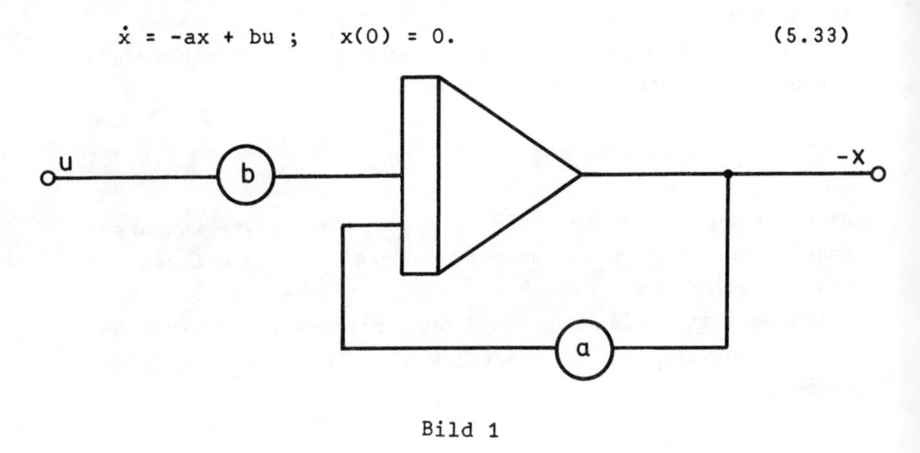

Bild 1

Das Ausgangssignal für das gegebene u erhält man aus Gl. (5.32). Es ist

$$x(t) = \begin{cases} 0, & t \leq 1 \\ \frac{b}{a}\left[1-e^{-a(t-1)}\right], & t > 1 . \end{cases} \tag{5.34}$$

Man kann leicht nachweisen, daß x die Gl.(5.33) überall erfüllt mit Ausnahme der Stelle t=1, wo $D_-x(1)=0$, $D_+x(1)=b$ gilt und Dx(1) nicht existiert. Eine physikalische Betrachtung des Netzwerks läßt erkennen, daß die Gl.(5.33) in einem Punkt t, in dem u eine einfache rechtsseitige Unstetigkeit aufweist, durch $D_-x(t)=-ax(t)+bu(t)$ mit in t stetigem x ersetzt werden sollte. Dies trägt der nicht antizipierenden Natur des Systems Rechnung.

Setzt man $\Phi(t)=e^{At}$, so erfüllt jedes Element ϕ_{ij} von Φ die Bedingung

$$|\phi_{ij}(t)| < M_2 e^{\alpha_2 t} \quad , \quad t > 0 , \tag{5.35}$$

wobei M_2 eine Konstante darstellt und α_2 größer als der größte Realteil ρ der Eigenwerte von A ist. Demzufolge liefert Gl.(5.32) mit $B=(b_{ij})$

$$|x_i(t)| \leq \int_0^t \left| \sum_{j,k} \phi_{ij}(t-\tau) b_{jk} u_k(\tau) \right| d\tau \tag{5.36}$$

und damit

$$|x_i(t)| < \int_0^t n\ell b \, M_2 e^{\alpha_2(t-\tau)} M_1 e^{\alpha_1 \tau} d\tau$$

$$= M_3 e^{\alpha_2 t}\left[e^{(\alpha_1-\alpha_2)t} - 1\right] , \tag{5.37}$$

wobei $b=\max_{j,k}|b_{jk}|$ ist. Aus Ungleichung (5.37) erhält man

$$|x_i(t)| < Me^{\alpha t} , \quad t > 0 , \tag{5.38}$$

mit $\alpha=\max\{\alpha_1,\alpha_2\}$. Somit hat eine Funktion $x \in D_R^1$, welche die Gl.(5.38) und $x(t)=0$ für $t \leq 0$ erfüllt, eine Laplace-Transformierte mit exponentieller Konvergenz in einem Streifen (α,∞).

Aus den früheren Überlegungen ergibt sich

$$D_- x(t) = Ax(t) + Bu(t) , \text{ für alle } t. \tag{5.39}$$

Die Gl.(3.9) liefert die Beziehung

$$s\bar{x}(s) = A\bar{x}(s) + B\bar{u}(s) , \tag{5.40}$$

welche für sämtliche s-Werte mit Re $s > \alpha$ gültig ist. Daraus ergibt sich

$$\bar{x}(s) = (sI - A)^{-1}B\bar{u}(s) . \tag{5.41}$$

Die Gl.(5.41) kann als Grundlage eines Verfahrens dienen, durch welches x in Form von elementaren Funktionen ausgedrückt wird. Dieses Verfahren beruht auf der im Abschnitt 4 bewiesenen Tatsache, daß bei Vorgabe eines für Re $s > \alpha$ gültigen $\bar{x}$ und einer exponentiell beschränkten Funktion $x \in D_R^1$ mit der Eigenschaft $\mathcal{L}\{x\}=\bar{x}$ für eine andere exponentiell beschränkte Funktion $y \in D_R^1$ mit der Eigenschaft $\mathcal{L}\{y\}=\bar{x}$ für Re $s > \alpha_1$ stets $y=x$ gelten muß.

Beispiel 5.3. Der Vektor x erfülle die Gleichungen

$$\dot{x}_1 = x_2 \; ; \qquad x_1(0) = 0 \tag{5.42}$$

$$\dot{x}_2 = -a_0x_1-a_1x_2+bu \; ; \quad x_2(0) = 0 \tag{5.43}$$

mit

$$u(t) = tU(t-1) \tag{5.44}$$

oder, was dasselbe bedeutet,

$$\ddot{x}_1(t)+a_1\dot{x}_1(t)+a_0x_1(t) = btU(t-1) \; ; \quad \dot{x}_1(0) = x_1(0) = 0. \tag{5.45}$$

Man beachte, daß die Gln.(5.44) und (5.45) dort, wo u(t) unstetig ist, durch eine passende Bedingung ersetzt werden müssen, was an früherer Stelle bereits erörtert wurde. Zunächst bildet man

$$\begin{aligned}\bar{u}(s) &= \mathcal{L}\{(t-1)U(t-1)+U(t-1)\}\\ &= e^{-s}\mathcal{L}\{tU(t)+U(t)\}\\ &= e^{-s}(1+s)/s^2 \; ,\end{aligned} \tag{5.46}$$

wobei die Ergebnisse der Übungen 2.3 und 2.4 verwendet wurden. Dann liefert die Gl.(5.41) mit Gl.(5.46)

$$\bar{x}(s) = \frac{e^{-s}(1+s)}{s^2(s^2+a_1s+a_0)} \begin{bmatrix} s+a_1 & 1 \\ -a_0 & s \end{bmatrix} \begin{bmatrix} 0 \\ b \end{bmatrix} \tag{5.47}$$

$$\bar{x}_1(s) = \frac{be^{-s}(1+s)}{s^2(s^2+a_1s+a_0)}$$

$$= be^{-s}\left\{ \frac{-a_0-a_0a_1+a_1^2-(a_0-a_1)s}{a_0^2(s^2+a_1s+a_0)} + \frac{a_0+(a_0-a_1)s}{a_0^2s^2} \right\}, \tag{5.48}$$

wobei angenommen wurde, daß $s=0$ keine Lösung der Gleichung $s^2+a_1s+a_0=0$ darstellt. Unter Verwendung der Ergebnisse aus den Übungen 2.3 und 2.4 erhält man

$$x_1(t) = AU(t-1)e^{-\sigma(t-1)}\{\cos\omega(t-1) + \frac{\beta-\sigma}{\omega}\sin\omega(t-1)\}$$

$$+ B(t-1)U(t-1)+CU(t-1) \tag{5.49}$$

mit

$$\sigma = \frac{1}{2}a_1$$

$$\omega^2 = a_0 - \frac{1}{4}a_1^2$$

$$A = -b(a_0 - a_1)/a_0^2$$

$$\beta = (a_0 + a_0a_1 - a_1^2)/(a_0 - a_1)$$

$$B = b/a_0$$

$$C = b(a_0 - a_1)/a_0^2 = -A$$

Übung 5.3. Durch einen Vergleich mit Übung 5.1 soll das Folgende gezeigt werden. Gilt

$$x^{(n)} + a_{n-1}x^{(n-1)} + \ldots + a_1\dot{x} + a_0 x = u \tag{5.50}$$

$$x^{(n-1)}(0) = x^{(n-2)}(0) = \ldots = x(0) = 0 \tag{5.51}$$

und $u \in D_R^1$, $u(t)=0$ für $t \leq 0$, $|u(t)| < Me^{\alpha t}$ für $t > 0$, dann lautet die Laplace-Transformierte der Funktion x, welche die Gln.(5.50) und (5.51) befriedigt,

$$\bar{x}(s) = \bar{u}(s)/(s^n + a_{n-1}s^{n-1} + \ldots + a_1 s + a_0). \tag{5.52}$$

Wie üblich ist die Gl.(5.50) nur an den Stellen erfüllt, an welchen u stetig ist.

5.2. ÜBERTRAGUNGSMATRIX

Ein Dynamisches System sei beschrieben durch die Gleichungen

$$\dot{x} = Ax + Bu \tag{5.53}$$

$$y = Cx + Du, \tag{5.54}$$

wobei x ein n-dimensionaler Vektor (der Zustandsvektor), u ein ℓ-dimensionaler Vektor der Eingangssignale und y ein m-dimensionaler Vektor der Ausgangssignale ist. Der Vektor u soll die im Abschnitt 5.1 geforderten Bedingungen erfüllen, nämlich

$$\left.\begin{array}{l} u \in D_R^1 \; ; \quad u(t) = 0 \quad \text{für} \quad t \leq 0 \; ; \\ |u_i(t)| < Me^{\alpha t} \quad \text{für} \quad t > 0 \quad \text{und für alle } i \; . \end{array}\right\} \tag{5.55}$$

Die Anfangsbedingung für x sei

$$x(0) = 0. \tag{5.56}$$

Stellt x die Lösung von Gl.(5.53) im gewöhnlichen Sinne dar (d.h. x erfüllt die Gl.(5.53) dort, wo u stetig ist, und x selbst ist stetig), dann hat x die durch Gl.(5.41) gegebene Laplace-Transformierte. Demzufolge hat auch y eine Laplace-Transformierte $\bar{y}$, welche gegeben ist durch

$$\bar{y}(s) = \{C(sI-A)^{-1}B + D\}\bar{u}(s) \tag{5.57}$$

$$=: \bar{G}(s)\bar{u}(s) , \tag{5.58}$$

wobei die durch Gl.(5.58) definierte Matrix $\bar{G}(s)$ die *Übertragungsmatrix* des Systems heißt. Dies ist ein wichtiger Sonderfall des im Abschnitt 8 behandelten allgemeinen Ergebnisses.

5.3. Kombination zweier Ergebnisse

Im einführenden Teil von Abschnitt 5 wurde die Lösung $x(t) = U(t)\cdot\xi(t)$ für $t > 0$ der Gleichung

$$\dot{\xi} = A\xi \ ; \quad \xi(0) = c \tag{5.59}$$

betrachtet. Im Abschnitt 5.1 wurde die Lösung von

$$\dot{x} = Ax + Bu \ ; \quad x(0) = 0 \tag{5.60}$$

unter geeigneten Forderungen an u untersucht. Da die Gl. (5.60) linear ist, ergibt sich sofort, daß die Lösung von

$$\dot{x} = Ax + Bu \ ; \quad x(0+) = c \tag{5.61}$$

durch Addition der Lösungen von Gl.(5.59) und Gl.(5.60) gewonnen wird.

Ausführlicher ausgedrückt, die Funktion u soll die Bedingungen (5.55) erfüllen, und x sei eine Funktion mit der Eigenschaft

$$x(t) = 0 \quad \text{für} \quad t \le 0 \; ; \quad x(0+) = c. \tag{5.62}$$

Die Funktion x sei für alle $t > 0$ stetig und erfülle die Differentialgleichung

$$\dot{x}(t) = Ax(t) + Bu(t) \tag{5.63}$$

für jedes $t > 0$, für welches u stetig ist. Dann ist x eindeutig definiert, es gilt $x \in D_R^1$ und x hat eine Laplace-Transformierte $\bar{x}$, welche gegeben ist durch

$$\bar{x}(s) = (sI - A)^{-1}[c + B\bar{u}(s)] \ . \tag{5.64}$$

Diese Laplace-Transformierte hat Gültigkeit für Re $s > \alpha$, wobei α von u und von A abhängt.

Durch Kombination der Gln.(5.2) und (5.32) erhält man für x den expliziten Ausdruck

$$x(t) = U(t)e^{At}c + \int_0^t e^{A(t-\tau)}Bu(\tau)d\tau \ . \tag{5.65}$$

5.4. Vergleich mit Operatormethoden

Das in den vorausgegangenen Abschnitten entwickelte Verfahren zur Lösung linearer, zeitinvarianter Differentialgleichungen setzt sich im wesentlichen aus denselben Schritten zusammen, wie sie bei Anwendung der Heavisideschen Operatormethode erforderlich ist. Die Heavisidesche Methode hat den kleinen, für die Praxis unbedeutenden Vorteil, daß die Bedingung $|u(t)| < Me^{\alpha t}$ nicht gefordert zu werden braucht. Eine Beschreibung der Methode einschließlich einer strengen Begründung findet man bei Jeffreys (1950).

Sowohl die Heavisidesche Methode als auch die Anwendung der Laplace-Transformation haben zum Ziel, eine gegebene Differentialgleichung mit vorgeschriebenen Anfangsbedingungen zu lösen. Sie liefern deshalb eine eindeutige Antwort. Trotzdem muß man hierbei Sorgfalt walten lassen, denn es gibt noch eine weitere Operatormethode zur Ermittlung der allgemeinen Lösung der homogenen Gleichung (der komplementären Funktion). Eine Darstellung findet man bei Lamb (1938), S. 437.

Es sei beispielsweise die Gleichung

$$D^2x + 3Dx + 2x = 0 \tag{5.66}$$

gegeben. Das Verfahren verlangt eine Darstellung in der Form

$$(D^2 + 3D + 2)x = 0 \tag{5.67}$$

oder

$$(D + 1)(D + 2)x = 0. \tag{5.68}$$

Diese Beziehung wird erfüllt, falls entweder

$$(D + 1)x = 0 \tag{5.69}$$

oder

$$(D + 2)x = 0 \tag{5.70}$$

gilt. Die Gln.(5.69) und (5.70) werden befriedigt durch

$$x_1(t) = c_1 e^{-t} \tag{5.71}$$

bzw.

$$x_2(t) = c_2 e^{-2t} . \tag{5.72}$$

Damit genügt die Funktion

$$x(t) = c_1 e^{-t} + c_2 e^{-2t} \tag{5.73}$$

der Gl.(5.67), wobei c_1 und c_2 beliebige Konstanten sind.

Man beachte, daß die Gleichung

$$(s^2 + 3s + 2)\bar{x}(s) = 0 \tag{5.74}$$

im Gegensatz zu Gl.(5.66) die Aussage $\bar{x}=0$ liefert, aus der sich $x=0$ ergibt. Dies liegt daran, daß man die Gl.(5.74) aus der Gl.(5.66) nur erhält für die Anfangsbedingungen

$$x(0) = 0, \quad Dx(0) = 0. \tag{5.75}$$

Hat man in Übereinstimmung mit Gl.(5.73) als Anfangsbedingungen

$$x(0) = c_1 + c_2 , \quad Dx(0) = -c_1 - 2c_2 \tag{5.76}$$

vorgegeben, dann führt die Gl.(5.66) nach Gl.(5.26) auf die Beziehung

$$(s^2 + 3s + 2)\bar{x}(s) = c_1(s + 2) + c_2(s + 1) . \tag{5.77}$$

Hieraus erhält man

$$\bar{x}(s) = \frac{c_1}{s+1} + \frac{c_2}{s+2} \tag{5.78}$$

und

$$x(t) = c_1 e^{-t} + c_2 e^{-2t} . \tag{5.79}$$

Dies stimmt mit Gl.(5.73) überein.

Der gleichen Schwierigkeit begegnet man im Zusammenhang mit Übertragungsfunktionen. Ein System sei gegeben durch

$$D^2x + 3Dx + 2x = Du + u; \quad x(0) = Dx(0) = 0 \tag{5.80}$$

und ein zweites System durch

$$Dx + 2x = u \;; \quad x(0) = 0. \tag{5.81}$$

Hieraus erhält man als Übertragungsfunktionen $\bar{x}(s)/\bar{u}(s)$ beim ersten System

$$\bar{g}(s) = \frac{s+1}{(s+1)(s+2)} \tag{5.82}$$

und beim zweiten System

$$\bar{g}(s) = \frac{1}{s+2} . \tag{5.83}$$

Beide Übertragungsfunktionen werden normalerweise als identisch betrachtet, denn die Kürzung eines Faktors ist erlaubt. Man beachte jedoch, daß die Gl.(5.82) die beiden in Gl.(5.80) gegebenen Anfangsbedingungen voraussetzt, während der Gl.(5.83) nur die eine in Gl.(5.81) angegebene Anfangsbedingung unterliegt. Gibt man nur die Übertragungsfunktion $1/(s+2)$ ohne Kenntnis einer möglichen Kürzung an, dann kann nicht festgestellt werden, wieviele Anfangsbedingungen dem ursprünglichen System auferlegt waren.

6. Abtastsysteme

Mit zunehmender Verwendung von Digitalrechnern bei Regelungsproblemen werden Methoden zur Analyse von Systemen erforderlich, in denen die Operationen zeitlich teils kontinuierlich (die Beschreibung erfolgt durch Differentialgleichungen oder ähnliche Modelle) und teils diskret (die Beschreibung erfolgt durch Differenzengleichungen) ablaufen. In Aufgabe 3 von Kapitel V wurde das Abtasthalteglied eingeführt. Es ist ein Beispiel für Anordnungen, die zur Umwandlung kontinuierlicher Information in diskrete Information verwendet werden. Die diskrete Information kann dann in digitale Form gebracht, verarbeitet und für Regelungszwecke auf analoge Form zurückgebracht werden.

Unter einem allgemeinen Abtastsystem versteht man ein System, welches aus einem Eingangssignal u ein Ausgangssignal y erzeugt, das definiert ist durch

$$y(t) = \begin{cases} u(r+\varepsilon), & r+\varepsilon<t\le r+\theta+\varepsilon \\ 0, & r+\theta+\varepsilon<t\le r+1+\varepsilon \end{cases} \tag{6.1}$$

mit

$$r = 0,1,2,\ldots; \quad 0 \le \varepsilon < 1; \quad 0 < \theta \le 1 \;. \tag{6.2}$$

Die zweite der Gleichungen (6.1) entfällt, falls $\theta=1$ ist. Dies besagt, daß das Ausgangssignal y unmittelbar nach der Abtastzeit $r+\varepsilon$ gleich dem Eingangssignal u gesetzt wird, dann auf diesem Wert die Zeit θ gehalten wird und schließlich bis zum nächsten Abtastzeitpunkt zu Null gemacht wird. Noch allgemeiner ist die Länge des Abtastintervalls T anstatt 1, man kann dann aber den Wert 1 stets durch entsprechende Normierung der Zeit erreichen.

Man kann sich leicht davon überzeugen, daß ein System mit den durch die Gln.(6.1) und (6.2) definierten Eigenschaften ein lineares, zeitabhängiges System ist, welches die Bedingungen aus Kapitel V, Übung 5.2 erfüllt. Die Antwort im Zeitpunkt t auf einen Einheitssprung im Zeitpunkt t_0 lautet

$$H(t,t_0) = \sum_{r=0}^{\infty} U(r+\varepsilon-t_0)[U(t-r-\varepsilon)-U(t-r-\theta-\varepsilon)] , \qquad (6.3)$$

wobei für gegebene Werte t_0 und t höchstens einer der Terme in der Reihe von Null verschieden ist. Gilt $u \in D_R^1$ und $u(t)=0$ für $t \leq 0$, so liefert die Gl.(5.24) aus Kapitel V

$$y(t) = \int_0^t H(t,\tau)du(\tau)$$

$$= - \int_0^t u(\tau)[U(t-r-\varepsilon)-U(t-r-\theta-\varepsilon)] d \left[\sum_{r=0}^{\infty} U(r+\varepsilon-\tau)\right] \qquad (6.4)$$

$$= \sum_{r=0}^{\infty} u(r+\varepsilon)[U(t-r-\varepsilon)-U(t-r-\theta-\varepsilon)] . \qquad (6.5)$$

Dies stimmt mit Gl.(6.1) überein.

Statt direkt mit dem durch Gl.(6.3) definierten Abtaster zu arbeiten, kann einfacher ein *Treppenabtaster* verwendet werden, der die Sprungantwort

$$H_0(t,t_0,\varepsilon) = \sum_{r=0}^{\infty} U(r+\varepsilon-t_0)U(t-r-\varepsilon) \qquad (6.6)$$

besitzt. Dabei wurde für die nachfolgenden Untersuchungen die Größe ε explizit in die Beziehung mit aufgenommen. Offensichtlich gilt

$$H(t,t_0) = H_0(t,t_0,\varepsilon) - H_0(t-\theta,t_0,\varepsilon) \; . \tag{6.7}$$

Man beachte auch, daß die Beziehung besteht

$$\lim_{\varepsilon \to 0} H_0(t,0,\varepsilon) = \sum_{r=0}^{\infty} U(t-r)$$

$$= U(t) + H_0(t,0,0). \tag{6.8}$$

Es sei nun u eine Funktion, welche die Bedingungen (5.55) erfüllt. Damit besitzt u eine Laplace-Transformierte $\bar{u}$. Wird u treppenförmig abgetastet, so ist das Ergebnis $u^{\dagger}$ gegeben durch

$$u^{\dagger}(t) = \sum_{r=0}^{\infty} u(r+\varepsilon_1)U(t-r-\varepsilon_1) \; . \tag{6.9}$$

Die Laplace-Transformierte von $u^{\dagger}$ ist definiert durch

$$\bar{u}^{\dagger}(s) = \lim_{p\to\infty} \int_0^{p+1+\varepsilon_1} e^{-st} \sum_{r=0}^{p} u(r+\varepsilon_1)U(t-r-\varepsilon_1)dt$$

$$= \lim_{p\to\infty} s^{-1} \sum_{r=0}^{p} u(r+\varepsilon_1)\left[e^{-s(r+\varepsilon_1)} - e^{-s(p+1+\varepsilon_1)}\right]. \tag{6.10}$$

Bedeutet α den in den Bedingungen (5.55) auftretenden Exponenten und gilt Re $s > \alpha_1 > \max\{\alpha, 0\}$, so ergibt sich

$$|u(r+\varepsilon_1)e^{-s(r+\varepsilon_1)}| < Me^{\alpha(r+\varepsilon_1)}e^{-\alpha_1(r+\varepsilon_1)}$$

$$= Me^{(\alpha-\alpha_1)\varepsilon_1}\left[e^{\alpha-\alpha_1}\right]^r \quad , \tag{6.11}$$

und $\sum_{r=0}^{\infty}\left[e^{\alpha-\alpha_1}\right]^r$ ist absolut konvergent. Falls $\alpha \neq 0$ ist, wird weiterhin

$$|e^{-sp}\sum_{r=0}^{p} u(r+\varepsilon_1)| < Me^{-\alpha_1 p}\sum_{r=0}^{p} e^{\alpha(r+\varepsilon_1)}$$

$$= \frac{Me^{\alpha\varepsilon_1}}{1-e^{\alpha}}\left[e^{-\alpha_1 p} - e^{\alpha}e^{-(\alpha_1-\alpha)p}\right] . \tag{6.12}$$

Dieser Ausdruck strebt gegen Null für $p\to\infty$. Im Falle $\alpha=0$ erhält man eine andere Formel, die Schlußfolgerung bleibt jedoch erhalten. Hieraus folgt, daß die Reihe in Gl.(6.10) absolut konvergiert, daß $\bar{u}^{\dagger}$ existiert und gegeben ist durch

$$\bar{u}^{\dagger}(s) = s^{-1}\sum_{r=0}^{\infty} u(r+\varepsilon_1)e^{-s(r+\varepsilon_1)} . \tag{6.13}$$

Es wird nun ein lineares zeitinvariantes System mit der Sprungantwort H(t) betrachtet, welches die Bedingungen aus Kapitel V, Theorem 5.1 erfüllt. Zudem soll H(t) die Ungleichung

$$|H(t)| < Ne^{\beta t} \text{ für } t > 0 \tag{6.14}$$

erfüllen. Die treppenförmig abgetastete Funktion $u^\dagger$ soll als Eingangssignal auf dieses System wirken. Die Antwort des Systems auf ein Eingangssignal $U(t-r-\varepsilon_1)$ ist $H(t-r-\varepsilon_1)$, und somit ist die Antwort auf $u^\dagger$ gegeben durch

$$y(t) = \sum_{r=0}^{\infty} u(r+\varepsilon_1)H(t-r-\varepsilon_1). \tag{6.15}$$

Schließlich werde das durch Gl.(6.15) gegebene Ausgangssignal treppenförmig abgetastet in den Zeitpunkten $r + \varepsilon_2$, $r = 0,1,2,\ldots$ Diese Abtastzeitpunkte $r + \varepsilon_2$ brauchen nicht dieselben zu sein wie die Zeitpunkte $r + \varepsilon_1$, welche bei der Abtastung von u verwendet wurden. Das abgetastete Ausgangssignal $y^\dagger$ ist gegeben durch

$$y^\dagger(t) = \int_0^t H_0(t,\tau,\varepsilon_2)dy(\tau)$$

$$= -\int_0^t y(\tau)dH_0(t,\tau,\varepsilon_2)$$

$$= -\int_0^t \sum_{r=0}^{\infty} u(r+\varepsilon_1)H(\tau-r-\varepsilon_1)d\left[\sum_{p=0}^{\infty} U(p+\varepsilon_2-\tau)U(t-p-\varepsilon_2)\right]. \tag{6.16}$$

Für ein bestimmtes t kann jede der Summen nach einer endlichen Zahl von Termen abgebrochen werden. Daher erhält man

$$y^{\dagger}(t) = \sum_{p=0}^{\infty} \sum_{r=0}^{\infty} u(r+\varepsilon_1)H(p-r+\varepsilon_2-\varepsilon_1)U(t-p-\varepsilon_2) \ , \qquad (6.17)$$

und auch dieser Ausdruck enthält nur endlich viele nichtverschwindende Glieder.

Es wird jetzt gezeigt, daß $y^{\dagger}$ eine Laplace-Transformierte hat. Für eine positive ganze Zahl n erhält man

$$\lim_{n\to\infty} \int_0^{n+1+\varepsilon_2} e^{-st} \sum_{p=0}^{\infty} \sum_{r=0}^{\infty} u(r+\varepsilon_1)H(p-r+\varepsilon_2-\varepsilon_1)U(t-p-\varepsilon_2)dt \qquad (6.18)$$

$$= \lim_{n\to\infty} s^{-1} \sum_{p=0}^{n} \sum_{r=0}^{p} u(r+\varepsilon_1)H(p-r+\varepsilon_2-\varepsilon_1)$$

$$\times \left[e^{-s(p+\varepsilon_2)} - e^{-s(n+1+\varepsilon_2)}\right] , \qquad (6.19)$$

denn es ist $H(p-r+\varepsilon_2-\varepsilon_1)=0$ für $r \geq p+1$.

Gilt $\mathrm{Re}\ s > \alpha_2 > \max\{\alpha_1, \beta\}=\max\{a,\beta,0\}$, dann wird weiterhin

$$\left|u(r+\varepsilon_1)H(p-r+\varepsilon_2-\varepsilon_1)\left[e^{-s(p+\varepsilon_2)} - e^{-s(n+1+\varepsilon_2)}\right]\right|$$

$$< MNe^{\alpha(r+\varepsilon_1)} e^{\beta(p-r+\varepsilon_2-\varepsilon_1)}\left[e^{-\alpha_2(p+\varepsilon_2)} + e^{-\alpha_2(n+1+\varepsilon_2)}\right] . \qquad (6.20)$$

Summiert man über r, so wird

$$\sum_{r=0}^{p} e^{(\alpha-\beta)r} = \frac{1 - e^{(\alpha-\beta)(p+1)}}{1 - e^{(\alpha-\beta)}}, \tag{6.21}$$

sofern $\alpha \neq \beta$ ist. Gilt $\alpha = \beta$, so ändern sich die Einzelheiten im folgenden geringfügig, die Schlußfolgerung bleibt jedoch erhalten. Nunmehr ist jeder Term in der Summe über p in Gl.(6.19) kleiner als

$$[K_1 e^{\beta p} + K_2 e^{\alpha p}][e^{-\alpha_2 p} + e^{-\alpha_2 (n+1)}], \tag{6.22}$$

wobei K_1 und K_2 Konstanten sind. Dann wird

$$\lim_{n\to\infty} e^{-\alpha_2 n} \sum_{p=0}^{n} e^{\beta p} = \lim_{n\to\infty} \frac{e^{-\alpha_2 n}[1 - e^{\beta(n+1)}]}{1 - e^{\beta}} \tag{6.23}$$

$$= 0,$$

sofern $\beta \neq 0$ ist. Für $\beta = 0$ ändert sich die Schlußfolgerung nicht. In ähnlicher Weise erhält man

$$\lim_{n\to\infty} e^{-\alpha_2 n} \sum_{p=0}^{n} e^{\alpha p} = 0. \tag{6.24}$$

Aus der Tatsache, daß $\alpha_2 > \alpha$ und $\alpha_2 > \beta$ ist, zieht man den Schluß, daß der Grenzwert in Gl.(6.19) existiert, und ausgedrückt werden kann als

$$\bar{y}^{\dagger}(s) = s^{-1} \sum_{p=0}^{\infty} \left\{ \sum_{r=0}^{p} H(p-r+\varepsilon_2-\varepsilon_1) u(r+\varepsilon_1) e^{-s(p+\varepsilon_2)} \right\}. \tag{6.25}$$

Der Beweis zeigt, daß diese Reihe für Re $s > \alpha_2$ absolut konvergiert.

6.1. Die Z-Transformation

Die oben abgeleiteten Ergebnisse bilden die Grundlage für die Anwendung der *Z-Transformation* bei der Untersuchung von Abtastsystemen. Das auf das zeitinvariante lineare System einwirkende Eingangssignal $u^\dagger$ hat, wie gezeigt wurde, die Laplace-Transformierte

$$\bar{u}^\dagger(s) = s^{-1} \sum_{r=0}^{\infty} u(r+\varepsilon_1) e^{-s(r+\varepsilon_1)} . \tag{6.26}$$

Diese Gleichung besteht, und die Reihe konvergiert absolut für Re s > α_1 = max{α,0}, wobei α der in den Bedingungen (5.55) auftretende Exponent ist.

Es wird eine Größe $\bar{H}^\dagger(s)$ definiert durch

$$\bar{H}^\dagger(s) = s^{-1} \sum_{p=0}^{\infty} H(p+\varepsilon_2-\varepsilon_1) e^{-s(p+\varepsilon_2-\varepsilon_1)} . \tag{6.27}$$

Unter der Bedingung (6.14) ist die Reihe in Gl.(6.27) absolut konvergent für Re s > β. Somit ergibt sich für Re s > α_2 = max{α,β,0}

$$[s\bar{H}^\dagger(s)][s\bar{u}^\dagger(s)] = \left[\sum_{p=0}^{\infty} H(p+\varepsilon_2-\varepsilon_1) e^{-s(p+\varepsilon_2-\varepsilon_1)}\right] \times \left[\sum_{r=0}^{\infty} u(r+\varepsilon_1) e^{-s(r+\varepsilon_1)}\right] . \tag{6.28}$$

Für Re s > α_2 sind beide Reihen absolut konvergent, und ihr Produkt darf durch das Cauchysche Produkt (Kapitel IV, Theorem 10.9) ersetzt werden:

$$\sum_{p=0}^{\infty}\sum_{r=0}^{p} H(p-r+\varepsilon_2-\varepsilon_1)e^{-s(p-r+\varepsilon_2-\varepsilon_1)}u(r+\varepsilon_1)e^{-s(r+\varepsilon_1)}$$

$$= \sum_{p=0}^{\infty}\sum_{r=0}^{p} H(p-r+\varepsilon_2-\varepsilon_1)u(r+\varepsilon_1)e^{-s(p+\varepsilon_2)} . \quad (6.29)$$

Hier tritt aber gerade die Summe aus Gl.(6.25) auf. Damit gilt für Re $s > \alpha_2$

$$[s\bar{H}^{\dagger}(s)][s\bar{u}^{\dagger}(s)] = s\bar{y}^{\dagger}(s) \quad . \quad (6.30)$$

Es wird nun $\varepsilon_2 = 2\varepsilon_1$ gesetzt und der Grenzübergang $\varepsilon_1 \to 0$ ausgeführt. Aufgrund der Gln.(6.26) und (6.27) und der entsprechenden Gleichung für $\bar{y}^{\dagger}(s)$, nämlich

$$\bar{y}^{\dagger}(s) = s^{-1}\sum_{r=0}^{\infty} y(r+\varepsilon_2)e^{-s(r+\varepsilon_2)} , \quad (6.31)$$

ergibt sich, daß $\bar{H}^{\dagger}$, $\bar{u}^{\dagger}$ und $\bar{y}^{\dagger}$ dann von s nur über e^{-s} abhängen. Daher setzt man $e^{-s}=z^{-1}$ und verwendet die Bezeichnungen

$$\tilde{H}(z) = s\bar{H}^{\dagger}(s) = \sum_{r=0}^{\infty} H(r+)z^{-r} \quad (6.32)$$

$$\tilde{u}(z) = s\bar{u}^{\dagger}(s) = \sum_{r=0}^{\infty} u(r+)z^{-r} \quad (6.33)$$

$$\tilde{y}(z) = s\bar{y}^{\dagger}(s) = \sum_{r=0}^{\infty} y(r+)z^{-r} \quad . \quad (6.34)$$

Damit wird aus Gl.(6.30)

$$\tilde{y}(z) = \tilde{H}(z)\tilde{u}(z) \ . \qquad (6.35)$$

Man beachte, daß der Abtastzeitpunkt bei y später als der bei u angesetzt wurde, also $\varepsilon_2 > \varepsilon_1$. Dies ist die übliche Annahme, obwohl sie häufig explizit nicht zum Ausdruck kommt. Hätte man das Gegenteil vorausgesetzt, so würde die Gl.(6.32) anstelle von H(r+) die Größe H(r-) enthalten; falls H unstetig ist, können hierbei Unterschiede auftreten. Die Reihen in den Gln.(6.32) und (6.33) sind absolut konvergent für $|z| > e^{\alpha}$ bzw. $|z| > e^{\beta}$, wobei α und β die in den Gln. (6.26) bzw. (6.27) zugeordneten Werte haben. Die Gl.(6.35) wurde bewiesen für $|z| > \max\{e^{\alpha}, e^{\beta}, 1\}$. Durch analytische Fortsetzung (Kapitel VII, Abschnitt 6) bleibt das Ergebnis gültig für $|z| > \rho = \max\{e^{\alpha}, e^{\beta}\}$.

Die in den Gln.(6.32), (6.33) und (6.34) definierten Größen sind bekannt als *Z-Transformierte*. Man schreibt sie gelegentlich als $\bar{H}(z)$, $\bar{u}(z)$, $\bar{y}(z)$, es gibt hierzu jedoch zwei Einwände. Zunächst wird es unmöglich, $\bar{u}$ für die Funktion zu verwenden zum Unterschied von ihrem Wert $\bar{u}(z)$ an der Stelle z, weil $\bar{u}$ (wie es hier immer der Fall ist) ebenso die Funktion von s bedeuten könnte, welche die Laplace-Transformierte von u ist. Weiterhin kann die Bezeichnung $\bar{u}(z)$ bei $e^{-s} = z^{-1}$ zu dem Fehler führen, daß $\bar{u}(\log z)$ anstelle von $\tilde{u}(z)$ geschrieben wird, wobei $\bar{u}$ die Laplace-Transformierte von u ist. Man vergleiche die Übung 6.1.

Da die Z-Transformierte, also beispielsweise $\tilde{u}$, sich von der Laplace-Transformierten $s\bar{u}^{\dagger}$ nur durch die Bezeichnung unterscheidet, läßt sich das Ergebnis aus Abschnitt 4 auf sie anwenden. Das bedeutet, daß es eine eineindeutige Beziehung zwischen einer treppenförmig abgetasteten Funktion $u^{\dagger}$, welche notwendigerweise zu D^1_R gehört, und ihrer Z-Transformierten $\tilde{u}$ gibt. Zu einer bestimmten Funktion u gibt es auch eine eindeutige Funktion $u^\dagger$; die umgekehrte Aussage ist jedoch offensichtlich nicht richtig. Die Beziehungen zwischen den bisher eingeführten verschiedenen Funktionen lassen sich daher folgendermaßen zusammenfassen:

$$\bar{u} \Leftrightarrow u \Rightarrow u^\dagger \Leftrightarrow \tilde{u}; \qquad \tilde{u}(z) = s\bar{u}^\dagger(s). \tag{6.36}$$

Übung 6.1. Man verifiziere die Eintragungen in der folgenden Tabelle. Hierbei ist n eine nichtnegative ganze Zahl. Man beachte insbesondere, daß $\tilde{u}$ nicht durch die Substitution s = log z aus $\bar{u}$ hervorgeht. Man beachte weiterhin, daß bei Vorgabe von $u^\dagger$ und u aus der Tabelle auch $u(t)\phi(t)$ eine Funktion in D_R^1 definiert, welche zum selben $u^\dagger$ führt, sofern nur ϕ stetig und beschränkt ist und $\phi(n) = 1$ gilt.

$\bar{u}$	e^{-sn}/s	$(s+\alpha)^{-1}$	s^{-2}
u	$U(t-n)$	$U(t)e^{-\alpha t}$	$tU(t)$
$u^\dagger$	$\sum_{r=n}^{\infty} U(t-r)$	$\sum_{r=0}^{\infty} e^{-\alpha r}U(t-r)$	$\sum_{r=1}^{\infty} rU(t-r)$
$s\bar{u}^\dagger$	$\sum_{r=n}^{\infty} e^{-sr}$	$\sum_{r=0}^{\infty} e^{-\alpha r}e^{-sr}$	$\sum_{r=1}^{\infty} re^{-sr}$
$\tilde{u}$	$z^{-n}(1-z^{-1})^{-1}$	$(1-e^{-\alpha}z^{-1})^{-1}$	$z^{-1}(1-z^{-1})^{-2}$.

Wenn man die Berechnungen, welche zur Gl.(6.30) führten, wiederholt und $H_0(t,t_0,\varepsilon_1)$ im ersten Treppenabtaster durch

$H_0(t-\theta_1,t_0,\varepsilon_1)$ ersetzt, dann lautet das Ergebnis

$$[s\bar{H}^{\dagger}_{\theta_1}(s)][s\bar{u}^{\dagger}(s)] = s\bar{y}^{\dagger}(s)\ , \tag{6.37}$$

wobei

$$s\bar{H}^{\dagger}_{\theta_1}(s) = \sum_{r=0}^{\infty} H(r-\theta_1+\varepsilon_2-\varepsilon_1)e^{-s(r+\varepsilon_2-\varepsilon_1)} \tag{6.38}$$

gesetzt wurde. Ersetzt man den ersten Treppenabtaster durch einen nach Gl.(6.1) definierten Abtaster und verwendet man die Gl.(6.7) und die Linearität des Systems, so ergibt sich für das Ausgangssignal

$$s\bar{y}^{\dagger}(s) = [s\bar{H}^{\dagger}(s) - s\bar{H}^{\dagger}_{\theta_1}(s)][s\bar{u}^{\dagger}(s)]\ . \tag{6.39}$$

Wird auch der zweite Treppenabtaster durch einen nach Gl.(6.1) definierten Abtaster mit $\theta=\theta_2$ ersetzt, so zeigt eine zweite Anwendung von Gl.(6.7), daß das Ausgangssignal $y^{\ddagger}$ gegeben ist durch

$$s\bar{y}^{\ddagger}(s) = [1-e^{-s\theta_2}][s\bar{H}^{\dagger}(s) - s\bar{H}^{\dagger}_{\theta_1}(s)][s\bar{u}^{\dagger}(s)]. \tag{6.40}$$

Man wähle nun $\theta_1=\theta_2=1$, so daß die beiden Abtaster zu Abtasthaltegliedern werden. Man setze weiterhin $\varepsilon_2=2\varepsilon_1$ und führe den Grenzübergang $\varepsilon_1\to 0$ durch. Dann hängen sämtliche Größen in Gl.(6.40) von s nur über $e^{-s}=z^{-1}$ ab, und man kann die Gl.(6.40) mit $s\bar{y}^{\ddagger}(s) = \hat{y}(z)$ ausdrücken durch

$$\hat{y}(z) = (1-z^{-1})\tilde{H}_{AH}(z)\tilde{u}(z), \tag{6.41}$$

wobei $\tilde{H}_{AH}$ definiert ist durch

$$\tilde{H}_{AH}(z) = \sum_{r=0}^{\infty} H(r+)z^{-r} - \sum_{r=0}^{\infty} H[(r-1)+]z^{-r}$$

$$= \sum_{r=0}^{\infty} H(r+)(1-z^{-1})z^{-r}$$

$$= (1-z^{-1})\cdot\tilde{H}(z) \ . \qquad (6.42)$$

Damit läßt sich die Gl.(6.41) schließlich in der Form

$$\hat{y}(z) = (1-z^{-1})^2\tilde{H}(z)\tilde{u}(z) \qquad (6.43)$$

schreiben. Man beachte, daß sich die beiden hier verwendeten Abtasthalteglieder von dem in der Aufgabe 3 aus Kapitel V definierten Abtasthalteglied unterscheiden: Jenes tastete zum Zeitpunkt t=r ab, während diese im Zeitpunkt t=r+ abtasten, wobei der zweite Abtaster beim Grenzübergang wenig später arbeitet als der erste (d.h. es ist $\varepsilon_2 > \varepsilon_1$).

Beispiel 6.1. Einem Abtasthalteglied folgt ein Integrator und ein zweites Abtasthalteglied. Wie lautet die Sprungantwort?

Es ist u(t)=U(t), und nach Übung 6.1 wird $\tilde{u}(z)=(1-z^{-1})^{-1}$. Die Laplace-Transformierte der Sprungantwort eines Integrators mit der Übertragungsfunktion s^{-1} lautet $\bar{H}(s)=s^{-2}$. Damit erhält man nach Übung 6.1 $\tilde{H}(z)=z^{-1}(1-z^{-1})^{-2}$. Die Gl. (6.43) liefert

$$\hat{y}(z) = (1-z^{-1})^2z^{-1}(1-z^{-1})^{-2}(1-z^{-1})^{-1} = z^{-1}(1-z^{-1})^{-1} , \qquad (6.44)$$

und aufgrund von Übung 6.1. erhält man $y^{\ddagger}(t) = \sum_{r=1}^{\infty} U(t-r)$. Die Kurvenverläufe sind im Bild 2 dargestellt.

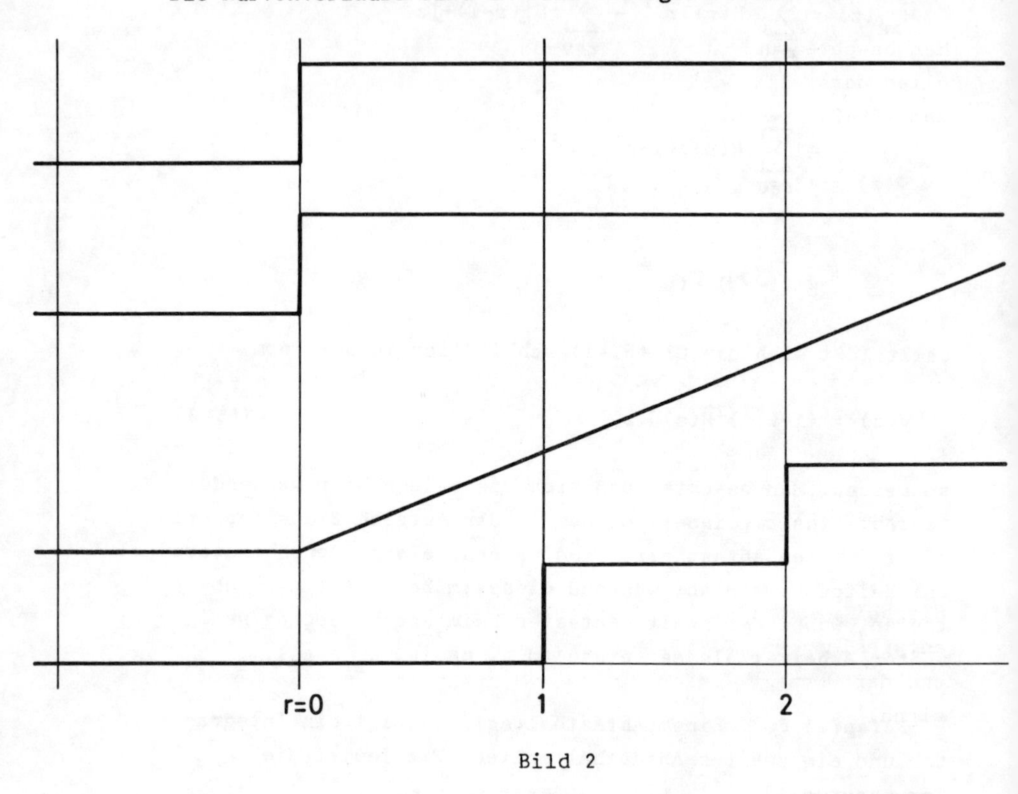

Bild 2

Beispiel 6.2. Einem Abtasthalteglied folgt ein System mit $\tilde{H}(s)=(s+2)/s(s+1)$, und danach folgt ein Treppenabtaster. Das Eingangssignal ist gegeben durch $u(t)=\sin(\pi t/2)$. Es ist

$$\tilde{u}(z) = z^{-1}-z^{-3}+z^{-5}-\ldots = z^{-1}(1+z^{-2})^{-1} \tag{6.45}$$

und

$$\tilde{H}(s) = \frac{2}{s} - \frac{1}{s+1} \quad . \tag{6.46}$$

Hieraus erhält man nach Übung 6.1 und wegen der Linearität

$$\tilde{H}(z) = 2(1-z^{-1})^{-1} - (1-e^{-1}z^{-1})^{-1} . \tag{6.47}$$

Man beachte, daß nur der erste Abtaster ein Abtasthalteglied darstellt; deshalb ergibt sich aus den Gln.(6.37) und (6.42)

$$\tilde{y}(z) = (1-z^{-1})[2(1-z^{-1})^{-1} -(1-e^{-1}z^{-1})^{-1}]\, z^{-1}(1+z^{-2})^{-1}$$

$$= 2z^{-1}(1+z^{-2})^{-1} - z^{-1}(1-z^{-1})(1-e^{-1}z^{-1})^{-1}(1+z^{-2})^{-1} \tag{6.48}$$

$$= 2z^{-1}(1+z^{-2})^{-1} + \frac{e}{1+e^2}\left\{\frac{e-1}{1-e^{-1}z^{-1}} - \frac{(e-1)+(e+1)z^{-1}}{1+z^{-2}}\right\} \tag{6.49}$$

$$= \frac{1}{1+e^2}\left\{\frac{e(e-1)}{1-e^{-1}z^{-1}} + \frac{(e^2-e+2)z^{-1} - e(e-1)}{1+z^{-2}}\right\} . \tag{6.50}$$

Hierbei gewinnt man die Gl.(6.49) durch eine Partialbruchentwicklung von Gl.(6.48). Unter Verwendung der Gl.(6.45) und der Übung 6.1 erhält man schließlich für das Ausgangssignal

$$y^{\dagger}(t) = \frac{e(e-1)}{1+e^2}\left\{\sum_{r=0}^{\infty} e^{-r}U(t-r) - \sum_{r=0}^{\infty} \sin\frac{\pi r}{2}\cdot U(t-r+1)\right\}$$

$$+ \frac{e^2-e+2}{1+e^2}\left\{\sum_{r=1}^{\infty} \sin\frac{\pi r}{2}\cdot U(t-r)\right\} . \tag{6.51}$$

Übung 6.2. Man prüfe die Konvergenz der Reihen in den Beispielen 6.1 und 6.2.

6.2. Impulsabtaster

Die im Abschnitt 6.1 angegebene Methode wird üblicherweise etwas anders behandelt. Statt des Treppenabtasters ist der Grundabtaster ein *Impulsabtaster*, welcher aus einem Eingangssignal u ein abgetastetes Ausgangssignal u^* erzeugt, das definiert ist durch

$$u^*(t) = \sum_{r=0}^{\infty} u(r+)\,\delta(t-r)\ . \tag{6.52}$$

In der Darstellungsweise nach Abschnitt 8 von Kapitel V ist auch

$$u^*(t) = Du^\dagger(t). \tag{6.53}$$

Demzufolge kann man einen Impulsabtaster in Gedanken darstellen durch einen Treppenabtaster, welchem ein Differen-

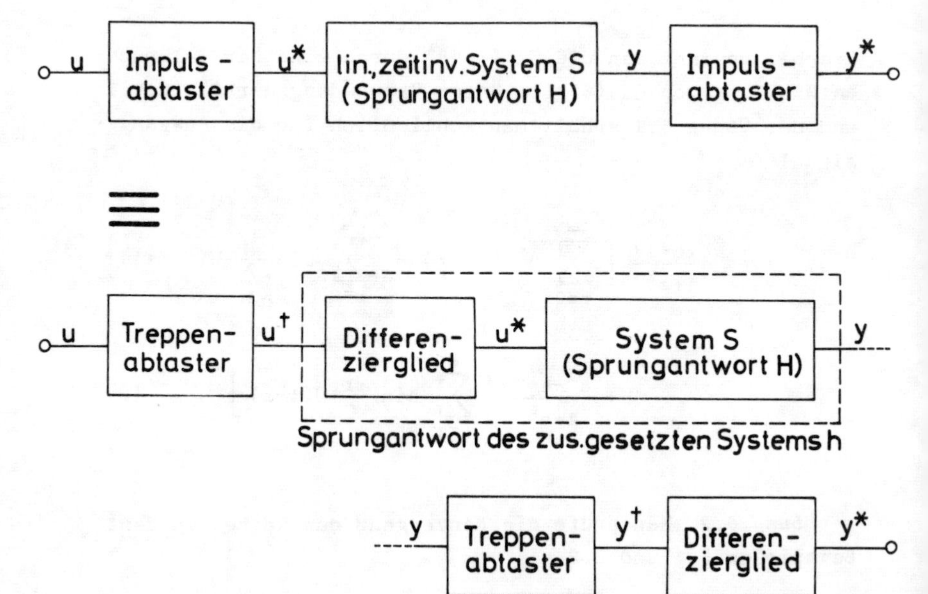

Bild 3

zierglied folgt, wie es im Bild 3 dargestellt ist. Aus Abschnitt 3 ist zu ersehen, daß

$$\bar{u}^*(s) = s\bar{u}^{\dagger}(s) \tag{6.54}$$

gilt, und somit erhält man unter den Bedingungen von Abschnitt 6.1

$$\tilde{u}(z) = \bar{u}^*(s). \tag{6.55}$$

Beispiel 6.3. Die im Abschnitt 6.1 angegebene Tabelle läßt sich durch folgende Eintragungen erweitern:

$\bar{u}$	e^{-ns}/s	$(s+\alpha)^{-1}$	s^{-2}
u	$U(t-n)$	$U(t)e^{-\alpha t}$	$tU(t)$
u^*	$\sum_{r=n}^{\infty} \delta(t-r)$	$\sum_{r=0}^{\infty} e^{-\alpha r}\delta(t-r)$	$\sum_{r=1}^{\infty} r\delta(t-r)$
$\bar{u}^*$	$\sum_{r=n}^{\infty} e^{-sr}$	$\sum_{r=0}^{\infty} e^{-\alpha r}e^{-sr}$	$\sum_{r=1}^{\infty} re^{-sr}$
$\tilde{u}$	$z^{-n}(1-z^{-1})^{-1}$	$(1-e^{-\alpha}z^{-1})^{-1}$	$z^{-1}(1-z^{-1})^{-2}$.

Wird im Bild 3 das erste Differenzierglied mit dem linearen,zeitinvarianten System S zusammengefaßt, dann ist die Sprungantwort dieser Kombination nach Abschnitt 9 aus Kapitel V gerade die Impulsantwort h von S. Aus Gl.(6.30) folgt, wenn ε_1 und ε_2 in gleicher Weise behandelt werden, die Beziehung

$$\tilde{y}(z) \; [= \bar{y}^*(s) = s\bar{y}^\dagger(s) = s\bar{h}^\dagger(s)s\bar{u}^\dagger(s) = \bar{h}^*(s)\bar{u}^*(s)]$$

$$= \tilde{h}(z)\tilde{u}(z) . \tag{6.56}$$

Die Funktion $\tilde{h}$ heißt die *Abtast-Übertragungsfunktion* (oder *diskrete Übertragungsfunktion* oder *Puls-Übertragungsfunktion*) des linearen zeitinvarianten Systems mit der Impulsantwort h.

Die Gl.(6.56) kann in gleicher Weise verwendet werden wie die Gl.(6.43) und die hierzu ähnlichen Beziehungen. Da das Verhalten von in der Praxis auftretenden Abtastern selten durch einen Impulsabtaster gut dargestellt wird, läßt man diesem häufig einen *Pulsformer* folgen. Beispielsweise wandelt ein Netzwerk mit der Übertragungsfunktion $(1-e^{-s})/s$ (man vergleiche Abschnitt 8) einen Impulsabtaster in ein Abtasthalteglied um. Dieser spezielle Pulsformer heißt ein *Halteglied nullter Ordnung*.

Übung 6.3. In dem System, auf das sich die Gl.(6.40) bezieht, soll der erste Abtaster ein Ausgangssignal mit der Amplitude $1/\theta_1$ und der zweite ein Ausgangssignal mit der Amplitude $1/\theta_2$ erzeugen. Nach dem Vorgehen von Abschnitt 9.1 aus Kapitel V diskutiere man dann den Grenzübergang für $\theta_1 \to 0$ und $\theta_2 \to 0$. [Man beachte die Schwierigkeit, welche sich bei unstetigem H ergibt: Es muß

$$\lim_{\theta_1 \to 0+} \{H(r+\varepsilon_2-\varepsilon_1) - H(r-\theta_1+\varepsilon_2-\varepsilon_1)\}/\theta_1$$

interpretiert werden als $DH(r+\varepsilon_2-\varepsilon_1)$ und nicht als $D_-H(r+\varepsilon_2-\varepsilon_1)$. Man skizziere den Quotienten als eine Funktion von $\varepsilon_2 - \varepsilon_1$ in der Nähe einer Unstetigkeitsstelle von H und vergleiche die Beziehungen (9.9) aus Kapitel V.]

Beispiel 6.4. Das im Beispiel 6.2 untersuchte System läßt sich gemäß Bild 4 darstellen, wobei (s+2)/(s+1) gleich

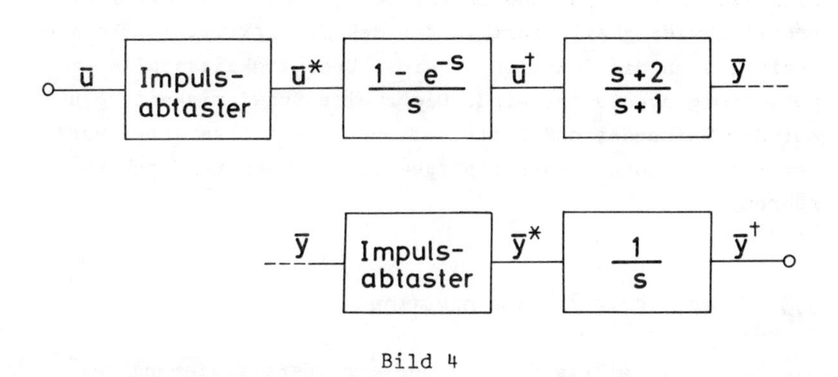

Bild 4

$s\bar{H}(s)=\bar{h}(s)$ ist. Da die Laplace-Transformierte von $\delta(t)$ gleich 1 ist, stellt $\bar{h}(s)$ die im Abschnitt 5.2 definierte Übertragungsfunktion dar. Es ist leicht zu erkennen, daß die der Funktion $(1-e^{-s})(s+2)/s(s+1)$ entsprechende Z-Transformierte gleich der mit $(1-z^{-1})$ multiplizierten Z-Transformierten ist, welche der Funktion $(s+2)/s(s+1)$ entspricht. Dies wird durch die Gl.(6.47) zum Ausdruck gebracht. Die Gl.(6.45) liefert $\tilde{u}(z)$, welches aufgrund von Gl.(6.54) dasselbe bleibt, gleichgültig ob es aus $\bar{u}^*(s)$ oder aus $s\bar{u}^\dagger(s)$ abgeleitet wird. Demzufolge wird $\tilde{y}(z)$ wiederum durch Gl.(6.50) gegeben, und man kann aus dieser Funktion entweder zunächst y^* bilden und dann integrieren, oder man kann auch direkt $y^\dagger$ gewinnen. Auf diese Weise läßt sich das Problem mit Hilfe der Methode dieses Abschnitts lösen, wie es üblicherweise geschieht.

In Anlehnung an die Überlegungen im Abschnitt 9 aus Kapitel V wird der Impulsabtaster hier nur als eine Möglichkeit betrachtet, um die Ergebnisse im Abschnitt 6.1 anders darzustellen. Bei einer direkten Beschreibung des Impulsabtasters auf mathematisch zufriedenstellende Weise sähe man sich zwei Arten von Schwierigkeiten gegenübergestellt. Die erste Schwierigkeit liegt in der Mehrdeutigkeit, welche sich ergibt, wenn die Funktion an einer Unstetigkeitsstelle impulsförmig abgetastet wird. Die zweite Schwierigkeit beruht auf der Tatsache, daß Distributionen nicht abgetastet werden können, ohne vorher eine gewisse Mittelung durchzuführen.

6.3. Modifizierte Z-Transformation

Die Z-Transformierte $\tilde{u}$ dient nur zur Identifizierung der abgetasteten Funktion $u^\dagger$ (oder u^*). Wenn es in einem Abtastsystem notwendig ist, die Signalform vor der Abtastung zu ermitteln, dann kann die Laplace-Transformierte verwendet werden. Eine weitere Möglichkeit besteht darin, sich einen Abtaster nach dem fraglichen Signal vorzustellen, dessen Abtastzeitpunkt um den Wert η verschoben werden kann. Läßt man η das Intervall von 0 bis 1 durchlaufen, dann läßt sich das Verhalten der nicht abgetasteten Funktion auffinden. Eine derartige verzögerte Abtastung führt auf die modifizierte Z-Transformation.

Im Abschnitt 6 soll der zweite Treppenabtaster um η verzögert werden. Dann erhält die Gl.(6.16) die Form

$$y_\eta^\dagger(t) = \int_0^t H_0(t,\tau-\eta,\varepsilon_2)dy(\tau)$$

$$= - \int_0^t \sum_{r=0}^{\infty} u(r+\varepsilon_1)H(\tau-r-\varepsilon_1)$$

$$\times\, d\left[\sum_{p=0}^{\infty} U(p+\varepsilon_2-\tau+\eta)U(t-p-\varepsilon_2) \right] . \tag{6.57}$$

Es sei

$$\eta + \varepsilon_2 \geq 0 , \tag{6.58}$$

so daß der dem Wert p=0 entsprechende Sprung im Integrator in den Integrationsbereich eingeschlossen ist. Dann ergibt sich

$$y_\eta^\dagger(t) = \sum_{p=0}^{\infty} \sum_{r=0}^{\infty} u(r+\varepsilon_1)H(p-r+\varepsilon_2-\varepsilon_1+\eta)U(t-p-\varepsilon_2) . \tag{6.59}$$

Gilt

$$H(p-r+\varepsilon_2-\varepsilon_1+\eta) = 0 \quad \text{für} \quad r \geq p + 1 , \tag{6.60}$$

dann kann die Summation über r in Gl.(6.59) bei r=p abgebrochen werden. Die Gl.(6.60) verlangt

$$\eta + \varepsilon_2 - \varepsilon_1 - 1 \leq 0 . \tag{6.61}$$

Geht man wie in den Abschnitten 6 und 6.1 vor, dann erhält man anstelle von Gl.(6.30) die Beziehung

$$[s\bar{H}_\eta^\dagger(s)][s\bar{u}^\dagger(s)] = s\bar{y}_\eta^\dagger(s) . \tag{6.62}$$

Mit $\varepsilon_2=2\varepsilon_1$ und $\varepsilon_1=0+$ können folgende Bezeichnungen eingeführt werden:

$$s\bar{H}_\eta^\dagger(s) = \sum_{r=0}^{\infty} H(r+\eta+)z^{-r} =: \tilde{H}(z,\eta) \tag{6.63}$$

$$s\bar{y}_\eta^\dagger(s) = \sum_{r=0}^{\infty} y(r+\eta+)z^{-r} =: \tilde{y}(z,\eta) \quad . \tag{6.64}$$

Die Bedingungen (6.58) und (6.61) für η werden zu

$$0 \leq \eta < 1 \ . \tag{6.65}$$

Damit erhält die Gl.(6.62) die Form

$$\tilde{y}(z,\eta) = \tilde{H}(z,\eta)\tilde{u}(z). \tag{6.66}$$

Stellen beide Abtaster Impulsabtaster dar, so erhält man in gleicher Weise

$$\tilde{y}(z,\eta) = \tilde{h}(z,\eta)\tilde{u}(z) \ . \tag{6.67}$$

Die hier eingeführte Bezeichnung stimmt im wesentlichen mit der von Ragazzini und Franklin (1958) überein, falls η durch Δ ersetzt wird. Die von Jury (1958) angegebenen modifizierten Z-Transformierten weisen m anstelle von η auf, und sie sind zudem mit z dividiert. In beiden Büchern wird das abgetastete Ausgangssignal als zeitlich verschoben angesehen, anstelle der zeitlichen Verschiebung beim Abtaster. Ragazzini und Franklin lassen die Funktion um die Größe Δ voreilen, während sie bei Jury um die Größe 1 - m nacheilt.

Beispiel 6.5. Ist $u(t)=U(t)$, $h(t)=tU(t)$, so wird

$$\tilde{h}(z,\eta) = \sum_{r=0}^{\infty} (r+\eta)U(r+\eta+)z^{-r} \ , \quad 0 \le \eta < 1 \tag{6.68}$$

$$= \sum_{r=0}^{\infty} rz^{-r} + \eta\sum_{r=0}^{\infty} z^{-r} \tag{6.69}$$

$$= z^{-1}(1-z^{-1})^{-2} + \eta(1-z^{-1})^{-1} \ . \tag{6.70}$$

Damit liefert die Gl.(6.67)

$$\tilde{y}(z,\eta) = z^{-1}(1-z^{-1})^{-3} + \eta(1-z^{-1})^{-2} \tag{6.71}$$

$$= \sum_{r=0}^{\infty} \left[\frac{r(r+1)}{2} + (r+1)\eta\right]z^{-r} \ . \tag{6.72}$$

Hieraus erhält man

$$y(r+\eta+) = \frac{r(r+1)}{2} + (r+1)\eta \ , \quad r=0,1,2,\ldots, \quad 0 \le \eta < 1. \tag{6.73}$$

Da h einem Doppelintegrator entspricht und das abgetastete Eingangssignal u^* eine Folge von Einheitsimpulsen für $r=0,1,2,\ldots$ darstellt, läßt sich das Ergebnis in Gl.(6.73) leicht bestätigen. Man beachte, daß $y(r+\eta+)$ in Gl.(6.73) gleichbedeutend ist mit $\lim_{\varepsilon_2 \to 0+} y(r+\eta+\varepsilon_2)$.

7. Differenzengleichungen

Die Z-Transformation tritt bei Abtastsystemen als ein Sonderfall der Laplace-Transformation auf. Bei der Lösung von Differenzengleichungen ergibt sich die Z-Transformation in natürlicher Weise durch die sie definierende Reihe

$$\tilde{x}(z) = \sum_{r=0}^{\infty} x_r z^{-r} \quad , \tag{7.1}$$

wobei x_r, $r=0,1,2,\ldots$, eine Folge reeller Zahlen und z eine komplexe Variable bedeuten. Unter der Einschränkung

$$|x_r| < M\rho^r \quad , \quad \rho > 0, \quad r \geq 0 \tag{7.2}$$

konvergiert die Reihe Gl.(7.1) absolut für $|z| > \rho$.

Es soll die Bezeichnung x° zur Darstellung der Folge $x_0, x_1, x_2, \ldots$ verwendet werden. Dies bedeutet, daß x° eine Funktion ist mit dem Definitionsbereich S der nichtnegativen ganzen Zahlen und dem Wertebereich $R \subset E_1$. Es wird ein Operator E eingeführt derart, daß Ex° die Folge $x_1, x_2, x_3, \ldots$ bedeutet; E^2x° stellt die Folge $x_2, x_3, x_4, \ldots$ dar, und allgemein bedeutet für $p \geq 0$ der Ausdruck $E^p x^\circ$ die Folge $x_p, x_{p+1}, x_{p+2}, \ldots$ Es soll die Z-Transformierte $\tilde{x}$ von x° bezeichnet werden mit $\tilde{x} = Z(x^\circ)$. Dann wird

$$Z(E^p x^\circ) = \sum_{r=0}^{\infty} x_{r+p} z^{-r} \tag{7.3}$$

$$= \left\{ \sum_{r=0}^{\infty} x_r z^{-r} - (x_0 + x_1 z^{-1} + \ldots + x_{p-1} z^{-p+1}) \right\} z^p \tag{7.4}$$

$$= z^p \left\{ \tilde{x} - \sum_{k=0}^{p-1} x_k z^{-k} \right\}. \tag{7.5}$$

Es sei eine homogene Differenzengleichung der Form

$$x_{r+n} + a_{n-1} x_{r+n-1} + \ldots + a_1 x_{r+1} + a_0 x_r = 0 \quad , \qquad r = 0,1,2,\ldots \quad , \tag{7.6}$$

gegeben mit den Anfangsbedingungen

$$x_{n-1} = c_{n-1}, \quad x_{n-2} = c_{n-2}, \ldots, \quad x_0 = c_0 \ . \tag{7.7}$$

Die Lösung wird auf rekursive Weise bestimmt, indem man zunächst in Gl.(7.6) $r=0$ setzt und x_n aus $c_{n-1}, c_{n-2}, \ldots, c_0$ bestimmt. Dann wird in Gl.(7.6) $r=1$ gewählt und x_{n+1} aus $x_n, c_{n-1}, \ldots, c_1$ ermittelt; in entsprechender Weise wird fortgefahren. Wesentlich bequemer ist es, die Lösung unter Verwendung der Z-Transformation auf folgende Weise zu bestimmen.

Die Gl.(7.6) wird mit z^{-r} multipliziert, und dann wird über r summiert. Man erhält so

$$\sum_{r=0}^{\infty} z^{-r} \{ x_{r+n} + a_{n-1} x_{r+n-1} + \ldots + a_1 x_{r+1} + a_0 x_r \} = 0. \tag{7.8}$$

Nimmt man an, daß sämtliche Reihen konvergieren, so folgt aus Gl.(7.8)

$$\sum_{r=0}^{\infty} z^{-r} x_{r+n} + a_{n-1} \sum_{r=0}^{\infty} z^{-r} x_{r+n-1} + \ldots + a_0 \sum_{r=0}^{\infty} z^{-r} x_r = 0 \tag{7.9}$$

oder

$$Z(E^n x^\circ) + a_{n-1} Z(E^{n-1} x^\circ) + \ldots + a_1 Z(E x^\circ) + a_0 Z(x^\circ) = 0 \,. \tag{7.10}$$

Jede der Z-Transformierten läßt sich mit Hilfe von Gl.(7.5) ausdrücken durch $\tilde{x}$, z und $c_0, c_1, \ldots, c_{p-1}$. Das Ergebnis lautet

$$\begin{aligned}&[z^n \tilde{x}(z) - z^n c_0 - \ldots - z^2 c_{n-2} - z c_{n-1}] \\ &\quad + a_{n-1} [z^{n-1} \tilde{x}(z) - z^{n-1} c_0 - \ldots - z c_{n-2}] \\ &\quad + \ldots + a_1 [z \tilde{x}(z) - z c_0] + a_0 \tilde{x}(z) = 0,\end{aligned} \tag{7.11}$$

und es ist der Gl.(5.26) ähnlich. Löst man nach $\tilde{x}(z)$ auf, schreibt man dieses Ergebnis als Partialbruchentwicklung an und zieht man eine Tafel von Z-Transformierten heran, dann erhält man die gewünschte Folge x°, welche die Gln. (7.6) und (7.7) erfüllt.

Zur vollständigen Begründung dafür, daß die beschriebene Methode tatsächlich zur Lösung der Gln. (7.6) und (7.7) führt, muß man zunächst zeigen, daß die Reihen in Gl.(7.9) für hinreichend große $|z|$ konvergieren. Weiterhin muß gezeigt werden, daß die Folge x°, welche man aus der Tafel entnimmt, die einzige ist mit der vorgegebenen Transformierten $\tilde{x}$. Der erste Punkt läßt sich leicht erledigen. Es sei

$$\left.\begin{aligned} c &= \max\{|c_0|, |c_1|, \ldots, |c_{n-1}|\} \\ &= \max\{|x_0|, |x_1|, \ldots, |x_{n-1}|\} \end{aligned}\right\} \tag{7.12}$$

und

$$a = \max\{|a_0|, |a_1|, \ldots, |a_{n-1}|, 1\} \,. \tag{7.13}$$

Dann erhält man bei rekursiver Bestimmung von x_n, x_{n+1},...

$$|x_n| = |a_{n-1}c_{n-1} + a_{n-2}c_{n-2} + \ldots + a_0c_0| \qquad (7.14)$$

$$\le nac \;.$$

Wegen nac $\ge$ c ist

$$nac \ge \max\{|x_1|, |x_2|, \ldots, |x_n|\} \;, \qquad (7.15)$$

so daß

$$|x_{n+1}| = |a_{n-1}x_n + a_{n-2}x_{n-1} + \ldots + a_0x_1|$$

$$\le na(nac) \qquad (7.16)$$

und

$$(na)^2c \ge \max\{|x_2|, |x_3|, \ldots, |x_{n+1}|\} \qquad (7.17)$$

wird. Fährt man in dieser Weise fort, dann findet man die Aussage

$$|x_{n+r}| \le (na)^r nac, \qquad (7.18)$$

die der Gl.(7.2) entspricht. Damit ist gezeigt, daß die Reihe in Gl.(7.1) absolut konvergiert für $|z| > na$, sofern die z_r, r=0,1,2,..., durch die Gln.(7.6) bestimmt sind. Die Konvergenz der übrigen Reihen in Gl.(7.9) folgt aus den Gln.(7.10) und (7.5).

Zum Nachweis des zweiten Punktes wählt man zwei Folgen x° und y° mit der Eigenschaft

$$\tilde{x}(z) = \sum_{r=0}^{\infty} x_r z^{-r} = \sum_{r=0}^{\infty} y_r z^{-r} = \tilde{y}(z) . \tag{7.19}$$

Dabei seien beide Reihen absolut konvergent für $|z|>\beta>0$. Es sei $q^\circ = x^\circ - y^\circ$. Damit wird

$$\tilde{q}(z) = \sum_{r=0}^{\infty} q_r z^{-r} = \sum_{r=0}^{\infty} (x_r - y_r) z^{-r} = 0 , \tag{7.20}$$

und diese Reihe ist absolut konvergent für $|z|>\beta$.

Aus der Übung 4.1 von Kapitel V folgt nun, daß jeder Koeffizient $x_r - y_r$ in der letzten Reihe gleich Null ist, und damit gilt $y^\circ = x^\circ$.

Die inhomogene Differenzengleichung läßt sich in ähnlicher Weise behandeln. Es ergeben sich dabei keine neuen Gesichtspunkte, deshalb wird auf eine Diskussion verzichtet.

Beispiel 7.1. Wird eine Folge x° definiert durch

$$x_r = a^r, \quad r = 0,1,2,\ldots, \tag{7.21}$$

dann ist $\tilde{x}$ gegeben durch

$$\tilde{x}(z) = \sum_{r=0}^{\infty} a^r z^{-r} = (1-az^{-1})^{-1} . \tag{7.22}$$

Diese Funktion ist absolut konvergent für $|z| > |a|$. (Man vergleiche Beispiel 6.3.)

Beispiel 7.2. Es sei die Folge x° definiert durch die Differenzengleichung

$$x_{r+3} - 6x_{r+2} + 11x_{r+1} - 6x_r = 0, \quad r = 0,1,2,... \tag{7.23}$$

mit

$$x_2 = 1, \quad x_1 = x_0 = 0. \tag{7.24}$$

Dann ergibt die Gl.(7.11)

$$z^3\tilde{x}(z) - z - 6z^2\tilde{x}(z) + 11z\tilde{x}(z) - 6\tilde{x}(z) = 0 \tag{7.25}$$

$$\tilde{x}(z) = z/(z^3 - 6z^2 + 11z - 6) \tag{7.26}$$

$$= z^{-2}/(1 - 6z^{-1} + 11z^{-2} - 6z^{-3}) \tag{7.27}$$

$$= \frac{1}{2(1-z^{-1})} - \frac{1}{1-2z^{-1}} + \frac{1}{2(1-3z^{-1})}, \tag{7.28}$$

und aufgrund von Beispiel 7.1 ist die Folge x° gegeben durch

$$x_r = \frac{1}{2} - 2^r + \frac{1}{2}\, 3^r, \quad r = 0,1,2,... \;. \tag{7.29}$$

7.1. Bemerkung zur Bezeichnungsweise

Der Leser wird bemerkt haben, daß trotz einer Unterscheidung in der Bezeichnung zwischen $x^\dagger$, x^* und x° keine entsprechende Unterscheidung zwischen den Z-Transformierten gemacht wurde: Die Z-Transformierten von $x^\dagger$, x^* und x° wurden alle mit $\tilde{x}$ bezeichnet. Der Grund hierfür liegt darin, daß $\tilde{x}$ nur von einer Menge reeller Zahlen abhängt, welche zur Definition der Ausgangsfunktion ausreicht. Bei einer gegebenen Funktion $\tilde{x}$ ist diese Zahlenmenge dieselbe, unabhängig davon, ob sie von $x^{\dagger}$, x^{*} oder x° abgeleitet wird. In allen Fällen gilt

$$\tilde{x}(z) = \sum_{r=0}^{\infty} x_r z^{-r} , \tag{7.30}$$

sofern x_r aufgefaßt wird als das r-te Glied der Folge x°, oder als die Stärke des r-ten Impulses von x^{*}, oder als die Höhe der r-ten Sprungänderung in $x^{\dagger}$.

8. Übertragungsmatrix, Fortführung der Diskussion

Wird ein lineares, zeitinvariantes System mit der Sprungantwort $H(t)$ erregt durch ein Eingangssignal $u \in D_R^1$, dann ist das Ausgangssignal y unter den Bedingungen von Abschnitt 5 aus Kapitel V gegeben durch

$$y(t) = \int_0^t H(t-\tau)du(\tau) \quad . \tag{8.1}$$

Fordert man zusätzlich

$$|u(t)| < Me^{\alpha t}, \quad |H(t)| < M_1 e^{\alpha_1 t} \quad , \quad t \geq 0 \; , \tag{8.2}$$

so besitzen u und H die Laplace-Transformierten $\bar{u}$ bzw. $\bar{H}$.

Es soll nun gezeigt werden, daß y eine Laplace-Transformierte hat, welche gegeben ist durch

$$\bar{y}(s) = s\bar{H}(s)\bar{u}(s) \; , \tag{8.3}$$

sofern H einer stärkeren Einschränkung unterliegt, nämlich, daß ihre Variation in $[0,t]$ für sämtliche Werte t kleiner ist als $Ne^{\beta t}$ für festes N und $\beta \geq 0$. Diese Bedingung impliziert die weniger einschneidende Forderung in den Beziehungen (8.2), was man leicht dadurch einsehen kann, daß man die Funktion H von beschränkter Variation ausdrückt als die Differenz zweier monotoner Funktionen. Andererseits soll die durch die Beziehung

$$H(t) = U(t) \text{ sign } [\sin \pi e^{t^2}] \tag{8.4}$$

definierte Funktion $H \in D_R^1$ betrachtet werden. Dabei bedeutet

$$\text{sign } x = \begin{cases} 1 & \text{für } x > 0 \\ 0 & \text{für } x = 0 \\ -1 & \text{für } x < 0 . \end{cases} \tag{8.5}$$

Die durch Gl.(8.4) definierte Funktion erfüllt die Bedingung $|H(t)| < 2$, jedoch ihre Variation in einem Intervall $[0,t]$, für das $\exp t^2$ eine positive ganze Zahl darstellt, ist gleich $2 \cdot \exp t^2$. Es existieren also keine Größen N und β derart, daß $2 \cdot \exp t^2 < N \cdot \exp \beta t$ für sämtliche t gilt.

Der definierende Grenzwert für $\bar{y}$ lautet

$$\bar{y}(s) = \lim_{a \to \infty} \int_0^a e^{-st} y(t) dt. \tag{8.6}$$

Dabei ist $y \in D_R^1$ gemäß Theorem 10.3 von Kapitel V, so daß das Integral existiert. Außerdem gilt

$$|y(t)| = \left| \int_0^t u(\tau)dH(t-\tau) \right| \tag{8.7}$$

$$< Me^{\alpha t}Ne^{\beta t} \quad ,$$

woraus folgt, daß der Grenzwert in Gl.(8.6) existiert, sofern Re s > $\alpha + \beta$ ist.

Führt man in Gl.(8.1) eine partielle Integration durch und setzt man das Ergebnis in Gl.(8.6) ein, dann erhält man

$$\bar{y}(s) = - \lim_{a\to\infty} \int_0^a e^{-st} \left\{ \int_0^t u(\tau)dH(t-\tau) \right\} dt \quad . \tag{8.8}$$

Im inneren Integral gilt $0 \le t \le a$, und da $H(t-\tau)=0$ für $\tau \ge t$ ist, bleibt der Wert des inneren Integrals unverändert, wenn die obere Integrationsgrenze von t auf a abgeändert wird. So erhält man

$$\bar{y}(s) = - \lim_{a\to\infty} \int_0^a e^{-st} \left\{ \int_0^a u(\tau)dH(t-\tau) \right\} dt. \tag{8.9}$$

Der erste Teil des Beweises besteht darin zu zeigen, daß die Beziehung besteht

$$\int_0^a e^{-st} \left\{ \int_0^a u(\tau)dH(t-\tau) \right\} dt = - \int_0^a u(\tau) \left\{ \int_0^a e^{-st}dH(t-\tau) \right\} d\tau \ , \tag{8.10}$$

wobei die Integrationsvariable im inneren Integral auf der linken Seite τ ist und auf der rechten Seite t. Beim Beweis werden Ergebnisse, welche im Kapitel V für reelle Variable gefunden wurden, auch für komplexe Variable verwendet. Grundlage dafür ist die separate Anwendung der früheren Ergebnisse auf Realteile und auf Imaginärteile; Produkte von komplexen Variablen treten nicht auf.

Da $H \in D_R^1$ ist, darf

$$H(x) = \sum_{i=1}^{m} H_i U(x-q_i) + \sum_{i=1}^{\ell} (x-r_i)\eta_i U(x-r_i) + \phi(x) \quad (8.11)$$

geschrieben werden. Dabei sind die $q_i \in [0,a]$ und $r_i \in [0,a]$ derart beschaffen, daß ϕ in einem offenen Intervall, welches $[0,a]$ enthält, eine stetige erste Ableitung hat. Substituiert man die Gl.(8.11) in die Gl.(8.10) und berücksichtigt man die Linearität, dann erhält man drei Terme auf beiden Seiten. Es zeigt sich, daß diese paarweise identisch sind.

Zunächst gilt

$$\int_0^a e^{-st}\left\{\int_0^a u(\tau)dU(t-\tau-q_i)\right\}dt = -\int_0^a e^{-st}u(t-q_i)dt, \quad (8.12)$$

während

$$-\int_0^a u(\tau)\left\{\int_0^a e^{-st}dU(t-\tau-q_i)\right\}d\tau = -\int_0^{a-q_i} u(\tau)e^{-s(\tau+q_i)}d\tau \quad (8.13)$$

$$= -\int_0^a u(t-q_i)e^{-st}dt \quad (8.14)$$

ist. Die Änderung in der oberen Integrationsgrenze in Gl. (8.13) ergibt sich deshalb, weil das innere Integral verschwindet, sobald $\tau+q_i \geq a$ ist. In Gl.(8.14) wurde die Variablenänderung $t=\tau+q_i$ eingeführt, und es wurde die untere Integrationsgrenze geändert, wobei die Tatsache ausgenützt wurde, daß $u(t-q_i)=0$ ist für $t \leq q_i$. Aus den Gln.(8.12) und (8.14) erhält man

$$\int_0^a e^{-st}\left\{\int_0^a u(\tau)d\left[\sum_{i=1}^m H_i U(t-\tau-q_i)\right]\right\}dt$$

$$= -\int_0^a u(\tau)\left\{\int_0^a e^{-st}d\left[\sum_{i=1}^m H_i U(t-\tau-q_i)\right]\right\}d\tau. \quad (8.15)$$

Weiterhin wird

$$\int_0^a e^{-st}\left\{\int_0^a u(\tau)d[(t-\tau-q_i)U(t-\tau-q_i)]\right\}dt$$

$$= -\int_0^a e^{-st}\left\{\int_0^{t-q_i} u(\tau)d\tau\right\}dt \quad (8.16)$$

$$= -\int_0^a e^{-st} f(t-q_i)dt, \quad (8.17)$$

wobei

$$f(t) = \int_0^t u(\tau)d\tau \quad (8.18)$$

gesetzt wurde. Man beachte, daß u geschrieben werden kann in der Form

$$u(t) = \sum_{i=1}^{n} u_i U(t-p_i) + v(t) \tag{8.19}$$

mit stetigem $v(t)$. Nach Theorem 10.1 von Kapitel V folgt hieraus, daß $f \in D_R^1$ ist, daß f stetig ist und daß $D_- f = u$ gilt. Außerdem erhält man

$$- \int_0^a u(\tau) \left\{ \int_0^a e^{-st} d \left[(t-\tau-q_i) U(t-\tau-q_i) \right] \right\} d\tau$$

$$= - \int_0^{a-q_i} u(\tau) \left\{ \int_{\tau+q_i}^{a} e^{-st} dt \right\} d\tau \quad , \tag{8.20}$$

denn das innere Integral auf der linken Seite ist Null für $\tau + q_i \geq a$. Integriert man die Gl.(8.20) partiell und verwendet man die Gl.(7.25) und Theorem 10.1 aus Kapitel V, so erhält man

$$- \left[f(\tau) \int_{\tau+q_i}^{a} e^{-st} dt \right]_0^{a-q_i} - \int_0^{a-q_i} f(\tau) e^{-s(\tau+q_i)} d\tau$$

$$= - \int_0^a e^{-st} f(t-q_i) dt. \tag{8.21}$$

Aus den Gln.(8.17) und (8.21) folgt, daß

$$\int_0^a e^{-st} \left\{ \int_0^a u(\tau) \; d \left[\sum_{i=1}^{\ell} (t-\tau-q_i) \eta_i U(t-\tau-q_i) \right] \right\} dt$$

$$= - \int_0^a u(\tau) \left\{ \int_0^a e^{-st} \, d \left[\sum_{i=1}^{\ell} (t-\tau-q_i)\eta_i U(t-\tau-q_i) \right] \right\} d\tau \tag{8.22}$$

ist.

Da ϕ eine stetige erste Ableitung hat, ergibt sich schließlich

$$\int_0^a e^{-st} \left\{ \int_0^a u(\tau) d\phi(t-\tau) \right\} dt = - \int_0^a e^{-st} \left\{ \int_0^a u(\tau) D\phi(t-\tau) d\tau \right\} dt \tag{8.23}$$

$$= - \int_0^a \left\{ \int_0^a D\phi(t-\tau) df(\tau) \right\} dg(t). \tag{8.24}$$

In Gl.(8.23) wurde Theorem 7.1 aus Kapitel V, in Gl.(8.24) zweimal dasselbe Theorem verwendet, wobei f nach Gl.(8.18) und g durch

$$g(t) = \int_0^t e^{-s\tau} d\tau \tag{8.25}$$

definiert ist. In Gl.(8.24) ist $D\phi$ stetig und damit im Intervall $[-a,a]$ gleichmäßig stetig. Die Funktion f ist im Intervall $[0,a]$ von beschränkter Variation, da sie zu D_R^1 gehört. Eine direkte Rechnung zeigt, daß der Realteil und der Imaginärteil von g im Intervall $[0,a]$ von beschränkter Variation sind. Jede der Funktionen f, Re g und Im g läßt sich ausdrücken als Differenz zweier nichtabnehmender Funktionen, wodurch acht getrennte Beiträge zum Integral in Gl.(8.24) entstehen. Es genügt, einen dieser Beiträge zu betrachten. Man kann somit ohne Verzicht auf Allgemeingültigkeit annehmen, daß sowohl f als auch g in Gl. (8.24) reell und nicht abnehmend sind.

Man wähle δ derart, daß aus $|x_2-x_1|<2\delta$ stets $|D\phi(x_2)-D\phi(x_1)|<\varepsilon$ folgt. Man wähle eine ganze Zahl $N>1/\delta$ und teile die Integrationsbereiche von τ und von t in Gl.(8.24) in N gleiche Teile. Das Integral in Gl.(8.24) kann dann aufgrund von Gl.(3.2) aus Kapitel V als eine Summe von N^2 Integralen der Form

$$I_{ij} = \int_{b_i}^{b_{i+1}} \left\{ \int_{c_j}^{c_{j+1}} D\phi(t-\tau)df(\tau) \right\} dg(t) \tag{8.26}$$

geschrieben werden. Die zweimalige Anwendung des Mittelwertsatzes aus Abschnitt 4.1, Kapitel V ergibt

$$\begin{aligned} I_{ij} &= \int_{b_i}^{b_{i+1}} \left\{ D\phi(t-\tau_{ij})\left[f(c_{j+1})-f(c_j)\right] \right\} dg(t) \\ &= D\phi(t_{1i}-\tau_{1j})\left[f(c_{j+1})-f(c_j)\right]\left[g(b_{i+1})-g(b_i)\right], \end{aligned} \tag{8.27}$$

wobei $b_i \leq t_{1i} \leq b_{i+1}$, $c_j \leq \tau_{1j} \leq c_{j+1}$ ist.

In gleicher Weise kann das Integral

$$\int_0^a u(\tau)\left\{\int_0^a e^{-st} d\phi(t-\tau)\right\} d\tau = \int_0^a \left\{\int_0^a D\phi(t-\tau)dg(t)\right\} df(\tau) \tag{8.28}$$

ausgedrückt werden als eine Summe von N^2 Integralen der Form

$$K_{ij} = \int_{c_j}^{c_{j+1}} \left\{ \int_{b_i}^{b_{i+1}} D\phi(t-\tau)dg(t) \right\} df(\tau)$$

$$= D\phi(t_{2i}-\tau_{2j}) \left[f(c_{j+1})-f(c_j)\right] \left[g(b_{i+1})-g(b_i)\right] \tag{8.29}$$

mit $b_i \leq t_{2i} \leq b_{i+1}$, $c_j \leq \tau_{2j} \leq c_{j+1}$. Wegen

$$|(t_{1i}-\tau_{1j}) - (t_{2i}-\tau_{2j})| < 2\delta \text{ für sämtliche } i,j \tag{8.30}$$

ergibt sich, daß

$$|D\phi(t_{1i}-\tau_{1j}) - D\phi(t_{2i}-\tau_{2j})| < \varepsilon \text{ für sämtliche } i,j \tag{8.31}$$

sein muß. Da g und f im Intervall [0,a] von beschränkter Variation sind, erhält man

$$\sum_{i=0}^{N-1} |g(b_{i+1})-g(b_i)| < M_2 \tag{8.32}$$

und

$$\sum_{i=0}^{N-1} |f(c_{j+1}) - f(c_j)| < M_3 \ . \tag{8.33}$$

Ausgehend von Gl.(8.23) erhält man deshalb

$$\int_0^a e^{-st} \left\{ \int_0^a u(\tau)d\phi(t-\tau) \right\} dt - \int_0^a u(\tau) \left\{ \int_0^t e^{-st} d\phi(t-\tau) \right\} d\tau$$

$$= \sum_{i=0}^{N-1} \sum_{j=0}^{N-1} (I_{ij} - K_{ij}) \tag{8.34}$$

$$< \varepsilon M_2 M_3 . \tag{8.35}$$

Da ε beliebig gewählt werden kann, muß die linke Seite von Gl.(8.34) Null werden.

Nunmehr ist sichergestellt, daß die Aussage der Gl.(8.10) richtig ist. Ein Variablenwechsel t-τ=w auf der rechten Seite dieser Gleichung liefert

$$\int_0^a e^{-st} y(t)dt = \int_0^a u(\tau) \left\{ \int_0^{a-\tau} e^{-s(w+\tau)} dH(w) \right\} d\tau$$

$$= \int_0^a u(\tau) e^{-s\tau} \left\{ \left(\int_0^a - \int_{a-\tau}^a \right) e^{-sw} dH(w) \right\} d\tau \quad . \tag{8.36}$$

Dann wird für Re s > γ > α + β

$$\left| \int_{a-\tau}^a e^{-sw} dH(w) \right| < e^{-\gamma(a-\tau)} N [e^{\beta a} - e^{\beta(a-\tau)}] \tag{8.37}$$

und

$$\left| \int_0^a u(\tau) e^{-s\tau} \left\{ \int_{a-\tau}^a e^{-sw} dH(w) \right\} d\tau \right|$$

$$< \int_0^a M e^{\alpha\tau} e^{-\gamma\tau} e^{-\gamma(a-\tau)} N [e^{\beta a} - e^{\beta(a-\tau)}] d\tau \tag{8.38}$$

$$= MN\left\{\frac{e^{-(\gamma-\alpha-\beta)a}-e^{-(\gamma-\beta)a}}{\alpha} - \frac{e^{-(\gamma-\alpha)a}-e^{-(\gamma-\beta)a}}{\alpha-\beta}\right\}, \quad (8.39)$$

sofern $\alpha \neq 0$ und $\alpha-\beta \neq 0$ gilt. Ist $\alpha=0$ oder $\alpha=\beta$, dann ergeben sich andere Formeln, aber die unten gezogenen Schlußfolgerungen ändern sich nicht.

Schließlich wird in Gl.(8.36) partiell integriert, und man erhält wegen $H(0)=0$

$$\int_0^a e^{-sw}dH(w) = e^{-sa}H(a) + \int_0^a H(w)se^{-sw}dw \quad (8.40)$$

und für $\mathrm{Re}\, s > \gamma > \alpha + \beta$

$$|e^{-sa}H(a)| < e^{-\gamma a}Ne^{\beta a} = Ne^{-(\gamma-\beta)a}. \quad (8.41)$$

Dann werden in Gl.(8.36) die Aussagen (8.39) und (8.41) verwendet und der Grenzübergang $a\to\infty$ durchgeführt. Das Ergebnis lautet

$$\int_0^\infty y(t)e^{-st}dt = \int_0^\infty u(t)e^{-st}dt \cdot s\int_0^\infty H(t)e^{-st}dt \quad (8.42)$$

oder

$$\bar{y}(s) = s\bar{H}(s)\bar{u}(s)\ . \quad (8.43)$$

Sämtliche Laplace-Transformierten existieren für $\mathrm{Re}\, s > \alpha + \beta$. Faßt man alle Bedingungen zusammen, so läßt sich das soeben bewiesene Ergebnis als ein Theorem aussprechen.

THEOREM 8.1. Ein System besitze die folgenden Eigenschaften:

(a) Es ist linear.

(b) Es ist nicht antizipierend.

(c) Falls das Eingangssignal u die Bedingungen $u(t)=0$ für $t \leq 0$ und $|u(t)| < M_1(T)$ für $0 < t \leq T$ erfüllt, dann befriedigt das Ausgangssignal y die Bedingung $|y(t)| < M_2(M_1,T)$ für $0 < t \leq T$.

(d) Ist $H(t)$ die Antwort auf $U(t)$, dann stellt $H(t-\tau)$ die Antwort auf $U(t-\tau)$ für $\tau > 0$ dar.

(e) Die Antwort $H(t)$ auf einen Einheitssprung $U(t)$ gehört zu D_R^1, und ihre Variation im Intervall $[0,T]$ ist kleiner als $Ne^{\beta T}$ für feste N und β und für sämtliche T.

Das Eingangssignal u des Systems gehöre zu D_R^1, es sei $u(t)=0$ für $t \leq 0$ und es gelte $|u(t)| < Me^{\alpha t}$ für feste M und α und für sämtliche $t > 0$. Dann besitzen u, H und y Laplace-Transformierte $\bar{u}$, $\bar{H}$ und $\bar{y}$ mit exponentieller Konvergenz für $\mathrm{Re}\, s > \alpha$, $\mathrm{Re}\, s > \beta$ bzw. $\mathrm{Re}\, s > \alpha + \beta$, und $\bar{y}$ ist gegeben durch

$$\bar{y}(s) = s\bar{H}(s)\bar{u}(s) \quad . \tag{8.44}$$

Beispiel 8.1. Die Sprungantwort eines Systems ist

$$H(t) = e^{-(t-1)}U(t-1) \quad . \tag{8.45}$$

Sie hat die Laplace-Transformierte

$$\bar{H}(s) = e^{-s}/(s+1). \tag{8.46}$$

Das Eingangssignal lautet

$$u(t) = U(t)\sin\omega t. \tag{8.47}$$

Es hat die Laplace-Transformierte

$$\bar{u}(s) = \omega/(s^2+\omega^2)\ . \tag{8.48}$$

Das Ausgangssignal hat die Laplace-Transformierte

$$\bar{y}(s) = \frac{\omega s e^{-s}}{(s+1)(s^2+\omega^2)} = \frac{\omega e^{-s}}{1+\omega^2}\left\{\frac{-1}{s+1}+\frac{s+\omega^2}{s^2+\omega^2}\right\}. \tag{8.49}$$

Hieraus folgt

$$y(t) = \frac{\omega}{1+\omega^2}\,U(t-1)\{-e^{-(t-1)}+\omega\sin\omega(t-1)+\cos\omega(t-1)\}. \tag{8.50}$$

Man beachte, daß die Sprungantwort Gl.(8.45) nicht einem System von der Art zugrundeliegen kann, wie sie im Abschnitt 5.2 betrachtet wurde.

Übung 8.1. Man leite Gl.(8.50) aus Gl.(8.1) ab.

Hat ein System ℓ Eingänge und m Ausgänge, dann lassen sich obige Ergebnisse auf natürliche Weise verallgemeinern, indem man u, $\bar{u}$ als ℓ-Vektoren, y, $\bar{y}$ als m-Vektoren und H, $\bar{H}$ als $m\times\ell$-Matrizen auffaßt. Die Matrix

$$\bar{G}(s) := s\bar{H}(s) \tag{8.51}$$

heißt die *Übertragungsmatrix* des Systems. Unter Verwendung dieser Bezeichnung erhält die Gl.(8.44) die Form

$$\bar{y}(s) = \bar{G}(s)\bar{u}(s) \ . \tag{8.52}$$

Ein Sonderfall der Gl.(8.52) wurde bereits in Gl.(5.58) angegeben für ein System mit

$$H(t) = \{CA^{-1}[e^{At}-I_n]B + D\}U(t) \ , \tag{8.53}$$

$$s\bar{H}(s) = s\int_0^\infty e^{-st}\{CA^{-1}[e^{At}-I_n]B + D\}dt \tag{8.54}$$

$$= C(sI_n-A)^{-1}B + D \ . \tag{8.55}$$

8.1. Beziehung zur Impulsantwort

Im Abschnitt 9 von Kapitel V wurde die Impulsantwort h definiert durch

$$h(t) = DH(t), \tag{8.56}$$

wobei die Ableitung im Sinne der Distributionentheorie oder in einem gleichwertigen Sinne aufzufassen ist. Mit Gl.(3.12) erhält man hieraus

$$\bar{h}(s) = s\bar{H}(s) \ . \tag{8.57}$$

Verallgemeinert man h zu einer $m\times\ell$-Matrix, so zeigt Gl. (8.51), daß die Laplace-Transformierte $\bar{h}$ mit $\bar{G}$ übereinstimmt, also mit der Übertragungsmatrix.

Die Impulsantwort h kann Deltafunktionen enthalten, sie kann also in einem endlichen Intervall unbeschränkt sein. In diesem Falle müssen jedoch die Deltafunktionen so beschaffen sein, daß die Bedingung (e) von Theorem 8.1 erfüllt wird; andernfalls braucht $\bar{y}$ nicht zu existieren.

Beispiel 8.2. Es sei h gegeben durch

$$h(t) = D\{U(t) \operatorname{sign} [\sin \pi e^{t^2}]\} \quad , \tag{8.58}$$

wobei sign x durch Gl.(8.5) definiert ist. Das Eingangssignal sei

$$u(t) = U(t) \cos \pi e^{t^2} \quad . \tag{8.59}$$

Dann ergibt sich

$$y(t) = \int_0^t u(\tau)h(t-\tau)d\tau = \delta(t) + \sum_{i=1}^{\infty} \{\delta(p_i - t) + \delta(t-p_i)\} \quad , \tag{8.60}$$

wobei die p_i jene Werte sind, für die exp p_i^2 positive ganze Zahlen darstellen. Die Funktion $\bar{y}$ existiert jedoch in keinem Streifen Re s > α, weil mit Re s = σ und q = exp p_r^2

$$\sum_{i=1}^{q} \exp(-\sigma p_i) > \exp p_r^2 \cdot \exp(-p_r \sigma) = \exp p_r(p_r - \sigma) \tag{8.61}$$

gilt. Damit konvergiert die Reihe nicht, selbst wenn σ noch so groß gewählt wird.

8.2. Bemerkung zu zeitvarianten Systemen

Unter geeigneten Bedingungen besitzen lineare, zeitinvariante Systeme eine Übertragungsmatrix $\bar{G}(s)=s\bar{H}(s)$. Die Übertragungsmatrix von zwei derartigen Systemen, die in Kette geschaltet sind, ist $\bar{G}_2\bar{G}_1$, sofern $\bar{G}_1$ zuerst wirkt, oder $\bar{G}_1\bar{G}_2$, sofern $\bar{G}_2$ zuerst wirkt. In beiden Fällen wird angenommen, daß die Matrizen verträglich sind, damit das entsprechende Produkt existiert. Im allgemeinen gilt $\bar{G}_2\bar{G}_1 \neq \bar{G}_1\bar{G}_2$, wenn jedoch beide Systeme nur einen Eingang und nur einen Ausgang haben, dann beeinflußt die Reihenfolge, in welcher die Systeme wirken, ihre gesamte Übertragungsfunktion nicht.

Diese Eigenschaften lassen sich im allgemeinen jedoch nicht auf zeitvariante, lineare Systeme übertragen. Derartige Systeme besitzen nämlich im allgemeinen keine Übertragungsfunktion. Weiterhin kann man die Reihenfolge, in welcher sie arbeiten, nicht vertauschen, ohne daß ihre gesamte Wirkung sich ändert, und zwar auch dann nicht, wenn jedes der Systeme nur einen Eingang und nur einen Ausgang hat.

Beispiel 8.3. Ist das Eingangssignal eines Treppenabtasters gleich U(t), dann zeigt Abschnitt 6.1, daß das Eingangssignal und das Ausgangssignal Laplace-Transformierte haben, nämlich

$$\bar{u}_1(s) = s^{-1} \text{ bzw. } \bar{y}_1(s) = \bar{u}_1^{\dagger}(s) = s^{-1}(1-e^{-s})^{-1}. \quad (8.62)$$

Ist das Eingangssignal tU(t), dann sind diese beiden Gleichungen zu ersetzen durch

$$\bar{u}_2(s) = s^{-2} \text{ bzw. } \bar{y}_2(s) = \bar{u}_2^{\dagger}(s) = s^{-1}e^{-s}(1-e^{-s})^{-2}. \quad (8.63)$$

Die beiden Quotienten $\bar{y}_1(s)/\bar{u}_1(s)$ und $\bar{y}_2(s)/\bar{u}_2(s)$ stimmen jedoch nicht überein. Demzufolge läßt sich eine Übertragungsfunktion für den Abtaster, der ein zeitvariantes System darstellt, nicht angeben.

Beispiel 8.4. Die Sprungantwort eines Abtasthalteglieds, dem ein Integrator folgt, ist $tU(t)$. Die Sprungantwort eines Integrators, dem ein Abtasthalteglied folgt, ist $\sum_{r=1}^{\infty} U(t-r)$. Die Reihenfolge, in welcher die beiden Systeme arbeiten, beeinflußt also ihr kombiniertes Ergebnis wesentlich.

Die diskrete Übertragungsfunktion bildet eine offensichtliche Ausnahme zu dieser allgemeinen Regel. Gegeben sei beispielsweise das treppenförmig abgetastete Eingangssignal $u^{\dagger}$ mit der Laplace-Transformierten $\bar{u}^{\dagger}(s)$. Dieses Signal wirke auf ein lineares, zeitinvariantes System, dem ein Treppenabtaster folgt (der zeitvariant ist), und es sei $\bar{y}^{\dagger}$ die Laplace-Transformierte des getasteten Ausgangssignal $y^{\dagger}$. Dann ist aus Gl.(6.30) zu erkennen, daß der Quotient $\bar{y}^{\dagger}(s)/\bar{u}^{\dagger}(s)$ für sämtliche $u^{\dagger}$, welche die geeigneten Bedingungen erfüllen, derselbe ist.

Der Grund für diese offensichtliche Ausnahme liegt darin, daß die Klasse der Eingangssignale $u^{\dagger}$ auf jene Funktionen beschränkt ist, welche mit Ausnahme der Stellen $t=0,1,2,...$ konstant sind. Die einzigen erlaubten Zeitverschiebungen sind daher Verschiebungen um eine ganze Zahl von Abtastperioden. Läßt man nur solche Verschiebungen zu, dann kann man leicht feststellen, daß das lineare, zeitinvariante System, gefolgt von seinem Treppenabtaster, dem Kriterium für Zeitinvarianz gehorcht. Dies besagt folgendes: Ist $\mathcal{H}(t)$ die Antwort auf $U(t)$, dann ist $\mathcal{H}(t-n)$ die Antwort auf $U(t-n)$, wobei n eine positive ganze Zahl bedeutet.

Übung 8.2. Man beweise die Aussage im vorausgegangenen Satz.

Beispiel 8.5. Die Antwort $\mathcal{H}(t)$ eines Integrators, dem ein Treppenabtaster folgt, auf das Eingangssignal U(t) lautet $\mathcal{H}(t) = \sum_{r=0}^{\infty} rU(t-r)$. Die Antwort auf das Eingangssignal U(t-n) ist $\sum_{r=n}^{\infty}(r-n)U(t-r) = \sum_{r=0}^{\infty} rU(t-r-n) = \mathcal{H}(t-n)$, wobei n eine positive ganze Zahl darstellt.

Unterwirft man die Klasse der Eingangssignale dieser Einschränkung, dann kann man Blöcke, von denen jeder aus einem linearen, zeitinvarianten System besteht, gefolgt von einem Treppenabtaster, in beliebiger Reihenfolge in Kette schalten, ohne ihre gesamte Wirkung zu beeinflussen. Dies gilt auch, wenn jeder Block aus einem linearen, zeitinvarianten System besteht, welchem ein Abtasthalteglied oder ein Impulsabtaster folgt. Blöcke mit Treppenabtastern können gegen Blöcke mit Abtasthaltegliedern ausgetauscht werden, es ist jedoch ratsam, diese Typen nicht zu vertauschen gegen Blöcke mit Impulsabtastern. Wenn dies trotzdem geschieht, muß man statt der Gln. (6.35) oder (6.56) einen gemischten Formeltyp benutzen.

Beispiel 8.6. Zwei Blöcke B_1, B_2 bestehen aus einem Integrator, dem ein Abtasthalteglied folgt, bzw. aus einem linearen zeitinvarianten System mit der Sprungantwort $1-e^{-t}$, dem ebenfalls ein Abtasthalteglied folgt. Es ist dann $\bar{H}_1(s) = s^{-2}$ und $\bar{H}_2(s) = s^{-1}(s+1)^{-1}$. Durch Partialbruchentwicklung und die Tabelle aus Abschnitt 6.1 erhält man $\tilde{H}_1(z) = z^{-1}(1-z^{-1})^{-2}$ und $\tilde{H}_2(z) = (1-z^{-1})^{-1} - (1-e^{-1}z^{-1})^{-1}$. Die Kettenschaltung des Blocks B_1 gefolgt vom Block B_2 und die Kettenschaltung von B_2 gefolgt vom Block B_1 liefern dasselbe Ausgangssignal, wenn sie durch ein treppenförmig abgetastetes Eingangssignal erregt werden. Ist $\tilde{u}(z)$ die Z-Transformierte des Eingangssignals, dann gilt für das Ausgangssignal $y^{\ddagger}$ mit $s\bar{y}^{\ddagger}(s) = \hat{y}(z)$ in beiden Fällen

$$\hat{y}(z) = (1-z^{-1})^2\{z^{-1}(1-z^{-1})^{-2}[(1-z^{-1})^{-1} - (1-e^{-1}z^{-1})^{-1}]\}\tilde{u}(z). \tag{8.64}$$

Hierbei ist der erste Faktor $(1-z^{-1})^2$ zurückzuführen auf die Verwendung von zwei Abtasthaltegliedern anstelle von zwei Treppenabtastern. Man vergleiche die Gln.(6.41) und (6.42).

Beispiel 8.7. Die Kettenschaltung der beiden linearen, zeitinvarianten Systeme aus Beispiel 8.6 liefert

$$\bar{H}_1(s)\bar{H}_2(s) = s^{-3}(s+1)^{-1} = s^{-1}-s^{-2}+s^{-3}-(s+1)^{-1}. \quad (8.65)$$

Wenn auf die beiden linearen, zeitinvarianten Systeme ein Eingangssignal $u^\dagger$ wirkt und wenn ihnen ein Abtasthalteglied folgt, dann gilt für das Ausgangssignal $y^\ddagger$ mit $s\bar{y}^\ddagger(s)=\hat{y}(z)$

$$\hat{y}(z) = (1-z^{-1})\{(1-z^{-1})^{-1}-z^{-1}(1-z^{-1})^{-2}$$
$$+\frac{1}{2}z^{-1}(1+z^{-1})(1-z^{-1})^{-3}-(1-e^{-1}z^{-1})^{-1}\}\tilde{u}(z). \quad (8.66)$$

Dies ist nicht dasselbe wie in Gl.(8.64). Viele Fehler bei der Verwendung der Z-Transformierten rühren daher, daß dieser Unterschied nicht beachtet wird.

9. Inverse Laplace-Transformation

Bisher wurde angenommen, daß nach der Ermittlung einer Laplace-Transformierten $\bar{x}$ die entsprechende Funktion x mit Hilfe einer Tabelle gefunden wird. Dies ist das gebräuchlichste Vorgehen beim Studium Dynamischer Systeme. Der Vollständigkeit wegen jedoch soll nun gezeigt werden, wie man x aus $\bar{x}$ aufgrund einer Integralformel gewinnen kann, welche in enger Beziehung zum Definitionsintegral für $\bar{x}$ aus x steht. Diese Methode wird namentlich dann wichtig, wenn man die Laplace-Transformation zur Lösung partieller Differentialgleichungen verwendet, was allerdings außerhalb des Ziels dieses Buches liegt. Deshalb soll das Ergebnis ohne Beweis ausgesprochen werden.

THEOREM 9.1. Es soll $f \in D^1_R$ die Bedingungen $f(t)=0$ für $t \leq 0$ und $|f(t)| < Me^{\alpha t}$ für $t > 0$ erfüllen. Die Laplace-Transformierte von f sei $\bar{f}$; sie ist gültig für Re $s > \alpha$. Für $\alpha_1 > \alpha$ ist dann $f(t)=\phi(t-)$ mit

$$\phi(t) = \frac{1}{2\pi i} \int_{\alpha_1 - i\infty}^{\alpha_1 + i\infty} e^{st}\bar{f}(s)ds \;. \tag{9.1}$$

Das Integral ist als Cauchyscher Hauptwert zu interpretieren. Ausführlich geschrieben heißt dies

$$f(t) = \lim_{\varepsilon \to 0+} \left\{ \lim_{\gamma \to +\infty} \frac{1}{2\pi i} \int_{\alpha_1 - i\gamma}^{\alpha_1 + i\gamma} e^{s(t-\varepsilon)}\bar{f}(s)ds \right\}. \tag{9.2}$$

Beispiel 9.1. Ist f der Einheitssprung $U(t)$, dann ist $\bar{f}$ die Funktion s^{-1}; sie ist gültig für Re $s > 0$. Die Gl.(9.1) liefert

$$\phi(t) = \frac{1}{2\pi i} \int_{\alpha_1 - i\infty}^{\alpha_1 + i\infty} s^{-1}e^{st}dt \;, \; \alpha_1 > 0, \tag{9.3}$$

woraus man nach Übung 5.2 von Kapitel VII

$$\phi(t) = \begin{cases} 0 & \text{für} \quad t < 0 \\ \frac{1}{2} & \text{für} \quad t = 0 \\ 1 & \text{für} \quad t > 0 \end{cases} \tag{9.4}$$

erhält. Dann gilt $\phi(t-)=\phi(t)$ mit Ausnahme der Stelle $t=0$, wo $\phi(t-)=0$ ist. Demzufolge liefert Gl.(9.1) das korrekte

Ergebnis

$$f(t) = \phi(t-) = U(t) \ . \tag{9.5}$$

In vielen Büchern über diese Materie wird der Einheitssprung gemäß Gl.(9.4) definiert, und es werden ähnliche Änderungen bei jeder Unstetigkeit einer Funktion gemacht. Dadurch wird die Einführung der Hilfsfunktion ϕ vermieden, und dieses Vorgehen ist recht bequem, wenn die Laplace-Transformation allein betrachtet wird. Den in diesem Buch behandelten Erscheinungen jedoch wird dieses Vorgehen weniger gerecht, und es ist auch weniger bequem, wenn man mit der Stieltjesschen Faltung arbeitet.

Beweise des Theorems 9.1 findet man in vielen Büchern , so z.B. bei Apostol (1957) und Titchmarsh (1937). Die Hauptschwierigkeit liegt darin zu beweisen, daß die Reihenfolge der beiden uneigentlichen Integrationen vertauscht werden kann:

$$\phi(t) = \frac{1}{2\pi i} \int_{\alpha_1 - i\infty}^{\alpha_1 + i\infty} \left\{ \int_0^\infty e^{s(t-\tau)} f(\tau) d\tau \right\} ds$$

$$= \frac{1}{2\pi i} \int_0^\infty \left\{ \int_{\alpha_1 - i\infty}^{\alpha_1 + i\infty} e^{s(t-\tau)} f(\tau) ds \right\} d\tau \ . \tag{9.6}$$

Die verwendeten Methoden haben Ähnlichkeit mit denen, welche an früherer Stelle vorgeführt wurden (beispielsweise in Abschnitt 8). Es treten jedoch zusätzliche Schwierigkeiten auf, welche von den Grenzwertprozessen herrühren, die wegen der uneigentlichen Natur der Integrale zwangsläufig auftreten. Der Beweis würde daher äußerst mühsam werden, wenn man eine Reihe von Theoremen, die hier nicht behandelt wurden, nicht vorwegnimmt.

Weiterführende Literatur

Eine weitergehende mathematische Entwicklung des Gegenstandes findet man für Nachschlagezwecke bei Apostol (1957), Titchmarsh (1937) und Widder (1946). Als Methode zur Lösung von Problemen, die in vielen Gebieten der Physik und Technik Anwendungen findet, wird die Laplace-Transformation von Carslaw und Jaeger (1949), von Van der Pol und Bremmer (1964) und von Doetsch (1967) betrachtet. Tafeln von Laplace-Transformierten werden von Doetsch (1967) und von Van der Pol und Bremmer (1964) angegeben. Eine besonders ausführliche Zusammenstellung von Fourier-Transformierten findet man bei Campbell und Foster (1931).

Anwendungen der Z-Transformation auf Regelungssysteme findet man bei Ragazzini und Franklin (1958) und bei Jury (1958). Beide Bücher (namentlich das zweite) enthalten Tabellen von Z-Transformierten und modifizierten Z-Transformierten. Es empfiehlt sich, die für die modifizierten Z-Transformierten verwendeten Bezeichnungen vor Gebrauch der Tabellen zu prüfen (man vergleiche Abschnitt 6.3).

Schrifttum

Apostol, T.M., 1957, *Mathematical analysis*, Addison-Wesley, Reading, Mass.

Bromwich, T.J.I'A., 1926, *An introduction to the theory of infinite series*, Macmillan, London.

Campbell, G.A. und R.M. Foster, 1931, *Fourier integrals for practical applications*, Bell System Technical Monograph B-584, Van Nostrand, Princeton, N.J.

Carslaw, H.S. und J.C. Jaeger, 1949, *Operational methods in applied mathematics*, Oxford University Press, London.

Doetsch, G., 1967, *Anleitung zum praktischen Gebrauch der Laplace-Transformation und der Z-Transformation*, R. Oldenbourg, München.

Jeffreys, H. und B.S. Jeffreys, 1950, *Methods of mathematical physics*, Cambridge University Press, London.

Jury, E.I., 1958, *Sampled-data control systems*, John Wiley, New York.

Lamb, H., 1938, *Infinitesimal calculus*, Cambridge University Press, London.

Ragazzini, J.R. und G.F. Franklin, 1958, *Sampled-data control systems*, McGraw-Hill, New York.

Titchmarsh, E.C., 1937, *Introduction to the theory of Fourier integrals*, Oxford University Press, London.

Van der Pol, B. und H. Bremmer, 1964, *Operational calculus*, Cambridge University Press, London.

Widder, D.V., 1946, *The Laplace transform*, Princeton University Press, Princeton, N.J.

Zadeh, L.A. und C.A. Desoer, 1963, *Linear system theory*, McGraw-Hill, New York.

AUFGABEN

1 Ein System habe nur ein Eingangssignal u und nur ein Ausgangssignal y. Beide seien verknüpft durch die Beziehung

$$a_0 y + a_1 Dy + \ldots + a_n D^n y = b_0 u + b_1 Du + \ldots + b_{n-1} D^{n-1} u.$$

Die Polynome $a_0 + a_1 s + \ldots + a_n s^n$ und $b_0 + b_1 s + \ldots + b_{n-1} s^{n-1}$ sollen keine gemeinsame Nullstelle haben. Es sei $u=0$, und die Anfangsbedingungen seien $y(0)=c_0$, $Dy(0)=c_1, \ldots, D^{n-1}y(0) = c_{n-1}$, wobei die c_i reelle Konstanten sind. Man zeige, daß die Lösungen y der Differentialgleichung für alle möglichen c_i einen n-dimensionalen Funktionenraum aufspannen. [Es existiert eine eineindeutige Beziehung zwischen Lösungen und Anfangsbedingungen aufgrund von Kapitel VI, Abschnitt 2. Hierbei bleiben Summen und skalare Vielfache erhalten. Daher kann wie im Beispiel 1.7 von Kapitel III vorgegangen werden.]

2 Man zeige, daß die Funktionen $s^r/(a_0+a_1s+...+a_ns^n)$, $r=0,1,...,n-1$, einen n-dimensionalen Funktionenraum aufspannen. [Die Laplace-Transformation liefert eine eineindeutige Beziehung zwischen diesen Funktionen und den in der Aufgabe 1 betrachteten Lösungen. Diese Beziehung bewahrt Summen und skalare Vielfache.]

3 Es sei die Übertragungsfunktion des Systems aus Aufgabe 1 gleich $\bar{g}(s)=\bar{y}(s)/\bar{u}(s)$. Man schreibe $s^r\bar{g}(s)=\phi_r(s)+\psi_r(s)$, $r=0,1,2,...,n-1$, wobei die ψ_r Polynome sind und $\phi_r(\infty)=0$ ist. Man zeige, daß die Funktionen ϕ_r, $r=0,1,2,...,n-1$, einen n-dimensionalen Funktionenraum definieren. [Man zeige folgendes: Sind die Funktionen ϕ_r linear abhängig, dann haben die Polynome $a_0+a_1s+...+a_ns^n$ und $b_0+b_1s+...+b_{n-1}s^{n-1}$ einen gemeinsamen Faktor. Man drücke dann die ϕ_r aus durch die Funktionen aus Aufgabe 2.]

4 Ein System erfülle die Differentialgleichungen

$$\dot{x} = Ax + bu$$

$$y = c^Tx ,$$

wobei

$$A = \begin{bmatrix} -2 & 2 \\ 1 & -3 \end{bmatrix}, \quad b = \begin{bmatrix} 0 \\ 1 \end{bmatrix}, \quad c = \begin{bmatrix} 1 \\ 0 \end{bmatrix}$$

ist. Man ermittle die Übertragungsfunktion $\bar{y}(s)/\bar{u}(s)$ und die Antwort $y(t)$ (für den Fall, daß die Anfangsbedingungen Null sind) auf ein Eingangssignal $u(t)=U(t) \cos 100\pi t$.

5 In Aufgabe 4 soll b durch $\begin{bmatrix}2\\1\end{bmatrix}$ ersetzt werden. Man zeige, daß die resultierende Übertragungsfunktion aus einem einfacheren System hervorgehen kann.

6 Man ermittle ohne Verwendung der Z-Transformation die Antwort des Systems aus Aufgabe 4, wenn das Eingangssignal gegeben ist durch

$$u(t) = \sum_{r=0}^{\infty} (-1)^r \{U[t-0{,}01r] - U[t-0{,}01(r+1)]\} .$$

7 Dem System aus Aufgabe 4 sei ein Abtasthalteglied vor- und nachgeschaltet. Mit Hilfe der Z-Transformation soll die Antwort (für den Fall, daß die Anfangsbedingungen Null sind) auf das Eingangssignal $U(t)\cos 100\pi t$ ermittelt werden, wenn

(a) beide Abtaster in den Zeitpunkten $t = 0, 0{,}01, 0{,}02, \ldots$ arbeiten und

(b) wenn der erste Abtaster in den Zeitpunkten $t = 0, 0{,}01, 0{,}02, \ldots$ und der zweite Abtaster in den Zeitpunkten $t = 0{,}005, 0{,}015, 0{,}025, \ldots$ arbeitet. Man vergleiche das Ergebnis mit dem aus Aufgabe 6.

8 Man zeige, daß die Übertragungsfunktion des Systems aus Aufgabe 4 durch die Formel gegeben ist

$$g(s) = \frac{\begin{vmatrix} sI-A & b \\ -c^T & 0 \end{vmatrix}}{|sI - A|} .$$

9 Man löse die Differenzengleichung

$$x_{r+2} + 5x_{r+1} + 4x_r = 0; \quad x_1 = 1, \quad x_0 = -1$$

unter Verwendung der Z-Transformation und außerdem durch direkte Berechnung. Man zeige, daß die Lösung aus einer einfacheren Differenzengleichung entstehen kann.

10 Ein diskontinuierlich arbeitendes System gehorche den Gleichungen

$$x_{r+1} = Ax_r + bu_r$$

$$y_r = c^T x_r ,$$

wobei

$$A = \begin{bmatrix} -2 & 2 \\ 1 & -3 \end{bmatrix}, \quad b = \begin{bmatrix} 0 \\ 1 \end{bmatrix}, \quad c = \begin{bmatrix} 1 \\ 0 \end{bmatrix}$$

gilt. Man ermittle die Antwort y_r, $r=0,1,2,\ldots$ auf ein Eingangssignal $u_r=(-1)^r$, $r=0,1,2,\ldots$, für die Anfangsbedingung $x_0=\begin{bmatrix} 0 \\ 0 \end{bmatrix}$.

Autorenverzeichnis

Sachverzeichnis